최신 출제경향에 맞춘
최고의 수험서
2024

徹頭徹尾
[철두철미] 처음부터 끝까지 빈틈없이 철저하게

AIR POLLUTION ENVIRONMENTAL

대기환경 산업기사 필기 Ⅲ 부록

서영민 · 이철한 · 달팽이

최신 대기환경관계법규 적용!!
최신 대기공정시험기준 적용!!
2018~2023년 기출문제 **완벽풀이!!**

- 최근 대기환경 관련 법규 · 공정시험 기준 수록 및 출제 비중 높은 내용 표시
- 최근 출제 경향에 맞추어 핵심 이론 및 계산문제 · 풀이 수록
- 핵심필수문제(이론) 및 과년도 문제 · 풀이 상세한 해설 수록
- 기초가 부족한 수험생도 쉽게 학습할 수 있도록 내용 구성
- 각 단원별 출제비중 높은 내용 표시

예문사

머리말...

본서는 한국산업인력공단 최근 출제기준에 맞추어 구성하였으며 대기환경 기사 필기시험을 준비하는 수험생 여러분들이 효율적으로 공부할 수 있도록 필수 내용만 정성껏 담았습니다.

본 교재의 특징

1 최근 출제경향에 맞추어 핵심이론과 계산문제 및 풀이 수록
2 각 단원별로 출제비중 높은 내용 표시
3 최근 대기환경 관련 법규, 공정시험기준 수록 및 출제비중 높은 내용 표시
4 핵심필수문제(이론) 및 최근 기출문제풀이의 상세한 해설 수록

차후 실시되는 시험문제들의 해설을 통해 미흡하고 부족한 점을 계속 수정 · 보완해 나가도록 하겠습니다.

끝으로, 이 책을 출간하기까지 끊임없는 성원과 배려를 해주신 예문사 관계자 여러분, 주경야독 윤동기 이사님, 정용민 팀장, 달팽이 박수호님, 인천의 친구 김성기에게 깊은 감사를 전합니다.

저자 **서영민**

대기환경기사 출제기준(필기)

직무분야	환경 · 에너지	중직무분야	환경	자격종목	대기환경기사	적용기간	2020.1.1.~2024.12.31

○ 직무내용 : 대기분야에서 측정망을 설치하고 그 지역의 대기오염 상태를 측정하여 다각적인 연구와 실험분석을 통해 대기오염에 대한 대책을 강구하고, 대기오염 물질을 제거 또는 감소시키기 위한 오염방지 시설을 설계, 시공, 운영하는 업무

필기검정방법	객관식	문제수	100	시험시간	2시간 30분

필기 과목명	문제수	주요항목	세부항목	세세항목
대기오염개론	20	1. 대기오염	1. 대기오염의 특성	1. 대기오염의 정의 2. 대기오염의 원인 3. 대기오염인자
			2. 대기오염의 현황	1. 대기오염물질 배출원 2. 대기오염물질 분류
			3. 실내공기오염	1. 배출원 2. 특성 및 영향
		2. 2차오염	1. 광화학반응	1. 이론 2. 영향인자 3. 반응
			2. 2차오염	1. 2차 오염물질의 정의 2. 2차 오염물질의 종류
		3. 대기오염의 영향 및 대책	1. 대기오염의 피해 및 영향	1. 인체에 미치는 영향 2. 동·식물에 미치는 영향 3. 재료와 구조물에 미치는 영향
			2. 대기오염사건	1. 대기오염사건별 특징 2. 대기오염사건의 피해와 그 영향
			3. 대기오염대책	1. 연료 대책 2. 자동차 대책 3. 기타 산업시설의 대책 등
			4. 광화학오염	1. 원인 물질의 종류 2. 특징 3. 영향 및 피해
			5. 산성비	1. 원인 물질의 종류 2. 특징 3. 영향 및 피해 4. 기타 국제적 환경문제와 그 대책

필기 과목명	문제수	주요항목	세부항목	세세항목
		4. 기후변화 대응	1. 지구온난화	1. 원인 물질의 종류 2. 특징 3. 영향 및 대책 4. 국제적 동향
			2. 오존층파괴	1. 원인 물질의 종류 2. 특징 3. 영향 및 대책 4. 국제적 동향
		5. 대기의 확산 및 오염예측	1. 대기의 성질 및 확산개요	1. 대기의 성질 2. 대기확산이론
			2. 대기확산방정식 및 확산 모델	1. 대기확산방정식 2. 대류 및 난류확산에 의한 모델
			3. 대기안정도 및 혼합고	1. 대기안정도의 정의 및 분류 2. 대기안정도의 판정 3. 혼합고의 개념 및 특성
			4. 오염물질의 확산	1. 대기안정도에 따른 오염물질의 확산특성 2. 확산에 따른 오염도 예측 3. 굴뚝 설계
			5. 기상인자 및 영향	1. 기상인자 2. 기상의 영향
연소공학	20	1. 연소	1. 연소이론	1. 연소의 정의 2. 연소의 형태와 분류
			2. 연료의 종류 및 특성	1. 고체연료의 종류 및 특성 2. 액체연료의 종류 및 특성 3. 기체연료의 종류 및 특성
		2. 연소계산	1. 연소열역학 및 열수지	1. 화학적 반응속도론 기초 2. 연소열역학 3. 열수지
			2. 이론공기량	1. 이론산소량 및 이론공기량 2. 공기비(과잉공기계수) 3. 연소에 소요되는 공기량
			3. 연소가스 분석 및 농도 산출	1. 연소가스량 및 성분분석 2. 오염물질의 농도계산
			4. 발열량과 연소온도	1. 발열량의 정의와 종류 2. 발열량 계산 3. 연소실 열발생율 및 연소온도 계산 등

필 기 과목명	문제수	주요항목	세부항목	세세항목
		3. 연소설비	1. 연소장치 및 연소방법	1. 고체연료의 연소장치 및 연소방법 2. 액체연료의 연소장치 및 연소방법 3. 기체연료의 연소장치 및 연소방법 4. 각종 연소장애와 그 대책 등
			2. 연소기관 및 오염물	1. 연소기관의 분류 및 구조 2. 연소기관별 특징 및 배출오염물질 3. 연소설계
			3. 연소배출 오염물질 제어	1. 연료대체 2. 연소장치 및 개선방법
대기 오염 방지 기술	20	1. 입자 및 집진의 기초	1. 입자동력학	1. 입자에 작용하는 힘 2. 입자의 종말침강속도 산정 등
			2. 입경과 입경분포	1. 입경의 정의 및 분류 2. 입경분포의 해석
			3. 먼지의 발생 및 배출원	1. 먼지의 발생원 2. 먼지의 배출원
			4. 집진원리	1. 집진의 기초이론 2. 통과율 및 집진효율 계산 등
		2. 집진기술	1. 집진방법	1. 직렬 및 병렬연결 2. 건식집진과 습식집진 등
			2. 집진장치의 종류 및 특징	1. 중력집진장치의 원리 및 특징 2. 관성력집진장치의 원리 및 특징 3. 원심력집진장치의 원리 및 특징 4. 세정식집진장치의 원리 및 특징 5. 여과집진장치의 원리 및 특징 6. 전기집진장치의 원리 및 특징 7. 기타집진장치의 원리 및 특징
			3. 집진장치의 설계	1. 각종 집진장치의 기본 및 실시 설계시 고려인자 2. 각종 집진장치의 처리성능과 특성 3. 각종 집진장치의 효율산정 등
			4. 집진장치의 운전 및 유지관리	1. 중력집진장치의 운전 및 유지관리 2. 관성력집진장치의 운전 및 유지관리 3. 원심력집진장치의 운전 및 유지관리 4. 세정식집진장치의 운전 및 유지관리 5. 여과집진장치의 운전 및 유지관리 6. 전기집진장치의 운전 및 유지관리 7. 기타집진장치의 운전 및 유지관리

필 기 과목명	문제수	주요항목	세부항목	세세항목
		3. 유체역학	1. 유체의 특성	1. 유체의 흐름 2. 유체역학 방정식
		4. 유해가스 및 처리	1. 유해가스의 특성 및 처리 이론	1. 유해가스의 특성 2. 유해가스의 처리이론(흡수, 흡착 등)
			2. 유해가스의 발생 및 처리	1. 황산화물 발생 및 처리 2. 질소산화물 발생 및 처리 3. 휘발성유기화합물 발생 및 처리 4. 악취 발생 및 처리 5. 기타 배출시설에서 발생하는 유해가스 처리
			3. 유해가스 처리설비	1. 흡수 처리설비 2. 흡착 처리설비 3. 기타 처리설비 등
			4. 연소기관 배출가스 처리	1. 배출 및 발생 억제기술 2. 배출가스 처리기술
		5. 환기 및 통풍	1. 환기	1. 자연환기 2. 국소환기
			2. 통풍	1. 통풍의 종류 2. 통풍장치
대기 오염 공정 시험 기준 (방법)	20	1. 일반분석	1. 분석의 기초	1. 총칙 2. 적용범위
			2. 일반분석	1. 단위 및 농도, 온도표시 2. 시험의 기재 및 용어 3. 시험기구 및 용기 4. 시험결과의 표시 및 검토 등
			3. 기기분석	1. 기체크로마토그래피 2. 자외선가시선분광법 3. 원자흡수분광광도법 4. 비분산적외선분광분석법 5. 이온크로마토그래피 6. 흡광차분광법 등
			4. 유속 및 유량 측정	1. 유속 측정 2. 유량 측정
			5. 압력 및 온도 측정	1. 압력 측정 2. 온도 측정

필 기 과목명	문제수	주요항목	세부항목	세세항목
		2. 시료채취	1. 시료채취방법	1. 적용범위 2. 채취지점수 및 위치선정 3. 일반사항 및 주의사항 등
			2. 가스상물질	1. 시료채취법 종류 및 원리 2. 시료채취장치 구성 및 조작
			3. 입자상 물질	1. 시료채취법 종류 및 원리 2. 시료채취장치 구성 및 조작
		3. 측정방법	1. 배출오염물질 측정	1. 적용범위 2. 분석방법의 종류 3. 시료채취, 분석 및 농도산출
			2. 대기중 오염물질 측정	1. 적용범위 2. 측정방법의 종류 3. 시료채취, 분석 및 농도산출
			3. 연속자동측정	1. 적용범위 2. 측정방법의 종류 3. 성능 및 성능시험방법 4. 장치구성 및 측정조작
			4. 기타 오염인자의 측정	1. 적용범위 및 원리 2. 장치구성 3. 분석방법 및 농도계산
대기 환경 관계 법규	20	1. 대기환경 보전법	1. 총칙	
			2. 사업장 등의 대기 오염물질 배출규제	
			3. 생활환경상의 대기 오염물질 배출규제	
			4. 자동차·선박 등의 배출가스의 규제	
			5. 보칙	
			6. 벌칙 (부칙포함)	
		2. 대기환경 보전법 시행령	1. 시행령 전문 (부칙 및 별표 포함)	
		3. 대기환경 보전법 시행규칙	1. 시행규칙 전문 (부칙 및 별표, 서식 포함)	
		4. 대기환경 관련법	1. 대기환경보전 및 관리, 오염방지와 관련된 기타법령(환경정책기본법, 악취방지법, 실내공기질 관리법 등 포함)	

대기환경산업기사 출제기준(필기)

직무분야	환경 · 에너지	중직무분야	환경	자격종목	대기환경 산업기사	적용기간	2020.1.1.~2024.12.31

○ 직무내용 : 대기분야에서 측정망을 설치하고 그 지역의 대기오염 상태를 측정하여 다각적인 연구와 실험분석을 통해 대기오염에 대한 대책을 강구하고, 대기오염 물질을 제거 또는 감소시키기 위한 오염방지 시설을 설계, 시공, 운영하는 업무

필기검정방법	객관식	문제수	80	시험시간	2시간

필기 과목명	문제수	주요항목	세부항목	세세항목
대기오염 개론	20	1. 대기오염	1. 대기오염의 특성	1. 대기오염의 정의 2. 대기오염의 원인 3. 대기오염인자
			2. 대기오염의 현황	1. 대기오염물질 배출원 2. 대기오염물질 분류
			3. 실내공기오염	1. 배출원 2. 특성 및 영향
		2. 대기환경 기상	1. 기상영향	1. 대기안정도의 분류 및 판정 2. 안정도에 따른 오염물질의 확산 및 예측 3. 대기확산이론
			2. 기상인자	1. 바람 2. 체감율 3. 역전현상 4. 열섬효과 등
		3. 광화학오염	1. 광화학반응	1. 이론 2. 영향인자 3. 반응
		4. 대기오염의 영향 및 대책	1. 대기오염의 피해 및 영향	1. 인체에 미치는 영향 2. 동 · 식물에 미치는 영향 3. 재료와 구조물에 미치는 영향
			2. 대기오염사건	1. 대기오염사건별 특징 2. 대기오염사건의 피해와 그 영향
			3. 광화학오염	1. 원인 물질의 종류 2. 특징 3. 영향 및 피해
			4. 산성비	1. 원인 물질의 종류 2. 특징 3. 영향 및 피해

필 기 과목명	문제수	주요항목	세부항목	세세항목
			5. 대기오염대책	1. 연료 대책 2. 자동차 대책 3. 기타 산업시설의 대책 등
		5. 기후변화 대응	1. 지구온난화	1. 원인 물질의 종류 2. 특징 3. 영향 및 대책 4. 국제적 동향
			2. 오존층 파괴	1. 원인 물질의 종류 2. 특징 3. 영향 및 대책 4. 국제적 동향
대기 오염 방지 기술	20	1. 입자 및 집진의 기초	1. 입자동력학	1. 입자에 작용하는 힘 2. 입자의 종말침강속도 산정 등
			2. 입경과 입경분포	1. 입경의 정의 및 분류 2. 입경분포의 해석
			3. 먼지의 발생 및 배출원	1. 먼지의 발생원 2. 먼지의 배출원
			4. 집진원리	1. 집진의 기초이론 2. 통과율 및 집진효율 계산 등
		2. 집진기술	1. 집진방법	1. 직렬 및 병렬연결 2. 건식집진과 습식집진 등
			2. 집진장치의 종류 및 특징	1. 중력집진장치의 원리 및 특징 2. 관성력집진장치의 원리 및 특징 3. 원심력집진장치의 원리 및 특징 4. 세정식집진장치의 원리 및 특징 5. 여과집진장치의 원리 및 특징 6. 전기집진장치의 원리 및 특징 7. 기타집진장치의 원리 및 특징
			3. 집진장치 설계	1. 각종 집진장치의 기본설계시 고려 인자 2. 각종 집진장치의 처리성능과 특성 3. 각종 집진장치의 효율산정 등
			4. 집진장치의 운전 및 유지관리	1. 중력집진장치의 운전 및 유지관리 2. 관성력집진장치의 운전 및 유지관리 3. 원심력집진장치의 운전 및 유지관리 4. 세정식집진장치의 운전 및 유지관리 5. 여과집진장치의 운전 및 유지관리 6. 전기집진장치의 운전 및 유지관리 7. 기타집진장치의 운전 및 유지관리

필기 과목명	문제수	주요항목	세부항목	세세항목
		3. 유해가스 및 처리	1. 유해가스의 특성 및 처리이론	1. 유해가스의 특성 2. 유해가스의 처리이론(흡수, 흡착 등)
			2. 유해가스의 발생 및 처리	1. 황산화물 발생 및 처리 2. 질소산화물 발생 및 처리 3. 휘발성유기화합물 발생 및 처리 4. 악취 발생 및 처리 5. 기타 배출시설에서 발생하는 유해가스 처리
			3. 유해가스 처리설비	1. 흡수 처리설비 2. 흡착 처리설비 3. 기타 처리설비 등
			4. 연소기관 배출가스 처리	1. 배출 및 발생 억제기술 2. 배기가스 처리기술
		4. 환기 및 통풍	1. 환기	1. 자연환기 2. 국소환기
			2. 통풍	1. 통풍의 종류 2. 통풍장치
			3. 유체의 특성	1. 유체의 흐름 2. 유체역학 방정식
		5. 연소이론	1. 연료의 종류 및 특성	1. 고체연료의 종류 및 특성 2. 액체연료의 종류 및 특성 3. 기체연료의 종류 및 특성
			2. 공기량	1. 이론산소량 및 이론공기량 2. 공기비(과잉공기계수) 3. 연소에 소요되는 공기량
			3. 연소가스 분석 및 농도산출	1. 연소가스량 및 성분분석 2. 연소생성물의 농도계산 3. 연소설비
			4. 발열량과 연소온도	1. 발열량의 정의와 종류 2. 발열량 계산 3. 연소실 열발생율 및 연소온도 계산 등
			5. 연소기관 및 오염물	1. 연소기관의 분류 및 구조 2. 연소기관별 특징 및 배출오염물질

필기 과목명	문제수	주요항목	세부항목	세세항목
대기오염 공정시험 기준(방법)	20	1. 일반분석	1. 분석의 기초	1. 총칙 2. 적용범위
			2. 일반분석	1. 단위 및 농도, 온도표시 2. 시험의 기재 및 용어 3. 시험기구 및 용기 4. 시험결과의 표시 및 검토 등
			3. 기기분석	1. 기체크로마토그래피 2. 자외선가시선분광법 3. 원자흡수분광광도법 4. 비분산적외선분광분석법 5. 이온크로마토그래피 6. 흡광차분광법 등
			4. 유속 및 유량 측정	1. 유속 측정 2. 유량 측정
			5. 압력 및 온도 측정	1. 압력 측정 2. 온도 측정
		2. 시료채취	1. 시료채취방법	1. 적용범위 2. 채취지점수 및 위치선정 3. 일반사항 및 주의사항 등
			2. 가스상물질	1. 시료채취법 종류 및 원리 2. 시료채취장치 구성 및 조작
			3. 입자상 물질	1. 시료채취법 종류 및 원리 2. 시료채취장치 구성 및 조작
		3. 측정방법	1. 배출오염물질측정	1. 적용범위 2. 분석방법의 종류 3. 시료채취, 분석 및 농도산출
			2. 대기중 오염물질 측정	1. 적용범위 2. 측정방법의 종류 3. 시료채취, 분석 및 농도산출
			3. 연속자동측정	1. 적용범위 2. 측정방법의 종류 3. 성능 및 성능시험방법 4. 장치구성 및 측정조작
			4. 기타 오염인자의 측정	1. 적용범위 및 원리 2. 장치구성 3. 분석방법 및 농도계산

필기 과목명	문제수	주요항목	세부항목	세세항목
대기환경 관계법규	20	1. 대기환경 보전법	1. 총칙	
			2. 사업장 등의 대기 오염물질 배출규제	
			3. 생활환경상의 대기 오염물질 배출규제	
			4. 자동차 · 선박 등의 배출가스의 규제	
			5. 보칙	
			6. 벌칙(부칙포함)	
		2. 대기환경 보전법 시행령	1. 시행령 전문 (부칙 및 별표 포함)	
		3. 대기환경 보전법 시행규칙	1. 시행규칙 전문 (부칙 및 별표 포함)	
		4. 대기환경 관련법	1. 대기환경보전 및 관리, 오염 방지와 관련된 기타법령(환경정책기본법, 악취방지법, 실내공기질 관리법 등 포함)	

전체목차...

1권

2권

3권

세부목차...

PART 06 대기 공정시험기준

PART 07 대기환경 관계 법규

PART

06

대기 공정시험기준

[화학기초]

(1) 원자량

① 정의
질량수가 12인 탄소원자(C)의 질량을 12.00으로 정하여 이것을 기준으로 비교한 다른 원자의 상대적인 질량을 원자량이라 하며 단위가 없다.

② 그램 원자량
원자량을 g 단위로 표현한 것이다.

③ 필수 원자량

H(수소) : 1	산소(O) : 16	탄소(C) : 12	질소(N) : 14
S(황) : 32	염소(Cl) : 35.5	칼슘(Ca) : 40	칼륨(K) : 39
Na(나트륨) : 23	아르곤(Ar) : 39.95	인(P) : 31	플루오르(F) : 19

(2) 분자량

① 정의
분자를 구성하는 원자들의 원자량의 합으로서 상대적인 질량인 원자량의 합이므로 분자량도 상대적 질량값으로 단위가 없다.

② 그램분자량
㉠ 분자량을 g 단위로 표현한 것이다.
㉡ 1g 분자량을 1몰(mole)이라 하며 무게단위이다.
㉢ 기체는 1 mole의 부피가 22.4 L 1kmol의 부피는 22.4 m^3의 값을 갖는다.
㉣ 필수 1 g 분자량

O_2(산소) : 32 mole	O_3(오존) : 48 mole	CO(일산화탄소) : 28 mole
CO_2(이산화탄소) : 44 mole	SO_2(아황산가스) : 64 mole	H_2SO_4(황산) : 98 mole
Cl_2(염소) : 71 mole	HCl(염화수소) : 36.5 mole	HF(불화수소) : 20 mole
$Ca(OH)_2$(수산화칼슘) : 74 mole		
NaOH(수산화나트륨) : 40 mole		

(3) 몰농도(M, mol/L)

① 정의
용질 1몰(1 g 분자량)이 용매에 녹아 용액 1 L로 된 농도. 즉, 용액 1 L 중에 녹아 있는 용질의 g 분자량을 의미한다.

② 관련식

$$1M = 1mole/L = g분자량(용질, mol)/L(용액부피)$$

$$M = \frac{비중 \times 1{,}000 \times \%/100}{g분자량}$$

(4) 노르말 농도(N 농도) 및 당량(eq)

① 원자가

원소 1원자가 H, O, Cl과 치환(또는 화합)하는 수를 의미한다.

예로서 H_2O의 H는 +가이고 O는 −2가이다.

② 당량(eq ; equivalent weight)

㉠ 원자(이온) 당량

$$\text{원자(이온)당량} = \frac{\text{원자량}}{\text{원자가}}$$

㉡ g 당량

• 당량을 g 단위로 표현한 것으로 질량단위이다.

• 예로 H_2SO_4 1 g 당량은 49 g이다.

㉢ 분자(화합물) 당량

$$\text{분자당량} = \frac{\text{분자량}}{\text{양이온 가수}}$$

③ 노르말 농도(N 농도)

㉠ 정의

용액 1 L 중에 녹아 있는 용질의 g 당량 수를 의미한다.

㉡ 관련식

$$1\,N = \frac{\text{Leq(용질)}}{\text{L(용액)}} = \frac{\text{g당량}}{\text{L(용액)}}$$

$$N = \frac{\text{비중} \times 1{,}000 \times \%/100}{\text{g당량}}$$

㉢ 몰랄 농도(Molality)

• 용매 1,000 g에 녹아 있는 용질의 mole 수를 의미한다.

• 온도에 무관하며 끓는점 증가와 어는점 감소에 주로 이용된다.

• $M = \dfrac{\text{용질의 몰수(mol)}}{\text{용매의 질량(kg)}}$

Reference | 가수계산

1. 산일 경우 : H^+수=가수 예 HCl(1가), H_2SO_4(2가), HNO_3(1가)
2. 염기일 경우 : OH^-수=가수 예 NaOH(1가), $Ca(OH)_2$(2가), KOH(1가), $Cr(OH)_3$(3가)
3. 화합물일 경우 : 양이온의 산화수=가수 예 $CaCO_3$(2가), $MgCO_3$(2가), $CaCl_2$(2가)
4. 산화제, 환원제일 경우 : 교환전자수=가수, 화합물의 산화수는 '0'이다.

예 $KMnO_4$: 5가
K : +1, O_4 : (−2)×4=−8, Mn : +2
총합은 0이 되어야 한다.

예 $K_2Cr_2O_7$: 6가
K : (+1)×2, Cr : (+3)×2, O : (−2)×7

필수 문제

01 액체 Cl_2 3 kg을 완전하게 기화시킬 경우 표준상태에서 부피(Sm^3)는 얼마나 되겠는가?

풀이 부피(Sm^3) = 3kg × 1mole/71kg × 22.4Sm^3/1mole = 0.95Sm^3

필수 문제

02 HCl, NaOH, H_2SO_4, $KMnO_4$을 mol, eq로 나타내시오.

풀이

HCl	1mol=36.5g
	1eq=(36.5/1)g
NaOH	1mol=40g
	1eq=(40/1)g
H_2SO_4	1mol=98g
	1eq=(98/2)g
$KMnO_4$	1mol=158g
	1eq=(158/5)g

필수 문제

03 물 1L에 $CaCO_3$ 200mg을 녹인 용액의 M, N은?

풀이

M(mol/L) = 200mg/1L × 1mole/100g × 1g/10^3mg = 2.0×10^{-3}M(mol/L)

N(eq/L) = 200mg/L × 1eq/(100/2)g × 1g/10^3mg = 4.0×10^{-3}N(eq/L)

필수 문제

04 50℃에서 순수한 물 1L에 몰 농도(mole/L)는?(단, 50℃에서 물의 밀도는 0.9881kg/L)

풀이 M(mol/L) = 1mol/18g × 0.9881g/mL × 1,000mL/1L = 54.89mol/L

필수 문제

05 수산화나트륨 30g을 증류수에 넣어 1.5L로 하였을 때 규정농도(N)는?(단, Na의 원자량은 23이다.)

풀이 N(eq/L) = 30g/1.5L × 1eq/(40/1)g = 0.5N(eq/L)

필수 문제

06 NaOH 30 g을 물에 넣어 500 mL로 하는 경우의 M 농도를 구하시오.(단, Na : 23)

풀이 M 농도(mol/L) = 30g/500mL × 1,000mL/1L × 1mol/40g = 1.5mol/L

필수 문제

07 순수 황산 45 g을 증류수 1 L에 용해시킬 경우 이 용액의 몰 농도(M)를 구하시오.

풀이 M 농도(M) = 45g/1L × 1mol/98g = 0.46M(mol/L)

필수 문제

08 아황산가스(SO_2) 12.8g을 포함하는 2 L 용액의 몰농도(M)는?

풀이 SO_2(mol/L) = 12.8g/2L × 1mole/64g = 0.1M(mol/L)

필수 문제

09 시중에 판매되는 진한황산의 비중은 약 1.85이고 농도는 중량기준으로 96% 정도이다. M 농도(mol/L)는?

풀이 M 농도(mol/L) $= \dfrac{1.85 \times 1,000 \times 96/100}{98} = 18.12$mol/L

[다른 방법]

H_2SO_4의 1몰 농도(1M) = 98g/L

1M : 98g/L

x(M) : 1.85×10^3g/L × 96/100

$$M = \frac{1M \times 1.85 \times 10^3 g/L \times 96/100}{98g/L}$$

= 18.12mol/L(비중 1.84 = 1.84kg/L = 1.84×10^3g/L)

필수 문제

10 5 g의 NaOH를 수용액에 용해시켜 전체의 양을 500 mL로 하였을 경우 N 농도를 구하시오.

풀이 N(eq/L) = 5g/500mL × 1,000mL/L × 1eq/40g = 0.25eq/L(N)

필수 문제

11 HCl 농도가 50 w/w%일 경우 N 농도는?(단, HCl 비중 1.12)

풀이 $N(eq/L) = \dfrac{비중 \times 1{,}000 \times \%/100}{g당량} = \dfrac{1.12 \times 1{,}000 \times 50/100}{36.5} = 15.3N(eq/L)$

(5) 수소이온농도(pH)

① 정의

수소이온농도의 역수의 상용대수값

② 관계식

$pH = \log\dfrac{1}{[H^+]} = -\log[H^+]$ $[H^+] = mol/L$

$pOH = \log\dfrac{1}{[OH^-]} = -\log[OH^-]$ $[OH^-] = mol/L$

$[H^+] = 10^{-pH}$ $[OH^-] = 10^{-pOH}$

$pH = 14 - pOH$ $pOH = 14 - pH$

③ 특성

㉠ 물의 반응, 즉 알칼리성, 산성, 중성의 정도를 나타내는 데 사용한다.

㉡ pH 7이 중성, 7 이상은 알칼리성, 7 이하는 산성으로 수소 지수라고도 한다.

㉢ 수소이온농도가 높을수록 pH는 낮아진다.

(6) 중화적정

산과 염기가 반응하는 것을 중화라 하며, 완전중화와 불완전중화가 있다.

① 완전중화

㉠ 산의 당량(eq) = 염기의 당량(eq)

㉡ $[H^+] = [OH^-]$

㉢ 혼합액의 pH = 7

$$NVf = N'V'f'$$

② 불완전중화

㉠ 산의 당량(eq) ≠ 염기의 당량(eq)

㉡ $[H^+] \neq [OH^-]$

㉢ 혼합액의 pH ≠ 7

$$N_o = \frac{N_1V_1 - N_2V_2}{V_1 + V_2}$$

여기서, N_o : 혼합액의 N 농도

필수 문제

01 $Mg(OH)_2$ 464mg/L 용액의 pH는?(단, $Mg(OH)_2$는 완전해리하며, M.W=58)

풀이

$Mg(OH)_2(mol/L) = 464mg/L \times g/1,000mg \times 1mol/58g = 8 \times 10^{-3} mol/L$

$Mg(OH)_2 \rightleftarrows Mg^{2+} + 2OH^-$

$Mg(OH)_2 \quad : \quad 2OH^-$

$8 \times 10^{-3} mol/L \quad 0.016 mol/L$

$pH = 14 - pOH \quad pOH = \log\frac{1}{[OH^-]} = \log\frac{1}{0.016} = 1.796$

$pH = 14 - 1.8 = 12.2$

필수 문제

02 수소이온 농도가 2.0×10^{-5}mol/L이면 pH는?

풀이

$pH = \log\frac{1}{[H^+]} = \log\frac{1}{2.0 \times 10^{-5}} = 4.69897$

필수 문제

03 0.02M의 황산 30mL를 중화시키는 데 필요한 0.1N 수산화나트륨용액의 양(mL)은?

풀이

H_2SO_4 0.02M=0.04N

NV = N′V′

0.1N×수산화나트륨용액(mL)=0.04N×30mL

수산화나트륨용액(mL)=12mL

필수 문제

04 산성폐수에 NaOH 0.7% 용액 150mL를 사용하여 중화하였다. 같은 산성폐수 중화에 $Ca(OH)_2$의 0.7% 용액을 사용한다면 $Ca(OH)_2$ 용액은 몇 mL가 필요한가?(단, 원자량 Na : 23, Ca : 40, 폐수비중은 1.0로 본다.)

풀이

NV=N′V′

$0.7g/100mL \times 150mL \times 1eq/(40/1)g = 0.7g/100mL \times 1eq/(74/2)g \times Ca(OH)_2$

$Ca(OH)_2(mL) = 138.75mL$

[농 도]

(1) ppm(part per million)

① 백만분율을 의미한다.

② $1ppm = 1/10^6 = 10^{-6}$

㉠ 고체 및 액체(중량)

$1ppm = 1mg/kg$(만일 비중이 1일 경우 $1mg/L$)

㉡ 기체(부피)

$1ppm = 1mL/m^3 = 1mL/kL$

(2) pphm(part per hundred million)

① 1억분율을 의미한다.

② $1pphm = 1/10^8 = 10^{-8}$

㉠ 고체 및 액체(중량)

$1pphm = 10\mu g/kg$(만일 비중이 1일 경우 $10\mu g/L$)

㉡ 기체(부피)

$1ppm = 10\mu L/m^3$

(3) ppb(part per billion)

① 10억분율을 의미한다.

② $1ppb = 1/10^9 = 10^{-9}$

㉠ 고체 및 액체(중량)

$1ppb = 1\mu g/kg$(만일 비중이 1일 경우 $1\mu g/L$)

㉡ 기체(부피)

$1ppb = 1\mu L/m^3$

(4) %농도(part per hundred)

$1\% = 10^4 ppm = 10^{-2}$

(5) 질량 또는 중량농도(mg/m^3)와 용량농도(ppm)의 환산(0℃, 1기압일 경우)

① $mg/m^3 = ppm \times \frac{분자량}{22.4} \times \frac{273}{273 + 섭씨온도} \times \frac{압력}{760}$

② $ppm = mg/m^3 \times \frac{22.4}{분자량} \times \frac{273 + 섭씨온도}{273} \times \frac{760}{압력}$

③ $\mu g/m^3 = ppm \times \frac{분자량}{22.4} \times 10^{-3}$

④ $ppm = \mu g/m^3 \times \frac{22.4}{분자량} \times 10^3$

필수 문제

01 50ppm은 몇 %인가?

풀이 $50ppm \times 1\%/10,000ppm = 0.005\%$

필수 문제

02 0.05%는 몇 ppm인가?

풀이 $0.05\% \times 10,000ppm/1\% = 500ppm$

필수 문제

03 표준상태에서 질소산화물 500ppm은 몇 mg/Sm^3인가?

풀이 $mg/Sm^3 = ppm \times \dfrac{\text{분자량}}{22.4}$

$= 500ppm \times \dfrac{46(mg)}{22.4(mL)} (ppm = mL/Sm^3) = 1,026.79mg/Sm^3$

필수 문제

04 황산(H_2SO_4)의 농도가 $10mg/m^3$일 경우 ppm으로 환산하면?(단, 25℃, 1기압)

풀이 $ppm = mg/m^3 \times \dfrac{22.4}{\text{분자량}} \times \dfrac{273 + \text{섭씨온도}}{273}$

$= 10mg/m^3 \times \dfrac{22.4}{98} \times \dfrac{(273+25)}{273} = 2.5ppm$

필수 문제

05 부피 $50m^3$의 실내에 30L의 CO가 포함되어 있을 경우 실내의 농도를 % 및 ppm으로 환산하시오.

풀이 $\text{농도}(\%) = \dfrac{30L}{50,000L} \times 100 = 0.06\%$

$\text{농도}(ppm) = \dfrac{30L}{50,000L} \times 10^6 = 600ppm$

필수 문제

06 배기가스 중 SiF_4 농도가 20ppm이다. 만일 배출허용기준이 불소의 양으로 10mg/m³ 이하일 경우 불화규소의 농도를 몇 % 이하로 해야 하는지 구하시오.

풀이

ppm을 mg/m³으로 환산하면

$$mg/m^3 = 20ppm \times \frac{104}{22.4} \; (SiF_4 = 28 + (19 \times 4) = 104)$$

$$= 92.86 mg/m^3$$

$$F로서\ 농도(mg/m^3) = 20mL/m^3 \times \frac{104mg}{22.4mL} \times \frac{76mg}{104mg} = 67.86mg/m^3$$

배출허용기준이 10mg/m³ 이하이므로

$$\frac{10}{67.86} \times 100 = 14.74\% \;(현재의\ 14.74\%\ 이하로\ 해야\ 함)$$

[총 칙]

1. 이 시험기준은 대기오염물질을 측정함에 있어서 측정의 정확 및 통일을 유지하기 위하여 필요한 제반사항에 대하여 규정함을 목적으로 한다.
2. 이 공정시험기준에서 필요한 어원, 분자식, 화학명 등은 ( ) 내에 기재한다.
3. 이 공정시험기준의 내용은 총칙, 정도보증/정도관리, 일반시험기준, 항목별시험기준, 동시분석시험기준으로 구분한다. 단, 이 시험법에 규정한 방법이 분석화학적으로 반드시 최고의 정밀도와 정확도를 갖는다고는 할 수 없으며 공정시험기준 이외의 방법이라도 측정결과가 같거나 그 이상의 정확도가 있다고 국내외에서 공인된 방법은 이를 사용할 수 있다.
4. 이 공정시험기준에서 사용하는 수치의 맺음법은 따로 규정이 없는 한 한국공업규격 KSQ 5002의 수치의 맺음법에 따른다.
5. 이 공정시험기준에서 규정하지 않은 사항에 대해서는 일반적인 화학적 상식에 따르되 이 시험방법에 기재한 방법 중 세부조작은 시험의 본질에 영향을 주지 않는다면 실험자가 적당히 변경, 조절할 수도 있다.
6. 하나 이상의 시험방법으로 시험한 결과가 서로 달라 판정에 영향을 줄 경우에는 항목별 공정시험기준의 주 시험방법에 의한 분석성적에 의하여 판정한다.
7. 배출허용기준 중 표준산소농도를 적용받는 항목에 대하여는 다음 식을 적용하여 오염물질의 농도 및 배출가스량을 보정한다.

○ 오염물질농도 보정 중요내용

$$C = C_a \times \frac{21 - O_s}{21 - O_a}$$

여기서, C : 오염물질농도(mg/Sm^3 또는 ppm)
O_s : 표준산소농도(%)
O_a : 실측산소농도(%)
C_a : 실측오염물질농도(mg/Sm^3 또는 ppm)

○ 배출가스유량 보정 중요내용

$$Q = Q_a \div \frac{21 - O_s}{21 - O_a}$$

여기서, Q : 배출가스유량(Sm^3/일)
O_s : 표준산소농도(%)
O_a : 실측산소농도(%)
Q_a : 실측배출가스유량(Sm^3/일)

[일반시험방법]

1. 도량형의 단위 및 기호

종류	단위	기호	종류	단위	기호
길이	미터	m	용량	킬로리터	kL
	센티미터	cm		리터	L
	밀리미터	mm		밀리리터	mL
	마이크로미터(미크론)	$\mu m(\mu)$		마이크로리터	μL
	나노미터(밀리미크론)	$nm(m\mu)$	부피	세제곱미터	m^3
	옹스트롬	Å		세제곱센티미터	cm^3
무게	킬로그램	kg		세제곱밀리미터	mm^3
	그램	g	압력	기압	atm
	밀리그램	mg		수은주밀리미터	mmHg
	마이크로그램	μg		수주밀리미터	mmH_2O
	나노그램	ng			
넓이	제곱미터	m^2			
	제곱센티미터	cm^2			
	제곱밀리미터	mm^2			

Reference | 압력단위 중요내용

1 atm = 14.696 PSi = 1.033227 kg_f/cm^2 = 101.325 Pa = 101.325 kPa
= 1.01325 bar = 1,013.250 $dyne/cm^2$ = 760 mmHg = 29.921 inHg
= 10,332.275 mmH_2O = 406.782 $inchH_2O$

2. 농도 표시

(1) 중량백분율 : %

(2) g/L(W/V%)

① 액체 100 mL 중의 성분질량(g)
② 기체 100 mL 중의 성분질량(g)

(3) 부피분율 %(V/V%)

① 액체 100 mL 중의 성분용량(mL)
② 기체 100 mL 중의 성분용량(mL)

(4) 백만분율 중요내용

① 표시 : ppm
② 기체 : 용량대용량(부피분율)
③ 액체 : 중량대중량(질량분율)

(5) 1억분율 중요내용

① 표시 : pphm
② 10억분율 표시 : ppb
③ 기체 : 용량대용량(부피분율)
④ 액체 : 중량대중량(질량분율)

(6) 기체 중의 농도를 mg/m^3로 표시했을 때는 m^3은 표준상태(0℃, 760mmHg)의 기체용적을 뜻하고 Sm^3로 표시 그리고 am^3로 표시한 것은 실측상태(온도 · 압력)의 기체용적

3. 온도 중요내용

온도의 표시는 셀시우스법에 따라 아라비아 숫자의 오른쪽에 ℃를 붙인다. 절대온도는 K로 표시(절대온도 0K=－273℃)

(1) 온도 용어

용어	온도(℃)	비고	용어	온도(℃)	비고
표준온도	0		냉수	15 이하	
상온	15~25		온수	60~70	
실온	1~35		열수	≒100	
찬 곳	0~15의 곳	따로 규정이 없는 경우			

(2) 수욕 상 수욕 중에서 가열한다.

규정이 없는 한 수온 100℃에서 가열함을 뜻하고 약 100℃ 부근의 증기욕을 대응할 수 있다.

(3) 각 조의 시험은 따로 규정이 없는 한 상온에서 조작하고 조작 직후 그 결과를 관찰한다.

(4) 냉후

보온 또는 가열 후 실온까지 냉각된 상태

4. 물

정제증류수 또는 이온교환수지로 정제한 탈염수

5. 액의 농도 중요내용

(1) 단순히 용액이라 기재, 용액의 이름을 밝히지 않은 것은 수용액을 뜻함

(2) 혼액(1+2), (1+5), (1+5+10)

① 액체상의 성분을 각각 1용량 대 2용량, 1용량 대 5용량, 1용량 대 5용량 대 10용량의 비율로 혼합한 것을 의미함

② 표시
(1 : 2), (1 : 5), (1 : 5 : 10)

③ 예
황산(1+2) 또는 황산(1 : 2) : 황산 1용량에 물 2용량을 혼합한 것

(3) 액의 농도(1 → 2), (1 → 5)

용질의 성분이 고체일 때는 1g을, 액체일 때는 1mL을 용매에 녹여 전량을 각각 2mL 또는 5mL로 하는 비율

6. 시약, 시액, 표준물질 중요내용

(1) 시약

따로 규정이 없는 한 특급 또는 1급 이상 또는 이와 동등한 규격의 것을 사용

(2) 시약의 농도

명 칭	화학식	농 도(%)	비 중(약)
염산	HCl	35.0~37.0	1.18
질산	HNO_3	60.0~62.0	1.38
황산	H_2SO_4	95.0% 이상	1.84
아세트산	CH_3COOH	99.0% 이상	1.05
인산	H_3PO_4	85.0% 이상	1.69
암모니아수	NH_4OH	28.0~30.0(NH_3로서)	0.90
과산화수소	H_2O_2	30.0~35.0	1.11
플루오린화수소산	HF	46.0~48.0	1.14
아이오딘화수소산	HI	55.0~58.0	1.70
브로민화수소산	HBr	47.0~49.0	1.48
과염소산	$HClO_4$	60.0~62.0	1.54

(3) 시험에 사용하는 표준품은 원칙적으로 특급 시약을 사용하며 표준액을 조제하기 위한 표준용시약은 따로 규정이 없는 한 데시케이터에 보존된 것을 사용

(4) 표준품을 채취할 때 표준액이 정수로 기재되어 있어도 실험자가 환산하여 기재 수치에 "약" 자를 붙여 사용할 수 있음

(5) "약"이란 그 무게 또는 부피 등에 대하여 ±10% 이상의 차가 있어서는 안 됨

7. 방울수 중요내용

20 ℃에서 정제수 20방울을 떨어뜨릴 때 그 부피가 약 1 mL 되는 것을 뜻함

8. 기구

(1) 유리기구

KS L 2302

(2) 화학분석용 유리기구(눈금플라스크, 피펫, 뷰렛, 눈금실린더, 비커 등)

국가검정 필한 것 사용

(3) 여과용 기구 및 기기를 기재하지 아니하고 "여과한다."

KS M 7602 거름종이 5종 또는 이와 동등한 여과지를 사용

9. 용기 중요내용

시험용액 또는 시험에 관계된 물질을 보존, 운반 또는 조작하기 위하여 넣어두는 것

구분	정의
밀폐용기	취급 또는 저장하는 동안에 이물질이 들어가거나 또는 내용물이 손실되지 아니하도록 보호하는 용기
기밀용기	취급 또는 저장하는 동안에 밖으로부터의 공기 또는 다른 가스가 침입하지 아니하도록 내용물을 보호하는 용기
밀봉용기	취급 또는 저장하는 동안에 기체 또는 미생물이 침입하지 아니하도록 내용물을 보호하는 용기
차광용기	광선이 투과하지 않는 용기 또는 투과하지 않게 포장한 용기이며 취급 또는 저장하는 동안에 내용물이 광화학적 변화를 일으키지 아니하도록 방지할 수 있는 용기

10. 분석용 저울 및 분동

최소 0.1mg까지 달 수 있는 것

11. 시험의 기재 용어 중요내용

(1) 정확히 단다.

규정한 양의 검체를 취하여 분석용 저울로 0.1 mg까지 다는 것

(2) 정확히 취한다.

홀피펫, 메스플라스크 또는 이와 동등 이상의 정도를 갖는 용량계를 사용하여 조작하는 것

(3) 항량이 될 때까지 건조한다 또는 강열한다.

같은 조건에서 1시간 더 건조 또는 강열할 때 전후 무게의 차가 g당 0.3 mg 이하

(4) 즉시

30초 이내에 표시된 조작을 하는 것을 의미

(5) 감압 또는 진공

15 mmHg 이하

(6) 이상과 초과, 이하, 미만

① "이상"과 "이하"는 기산점 또는 기준점인 숫자를 포함
② "초과"와 "미만"은 기산점 또는 기준점의 숫자를 불포함
③ a~b → a 이상 b 이하

(7) 바탕시험을 하여 보정한다.

시료에 대한 처리 및 측정을 할 때 시료를 사용하지 않고 같은 방법으로 조작한 측정치를 빼는 것을 의미

(8) 시료의 시험, 바탕시험 및 표준액에 대한 시험을 일련의 동일시험으로 행할 때 사용하는 시약 또는 시액은 동일 로트(Lot)로 조제된 것을 사용

(9) 정량적으로 씻는다.

어떤 조작으로부터 다음 조작으로 넘어갈 때 사용한 비커, 플라스크 등의 용기 및 여과막 등에 부착한 정량대상 성분을 사용한 용매로 씻어 그 씻어낸 용액을 합하고 먼저 사용한 같은 용매를 채워 일정용량으로 하는 것

(10) 용액의 액성 표시

유리전극법에 의한 pH미터로 측정한 것

12. 시험결과의 표시 및 검토

(1) 시험결과 표시단위

① 가스상 성분
ppm(μmol/mol) 또는 ppb(mol/mol)

② 입자상 성분
mg/Sm^3, μg/Sm^3 또는 ng/Sm^3

(2) 시험성적수치는 마지막 유효숫자의 다음 단위까지 계산하여 한국공업규격 KSQ5002 4사5입법의 수치 맺음법에 따라 기록

[정도보증/정도관리]

1. 측정 용어의 정의 중요내용

(1) (측정)불확도(Uncertainty)

측정결과에 관련하여, 측정량을 합리적으로 추정한 값의 산포 특성을 나타내는 인자

㈜ 1. 정의는 측정 불확도 표기 지침(GUM, ISO, 1993)에 따라 인용하였다.
2. 측정의 불확도를 정량적으로 적용하기 위해서는 표준불확도, 합성표준불확도, 확장불확도 포함인자, 유효자유도 및 감도계수 그리고 통계적인 용어로서, 자유도, 정규 및 t 분포표 등의 확률분포표의 사용이 요구된다.

(2) (측정값의) 분산(Dispersion)

측정값의 크기가 흩어진 정도로서 크기를 표시하기 위해 대표적으로 표준편차를 이용한다.

(3) (측정의) 소급성(Traceability)

측정의 결과 또는 측정의 값이 모든 비교의 단계에서 명시된 불확도를 갖는 끊어지지 않는 비교의 사슬을 통하여, 보통 국가표준 또는 국제표준에 정해진 기준에 관련시켜 질 수 있는 특성

㈜ 시험분석 분야에서 소급성의 유지는 교정 및 검정곡선 작성과정의 표준물질 및 순수 물질을 적절히 사용함으로써 달성할 수 있다.

(4) (측정 가능한) 양(Quantity)

정성적으로 구별되고, 정량적으로 결정될 수 있는 어떤 현상, 물체, 물질의 속성

㈜ 일반적인 의미의 양으로는 물질량의 농도, 유량, 길이, 시간, 질량, 온도, 전기저항 등이 있다.

(5) (측정의) 오차(Error)

측정 결과에서 측정량의 참값을 뺀 값

㈜ 1. 오차는 계통오차와 우연오차로 구별되며, 참값은 구할 수가 없으므로 오차를 완전하게 구할 수 없다.
2. 추정된 계통오차는 측정 결과의 보정을 통하여 제거되나, 참값과 오차를 완전하게 알 수 없기 때문에 이에 대한 보상도 완전할 수 없다.

2. 바탕시료(Blank)

(1) 바탕시료의 사용 목적 및 종류

① 바탕시료는 측정 · 분석 항목이 포함되지 않은 기준 시료를 의미한다.
② 측정 · 분석 또는 운반 과정에서 오염 상태를 확인하거나 검정곡선 작성과정에서 기기 또는 측정 시스템의 바탕값을 확인하기 위하여 사용한다.
③ 바탕시료는 사용 목적에 따라 방법바탕시료(Method Blank), 현장바탕시료(Field Blank), 운송바탕시료(Trip Blank), 정제수 바탕시료(Reagent Water Blank), 실험실바탕시료(Laboratory Blank), 기기바탕시료(Equipment Blank)로 구분할 수 있다. 중요내용

(2) 바탕시료의 종류별 적용법

① 방법바탕시료(Method Blank) 중요내용
㉠ 방법바탕시료는 시료와 같은 매질의 물질을 시험방법과 동일한 절차에 따라서 시료와 동시에 전처리된 바탕시료이다.
㉡ 방법바탕시료는 시험분석 항목이 전혀 포함되어 있지 않지만 시료와 매질이 같은 것이 확인된 시료이다.
㉢ 방법바탕시료는 시험분석 과정에서 매질효과의 보정이 정확한지를 확인하거나 시약 및 절차상의 오염을 확인하기 위해 이용한다.

㉣ 이러한 목적으로 사용되는 방법바탕시료를 정제수 바탕시료(Reagent Water Blank) 또는 실험실 바탕시료(Laboratory Blank) 등으로 표현하기도 한다.

② 현장바탕시료(Field Blank) 중요내용

㉠ 현장바탕시료는 현장에서의 채취 과정, 시료의 운송, 보관 및 분석 과정에서 생기는 문제점을 찾는 데 사용되는 시료를 말한다.

㉡ 현장바탕시료를 분석한 경우, 분석 결과에는 분석하고자 하는 물질이 없는 것으로 나타나야 하며, 모든 현장 채취 시료보다 5배 정도의 낮은 값 이하로 측정되어야 분석 과정에 문제점이 없는 것으로 판단할 수 있다.

㉢ 현장바탕시료는 시료 한 그룹당 1개 정도가 있으면 된다. 만약 분석 과정에 분해나 희석 또는 농축과 같은 전처리 과정이 포함된다면, 현장 바탕시료도 같은 전처리 과정을 거치며 전처리 과정에서의 오염을 확인하여야 한다.

3. 검출한계(Detection Limit)

(1) 검출한계의 정의와 종류 중요내용

① 검출한계(Detection Limit)는 측정 항목이 포함된 시료에 대하여 통계적으로 정의된 신뢰수준(통상적으로 99%의 신뢰수준)으로 검출할 수 있는 최소 농도로 정의한다.

② 검출한계 계산은 분석장비, 분석자, 시험분석방법에 따라 달라질 수 있다.

③ 적용 방법에 따라서 방법검출한계(MDL ; Method Detection Limit)와 기기검출한계(IDL ; Instrument Detection Limit) 및 정량한계(MQL ; Minimum Quantification Limit)로 나눌 수 있다.

(2) 검출한계의 적용방법 중요내용

검출한계는 적용방법에 따라서 방법검출한계와 기기검출한계 및 정량한계로 나눌 수 있다.

① 기기검출한계

㉠ 기기가 분석 대상을 검출할 수 있는 최소한의 농도

㉡ 방법바탕시료 수준의 시료를 분석 대상 시료의 분석 조건에서 15회 반복 측정하여 결과를 얻고, 표준편차(바탕세기의 잡음, s)를 구하여 2.624를 곱한 값

㉢ 계산된 기기검출한계의 신뢰수준은 99%이다.

$$\text{기기검출한계} = 2.624 \times s$$

여기서, 2.624는 자유도, 14(15회 측정)에 대하여 검출 확률의 99%를 포함하는 통계적인 t 분포의 t의 값이다.

② 방법검출한계

㉠ 방법검출한계는 시료의 전처리를 포함한 모든 시험절차를 독립적으로 거친 여러 개의 시험바탕시료를 측정하여 구하기 때문에 전체 시험절차에 대한 정도관리 상태를 나타낸다.

㉡ 방법검출한계는 방법바탕시료를 이용하여 예측된 방법검출한계 농도의 3~5배 농도를 포함하도록 제조된 7개의 매질첨가시료를 준비하여 반복 측정하여 얻은 결과의 표준편차(s)에 3.14를 곱한 값이다.

$$\text{방법검출한계} = 3.14 \times s$$

③ 정량한계

㉠ 정량한계는 시험항목을 측정 분석하는 데 있어 측정 가능한 검정 농도(Calibration Point)와 측정 신호를 완전히 확인 가능한 분석 시스템의 최소 수준이다.

㉡ 방법검출한계와 동일한 수행 절차에 의해 산출되며 정량할 수 있는 최소 수준으로 정한다.

㉢ 정량한계는 예측된 방법검출한계 농도의 3~5배 농도를 포함하도록 제조된 7개의 매질첨가시료를 준비하여 반복 측정으로 얻은 결과의 표준편차(s)를 10배한 값이다.

$$정량한계 = 10 \times s$$

4. 정확도(Accuracy)

(1) 정확도의 적용 목적

① 정확도는 시험분석 결과가 참값에 얼마나 근접하는가를 나타내는 척도로서 사용한다.
② 시료의 매질이 복잡한 경우, 측정 결과에 매질효과가 보정되었는지를 확인하기 위하여 적용한다.

(2) 정확도의 산출방법

$$정확도(\%회수율) = \frac{C_M}{C_C} \times 100$$

$$정확도(\%) = \frac{C_{AM} - C_S}{C_A} \times 100$$

여기서, C_M : 표준물질을 분석한 결과값
C_C : 표준물질을 분석한 인증값
C_A : 시료 일정량에 시험분석할 성분의 순수한 물질을 일정 농도 첨가한 시료값
C_{AM} : 첨가시료의 분석한 결과값
C_S : 첨가하지 않은 시료의 분석값

5. 정밀도(Precision)

(1) 정밀도 적용의 목적

① 시험분석 결과들 사이에 상호 근접한 정도의 척도를 확인하기 위하여 적용한다.
② 전처리를 포함한 모든 과정의 시험절차가 독립적으로 처리된 시료에 대하여 측정 결과들을 이용한다.

(2) 정밀도 산출 방법 중요내용

반복 시험하여 얻은 결과들을 %상대표준편차로 표시한다. 연속적으로 n회 측정한 결과($x_1,\ x_2,\ x_3,\ \cdots\cdots,\ x_n$)를 얻고, 평균값이 $\bar{x}$로 계산되어 표준편차가 $s = \sqrt{\frac{\sum (x_i - \bar{x})^2}{n-1}}$ 로 계산된 경우, 정밀도는 다음과 같다.

$$정밀도 = \frac{s}{\bar{x}} \times 100\ \%$$

㈜ 1. 정밀도를 표준편차, 상대표준편차, 분산, 추정 범위 및 차이로 표시할 수 있으나, %상대표준편차로 표시하는 것을 기본으로 한다.
2. %상대표준편차는 통계학의 변동계수(CV ; Coefficient of Variation)와 같은 값을 갖는다.

$$CV = \frac{s}{\bar{x}} \times 100\ \%$$

6. 검정곡선의 작성 및 검증(Preparation And Verification Of Calibration Curve)

(1) 감응계수

① 교정과정에서 바탕선을 보정한 직선 교정식의 기울기, 즉 표준물질의 값(C)에 대한 반응값(R)을 감응계수(RF ; Response Factor)라 하고, 표준물질을 하나 사용하여 교정하는 경우 다음과 같이 구한다. 중요내용

$$RF = \frac{R}{C}$$

② 표준물질을 하나 이상 사용하여 교정하는 경우, 감응계수는 기울기에 해당한다.

㈜ 내부표준물질의 감응계수에 대한 비율을 상대 감응계수(RRF ; Relative Response Factor)라 한다.

(2) 절대검정곡선법(External Standard Calibration)

분석기기 및 시스템을 교정하기 위하여 검정곡선을 작성하여야 한다. 이때, 검정곡선 작성용 시료는 시료의 분석 대상 원소의 농도와 매질이 비슷한 수준에서 제작하여야 한다. 특히, 검정곡선 작성시료는 시료와 같은 수준으로 매질을 조정하여 제조하여야 한다.

(3) 표준물첨가법(Standard Addition Method)

매질효과가 큰 시험분석방법에 대하여 분석 대상 시료와 동일한 매질의 표준시료를 확보하지 못하여 정확성을 확인하기 어려운 경우에 매질효과를 보정하며 분석할 수 있는 방법이다. 이 방법은 특별한 경우를 제외하고는 검정곡선의 직선성이 유지되고, 바탕값을 보정할 수 있는 방법에 적용이 가능하다.

(4) 상대검정곡선법(Internal Standard Calibration)

시험분석기기 또는 시스템의 변동이 있는 경우 이를 보정하기 위한 방법의 하나이다. 시험분석하려는 성분과 다른 순수 물질 성분 일정량을 내부표준물질로서 분석 대상 시료와 검정곡선 작성용 시료에 각각 첨가한 다음, 각 시료의 성분과 내부표준물질로 첨가한 성분의 지시값을 측정하여 분석한다. 내부표준물질로는 시험분석방법이나 시스템에서의 변동성이 분석 성분과 비슷한 것을 선정한다. 또한 내부표준물질로 시료 중에 이미 일정량 존재하는 성분을 이용할 수도 있다.

[실험실 안전]

1. 안전한 실험 *중요내용

① 위험성을 가진 작업을 할 때는 적절한 보호구를 착용한다(실험복, 보안경, 보안면, 안전장갑, 안전화, 보호의 등).
② 위험, 유독, 휘발성 있는 화학약품은 후드 내에서 사용한다.
③ 실험실에서 문제가 발생되었을 때 연락할 수 있도록 연구(실험)책임자의 연락처와 위험성, 응급조치요령 등을 명시한 기록표를 부착하여야 한다.
④ 금연과 같은 준수사항을 지키고, 모든 위험물 용기에는 위험성 표지를 부착하여 안전하게 사용해야 한다.

2. 사고 시 행동요령 *중요내용

① 신속히 부근의 사람들에게 통보한다.
② 가능한 한 화재나 사고를 초기에 신속히 진압한다.
③ 건물에서 피신한다.
④ 도움을 요청한다.
⑤ 응급요원에게 지금까지의 진행상황을 상세히 알리도록 한다.

[시료 전처리]

1. 시료 전처리 방법 중요내용

(1) 산 분해(Acid Digestion)

① 개요

㉠ 필터에 채취한 무기질 시료를 용해시키기 위하여 단일산이나 혼합산(Mixed Acid)의 묽은산 혹은 진한산을 사용하여 오픈형 열판에서 직접 가열하여 시료를 분해하는 방법이다.

㉡ 전처리에 사용하는 산류에는 염산(HCl), 질산(HNO_3), 플루오린화수소산(HF), 황산(H_2SO_4), 과염소산($HClO_4$) 등이 있는데 염산과 질산을 가장 많이 사용한다.

㉢ 이 방법은 다량의 시료를 처리할 수 있고 가까이에서 반응과정을 지켜볼 수 있는 장점이 있으나 분해속도가 느리고 시료가 쉽게 오염될 수 있는 단점이 있다.

㉣ 휘발성 원소들의 손실 가능성이 있어 극미량 원소의 분석이나 휘발성 원소의 정량분석에는 적합하지 않다.

㉤ 산의 증기로 인해 열판과 후드 등이 부식되며, 분해 용기에 의한 시료의 오염을 유발할 수 있다.

㉥ 질산이나 과염소산의 강한 산화력으로 인한 폭발 등의 안전문제 및 플루오린화수소산의 접촉으로 인한 화상 등을 주의해야 한다.

② 질산－염산법

③ 질산－과산화수소수법

④ 질산법

(2) 마이크로파 산분해(Microwave Acid Digestion)

① 마이크로파 산분해 방법은 원자흡수분광법(AAS ; Atomic Absorption Spectrometry)이나 유도결합플라즈마방출분광법(ICP－AES ; Inductively Coupled Plasma－Atomic Emission Spectroscopy) 등으로 무기물을 분석하기 위한 시료의 전처리 방법으로 주로 이용된다.

② 일정한 압력까지 견디는 테플론(Teflon) 재질의 용기 내에 시료와 산을 가한 후 마이크로파를 이용하여 일정 온도로 가열해 줌으로써, 소량의 산을 사용하여 고압하에서 짧은 시간에 시료를 전처리하는 방법이다.

③ 대부분의 마이크로파 분해장치는 파장이 12.2cm, 주파수가 2,450MHz인 마이크로파를 발생시킨다. 이때 산 수용액 중의 시료는 산화되면서 마이크로파에 의한 빠른 분자 진동으로 분자결합이 절단되어 이온상태의 용액으로 분해된다.

④ 고압에서 270°C까지 온도를 상승시킬 수 있어 기존의 대기압하에서의 산분해 방법보다 최고 100배 빠르게 시료를 분해할 수 있고, 마이크로파 에너지를 조절할 수 있어 재현성 있는 분석을 할 수 있다.

⑤ 유기물은 0.1～0.2g, 무기물은 2g 정도까지 분해시킬 수 있다.

⑥ 시료의 분해는 닫힌계에서 일어나므로 외부로부터의 오염, 산 증기의 외부 유출, 휘발성 원소의 손실이 없다.

⑦ 테플론 용기를 사용하므로 용기에 의한 금속의 오염이 없고, 고압하에서 분해하므로 질산으로도 대부분의 금속을 산화시킬 수 있다.

⑧ 과염소산과 같은 폭발성이 있는 위험한 산을 사용하지 않아도 되는 장점이 있다.

⑨ 마이크로파 산분해장치의 가격이 가정용 전자레인지에 비해 100배 이상 비싸고, 다량의 시료를 한꺼번에 처리할 수 없다는 단점이 있다.

⑩ 지금까지 알려진 무기물 시료 전처리 방법 중 가장 효과적인 방법 중의 하나이다.

(3) 초음파 추출

① 개요

단일산이나 혼합산을 사용하여 가열하지 않고 시료 중 분석하고자 하는 성분을 추출하고자 할 때 초음파 추출기를 이용한다.

② 질산 – 염산 혼합액에 의한 초음파 추출법

(4) 회화법(Ashing)

① 회화법은 유기물 및 동식물 생체시료 중의 회분을 측정하기 위하여 일반적으로 사용하는 전처리 방법이다.

② 수분을 포함하는 시료는 건조기에서 건조한 후, 건조시료 1～10g을 무게를 잰 백금접시, 백금도가니, 또는 사기도가니 등에 넣고 무게를 단다.

③ 시료가 든 용기를 버너로 서서히 가열하여 450～550℃의 온도에서 재를 만든다.

④ 생성물은 주로 금속 산화물로서 이를 산으로 용해한 후 분석한다.

⑤ 이 방법은 처리과정이 비교적 단순하고 시료의 양에 제한이 없어 유기물에 포함된 미량의 무기물 분석에 적용한다.

⑥ 용기에 의한 시료의 오염 가능성이 있고 고온 회화로 인한 휘발성 원소의 손실이 있을 수 있으며 전력 소모가 큰 단점이 있다.

(5) 저온회화법

① 시료를 채취한 여과지를 회화실에 넣고 약 200℃ 이하에서 회화한다.

② 셀룰로스 섬유제 여과지를 사용했을 때에는 그대로, 유리섬유제 또는 석영섬유제 여과지를 사용했을 때에는 적당한 크기로 자르고 250mL짜리 원뿔형 비커에 넣은 다음 염산(1+1) 70mL 및 과산화수소수(30%) 5mL를 가한다. 이것을 물중탕 중에서 약 30분간 가열하여 녹인다.

(6) 용매 추출법(Solvent Extraction)

① 적당한 용매를 사용하여 액체나 고체 시료에 포함되어 있는 성분을 추출하는 방법이다.

② 액체 시료의 추출은 분별 깔때기(Separatory Funnel)를 이용하여 액체 시료와 용매를 격렬히 흔들어 액체 시료 중 용매에 가용성분을 추출한다. 이를 위해 시료와 용매의 두 층을 분리하고 추출하는 작업을 반복함으로써 액체 시료에 포함된 성분을 거의 추출할 수 있다.

③ 용매는 추출하고자 하는 성분에 대한 용해도가 크고 분배계수(Partition Coefficient)가 큰 것을 사용한다.

④ 충분한 추출을 위해서는 일반적으로 12시간 이상을 추출한다.

[분석방법]

01 기체크로마토그래피법

1. 원리 및 적용범위

(1) 원리

이 법은 기체시료 또는 기화(氣化)한 액체나 고체시료를 운반가스(Carrier Gas)에 의하여 분리관 내에 전개시켜 기체상태에서 분리되는 각 성분을 크로마토그래프로 분석하는 방법이다.

(2) 적용범위

일반적으로 무기물 또는 유기물의 대기오염 물질에 대한 정성 · 정량 분석에 이용한다.

2. 개요

(1) 기체 – 고체 크로마토그래피

충전물로서 흡착성 고체분말을 사용

(2) 기체 – 액체 크로마토그래피

적당한 담체에 고정상 액체를 함침시킨 것을 사용

(3) 운반가스(Carrier Gas)

① 시료도입부로부터 분리관 내를 흘러서 검출기를 통하여 외부로 방출
② 시료도입부, 분리관, 검출기 등은 필요한 온도를 유지해 주어야 함

(4) 시료도입부로부터 기체, 액체 또는 고체시료를 도입하면 기체는 그대로, 액체나 고체는 가열기화(加熱氣化)되어 운반가스에 의하여 분리관 내로 송입

(5) 시료 중의 각 성분은 충전물에 대한 각각의 흡착성 또는 용해성 차이에 따라 분리관 내에서의 이동속도가 달라지기 때문에 각각 분리되어 분리관 출구에 접속된 검출기를 차례로 통과

(6) 검출기

검출기에는 원리에 따라 여러 가지가 있으며 성분의 양과 일정한 관계가 있는 전기신호(電氣信號)로 변환시켜 기록계(또는 다른 데이터 처리장치)에 보내져서 분리된 각 성분에 대응하는 일련의 곡선 봉우리가 되는 크로마토그램(Chromatogram)을 얻게 된다.

(7) 보유시간(Retention Time) 중요내용

분리관에 도입시킨 후 그중의 어떤 성분이 검출되어 기록지 상에 봉우리로 나타날 때까지의 시간

(8) 보유용량(Retention Volume) 중요내용

보유시간 × 운반가스 유량

3. 장치

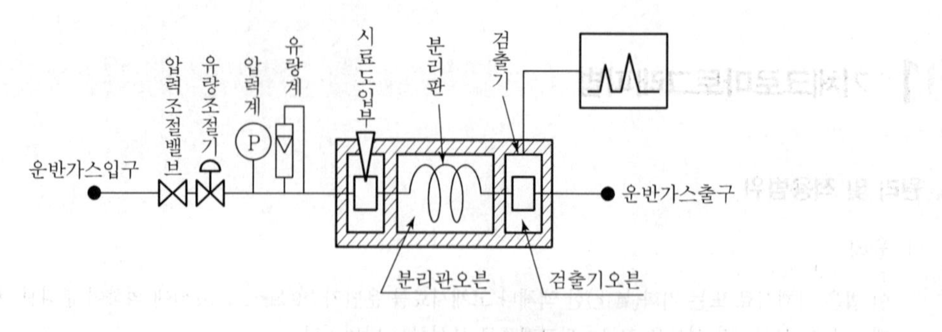

[장치의 기본구성] 중요내용

(1) 가스유료계

① 운반가스 유로

㉠ 유량 조절부

- 압력조절밸브, 유량조절기 등으로 구성
- 유량조절기를 갖는 장치는 유량조절기의 일차측 압력을 일정하게 유지해 주어야 하며 배관의 재료는 내면이 깨끗한 금속이어야 함

㉡ 분리관 유로 중요내용

- 시료도입부, 분리관, 검출기기배관(檢出器機配管)으로 구성
- 배관의 재료는 스테인리스강(Stainless Steel)이나 유리 등 부식에 대한 저항이 큰 것이어야 함

② 연소용 가스, 기타 필요한 가스의 유로

이온화 검출기나 다른 검출기를 사용할 때 필요한 연소용 가스, 청소가스(Scavenge Gas) 기타 필요한 가스의 유로는 각각 전용조절기구(專用調節器具)가 갖추어져야 함

(2) 시료도입부 중요내용

① 주사기를 사용하는 시료도입부는 실리콘고무와 같은 내열성 탄성체격막(耐熱性 彈性體隔膜)이 있는 시료 기화실로서 분리관온도와 동일하거나 또는 그 이상의 온도를 유지할 수 있는 가열기구가 갖추어져야 하고, 필요하면 온도조절기구, 온도측정기구 등이 있어야 함

② 가스 시료도입부는 가스계량관(통상 0.5~5 mL)과 유로변환기구로 구성됨

(3) 가열오븐(Heating Oven) 중요내용

① 분리관 오븐(Column Oven)

㉠ 분리관 오븐은 내부용적이 분석에 필요한 길이의 분리관을 수용할 수 있는 크기이어야 함

㉡ 가열기구, 온도조절기구, 온도측정기구 등으로 구성

㉢ 온도조절 정밀도는 ±0.5 ℃의 범위 이내 전원 전압변동 10%에 대하여 온도변화 ±0.5 ℃ 범위 이내(오븐의 온도가 150 ℃ 부근일 때)이어야 함

㉣ 승온(昇溫) 가스크로마토그래피에서는 승온기구 및 냉각기구를 부가함

② 검출기 오븐(Detector Oven)

㉠ 검출기 오븐은 검출기를 한 개 또는 여러 개 수용(收容)할 수 있고 분리관 오븐과 동일하거나 그 이상의 온도를 유지할 수 있는 가열기구, 온도조절기구 및 온도측정기구를 갖추어야 함

㉡ 방사성 동위원소를 사용하는 검출기를 수용하는 검출기 오븐에 대하여는 온도조절기구와는 별도로 독립작용할 수 있는 과열방지기구를 설치해야 함

㉢ 가스를 연소시키는 검출기를 수용하는 검출기 오븐은 그 가스가 오븐 내에 오래 체류하지 않도록 된 구조이어야 함

(4) 검출기(Detector) 중요내용

① 열전도도 검출기(TCD ; Thermal Conductivity Detector)

㉠ 열전도도 검출기는 금속 필라멘트(Filament), 전기저항체를 검출소자로 하여 금속판 안에 들어 있는 본체와 안정된 직류전기를 공급하는 전원회로, 전류조절부, 신호검출 전기회로, 신호 감쇄부 등으로 구성된다.

㉡ 네 개로 구성된 필라멘트에 전류를 흘려주면 필라멘트가 가열되는데, 이 중 2개의 필라멘트는 운반 기체인 헬륨에 노출되고 나머지 두 개의 필라멘트는 운반 기체에 의해 이동하는 시료에 노출된다. 이 둘 사이의 열전도도 차이를 측정함으로써 시료를 검출하여 분석한다.

㉢ 열전도도 검출기는 모든 화합물을 검출할 수 있어 분석 대상에 제한이 없고 값이 싸며 시료를 파괴하지 않는 장점에 비하여 다른 검출기에 비해 감도(Sensitivity)가 낮다.

② 불꽃이온화 검출기(FID ; Flame Ionization Detector)

㉠ 불꽃이온화 검출기는 수소 연소 노즐(Nozzle), 이온 수집기(Ion Collector)와 전극 및 배기구로 구성되는 본체와 이 전극 사이에 직류전압을 주어 흐르는 이온전류를 측정하기 위한 직류전압 변환회로, 감도조절부, 신호감쇄부 등으로 구성된다.

㉡ 대부분의 유기화합물은 수소와 공기의 연소 불꽃에서 전하를 띤 이온을 생성하는데 생성된 이온에 의한 전류의 변화를 측정한다.

㉢ 불꽃이온화 검출기는 대부분의 화합물에 대하여 열전도도 검출기보다 약 1000배 높은 감도를 나타내고 대부분의 유기화합물의 검출이 가능하므로 가장 흔히 사용된다.

㉣ 특히 탄소 수가 많은 유기물은 10pg까지 검출할 수 있어 대기 오염 분석에서 미량의 유기물을 분석할 경우에 유용하다.

㉤ 불꽃이온화 검출기에 응답하지 않는 물질로는 비활성 기체, O_2, N_2, H_2O, CO, CO_2, CS_2, H_2S, NH_3, N_2O, NO, NO_2, SO_2, SiF_4 및 $SiC1_4$ 등이 있다.

㉥ 감도가 다소 떨어지는 시료로는 할로겐, 아민, 히드록시기 등의 치환기를 갖는 시료로서 치환기가 증가함에 따라 감도는 더욱 감소한다.

③ 전자 포획 검출기(ECD ; Electron Capture Detector)

㉠ 전자 포획 검출기는 방사성 물질인 Ni－63 혹은 삼중수소로부터 방출되는 β 선이 운반 기체를 전리하여 이로 인해 전자 포획 검출기 셀(Cell)에 전자구름이 생성되어 일정 전류가 흐르게 된다. 이러한 전자 포획 검출기 셀에 전자친화력이 큰 화합물이 들어오면 셀에 있던 전자가 포획되어 이로 인해 전류가 감소하는 것을 이용하는 방법이다.

㉡ 유기 할로겐 화합물, 니트로 화합물 및 유기 금속 화합물 등 전자 친화력이 큰 원소가 포함된 화합물을 수 ppt의 매우 낮은 농도까지 선택적으로 검출할 수 있다.

㉢ 유기 염소계의 농약분석이나 PCB(Polychlorinated Biphenyls) 등의 환경오염 시료의 분석에 많이 사용되고 있다.

㉣ 탄화수소, 알코올, 케톤 등에는 감도가 낮다.

㉤ 전자 포획 검출기 사용 시 주의 사항으로는 운반 기체에 수분이나 산소 등의 오염물이 함유되어 있는 경우에는 감도의 저하나 검정곡선의 직선성을 잃을 수도 있으므로 고순도(99.9995%)의 운반 기체를 사용하여야 하고 반드시 수분 트랩(Trap)과 산소 트랩을 연결하여 수분과 산소를 제거할 필요가 있다.

④ 질소인 검출기(NPD ; Nitrogen Phosphorous Detector)

㉠ 질소인 검출기는 불꽃이온화 검출기와 유사한 구성에 알칼리금속염의 튜브를 부착한 것이다.

㉡ 운반 기체와 수소기체의 혼합부, 조연기체 공급구, 연소노즐, 알칼리원, 알칼리원 가열기구, 전극 등으로 구성된다.

㉢ 가열된 알칼리금속염은 촉매 작용으로 질소나 인을 함유하는 화합물의 이온화를 증진시켜 유기 질소 및 유기 인 화합물을 선택적으로 검출할 수 있다.

㉣ 질소－인 검출기에서 질소나 인을 함유하는 화합물에 대한 감도는 일반 탄화수소 화합물에 대한 감도의 약 100,000배로 질소 또는 인 화합물에 대한 선택성이 커서, 살충제나 제초제의 분석에 일반적으로 사용된다.

⑤ 불꽃 열이온 검출기(FTD ; Flame Thermoionic Detector)
불꽃 열이온화 검출기는 위의 질소인 검출기와 같은 검출기이다.

⑥ 불꽃 광도 검출기(FPD ; Flame Photometric Detector)
㉠ 불꽃 광도 검출기의 구성은 불꽃이온화 검출기와 유사하고 운반기체와 조연기체의 혼합부, 수소 기체 공급구, 연소 노즐, 광학 필터, 광전증배관(Photomultiplier Tube) 및 전원 등으로 구성되어 있다.
㉡ 기본 원리는 황이나 인을 포함한 탄화수소 화합물이 불꽃이온화 검출기 형태의 불꽃에서 연소될 때 화학적인 발광을 일으키는 성분을 생성하는데 시료의 특성에 따라 황 화합물은 393nm, 인 화합물은 525nm의 특정 파장의 빛을 발산한다.
㉢ 이들 빛은 광학 필터(황 화합물은 393nm, 인 화합물은 525nm)를 통해 광전증배관에 도달하고, 이에 연결된 전자회로에 신호가 전달되어 황이나 인을 포함한 화합물을 선택적으로 분석할 수 있다.
㉣ 불꽃 광도 검출기에 의한 황 또는 인 화합물의 감도(Sensitivity)는 일반 탄화수소 화합물에 비하여 100,000배 커서, H_2S나 SO_2와 같은 황 화합물은 약 200ppb까지, 인 화합물은 약 10ppb까지 검출이 가능하다.

⑦ 광이온화 검출기(PID ; Photo Ionization Detector)
㉠ 광이온화 검출기는 10.6eV의 자외선(UV) 램프에서 발산하는 120nm의 빛이 벤젠이나 톨루엔과 같은 대부분의 방향족 화합물을 충분히 이온화시킬 수 있고, 또한 H_2S, 헥산, 에틸알코올과 같이 이온화 에너지가 10.6eV 이하인 화합물을 이온화시킴으로써 이들을 선택적으로 검출할 수 있다.
㉡ 메탄올이나 물 등과 같이 이온화 에너지가 10.6eV보다 큰 화합물은 광이온화 검출기로 검출되지 않는다.
㉢ 광이온화 검출기의 장점은 매우 민감하고, 잡음(Noise)이 적고, 직선성이 탁월하고 시료를 파괴하지 않는다는 것이다.

⑧ 펄스 방전 검출기(PDD ; Pulsed Discharge Detector)
㉠ 펄스 방전 검출기는 시료를 헬륨 펄스 방전(Helium Pulsed Discharge)에 의해 이온화 시키고 이로 인해 생성된 전자는 전극으로 모여서 전류의 변화를 가져온다.
㉡ 펄스 방전 검출기는 전자 포획(Electron Capture) 모드와 헬륨 광이온화(Helium Photoionization) 모드로 이용할 수 있다.
㉢ 전자 포획 모드에서는 기존의 전자 포획 검출기와 같이 전자 친화성이 큰 원소를 함유한 화합물인 프레온, 염소성 살충제 등의 할로겐 함유 화합물을 수 펨토그램($1fg=10^{-15}g$)까지 선택적으로 검출할 수 있는데 기존의 전자 포획 검출기와는 달리 방사성 물질을 사용하지 않아 안전하고 검출기의 온도를 400℃까지 올려 사용할 수 있다.
㉣ 헬륨 광이온화 모드에서는 대부분의 무기물 및 유기물을 검출할 수 있어, 기존의 불꽃이온화 검출기 사용에 따른 불꽃이나 수소 기체의 사용이 문제가 되는 곳에서 불꽃이온화 검출기를 대체할 수 있다.

⑨ 원자 방출 검출기(AED ; Atomic Emission Detector)
㉠ 원자 방출 검출기는 시료를 구성하는 원소들의 원자 방출(Atomic Emission)을 검출하기 때문에 이용 범위가 광범위하다.
㉡ 원자 방출 검출기의 구성은 캐필러리 컬럼의 마이크로파 유도 플라즈마 챔버로의 도입부, 마이크로파 챔버, 챔버의 냉각부, 회절격자와 원자선을 모아서 분산시키는 광학 거울, 컴퓨터에 연결된 광다이오드 배열기(Photodiode Array)로 구성되어 있다.
㉢ 컬럼에서 흘러나온 시료는 마이크로파로 가열된 플라즈마 구멍(Plasma Cavity)으로 유입되고 에서 화합물은 원자화되어 원자들은 플라즈마에 의해 들뜨게 된다.
㉣ 들뜬 원자에 의해 방출된 빛은 광다이오드 배열기에 의해 파장에 따라 분리되어 각 원소에 대한 크로마토그램을 얻을 수 있다.

⑩ 전해질 전도도 검출기(ELCD ; Electrolytic Conductivity Detector)
㉠ 전해질 전도도 검출기는 기준전극, 분석전극과 기체－액체 접촉기(Contactor) 및 기체－액체 분리기(Separator)를 가지고 있다.
㉡ 전도도 용매를 셀에 주입하고 기준전극에 의해 전류가 흐르게 된다.

㉢ 기체－액체 접촉기에서 기체 반응 생성물과 결합하게 되고 이 화합물은 분석 전극을 지나면서 액체상을 가진 기체－액체 분리기에서 기체상과 액체상으로 분리된다. 이때 전위계(Electrometer)가 기준 전극과 분석 전극 사이의 전도도 차이를 측정함으로써 성분의 농도를 측정한다.

㉣ 할로겐, 질소, 황 또는 나이트로아민(Nitroamine)을 포함한 유기화합물을 이 방법으로 검출할 수 있다.

⑪ 질량 분석 검출기(MSD ; Mass Spectrometric Detector)

㉠ 질량 분석 검출기는 GC에 질량 분석기(MS)를 부착하여 검출기로 사용한다.

㉡ GC 컬럼에서 분리된 화합물이 질량분석기에서 이온화 되어 이온의 질량 대 전하 비(m/z)로 분리하여 기록된다.

㉢ 대부분의 화합물을 수 ng까지 고감도로 분석할 수 있다.

㉣ 질량 분석기는 다양한 화합물을 검출할 수 있고, 조각난 패턴(Fragmentation Pattern)으로 화합물 구조를 유추할 수도 있다.

4. 운반가스(Carrier Gas) 종류

(1) 운반가스 *중요내용

운반가스는 충전물이나 시료에 대하여 불활성(不活性)이고 사용하는 검출기의 작동에 적합한 것을 사용한다.

① 열전도도형 검출기(TCD)
순도 99.8% 이상의 수소나 헬륨

② 불꽃 이온화 검출기(FID)
순도 99.8% 이상의 질소 또는 헬륨

(2) 연소가스 공기 및 청소가스

공기, 수소 기타 사용가스는 각 분석방법에서 규정하는 종류의 순도가스를 사용한다.

5. 분리관(Column), 충전물질(Packing Material) 및 충전방법(Packing Method)

(1) 분리관(Column)

분리관은 충전물질을 채운 내경 2~7mm(모세관식 분리관을 사용할 수도 있다)의 시료에 대하여 불활성금속, 유리 또는 합성수지관으로 각 분석방법에서 규정하는 것을 사용함

(2) 충전물질(Packing Material)

① 흡착형 충전물
기체－고체 크로마토그래피법, 흡착성 고체분말 *중요내용

분리관 내경(mm)	흡착제 및 담체의 입경 범위(μm)
3	149~177(100~80 mesh)
4	177~250(80~60 mesh)
5~6	250~590(60~28 mesh)

흡착성 고체분말은 실리카겔, 활성탄, 알루미나, 합성제올라이트 등이다.

② 분배형 충전물질
기체－액체 크로마토그래피법, 담체에 고정상 액체를 함침시킨 것을 충전물로 사용

㉠ 담체(Support)

- 불활성(규조토, 내화벽돌, 유리, 석영, 합성수지)인 것 사용
- 전처리 규정 경우 산처리, 알칼리처리, 실란처리(Silane finishing) 등을 한 것 사용

㈜ 여기서, 내화벽돌이라 함은 일반적인 내화점토(耐火粘土)를 사용한 것이 아니고 규조토를 주성분으로 한 내화온도 1,100℃ 정도의 단열(斷熱) 벽돌을 뜻한다.

㉡ 고정상 액체(Stationary Liquid)의 구비조건 중요내용
- 분석대상 성분을 완전히 분리할 수 있는 것이어야 함
- 사용온도에서 증기압이 낮고, 점성이 작은 것이어야 함
- 화학적으로 안정된 것이어야 함
- 화학적 성분이 일정한 것이어야 함

〈일반적으로 사용하는 고정상 액체의 종류〉 중요내용

종 류	물질명		
탄화수소계	• 헥사데칸	• 스쿠아란(Squalane)	• 고진공 그리이스
실리콘계	• 메틸실리콘 • 불화규소	• 페닐실리콘	• 시아노실리콘
폴리글리콜계	• 폴리에틸렌글리콜	• 메톡시폴리에틸렌글리콜	
에스테르계	이염기산디에스테르		
폴리에스테르계	이염기산폴리글리콜디에스테르		
폴리아미드계	폴리아미드수지		
에테르계	폴리페닐에테르		
기타	• 인산트리크레실	• 디에틸포름아미드	• 디메틸술포란

③ 다공성 고분자형 충전물 중요내용

다이바이닐벤젠을 가교제로 스티렌계 단량계를 중합시킨 것과 같이 고분자 물질을 단독 또는 고정상 액체로 표면처리하여 사용한다.

6. 조작법(Procedure)

(1) 설치조건 중요내용

① 가스크로마토그래피의 설치장소

㉠ 진동이 없고 분석에 사용하는 유해물질을 안전하게 처리할 수 있는 곳

㉡ 부식가스나 먼지가 적은 곳

㉢ 실험실 온도 5~35 ℃, 상대습도 85% 이하로서 직사광선이 쪼이지 않는 곳

② 전기관계

㉠ 전원

공급전원은 지정된 전력용량 및 주파수이어야 하고, 전원변동은 지정전압의 10% 이내로서 주파수의 변동이 없는 것이어야 한다.

㉡ 전자기유도(電子氣誘導)

대형변압기, 고주파가열로(高周波加熱爐)와 같은 것으로부터 전자기의 유도를 받지 않는 것이어야 한다.

(2) 분석 전의 준비

① 장치의 고정설치

㉠ 가스류의 배관
- 가스 누출 확인
- 실외의 그늘진 곳에 넘어지지 않도록 고정설치

㉡ 전기배선
- 전원 배선
- 접지점에 접지선 연결

② 분리관의 부착 및 가스누출 시험 중요내용

제조된 분리관을 장치에 부착한 후 운반가스의 압력을 사용압력 이상으로 올리고, 분리관 등의 접속부에 비눗물 등을 칠하여 가스누출시험을 하며 누출이 없음을 확인한다.

7. 분리의 평가

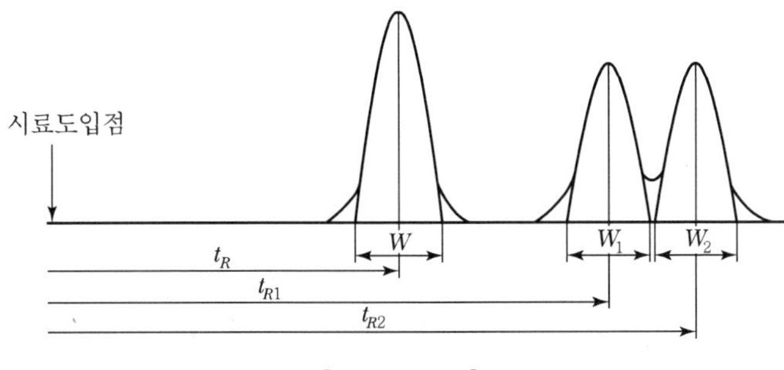

[크로마토그램]

(1) 분리관 효율 중요내용

분리관 효율은 보통 이론단수 또는 1이론단에 해당하는 분리관의 길이 HETP(Height Equivalent to a Theoretical Plate)로 표시

$$이론단수(n) = 16 \cdot \left(\frac{t_R}{W}\right)^2$$

여기서, t_R : 시료도입점으로부터 봉우리 최고점까지의 길이(보유시간)

W : 봉우리의 좌우 변곡점에서 접선이 자르는 바탕선의 길이

$$HETP = \frac{L}{n}$$

여기서, L : 분리관의 길이(mm)

(2) 분리능 중요내용

① 분리계수(d)

$$d = \frac{t_{R2}}{t_{R1}}$$

② 분리도(R)

$$R = \frac{2(t_{R2} - t_{R1})}{W_1 + W_2}$$

여기서, t_{R1} : 시료도입점으로부터 봉우리 1의 최고점까지의 길이

t_{R2} : 시료도입점으로부터 봉우리 2의 최고점까지의 길이

W_1 : 봉우리 1의 좌우 변곡점에서의 접선이 자르는 바탕선의 길이

W_2 : 봉우리 2의 좌우 변곡점에서의 접선이 자르는 바탕선의 길이

8. 정성분석

정성분석은 동일 조건하에서 특정한 미지 성분의 머무른 값과 예측되는 물질의 봉우리의 머무른 값을 비교하여야 한다.

(1) 머무름 값 중요내용

① 종류
 ㉠ 머무름시간(Retention Time)
 ㉡ 머무름부피(Retention Volume)
 ㉢ 머무름비(Retention Ratio)
 ㉣ 머무름지표(Retention Indicator)

② 머무름시간 측정
 3회 측정하여 평균치

③ 일반적으로 5~30분 정도에서 측정하는 봉우리의 머무름시간은 반복시험을 할 때 ±3% 오차범위 이내이어야 한다.

④ 머무름 값의 표시
 무효부피(Dead Volume)의 보정 유무를 기록하여야 한다.

9. 정량분석

크로마토그램(Chromatogram)의 재현성, 시료분석의 양, 봉우리의 면적 또는 높이와의 관계를 검토하여 분석한다. 이때 정확한 정량결과를 얻기 위해서 크로마토그램의 각 곡선봉우리는 대칭적이고 각각 완전히 분리되어야 한다.

(1) 정량법 중요내용

① 절대검량선법
 ㉠ 정량하려는 성분으로 된 순물질을 단계적으로 취하여 크로마토그램을 기록하고 봉우리 넓이 또는 높이를 구한다.
 ㉡ 성분량을 횡축에, 봉우리 넓이 또는 봉우리 높이를 종축에 취하여 검량선을 작성한다.

② 넓이 백분율법
 ㉠ 크로마토그램으로부터 얻은 시료 각 성분의 봉우리 면적을 측정하고 그것들의 합을 100으로 하여 이에 대한 각각의 봉우리 넓이 비를 각 성분의 함유율로 한다.
 ㉡ 도입시료의 전 성분이 용출되며, 또한 사용한 검출기에 대한 각 성분의 상대감도가 같다고 간주되는 경우에 적용한다.

③ 보정넓이 백분율법
 도입한 시료의 전 성분이 용출되며 또한 용출 전 성분의 상대감도가 구해진 경우는 다음 식에 의하여 정확한 함유율을 구할 수 있다.

④ 상대검정곡선법
 정량하려는 성분의 순물질(X) 일정량에 내부표준물질(S)의 일정량을 가한 혼합시료의 크로마토그램을 기록하여 봉우리 넓이를 측정한다.
 횡축에 정량하려는 성분량(M_X)과 내부표준물질량(M_S)의 비(M_X/M_S)를 취하고 분석시료의 크로마토그램에서 측정한 정량할 성분의 봉우리 넓이(A_X)와 표준물질 봉우리 넓이(A_S)의 비(A_X/A_S)를 취하여 검량선을 작성한다.

⑤ 표준물첨가법
 시료의 크로마토그램으로부터 피검성분 A 및 다른 임의의 성분 B의 봉우리 넓이 a_1 및 b_1을 구한다. 다음에 시료의 일정량 W에 성분 A의 기지량 ΔW_A을 가하여 다시 크로마토그램을 기록하여 성분 A 및 B의 봉우리 넓이 a_2 및 b_2를 구한다.

(2) 정량치의 표시방법

중량%, 부피%, 몰%, ppm 등으로 표시

(3) 정밀도의 판정

① 반복정밀도
동일인이 동일장치로 각 분석방법에 규정하는 횟수의 측정을 반복해서 시행할 때 그 결과의 차이가 허용치를 초과해서는 안 된다.

② 재현성
동일시료를 임의의 다른 분석실에서 각 분석방법에 규정하는 횟수를 측정할 때 평균치 차이가 허용치를 초과해서는 안 된다.

02 자외선/가시선 분광법

1. 원리 및 적용범위

(1) 원리

이 시험방법은 시료물질이나 시료물질의 용액 또는 여기에 적당한 시약을 넣어 발색(發色)시킨 용액의 흡광도를 측정하여 시료 중의 목적성분을 정량하는 방법이다.

(2) 적용범위

파장 200~1,200nm에서의 액체의 흡광도를 측정함으로써 대기 중이나 굴뚝배출 가스 중의 오염물질 분석에 적용한다.

2. 개요

(1) 광원(光源)으로 나오는 빛을 단색화장치(Monochrometer) 또는 필터(Filter)에 의하여 좁은 파장범위의 빛(光速)만을 선택하여 액층을 통과시킨 다음 광전측광(光電測光)으로 흡광도를 측정하여 목적성분의 농도를 정량하는 방법이다.

(2) 램버트 비어(Lambert－Beer)의 법칙 중요내용

강도 I_o 되는 단색광속이 그림과 같이 농도 C, 길이 ℓ 이 되는 용액층을 통과하면 이 용액에 빛이 흡수되어 입사광의 강도가 감소한다.

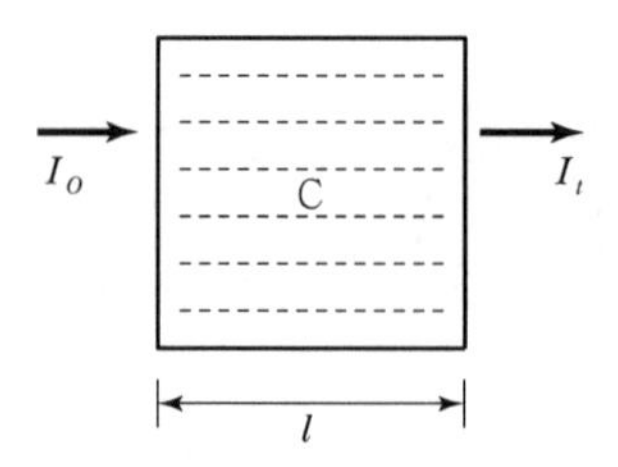

[흡광광도 분석방법 원리도]

$$I_t = I_o \cdot 10^{-\varepsilon C\ell}$$

여기서, I_o : 입사광의 강도
I_t : 투사광의 강도
C : 농도
ℓ : 빛의 투사거리
ε : 비례상수로서 흡광계수라 하고,
C=1 mol, ℓ=10 mn일 때의 ε의 값을 몰흡광계수라 하며 K로 표시한다.

(3) 흡광도(A) 중요내용

$$A = \log\frac{1}{t}$$

여기서, $t = \frac{I_t}{I_o}$(투과도)

$$A = \varepsilon cl$$

3. 장치

(1) 장치의 구성 중요내용

(2) 광원부 중요내용

① 가시부와 근적외부 광원
텅스텐램프

② 자외부 광원
중수소 방전관

(3) 파장선택부 중요내용

① 단색화장치
㉠ 프리즘, 회절격자 또는 두 가지를 조합시킨 것을 사용
㉡ 단색광을 내기 위해서 슬릿(Slit)을 부속시킴

② 필터
㉠ 색유리 필터 ㉡ 젤라틴 필터 ㉢ 간접필터

(4) 시료부

① 시료액을 넣은 흡수셀(시료셀)
② 대조액을 넣은 흡수셀(대조셀)
③ 셀홀더(셀을 보호하기 위함)
④ 시료실

(5) 측광부 중요내용

① 자외 내지 가시파장 범위
㉠ 광전관
㉡ 광전자 증배관

② 근적외파장 범위
광전도셀

③ 가시파장 범위
광전지

④ 지시계
투과율, 흡광도, 농도 또는 이를 조합한 눈금이 있고 숫자로 표시되는 것도 있음

⑤ 기록계
투과율, 흡광도, 농도 등을 자동기록

(6) 광전분광광도계 중요내용

① 파장선택부에 단색화장치를 사용한 장치로 구조에 따라 단광속형(單光速型)과 복광속형(複光速型)이 있고 복광속형에는 흡수스펙트럼을 자동기록할 수 있는 것도 있다.

② 광전분광광도계에는 미분측광(微分測光), 2파장측광(二波長測光), 시차측광(示差測光)이 가능한 것도 있다.

(7) 광전광도계 중요내용

파장 선택부에 필터를 사용한 장치로 단광속형이 많고 비교적 구조가 간단하여 작업분석용에 적당하다.

(8) 흡수셀

① 흡수셀은 일반적으로 4각형 또는 시험관형의 것을 사용한다.

② 흡수셀 재질 중요내용

㉠ 가시 및 근적외부 파장범위 : 유리제

㉡ 자외부 파장범위 : 석영제

㉢ 근적외부 파장범위 : 플라스틱제

(9) 장치의 보정

① 파장눈금의 보정

〈파장눈금의 교정〉

광원의 종류	사용하는 휘선스펙트럼의 파장(nm)	
수소방전관	486.13	656.28
중수소방전관	486.00	656.10
석영저압수은	253.65	365.01
방전관	435.88	546.07

㉠ 자동기록식 광전분광광도계의 파장교정은 홀뮴(Holmium)유리의 흡수스펙트럼을 이용한다. 중요내용

㉡ 파장을 교정할 때 주사속도(走查速度)가 너무 크면 흡수 봉우리의 파장이 달라지는 수가 있으므로 적당한 속도로 주사(走查)해야 한다.

㉢ 홀뮴유리나 간섭필터를 사용하여 파장을 교정할 때도 파장폭이 너무 크면 파장이 달라지는 수가 있으므로 주의해야 한다.

② 흡광도 눈금의 보정 중요내용

㉠ 110 ℃에서 3시간 이상 건조한 중크로뮴산포타슘(1급 이상)을 N/20 수산화포타슘(KOH) 용액에 녹여 다이크로뮴산포타슘($K_2Cr_2O_7$)을 만든다.

㉡ 농도는 시약의 순도를 고려하여 $K_2Cr_2O_7$으로서 0.0303g/L가 되도록 한다.

㉢ 이 용액의 일부를 신속하게 10.0mm 흡수셀에 취하고 25 ℃에서 1nm 이하의 파장폭에서 흡광도를 측정한다.

③ 미광(Stray Light)의 유무조사

커트필터를 사용하여 미광의 유무 조사

〈광원 또는 광전측광검출기의 사용파장 한계〉 중요내용

파장역(nm)	한계파장이 생기는 이유
200~220	검출기 또는 수은방전관, 중수소방전관의 단파장 사용한계
300~330	텅스텐램프의 단파장 사용한계
700~800	광전자 중배관의 장파장 사용한계

4. 측정

(1) 장치의 실내 설치 구비 조건

① 전원의 전압 및 주파수의 변동이 적을 것
② 직사광선을 받지 않을 것
③ 습도가 높지 않고 온도변화가 적을 것
④ 부식성 가스나 먼지가 없을 것
⑤ 진동이 없을 것

(2) 흡수셀의 준비

① 시료액의 흡수파장이 약 370nm 이상 *중요내용
석영 또는 경질유리 흡수셀
② 시료액의 흡수파장이 약 370nm 이하 *중요내용
석영흡수셀
③ 따로 흡수셀의 길이(L)를 지정하지 않았을 때는 10mm 셀을 사용한다.
④ 시료셀에는 시험용액을, 대조셀에는 따로 규정이 없는 한 증류수를 넣는다.
⑤ 흡수셀의 세척방법 *중요내용
㉠ 탄산소듐(2W/V%)에 소량의 음이온 계면활성제(보기 : 액상 합성세제)를 가한 용액에 흡수셀을 담가 놓고 필요하면 40~50 ℃로 약 10분간 가열한다.
흡수셀을 꺼내 물로 씻은 후 질산(1+5)에 소량의 과산화수소를 가한 용액에 약 30분간 담가 놓았다가 꺼내어 물로 잘 씻는다. 깨끗한 가제나 흡수지 위에 거꾸로 놓아 물기를 제거하고 실리카겔을 넣은 데시케이터 중에서 건조하여 보존한다.
㉡ 급히 사용하고자 할 때는 물기를 제거한 후 에틸알코올로 씻고 다시 에틸에테르로 씻은 다음 드라이어(Dryer)로 건조해도 무방하고, 빈번하게 사용할 때는 물로 잘 씻은 다음 증류수를 넣은 용기에 담가 두어도 무방하다.
㉢ 질산과 과산화수소의 혼액 대신에 새로 만든 크롬산과 황산용액에 약 1시간 담근 다음 흡수셀을 꺼내어 물로 충분히 씻어내도 무방하다. 그러나 이 방법은 크롬의 정량이나 자외역(紫外域) 측정을 목적으로 할 때 또는 접착하여 만든 셀에는 사용하지 않은 것이 좋다.
㉣ 세척 후에는 지문이 묻지 않도록 주의하고 빛이 통과하는 면에는 손이 직접 닿지 않도록 해야 한다.

(3) 흡광도측정준비

① 측정파장에 따라 필요한 광원과 광전측광 검출기를 선정한다.
② 전원을 넣고 잠시 방치하여 장치를 안정시킨 후 감도와 영점(Zero)을 조절한다.
③ 단색화장치나 필터를 이용하여 지정된 측정파장을 선택한다.

(4) 흡광도의 측정 순서

① 눈금판의 지시가 안정되어 있나를 확인한다. *중요내용
② 대조셀을 광로(光路)에 넣고 광원으로부터의 광속(光速)을 차단하고 영점을 맞춘다.
③ 광원으로부터 광속을 통하여 눈금 100에 맞춘다.
④ 시료셀을 광로(光路)에 넣고 눈금판의 지시치(指示値)를 흡광도 또는 투과율로 읽는다. 투과율로 읽을 때는 나중에 흡광도로 환산해 주어야 한다.
⑤ 필요하면 대조셀을 광로에 바꿔넣고 영점과 100에 변화가 없는가를 확인한다.
⑥ 위 ②, ③, ④의 조작 대신에 농도를 알고 있는 표준액 계열을 사용하여 각각의 눈금에 맞추는 방법도 무방하다.

(5) 흡수곡선의 측정

① 필요한 파장범위에 대해서 10nm마다의 흡광도를 측정하여 횡측(가로)에 파장을, 종축(세로)에 흡광도를 표시하고 그래프용지에 양자의 관계곡선을 작성하여 흡수곡선을 만든다.
② 흡수 최대치(Peak) 부근에서는 파장간격을 1~5nm까지 좁게 하여 흡광도를 측정하는 것이 좋다.
③ 흡광도의 변화가 적은 파장에서는 파장간격을 적당히 넓게 하여도 상관없다.
이때 흡광도 대신에 투과율을 종축(縱軸)에 표시해도 된다.
④ 흡수곡선을 작성하는 데는 자기분광광전광도계(自記分光光電光度計)를 사용하는 것이 편리하다.

03 원자흡수분광광도법

1. 원리 및 적용범위 중요내용

(1) 원리

이 시험방법은 시료를 적당한 방법으로 해리(解離)시켜 중성원자로 증기화하여 생긴 기저상태(Ground State or Normal State)의 원자가 이 원자 증기층을 투과하는 특유파장의 빛을 흡수하는 현상을 이용하여 광전측광(光電測光)과 같은 개개의 특유 파장에 대한 흡광도를 측정하여 시료 중의 원소(元素) 농도를 정량하는 방법이다.

(2) 적용범위

대기 또는 배출 가스 중의 유해 중금속, 기타 원소의 분석에 적용한다.

2. 용어(用語) 중요내용

(1) 역화(Flame Back)

불꽃의 연소속도가 크고 혼합기체의 분출속도가 작을 때 연소현상이 내부로 옮겨지는 것

(2) 원자흡광도(Atomic Absorptivity or Atomic Extinction Coefficient)

어떤 진동수 i의 빛이 목적원자가 들어 있지 않는 불꽃을 투과했을 때의 강도를 $I_{o\nu}$, 목적원자가 들어 있는 불꽃을 투과했을 때의 강도를 I_ν라 하고 불꽃 중의 목적원자농도를 c, 불꽃 중의 광도의 길이(Path Length)를 ℓ 라 했을 때 $E_{AA} = \dfrac{\log_{10} \cdot I_{o\nu}/I_\nu}{c \cdot \ell}$ 로 표시되는 양을 말한다.

(3) 원자흡광(분광) 분석[Atomic Absorption(Spectrochemical) Analysis]

원자흡광 측정으로 실시하는 화학분석

(4) 원자흡광(분광) 측광[Atomic Absorption(Spectro) Photometry]

원자흡광 스펙트럼을 이용하여 시료 중의 특정원소의 농도와 그 휘선(輝線)의 흡광 정도(보통은 보정되지 않은 흡광도로 나타냄)와의 상관관계를 측정하는 것

(5) 원자흡광스펙트럼(Atomic Absorption Spectrum)

물질의 원자증기층을 빛이 통과할 때 각각 특유한 파장의 빛을 흡수한다. 이 빛(光束)을 분산하여 얻어지는 스펙트럼을 말한다.

(6) 공명선(Resonance Line)

원자가 외부로부터 빛을 흡수했다가 다시 먼저 상태로 돌아갈 때(遷移) 방사하는 스펙트럼선

(7) 근접선(Neighbouring Line)

목적하는 스펙트럼선에 가까운 파장을 갖는 다른 스펙트럼선

(8) 중공음극램프(Hollow Cathode Lamp)

원자흡광분석의 광원(光源)이 되는 것으로 목적원소를 함유하는 중공음극 한 개 또는 그 이상을 저압의 네온과 함께 채운 방전관(放電管)

(9) 다음극 중공음극램프(Multi-Cathod Hollow Cathode Lamp)

두 개 이상의 중공음극을 갖는 중공음극램프

(10) 다원소 중공음극램프(Multi-Element Hollow Cathode Lamp)

한 개의 중공음극에 두 종류 이상의 목적원소를 함유하는 중공음극램프

(11) 충전가스(Filler Gas)

중공음극램프에 채우는 가스

(12) 소연료불꽃(Fuel-Lean Flame)

가연성 가스와 조연성(助燃性) 가스의 비를 적게 한 불꽃 즉, 가연성 가스/조연성 가스의 값을 적게 한 불꽃

(13) 다연료 불꽃(Fuel-Rich Flame)

가연성 가스/조연성 가스의 값을 크게 한 불꽃

(14) 분무기(Nebulizer Atomizer)

시료를 미세한 입자로 만들어 주기 위하여 분무하는 장치

(15) 분무실(Nebulizer-Chamber, Atomizer Chamber)

분무기와 병용(併用)하여 분무된 시료용액의 미립자를 더욱 미세하게 해주는 한편, 큰 입자와 분리시키는 작용을 갖는 장치

(16) 슬롯버너(Slot Burner, Fish Tail Burner)

가스의 분출구가 세극상(細隙狀)으로 된 버너

(17) 전체분무버너(Total Consumption Burner, Atomizer Burner)

시료용액을 빨아올려 미립자로 되게 하여 직접 불꽃 중으로 분무하여 원자증기화하는 방식의 버너

(18) 예복합 버너(Premix Type Burner)

가연성 가스, 조연성 가스 및 시료를 분무실에서 혼합시켜 불꽃 중에 넣어 주는 방식의 버너

(19) 선폭(Line Width)

스펙트럼선의 폭

(20) 선프로파일(Line Profile)

파장에 대한 스펙트럼선의 강도를 나타내는 곡선

(21) 멀티 패스(Multi-Path)

불꽃 중에서의 광로(光路)를 길게 하고 흡수를 증대시키기 위하여 반사를 이용하여 불꽃 중에 빛(光束)을 여러 번 투과시키는 것

3. 개요

(1) 원자증기화하여 생긴 기저상태의 원자가 그 원자증기층을 투과하는 특유 파장의 빛을 흡수하는 성질을 이용한 것이다.

(2) 빛의 흡수 정도와 원자증기밀도의 관계

진동수 ν 강도 I_o 되는 광원으로부터 반사되는 길이 ℓ (cm)의 원자증기층을 투과할 때 그 원자에 의하여 흡수되어 빛의 강도가 I_ν 되었다고 하면

$$I_\nu = I_{o\nu} \cdot \exp^{-k_\nu \cdot \ell}$$

여기서, k_ν : 비례정수
진동수 ν에서의 흡수율
ν에 따라 다른 값을 가짐

(3) 흡광도(A) 중요내용

$$A = \log\left(\frac{I_{o\nu}}{I_\nu}\right)$$

(4) 투과율(T) 중요내용

$$T(\%) = \left(\frac{I_\nu}{I_{o\nu}}\right) \times 100$$

$$A = E_{AA} C l$$

여기서, E_{AA} : 원자흡광률
C : 시료 중 목적원자 농도
l : 광원으로부터 반사되는 길이

(5) 원자흡광률은 목적원자마다 고유한 정수(定數)로 나타나므로 ℓ이 결정되어 있을 때는 A를 측정하여 C를 구할 수가 있다.

4. 장치

(1) 장치의 개요

① 원자흡수 분석장치는 일반적으로 광원부, 시료원자화부, 파장선택부(분광부) 및 측광부로 구성되어 있고 단광속형(單光速型)과 복광속형(複光速型)이 있다. 중요내용

② 여러 개 원소의 동시 분석이나 내표준법에 의한 분석을 목적으로 할 때는 구성요소를 여러 개 복합 멀티채널형(Mult-Channel 型)의 장치도 있다.

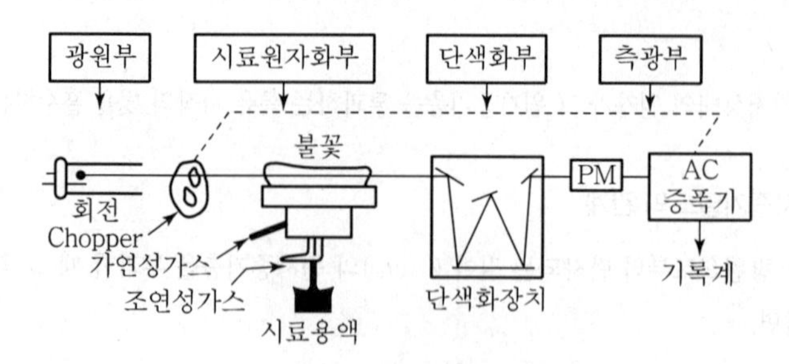

[원자흡수 분석장치의 구성]

(2) 광원부

① 광원램프 중요내용

㉠ 중공음극램프

ⓐ 원자흡광 스펙트럼선의 선폭보다 좁은 선폭을 갖고 휘도가 높은(高輝度) 스펙트럼을 방사하는 중공음극램프가 많이 사용된다.

ⓑ 중공음극램프는 양극(+)과 중공원통상의 음극(−)을 저압의 회유가스 원소와 함께 유리 또는 석영제의 창판을 갖는 유리관 중에 봉입한 것으로 음극은 분석하려고 하는 목적의 단일원소, 목적원소를 함유하는 합금 또는 소결합금으로 만들어져 있다.

㉡ 열음극 및 방전램프, 방전램프

나트륨(Na), 칼륨(K), 칼슘(Ca), 루비듐(Rb), 세슘(Cs), 카드뮴(Cd), 수은(Hg), 탈륨(TI)과 같이 비점(沸點)이 낮은 원소에서 사용된다.

② 램프점등장치

㉠ 중공음극램프를 동작시키는 방식에는 직류점등 방식과 교류점등 방식이 있다.

㉡ 직류점등 방식에서는 광원램프와 시료의 원자화부와의 사이에 빛의 단속기(光斷續器)를 넣어 빛을 변조시키고 측광부에서는 변조된 교류 신호만을 검출 증폭하여 불꽃 자신이나 시료의 발광 등에 의한 영향을 제거하도록 하는 것이 보통이다.

㉢ 교류점등 방식은 광원의 빛 자체가 변조되어 있기 때문에 빛의 단속기(Chopper)는 필요하지 않다.

㉣ 직류 또는 교류점등 방식의 광원램프의 점등장치로서 구비조건

ⓐ 전원회로는 전류 또는 전압이 일정한 것

ⓑ 램프의 전류값을 정밀하게 조정할 수 있는 것

ⓒ 램프의 수에 따라 필요한 만큼의 예비점등 회로를 갖는 것

(3) 시료원자화부

① 시료원자화 장치

㉠ 시료를 원자증기화하기 위한 시료원자화 장치와 원자증기 중에 빛을 투과시키기 위한 광학계로 되어 있다.

㉡ 시료를 원자화하는 일반적인 방법은 용액상태로 만든 시료를 불꽃 중에 분무하는 방법이며 플라즈마 제트(Plasma Jet) 불꽃 또는 방전(Spark)을 이용하는 방법도 있다.

㉢ 고체시료를 흑연도가니 중에 넣어서 증발시키거나 음극 스퍼터링(Sputtering)에 의하여 원자화시키는 방법도 있다.

㉣ 버너

버너는 크게 나누어 시료용액을 직접 불꽃 중으로 분무하여 원자화하는 전분무(全噴霧) 버너와 시료용액을 일단 분무실 내에 불어넣고 미세한 입자만을 불꽃 중에 보내는 예혼합(豫混合) 버너가 있다.

㉤ 불꽃(조연성 가스와 가연성 가스의 조합) 중요내용

ⓐ 수소−공기와 아세틸렌−공기 : 거의 대부분의 원소분석에 유효하게 사용

ⓑ 수소 - 공기 : 원자 외 영역(原子外 領域)에서의 불꽃 자체에 의한 흡수가 적기 때문에 이 파장영역(波長領域)에서 분석선을 갖는 원소의 분석

ⓒ 아세틸렌 - 아산화질소 : 불꽃의 온도가 높기 때문에 불꽃 중에서 해리(解離)하기 어려운 내화성 산화물(耐火性酸化物 Refractory Oxide)을 만들기 쉬운 원소의 분석

ⓓ 프로판 - 공기 : 불꽃온도가 낮고 일부 원소에 대하여 높은 감도를 나타냄

ⓗ 가스유량 조절기

가연성 가스 및 조연성 가스의 압력과 유량을 조절하여 적당한 혼합비로 안정한 불꽃을 만들어 주기 위하여 사용된다.

② 광학계

㉠ 원자증기 중에 빛을 투과시키기 위한 계기이다.

㉡ 불꽃 중에 빛을 투과시 만족조건 중요내용

ⓐ 빛이 투과하는 불꽃 중에서의 유효길이를 되도록 길게 한다.

ⓑ 불꽃으로부터 빛이 벗어나지 않도록 한다.

가늘고 긴 슬릿을 갖는 슬롯 버너를 사용할 때는 빛이 투과하는 불꽃의 길이를 10cm 정도까지 길게 할 수는 있지만 유효불꽃 길이를 그 이상으로 해 주려면 적당한 광학계를 이용하여 빛을 불꽃 중에 반복하여 투과시키는 멀티패스(Multi Path) 방식을 사용한다.

(4) 분광기(파장선택부)

분광기(파장선택부)는 광원램프에서 방사되는 휘선스펙트럼 가운데서 필요한 분석선만을 골라내기 위하여 사용된다.(일반적으로 회절격자나 프리즘을 이용한 분광기 사용)

① 분광기

㉠ 분광기로서는 광원램프에서 방사되는 휘선 스펙트럼 중 필요한 분석선만을 다른 근접선이나 바탕(Background)으로부터 분리해내기에 충분한 분해능(分解能)을 갖는 것이어야 한다.

㉡ 동시에 양호한 SN비로 광전측광을 할 수 있는 밝기를 가질 것이 요망된다.

② 필터(Filter)

알칼리나 알칼리토류 원소와 같이 광원의 스펙트럼 분포가 단순한 것에서는 분광기 대신 간섭필터를 사용하는 수가 있다.

③ 에탈론(Ethalon) 간섭분광기

광원부에 연속광원 사용시 매우 높은 분해능을 요구할 경우 사용된다.

(5) 측광부

- 측광부는 원자화된 시료에 의하여 흡수된 빛의 흡수강도를 측정하는 것으로서 검출기, 증폭기 및 지시계기로 구성된다.
- 검출기로부터의 출력전류를 측정하는 방식에는 직류방식과 교류방식이 있다.
- 직류방식은 광원을 직류로 동작시키는 경우에 사용되며 교류방식은 광원을 교류로 동작시키는 경우나 광원을 직류로 동작시키고 광단속기(光斷續器, Chopper)로 단속시키는 경우에 이용된다.

① 검출기 중요내용

원자 외 영역(遠紫外領域)에서부터 근적 외 영역(近赤外 領域)에 걸쳐서는 광전자 증배관을 가장 널리 사용한다.

② 증폭기

㉠ 직류방식

검출기에서 나오는 출력신호를 직류 증폭기에서 증폭하여 지시계기로 보냄

㉡ 교류방식

ⓐ 교류증폭기에서 증폭한 후 정류하여 지시계기로 보냄

ⓑ 불꽃의 빛이나 시료의 발광 등의 영향이 적다.

③ 지시계기

㉠ 직독식 미터

증폭기에서 나오는 신호를 흡광도, 흡광율(%) 또는 투과율(%) 등으로 눈금을 읽기 위한 것

㉡ 보상식 전위차계(Potentiometer)

㉢ 기록계 디지털표시기

5. 검량선의 작성과 정량법 중요내용

(1) 검량선의 직선영역

① 원자흡광분석에 있어서의 검량선은 일반적으로 저농도 영역에서는 양호한 직선성을 나타내지만 고농도 영역에서는 여러 가지 원인에 의하여 휘어진다.

② 정량을 행하는 경우에는 직선성이 좋은 농도 또는 흡광도의 영역을 사용하지 않으면 안된다.

(2) 절대검정곡선법

① 검량선은 적어도 3종류 이상의 농도의 표준시료용액에 대하여 흡광도를 측정하여 표준물질의 농도를 가로대에, 흡광도를 세로대에 취하여 그래프를 그려서 작성한다.

② 분석시료의 조성과 표준시료와의 조성이 일치하거나 유사하여야 한다.

(3) 표준물첨가법

같은 양의 분석시료를 여러 개 취하고 여기에 표준물질이 각각 다른 농도로 함유되도록 표준용액을 첨가하여 용액열을 만든다. 이어 각각의 용액에 대한 흡광도를 측정하여 가로대에 용액영역 중의 표준물질 농도를, 세로대에는 흡광도를 취하여 그래프용지에 그려 검량선을 작성한다.

(4) 상대검정곡선법

① 이 방법은 새로 분석시료 중에 가한 내부 표준원소(목적원소와 물리적 화학적 성질이 아주 유사한 것이어야 한다)와 목적원소와의 흡광도 비를 구하는 동시에 측정을 행한다.

② 이 방법은 측정치가 흩어졌을 때 흩어진 측정치를 상쇄하므로 분석값의 재현성이 높아지고 정밀도가 향상된다.

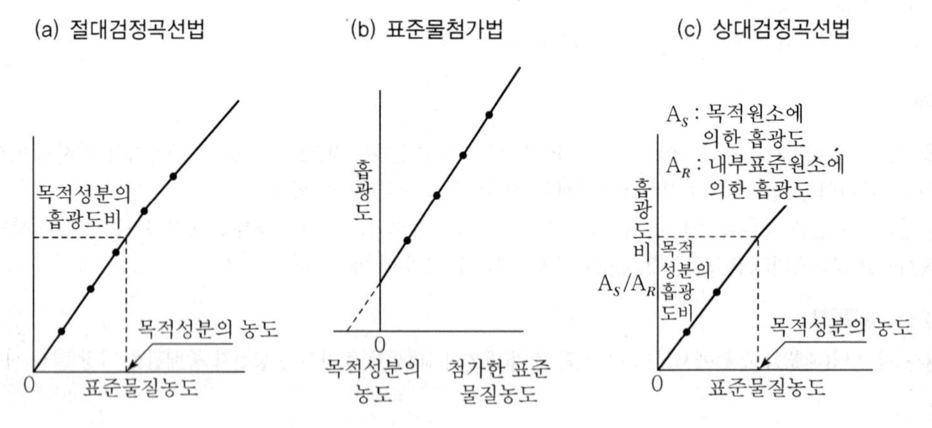

[각종 정량법에 의한 검량선] 중요내용

6. 간섭

(1) 분광학적 간섭 중요내용

① 분석에 사용하는 스펙트럼선이 다른 인접선과 완전히 분리되지 않는 경우 : 파장선택부의 분해능이 충분하지 않기 때문에 일어나며 검량선의 직선영역이 좁고 구부러져 있어 분석감도 정밀도도 저하된다. 이때는 다른 분석선을 사용하여 재분석하는 것이 좋다.

② 분석에 사용하는 스펙트럼의 불꽃 중에서 생성되는 목적원소의 원자증기 이외의 물질에 의하여 흡수되는 경우 : 표준시료와 분석시료의 조성을 더욱 비슷하게 하며 간섭의 영향을 어느 정도까지 피할 수 있다.

(2) 물리적 간섭

① 시료용액의 점성이나 표면장력 등 물리적 조건의 영향에 의하여 일어나는 것이다.
② 시료용액의 점도가 높아지면 분무 능률이 저하되며 흡광의 강도가 저하된다.
③ 이러한 종류의 간섭은 표준시료와 분석시료와의 조성을 거의 같게 하여 피할 수 있다.

(3) 화학적 간섭 중요내용

① 불꽃 중에서 원자가 이온화하는 경우 : 이온화 전압이 낮은 알칼리 및 알칼리토류 금속원소의 경우에 많고 특히 고온 불꽃을 사용한 경우에 두드러진다. 이 경우에는 이온화 전압이 더 낮은 원소 등을 첨가하여 목적원소의 이온화를 방지하여 간섭을 피할 수 있다.

② 공존물질과 작용하여 해리하기 어려운 화합물이 생성되어 흡광에 관계하는 기저상태(基底狀態)의 원자수가 감소하는 경우 : 공존하는 물질이 음이온의 경우와 양이온의 경우가 있으나 일반으로 음이온 쪽의 영향이 크다.

③ ②의 화학적 간섭을 피하는 방법
㉠ 이온교환이나 용매추출 등에 의한 방해물질의 제거
㉡ 과량의 간섭원소의 첨가
㉢ 간섭을 피하는 양이온(예 : 란타늄, 스트론튬, 알칼리 원소 등) 음이온 또는 은폐제, 킬레이트제 등의 첨가
㉣ 목적원소의 용매추출
㉤ 표준물첨가법의 이용

7. 분석오차의 원인 중요내용

① 표준시료의 선택의 부적당 및 제조의 잘못
② 분석시료의 처리방법과 희석의 부적당
③ 표준시료와 분석시료의 조성이나 물리적 화학적 성질의 차이
④ 공존물질에 의한 간섭
⑤ 광원램프의 드리프트(Drift) 열화(劣化)
⑥ 광원부 및 파장선택부의 광학계의 조정 불량
⑦ 측광부의 불안정 또는 조절 불량
⑧ 분무기 또는 버너의 오염이나 폐색
⑨ 가연성 가스 및 조연성 가스의 유량이나 압력의 변동
⑩ 불꽃을 투과하는 광속의 위치 조정 불량
⑪ 검량선 작성의 잘못
⑫ 계산의 잘못

04 비분산 적외선분광분석법

1. 원리 및 적용범위 중요내용

(1) 이 시험법은 선택성 검출기를 이용하여 시료 중의 특정 성분에 의한 적외선의 흡수량 변화를 측정하여 시료 중에 들어 있는 특정 성분의 농도를 구하는 방법으로, 대기 및 굴뚝 배출가스 중의 오염물질을 연속적으로 측정하는 비분산 정필터형(正 Filter型) 적외선 가스 분석계에 대하여 적용한다.

(2) 비분산적외선 분석계의 검출한계는 분석 광학계의 적외선 복사선이 시료 중을 통과하는 거리에 따라 다르며 복사선 통과 거리가 10~16m일 때 분석기의 검출한계를 0.5μmol/mol까지 낮출 수 있다.

(3) 간섭물질 중요내용

① 입자상 물질

㉠ 대기 또는 굴뚝 배출기체에 포함된 먼지 등 입자상 물질이 측정에 영향을 줄 수 있다.
㉡ 이들 물질의 영향을 최소화하기 위하여 시료채취부 전단에 여과지(0.3μm)를 부착하여야 한다.
㉢ 여과지의 재질은 유리섬유, 셀룰로오스 섬유 또는 합성수지제 거름종이 등을 사용한다.

② 수분

㉠ 적외선흡수법의 경우 시료 측정에 영향을 주는 인자로 시료 중 수분 함량이 매우 중요하다.
㉡ 정확한 성분가스 농도를 측정하기 위해서는 시료가스 중 수분 함량을 구하고 이를 필요한 경우 보정해 주어야 한다.

2. 용어 중요내용

(1) 비분산(Nondispersive)

빛(光束)을 프리즘(prism)이나 회절격자(回折格子)와 같은 분산소자(分散素子)에 의해 분산하지 않는 것

(2) 정필터형

측정성분이 흡수되는 적외선을 그 흡수파장에서 측정하는 방식

(3) 반복성

동일한 분석계를 이용하여 동일한 측정대상을 동일한 방법과 조건으로 비교적 단시간에 반복적으로 측정하는 경우로서 개개의 측정치가 일치하는 정도

(4) 비교가스

시료셀에서 적외선 흡수를 측정하는 경우 대조가스로 사용하는 것으로 적외선을 흡수하지 않는 가스

(5) 시료셀(Sample Cell)

시료가스를 넣는 용기

(6) 비교셀(Reference Cell)

비교가스를 넣는 용기

(7) 시료광속(試料光束)

시료셀을 통과하는 빛

(8) 비교광속(光束)

비교셀을 통과하는 빛

(9) 제로가스(Zero Gas)

분석계의 최저 눈금값을 교정하기 위하여 사용하는 가스

(10) 스팬가스(Span Gas)

분석계의 최고 눈금값을 교정하기 위하여 사용하는 가스

(11) 제로 드리프트(Zero Drift)

측정기의 최저눈금에 대한 지시치의 일정 기간 내의 변동

(12) 교정범위

측정기 최대측정범위의 80~90% 범위에 해당하는 교정값을 말한다.

(13) 스팬 드리프트(Span Drift)

측정기의 눈금스팬에 대응하는 지시치의 일정 기간 내의 변동

3. 분석기기 및 기구

(1) 비분산형적외선분석계

비분산적외선분석계는 고전적 측정방법인 복광속 분석기와 일반적으로 고농도의 시료 분석에 사용되는 단광속 분석기, 간섭 영향을 줄이고 저농도에서 검출능이 좋은 가스필터 상관 분석기 등으로 분류된다.

① 복광속 비분산분석기 중요내용

복광속 분석기의 경우 시료 셀과 비교 셀이 분리되어 있으며 적외선 광원(이하 "광원"이라 한다.)이 회전섹터 및 광학필터를 거쳐 시료셀과 비교셀을 통과하여 적외선 검출기(이하 "검출기"라 한다.)에서 신호를 검출하여 증폭기를 거쳐 측정농도가 지시계로 지시된다.

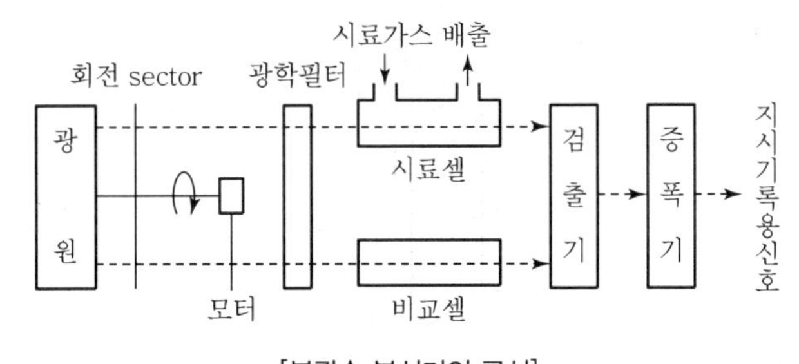

[복광속 분석기의 구성]

㉠ 광원

ⓐ 광원은 원칙적으로 흑체발광으로 니크롬선 또는 탄화규소의 저항체에 전류를 흘려 가열한 것을 사용한다.

ⓑ 광원의 온도가 올라갈수록 발광되는 적외선의 세기가 커지지만 온도가 지나치게 높아지면 불필요한 가시광선의 발광이 심해져서 적외선 광학계의 산란광으로 작용하여 광학계를 교란시킬 우려가 있다.

ⓒ 적외선 및 가시광선의 발광량을 고려하여 광원의 온도를 정해야 하는데 1,000~1,300°K 정도가 적당하다.

㉡ 회전섹터

회전섹터는 시료광속과 비교광속을 일정주기로 단속시켜, 광학적으로 변조시키는 것으로 측정 광신호의 증폭에 유효하고 잡신호의 영향을 줄일 수 있다.

㉢ 광학필터

광학필터는 시료가스 중에 간섭 물질가스의 흡수파장역의 적외선을 흡수 · 제거하기 위하여 사용하며, 가스필터와 고체필터가 있는데, 이것은 단독 또는 적절히 조합하여 사용한다.

㉣ 시료셀

시료셀은 시료가스가 흐르는 상태에서 양단의 창을 통해 시료광속이 통과하는 구조를 갖는다.

㉤ 비교셀

비교셀은 시료셀과 동일한 모양을 가지며 아르곤 또는 질소 같은 불활성 기체를 봉입하여 사용한다.

㉥ 검출기

검출기는 광속을 받아들여 시료가스 중 측정성분 농도에 대응하는 신호를 발생시 키는 선택적 검출기 혹은 광학필터와 비선택적 검출기를 조합하여 사용한다.

② 단광속 비분산분석기

단광속 분석기는 단일 시료 셀을 갖고 적외선 흡수도를 측정하는 분석기로 높은 농도 성분의 측정에 적합하며 간섭 물질에 의한 영향을 피할 수 없다.

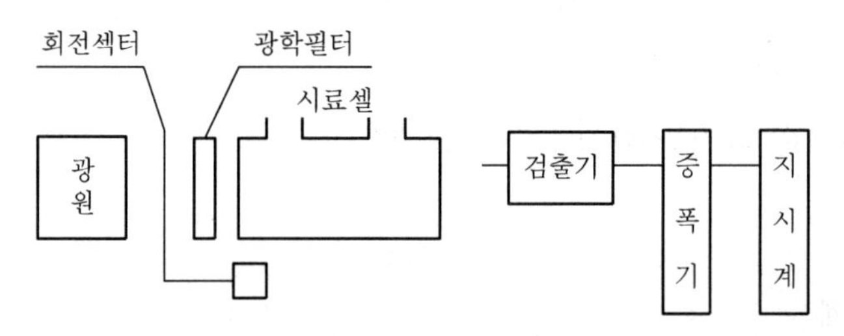

[단광속 분석기의 구성]

③ 가스필터 상관 비분산분석기

가스필터 상관 분석기는 적외선광원, 가스필터, 대역통과(Band Pass)광학필터, 적외선흡수 광학셀, 반사 거울, 적외선 검출기 등으로 구성된다.

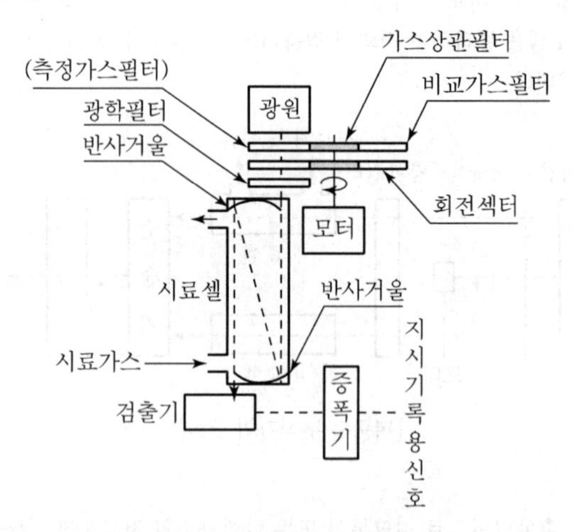

[가스필터 상관 적외선 분석기의 구성]

㉠ 적외선흡수셀

ⓐ 적외선흡수셀은 비분산적외선 광학계에서 측정 대상가스의 유로를 형성하며 광원으로부터 복사된 적외선이 이 셀 내를 채운 시료가스에 의해 흡광이 일어나는 곳으로 셀 내의 양단에는 반사거울을 두어 입사된 복사선의 반복반사에 의해 통과거리를 늘려주도록 되어 있으며 셀 내의 광 경로 통과거리는 10~16m이다.

ⓑ 셀 내에는 3개의 구면 오목거울이 셀 양단에 설치되어 있으며, 열선이 장착되어 내부온도를 항온(45℃ 정도)으로 유지시킨다.

㉡ 가스필터

가스필터(GFC ; Gas Filter Correlation)는 밀폐된 두 공간으로 나뉘어 한쪽은 고농도의 기준가스를 충전시킨 기준 셀과 또 다른 한쪽은 질소 가스를 충전한 측정 셀로 구성된다.

㉢ 적외선 검출기 중요내용

적외선 흡수 파장영역 1~5.2μm 대역에서 검출능이 좋은 PbSe 센서 등이 사용되며, 감응 특성을 좋게 하기 위하여 전자냉각장치가 장착되어 낮은 온도(−25℃)에서 일정하게 유지되도록 한다.

㉣ 셀 투과 창(Cell Window)

1.5~5.8μm 적외선 파장영역에서 우수한 투과특성을 갖는 대표적인 창 재료로는 NaCl, CaF_2, sapphire 등이 사용된다.

㉤ 광원 중요내용

광원은 흑체 발광을 이용한 것으로 적외선 및 가시광선의 발광량을 고려하여 광원의 온도를 정해야 하는데 1,000~1,300K 정도가 적당하다.

㉥ 교정장치

지시부의 오차를 용이하게 교정할 수 있는 장치가 있어야 하며 원격조절장치로 조작할 수 있어야 한다.

(2) 시료채취장치

- 시료를 분석계에 연속적으로 도입하기 위하여 시료채취장치를 사용한다.
- 측정가스의 유량과 온도 허용범위는 사용 목적에 따라 다르지만 일반적으로 유량은 0.2~2.0L/min, 허용 온도범위는 정해진 유량으로 가스를 도입할 때 원칙적으로 0~50℃ 사이로 한다. 중요내용

① 굴뚝 시료가스 채취장치

굴뚝배출가스 측정 시 필요하며 흡입노즐, 흡입관, 여과지홀더, 굴뚝가스 분류 유로와 이들 장치를 150℃ 정도까지 가열이 가능한 펌프와 유량계측시스템을 구비한 장비를 이용한다.

② 펌프와 유량계측 시스템

유량계와 연결하여 20~30L/min의 수준으로 시료를 채취할 수 있는 흡입펌프를 사용한다. 이러한 유량 범위에서 유속을 측정할 수 있는 가스미터가 필요하다.

4. 시약 및 표준용액

(1) 표준가스

① 농도와 불확도가 잘 확인된 가스로서, 농도에 대한 인증값의 소급성이 국가표준기관을 통하여 SI 단위로 잘 유지된 가스를 말한다.

② 교정 시에는 높은 농도 표준가스를 질소 또는 정제 공기로 일정비율 희석하여 사용한다.

(2) 교정용 가스 중요내용

① 분석계의 교정은 농도를 알고 있는 교정용 가스를 사용한다.

② 교정용 가스로는 제로가스(Zero Gas)와 스팬가스(Span Gas)가 필요하다.

③ 교정용 가스는 성분농도가 안정되어 있고 교정치의 정확도가 아주 좋고 신뢰성이 있는 것이어야 한다.

④ 혼합가스를 조제할 때 목적성분 가스의 농도가 0.1% 이하일 때는 용기 표면의 가스흡착 영향을 제거할 수 있는 방법을 충분히 검토해야 한다.

㈜ 용기 내 가스압력이 15kgf/cm²(35℃ 게이지 압력) 이하로 될 때는 유효기간 이내라 하더라도 농도 변화가 있을 수 있으므로 사용하지 않는다.

(3) 먼지 필터

① 시료대기 중에 함유되어 있는 먼지 등 입자상 물질을 제거하기 위한 것으로서 유리섬유, 셀룰로오스 섬유 또는 합성수지제 거름종이 등을 사용한다.

② 먼지필터는 먼지 부착량이 많아지면 성분가스 채취 손실, 시료 흡입유량의 감소 원인이 되므로 정기적으로 교환한다.

5. 정도보증/정도관리(QA/QC)

(1) 교정 절차 중요내용

① 제로가스를 설정 유량으로 도입해서 지시 안정 후 영점 조정을 한다.

② 스팬가스를 설정 유량으로 도입해서 스팬 조정을 한다.

③ 필요에 따라 반복한 후 제로 및 스팬 교정값이 각각 일치할 때까지 반복 수행한다.

④ 교정주기는 원칙적으로 주 1회로 한다.

⑤ 교정용 가스는 제로가스로서 정제된 공기 또는 고순도 질소가스(순도 99.99% 이상, 성분가스 함유량 0.2nmol/mol 이하)를 사용하며, 스팬가스로서 표준가스와 제로가스의 희석가스로 최대 눈금의 80~100%의 농도의 것을 사용한다.

(2) 분석계의 설치장소 조건

① 진동이 작은 곳

② 부식가스나 먼지가 없는 곳

③ 습도가 높지 않고 온도 변화가 작은 곳

④ 전원의 전압 및 주파수의 변동이 작은 곳

(3) 측정기기 성능 유지 원칙 중요내용

① 재현성

동일 측정조건에서 제로가스와 스팬가스를 번갈아 3회 도입하여 각각의 측정값의 평균으로부터 편차를 구한다. 이 편차는 전체 눈금의 ±2% 이내이어야 한다.

② 감도

전체 눈금의 ±1% 이하에 해당하는 농도 변화를 검출할 수 있는 것이어야 한다.

③ 제로드리프트(zero drift)

동일 조건에서 제로가스를 연속적으로 도입하여 고정형은 24시간, 이동형은 4시간 연속 측정하는 동안에 전체 눈금의 ±2% 이상의 지시 변화가 없어야 한다.

④ 스팬드리프트(span drift)

동일 조건에서 제로가스를 흘려 보내면서 때때로 스팬가스를 도입할 때 제로드리프트를 뺀 드리프트가 고정형은 24시간, 이동형은 4시간 동안에 전체 눈금의 ±2% 이상이 되어서는 안 된다.

㈜ 측정시간 간격은 고정형은 4시간 이상, 이동형은 40분 이상이 되도록 한다.

⑤ 응답시간(Response Time)

㉠ 제로 조정용 가스를 도입하여 안정된 후 유로를 스팬가스로 바꾸어 기준 유량으로 분석계에 도입하여 그 농도를 눈금 범위 내의 어느 일정한 값으로부터 다른 일정한 값으로 갑자기 변화시켰을 때 스텝(Step) 응답에 대한 소비시간이 1초 이내이어야 한다.

㉡ 또 이때 최종 지시치에 대한 90%의 응답을 나타내는 시간은 40초 이내이어야 한다.

⑥ 온도 변화에 대한 안정성
측정가스의 온도가 표시온도 범위 내에서 변동해도 성능에 지장이 있어서는 안 된다.

⑦ 유량 변화에 대한 안정성
측정가스의 유량이 표시한 기준유량에 대하여 ±2% 이내에서 변동하여도 성능에 지장이 있어서는 안 된다.

⑧ 주위온도 변화에 대한 안정성
주위온도가 표시 허용변동 범위 내에서 변동하여도 성능에 지장이 있어서는 안 된다.

⑨ 전원 변동에 대한 안정성
전원전압이 설정 전압의 ±10% 이내로 변화하였을 때 지시치 변화는 전체눈금의 ±1% 이내여야 하고, 주파수가 설정 주파수의 ±2%에서 변동해도 성능에 지장이 있어서는 안 된다.

6. 분석절차

(1) 측정방법

① 비분산적외선 분석법은 이와 같이 적외선 흡수대를 갖는 기체에 적외선을 투과하여 그 분자 고유의 적외선 흡수 에너지를 검출함으로써 기체의 농도를 측정하는 방법으로 보통 사용되는 파장범위는 1~12μm 영역이다. 중요내용

② 각 기체농도에 따른 적외선 흡수 정도는 램버트-비어의 법칙을 만족하며 농도와 적외선 통과거리의 곱 및 그 기체 고유의 흡수계수에 의해 결정되고 지수 함수적으로 변화하며 다음과 같은 관계식을 따른다.

$$I = I_0 \, e^{-\alpha c l}$$

여기서, I : 측정 시료를 통과한 적외선 세기
I_0 : 기준 시료를 통과한 적외선 세기
α : 기체의 흡수계수
l : 광속 통과거리(Path Length)
c : 농도

③ 비분산적외선 분석계의 검출 성능은 고에너지 광원의 사용, 고감도 검출 센서의 선택, 전자적인 신호의 증폭 및 S/N비의 확장방법 등이 고려될 수 있으나 가장 영향이 큰 요소는 적외선 복사선의 통과 거리이다.

④ 흡수셀의 복사선 통과 거리가 10~16m일 때 분석기의 검출한계를 0.5μmol/mol까지 낮출 수 있다.

7. 결과보고

(1) 측정결과 보고

① 시료 관련 자료
시료측정일시, 시료측정장소 등

② 측정방법 개요 중요내용
시료 채취 유속, 총량, 시간, 기상요소(기온, 기압, 습도, 풍속, 풍향 등), 주변환경(4방위 개방 여부, 주변 건물, 지표면 상태 등) 등을 작성한다.

③ 측정결과

(2) 측정량의 표시 중요내용

① 측정량은 표준상태(0℃, 760mmHg)로 환산된 대기 시료 중의 측정성분가스 농도이며, 측정 단위는 ppm 또는 μmol/mol을 사용한다.

② 측정값은 소수점 둘째 자리까지 유효자리수를 표기하고 결과 표시는 소수점 첫째 자리까지 한다.

05 이온크로마토그래피법

1. 원리 및 적용범위

(1) 원리 중요내용

이 방법은 이동상으로는 액체를, 그리고 고정상으로는 이온교환수지를 사용하여 이동상에 녹는 혼합물을 고분리능 고정상이 충전된 분리관 내로 통과시켜 시료성분의 용출상태를 전도도 검출기 또는 광학 검출기로 검출하여 그 농도를 정량하는 방법

(2) 적용범위 중요내용

강수물(비, 눈, 우박 등), 대기먼지, 하천수 중의 이온성분을 정성, 정량 분석하는 데 이용한다.

2. 개요

(1) 고성능 이온크로마토그래피에서는 저용량의 이온교환체가 충진되어 있는 분리관 중에서 강 전해질의 용리액을 이용하여 용리액과 함께 목적이온 성분을 순차적으로 이동시켜 분리 용출한 다음 서프레서(Suppressor)에 통과시켜 용리액에 포함된 강전해질을 제거시킨다.

(2) 이어서 강전해질이 제거된 용리액과 함께 목적이온 성분을 전기 전도도셀에 도입하여 각각의 머무름 시간에 해당하는 전기 전도도를 검출함으로써 각각의 이온성분 농도를 측정한다.

3. 장치

(1) 장치의 개요 중요내용

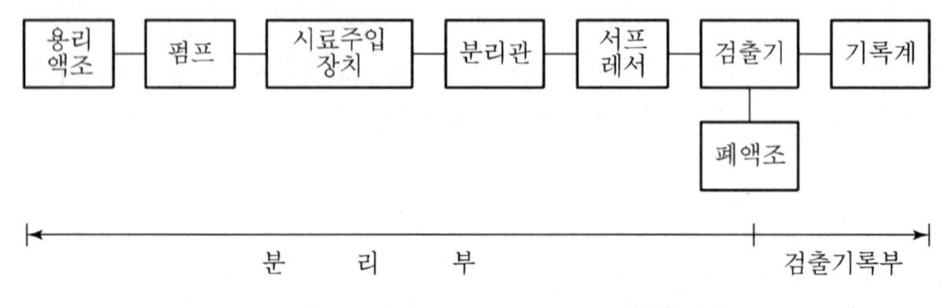

[이온크로마토그래피의 구성 예]

(2) 용리액조 중요내용

① 이온성분이 용출되지 않는 재질로서 용리액을 직접공기와 접촉시키지 않는 밀폐된 것을 선택한다.
② 일반적으로 폴리에틸렌이나 경질 유리제를 사용한다.

(3) 송액펌프 만족조건 중요내용

① 맥동(脈動)이 적은 것
② 필요한 압력을 얻을 수 있는 것
③ 유량조절이 가능할 것
④ 용리액 교환이 가능할 것

(4) 시료주입장치

일정량의 시료를 밸브조작에 의해 분리관으로 주입하는 루프주입방식이 일반적이며 셉텀(Septum)방법, 셉텀레스(Septumless)방식 등이 사용되기도 한다.

(5) 분리관 중요내용

① 이온교환체의 구조면에서 분류
㉠ 표층피복형 ㉡ 표층박막형
㉢ 전다공성 미립자형

② 기본 재질면에서 분류
㉠ 폴리스틸렌계 ㉡ 폴리아크릴레이트계
㉢ 실리카계

③ 양이온 교환체
표면에 술폰산기를 보유

④ 분리관 재질
㉠ 내압성, 내부식성으로 용리액 및 시료액과 반응성이 적은 것을 선택
㉡ 에폭시수지관 또는 유리관이 사용된다.
㉢ 일부는 스테인리스관이 사용되지만 금속이온 분리용으로는 좋지 않다.

(6) 서프레서 중요내용

① 정의
서프레서란 용리액에 사용되는 전해질 성분을 제거하기 위하여 분리관 뒤에 직렬로 접속시킨 것으로서 전해질을 물 또는 저 전도도의 용매로 바꿔줌으로써 전기전도도 셀에서 목적이온 성분과 전기전도도만을 고감도로 검출할 수 있게 해주는 것이다.

② 종류
㉠ 관형
음이온에는 스티롤계 강산형(H^+) 수지가, 양이온에는 스티롤계 강염기형(OH^-)의 수지가 충진된 것을 사용한다.
㉡ 이온교환막형

(7) 검출기 중요내용

검출기는 분리관 용리액 중의 시료성분의 유무와 양을 검출하는 부분이다.
① 전기전도도 검출기(일반적으로 많이 사용)
분리관에서 용출되는 각 이온종을 직접 또는 서프레서를 통과시킨 전기전도도계 셀 내의 고정된 전극 사이에 도입시키고 이때 흐르는 전류를 측정하는 것이다.

② 자외선 및 가시선 흡수검출기(UV, VIS 검출기)
㉠ 자외선흡수검출기(UV 검출기)는 고성능 액체크로마토그래피 분야에서 가장 널리 사용되는 검출기이며, 최근에는 이온크로마토그래피에서도 전기전도도 검출기와 병행하여 사용되기도 한다.
㉡ 가시선 흡수검출기(VIS 검출기)는 전이금속 성분의 발색반응을 이용하는 경우에 사용된다.

③ 전기화학적 검출기
㉠ 정전위 전극반응을 이용하는 전기화학 검출기는 검출 감도가 높고 선택성이 있는 검출기로서 분석화학 분야에 널리 이용되는 검출기
㉡ 전량(全量)검출기, 암페로 메트릭 검출기 등이 있다.

4. 설치조건 중요내용

(1) 실험실 온도 10~25 ℃, 상대습도 30~85% 범위로 급격한 온도변화가 없어야 한다.
(2) 진동이 없고 직사광선을 피해야 한다.
(3) 부식성 가스 및 먼지발생이 적고 환기가 잘 되어야 한다.
(4) 대형변압기, 고주파가열 등으로부터 전자유도를 받지 않아야 한다.
(5) 공급전원은 기기의 사양에 지정된 전압 전기용량 및 주파수로 전압변동은 10% 이하이고 주파수 변동이 없어야 한다.

5. 정성분석

동일 조건하에서 측정한 미지성분의 머무름 시간과 예측되는 물질의 봉우리의 머무름 시간을 비교한다. 이 경우 어떤 봉우리가 꼭 하나의 성분에만 대응한다고는 볼 수 없으므로 고정상이나 용리액 종류를 변경하는 등 분리조건을 바꾸어서 측정하거나 또는 다음의 방법을 이용해서 확인한다.

① 다른 검출기 사용
② 화학반응 이용
③ 질량분석법 또는 적외선 분광법 이용
④ 크로마토그램 바탕에 의한 방법
⑤ 머무름 값 중요내용
  ㉠ 머무름 값의 종류로는 머무름시간(Retention time), 머무름부피(Retention Volume), 머무름비, 머무름지표 등이 있다.
  ㉡ 머무름 시간을 측정할 때는 3회 측정하여 그 평균치를 구한다.
  ㉢ 일반적으로 5~30분 정도에서 측정하는 봉우리의 머무름 시간을 반복시험을 할 때 ±3% 오차범위 이내이어야 한다.
⑥ 다른 방법을 병용한 정성분석
  다른 방법을 병용할 때는 반응관, 사용검출기, 분취방법, 기타 사용방법 등에 대한 설명 및 의견을 덧붙일 수가 있다.

6. 정량분석

정량분석은 각 분석방법에 규정하는 방법에 따라 시험하여 얻어진 크로마토그램(Chromatogram)의 재현성, 시료성분의 양, 봉우리의 면적 또는 높이와의 관계를 검토하여 분석한다. 이때 정확한 정량결과를 알기 위해서는 크로마토그램의 각 곡선 봉우리는 대칭적이고 각각 완전히 분리되어야 한다.

(1) 곡선의 면적 또는 봉우리 높이 측정

① 봉우리의 높이 측정
② 곡선의 넓이 측정

(2) 정량법 중요내용

① 절대검정곡선법
② 넓이 백분율법
③ 보정넓이 백분율법
④ 상대검정곡선법
⑤ 표준물첨가법
⑥ 데이터 처리장치를 이용하는 방법

(3) 정량치의 표시법

중량 %, 부피 %, 몰 %, ppm 등으로 표시한다.

06 흡광차분광법

1. 원리 및 적용범위

(1) 원리 중요내용

이 방법은 일반적으로 빛을 조사하는 발광부와 50~1,000 m 정도 떨어진 곳에 설치되는 수광부(또는 발 · 수광부와 반사경) 사이에 형성되는 빛의 이동경로(Path)를 통과하는 가스를 실시간으로 분석하며, 측정에 필요한 광원은 180~2,850 nm 파장을 갖는 제논(Xenon) 램프를 사용한다.

(2) 적용범위

아황산가스, 질소산화물, 오존 등의 대기오염물질 분석에 적용한다.

2. 개요(측정원리) 중요내용

(1) 흡광차분광법(DOAS ; Differential Optical Absorption Spectroscopy)은 흡광광도법의 기본 원리인 Beer-Lambert 법칙을 응용한다.

$$I_t = I_o \cdot 10^{-\varepsilon C \ell}$$

여기서, I_o : 입사광의 광도
I_t : 투사광의 광도
C : 농도
ℓ : 빛의 투사거리
ε : 흡광계수

(2) 각 가스의 화합물들은 고유의 흡수파장을 가지고 있어 농도에 비례한 빛의 흡수를 보여준다.
(3) 일반 흡광광도법은 미분적(일시적)이며 흡광차분광법(DOAS)은 적분적(연속적)이란 차이점이 있다.

3. 장치

(1) 장치의 개요 중요내용

흡광차분광법의 분석장치는 분석기와 광원부로 나누어지며, 분석기 내부는 분광기, 샘플 채취부, 검지부, 분석부, 통신부 등으로 구성된다.

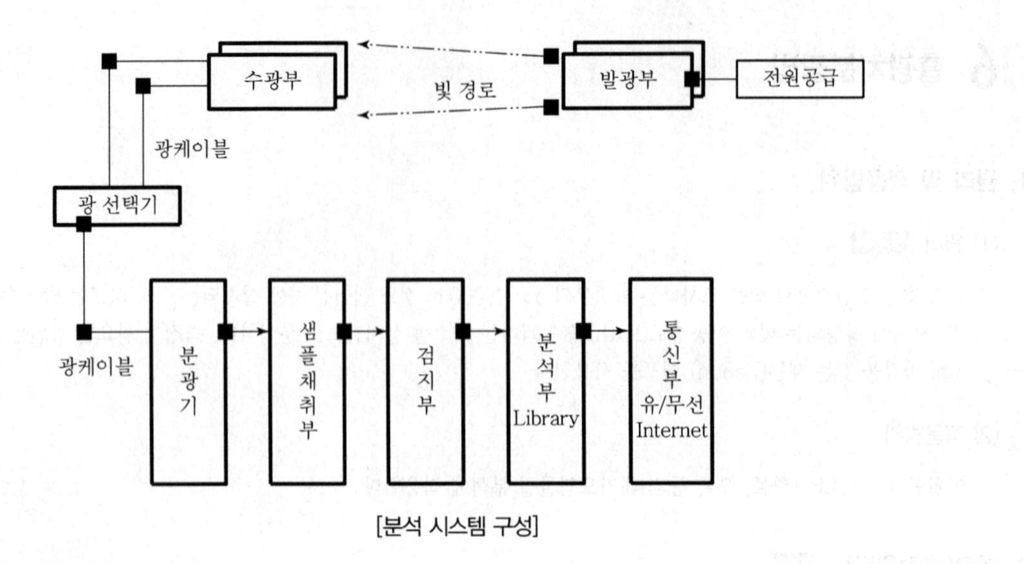

[분석 시스템 구성]

(2) 광원부 중요내용

① 발광부/수광부 및 발 · 수광부

㉠ 발광부는 광원으로 제논 램프를 사용하며, 점등을 위하여 시동전압이 매우 큰 전원공급 장치를 필요로 한다.

㉡ 제논 램프는 180~2,850 nm의 파장 대역을 갖는다.

㉢ 수광부는 발광부에서 조사된 빛을 채취한다.

② 광 케이블

포집된 빛을 분석기 내의 분광기에 전달한다.

(3) 분석기

대상 가스를 측정, 분석 및 데이터를 저장한다. 컴퓨터 데이터 베이스에는 측정하고자 하는 가스에 대한 파장의 모든 정보를 내장하고 있으며, 진동이나 기계적인 방해 요소에 의해서 측정에 방해받지 않는다.

① 분광기
② 샘플 채취부
③ 검지부
④ 분석부(Library Data Base)

07 고성능 액체크로마토그래피

1. 개요

고성능 액체 크로마토그래피(HPLC ; High Performance Liquid Chromatography)는 비휘발성 화학종 또는 열적으로 불안정한 물질을 분리할 수 있으며 유기물과 무기물의 대기오염물질에 대한 정성분석, 정량분석에 사용된다.

2. 기기장치

- 고성능 액체 크로마토그래피에서 흔히 사용하는 2~10μm 입자 크기의 충전물을 사용하여 적당한 용리액의 흐름속도를 얻기 위해서는, 펌프압력을 수백 기압까지 가해 주어야 한다.
- 높은 압력을 걸어주어야 하기 때문에 HPLC 장치는 다른 종류의 크로마토그래피에서 볼 수 있는 것보다 정교하다.

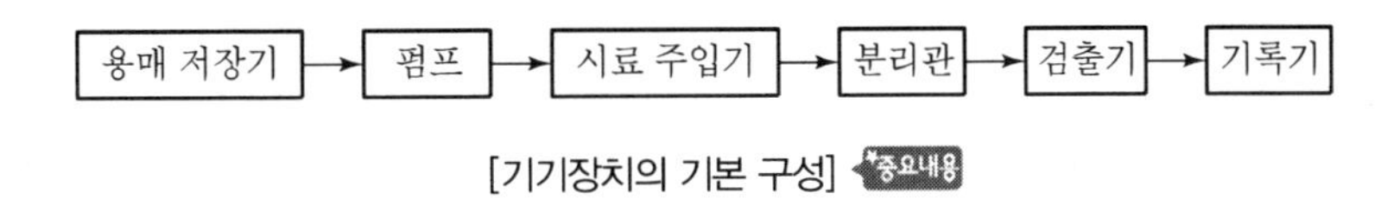

[기기장치의 기본 구성] 중요내용

(1) 용매 저장기와 용매처리장치

고성능 액체 크로마토그래피 기기는 한 개 또는 그 이상의 유리 또는 스테인리스강으로 만든 용매 저장용기를 가지고 있는데, 이 저장용기 각각은 200~1,000mL의 용매를 저장한다.

(2) 펌프

① 고성능 액체 크로마토그래피 펌프(Pump)장치가 갖추어야 할 필요조건 중요내용
  ㉠ 약 200기압까지의 압력 발생
  ㉡ 맥동 충격이 없는 출력
  ㉢ 0.1~10mL/min의 흐름속도
  ㉣ 흐름속도 조절 및 흐름속도 재현성의 상대오차가 0.5% 또는 그 이하일 것
  ㉤ 잘 부식되지 않는 스테인리스강으로 된 장치와 봉합재로서 테플론을 사용할 것

② 펌프로는 세 가지 종류의 펌프, 즉 왕복식 펌프, 치환(혹은 주사기형) 펌프 및 기압식(혹은 일정압력) 펌프가 주로 사용된다. 중요내용

(3) 시료 주입장치

① 액체 크로마토그래피 측정의 정밀도에 제한을 주는 인자 중 하나는 분리관 충전물에 시료를 주입할 때의 재현성에 있다.
② 시료를 지나치게 많이 주입하게 되면 띠 넓힘 현상에 의해서 정밀도가 나빠지기 때문에 주입하는 시료의 부피는 가급적 작아야 하며, 십 분의 수 μL에서 약 500μL까지 허용된다.

(4) 분리관

① 분석관 중요내용
  ㉠ 대부분의 액체 크로마토그래피 관(Column)의 길이는 10~30cm이고 액체 관의 내부지름은 약 4~10mm이다.
  ㉡ 충전물의 입자 크기는 보통 5μm 또는 10μm이다.
  ㉢ 가장 흔히 사용되고 있는 관은 길이가 25cm이고, 내부지름이 4.6mm이며, 5μm의 입자가 채워져 있다.

② 보호관

보통 짧은 보호관(Guard Column)을 분석관 앞에 설치하여 용매에 있는 입자성 물질과 오염물질뿐만 아니라 정지상에 비가역적으로 결합되는 시료성분을 제거하여 줌으로써 분리관의 수명을 연장시키고 있다.

③ 분리관의 항온장치

④ 분리관 충전물의 종류 중요내용

㉠ 액체 크로마토그래피에서 사용하고 있는 두 가지 종류의 기본적인 충전물에는 표피형(Pellicular) 입자와 다공성(Porous) 입자가 있다.

㉡ 표피형 입자는 지름이 30～40μm이고 다공성이 아닌 구형 유리 또는 중합체 구슬로 되어 있다.

㉢ 액체 크로마토그래피의 전형적 다공성 입자 충전물은 지름이 3～10μm인 다공성 미세입자로 구성되어 있다.

⑤ 분리관 정지상에 따른 액체 크로마토그래피의 종류 중요내용

㉠ 분배 크로마토크래피　　㉡ 흡착 크로마토그래피

㉢ 크기별 배제 크로마토그래피　　㉣ 이온교환 크로마토그래피

(5) 검출기 중요내용

① 자외선흡수 검출기

㉠ 자외선흡수 검출기(UV Absorbance Detector)는 고성능 액체 크로마토그래피의 분리관에서 화학종이 분리되고 용리되어 나올 때, 자외선을 쏘여 주고 이때 화학종이 자외선을 흡수하는 정도를 검출하는 것이다.

㉡ 가장 일반적으로 쓰이는 것은 수은을 광원으로 하는 필터 광도계이며 수은에서 나오는 254nm의 자외선을 필터로 분리하여 사용한다.

② 형광 검출기

㉠ HPLC에 사용되는 형광 검출기(Fluorescence Detector)는 자외선이나 가시광선의 들뜸 빛살을 쪼여 주고 형광물질에서 나오는 형광을 들뜸 빛살에 대하여 90° 방향에 놓여 있는 광전 검출기로 측정한다.

㉡ 가장 간단한 검출기는 수은 들뜸 광원을 사용하고 방출복사선의 띠를 분리하는 하나 또는 그 이상의 필터를 사용하는 방식이다.

③ 굴절률 검출기

시차 굴절률 검출기(Refractive－Index Detector)는 순수한 용매가 검출기 셀의 한쪽 방을 통해 지나가고, 분리관을 통과한 용리액은 셀의 다른 쪽 방을 통해 지나가도록 고안되어 있다.

④ 증발 광산란 검출기

증발 광산란 검출기(ELSD ; Evaporative Light Scattering Detector)에서는 분리관에서 용리된 용출액이 분무기를 통과하면서 질소나 공기의 흐름에 의해 미세한 물방울로 변하게 된다.

⑤ 전기화학 검출기

여러 종류의 전기화학 검출기(Electrochemical Detector)들이 사용되는데, 이러한 장치들은 전류법, 전압전류법, 전기량법 및 전도도법에 기초를 두고 있다.

⑥ 질량분석 검출기

액체 크로마토그래피를 질량분석 검출기(Mass Spectrometric Detector)와 연결함으로써 분리관에서 분리되어 나오는 각각의 화학종을 정성 · 정량 분석할 수 있다.

(6) 기록계

① 기록계(Recorder)는 스트립 차아트(Strip Chart)식 자동평형 기록계로 스팬(Span) 전압 1mV, 펜 응답시간(Pen Response Time) 2초 이내, 기록지 이동속도(Chart Speed)는 10mm/min을 포함한 다단변속이 가능한 것이어야 한다.

② 적분기(Integrator)를 사용하거나 컴퓨터를 이용하여 크로마토그램을 기록하고 저장할 때에는 각 성분의 봉우리가 충분히 분리되어 봉우리 면적을 구하는 데 어려움이 없어야 한다.

3. 설치조건 중요내용

(1) 실험실 온도는 10~25℃, 상대습도는 30~85%로 유지되며 온도와 습도의 급격한 변화가 없는 곳
(2) 진동이 없고 햇빛이 직접 내려쬐지 않는 곳
(3) 부식 기체나 먼지가 거의 없고 환기가 충분히 이루어지는 곳
(4) 용량이 큰 변압기나 고주파 전열기로부터의 전자기 유도가 없는 곳
(5) 고성능 액체 크로마토그래피에 필요한 전압, 용량, 주파수에 맞는 전력의 공급이 가능할 것. 이때 전압의 변화는 10% 이내이며 주파수의 변동이 없을 것

4. 정성분석

정성분석은 동일 조건하에서 측정한 미지 성분의 머무름 시간(Retention Time)과 같은 머무름 값들(Retention Values)과 예측되는 성분의 머무름 값을 비교하여야 한다.

5. 정량분석

(1) 분석방법

봉우리의 면적 또는 봉우리의 높이를 사용할 수 있는데 분석방법으로는 절대검정곡선법(Calibration Curve Method), 상대검정곡선법(Internal Standard Method), 표준물첨가법(Standard Addition Method)이 있다.

(2) 정량치의 표시

정량분석 결과의 농도 표시는 질량%, 부피%, 몰% 등으로 표시한다.

08 X－선 형광분광법

1. 개요 중요내용

(1) X－선 형광분광법(XRF ; X－ray Fluorescence Spectrometry)은 산소의 원자번호보다 큰 원자번호를 가지는 원소를 정성적으로 확인하기 위해 가장 널리 사용되는 분석법 중의 하나이며 원소의 반정량 또는 정량 분석에 이용된다.

(2) XRF의 특별한 장점은 시료를 파괴하지 않는다는 데 있으며, 필터에 채취한 먼지 시료의 원소 분석(정성 · 정량 분석)에 유용하게 사용되기도 한다.

2. 기기장치

- X－선 형광분광법의 기기 부품은 광원, 파장 선택기, 검출기 및 신호 처리장치로 이루어진다. 중요내용
- 기기 부품의 조합에 따라 X－선 형광 기기는 파장분산형(Wavelength Dispersive X－ray Spectrometer, WDX)과 에너지분산형(Energy Dispersive X－ray Spectrometer, EDX) 및 비분산형(Nondispersive X－ray Spectrometer)의 세 가지 종류로 나눌 수 있다.

(1) 광원 중요내용

① X－선관(X－ray Tube)

X－선관(X－ray Tube, Coolidge관이라고도 함) 광원(Light Source)은 텅스텐 필라멘트의 음극과 부피가 큰 양극이 장치되어 있는 매우 높은 진공상태의 관이다.

② 방사성 동위원소

㉠ 다양한 방사성 물질이 X－선 형광법의 광원으로 사용되는데 대개는 간단한 선 스펙트럼을 제공하고 어떤 것들은 연속스펙트럼을 발생한다.

㉡ 광원으로 사용되는 특정한 방사성 동위원소(Radioisotopes)는 어떤 원자번호 범위 내에 있는 원소들의 형광 들뜸을 위해서만 적합하다.

③ 이차 형광 광원

㉠ 이 경우는 X－선관에서 나온 복사선에 의해 들뜬 한 원소의 형광 스펙트럼을 형광 연구용 광원으로 사용한다.

㉡ 이런 장치는 일차 광원의 연속 스펙트럼을 제거해 주는 장점이 있다.

(2) 파장선택기

많은 경우의 분석에서 한정된 파장(Wavelength)의 X－선 빛살을 사용하는 것이 필요하고, 이를 위하여 필터와 단색화장치를 사용한다.

① X－선 필터

이용할 수 있는 과녁－필터 조합이 비교적 적기 때문에 이런 방법으로 파장을 선택하는 것은 한정되어 있다.

② 단색화장치

단색화장치(Monochromator)는 광학 기기에서 슬릿(Slit)과 같은 역할을 하는 한 쌍의 빛살 평행화장치(Collimator), 그리고 하나의 분산요소(Dispersing Element)로 이루어져 있다.

(3) 검출기 중요내용

① 기체－충전 검출기

기체－충전 검출기는 세 가지 종류의 X－선 검출기, 즉, 이온화실(Ionization Chamber), 비례 계수기(Proportional Counter) 및 Geiger관으로 세분된다.

② 섬광계수기

㉠ 방사선과 X－선을 검출하는 방법 중의 하나는 복사선이 인광체(Phosphor)에 충돌할 때 생성되는 발광을 계수하는 것이다.

㉡ 가장 널리 사용되고 있는 섬광계수기(Scintillation Counter)는 0.2% 요오드화탈륨을 첨가하여 활성화시킨 요오드화나트륨의 투명한 결정으로 이루어져 있다.

③ 반도체 검출기

반도체 검출기(Semiconductor Detector)는 두 종류로 나눌 수 있는데, 리튬－표류 규소 검출기(Lithium－Drifted Silicon Detector, Si(Li)) 또는 리튬－표류 게르마늄 검출기(Lithium－Drifted Germanium Detector, Ge(Li))라 불린다.

[배출가스 중 가스상 물질의 시료채취방법]

1. 개요

(1) 이 시험기준은 굴뚝을 통하여 대기 중으로 배출되는 가스상 물질을 분석하기 위한 시료의 채취방법에 대하여 규정한다.

(2) 이 시험기준에서 표시하는 가스상 물질의 시료 채취량은 표준상태(0℃, 760mmHg)로 환산한 건조시료가스의 량을 말한다.

2. 시료채취장치

(1) 장치의 구성요소

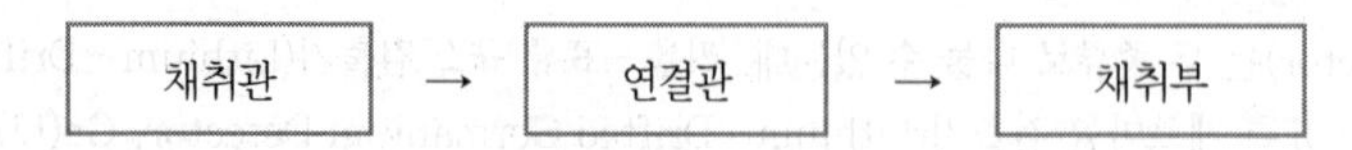

(2) 채취관

① 재질

㉠ 채취관, 충전 및 여과재 재질 선정시 고려 요인

ⓐ 배출가스의 조성

ⓑ 온도

㉡ 재질 만족 조건 중요내용

ⓐ 화학반응이나 흡착작용 등으로 배출가스의 분석결과에 영향을 주지 않는 것

ⓑ 배출가스 중의 부식성 성분에 의하여 잘 부식되지 않는 것

ⓒ 배출가스의 온도, 유속 등에 견딜 수 있는 충분한 기계적 강도를 갖는 것

〈분석물질의 종류별 채취관 및 연결관 등의 재질〉 중요내용

분석대상가스, 공존가스	채취관, 도관의 재질	여 과 재	비 고
암 모 니 아	①②③④⑤⑥	ⓐ ⓑ ⓒ	① 경질유리
일 산 화 탄 소	①②③④⑤⑥⑦	ⓐ ⓑ ⓒ	② 석영
염 화 수 소	①② ⑤⑥⑦	ⓐ ⓑ ⓒ	③ 보통강철
염 소	①② ⑤⑥⑦	ⓐ ⓑ ⓒ	④ 스테인리스강
황 산 화 물	①② ④⑤⑥⑦	ⓐ ⓑ ⓒ	⑤ 세라믹
질 소 산 화 물	①② ④⑤⑥	ⓐ ⓑ ⓒ	⑥ 플루오로수지
이 황 화 탄 소	①② ⑥	ⓐ ⓑ	⑦ 염화바이닐수지
폼 알 데 하 이 드	①② ⑥	ⓐ ⓑ	⑧ 실리콘수지
황 화 수 소	①② ④⑤⑥⑦	ⓐ ⓑ ⓒ	⑨ 네오프렌
플 루 오 린 화 합 물	④ ⑥	ⓒ	
사 이 안 화 수 소	①② ④⑤⑥⑦	ⓐ ⓑ ⓒ	
브 로 민	①② ⑥	ⓐ ⓑ	ⓐ 알칼리 성분이 없는
벤 젠	①② ⑥	ⓐ ⓑ	유리솜 또는 실리카솜
페 놀	①② ④ ⑥	ⓐ ⓑ	ⓑ 소결유리
비 소	①② ④⑤⑥⑦	ⓐ ⓑ ⓒ	ⓒ 카보런덤

② 규격 중요내용

㉠ 채취관은 흡입가스의 유량, 채취관의 기계적 강도, 청소의 용이성 등을 고려해서 안지름 6~25 mm 정도의 것을 쓴다.

㉡ 채취관의 길이는 선정한 채취점까지 끼워 넣을 수 있는 것이어야 한다.

㉢ 배출가스의 온도가 높을 때에는 관이 구부러지는 것을 막기 위한 조치를 해두는 것이 필요하다.

㉣ 먼지가 섞여 들어오는 것을 줄이기 위해서 채취관의 앞 끝의 모양은 직접 먼지가 들어오기 어려운 구조의 것이 좋다.

③ 여과재

㉠ 시료 중에 먼지 등이 섞여 들어오는 것을 막기 위하여 필요에 따라서 채취관의 적당한 위치에 여과재를 넣는다.
㉡ 여과재는 먼지의 제거율이 좋고 압력손실이 적으며 흡착, 분해작용 등이 일어나지 않는 것을 쓴다.
㉢ 여과재를 끼우는 부분은 교환이 쉬운 구조의 것으로 한다.
㉣ 여과재를 채취관 앞쪽에 넣는 경우 입자에 의해 채취관이 막히지 않도록 적절한 조치를 취한다.

④ 채취관의 고정용 기구

재료로서는 보통 강철 또는 스테인리스강을 쓴다.

⑤ 보온 및 가열 중요내용

㉠ 채취관을 보온 또는 가열하는 경우
ⓐ 배출가스 중의 수분 또는 이슬점이 높은 가스성분이 응축해서 채취관이 부식될 염려가 있는 경우
ⓑ 여과재가 막힐 염려가 있는 경우
ⓒ 분석물질이 응축수에 용해해서 오차가 생길 염려가 있는 경우
㉡ 보온재료
ⓐ 암면 ⓑ 유리섬유제
㉢ 가열
ⓐ 전기가열 ⓑ 수증기가열
㉣ 전기가열 채취관을 쓰는 경우
가열용 히터를 보호관으로 보호

(3) 연결관(도관)

① 재질 중요내용

㉠ 연결관의 재질은 사용하는 채취관의 종류에 따라 적당한 것을 쓴다.
㉡ 이은 부분이나 충전 등 연결관의 일부에 부득이 흡착성이 있는 재질을 쓰는 경우에는 가스와의 접촉면적을 최소화 한다.
㉢ 일반적으로 사용되는 플루오로수지 연결관(녹는점 260℃)은 250℃ 이상에서는 사용할 수 없다.

② 연결관(도관)의 규격 중요내용

㉠ 연결관의 안지름은 연결관의 길이, 흡입가스의 유량, 응축수에 의한 막힘 또는 흡입펌프의 능력 등을 고려해서 4~25mm로 한다.
㉡ 가열연결관은 시료연결관, 퍼지라인(Purge Line), 교정가스관, 열원(선), 열전대 등으로 구성되어야 한다.
㉢ 연결관의 길이는 되도록 짧게 하고, 부득이 길게 쓰는 경우에는 이음매가 없는 배관을 써서 접속 부분을 적게 하고 받침기구로 고정해 사용해야 한다.
㉣ 연결관은 가능한 한 수직으로 연결해야 하고 부득이 구부러진 관을 쓸 경우에는 응축수가 흘러나오기 쉽도록 경사지게(5° 이상) 한다.
㉤ 시료 가스는 아래로 향하게 한다.
㉥ 연결관은 새지 않는 구조이어야 한다.
㉦ 분석계에서의 배출가스 및 바이패스 배출가스의 연결관은 배후 압력의 변동이 적은 장소에 설치한다.
㉧ 하나의 연결관으로 여러 개의 측정기를 사용할 경우 각 측정기 앞에서 연결관을 병렬로 연결하여 사용한다.

③ 연결관의 보온 및 가열

㉠ 입자가 제거된 고온의 습한 배출가스가 유입되는 측정시스템이나 전처리 장치가 측정기 앞부분에 있는 경우에는 시료중의 수분 및 이슬점이 높은 가스 성분이 연결관속에서 응축되는 것을 막기 위하여 보온 또는 가열한다.
㉡ 전처리 시설이 시료 채취관에 있는 측정시스템의 경우에는 연결관을 보온 또는 가열할 필요가 없다.

(4) 채취부

가스 흡수병, 바이패스용 세척병, 펌프, 가스미터 등으로 조립한다. 접속에는 갈아맞춤(직접접속), 실리콘 고무, 플루오로 고무 또는 연질 염화바이닐관을 쓴다.

① 흡수병
유리로 만든 것을 쓴다.

② 수은 마노미터 중요내용
대기와 압력차가 100 mmHg 이상인 것을 쓴다.

③ 가스건조탑 중요내용
㉠ 유리로 만든 가스건조탑을 쓴다.
㉡ 이것은 펌프를 보호하기 위해서 쓰는 것이다.
㉢ 건조제로서는 입자상태의 실리카겔, 염화칼슘 등을 쓴다.

④ 펌프 중요내용
배기능력 0.5~5L/분인 밀폐형인 것을 쓴다.

⑤ 가스미터 중요내용
일회전 1L의 습식 또는 건식 가스미터로 온도계와 압력계가 붙어 있는 것을 쓴다.

3. 조립

(1) 흡수병을 사용할 때

① 부착

㉠ 채취관
ⓐ 채취관은 배출가스의 흐름에 따라서 직각이 되도록 연결한다.
ⓑ 채취관은 채취구에 고정쇠를 써서 고정한다.
ⓒ 채취구에는 굴뚝에 바깥 지름 34 mm 정도의 강철관을 100~150 mm의 길이로 용접하고, 끝에 나사를 낸다. 쓰지 않을 때에는 뚜껑을 덮어 둔다.
ⓓ 채취관에 유리솜을 채워서 여과재로 쓰는 경우에는, 그 채우는 길이는 50~150 mm 정도로 한다. 굴뚝가스의 압력이 부압일 때는 가스의 흐름 속으로, 또 흡입속도가 너무 클 때는 연결관 쪽으로 각각 여과재가 빨려 들어가는 경우가 있으므로 주의할 필요가 있다.

㉡ 연결관 중요내용
ⓐ 연결관은 되도록 짧은 것이 좋으나, 부득이 길게 할 때에는 받침 기구를 써서 고정한다.
ⓑ 채취관과 연결관, 연결관과 채취부 등의 접속은 구면(球面) 또는 테이퍼 접속기구를 쓴다.

㉢ 채취부
ⓐ 분석용 흡수병은 1개 이상 준비하고 각각에 규정량의 흡수액을 넣는다.
ⓑ 바이패스용 세척병은 1개 이상 준비하고 분석대상가스가 산성일 때는 수산화소듐용액(질량분율 20%)을, 알칼리성일 때는 황산(질량분율 25%)을 각각 50 mL씩 넣는다.
ⓒ 흡수계 및 바이패스계의 세척병 입구 측, 출구 측은 각각 3방 콕으로 연결한다.
ⓓ 흡수병 등의 접속에는 구면 갈아맞춤(직접접속) 또는 실리콘 고무판 등을 쓴다.
ⓔ 흡수병은 되도록 채취위치 가까이에 놓고 필요에 따라서 냉각 중탕에 넣어서 냉각한다.(흡수병을 나무상자 등에 고정해두면 들고다니는 데 편리하다.)

〈분석대상가스별 분석방법 및 흡수액〉 중요내용

분석대상가스	분석방법	흡수액
암모니아	인도페놀법	붕산 용액(5g/L)
염화수소	• 이온크로마토그래피법 • 싸이오사이안산제이수은법	• 정제수 • 수산화소듐 용액(0.1mol/L)
염소	오르토톨리딘법	오르토톨리딘 염산 용액(0.1g/L)
황산화물	침전적정법	과산화수소수용액(1+9)
질소산화물	아연환원 나프틸에틸렌디아민법	황산 용액(0.005mol/L)
이황화탄소	• 자외선/가시선분광법 • 가스크로마토그래피법	다이에틸아민구리 용액
폼알데하이드	• 크로모트로핀산법 • 아세틸아세톤법	• 크로모트로핀산+황산 • 아세틸아세톤 함유 흡수액
황화수소	자외선/가시선분광법	아연아민착염 용액
플루오린화합물	• 자외선/가시선분광법 • 적정법 • 이온선택전극법	수산화소듐 용액(0.1mol/L)
사이안화수소	자외선/가시선분광법	수산화소듐 용액(0.5mol/L)
브로민화합물	• 자외선/가시선분광법 • 적정법	수산화소듐 용액(0.1mol/L)
페놀	• 자외선/가시선분광법 • 가스크로마토그래피법	수산화소듐 용액(0.1mol/L)
비소	• 자외선/가시선분광법 • 원자흡수분광광도법 • 유도결합플라스마 분광법	수산화소듐 용액(0.1mol/L)

② 조립

㉠ 조립의 보기

ⓐ 기본형은 황산화물 이외에 불소화합물, 염화수소, 시안화수소, 황화수소, 암모니아 등의 분석에 있어서 시료채취량이 10~20L인 경우에 쓴다.

ⓑ 기본형은 황산화물 이외에 이산화질소, 염소, 시안화수소 등의 분석에 있어서 시료의 채취량이 100~1,000mL인 경우에 쓴다.

㉡ 채취관에서 흡수병에 이르는 사이는 직선이 되게 조립한다. 직선으로 조립할 수가 없는 경우에는 L자형 도관 등을 써서 조작이 쉽도록 조립한다.

㉢ 채취관 또는 연결관의 접속부와 흡수병의 접속부와 위치가 일치하도록 흡수병의 높이를 조절한다.

㉣ 흡수병 뒤에 수은마노미터, 건조탑, 흡입펌프 및 가스미터를 배치한다. 그 배관은 연질 염화비닐관, 고무관 등을 쓴다.

㉤ 채취관 또는 연결관과 채취부는 접속하기 전에 채취부에 새는 곳이 없는지 확인한다.

㉥ 새는 곳이 없으면 채취관 또는 연결관과 채취부를 연결한다. 이때 채취관과 연결관, 연결관과 채취부와는 새는 곳이 없도록 주의하여 접속한다.

㉦ 분석대상 가스에 따라서 채취구에서 흡수병에 이르는 사이를 가열한다. 이때 가열하는 채취관 및 연결관에는 얇은 석면 테이프를 감아준다.

③ 흡수병 사용시 누출확인 시험

㉠ 미리 소정의 흡입유량에 있어서의 장치 안의 부압(대기압과 압차)을 수은 마노미터로 측정한다.

㉡ 채취관 쪽의 3방 콕을 닫고 펌프쪽의 3방 콕을 연 다음 펌프의 유량조절 콕을 조작하여 분석용 흡수병을 부압(소정의 흡입유량에 있어서의 장치 안의 부압의 2배 정도)으로 하고 펌프 바로 앞의 콕을 닫는다.

㉢ 흡수병에 거품이 생기면 그 앞의 부분에 공기가 새는 것으로 본다. 또 펌프의 3방 콕을 닫았을 때의 수은 마노미터의 압차가 적어지면, 펌프 바로 앞 부분까지에 새는 곳이 있는 것으로 본다.

㉣ 흡수병의 갈아 맞춤 부분에 약간의 먼지가 붙어 있을 때에는 깨끗이 닦고, 갈아 맞춤부분을 물 1~2 방울로 적셔서 차폐한다. 공기가 새는 것을 막고 필요한 때는 실리콘 윤활유 등을 발라서 새는 것을 막는다.

④ 흡수병 사용시 취급법

㉠ 흡수병에 시료를 보내기 전에 바이패스등을 써서 배관속을 시료로 충분히 바꾸어 놓는다.

㉡ 시료의 흡입유량은 최고 2L/min 정도로 한다. 채취하는 시료량은 시료 중의 분석대상 성분의 농도에 따라서 증감한다.

㉢ 시료를 채취할 때는 시료의 부피를 측정하는 위치에서 동시에 가스미터상의 온도, 압력 및 대기압을 측정해 둔다.

㉣ 건조시료가스 채취량(V_s) 중요내용

ⓐ 습식가스 미터를 사용할 시

$$V_s = V \times \frac{273}{273+t} \times \frac{P_a + P_m - P_v}{760}$$

ⓑ 건식가스 미터를 사용할 시

$$V_s = V \times \frac{273}{273+t} \times \frac{P_a + P_m}{760}$$

여기서, V : 가스미터로 측정한 흡입가스량(L)
V_s : 건조 시료 가스 채취량(L)
t : 가스미터의 온도(℃)
P_a : 대기압(mmHg)
P_m : 가스미터의 게이지압(mmHg)
P_v : t ℃에서의 포화수증기압(mmHg)

(2) 채취병을 사용시 누출확인 시험

① 채취병

㉠ 주사통은 내부를 물로 적신 다음 눈금의 1/4 정도까지 공기를 넣고 콕을 닫은 다음 안통을 잡아 당겼다 놓았다 하는 조작을 수회 반복해서 안통이 매 회 먼저 위치에 되돌아 가면 새지 않는 것으로 본다.

㉡ 감압 채취병은 채취병에 진공 마노미터를 접속한 다음 절대압력 10 mmHg 정도까지 감압하고 1시간 방치하여 내압의 증가가 20 mmHg 이내이면 새지 않는 것으로 본다.

② 채취부

㉠ 새는 곳을 시험하기 전에 채취관의 뒤끝에 콕을, 세척병의 앞 또는 뒤에 수은 마노미터를 접속한다.

㉡ 유량 1~5L/분으로 가스를 흡입하고, 장치 내의 부압(대기압과의 압차)을 수은마노미터로 측정한다.

③ 취급법

㉠ 채취병에 시료를 채취하기 전에 배관속을 시료로 충분히 바꾸어 놓는다.

㉡ 시료의 유량은 1~5L/분 정도로 한다.

㉢ 시료를 채취할 때에는 채취병의 주위에서 온도와 대기압을 측정해 둔다.

㉣ 건조시료 가스 채취량(L)

ⓐ 주사통을 사용할 시

$$V_s = V_a \times \frac{273}{273 + T_f} \times \frac{P_a - P_{nf}}{760}$$

ⓑ 감압 채취병을 이용할 시

$$V_s = V_a \times \frac{273}{760}\left(\frac{P_f - P_{nf}}{273 + T_f} - \frac{P_i - P_{ni}}{273 + T_i}\right)$$

여기서, V_s : 건조 시료 가스 채취량(L)
V_a : 채취병의 용적(L)
P_a : 대기압(mmHg)
P_i : 시료를 채취하기 전 채취병 내의 압력(mmHg)
P_f : 시료를 채취하고 방치 후 채취병 내의 압력(mmHg)
P_{ni} : T_i ℃에 있어서의 포화수증기압(mmHg)
P_{nf} : T_f ℃에 있어서의 포화수증기압(mmHg)
T_i : P_i를 측정하였을 때의 온도(℃)
T_f : P_f를 측정하였을 때의 온도(℃)

- 채취병으로 주사통을 쓰는 경우 채취병의 부피는 눈금으로 읽으며, 채취병 내에 흡수액이 들어 있을 경우 그 액량을 채취병의 부피에서 뺀다.

4. 주의사항

(1) 일반사항(시료 채취 종사자의 안전을 위한 강구조치) 중요내용

① 채취에 종사하는 사람은 보통 2인 이상을 1조로 한다.
② 굴뚝 배출가스의 조성, 온도 및 압력과 작업환경 등을 잘 알아둔다.
③ 옥외에서 작업하는 경우에는 바람의 방향을 확인하여 바람이 부는 쪽에서 작업하는 것이 좋다.

④ 위험방지를 위한 주의사항
㉠ 피부를 노출하지 않는 복장을 하고, 안전화를 신는다.
㉡ 작업환경이 고온인 경우에는 드라이아이스 자켓 등을 입는다.
㉢ 높은 곳에서 작업을 하는 경우에는 반드시 안전밧줄을 쓴다.
㉣ 교정용 가스가 들어 있는 고압가스 용기를 취급하는 경우에는 안전하고 쉽게 운반, 설치를 할 수 있는 방법을 쓴다.
㉤ 측정작업대까지 오르기 전에 승강시설의 안전 여부를 반드시 점검한다.

(2) 채취위치의 주의사항

① 위험한 장소는 피한다.
② 채취위치의 주변에는 적당한 높이와 측정작업에 충분한 넓이의 안전한 작업대를 만들고, 안전하고 쉽게 오를 수 있는 설비를 갖춘다.
③ 채취위치의 주변에는 배전 및 급수 설비를 갖추는 것이 좋다.

(3) 채취구에서의 주의사항

① 수직굴뚝의 경우 채취구를 같은 높이에 3개 이상 설치

② 배출가스 중의 먼지 측정용 채취구(바깥지름 115 mm 정도)를 이용하는 경우 지름이 다른 관 또는 플랜지 등을 사용하여 가스가 새는 일이 없도록 접속해서 배출가스용 채취구로 함

③ 굴뚝 내의 압력이 매우 큰 부압(−300 mmH_2O 정도 이하)인 경우

시료 채취용 굴뚝을 부설하여, 용량이 큰 펌프를 써서 시료가스를 흡입하고 그 부설한 굴뚝에 채취구를 만듦 중요내용

④ 굴뚝 내의 압력이 정압(+)인 경우

채취구를 열었을 때 유해가스가 분출될 염려가 있으므로 충분한 주의가 필요함

(4) 시료채취 장치의 주의사항 중요내용

① 흡수병은 각 분석법에 공용할 수가 있는 것도 있으나, 대상 성분마다 전용으로 하는 것이 좋다. 만일 공용으로 할 때에는 대상 성분이 달라질 때마다 묽은 산 또는 알칼리 용액과 물로 깨끗이 씻은 다음 다시 흡수액으로 3회 정도 씻은 후 사용한다.

② 습식 가스미터를 이동 또는 운반할 때에는 반드시 물을 뺀다. 또 오랫동안 쓰지 않을 때에도 그와 같이 배수한다.

③ 가스미터는 100 mmH_2O 이내에서 사용한다.

④ 습식 가스미터를 장시간 사용하는 경우에는 배출가스의 성상에 따라서 수위의 변화가 일어날 수 있으므로 필요한 수위를 유지하도록 주의한다.

⑤ 가스미터는 정밀도를 유지하기 위하여 필요에 따라 오차를 측정해 둔다.

⑥ 시료가스의 양을 재기 위하여 쓰는 채취병은 미리 0 ℃ 때의 참부피를 구해둔다.

⑦ 주사통에 의한 시료가스의 계량에 있어서 계량 오차가 크다고 생각되는 경우에는 흡입펌프 및 가스미터에 의한 채취 방법을 이용하는 것이 좋다.

⑧ 시료가스 채취장치의 조립에 있어서는 채취부의 조작을 쉽게 하기 위하여 흡수병, 마노미터, 흡입펌프 및 가스미터는 가까운 곳에 놓는다. 또 습식 가스미터는 정확하게 수평을 유지할 수 있는 곳에 놓아야 한다.

⑨ 배출가스 중에 수분과 미스트가 대단히 많을 때에는 채취부와 흡입펌프, 전기배선, 접속부 등에 물방울이나 미스트가 부착되지 않도록 한다.

[배출가스 중 입자상 물질의 시료채취방법]

1. 개요

(1) 목적

이 시험기준은 물질의 파쇄, 선별, 퇴적, 이적 기타 기계적 처리 또는 연소, 합성분해시 굴뚝에서 배출되는 입자상 물질 또는 입자 오염물질인 먼지의 농도를 측정하기 위한 시험방법이다.

(2) 적용범위 중요내용

배출가스 중에 함유되어 있는 액체 또는 고체인 입자상 물질을 등속흡입하여 측정한 먼지로서, 먼지농도 표시는 표준상태(0℃, 760 mmHg)의 건조 배출가스 $1m^3$ 중에 함유된 먼지의 질량농도를 측정하는 데 사용된다.

(3) 간섭물질

① 습도 중요내용

㉠ 채취시료의 습도에 의한 영향은 피할 수 없으나, 여과지 평형화 과정은 여과지 매질의 습도 효과를 최소화할 수 있으며 적은 습도 조건은 먼지 간의 정전력을 증가시킬 수 있다.

㉡ 습도에 의한 오차를 줄이기 위해 먼지의 질량을 측정하기 전 여과지 홀더 또는 여과지를 데시케이터에서 일반 대기압하에서(20 ± 5.6)℃로 적어도 24 시간 이상 건조시키며 6시간의 간격을 두고 먼지 질량의 차이가 0.1mg일 때까지 측정한다.

㉢ 또 다른 방법으로, 여과지 홀더 또는 여과지를 105℃에 2시간 이상 충분히 건조시키는 방법이 있다.

㉣ 질량측정의 정확성을 향상시키기 위하여 여과지는 상대습도가 50% 이상인 질량 측정 실험실에서 2분 이상 노출되어서는 안 된다.

② 부산물에 의한 측정오차

㉠ 시료채취 여과지 위에서 가스상 물질들의 반응 등에 의해 먼지의 질량농도 측정량이 증가 또는 감소되는 오차가 일어날 수 있다.

㉡ 시료채취과정에서 이산화황과 질산이 여과지 위에 머무르면 황산염과 질산염으로 산화되는 화학반응을 통하여 생성되므로 질량농도 증가와 시료 중에 생성된 염류가 성장과 이동과정에서 기압과 대기온도에 따라 해리과정을 거쳐 다시 가스상으로 변환됨으로써 질량농도가 감소되는 경우가 초래될 수 있다.

③ 질량농도

㉠ 측정대상이 되는 배출가스 중 먼지의 질량농도는 먼지의 질량, 측정시간, 그리고 유량에 의해서 결정된다.

㉡ 등속흡입과 누출공기 확인을 통해 정확한 유속과 유량 측정이 필요하며 보정된 정교한 저울을 사용하여 최대한의 오차를 줄여 실제 값에 가까운 무게 농도를 측정하여야 한다.

2. 용어 정의

(1) 배출가스

배출가스(Flue Gas)는 연료, 기타 물질의 연소 합성 분해, 열원으로서 전기 사용 및 기계적 처리 등에 따라 발생하는 고체 입자를 함유하는 가스. 수분을 함유하지 않는 가스는 건조 배출가스, 수분을 함유하는 가스는 습윤 배출가스라 한다.

(2) 등속흡입 중요내용

등속흡입(Isokinetic Sampling)은 먼지시료를 채취하기 위해 흡입노즐을 이용하여 배출가스를 흡입할 때, 흡입노즐을 배출가스의 흐름방향으로 배출가스와 같은 유속으로 가스를 흡입하는 것을 말한다.

(3) 먼지농도

표준상태(0℃, 760mmHg)의 건조 배출가스 $1m^3$ 중에 함유된 먼지의 무게단위를 말한다.

3. 분석기기 및 기구

(1) 반자동식 시료 채취기

흡입노즐, 흡입관, 피토관, 여과지홀더, 여과지 가열장치, 임핀저 트레인, 가스흡입 및 유량측정부 등으로 구성되며 여과지홀더의 위치에 따라 1형과 2형으로 구별된다.

① 흡입노즐 중요내용

㉠ 흡입노즐은 스테인리스강 재질, 경질유리, 또는 석영 유리제로 만들어진 것이다.

㉡ 흡입노즐의 안과 밖의 가스흐름이 흐트러지지 않도록 흡입노즐 내경 (d)는 3mm 이상으로 한다. 흡입노즐의 내경 d는 정확히 측정하여 0.1mm 단위까지 구하여 둔다.

㉢ 흡입노즐의 꼭짓점은 30° 이하의 예각이 되도록 하고 매끈한 반구모양으로 한다.

㉣ 흡입노즐 내외면은 매끄럽게 되어야 하며 흡입노즐에서 먼지 채취부까지의 흡입관은 내부면이 매끄럽고 급격한 단면의 변화와 굴곡이 없어야 한다.

② 흡입관

수분응축 방지를 위해 시료가스 온도를 (120 ± 14)℃로 유지할 수 있는 가열기를 갖춘 보로실리케이트(Boros－ilicate), 스테인리스강 재질 또는 석영 유리관을 사용한다.

③ 피토관 중요내용

피토관 계수가 정해진 L형 피토관(C : 1.0 전후) 또는 S형(웨스턴형 C : 0.84 전후) 피토관으로서 배출가스 유속의 계속적인 측정을 위해 흡입관에 부착하여 사용한다.

④ 차압게이지

2개의 경사마노미터 또는 이와 동등의 것을 사용한다. 하나는 배출가스 동압측정을 다른 하나는 오리피스압차 측정을 위한 것이다.

⑤ 여과지홀더 중요내용

㉠ 여과지홀더는 원통형 또는 원형의 먼지채취 여과지를 지지해주는 장치를 말한다.

㉡ 이 장치는 유리제 또는 스테인리스강 재질 등으로 만들어진 것으로 내식성이 강하고 여과지 탈착이 쉬워야 한다.

㉢ 여과지를 끼운 곳에서 공기가 새지 않아야 한다.

⑥ 여과부 가열장치 중요내용

시료채취시 여과지홀더 주위를 (120 ± 14)℃의 온도를 유지할 수 있고 주위온도를 3℃ 이내까지 측정할 수 있는 온도계를 모니터할 수 있도록 설치하여야 한다. 다만, 이 장치는 2형 시료채취장치를 이용할 경우에만 사용된다.

⑦ 임핀저 트레인 및 냉각 상자

㉠ 일렬로 연결된 4개의 임핀저로 구성되며 접속부는 가스 누출이 없도록 갈아 맞춤 또는 실리콘관으로 연결한다.

㉡ 첫 번째, 세 번째 및 네 번째 임핀저는 변형 그리인버그 스미드형(임핀저 헤드가 직선관임)으로서 팁을 플라스크 바닥에서 1.3cm(1/2 inch) 되는 지점까지 이르는 내경 1.3cm(1/2 inch)의 유리관으로 대체한 것을 사용한다.

㉢ 두 번째 임핀저는 표준팁이 그리인버그 스미드형을 사용한다.

㉣ 임핀저에는 유해가스 흡수액을 넣고 시료채취 시 배출가스가 통과할 때 유해가스를 흡수시켜 수분 및 유해가스로부터 기기를 보호한다.

⑧ 가스흡입 및 유량측정부

진공게이지, 진공펌프, 온도계, 건식가스미터 등으로 구성되며 등속흡입유량을 유지하고 흡입 가스량을 측정할 수 있게 되어 있다.

⑨ 채취장치에 사용되는 기구 및 기기

㉠ 시료채취장치 1형

ⓐ 흡입노즐용 솔

나일론실로 만든 솔로서 흡입노즐보다 더 긴 것을 사용한다.

ⓑ 시료보관병

원통형 여과지에 채취된 먼지시료를 보관하기 위한 것으로 유리 또는 흡습관을 사용한다.

ⓒ 흡습병

U자형 또는 흡습관을 사용한다.

ⓓ 간이용 저울

10mg까지 무게를 달 수 있는 저울을 사용한다.

ⓔ 원통여과지 중요내용

- 실리카 섬유제 여과지로서 99% 이상의 먼지채취율(0.3μm 디옥틸프탈레이트 매연 입자에 의한 먼지 통과시험)을 나타내는 것이어야 한다.
- 사용상태에서 화학변화를 일으키지 않아야 한다.
- 화학변화로 인하여 측정치의 오차가 나타날 경우에는 적절한 처리를 하여 사용토록 한다.
- 유효직경이 25mm 이상의 것을 사용한다.

㉡ 시료채취장치 2형

ⓐ 흡입노즐 및 흡입관용 솔

나일론실로 만든 솔로서 길이는 흡입관보다 더 긴 것을 사용한다.

ⓑ 세척병

유리세척병 2개로 사용한다.

ⓒ 시료보관용

500mL 또는 1,000mL 용량의 보로실리케이트 유리병을 사용한다.

ⓓ 페트리접시

여과지에 채취된 먼지시료를 보관하기 위한 것으로서 유리 또는 폴리에틸렌제를 사용한다.

ⓔ 메스실린더 및 저울

1mL씩 눈금이 매겨진 메스실린더와 10mg까지 달 수 있는 저울을 사용한다.

ⓕ 유리제 평량접시

⑩ 분석용 저울

가능한 한 0.1mg까지 정확하게 측정할 수 있는 저울을 사용하여야 하며, 측정표준 소급성이 유지된 표준기로 교정한다.

⑪ 건조용 기기 중요내용

시료채취 여과지의 수분평형을 유지하기 위한 기기로서(20 ± 5.6)℃ 대기압력에서 적어도 24시간을 건조시킬 수 있어야 한다. 또는 여과지를 105℃에서 적어도 2시간 동안 건조시킬 수 있어야 한다.

⑫ 시료채취 여과지 보관용기

여과지 손상이나 채취된 입자들의 손실을 막기 위해 여과지의 취급에 주의하여야 하며 여과지 카트리지나 보관용기는 이러한 손상에 의한 측정 오차를 줄일 수 있다.

⑬ 일회용 장갑

손으로 인한 오염 방지 및 정확한 입자의 질량을 측정하기 위하여 분말이 없는(Powder－Free Latex) 일회용 장갑을 사용한다.

(2) 수동식 시료 채취기

- 먼지채취부, 가스흡입부, 흡입유량 측정부 등으로 구성되며 먼지채취부의 위치에 따라 1형과 2형으로 구분된다.
- 1형은 먼지채취기를 굴뚝 안에 설치하고 2형은 먼지채취기를 굴뚝 밖으로 설치하는 것이다.

• 먼지시료 채취장치의 모든 접합부는 가스가 새지 않도록 하여야 한다.
• 2형일 때는 배출가스 온도가 이슬점 이하가 되지 않도록 보온 또는 가열해 주어야 한다.

① 먼지채취부 중요내용

먼지채취부는 흡입노즐, 여과지 홀더, 고정쇠, 드레인채취기, 연결관 등으로 구성된다. 단, 2형일 때는 흡입노즐 뒤에 흡입관을 접속한다.

㉠ 흡입노즐

ⓐ 안과 밖의 가스 흐름이 흐트러지지 않도록 흡입노즐 내경(d)은 3mm 이상으로 한다.
ⓑ 꼭짓점은 30° 이하의 예각이 되도록 하고 매끈한 반구 모양으로 한다.
ⓒ 흡입노즐 내외면은 매끄러워야 한다.

㉡ 여과지 홀더 중요내용

ⓐ 여과지 홀더는 원통형 또는 원형의 먼지채취 여과지를 지지해주는 장치를 말한다.
ⓑ 이 장치는 유리제 또는 스테인리스강 재질 등으로 만들어진 것으로 내식성이 강하고 여과지 탈착이 쉬워야 한다.
ⓒ 여과지를 끼운 곳에서 공기가 새지 않아야 한다.

㉢ 고정쇠

여과지 홀더를 끼우기 위하여 사용하는 것으로 스테인리스강 재질이 좋다.

㉣ 드레인 채취기

내부에 유리솜을 채운 것으로서 흡입가스에 의한 드레인이 여과지 홀더에 역류하는 것을 방지하기 위하여 사용한다.

㉤ 연결관

여과지 홀더 또는 드레인 채취기에서 가스 흡입용의 고무관(진공용)에 이르기까지의 연결부이다.

② 가스흡입부

㉠ 가스흡입부는 배출가스를 흡입하기 위한 흡입장치 및 황산화물에 의한 부식을 막기 위한 SO_2 흡수병과 미스트 제거병으로 구성된다.
㉡ 가스흡입부에는 흡입유량을 가감하기 위한 조절밸브를 적당한 위치에 장치하고 흡입장치의 가스 출구 측에는 필요에 따라 유량계를 보호하기 위하여 미스트 제거기를 설치한다.
㉢ 흡입장치에는 굴뚝 내의 부압, 먼지시료 채취장치 각 부분의 저항에 충분히 견딜 수 있고 필요한 속도로서 가스를 흡입할 수 있는 진공펌프, 송풍기 등을 사용한다.

③ 흡입유량 측정부 중요내용

㉠ 흡입유량 측정부는 적산유량계(가스미터) 및 로터미터 또는 차압유량계 등의 순간유량계로 구성된다.
㉡ 원칙적으로 적산유량계는 흡입 가스량의 측정을 위하여 또 순간유량계는 등속흡입 조작을 확인하기 위하여 사용한다.
㉢ 순간유량계는 적산유량계로 교정하여 사용한다.

④ 채취장치에 사용되는 기구 및 기기

㉠ 시료채취장치 1형

ⓐ 흡입노즐용 솔

나일론실로 만든 솔로서 흡입노즐보다 더 긴 것을 사용한다.

ⓑ 시료보관병

원통형 여과지에 채취된 먼지시료를 보관하기 위한 것으로 유리 또는 흡습관을 사용한다.

ⓒ 흡습병

U자형 또는 흡습관을 사용한다.

ⓓ 간이용 저울

10mg까지 무게를 달 수 있는 저울을 사용한다.

ⓔ 원통여과지 중요내용

실리카 섬유제 여과지로서 99% 이상의 먼지채취율(0.3μm 디옥틸프탈레이트 매연 입자에 의한 먼지 통과시험)을 나타내야 하며 사용 상태에서 화학 변화를 일으키지 않아야 한다. 만일 화학 변화로 인하여 측정치의 오차가 나타날 경우에는 적절한 처리를 하여 사용토록 하고, 유효직경 25mm 이상의 것을 사용한다.

㉡ 시료채취장치 2형

ⓐ 흡입노즐 및 흡입관용 솔

나일론실로 만든 솔로서 길이는 흡입관보다 더 긴 것을 사용한다.

ⓑ 세척병

유리세척병 2개로 사용한다.

ⓒ 시료보관용

500mL 또는 1,000mL 용량의 보로실리케이트 유리병을 사용한다.

ⓓ 페트리접시

여과지에 채취된 먼지시료를 보관하기 위한 것으로서 유리 또는 폴리에틸렌제를 사용한다.

ⓔ 메스실린더 및 저울

1mL씩 눈금이 매겨진 메스실린더와 10mg까지 달 수 있는 저울을 사용한다.

ⓕ 유리제 평량접시

⑤ 분석용 저울

0.1mg까지 정확하게 측정할 수 있는 저울을 사용하여야 하며 측정표준 소급성이 유지된 표준기에 의해 교정되어야 한다.

⑥ 건조용 기기 중요내용

시료채취 여과지의 수분평형을 유지하기 위한 기기로서 20 ± 5.6℃ 대기압력에서 적어도 24시간을 건조시킬 수 있어야 한다. 또는 여과지를 105℃에서 적어도 2시간 동안 건조시킬 수 있어야 한다.

⑦ 시료채취 여과지 보관용기

여과지 손상이나 채취된 입자들의 손실을 막기 위해 여과지의 취급에 주의하여야 하며 여과지 카트리지나 보관용기는 이러한 손상에 의한 측정 오차를 줄일 수 있다.

⑧ 일회용 장갑

손으로 인한 오염 방지 및 정확한 입자의 질량을 측정하기 위하여 분말이 없는(Powder-Free Latex) 일회용 장갑을 사용한다.

(3) 자동식 시료 채취기

- 흡입노즐, 흡입관, 피토관, 차압게이지, 여과지홀더, 임핀저 트레인, 자동등속흡입 제어부, 유량자동제어밸브, 산소농도계, 온도측정부, 측정데이터 기록부 등으로 구성되어 있다.
- 시료채취장치의 모든 접속부분에 가스누출이 있어서는 안 된다.

① 흡입노즐

㉠ 흡입노즐은 스테인리스강 재질, 경질유리, 또는 석영 유리제로 만들어진 것으로 다음과 같은 조건을 만족시키는 것이어야 한다.

㉡ 흡입노즐의 안과 밖의 가스흐름이 흐트러지지 않도록 흡입노즐 내경 (d)는 3mm 이상으로 한다. 흡입노즐의 내경 d는 정확히 측정하여 0.1mm 단위까지 구하여 둔다.

㉢ 흡입노즐의 꼭짓점은 30° 이하의 예각이 되도록 하고 매끈한 반구모양으로 한다.

㉣ 흡입노즐 내외면은 매끄럽게 되어야 하며 흡입노즐에서 먼지 채취부까지의 흡입관은 내부면이 매끄럽고 급격한 단면의 변화와 굴곡이 없어야 한다.

㉤ 측정점에서 배출가스 유속을 측정하지 않고 그 유속과 흡입가스의 유속이 일치되도록 한 것으로서 이 노즐은 측정점의 정압 또는 동압과 흡입노즐 내의 정압 또는 동압과 일치하도록 가스를 흡입할 경우에 측정점의 배출가스 유속과 가스의 흡입속도가 같게 되도록 한 구조와 기능을 갖는 것이다.

㉥ 흡입노즐에서 먼지채취부까지의 흡입관은 내면이 매끄럽고 급격한 단면의 변화와 굴곡이 있어서는 안 된다.

② 흡입관

수분응축 방지를 위해 시료가스 온도를 120 ± 14℃로 유지할 수 있는 가열기를 갖춘 보로실리케이트(borosilicate), 스테인리스강 재질 또는 석영 유리관을 사용한다.

③ 피토관

피토관 계수가 정해진 L형 피토관(C : 1.0 전후) 또는 S형(웨스턴형 C : 0.84 전후) 피토관으로서 배출가스 유속의 계속적인 측정을 위해 흡입관에 부착하여 사용한다.

④ 차압게이지

차압게이지는 최소 단위 0.1~0.5mmH_2O까지 측정하여 출력 신호를 발생할 수 있는 정밀 전자 마노미터를 사용한다.

⑤ 여과지 홀더

㉠ 여과지 홀더는 원통형 또는 원형의 먼지채취 여과지를 지지해주는 장치를 말한다.

㉡ 이 장치는 유리제 또는 스테인리스강 재질 등으로 만들어진 것으로 내식성이 강하고 여과지 탈착이 쉬워야 한다.

㉢ 여과지를 끼운 곳에서 공기가 새지 않아야 한다.

⑥ 임핀저 트레인

㉠ 일렬로 연결된 4개의 임핀저로 구성되며 접속부는 가스 누출이 없도록 갈아 맞춤 또는 실리콘관으로 연결한다.

㉡ 첫 번째, 세 번째 및 네 번째 임핀저는 변형 그리인버그 스미드형(임핀저 헤드가 직선관임)으로서 팁을 플라스크 바닥에서 1.3cm(1/2inch) 되는 지점까지 이르는 내경 1.3cm(1/2inch)의 유리관으로 대체한 것을 사용한다.

㉢ 두 번째 임핀저는 표준팁이 그리인버그 스미드형을 사용한다.

㉣ 임핀저에는 유해가스 흡수액을 넣고 시료채취 시 배출가스가 통과할 때 유해가스를 흡수시켜 수분 및 유해가스로부터 기기를 보호한다.

⑦ 자동등속흡입 제어부

자동등속흡입 제어부는 배출가스 유속, 흡입노즐의 내경, 가스미터 및 배출가스 온도, 수증기 부피 백분율 등을 측정 및 압력을 받아 전용 프로세서로 계산하여 등속흡입 유량 신호로 유량자동밸브를 제어한다.

⑧ 유량자동제어밸브

유량자동제어밸브는 자동등속흡입 제어부로부터 환산된 신호에 의해서 지시 유량을 자동제어할 수 있는 것을 사용한다.

⑨ 산소농도계

산소농도계는 공기비 계수를 자동 보정하기 위하여 영점 및 교정편차가 0.4% 이내의 것을 사용한다. 단, 기타의 방법으로 측정할 수 있으면 생략할 수 있다.

⑩ 온도측정부

온도측정부는 배출가스 온도 및 가스미터 온도를 0.1℃까지 측정 및 출력할 수 있는 열전도 온도계 등을 사용한다.

⑪ 측정데이터 기록부

측정데이터 기록부는 측정일시, 측정번호, 피토관계수, 기온, 기압, 수분량, 흡입 노즐 직경, 배출가스정압, 시료채취 시간, 배출가스 온도, 산소농도, 굴뚝직경 등을 자동 저장 및 기록할 수 있어야 하며, 20회분 이상의 측정자료를 자동 보관하여 필요시 출력할 수 있도록 한다. 단, 기타의 방법으로 기록할 수 있으면 생략할 수 있다.

⑫ 시험용 기구 및 기기

반자동식 측정법을 따른다.

⑬ 분석용 저울

가능한 한 0.1mg까지 정확하게 측정할 수 있는 저울을 사용하여야 하며, 측정표준 소급성이 유지된 표준기로 교정한다.

⑭ 건조용 기기

시료채취 여과지의 수분평형을 유지하기 위한 기기로서 20 ± 5.6℃ 대기압력에서 적어도 24시간을 건조시킬 수 있어야 한다. 또는, 여과지를 105℃에서 적어도 2시간 동안 건조시킬 수 있어야 한다.

⑮ 시료채취 여과지 보관용기

여과지 손상이나 채취된 입자들의 손실을 막기 위해 여과지의 취급에 주의하여야 하며 여과지 카트리지나 보관용기는 이러한 손상에 의한 측정 오차를 줄일 수 있다.

⑯ 일회용 장갑

손으로 인한 오염 방지 및 정확한 입자의 질량을 측정하기 위하여 분말이 없는(Powder-Free Latex) 일회용 장갑을 사용한다.

4. 측정위치, 측정공 및 측정점의 선정

(1) 측정위치 중요내용

① 측정위치는 원칙적으로 굴뚝의 굴곡부분이나 단면모양이 급격히 변하는 부분을 피하여 배출가스 흐름이 안정되고 측정작업이 쉽고 안전한 곳을 선정한다.
② 수직굴뚝 하부 끝단으로부터 위를 향하여 그곳의 굴뚝 내경의 8배 이상이 되고, 상부 끝단으로부터 아래를 향하여 그곳의 굴뚝내경의 2배 이상이 되는 지점에 측정공 위치를 선정하는 것을 원칙으로 한다.
③ 위의 기준에 적합한 측정공 설치가 곤란하거나 측정작업의 불편, 측정자의 안전성 등이 문제될 때에는 하부 내경의 2배 이상과 상부 내경의 1/2배 이상 되는 지점에 측정공 위치를 선정할 수 있다.
④ 수직굴뚝에 측정공을 설치하기가 곤란하여 부득이 수평 굴뚝에 측정공이 설치되어 있는 경우는 수평굴뚝에서도 측정할 수 있으나 측정공의 위치가 수직굴뚝의 측정위치 선정기준에 준하여 선정된 곳이어야 한다.

(2) 굴뚝 직경환산과 측정공 위치선정

① 굴뚝단면이 원형인 경우(상 · 하 동일 단면적)

굴뚝 상 · 하 직경은 수직굴뚝의 배출가스가 흐트러짐이 시작되는 위치의 내경을 기준으로 한다.

② 굴뚝단면이 사각형인 경우(상 · 하 동일 단면적의 정사각형 또는 직사각형) 중요내용

굴뚝단면이 상 · 하 동일 단면적인 사각형 굴뚝의 직경산출은 다음과 같이 한다.

$$\text{환산직경} = 2 \times \left(\frac{A \times B}{A + B} \right) = 2 \times \left(\frac{\text{가로} \times \text{세로}}{\text{가로} + \text{세로}} \right)$$

여기서, A : 굴뚝 내부 단면 가로규격
B : 굴뚝 내부 단면 세로규격

③ 굴뚝단면이 서서히 변하는 경우

굴뚝단면이 서서히 축소되는 경우의 원형 및 사각형 굴뚝직경 산출은 다음과 같이 한다.

㉠ 원형 굴뚝의 경우

측정공 위치를 대략적으로 선정하고 다음에 의거하여 굴뚝직경을 산출하여, 선정된 측정공 위치가 환산 하부직경의 2배 이상과 환산 상부직경의 1/2배 이상이면 측정공 위치로 채택한다.

$$환산\ 하부직경 = \frac{하부직경 + 선정된\ 측정공위치의\ 직경}{2}$$

$$환산\ 상부직경 = \frac{상부직경 + 선정된\ 측정공위치의\ 직경}{2}$$

$$적용\ 하부직경 = \frac{2.5 + 1.83}{2} = 2.165$$

$$적용\ 상부직경 = \frac{1.5 + 1.83}{2} = 1.665$$

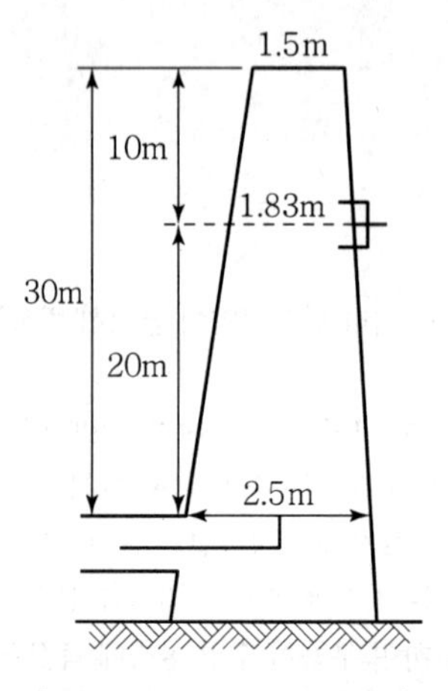

[원형굴뚝의 환산 예로 대체]

[원형굴뚝의 선정된 측정공위치 채택여부 검토]

- 20 ÷ 2.165=9배(하부직경의 2배 이상이므로 채택함)
- 10 ÷ 1.665=6배(상부직경의 1/2배 이상이므로 채택함)

㉡ 사각형 굴뚝의 경우

일차적으로 각 위치별 직경을 환산하고 이차적으로 원형굴뚝과 같은 방법으로 환산한다.

[1차 계산]

$$환산\ 상부직경 = 2 \times \left(\frac{2 \times 1.5}{2 + 1.5}\right) = 1.7$$

$$환산\ 하부직경 = 2 \times \left(\frac{2 \times 2.5}{2 + 2.5}\right) = 2.2$$

$$선정된\ 측정공\ 위치의\ 직경 = 2 \times \left(\frac{2.3 \times 1.8}{2.3 + 1.8}\right) = 2.0$$

[2차 계산]

$$적용\ 하부직경 = \frac{2.2 + 2.0}{2} = 2.1$$

$$적용\ 상부직경 = \frac{1.7 + 2.0}{2} = 1.8$$

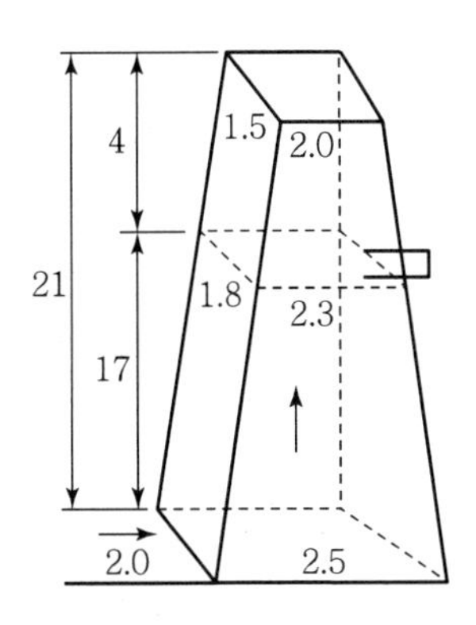

[사각형굴뚝의 환산 예로 대체]

[사각형 굴뚝의 측정공 위치 채택 여부 검토]
- 17 ÷ 2.1=8배(하부직경의 2배 이상이므로 채택함)
- 4 ÷ 1.8=2배(상부직경의 1/2배 이상이므로 채택함)

④ 기타 형태의 경우

㉠ 굴뚝이 기타 다른 형태일 경우에는 원형 및 사각형의 경우 중 가까운 쪽에 준하여 환산 적용하고 필요시는 굴뚝 내 배출가스의 흐름을 개선하여 굴뚝직경을 산출하여 활용할 수 있다.

㉡ 이러한 장치가 먼지가 퇴적되거나 저항에 의한 유량이 변화하는 등의 지장을 초래하여서는 안 된다.

(3) 측정공 및 측정작업대

선정된 측정위치에는 측정자의 안전과 측정작업을 위한 작업대와 측정공이 설치되어야 한다.

① 측정공의 규격 중요내용

측정공은 측정위치로 선정된 굴뚝 벽면에 내경 100~150mm 정도로 설치하고 측정 시 이외에는 마개를 막아 밀폐한다. 측정 시에도 흡입관 삽입 이외의 공간은 공기가 새지 않도록 밀폐한다.

② 측정 작업대

㉠ 측정자의 안전을 위한 작업대가 설치되어야 한다.

㉡ 측정 작업대는 측정 장비의 설치와 측정자의 작업을 쉽게 하기 위하여 충분히 크고 견고해야 한다.

㉢ 보통 그 크기는 측정 장비를 설치하고 2~3인의 측정 작업자가 충분히 작업할 수 있는 공간과 지지력이 마련되어야 한다.

㉣ 측정 작업대까지 오르기 위한 적당한 승강시설을 굴뚝에 견고히 설치하여 측정자의 안전을 보호하고 장비의 운반 및 측정을 위한 도르래, 전기 등의 시설을 설치하여야 한다.

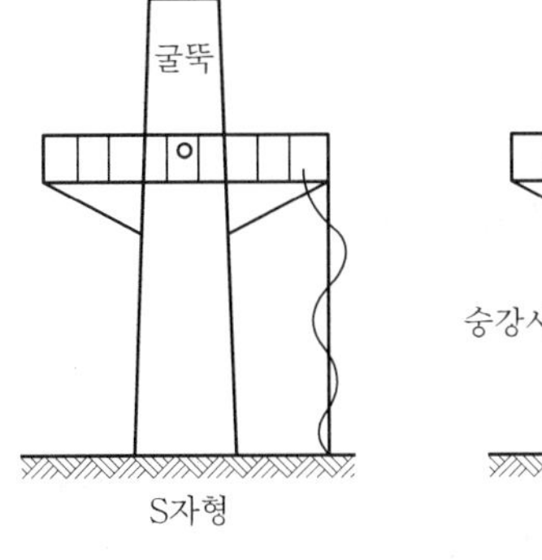

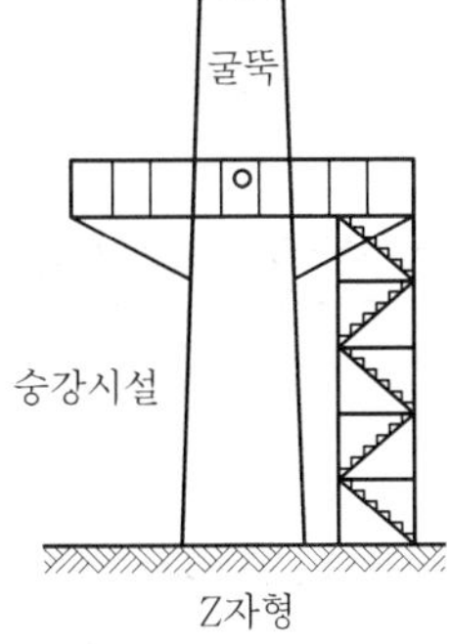

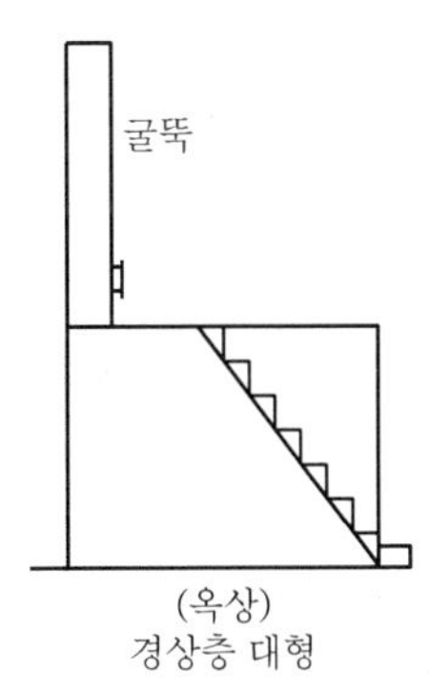

[안전한 승강시설의 구조 예]

(4) 측정점의 선정

측정점은 측정위치로 선정된 굴뚝단면의 모양과 크기에 따라 다음과 같은 요령으로 적당수의 등면적으로 구분하고 구분된 각 면적마다 측정점을 선정한다.

① 굴뚝단면이 원형일 경우 중요내용

그림과 같이 측정 단면에서 서로 직교하는 직경선 상에, 표에서 부여하는 위치를 측정점으로 선정한다. 측정점수는 굴뚝직경이 4.5m를 초과할 때는 20점까지로 한다.

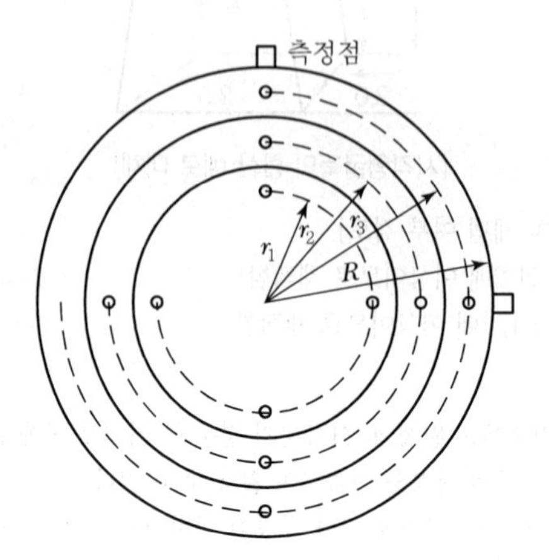

[원형단면의 측정 환산 예]

〈원형단면의 측정점〉 중요내용

굴뚝직경 2R(m)	반경 구분 수	측정점 수
1 이하	1	4
1 초과 2 이하	2	8
2 초과 4 이하	3	12
4 초과 4.5 이하	4	16
4.5 초과	5	20

㉠ 굴뚝 단면적이 0.25m^2 이하로 소규모일 경우에는 그 굴뚝 단면의 중심을 대표점으로 하여 1점만 측정한다.

㉡ 측정 단면에서 유속의 분포가 비교적 대칭을 이루는 경우 수평굴뚝은 수직대칭 축에 대하여 $\frac{1}{2}$의 단면을 취하고 측정점의 수를 $\frac{1}{2}$로 줄일 수 있으며, 수직 굴뚝은 $\frac{1}{4}$의 단면을 취하고 측정점의 수를 $\frac{1}{4}$로 줄일 수 있다.

② 굴뚝 단면이 사각형일 경우

㉠ 굴뚝 단면이 사각형일 때는 다음과 같이 단면적에 따라 등단면적의 사각형으로 구분하고 구분된 각 등단면적의 중심에 측정점 수를 표와 같이 선정한다.

〈사각형 굴뚝단면적의 측정점 수〉 중요내용

굴뚝단면적(m^2)	구분된 1변의 길이 L(m)
1 이하	L ≦ 0.5
1 초과 4 이하	L ≦ 0.667
4 초과 20 이하	L ≦ 1

㉡ 측정 단면은 한 변의 길이(L)가 표의 규정에 따라 1m 이하의 범위에서 4개 이상의 등단면적의 직사방형 또는 정사방형으로 나누어 중심에 측정점을 선정한다.

ⓒ 단, 굴뚝의 단면적이 $20m^2$를 초과하는 경우 측정점 수는 20점까지로 하고 등단면적으로 구분한다.

ⓓ 측정 단면에서 흐름이 비대칭인 경우는 비대칭 방향으로 구분한 한 변의 길이는 그것과 수직방향의 한 변 길이보다도 짧게 취하여 측정점의 개수를 각각 증가시킨다.

ⓔ 굴뚝 단면적이 $0.25m^2$ 이하로 소규모일 경우에는 그 굴뚝 단면의 중심을 대표점으로 하여 1점만 측정한다.

ⓕ 측정 단면에서 유속의 분포가 비교적 대칭을 이루는 경우 수평굴뚝은 수직대칭 축에 대하여 $\frac{1}{2}$의 단면을 취하고, 측정점의 수를 $\frac{1}{2}$로 줄일 수 있으며, 수직굴뚝은 $\frac{1}{4}$의 단면을 취하고 측정점의 수를 $\frac{1}{4}$로 줄일 수 있다.

6. 시료 채취 및 방법

(1) 반자동식 채취기

① 시료채취방법 중요내용

먼지 시료채취방법으로는 직접채취법, 이동채취법, 대표점채취법 등이 있다.

㉠ 직접채취법

측정점마다 1개의 먼지 채취기를 사용하여 시료를 채취한다.

㉡ 이동채취법

1개의 먼지 채취기를 사용하여 측정점을 이동하면서 각각 같은 흡입시간으로 먼지시료를 채취한다.

㉢ 대표점채취법

정해진 대표점에서 1개 또는 수개의 먼지채취기를 사용하여 먼지시료를 채취한다.

② 시료채취절차 중요내용

㉠ 측정점 수를 선정한다.

㉡ 배출가스의 온도를 측정한다.

㉢ S자형 피토관과 경사마노미터로 배출가스의 정압과 평균동압을 각각 측정한다.

㉣ 피토관을 측정공에서 굴뚝 내의 측정점까지 삽입하여 전압공을 배출가스 흐름방향에 바로 직면시켜 압력계에 의하여 동압을 측정한다.

㉤ 동압은 원칙적으로 $0.1mmH_2O$의 단위까지 읽는다.

㉥ 이때, 피토관의 배출가스 흐름방향에 대한 편차는 10° 이하가 되어야 한다.

㉦ 배출가스의 수분량을 측정한다.

㉧ 흡입노즐이 배출가스가 흐르는 역방향을 향하도록 흡입노즐을 측정점까지 끼워 넣고 흡입을 시작할 때 배출가스가 흐르는 방향에 직면하도록 돌려 편차를 10° 이하로 한다.

㉨ 매 채취점마다 동압을 측정하여 계산자(노모그래프) 또는 계산기를 이용하여 등속흡입을 위한 적정한 흡입노즐 및 오리피스압차를 구한 후 유량조절밸브를 그 오리피스차압이 유지되도록 유량을 조절하여 시료를 채취한다.

㉩ 한 채취점에서의 채취시간을 최소 2분 이상으로 하고 모든 채취점에서 채취시간을 동일하게 한다.

㉪ 시료채취 중에 굴뚝 내 배출가스 온도, 건식 가스미터의 입구 및 출구온도, 여과지홀더 온도, 최종 임핀저 통과 후의 가스온도, 진공게이지압 등을 측정 · 기록한다.

㉫ 채취가 끝날 때마다 측정점에서의 가스시료 채취량을 기록해 둔다.

㉬ 등속흡입 정도를 보기 위해 식 또는 계산기에 의해서 등속흡입계수를 구하고 그 값이 95~110% 범위 내에 들지 않는 경우에는 다시 시료채취를 행한다.

(2) 수동식 채취기

① 시료채취방법 중요내용

㉠ 직접채취법 : 측정점마다 1개의 먼지채취기를 사용하여 시료를 채취한다.

㉡ 이동채취법 : 1개의 먼지채취기를 사용하여 측정점을 이동하면서 각각 같은 흡입시간으로 먼지시료를 채취한다.

㉢ 대표점채취법 : 정해진 대표점에서 1개 또는 수 개의 먼지채취기를 사용하여 먼지시료를 채취한다.

② 시료채취절차 중요내용

㉠ 측정점 수를 선정한다.

㉡ 배출가스의 온도를 측정한다.

㉢ 배출가스 중의 수분량을 측정한다.

㉣ 배출가스의 유속을 측정한다.

㉤ 흡입노즐이 배출가스가 흐르는 역방향을 향하도록 흡입노즐을 측정점까지 끼워 넣고 흡입을 시작할 때 배출가스가 흐르는 방향에 직면하도록 돌려 편차를 10° 이하로 한다.

㉥ 배출가스의 흡입은 흡입노즐로부터 흡입되는 가스의 유속과 측정점의 배출가스 유속이 일치하도록 등속흡입을 행한다.

㉦ 보통형(1형) 흡입노즐을 사용할 때 등속흡입을 위한 흡입량은 다음 식으로 구한다.

$$q_m = \frac{\pi}{4} d^2 v \left(1 - \frac{X_w}{100}\right) \frac{273+\theta_m}{273+\theta_s} \times \frac{P_a + P_s}{P_a + P_m - P_v} \times 60 \times 10^{-3}$$

여기서, q_m : 가스미터에 있어서의 등속 흡입유량(L/min)
d : 흡입노즐의 내경(mm)
v : 배출가스 유속(m/s)
X_w : 배출가스 중의 수증기의 부피 백분율(%)
θ_m : 가스미터의 흡입가스 온도(℃)
θ_s : 배출가스 온도(℃)
P_a : 측정공 위치에서의 대기압(mmHg)
P_s : 측정점에서의 정압(mmHg)
P_m : 가스미터의 흡입가스 게이지압(mmHg)
P_v : θ_m의 포화수증기압(mmHg)

㈜ 건식 가스미터를 사용하거나 수분을 제거하는 장치를 사용할 때는 P_v를 제거한다.

등속흡입 정도를 알기 위하여 다음 식에 의해 구한 값이 95~110% 범위여야 한다.

$$I(\%) = \frac{V'_m}{q_m \times t} \times 100$$

여기서, I : 등속흡입계수%)
V'_m : 흡입가스량(습식가스미터에서 읽은 값)(L)
q_m : 가스미터에 있어서의 등속 흡입유량(L/min)
t : 가스 흡입시간(min)

㉧ 흡입가스량은 원칙적으로 채취량이 원형여과지일 때 채취면적 $1cm^2$당 1mg 정도, 원통형여과지일 때는 전체채취량이 5mg 이상 되도록 한다. 다만, 동 채취량을 얻기 곤란한 경우에는 흡입기체량을 400L 이상 또는 흡입시간을 40분 이상으로 한다.

㉨ 배출가스를 흡입한 후에는 흡입을 중단하고 흡입노즐을 다시 역방향으로 한 후 속히 연도 밖으로 끄집어낸다. 먼지채취기 뒤쪽의 배관은 그때까지 떼어서는 안 된다. 단, 굴뚝 내의 부압이 클 때는 흡입노즐을 반대방향으로 향한 채 흡입량을 측정하고 흡입펌프를 작동시킨 채 신속히 흡입노즐을 꺼내고 정지시킨다.

㉩ 시료채취가 끝나면 흡입관을 빼내고 방랭한 후 노즐 주변의 먼지를 닦아낸다.

㉪ 흡입관과 여과지 홀더를 분리하고 먼지가 채취된 여과지는 시료보관병에 보관한다.

(3) 자동식 채취기

① 시료채취방법 중요내용

수동식 먼지 시료채취방법으로는 직접채취법, 이동채취법, 대표점채취법 등이 있다.

㉠ 직접채취법

측정점마다 1개의 먼지채취기를 사용하여 시료를 채취한다.

㉡ 이동채취법

1개의 먼지채취기를 사용하여 측정점을 이동하면서 각각 같은 흡입시간으로 먼지시료를 채취한다.

㉢ 대표점채취법

정해진 대표점에서 1개 또는 수 개의 먼지채취기를 사용하여 먼지시료를 채취한다.

② 시료채취절차 중요내용

㉠ 시료채취는 측정점 수를 선정하여 시료채취부의 노즐을 상부 방향으로 측정점에 도달시킨 후 측정과 동시 노즐을 하부방향으로 하여 최소 2분에 1회씩 측정점을 이동하면 등속흡입은 자동으로 이루어지며 그때 시료채취량 및 흡입조건이 자동으로 제어 및 저장된다.

㉡ 등속흡입 계수가 95~110% 범위에 동작할 수 있도록 등속흡입 유량 자동시간을 설정한다.

7. 분석절차

(1) 반자동 채취장치의 전처리

① 시료채취장치 1형을 사용하는 경우 중요내용

㉠ 원통형 여과지를 110 ± 5℃에서 충분히 1~3시간 건조하고 데시케이터 내에서 실온까지 냉각하여 가능한 무게를 0.1mg까지 측정한 후 여과지홀더에 끼운다.

㉡ 임핀저 트레인 중 첫 번째와 두 번째 임핀저에 각각 100g의 물(또는 과산화수소)을 넣고 네 번째 임핀저에는 미리 무게를 단 200~300g의 실리카겔을 넣는다.

㉢ 임핀저 트레인을 통과하는 배출가스의 온도가 높을 경우 임핀저 주위에 잘게 부순 얼음을 채워 넣는다.

② 시료채취장치 2형을 사용하는 경우

㉠ 원형 여과지를 110 ± 5℃에서 충분히 건조하고 데시케이터 내에서 실온까지 냉각하여 가능한 무게를 0.1mg까지 측정한 후 여과지홀더에 끼운다.

㉡ 먼지 채취량이 100mg을 초과할 것으로 예상되는 경우에는 흡입관과 여과지홀더 사이에 유리제 사이클론을 연결하여 사용한다.

㉢ 임핀저 트레인 중 첫 번째 및 두 번째 임핀저에 각각 100g의 물을 넣고 세 번째 임핀저는 비워두며 네 번째 임핀저에는 미리 무게를 단 약 200~300g의 실리카겔을 넣는다.

㉣ 임핀저 주위에는 잘게 부순 얼음을 채워 넣는다.

㉤ 임핀저 트레인은 배출가스의 냉각(20℃ 이하), 수분 제거 및 채취된 물의 총량결정, 유해 가스 제거 등을 위해 사용한다.

㉥ 임핀저 트레인에 흡입관을 연결한 후 흡입관 출구에서 시료가스의 온도가 120 ± 14℃가 되도록 가열기를 조정하고 여과부 가열장치를 작동하여 여과지홀더 주위를 같은 온도로 유지한다.

③ 측정방법 중요내용

- 굴뚝에서 배출되는 먼지시료를 반자동식 채취기를 이용하여 배출가스의 유속과 같은 속도로 흡입(이하 등속흡입이라 한다.)하여 일정온도로 유지되는 실리카 섬유제 여과지에 채취한다.
- 먼지가 채취된 여과지를 110 ± 5℃에서 충분히 1~3시간 건조시켜 부착수분을 제거한 후 먼지의 질량농도를 계산한다.
- 다만, 배연탈황시설과 황산미스트에 의해서 먼지농도가 영향을 받은 경우에는 여과지를 160℃ 이상에서 4시간 이상 건조시킨 후 먼지농도를 계산한다.

㉠ 배출가스 온도 측정

ⓐ 측정점은 규정에 따라 선정한다. 단, 측정점 수는 줄여도 무방하다.

ⓑ 측정기구로는 액체를 넣은 유리 온도계, 전기식 온도계, 열전대 온도계 등을 사용한다.

ⓒ 측정방법은 측정기구를 측정공에 끼워 넣고 측정점에서 온도를 측정한다.

㉡ 수분량 측정

- 측정점은 규정한 위치에서 굴뚝 중심에 가까운 곳을 선정한다.
- 측정방법은 시료채취장치 1형을 사용하는 측정방법, 시료채취장치 2형을 사용하는 측정방법, 자동측정법 및 계산에 의한 방법 등이 있다.

ⓐ 시료채취장치 1형을 사용하는 측정방법

- 흡습관법에 따른 수분량 측정장치는 흡입관, 흡습관, 가스흡입 및 유량측정부 등으로 구성된다.
- 흡입관으로는 스테인리스강 재질 또는 석영제 유리관을 사용한다. 먼지의 혼입을 방지하기 위하여 흡입관의 선단에 유리섬유 등의 여과지를 넣어둔다.
- U자관 또는 흡습관에 무수염화칼슘(입자상) 등의 흡습제를 넣고 흡습제의 비산을 방지하기 위하여 유리섬유로 채워 막으며 원칙적으로 2개의 흡습관을 사용한다.
- 흡습관에 흡습제를 채운 후 표면의 부착물을 깨끗이 씻어내고 흡습관의 콕을 닫고 그 무게를 달아 m_{a1}이라 한다.
- 임핀저 트레인 중에 첫 번째와 두 번째 임핀저에 100g의 물을 넣고 네 번째 임핀저에 200~300g의 실리카겔을 넣는다.
- 흡입관 내부에서 수분이 응축하지 않도록 보온 및 가열한다.
- 냉각조를 사용하여 흡습관을 냉각하여야 한다.
- 흡입관을 측정공에 끼워넣고 흡습관을 연결한 후 흡습관의 콕을 열고 진공펌프 등의 흡입장치를 가동시켜 가스를 흡입한다.
- 배출가스 흡입 유량을 1개의 흡습관 내의 흡습제 1g당 0.1L/min 이하가 되도록 흡입유량 조절밸브로 조절한다. 흡입 가스량은 흡습된 수분이 0.1~1g이 되도록 한다. 흡입 가스량은 적산유량계로서 0.1L 단위까지 읽는다.
- 가스흡입 중에 가스온도, 압력 및 유량을 측정한다. 필요한 배출가스를 흡입한 후 흡습관의 콕을 닫고 배관을 분리한다. 흡습관 표면의 수분 및 부착물을 잘 닦은 후 무게를 달고 그 무게를 m_{a2}로 한다.
- 간이용 저울은 10mg 차이까지 읽을 수 있는 것을 사용한다.
- 배출가스 중의 수분량은 습한 가스 중의 수증기의 부피백분율로 표시하고 다음 식에 의해 구한다.

$$X_w = \frac{\frac{22.4}{18}m_a}{V_m \times \frac{273}{273+\theta_m} \times \frac{P_a + P_m}{760} + \frac{22.4}{18}m_a} \times 100 \qquad \text{(식 A)}$$

여기서, X_w : 배출가스 중의 수증기의 부피 백분율(%)

m_a : 흡습 수분의 질량($m_{a2} - m_{a1}$)(g)

V_m : 흡입한 건조 가스량(건식가스미터에서 읽은 값)(L)

θ_m : 가스미터에서의 흡입 가스온도(℃)

P_a : 대기압(mmHg)

P_m : 가스미터에서의 가스의 게이지압(mmHg)

ⓑ 시료채취장치 2형을 사용하는 측정방법

- 임핀저 트레인 중에 첫 번째와 두 번째 임핀저에 100g의 물을 정확히 달아 넣고 네 번째 임핀저에 200 ± 0.5g의 실리카겔을 10mg까지 정확히 달아 넣고 총무게를 m_{a1}이라 한다.

- 임핀저 주위에 얼음조각을 채워넣고 각 연결부를 연결한다. 흡입관과 여과부 가열장치가 120 ± 14℃가 되도록 가열한 후 흡입한다.
- 가스흡입 중에 배출가스 온도, 압력 및 유량을 측정한다. 필요한 배출가스를 흡입하고 임핀저 트레인을 분리한다.
- 임핀저 트레인 중에 첫 번째와 두 번째 임핀저에 들어 있는 물을 ± 1mL까지 측정하거나 혹은 저울을 이용해 ± 0.5g 이내까지 정확히 측정하고 네 번째 들어 있는 실리카겔을 10mg까지 정확히 달아 총 무게를 m_{a2}라 한다. 수분량 계산은 식 (A)에 따른다.

㉢ 계산에 의한 방법

사용연료의 양과 조성 및 불어 넣은 공기량, 습도 등으로부터 다음 식에 의하여 계산된다.

$$X_w = \frac{W_g}{G} \times \frac{22.4}{18} \times 100$$

여기서, X_w : 습한 배출가스 중의 수증기의 부피 백분율(%)

W_g : 연료 단위량당 발생가스 중의 수분량(kg/kg : 고체 또는 액체연료, kg/Sm^3 : 기체연료)

G : 연료 단위량당 습한 배출가스량(Sm^3/kg : 고체 또는 액체연료, Sm^3/Sm^3 : 기체연료)

(2) 수동식 채취장치의 전처리

① 여과지를 통과하는 가스의 겉보기 유속이 원칙적으로 0.5m/s 이하가 되도록 흡입노즐 지름 및 여과지를 선정한다. 중요내용

② 원통형 또는 원형여과지는 110 ± 5℃에서 충분히 1~3시간 건조하고 데시케이터 내에서 실온까지 냉각하여 0.1mg까지 정확히 단 후 여과지 홀더에 끼운다. 중요내용

③ 먼지채취부, 가스흡입부, 흡입유량 측정부의 연결부분을 연결한다.

④ 측정방법 중요내용

- 측정공에 시료 채취장치의 흡입관을 굴뚝 내부에 삽입하여 그 선단을 채취점에 일치시키고 등속흡입한다.
- 먼지가 채취된 여과지를 110 ± 5℃에서 충분히 1~3시간 건조시켜 부착수분을 제거한 후 먼지의 질량농도를 계산한다.
- 다만, 배연탈황시설과 황산미스트에 의해서 먼지농도가 영향을 받은 경우에는 여과지를 160℃ 이상에서 4시간 이상 건조시킨 후 먼지농도를 계산한다.

㉠ 배출가스 온도측정

ⓐ 측정점은 규정에 따라 선정한다. 단, 측정점 수는 줄여도 무방하다.

ⓑ 측정기구로는 액체를 넣은 유리 온도계, 전기식 온도계, 열전대 온도계 등을 사용한다.

ⓒ 측정방법은 측정기구를 측정공에 끼워 넣고 측정점에서 온도를 측정한다.

㉡ 배출가스 수분량 측정

ⓐ 배출가스 중의 수분량 측정(흡습관법)

- 흡습관법에 따른 수분량 측정장치는 흡입관, 흡습관, 가스흡입장치, 적산유량계(가스미터) 등으로 구성한다.
- 흡입관으로는 스테인리스강 재질 또는 석영제 유리관을 사용한다. 먼지의 혼입을 방지하기 위하여 흡입관의 선단에 유리섬유 등의 여과지를 넣어둔다
- 배출가스 중의 수분량은 습한 가스 중 수증기의 부피 백분율로 표시하고 다음 식에 의하여 구한다.
- 습식 가스미터를 사용할 때

$$X_w = \frac{\frac{22.4}{18}m_a}{V_m \times \frac{273}{273+\theta_m} \times \frac{P_a+P_m-P_v}{760} + \frac{22.4}{18}m_a} \times 100$$

• 건식 가스미터를 사용할 때

습식가스미터를 사용할 때의 식에서 P_v항을 삭제하고, V_m을 흡입한 가스량(건식가스미터에서 읽은 값)으로 계산한다. 단, 건식가스미터의 앞에서 가스를 건조한 경우에 한한다.

$$X_w = \frac{\frac{22.4}{18}m_a}{V_m' \times \frac{273}{273+\theta_m} \times \frac{P_a+P_m}{760} + \frac{22.4}{18}m_a} \times 100$$

여기서, X_w : 배출가스 중 수증기의 부피 백분율(%)

m_a : 흡습 수분의 질량($m_{a2}-m_{a1}$)(g)

V_m : 흡입한 가스량(건식 가스미터에서 읽은 값)(L)

V_m' : 흡입한 가스량(습식 가스미터에서 읽은 값)(L)

θ_m : 가스미터에서의 흡입 가스온도(℃)

P_a : 대기압(mmHg)

P_m : 가스미터에서의 가스게이지압(mmHg)

P_v : θ_m에서의 포화 수증기압(mmHg)

ⓑ 배출가스 중의 수분량 측정(응축기법)

• 응축기에 의한 수분량 측정장치는 흡입관, 응축기, 가스흡입장치, 가스미터 등으로 구성된다.

• 측정방법으로 배출가스의 흡입유량은 보통 10~30L/min으로 하고 흡입량은 응축기에 응축된 수분량이 20mL 이상되도록 한다.

• 응축된 수분량(m_c)의 무게를 달고 다음 식에 의하여 배출가스 중의 수분량을 계산한다.

$$X_w = \frac{V_m \times \frac{273}{273+\theta m} \times \frac{P_v}{760} + \frac{22.4}{18}m_c}{V_m \times \frac{273}{273+\theta m} \times \frac{P_a+P_m}{760} + \frac{22.4}{18}m_c}$$

여기서, X_w : 배출가스 중 수증기의 부피 백분율(%)

P_v : θm에서 포화 수증기압(mmHg)

P_a : 대기압(mmHg)

P_m : 가스미터의 가스게이지압(mmHg)

V_m : 흡입한 가스량(가스미터에서 읽은 값)(L)

θm : 가스미터의 흡입 가스온도(℃)

m_c : 응축기에 응축된 수분의 무게

ⓒ 배출가스 중의 수분량 측정(계산에 의한 방법)

⑤ 배출가스의 유속 측정

㉠ 측정점

측정점을 선정한다.

㉡ 유속 측정방법 중요내용

ⓐ 배출가스의 동압을 측정하는 기구로서는 피토관 계수가 정해진 피토관과 경사마노미터 등을 사용한다.

ⓑ 피토관이 전압(total pressure)공을 측정점에서 가스의 흐르는 방향에 직면하게 놓고 전압과 정압(static pressure)의 차이로 동압(Velocity pressure)을 측정한다.

$$V = C\sqrt{\frac{2gh}{r}}$$

여기서, V : 유속(m/s)

C : 피토관 계수

h : 피토관에 의한 동압 측정치(mmH_2O)

g : 중력가속도($9.81m/s^2$)

γ : 굴뚝 내의 배출가스 밀도(kg/m^3)

㈜ 배출가스 유속의 측정에는 피토관으로 교정한 풍속계 등의 기체 유속계를 써도 좋다. 단, 배출가스의 성상(온도, 압력 및 조성) 및 성질에 따라 지시치가 달라질 때는 피토관에 의한 측정치로 보정한다.

㉢ 배출가스의 정압 측정방법

측정기구는 피토관 또는 정압관 및 U자형 마노미터 등을 사용하여 각 측정점에서 정압을 측정한다. 단, 측정점의 수는 줄여도 좋다.

㉣ 배출가스의 밀도를 구하는 방법

배출가스 조성으로부터 아래 계산식으로 구하거나 가스밀도계에 의한 측정치로 계산한다.

$$r = r_o \times \frac{273}{273+\theta_s} \times \frac{P_a + P_s}{760}$$

여기서 r : 굴뚝 내의 배출가스 밀도(kg/m^3)

r_o : 온도 0℃ 기압 760mmHg로 환산한 습한 배출가스 밀도(kg/Sm^3)

r_d : 가스밀도계에 의해 구한 건조 배출가스 밀도(kg/m^3)

P_a : 대기압(mmHg)

P_s : 각 측정점에서 배출가스 정압의 평균치(mmHg)

θ_s : 각 측정점에서 배출가스 온도의 평균치(℃)

㈜ 일반적으로 고체 및 액체연료를 공기를 사용하여 연소시킬 때는 r_o=1.30kg/m³로 하는 것도 좋다.

(3) 자동식 채취장치의 전처리

① 시료채취장치 1형을 사용하는 경우
[반자동 채취장치 방법과 동일]

② 시료채취장치 2형을 사용하는 경우
[반자동 채취장치 방법과 동일]

③ 측정방법 중요내용

굴뚝에서 배출되는 먼지시료를 자동식 채취기를 이용하여 배출가스의 유속과 같은 속도로 흡입(이하 등속흡입이라 한다.)하여 일정온도로 유지되는 실리카 섬유제 여과지에 채취한다.

㉠ 배출가스 온도측정

ⓐ 측정점은 반자동채취장치의 전처리 규정에 따라 선정한다.

ⓑ 단, 측정점 수는 줄여도 무방하다. 측정기구는 0.1℃까지 측정이 가능하고 출력할 수 있는 열전도 온도계 등을 사용한다. 측정기구를 측정공에 끼워놓고 측정점에서 자동으로 온도 측정 후 기록한다.

㉡ 수분량 측정

ⓐ 수분량 측정은 반자동 채취장치의 전처리에 따른다.

ⓑ 가스흡입 유량조절은 자동 수분측정 모드 1~2L/min에 의한다.

8. 결과 보고

(1) 반자동 시료채취방법

먼지농도 계산방법 중요내용

배출가스 중의 먼지농도는 다음 식에 따라 소수점 둘째 자리까지 계산하고 소수점 첫째 자리까지 표기한다.

$$C_n = \frac{m_d}{V_m' \times \frac{273}{273+\theta m} \times \frac{P_a + \Delta H/13.6}{760}}$$

여기서, C_n : 먼지농도(mg/Sm³), m_d : 채취된 먼지량(mg)

V_m' : 건식가스미터에서 읽은 가스시료 채취량(m³)

θ_m : 건식가스미터의 평균온도(℃)

P_a : 측정공 위치의 대기압(mmHg)

ΔH : 오리피스 압력차(mmH_2O)

(2) 수동식 시료채취방법

① 먼지농도 계산방법 중요내용

㉠ 흡입가스 유량 측정방법

- 흡입가스 유량의 측정은 원칙적으로 적산유량계(가스미터) 및 순간유량계(로터미터, 차압유량계 등)를 사용한다.
- 흡입시간을 확인하기 위하여 흡입개시 및 종료시각을 기록한다. 흡입시작 및 종료 시에 있어서 가스미터의 눈금을 0.1L까지 읽어둔다.
- 흡입시간 중 가스미터에 있어서 흡입가스 온도 및 압력을 측정한다.
- 표준상태에서 흡입한 건조 가스량은 다음 식으로 구한다.

ⓐ 습식 가스미터를 사용할 경우

$$V'_n = V_m \times \frac{273}{273+\theta_m} \times \frac{P_a + P_m - P_v}{760} \times 10^{-3}$$

ⓑ 건식 가스미터를 사용할 경우

$$V'_n = V'_m \times \frac{273}{273+\theta_m} \times \frac{P_a + P_m}{760} \times 10^{-3}$$

여기서, V'_n : 표준상태에서 흡입한 건조 가스량(Sm³)

V'_m : 흡입가스량으로 습식 가스미터에서 읽은 값(L)

V_m : 흡입가스량으로 건식 가스미터에서 읽은 값(L)

θ_m : 가스미터의 흡입가스 온도(℃)

P_a : 대기압(mmHg)

P_m : 가스미터의 가스 게이지압(mmHg)

P_v : θ_m에서 포화수증기압(mmHg)

㈜ 로터미터나 차압유량계를 사용하여 흡입가스 유량을 측정할 때는 그 유량계의 유량 측정방법에 규정한 대로 측정한다.

㉡ 각 측정점의 먼지농도

배출가스 중의 먼지농도는 표준상태(0℃, 760mmHg)로 환산한 건조 배출가스 $1m^3$ 중에 포함되어 있는 먼지의 무게로 표시하며 다음 식에 의하여 소수점 둘째 자리까지 계산하고 소수점 첫째 자리까지 표기한다.

$$C_n = \frac{m_d}{V'_n}$$

여기서, C_n : 건조 배출가스 중의 먼지농도(mg/Sm^3)

m_d : 채취된 먼지의 무게(mg)

V'_n : 표준상태의 흡입 건조 배출가스량(Sm^3)

㉢ 전체 단면의 건조 배출가스 중의 평균 먼지농도

구분한 각 단면의 먼지농도로부터 다음 식에 의하여 구한다.

$$\overline{C_n} = \frac{C_{n1} \cdot A_1 \cdot V_1 + C_{n2} \cdot A_2 \cdot V_2 + \cdots + C_{nn} \cdot A_n \cdot V_n}{A_1 \cdot V_1 + A_2 \cdot V_2 + \cdots + A_n \cdot V_n}$$

여기서, $\overline{C_n}$: 전체 단면의 평균 먼지농도(mg/Sm^3)

$C_{n1} \cdot C_{n2} \cdots C_{nn}$: 각 단면의 먼지농도(mg/Sm^3)

$A_1 \cdot A_2 \cdots A_n$: 각 단면의 면적(m^2)

$V_1 \cdot V_2 \cdots V_n$: 각 단면의 가스유속(m/s)

㈜ 이동채취방법으로 측정한 전체 단면적의 평균먼지 농도는 이것에 준하여 계산한다.

(3) 자동식 시료채취방법

① 먼지농도 계산방법

먼지농도 계산은 입자상 물질의 시료채취방법과 동일하게 계산한다.

② 결과의 기록

[반자동 시료채취방법과 내용 동일]

[배출가스 중 휘발성 유기화합물질(VOCs)의 시료채취방법]

1. 개요

(1) 이 시험기준은 산업시설 등에서 덕트 또는 굴뚝 등으로 배출되는 배출가스 중 휘발성 유기화합물질(Volatile Organic Compounds ; VOCs)에 적용한다.

(2) 실내 공기나 배출원에서 일시적으로 배출되는 미량 휘발성 유기화합물질의 채취 및 누출 확인, 굴뚝환경이나 기기의 분석조건하에서 매우 낮은 증기압을 갖는 휘발성 유기화합물질의 측정에는 적용되지 않는다.

(3) 알데히드류 화합물질에 대해서도 적용되지 않는다.

2. 시료채취장치 및 방법

시료채취 위치는 배출가스 중 입자상 물질의 시료채취 방법을 따른다.

(1) 시료채취장치

① 흡착관법 중요내용

- 휘발성 유기화합물질 시료채취장치(Volatile Organic Sampling Train ; VOST)는 시료채취관, 밸브, 응축기(2세트), 흡착관(2세트), 응축수트랩(2세트), 건조제(실리카겔), 유량계, 진공펌프 및 진공게이지와 건식 가스미터로 구성된다.
- 각 장치의 모든 연결부위는 진공용 윤활유를 사용하지 않고 불소수지 재질의 관을 사용하여 연결한다.

㉠ 채취관

채취관 재질은 유리, 석영, 불소수지 등으로, 120 ℃ 이상까지 가열이 가능한 것이어야 한다.

㉡ 밸브

불소수지, 유리 및 석영 재질로 밀봉윤활유(Sealing Grease)를 사용하지 않고 가스의 누출이 없는 구조이어야 한다.

㉢ 응축기 및 응축수 트랩

ⓐ 응축기 및 응축수 트랩은 유리 재질이어야 한다.

ⓑ 응축기는 가스가 앞쪽 흡착관을 통과하기 전 가스를 20 ℃ 이하로 낮출 수 있는 용량이어야 한다.

ⓒ 상단 연결부는 밀봉윤활유를 사용하지 않고도 누출이 없도록 연결해야 한다.

㉣ 흡착관

ⓐ 흡착관은 스테인리스강 재질(예 : 5×89mm) 또는 파이렉스(pyrex) 유리(예 : 5×89mm)로 된 관에 측정대상 성분에 따라 흡착제를 선택하여 각 흡착제의 파과부피(breakthrough volume)를 고려하여 일정량 이상(예 : 200 mg)으로 충전한 후에 사용한다. 흡착관은 시판되고 있는 별도규격 제품을 사용할 수 있다.

ⓑ 각 흡착제는 반드시 지정된 최고 온도범위와 기체유량을 고려하여 사용하여야 하며, 흡착관은 사용하기 전에 반드시 안정화(컨디셔닝) 단계를 거쳐야 한다.

ⓒ 보통 350℃(흡착제의 종류에 따라 조절가능)에서 99.99% 이상의 헬륨기체 또는 질소기체 50~100mL/min으로 적어도 2시간 동안 안정화(시판된 제품은 최소 30분 이상)시키고, 흡착관은 양쪽 끝단을 테플론 재질의 마개를 이용하여 밀봉하거나, 불활성 재질의 필름을 사용하여 밀봉한 후 마개가 달린 용기 등에 넣어 이중 밀봉하여 보관한다.

ⓓ 흡착관은 24시간 이내에 사용하지 않을 경우 4℃의 냉암소에 보관하고, 반드시 시료채취 방향을 표시하며 고유번호를 적도록 한다.

㉤ 유량측정부

ⓐ 흡착관법의 유량측정부는 진공게이지, 진공펌프, 건식 가스미터 및 이와 관련된 밸브와 장비들로 구성된다.

ⓑ 앞쪽의 응축기와 흡착관 사이의 가스온도를 앞쪽 응축기 바깥 표면에 연결된 열전대(Thermocouple)를 이용하여 측정하되 이 지점의 온도는 20 ℃ 이하가 되어야 하고, 만약 그렇지 않다면 다른 응축기를 사용하여야 한다.

ⓒ 기기의 온도 및 압력 측정이 가능해야 하며, 최소 100 mL/min의 유량으로 시료채취가 가능해야 한다.

㉥ 시료 채취연결관

ⓐ 시료채취관에서 응축기 및 기타 부분의 연결관은 가능한 한 짧게 한다.

ⓑ 밀봉윤활유 등을 사용하지 않고 누출이 없어야 한다.
ⓒ 불소수지 재질의 것을 사용한다.

② 시료채취 주머니(Tedlar Bag) 방법

- 시료채취관, 응축기, 응축수트랩, 진공흡입상자, 진공펌프로 구성된다. 중요내용
- 각 장치의 모든 연결부위는 불소수지 재질의 관을 사용하여 연결한다. 중요내용
- 시료채취 주머니는 시료채취 동안이나 채취 후 보관 시 반드시 직사광선을 받지 않도록 한다.
- 시료성분이 시료채취 주머니 안에서 흡착, 투과 또는 서로 간의 반응에 의하여 손실 또는 변질되지 않아야 한다.
- 진공흡입상자(렁샘플러)를 사용하여 시료를 채취하는 것이 가장 안전하다. 이러한 시료채취 시스템의 원리는 통 내부의 공기를 진공펌프로 빨아들여 진공상태로 만든 뒤 외부의 시료를 시료채취 주머니 내부로 서서히 유입시키는 방법으로서 간단히 제작하여 쓸 수 있다.
- 시료채취의 입구는 되도록 유리섬유(유리솜)와 같은 여과재를 채워 먼지의 유입을 막아야 한다. 또한 기존의 복잡한 진공흡입장치를 현장에서 간편하게 휴대하여 사용할 수 있도록 휴대용 케이스 형태로 제작하여 사용하기도 한다.
- 배출가스의 온도가 100℃ 미만으로 시료채취 주머니 내에 수분응축의 우려가 없는 경우 응축기 및 응축수 트랩을 사용하지 않아도 무방하다. 중요내용

㉠ 채취관
㉡ 응축기 및 응축수 트랩
㉢ 진공용기
ⓐ 진공용기는 1~10L 시료채취 주머니를 담을 수 있어야 한다.
ⓑ 용기가 완전진공이 되도록 밀폐된 구조의 것을 사용하여야 한다.
㉣ 진공펌프
시료채취펌프는 흡입유량이 1~10L/min의 용량인 격막 펌프로 VOCs 흡착성이 낮은 재질(테플론 재질)로 된 것을 사용한다.

(2) 시료채취방법

① 흡착관법

㉠ 흡착관은 사용 전 적절한 방법으로 안정화한 후 흡착관을 시료채취장치에 연결한다. 단, 흡착관은 물과의 친화력에 따라 응축기 뒤쪽 또는 응축수트랩 뒤쪽에 각각 연결할 수 있다.
㉡ 누출시험을 실시한 후 시료를 도입하기 전에 가열한 시료채취관 및 연결관을 시료로 충분히 치환한다.
㉢ 시료흡입속도는 100~250mL/min 정도로 하며, 시료채취량은 1~5L 정도가 되도록 한다. 중요내용
㉣ 시료가스미터의 유량, 온도 및 압력을 측정한다.
㉤ 시료를 채취한 흡착관은 양쪽 끝단을 테프론 재질의 마개를 이용하여 단단히 막고 불활성 재질의 필름 등으로 밀봉하거나 마개가 달린 용기 등에 넣어 이중으로 외부공기와의 접촉을 차단하여 분석 전까지 4℃ 이하에서 냉장보관하여 가능한 빠른 시일 내에 분석한다. 중요내용

② 시료채취 주머니 방법

㉠ 시료채취 주머니는 새것을 사용하는 것을 원칙으로 하되 만일 재사용시에는 제로가스와 동등 이상의 순도를 가진 질소나 헬륨가스를 채운 후 24시간 혹은 그 이상 동안 시료채취 주머니를 놓아둔 후 퍼지(Purge)시키는 조작을 반복하고, 시료채취 주머니 내부의 가스를 채취하여 가스크로마토크래프를 이용하여 사용 전에 오염 여부를 확인하고 오염되지 않은 것을 사용한다. 중요내용
㉡ 누출시험을 실시한 후 시료를 채취하기 전에 가열한 시료채취관 및 도관을 통해 시료로 충분히 치환한다.
㉢ 시료채취 주머니를 시료채취장치에 연결한다.
㉣ 1~10 L 규격의 시료채취 주머니를 사용하여 1~2 L/min 정도로 시료를 흡입한다. 중요내용
㉤ 시료채취 주머니는 빛이 들어가지 않도록 차단하고 시료채취 이후 24시간 이내에 분석이 이루어지도록 한다. 시료채취 전에는 시료채취 주머니의 바탕시료 확인 후 시료채취에 임하도록 한다.

[배출가스 유속 및 유량 측정방법]

1. 적용범위

(1) 이 측정법은 굴뚝이나 덕트 내를 흐르는 가스의 유속 및 유량을 측정하는 방법에 대하여 규정한다.

(2) 건조 배출가스 유량은 단위시간당 배출되는 표준상태의 건조배출 가스량(Sm^3/h)으로 나타난다. 중요내용

2. 측정방법의 원리(피토관 및 경사마노미터법)

선정된 각 측정점마다 배출가스의 온도, 정압 및 동압을 측정하고, 굴뚝중심에 가까운 한 측정점을 택하여 배출가스 중의 수분량 및 배출가스 밀도를 구한 후, 계산에 의해 배출가스 유속 및 유량을 산출한다.

3. 기구 및 장치

(1) 피토관 중요내용

① 재질
스테인리스와 같은 재질의 금속관

② 관 바깥지름의 범위
4~10mm 정도

③ 각 분기관 사이의 거리
같아야 함

④ 각 분기관과 오리피스 평면과의 거리
바깥지름의 1.05~1.50배 사이

⑤ 피토관 계수는 사전에 확인되어야 하며, 고유번호가 부여되고 이 번호는 지워지지 않도록 관 몸체에 새겨야 한다.

(2) 차압계 중요내용

① 굴뚝 배출가스의 차압 측정계기
㉠ 경사마노미터(Inclined Manometer)
㉡ 전자마노미터

② 마노미터 최소눈금
0.3 mmH_2O

③ 굴뚝 내 모든 측정지점에서 측정한 동압의 산술평균이 최소눈금값보다 작은 경우에는 보다 좋은 감도의 차압계를 사용하는 것이 좋다.

(3) 기압계 중요내용

① 대기압력 측정범위
2.54 mmHg(34.54 mmH_2O) 이내

② 종류
㉠ 수은 기압계
㉡ 아네로이드 기압계

③ 교정검사
1회/년 이상

(4) 피토관의 교정

① 교정검사가 가능한 기관에서 교정
② 교정검사 후 피토관 계수가 바뀔 수 있으므로 주의

4. 계산

(1) 배출가스 평균유속 중요내용

$$\overline{V} = C\sqrt{\frac{2g}{r}} \cdot (\sqrt{h})avg$$

여기서, $\overline{V}$: 배출가스 평균유속(m/초)
C : 피토관 계수
h : 배출가스 동압측정치(mmH_2O)
g : 중력가속도(9.8m/초^2)
r : 굴뚝 내의 습한 배출가스 밀도(kg/m^3)

(2) 건조배출가스 유량

① 원형 직사각형 또는 정사각형 단면일 때

$$Q_N = \overline{V} \times A \times \frac{273}{273+\overline{\theta}_s} \times \frac{P_a + \overline{P}_s}{760} \times \left(1 - \frac{X_w}{100}\right) \times 3{,}600$$

여기서, Q_N : 건조 배출가스 유량(m^3/시간), $\overline{V}$: 배출가스 평균유속(m/초)
A : 굴뚝 단면적(m^2), $\overline{\theta}_s$: 배출가스 평균온도(℃)
P_a : 대기압(mmHg), $\overline{P}_s$: 배출가 평균정압(mmHg)
X_w : 배출가스 중의 수분량(%)

② 상부원형, 아치형 단면일 때

$$Q_N = (A_1\overline{V}_1 + A_2\overline{V}_2) \times \frac{273}{273+\overline{\theta}_s} \times \frac{P_a + \overline{P}_s}{760} \times 3{,}600$$

여기서, Q_N : 건조 배출가스 유량(m^3/시간)
A_1 : 반원형 부분 단면적(m^2)
$\overline{V}_1$: 반원형 부분 평균유속(m/초)
A_2 : 사각형 부분 단면적(m^2)
$\overline{V}_2$: 사각형 부분 평균유속(m/초)

③ 연소 계산에 의할 때

$$Q_N = GWm\left(1 - \frac{X_w}{100}\right)$$

여기서, Q_N : 건조배출가스 유량(Sm^3/시간)
G : 연료단위량당 건조배출가스유량(m^3/kg(고체 또는 액체연료), m^3/m^3(기체연료))
W : 시간당 연료사용량(kg/시간(고체 또는 액체연료), m^3/시간(기체연료))
m : 공기비

[배출가스 중 무기물질 측정방법]

01 배출가스 중 먼지

1. 개요

(1) 배출가스 중에 함유되어 있는 액체 또는 고체인 입자상 물질을 등속흡입하여 측정한 먼지를 말한다.

(2) 먼지농도 표시는 표준상태(0℃, 760mmHg)의 건조 배출가스 $1m^3$ 중에 함유된 먼지의 질량농도를 측정하는 데 사용된다. *중요내용

2. 적용 가능한 시험방법 *중요내용

〈배출가스 중의 먼지 측정에 적용 가능한 시험방법〉

측정방법	개요	적용범위
반자동식 측정법	반자동식 시료채취기에 의해 질량농도를 측정하는 방법	굴뚝에서 배출되는 액체 또는 고체인 입자상 물질을 등속흡입 측정하여 부착 수분을 제거하고 먼지의 질량농도를 측정하는 데 사용된다.
수동식 측정법	수동식 시료채취기에 의해 질량농도를 측정하는 방법	
자동식 측정법	자동식 시료채취기에 의해 질량농도를 측정하는 방법	

01-1 배출가스 중 먼지 – 반자동식 측정법

1. 개요

[배출가스 중 입자상 물질의 시료채취방법 내용과 동일]

2. 용어 정의

(1) 배출가스 중 먼지

측정대상이 되는 배출가스 중에 부유하는 고체 및 액체의 입자상 물질로서 수분을 제거한 것이며 결합 수분 등 시험법을 근거로 측정하여 무게를 잰 것을 먼지로 본다.

(2) 배출가스, 등속흡입, 먼지농도

[배출가스 중 입자상 물질의 시료채취방법 내용과 동일]

3. 분석기기 및 기구

(1) 반자동식 시료채취기는 흡입노즐, 흡입관, 피토관, 여과지홀더, 여과지 가열장치, 임핀저 트레인, 가스흡입 및 유량측정부 등으로 구성되며 여과지홀더의 위치에 따라 1형과 2형으로 구별된다. *중요내용

(2) 흡입노즐, 흡입관, 피토관, 차압게이지, 여과지홀더, 여과부가열장치, 임핀저트레인 및 냉각상자, 가스흡입 및 유량측정부, 채취장치에 사용되는 기구 및 기기, 분석용 저울, 건조용기, 시료채취여과기 보관용기, 일회용 장갑 항목의 내용은 「배출가스 중 입자상 물질의 시료채취방법」과 동일

4. 시약 및 표준용액

[배출가스 중 입자상 물질의 시료채취방법 내용과 동일]

5. 시료채취 및 관리 *중요내용

[배출가스 중 입자상 물질의 시료채취방법 내용과 동일]

6. 정도보증/정도관리(QA/QC)

(1) 분석 저울

① 분석 저울은 여과지의 형태와 무게를 측정하는 데 적절해야 하며 측정표준 소급성이 유지된 표준기로 교정해야 한다.
② 0.1mg까지 측정할 수 있는 저울을 사용하여야 한다.

(2) 유량 교정

① 유속 및 유량의 측정은 실험 전후로 측정해야 하며 매 실험마다 표준유속 또는 유량계를 사용하여 교정하여야 한다.
② 측정값의 ±2% 이내의 정확성을 가져야 한다.

7. 분석절차

[배출가스 중 입자상 물질의 시료채취방법 내용과 동일]

8. 결과보고

[배출가스 중 입자상 물질의 시료채취방법 내용과 동일]

Reference | 먼지시료채취 기록지

공장명 ______		피토관계수 ______	
측정대상명 ______		기온, ℃ ______	
작성자명 ______		기압, mmHg ______	
측정일 ______		수분량, % ______	
측정번호 ______		흡입관 길이, m ______	
오리피스미터 ΔH ______		흡입노즐 직경, cm ______	
		배출가스정압, mmHg ______	
산소량(%) ______	굴뚝단면 및 측정점 배열	______	
등속흡입계수(%) ______		여과지 번호 ______	

01-2 배출가스 중 먼지-수동식 측정법

1. 개요

[배출가스 중 입자상 물질의 시료채취방법 내용과 동일]

2. 용어 정의

[배출가스 중 입자상 물질의 시료채취방법 내용과 동일]

3. 분석기기 및 기구

[배출가스 중 입자상 물질의 시료채취방법 내용과 동일]

(1) 분석용 저울

가능한 한 0.1mg까지 정확하게 측정할 수 있는 저울을 사용하여야 하며 측정표준 소급성이 유지된 표준기로 교정해야 한다.

(2) 건조용기

시료채취 여과지의 수분평형을 유지하기 위한 용기로서 20 ± 5.6℃ 대기 압력에서 적어도 24시간을 건조시킬 수 있어야 한다. 또는, 여과지를 105℃에서 적어도 2시간 동안 건조시킬 수 있어야 한다.

(3) 시료채취 여과지 보관용기

여과지 손상이나 채취된 입자들의 손실을 막기 위해 여과지의 취급에 주의하여야 하며 여과지 카트리지나 보관용기는 이러한 손상에 의한 측정 오차를 줄일 수 있다.

(4) 일회용 장갑

손으로 인한 오염 방지 및 정확한 입자의 질량을 측정하기 위하여 분말이 없는(Powder-Free Latex) 일회용 장갑을 사용한다.

4. 시약 및 표준용액

[배출가스 중 입자상 물질의 시료채취방법 내용과 동일]

5. 시료채취 및 관리

[배출가스 중 입자상 물질의 시료채취방법 내용과 동일]

6. 정도보증/정도관리(QA/QC)

[배출가스 중 먼지-반자동 측정법 내용과 동일]

7. 분석절차

[배출가스 중 입자상 물질의 시료채취방법 내용과 동일]

8. 결과보고

[배출가스 중 입자상 물질의 시료채취방법 내용과 동일]

01-3 배출가스 중 먼지 – 자동식 측정법

1. 개요

[배출가스 중 입자상 물질의 시료채취방법 내용과 동일]

2. 용어 정의

[배출가스 중 입자상 물질의 시료채취방법 내용과 동일]

3. 분석기기 및 기구

[배출가스 중 입자상 물질의 시료채취방법 내용과 동일]

4. 시약 및 표준용액

[배출가스 중 입자상 물질의 시료채취방법 내용과 동일]

5. 시료채취 및 관리

[배출가스 중 입자상 물질의 시료채취방법 내용과 동일]

6. 정도보증/정도관리(QA/QC)

[배출가스 중 먼지 – 반자동식의 시료채취방법 내용과 동일]

7. 분석절차

[배출가스 중 입자상 물질의 시료채취방법 내용과 동일]

8. 결과보고

[배출가스 중 입자상 물질의 시료채취방법 내용과 동일]

02 비산먼지

1. 일반적 성질

측정대상이 되는 환경 대기 중에 부유하는 고체 및 액체의 입자상 물질을 말하며 환경정책기본법에서는 대기 중 먼지에 대한 환경기준을 PM10(공기역학 직경이 10μm 이하인 것)으로 설정 · 운영하고 있다.

2. 적용 가능한 시험방법 중요내용

측정방법	측정원리 및 개요	적용범위
고용량공기 시료채취법	고용량 펌프(1,133~1,699L/min)를 사용하여 질량농도를 측정	먼지는 대기 중에 함유되어 있는 액체 또는 고체인 입자상 물질로서 먼지의 질량농도를 측정하는 데 사용된다.
저용량공기 시료채취법	저용량 펌프(16.7L/min 이하)를 사용하여 질량농도를 측정	
베타선법	여과지 위에 베타선을 투과시켜 질량농도를 측정	
광학기법	광학기법을 이용하여 불투명도를 측정	

02-1 비산먼지 – 고용량 공기시료채취법

1. 개요

(1) 목적

이 시험기준은 시멘트 공장, 전기아크로를 사용하는 철강공장, 연탄공장, 석탄야적장, 도정공장, 골재공장 등 특정 발생원에서 일정한 굴뚝을 거치지 않고 외부로 비산되거나 물질의 파쇄, 선별, 기타 기계적 처리에 의하여 비산 배출되는 먼지의 농도를 측정하기 위한 시험방법이다.

(2) 간섭물질

[배출가스 중 먼지 – 반자동 측정법 내용과 동일]

2. 용어 정의

(1) 비산먼지

대기 중에 부유하는 고체 및 액체의 입자상 물질로서, 배출허용기준시험방법에서는 굴뚝을 거치지 않고 외부로 비산되는 입자를 말한다. 입자의 크기는 공기역학직경(Aerodynamic Diameter)으로 표시한다.

① 공기역학직경
입자의 침강속도에 따른 것으로 일반적으로 구형을 가진 입자의 기하학적 입자 지름으로 비중 1인 구의 지름으로 입경이 변경하여 환산 정리되고 측정 대상물 입자는 상대적으로 밀도와 입자모양에 대하여 구상 입자의 침강 속도와 같은 역학적 운동을 하는 입자의 직경을 의미한다.

② 총 부유먼지
㉠ 측정대상이 되는 환경 대기 중에 부유하고 있는 총 먼지를 말한다.

㉡ 국제적으로 정확한 총 부유먼지의 크기에 대한 명확한 규명은 없으나 일반적으로 총 부유먼지는 0.01~100μm 이하인 먼지를 채취한다.

③ 먼지의 분류
먼지(PM ; Particulate Matter)는 PM10(AED≤10μm), PM2.5(AED≤2.5μm)로 분류되어 관리되고 있다.

(2) 질량농도

기체의 단위용적 중에 함유된 물질의 질량을 말한다.

(3) 입자농도

공기 또는 다른 기체의 단위체적당 입자수로 표현된 농도를 말한다.
㈜ 입자농도로 나타낼 때에는 그 농도를 결정한 방법을 표시한다.

(4) 고용량 공기시료채취기 중요내용

① 대기 중에 부유하고 있는 입자상 물질을 고용량 공기시료채취기를 이용하여 여과지상에 채취하는 방법으로 입자상 물질 전체의 질량농도(Mass Concentration)를 측정하거나 금속성분의 분석에 이용한다.
② 이 방법에 의한 채취입자의 입경은 일반적으로 0.01~100μm 범위이다.

3. 분석기기 및 기구

환경대기 중의 먼지－고용량 공기시료채취법을 따른다.

4. 시약 및 표준용액

환경대기 중의 먼지－고용량 공기시료채취법을 따른다.

5. 시료채취 및 관리

(1) 측정위치의 선정 중요내용

① 시료채취장소는 원칙적으로 측정하려고 하는 발생원의 부지 경계선상에 선정하며 풍향을 고려하여 그 발생원의 비산먼지 농도가 가장 높을 것으로 예상되는 지점 3개소 이상을 선정한다.
② 시료채취 위치는 부근에 장애물이 없고 바람에 의하여 지상의 흙모래가 날리지 않아야 하며 기타 다른 원인의 영향을 받지 않고 그 지점에서의 비산먼지농도를 대표할 수 있는 위치를 선정한다.
③ 별도로 발생원의 위(Upstream)인 바람의 방향을 따라 대상 발생원의 영향이 없을 것으로 추측되는 곳에 대조위치를 선정한다.

(2) 시료채취 중요내용

① 시료채취는 1회 1시간 이상 연속 채취한다.
② 다음과 같은 경우에는 원칙적으로 시료채취를 하지 않는다.
㉠ 대상발생원의 조업이 중단되었을 때
㉡ 비나 눈이 올 때
㉢ 바람이 거의 없을 때(풍속이 0.5m/s 미만일 때)
㉣ 바람이 너무 강하게 불 때(풍속이 10m/s 이상일 때)

③ 채취유량의 계산
채취가 종료되기 직전에 다시 유량계를 연결하고 유량을 읽어 다음과 같이 흡입공기량을 산출한다.

$$흡입공기량 = \frac{Q_s + Q_e}{2} t$$

여기서, Q_s : 채취개시 직후의 유량(m^3/min)

Q_e : 채취종료 직전의 유량(m^3/min)

t : 채취시간(min)

(3) 풍향풍속의 측정 중요내용

① 시료채취를 하는 동안에 따로 그 지역을 대표할 수 있는 지점에 풍향풍속계를 설치하여 전 채취시간 동안의 풍향풍속을 기록한다.

② 단, 연속기록 장치가 없을 경우에는 적어도 10분 간격으로 같은 지점에서 3회 이상 풍향풍속을 측정하여 기록한다.

6. 정도보증/정도관리(QA/QC)

[배출가스 중 먼지-반자동식 측정법 내용과 동일]

7. 분석절차

(1) 전처리

환경대기 중의 먼지-고용량 공기시료채취법을 따른다.

(2) 측정법

환경대기 중의 먼지-고용량 공기시료채취법을 따른다.

8. 결과보고

(1) 먼지농도의 계산 중요내용

측정하려고 하는 발생원으로부터 비산되는 먼지농도는 소수점 셋째 자리까지 계산하고 소수점 둘째 자리로 표기한다.

① 채취된 먼지의 농도계산

채취 전후 여과지의 질량 차이와 흡입공기량으로부터 다음 식에 의하여 먼지 농도를 구한다.

$$비산먼지의 농도(mg/m^3) = \frac{W_e - W_s}{V}$$

여기서, W_e : 채취 후 여과지의 질량(mg)

W_s : 채취 전 여과지의 질량(mg)

V : 총 공기흡입량(m^3)

② 비산먼지농도의 계산

각 측정지점의 포집먼지량과 풍향풍속의 측정결과로부터 비산먼지의 농도를 구한다.

$$비산먼지농도 : C = (C_H - C_B) \times W_D \times W_S$$

여기서, C_H : 채취먼지량이 가장 많은 위치에서의 먼지농도(mg/m^3)

C_B : 대조위치에서의 먼지농도(mg/m^3)

W_D, W_S : 풍향, 풍속 측정결과로부터 구한 보정계수

단, 대조위치를 선정할 수 없는 경우 C_B는 0.15mg/m³로 한다.

㉠ 풍향 · 풍속 보정계수

ⓐ 풍향에 대한 보정

풍 향 변 화 범 위	보정계수
전 시료채취 기간 중 주 풍향이 90° 이상 변할 때	1.5
〃 45~90° 변할 때	1.2
〃 풍향의 변동이 없을 때(45° 미만)	1.0

ⓑ 풍속에 대한 보정

풍 속 범 위	보정계수
풍속이 0.5m/s 미만 또는 10m/s 이상되는 시간이 전 채취시간의 50% 미만일 때	1.0
풍속이 0.5m/s 미만 또는 10m/s 이상되는 시간이 전 채취시간의 50% 이상일 때	1.2

(풍속의 변화 범위가 위 표를 초과할 때는 원칙적으로 다시 측정한다.)

(2) 주의사항

환경대기 중의 먼지-고용량 공기시료채취법을 따른다.

02-2 비산먼지-저용량 공기시료채취법

1. 개요

(1) 목적

[비산먼지-고용량 공기시료채취법 내용과 동일]

(2) 간섭물질

[배출가스 중 먼지-반자동식 측정법 내용과 동일]

2. 용어 정의

[비산먼지-고용량 공기시료채취법 내용과 동일]

저용량 공기시료채취법 중요내용

이 방법은 환경 대기 중에 부유하고 있는 입자상 물질을 저용량 공기시료채취기를 사용하여 여과지 위에 채취하는 방법으로 일반적으로 10μm 이하의 입자상 물질을 채취하여 질량농도를 구하거나 금속 등의 성분 분석에 이용한다.

3. 분석기기 및 기구

환경대기 중의 먼지-저용량 공기시료채취법을 따른다.

4. 시약 및 표준용액

환경대기 중의 먼지 – 저용량 공기시료채취법을 따른다.

5. 시료채취 및 관리

(1) 측정위치의 선정

배출가스 중의 비산먼지 – 고용량 공기시료채취법을 따른다.

(2) 시료채취

환경대기 중의 먼지 – 고용량 공기시료채취법을 따른다.

① 채취유량의 계산
배출가스 중의 비산먼지 – 고용량 공기시료채취법을 따른다.

(3) 풍향풍속의 측정

배출가스 중의 비산먼지 – 고용량 공기시료채취법을 따른다.

6. 정도보증/정도관리(QA/QC)

[배출가스 중 먼지 – 반자동식 측정법 내용과 동일]

7. 분석절차

(1) 전처리

환경대기 중의 먼지 – 저용량 공기시료채취법을 따른다.

(2) 측정법

환경대기 중의 먼지 – 저용량 공기시료채취법을 따른다.

8. 결과보고

(1) 먼지농도의 계산

① 채취된 먼지의 농도계산
환경대기 중의 먼지 – 저용량 공기시료채취법을 따른다.

② 비산먼지농도의 계산 중요내용
각 측정지점의 채취먼지량과 풍향풍속의 측정결과로부터 비산먼지의 농도를 구한다.

$$비산먼지농도 : C = (C_H - C_B) \times W_D \times W_S$$

여기서, C_H : 채취먼지량이 가장 많은 위치에서의 먼지농도(mg/m^3)
C_B : 대조위치에서의 먼지농도(mg/m^3)
W_D, W_S : 풍향, 풍속 측정결과로부터 구한 보정계수
단, 대조위치를 선정할 수 없는 경우 C_B는 0.15mg/m^3로 한다.

㉠ 풍향 · 풍속 보정계수
배출가스 중의 비산먼지 – 고용량 공기시료채취법을 따른다.

(2) 주의사항

배출가스 중의 비산먼지 – 고용량 공기시료채취법을 따른다.

02-3 비산먼지 – 베타선법

1. 개요

(1) 목적

[비산먼지 – 고용량 공기시료채취법 내용과 동일]

(2) 간섭물질

[배출가스 중 먼지 – 반자동식 측정법 내용과 동일]

2. 용어 정의

[비산먼지 – 고용량 공기시료채취법 내용과 동일]

베타선법 중요내용

대기 중에 부유하고 있는 입자상 물질을 일정시간 여과지 위에 포집하여 베타선을 투과시켜 입자상 물질의 질량농도를 연속적으로 측정하는 방법이다.

3. 분석기기 및 기구

환경대기 중의 먼지 – 베타선법을 따른다.

4. 시약 및 표준용액

환경대기 중의 먼지 – 저용량 공기시료채취법을 따른다.

5. 시료채취 및 관리 중요내용

(1) 측정위치의 선정

배출가스 중의 비산먼지 – 고용량 공기시료채취법을 따른다.

(2) 시료채취

1시간을 원칙으로 하나, 사용기기에 따라 달라질 수 있다.

(3) 풍향풍속의 측정

배출가스 중의 비산먼지 – 고용량 공기시료채취법을 따른다.

6. 정도보증/정도관리(QA/QC)

[배출가스 중 먼지 – 반자동식 측정법 내용과 동일]

7. 분석절차

(1) 전처리

환경대기 중의 먼지 – 베타선법을 따른다.

(2) 측정법

환경대기 중의 먼지 – 베타선법을 따른다.

8. 결과보고

(1) 먼지농도의 계산

환경대기 중의 먼지 – 베타선법을 따른다.

(2) 주의사항

환경대기 중의 먼지 – 베타선법을 따른다.

02-4 비산먼지 – 광학기법

1. 적용범위

① 굴뚝, 플레어스택 등에서 배출되는 매연을 측정하는 광학기법에 대하여 적용한다.
② 불투명도 0%, 20%, 40%, 60%, 80%, 100%는 비산먼지농도에 있어 각각 0도, 1도, 2도, 3도, 4도, 5도에 해당된다.
③ 불투명도 규정에 준하여 40% 이내의 결과값을 나타낼 시 비산먼지농도를 만족하는 것으로 판단한다.

2. 불투명도

① 대기 중에 부유하고 있는 비산먼지로 인해 투과되는 빛의 세기 감소 정도에 따라 불명확하게 하는 정도를 말한다.
② 비산이 되는 지점과 배경지점을 카메라로 촬영한 후 비교하여 산정되며, 결과는 (0~100)% 사이에서 5% 단위로 나타낸다.

03 배출가스 중 암모니아

적용 가능한 시험방법

자외선/가시선분광법－인도페놀법이 주 시험방법이다.

분석방법	정량범위	방법검출한계	정밀도(%RSD)
자외선/가시선분광법－인도페놀법	(1.2~12.5)ppm • 시료채취량 : 20L • 분석용 시료용액 : 250mL	0.4ppm	10% 이내

03-1 배출가스 중 암모니아의 분석방법

1. 적용범위

이 시험방법은 화학반응 등에 의하여 굴뚝 등에서 배출되는 배출가스 중의 암모니아를 분석하는 방법에 대하여 규정한다.

2. 분석방법의 종류

(1) 자외선/가시선 분광법－인도페놀법 중요내용

① 분석용 시료용액에 페놀－니트로프루시드 소듐 용액과 하이포아염소산소듐 용액을 가하고 암모늄이온과 반응하여 생성하는 인도 페놀류의 흡광도를 측정하여 암모니아를 정량한다.
② 시료채취량이 20L인 경우 시료 중의 암모니아의 농도가 (1.2~12.5)ppm인 것의 분석에 적합하다.
③ 암모니아 농도에 대하여 이산화질소가 100배 이상, 아민류가 수십 배 이상, 이산화황 10배 이상, 황화수소가 같은 양 이상 각각 공존하지 않는 경우에 적합하다.
④ 방법검출한계는 0.4ppm이다.

3. 분석방법

(1) 인도 페놀법

① 시약 중요내용

㉠ 흡수액
- 과산화수소수(1+9)
- 0.5% 붕산용액

㉡ 수산화소듐용액(500g/L)
㉢ 페놀－나이트로프루시드소듐용액
㉣ 하이포아염소산소듐용액
㉤ 0.05mol/L 싸이오황산소듐용액

Reference | 유효염소량(C %)의 측정방법

유리된 요오드를 0.05 mol/L 티오황산나트륨액으로 적정한다. 종말점 부근에서 액이 엷은 황색으로 되면 전분용액 1 mL를 가하고 계속 적정하여 청색이 없어진 때를 종말점으로 한다.

Reference | 0.05 mol/L 싸이오황산나트륨용액

- 조제

  0.1 mol/L 싸이오황산나트륨용액 500 mL를 취해 1L 용량의 플라스크에 넣은 후 물로 표선까지 채운다.
- 표정

  유리된 요오드를 0.05 mol/L 싸이오황산나트륨용액으로 적정한다. 종말점 부근에서 액이 엷은 황색으로 되면 전분용액 1 mL를 가하고 계속 적정하여 청색이 없어진 때를 종말점으로 한다.

② 시험방법

㉠ 분석용 시료용액과 암모니아 표준액 10 mL씩을 유리마개가 있는 시험관에 취하고 여기에 페놀－나이트로프루시드 소듐용액 5 mL씩을 가하고 잘 흔들어 저은 다음 하이포아염소산소듐 용액 5 mL씩을 가한 다음 마개를 하고 조용히 흔들어 섞는다.

㉡ 액온을 25~30℃에서 1시간 방치한 다음 10mL의 셀에 옮기고 광전분광광도계 또는 광전광도계로 640 nm 부근의 파장에서 흡광도를 측정한다. 중요내용

③ 농도 계산

시료가스 중의 암모니아 농도를 소수점 둘째 자리까지 계산하고 소수점 첫째 자리로 표기한다.

$$C = \frac{(a-b) \times 25}{V_s} \qquad C' = C \times \frac{1}{10,000}$$

여기서, C : 암모니아의 농도(ppm 또는 μmol/mol)

C' : 암모니아의 농도(부피분율 %)

a : 시료가스에서 구한 기체상 암모니아(μL)

b : 바탕시험에서 구한 기체상 암모니아(μL)

V_s : 표준상태의 건조시료가스 채취량(L)

25 : 전체 분석용 시료용액(250mL)/분석용 시료용액(10mL)

04 배출가스 중 일산화탄소

적용 가능한 시험방법

자동측정법－비분산 적외선분광분석법이 주 시험방법이다. 중요내용

분석방법	정량범위	방법검출한계	정밀도(%RSD)
자동측정법－비분산 적외선분광분석법	(0~1000)ppm	－	－
자동측정법－전기화학식(정전위전해법)	(0~1000)ppm	－	
기체크로마토그래피	TCD : 1000ppm 이상 FID : (0~2,000)ppm	314ppm 0.3ppm	10% 이내

04-1 배출가스 중 일산화탄소의 분석방법

1. 적용범위

이 시험기준은 연료의 연소, 금속제련 또는 화학반응 공정 등에서 배출되는 굴뚝 배출가스 중의 일산화탄소를 분석하는 방법에 대해서 규정한다.

2. 분석방법의 종류와 개요 중요내용

분석방법의 종류	개 요		
	요 지	정량범위	비 고
자동측정법－비분산 적외선 분석법	비분산 적외선 분석계를 이용해서 일산화탄소 농도를 구한다.	0~1000ppm부터	연속 측정하는 경우와 포집용백을 이용하는 경우도 있다.
자동측정법－전기화학식(정전위전해법)	정전위 전해분석계를 이용해서 일산화탄소 농도를 구한다.	0~1000ppm부터	탄화수소, 황산화물, 황화수소 및 질소산화물과 같은 방해성분의 영향을 무시할 수 없는 경우에는 흡착관을 이용하여 제거한다. 연속 측정하는 경우와 포집용백을 이용하는 경우도 있다.
기체 크로마토 그래피법	열전도도 검출기(TCD) 또는 메탄화 반응장치 및 수소불꽃이온화 검출기(FID)를 구비한 기체 크로마토그래피를 이용하여 절대 검량선법에 의해 일산화탄소 농도를 구한다.	TCD : 1000ppm 이상 FID : 0~2000ppm	

3. 분석방법

(1) 자동측정법 – 비분산 적외선 분석법

① 시료채취장치

㉠ 굴뚝 등의 배출구에서 배출되는 대기오염물질을 측정하기에 적합하여야 한다.

㉡ 배출가스 채취부의 재질은 화학반응 및 흡착작용 등에 의해 분석결과에 영향이 없는 것이어야 하며 부식, 온도, 유속 등에 충분한 기계적인 강도를 갖는 것이어야 한다. 채취부에 사용하는 여과재 및 홀더는 대상가스, 공존가스 및 사용온도에 영향이 없어야 한다.

㉢ 측정기에 교정가스의 도입이 원활하게 이루어질 수 있어야 하며 교정용 가스는 안전한 곳에 위치할 수 있어야 한다.

㉣ 측정기의 부품 및 금속면 등은 외부의 습기 및 기름 등에 의해 부식되지 않도록 되어 있어야 한다.

㉤ 강도 및 내구성은 동작 또는 운반 등에 필요한 진동에 견딜 수 있어야 하며 결합상태가 견고하여야 한다.

② 측정방법

측정기를 사용하여 현장에서 일산화탄소 농도를 측정하는 경우에는 배출시설의 가동상황을 고려하여 5분 이상 측정한 5분 평균값을 계산하고, 이를 3회 이상 연속 측정하여 3개의 5분 평균값을 평균하여 최종 결과값으로 한다.

(2) 자동측정법 – 전기화학식(정전위전해법)

① 원리(목적)

가스 투과성 격막을 통해서 전해조 중의 전해질에 확산 흡수된 일산화탄소를 정전위 전해법에 의해서 산화시키고, 그 때에 생기는 전해 전류를 이용하여, 시료 중에 포함된 일산화탄소의 농도를 연속적으로 측정한다.

$$CO + H_2O \rightarrow CO_2 + 2H^+ + 2e^-$$

※ 비고 : 이 계측기는 소형 경량으로서 이동 측정에 적합하다. 중요내용

② 측정범위 중요내용

0ppm~1,000ppm 이하로 한다.

③ 용어정의 중요내용

㉠ 교정가스

공인기관의 보정치가 제시되어 있는 표준가스로 측정기 최대눈금치의 약 50%와 90%에 해당하는 농도를 갖는다.(90% 교정가스를 스팬가스라고 한다.) 제로가스는 순도가 높고 분석결과에 영향을 주지 않는 측정기용 제로가스를 사용한다.

※ 제로가스는 공인기관에 의해 일산화탄소 농도가 1ppm 미만으로 보증된 표준가스를 말한다.

㉡ 교정오차

교정가스를 측정기에 주입하여 측정한 분석값이 보정값과 얼마나 잘 일치하는가 하는 정도로서, 그 수치가 작을수록 잘 일치하는 것이다.

㉢ 제로드리프트

측정기가 정상적으로 가동되는 조건하에서 제로가스를 일정시간 흘려준 후 발생한 출력신호가 변화한 정도를 말한다.

㉣ 스팬드리프트

스팬가스를 일정시간 동안 흘려준 후 발생한 출력신호가 변화한 정도를 말한다.

㉤ 응답시간

시료채취부를 통하지 않고 제로가스를 측정기의 분석부에 흘려주다가 갑자기 스팬가스로 바꿔서 흘려준 후, 기록계에 표시된 지시치가 스팬가스 보정치의 90%에 해당하는 지시치를 나타낼 때까지 걸리는 시간을 말한다.

④ 구성

㉠ 계측기는 시료 채취부, 분석부 및 지시 기록계 등으로 구성된다.

㉡ 검출기는 가스 투과성 격막, 작용전극 및 기준전극 등을 갖춘 전해조, 정전위전원, 증폭기 등으로 구성된다.

⑤ 분석계

㉠ 전해조

ⓐ 가스 투과성 격막 : 일산화탄소의 투과성이 우수한 합성 고분자막을 사용

ⓑ 작용전극 : 백금(Pt) 등의 전극을 사용

ⓒ 기준전극 : 일산화탄소의 정전위 전해에 필요한 산화 전위를 작용전극에 공급하기 위한 기준이 되는 전극

ⓓ 전해액 : 산성 용액 사용

ⓔ 정전위 전원 : 직류 전원을 공급

⑥ 측정결과 표시

휴대용 측정기기를 사용하여 현장에서 일산화탄소 농도를 측정하는 경우에는 10분 간격으로 3회 이상 측정한 결과의 평균값을 측정결과치로 한다.

(3) 기체크로마토그래피법

① 가스류 중요내용

㉠ 표준가스

한국공업규격기준(KSM－1013)의 규정에 의한 기준 표준가스를 사용한다.

㉡ 운반가스, 연료가스 및 조연가스

부피분율이 99.9% 이상의 헬륨, 질소 또는 수소를 사용한다.

② 장치

㉠ 시료가스 채취장치 : 기체용 주사기법과 채취용 공기주머니(air－bag)를 이용한다.

ⓐ 기체용 주사기법

부피 100mL의 콕이 있는 기체용 주사기(Gas Tight Syringe)를 사용한다.

ⓑ 채취용 공기주머니 이용법(직접법)

부피 5~10L의 합성수지 필름으로 만든 공기주머니를 사용한다.

㉡ 기체크로마토 그래피법 중요내용

ⓐ 검출기

열전도도 검출기 또는 메테인화 반응장치가 있는 불꽃이온화 검출기를 사용한다. 열전도도 검출기는 CO 함유율이 1000ppm 이상인 경우에 사용한다.

ⓑ 분리관

내면을 잘 세척한 내경 2~4mm, 길이 0.5~1.5m의 스테인리스 재질 관, 유리관 등을 사용한다.

ⓒ 충전제

합성제올라이트(Molecular Sieve 5A, 13X 등이 있음)를 사용한다.

③ 시료 채취방법

㉠ 채취용 공기주머니는 5~10L 용량의 새것을 준비한다.

㉡ 건조관은 실리카겔, 합성제올라이트 등의 건조제를 충전한 관을 사용한다.

④ 조작

㉠ 기체크로마토그래피 조작

ⓐ 분리관 오븐 온도 : 40~50 ℃

ⓑ 운반가스 유량 : 25~50 mL/분

㉡ 채취용 공기주머니를 기체시료 도입부에 접속하고, 시료가스의 일정량(1~3L)을 계량판으로 채취한 후 분리관에 주입하여 크로마토그램을 얻는다.

㉢ 크로마토그램 중 일산화탄소의 봉우리 면적을 구해, 절대 검량선법에 의해 시료 중의 일산화탄소의 농도를 계산한다.

05 배출가스 중 염화수소

적용 가능한 시험방법 중요내용

이온크로마토그래피법이 주 시험방법이다.

분석방법	정량범위	방법검출한계
이온크로마토그래피	0.4~0.79ppm • 시료채취량 : 20L • 분석용 시료용액 : 100mL	0.1ppm
	6.3~160ppm • 시료채취량 : 20L • 분석용 시료용액 : 250mL	2.0ppm
싸이오사이안산제이수은 자외선/가시선분광법	(2~80)ppm • 시료채취량 : 40L • 분석용 시료용액 : 250mL	0.6ppm

05-1 배출가스 중 염화수소의 분석방법

1. 적용범위

이 시험기준은 연소 및 화학반응 등에 따라 굴뚝 등으로 배출되는 배출가스 중의 염화수소를 분석하는 방법에 대하여 규정한다.

2. 분석방법의 종류 및 개요 중요내용

분석방법의 종류	분석방법의 개요			적용조건
	요 지	시 료 채 취	정량 범위 vol ppm	
싸이오사이안산 제이수은	시료가스 중의 염화수소를 수산화소듐용액에 흡수시킨 후, 싸이오시안산제이수은용액과 황산철(II) 암모늄용액을 가하여 발색시켜, 흡광도(460 nm)를 측정한다.	• 흡수방법 • 흡수액 : 0.1 mol/L의 수산화소듐용액 • 액량 : 50 mL×2 • 표준채취량 : 40 L	(2~80)ppm • 시료채취량 : 40L • 분석용 시료용액 : 250mL	이 방법은 이산화황, 기타 할로겐화물, 시안화물 및 황화물의 영향이 무시되는 경우에 적합하다.
이온크로마토 그래피법	시료가스 중의 염화수소를 물에 흡수시킨 후, 이온크로마토그라프에 주입하여 얻은 크로마토그램을 이용하여 분석한다.	• 흡수방법 • 흡수액 : 물 • 액량 : 25 mL×2 • 표준채취량 : 20 L	0.4~0.79ppm • 시료채취량 : 20L • 분석용 시료용액 : 100mL 6.3~160ppm • 시료채취량 : 20L • 분석용 시료용액 : 250mL	이 시험법은 환원성 황화합물의 영향이 무시되는 경우에 적합하다.

㈜ 1. 염화소듐(NaCl), 염화암모늄(NH_4Cl) 등 채취시약에 녹아 염소 이온을 발생시킬 수 있는 입자상 물질들이 측정에 영향을 줄 수 있다. 이 물질의 영향이 의심될 경우 시료채취관 전단에 여과지(0.45μm 또는 0.8μm)를 사용하여 영향을 최소화한다.
2. 이온크로마토그래피법은 환원성황화물 등의 영향이 무시되는 경우에 적합하다.
3. 배가스 중에 염화수소와 염소가 공존하는 경우에는 삼산화비소(1g/L)를 가한 수산화소듐용액(0.1mol/L)을 흡수액으로 하여 시료기체를 채취한 뒤 염소이온농도(a mgCℓ^-/mL)를 구한다. 동시에 오르토톨리딘 자외선/가시선분광법 등으로 시료가스 중의 염소농도를 측정하고, 염소이온농도로부터 염소농도에 상응하는 염소이온농도(b mg/mL)를 빼준 a－b로부터 시료기체 중의 염화수소농도(Smg/m^3)를 구한다. 시안화물의 경우는 pH 5로 조정하는 것으로 10^{-5}mol/ℓ 정도까지, 황화물의 경우에는 같은 양의 과망간산포타슘을 첨가하여 방해를 피할 수 있다.

3. 시료 채취방법

(1) 시료 채취위치

시료의 채취위치는 대표할 수 있는 가스가 채취될 수 있는 점, 즉 기체의 유속이 현저하게 변화하지 않고 먼지 등이 쌓이지 않으며 수분이 적은 곳을 선택하여야 한다.

(2) 시료 채취장치 구비조건(흡수액 이용한 시료기체 채취방법) 중요내용

① 시료채취관은 배출가스 중의 염화수소에 의해 부식되지 않는 재질의 관, 예를 들면 유리관, 석영관, 불소수지관 등을 사용한다.
② 시료채취관은 굴뚝의 중앙에 오도록 끼워 넣는다.
③ 기체 중에 먼지가 혼입되는 것을 방지하기 위하여 시료채취관의 적당한 곳에 여과지를 넣는다.
④ 배관 속에 수분이 농축하는 경우가 있을 때는 시료채취관과 시료채취관에서 흡수병 사이를 120 ℃ 이상 가열하여야 한다.
⑤ 가열부분의 배관 접속은 갈아맞춤 유리관 또는 실리콘 고무관을 사용한다.
⑥ 흡수병은 싸이오시안산제이수은법의 경우는 부피 250 mL을 2개 연결하여 사용하고, 이온크로마토그래피법의 경우는 부피 100 mL을 2개 연결하여 사용한다. 단, 염화수소가 완전히 포집되는 것이 확인되는 경우에는 흡수병을 1개 연결하여 사용해도 무방하다.

(3) 시료 채취조작 중요내용

① 싸이오사이안산제이수은법의 경우는 부피 250 mL의 흡수병에 흡수액 50 mL를 각각 넣고, 이온크로마토그래피법의 경우는 용량 100 mL의 흡수병에 흡수액(물) 25 mL를 넣는다.
② 삼방콕을 우회관로용 세척병 방향으로 돌린 후, 흡입펌프를 작동시켜 시료기체 채취관로부터 삼방콕까지를 시료기체로 치환한다.
③ 흡입펌프를 정지시킨 후, 삼방콕을 흡수병 방향으로 돌린다. 다음에 가스미터의 지시값(V1)을 0.01L 자릿수까지 읽어 취한다.
④ 흡입펌프을 작동시켜 시료가스를 흡수병으로 흘려보낸다. 이때 유량조절용 콕을 조절하여, 유량을 1L/분 정도로 한다. 시료가스를 약 40L 채취한 후, 흡입펌프을 정지하고, 삼방콕을 닫고 가스미터의 지시값(V2)을 0.01L의 자릿수까지 읽어 취한다. 동시에 가스미터에 나타난 온도와 게이지압을 측정한다. 또한 대기압을 측정해야 한다.

㈜ 1. 채취한 가스가 비교적 고온이어서 흡수액의 온도가 올라갈 가능성이 있는 경우에는 흡수병을 냉각조에 넣어서 시료를 채취한다.
2. 염화수소가 흡수액에 완전히 흡수되는 것이 확실한 경우에는 유량을 4L/분까지 증가시켜도 된다.
3. 염화수소 농도에 따라 적절히 증감 가능하다.

4. 시약 및 분석용 시료용액 제조

(1) 시약 용액의 제조

• 흡수액 중요내용

ⓐ 싸이오사이안산제이수은법

수산화소듐 4.0g을 정확하게 취하여 증류수에 용해시켜 1L를 만든 수산화소듐 용액(0.1 mol/L)을 사용한다.

ⓑ 이온크로마토그래피법의 경우

증류와 이온교환수지를 통과시켜 전도도가 $1\mu\Omega$ 이하인 증류수를 사용한다.

5. 분석방법

(1) 싸이오사이안산제이수은 자외선/가시선분광법

① 분석기기

분광광도계 중요내용

10mm 이상의 흡수셀을 장착하고 광원이나 광전측광 검출기가 460nm 파장역을 측정할 수 있고 주기적인 파장눈금의 교정 등 장치의 보정이 이루어진 것을 사용한다.

② 시약 중요내용

㉠ 채취 시약

ⓐ 굴뚝 시료기체 채취시 필요한 분량의 얼음

ⓑ 입자상 물질제거에 필요한 여과지

ⓒ 건조제(입자상 실리카겔 또는 염화칼슘)

ⓓ 증류수(H_2O, 분자량 : 18.016)

ⓔ 수산화소듐(용량분석용 표준시약, NaOH, 분자량40.00)

ⓕ 수산화소듐 흡수액

ⓖ 수산화소듐 용액(부피분율 20%, 50mL 넣은 것)

ⓗ 염화소듐(NaCl, 분자량 : 58.44)

ⓘ 싸이오사이안산포타슘(KSCN, 분자량 : 97.18)

㉡ 분석 시약

ⓐ 질산제이수은($Hg(NO)_3 \cdot H_2O$, 분자량 : 342.60)

ⓑ 황산철(Ⅱ)암모늄($FeNH_4(SO_4)_2 \cdot 12H_2O$, 분자량 : 482.20)

ⓒ 메틸알코올(CH_3OH, 분자량 : 32.04)

ⓓ 과염소산(70%, $HClO_4$, 분자량 : 100.46)

ⓔ 싸이오사이안산제이수은(표준시약, $Hg(SCN)_2$, 분자량: 316.75)

㉢ 시험 용액

ⓐ 싸이오사이안산제이수은 용액

ⓑ 황산철(Ⅱ)암모늄 용액

ⓒ 싸이오사이안산포타슘 용액

ⓓ 과염소산(1+2)

③ 시험방법

㉠ 제조한 분석용 시료용액 5 mL 및 염소이온 표준액 5 mL를 마개 달린 시험관에 취한 뒤 각각에 황산철(Ⅱ)암모늄용액 2 mL와 싸이오사이안산제이수은용액 1 mL 및 메틸알코올 10 mL를 가하고 마개를 한 후 흔들어 잘 섞는다. 중요내용

㉡ 액온을 약 20 ℃에서 10분간 방치한 다음 10 mm 셀에 옮겨 분광광도계 또는 광전분광광도계에서 파장 460 nm 부근에서 흡광도를 측정한다.

④ 농도계산(표준상태 : 0℃, 1기압)

$$C_v = \frac{0.632 \times (a-b) \times 50}{V_s} \times 1,000$$

$$C_w = \frac{1.03 \times (a-b) \times 50}{V_s} \times 1,000$$

$$C_w = C_v \times 1.63$$

여기서, C_v : 시료가스 중 염화수소의 체적농도(ppm 또는 μmol/mol)

C_w : 시료가스 중 염화수소의 질량농도(mg/Sm^3)

a : 시료가스에서 구한 염화이온(Cl^-) 질량(mg)

b : 현장바탕시료에서 구한 염화이온(Cl^-) 질량(mg)

V_s : 표준상태의 시료가스 채취량(L)

50 : 전체 분석용 시료용액(250mL)/분석용 시료용액(5mL)

0.632 : 염화이온(Cl^-) 1mg에 상당하는 염화수소(HCl)의 체적(mL), 표준상태

1.03 : 염화이온(Cl^-) 1mg에 상당하는 염화수소(HCl)의 질량(mg)

1.63 : 염화수소 1ppm에 상당하는 염화수소(HCl)의 질량농도(mg/Sm^3), $\frac{1.03}{0.632}$

(2) 이온크로마토그래피

① 적용범위 중요내용

㉠ 이 시험법은 환원성 황화합물의 영향이 무시되는 경우에 적합하며 2개의 연속된 흡수병에 흡수액(증류수)을 각각 25mL 담은 뒤 20L 정도의 기체 시료를 채취한 다음, 이온크로마토그래프에 주입하여 얻은 크로마토그램을 이용하여 분석한다.

㉡ 정량범위는 시료기체를 통과시킨 흡수액을 100mL로 묽히고 분석용 시료용액으로 하는 경우 0.4~7.9ppm이다.

㉢ 동일한 시료채취방법을 적용한 시료용액일지라도 농축 컬럼을 통과시킬 경우 앞에서 제시된 정량범위의 한계값을 낮출 수 있다.

② 최종 농도 계산

다음 식에 의하여 시료가스 중 염화수소 농도(표준상태 : 0℃, 1 기압)를 계산한다.

$$C_v = \frac{0.632 \times (a-b) \times 100}{V_s} \times 1,000$$

$$C_w = \frac{1.03 \times (a-b) \times 100}{V_s} \times 1,000$$

$$C_w = C_v \times 1.63$$

여기서, C_v : 시료가스 중 염화수소의 체적농도(ppm 또는 μmol/mol)

C_w : 시료가스 중 염화수소의 질량농도(mg/Sm^3)

a : 분석용 시료용액의 염화이온(Cl^-) 농도(mg/mL)

b : 현장바탕시료용액의 염화이온(Cl^-) 농도(mg/mL)

V_s : 표준상태의 시료가스 채취량(L)

(건조한 가스의 경우는 V_{SD}, 습한 가스의 경우는 V_{SW})

V : 분석용 시료용액의 전체부피(100mL 또는 250mL)

0.632 : 염화이온(Cl^-) 1mg에 상당하는 염화수소의 체적(mL), 표준상태

1.03 : 염화이온(Cl^-) 1mg에 상당하는 염화수소의 질량(mg)

1.63 : 염화수소 1ppm에 상당하는 염화수소의 질량농도(mg/Sm^3), $\frac{1.03}{0.632}$

06 배출가스 중 염소

적용 가능한 시험방법 중요내용

자외선/가시선분광법 – 오르토톨리딘법이 주 시험방법이다.

분석방법	정량범위	방법검출한계	정밀도
자외선/가시선분광법 – 오르토톨리딘법	(0.2~5.0)ppm • 시료채취량 : 2.5L • 분석용 시료용액 : 50mL	0.1ppm	10% 이내

06-1 배출가스 중 염소의 분석방법

1. 적용범위

이 시험기준은 화학반응 등에 따라 굴뚝 등에서 배출되는 가스 중의 염소를 분석하는 방법에 대하여 규정한다.

2. 분석방법(자외선/가시선분광법 – 오르토톨리딘법)

① 목적 중요내용

오르토 톨리딘을 함유하는 흡수액에 시료를 통과시켜 얻어지는 발색액의 흡광도를 측정하여 염소를 정량하는 방법이다.

② 적용범위 중요내용

㉠ 시료채취량이 2.5L이고 분석용 시료용액의 양이 50mL인 경우 정량범위는 (0.2~5.0)ppm이며, 방법검출한계는 0.1ppm이다. 정량범위 상한값을 넘어서는 경우 분석용 시료용액을 흡수액으로 희석하여 분석할 수 있다.

㉡ 배출가스 중 브로민, 아이오딘, 오존, 이산화질소 및 이산화염소 등의 산화성 가스나 황화수소, 이산화황 등의 환원성 가스가 공존하면 영향을 받으므로 그 영향을 무시하거나 제거할 수 있는 경우에 적용하며, 배출가스 시료채취 종료 후 10분 이내 측정할 수 있는 경우에 적용한다.

3. 시료채취위치

시험에 사용하는 가스의 채취위치는 대표적인 가스를 채취할 수 있는 점, 즉 가스유속이 심하게 변동하지 않고 먼지 등이 쌓이지 않는 곳을 선택하여야 한다.

4. 분석방법

① 시료 채취장치

㉠ 시료 채취관은 배출가스 중의 염소에 의해서 부식되지 않는 재질로서 유리관, 석영관, 염화비닐관 및 불소수지관 등을 사용한다. 중요내용

㉡ 시료 채취관은 굴뚝에 직각이고 끝이 중앙부에 오도록 넣는다. 중요내용

㉢ 시료가스 중의 먼지가 혼입되는 것을 막기 위하여 시료채취관의 적당한 곳에 여과재를 끼운다.

② 시약 중요내용

㉠ 오르토 톨리딘 염산용액 : 1L 부피플라스크에 오르토톨리딘 이염산염(o − tolidine dihydrochloride, $C_{14}H_{18}Cl_2N_2$, 285.21, 특급, 612−82−8) 1g 및 정제수 약 500mL 넣고 녹인 후 염산(hydrochloric acid, HCl, 36.46, (35~40)%, 7647−01−0) 15mL를 넣고 정제수로 표선까지 맞춘다. 이 용액은 갈색병에 보관하면 약 6개월간 사용할 수 있다.

㉡ 흡수액

1L 플라스크에 조제한 오르토톨리딘 염산용액 100mL를 넣고 정제수로 표선까지 맞춘다.

㉢ 싸이오황산소듐 용액(0.05mol/L)

※ 표정 : 종말점 부근에서 액이 엷은 황산으로 되면 녹말용액 (5g/L) 1mL를 넣고 계속 적정하여 청색이 없어질 때를 종말점으로 한다.

㉣ 녹말 용액(5g/L)

㉤ 아세트산(1+1)

③ 시료채취방법

㉠ 50mL 용량의 흡수병에 흡수액 20mL를 각각 넣는다.

㉡ 3방향 콕을 세척병 방향으로 하고 흡입펌프를 작동시켜 채취관에서 3방향 콕까지의 연결관을 배출가스 시료로 충분히 세척한다.

㉢ 흡입펌프를 정지시키고 3방향 콕을 흡수병 방향으로 한다. 가스미터의 지시값을 0.01L까지 확인한다.

㉣ 흡입펌프를 작동시켜 배출가스 시료를 흡수병에 통과시킨다. 흡입속도를 약 0.5L/min으로 하여 약 2.5L를 채취한 후 흡입펌프를 정지시키고 3방향 콕을 닫는다. 가스미터의 지시값을 0.01L까지 확인한다. 배출가스 시료를 채취하는 동안 가스미터의 온도 및 게이지압을 확인하고 대기압을 측정한다.

[주] 배출가스 시료를 채취하는 동안 흡수액의 온도가 5℃를 초과할 경우에는 흡수병을 냉각조에 넣어 채취한다. 시료채취량은 염소 농도에 따라 적절히 증감할 수 있다.

[주] 배출가스 시료를 채취하는 동안 흡수액이 적색으로 바뀌거나 적색 침전이 생기면 채취한 흡수액은 폐기하고 시료채취량을 줄여 다시 채취한다.

④ 분석방법

㉠ 약 20 ℃에서 5~20분 사이에 분석용 시료를 10 mm 셀에 취한다. 중요내용

㉡ 대조액으로 흡수액을 사용하여 파장 435 nm 부근에서 흡광도를 측정한다. 중요내용

⑤ 농도계산

$$C = \frac{(a-b)\times 50}{V_s} \times \frac{22.4}{70.906}$$

여기서, C : 염소(Cl_2) 농도(ppm 또는 μmol/mol)

a : 분석용 시료용액의 염소 농도(μg/mL)

b : 현장바탕 시료용액의 염소 농도(μg/mL)

V_s : 표준상태의 건조가스 시료채취량(L)

50 : 분석용 시료용액의 전체 부피(mL)

07 배출가스 중 황산화물

1. 개요

(1) 목적

이 시험기준은 연소 등에 따라 굴뚝 등에서 배출되는 배출가스 중의 황산화물 (SO_2+SO_3)을 분석하는 방법에 대하여 규정한다.

(2) 적용 가능한 시험방법 중요내용

배출가스 중 황산화물 – 자동측정법이 주 시험방법이다.

분석 방법	분석원리 및 개요	적용범위
자동측정법 – 전기화학식 (정전위전해법)	정전위전해분석계를 사용하여 시료를 가스투과성 격막을 통하여 전해조에 도입시켜 전해액 중에 확산 흡수되는 이산화황을 산화전위로 정전위전해하여 전해전류를 측정하는 방법이다.	(0~1,000)ppm SO_2
자동측정법 – 용액전도율법	시료를 과산화수소에 흡수시켜 용액의 전기전도율(Electro Conductivity)의 변화를 용액전도율 분석계로 측정하는 방법이다.	(0~1,000)ppm SO_2
자동측정법 – 적외선흡수법	시료가스를 셀에 취하여 7,300nm 부근에서 적외선가스분석계를 사용하여 이산화황의 광흡수를 측정하는 방법이다.	(0~1,000)ppm SO_2
자동측정법 – 자외선흡수법	자외선흡수분석계를 사용하여(280~320)nm에서 시료 중 이산화황의 광흡수를 측정하는 방법이다.	(0~1,000)ppm SO_2
자동측정법 – 불꽃광도법	시료를 공기 또는 질소로 묽힌 다음 수소불꽃 중에 도입할 때에 394nm 부근에서 관측되는 발광광도를 측정하는 방법이다.	
침전적정법 – 아르세나조 Ⅲ법	시료를 과산화수소수에 흡수시켜 황산화물을 황산으로 만든 후 아이소프로필알코올과 아세트산을 가하고 아르세나조 Ⅲ을 지시약으로 하여 아세트산바륨용액으로 적정한다.	시료 20L를 흡수액에 통과시켜 250mL로 묽게 하여 분석용 시료용액으로 할 때 전 황산화물의 농도가 약 (140~700)ppm의 시료에 적용된다. 광도 적정법일 때의 정량범위는 (50~700)ppm이다.

07-1 배출가스 중 황산화물의 분석방법

1. 적용범위

이 시험기준은 연소 등에 따라 굴뚝 등에서 배출되는 배출가스 중의 황산화물(SO_2+SO_3)을 분석하는 방법에 대하여 규정한다.

2. 분석방법의 종류

(1) 침전적정법(아르세나조 Ⅲ법) 중요내용

① 시료를 과산화수소수에 흡수시켜 황산화물을 황산으로 만든 후 아이소프로필 알코올과 아세트산을 가하고 아르세나조

Ⅲ을 지시약으로 하여 아세트산 바륨 용액으로 적정한다.

② 시료가스 20L를 흡수액에 통과시키고 이 액을 250 mL로 묽게 하여 분석용 시료용액으로 할 때 전 황산화물의 농도가 (140~700)ppm의 시료에 적용된다. 방법검출한계는 440ppm이다.
[주] 광도적정법일 때의 정량범위는 (50~700)ppm이며, 방법검출한계는 15.7ppm이다.

3. 시료의 채취방법

(1) 시료 채취위치

시료가스의 채취위치는 대표적인 가스가 채취될 수 있는 지점, 즉 유속이 변화하지 않고 먼지 등이 쌓이지 않으며 수분이 적은 곳을 선택하여야 한다.

(2) 시료 채취장치 중요내용

① 시료 채취관은 배출가스 중의 황산화물에 의해 부식되지 않는 재질, 예를 들면 유리관, 석영관, 스테인리스강 재질 등을 사용한다.
② 시료 중에 먼지가 섞여 들어가는 것을 방지하기 위하여 채취관의 앞 끝에 적당한 여과재 예컨대 알칼리가 없는 유리솜 등 적당한 여과재를 넣는다.
③ 시료 중의 황산화물과 수분이 응축되지 않도록 시료 채취관과 콕 사이를 가열할 수 있는 구조로 한다.
④ 배관은 될 수 있는 한 짧게 하고, 수분이 응축될 우려가 있는 경우에는 채취관에서 삼방콕 사이를 160℃ 정도로 가열한다.
⑤ 채취관과 어댑터, 삼방 콕 등 가열하는 접속부분은 갈아 맞춤 또는 실리콘 고무관을 사용하고 보통 고무관을 사용하면 안 된다.

4. 분석방법

(1) 침전적정법(아르세나조 Ⅲ법)

① 시약 중요내용

㉠ 흡수액
과산화수소수 100mL를 취하고 정제수 900mL를 섞어 제조, 어둡고 서늘한 곳에 보관한다.
㉡ 아세트산
㉢ 0.002mol/L 황산(0.192mg SO_4^{2-}/mL)
㉣ 0.005mol/L 아세트산 바륨용액 : 아세트산바륨($(CH_3COO)_2Ba$) 1.1g 및 아세트산 납 3수화물($(CH_3COO)_2Pb \cdot 3H_2O$) 0.4g
※ 표정 : 0.005mol/L 아세트산 바륨용액으로 적정하여 액의 청색이 1분간 계속되는 점을 종말점으로 한다.

㉤ 아르세나조 Ⅲ 지시약
아르세나조 Ⅲ(2,7-Bis(2-arsonoph-enylazo)-1, 8-dihydroxy-3, 6-naphthalenedisulfonic acid, $C_{12}H_9As_2N_4O_4S_2$) 0.2g을 정제수 100 mL에 녹이고 거른다. 이 용액은 갈색병에 보관하고 1개월 이상 지나면 사용할 수 없다.
㉥ 아이소프로필 알코올(Isoproply Alcohol)

② 시험방법

㉠ 0.005mol/L 아세트산 바륨용액으로 적정한다.
㉡ 액의 색이 청색으로 되어 1분간 지속되는 점을 종말점으로 한다. 중요내용

③ 농도 계산 중요내용

$$C = \frac{0.112 \times (a-b) \times f \times \frac{250}{10}}{V_s} \times 1{,}000 \qquad C' = C \times \frac{1}{10{,}000}$$

여기서, C : 황산화물 농도(ppm 또는 μmol/mol)
C' : 황산화물 농도(부피분율 %)
a : 분석용 시료용액의 적정에 사용된 0.005mol/L 아세트산바륨용액부피(mL)
b : 현장바탕시료용액의 적정에 사용된 0.005mol/L 아세트산바륨용액부피(mL)
f : 0.005mol/L 아세트산바륨용액의 역가
V_s : 표준상태 건조가스 시료채취량(L)
0.112 : 0.005mol/L 아세트산바륨용액 1mL에 상당하는 황산화물(SO_2+SO_3)의 가스부피(mL)(표준상태)

(2) 자동측정법 중요내용

① 적용 가능한 방법

측정	개요
자동측정법－전기화학식(정전위 전해법)	정전위전해분석계를 사용하여 시료를 가스투과성격막을 통하여 전해조에 도입시켜 전해액 중에 확산 흡수되는 이산화황을 규정된 산화전위로 정전위전해하여 전해전류를 측정하는 방법이다.
자동측정법－용액 전도율법	시료를 과산화수소에 흡수시켜 용액의 전기전도율(electro conductivity)의 변화를 용액전도율 분석계로 측정하는 방법이다.
자동측정법－적외선 흡수법	시료가스를 셀에 취하여 7,300 nm 부근에서 적외선가스분석계를 사용하여 이산화황의 광흡수를 측정하는 방법이다.
자동측정법－자외선 흡수법	자외선흡수분석계를 사용하여 (280~320)nm에서 시료 중 이산화황의 광흡수를 측정하는 방법이다.
자동측정법－불꽃 광도법	불꽃광도검출분석계를 사용하여 시료를 공기 또는 질소로 묽힌 다음 수소불꽃 중에 도입할 때에 394nm 부근에서 관측되는 발광광도를 측정하는 방법이다.

② 측정범위
㉠ 0ppm~1,000ppm 이하로 한다.
㉡ 반복성 : 교정가스 농도의 ±2% 이하이어야 한다.
㉢ 드리프트 : 제로드리프트 및 스팬드리프트는 교정가스 농도의 ±2% 이하이어야 한다.
㉣ 응답시간 : 응답시간은 5분 이하이어야 한다.

③ 간섭물질

측정방법	간섭물질
전기화학식(정전위전해법)	황화수소, 이산화질소, 염화수소, 탄화수소, 염소
용액 전도율법	염화수소, 암모니아, 이산화질소, 이산화탄소
적외선 흡수법	수분, 이산화탄소, 탄화수소
자외선 흡수법	이산화질소
불꽃 광도법	황화수소, 이황화탄소, 탄화수소, 이산화탄소

08 배출가스 중 질소산화물

적용 가능한 시험방법 중요내용

배출가스 중 질소산화물 – 자동측정법이 주 시험방법이다.

분석방법	분석원리 및 개요	정량범위
자외선/가시선분광법 – 아연환원 나프틸에틸렌다이아민법	–	(6.7~230)ppm • 시료채취량 : 150mL • 분석용 시료용액 : 20mL
자동측정법 – 전기화학식 (정전위 전해법)	가스투과성 격막을 통하여 전해질 용액에 시료가스 중의 질소산화물을 확산 · 흡수시키고 일정한 전위의 전기에너지를 부가하면 질산이온으로 산화시켜서 생성되는 전해전류로 시료가스 중 질소산화물의 농도를 측정한다.	(0~1,000)ppm
자동측정법 – 화학 발광법	일산화질소와 오존이 반응하여 이산화질소가 될 때 발생하는 발광강도를 (590 ~ 875) nm 부근의 근적외선 영역에서 측정하여 시료 중의 일산화질소의 농도를 측정하는 방법이다. 이산화질소는 일산화질소로 환원시킨 후 측정한다.	(0~1,000)ppm
자동측정법 – 적외선 흡수법	일산화질소의 5,300 nm 적외선 영역에서 광흡수를 이용하여 시료 중의 일산화질소의 농도를 비분산형 적외선분석계로 측정하는 방법이다. 이산화질소는 일산화질소로 환원시킨 후 측정한다.	(0~1,000)ppm
자동측정법 – 자외선 흡수법	일산화질소는 (195 ~ 230) nm 이산화질소는 (350 ~ 450) nm 부근에서 자외선의 흡수량 변화를 측정하여 시료 중의 일산화질소 또는 이산화질소의 농도를 측정하는 방법이다.	(0~1,000)ppm

08-1 배출가스 중 질소산화물의 분석방법

1. 적용범위

이 시험기준은 굴뚝 등에서 배출되는 배출가스 중의 질소산화물($NO+NO_2$)을 분석하는 방법에 대하여 규정한다.(연료의 연소, 금속표면의 처리공정, 무기 및 유기화학반응공정 중에서 대기 중에 발산되기 전의 배출가스를 말한다.)

2. 분석방법의 종류

(1) 자외선/가시선분광법 – 아연환원 나프틸에틸렌디아민법 중요내용

① 시료 중의 질소산화물을 오존 존재하에서 물에 흡수시켜 질산이온으로 만든다. 이 질산이온을 분말금속아연을 사용하여 아질산이온으로 환원한 후 설파닐 아미드(Sulfonilic Amide) 및 나프틸에틸렌디아민(Naphthyl Ethylene Diamine)을 반응시켜 얻어진 착색의 흡광도로부터 질소산화물을 정량하는 방법으로서 배출가스 중의 질소 산화물을 이산화질소로 하여 계산한다.

② 시료채취량 150mL인 경우 시료 중의 질소산화물 농도가 (6.7~230)ppm의 것을 분석하는 데 적당하다. 방법검출한계는 2.1ppm이다.

③ 2,000ppm 이하의 이산화황은 방해하지 않고 염소 이온 및 암모늄 이온의 공존도 방해하지 않는다.

3. 분석방법

(1) 아연환산 나프틸에틸렌디아민법

① 시약

㉠ 흡수액 중요내용

1L 부피플라스크에 정제수 약 800mL를 넣고 황산(1+17) 5mL를 넣어 정제수로 표선까지 채운다.

㉡ 산소

㉢ 설파닐아마이드 혼합용액

㉣ 아연분말(질소산화물 분석용)

㉤ 염산(1+1) : 염산 1에 물 1을 섞는다.

㉥ 나프틸에틸렌디아민 용액

㉦ 질산이온 표준용액

② 분석기기 및 기구

㉠ 광도계

광전광도계 또는 광전분광 광도계

㉡ 시료채취용 주사기

콕이 붙은 부피 200mL 또는 500mL의 유리주사기

㉢ 흡수액 주입용 주사기

부피 20mL 또는 100mL의 유리주사기

㉣ 오존발생장치 중요내용

오존발생장치는 오존이 부피분율 1% 정도의 오존 농도를 얻을 수 있는 것으로써 질소산화물의 생성량이 적고, 그 산포 또한 작은 것이어야 한다.

㈜ 1. 오존 발생 시 동시에 질소산화물도 생성하므로 이것을 오존과 충분히 반응시켜서 오산화이질소(N_2O_5)로 만들기 위하여 테트라플루오르화에틸렌(tetrafluorethylene) 수지관 에 통과시키고, 다시 수산화소듐 용액(40g/L)이 들어 있는 질소산화물 제거용 흡수병에 통과시킨다.

2. 아연분말은 개봉 후에 환원율이 저하되므로 장기간 보관 시에는 환원율의 저하를 방지하기 위하여 질소봉입 등과 같은 방법으로 산화방지에 주의하여야 한다. 환원율이 낮으면 정량오차가 크게 될 가능성이 있기 때문에 가능한 한 환원율이 좋은 것을 사용하며, 환원율은 다음과 같은 방법으로 구한다. (1+1)염산 3 mL를 가하고, 조작을 하여 측정된 흡광도를 A라 한다. 별도로 이산화질소 검정곡선용 용액 20 mL를 검량선 작성법에 따라 조작하여 측정한 흡광도를 B라 하고, 다음 식에 의하여 환원율을 산출한다.

$$환원율 = \frac{B}{A} \times 100$$

③ 분석용 시료용액의 조제

시료를 채취한 주사통을 떼어내고 주위의 온도까지 냉각시킨 후 채취가스의 부피(mL)를 읽고 동시에 주위 온도(t℃)를 측정한다. 흡수액 20mL를 넣은 주사통을 시료를 채취한 주사통에 연결하여 흡수액을 주입하고 콕을 닫은 뒤 1분간 흔들어 섞는다. 다음에 오존발생장치에서 얻어지는 오존함유량 (부피분량 1%) 이상의 산소 30mL를 취해 즉시 시료를 채취한 주사통에 연결하여 주입하고 콕을 닫은 뒤 이것을 약 1분간 흔들어 섞고 5분간 방치한다. 이것을 분석용 시료용액으로 한다.

④ 농도계산

$$C = \frac{n\times(a-b)}{V_s}\times 1,000 \qquad C' = \frac{C}{10,000} \qquad C'' = C\times\frac{46}{22.4}$$

여기서, C : 질소산화물의 농도(ppm 또는 μmol/mol)
C' : 질소산화물의 농도(부피분율 %)
C'' : 질소산화물의 농도(mg/Sm^3)
n : 분석용 시료용액 분취량 보정값(20mL일 경우 1, 10mL일 경우 2, 5mL일 경우 4로 한다.)
a : 시료가스에서 구한 이산화질소의 부피(μL)
b : 현장바탕시료에서 구한 이산화질소의 부피(μL)
V_s : 건조가스 시료 채취량(mL) (0℃, 760mmHg)

(2) 자동측정법 중요내용

① 적용 가능한 방법

측정	개요
자동측정법-전기화학식 (정전위 전해법)	가스투과성 격막을 통하여 전해질 용액에 시료가스 중의 질소산화물을 확산 · 흡수시키고 일정한 전위의 전기에너지를 부가하여 질산이온으로 산화시켜서 생성되는 전해전류로 시료가스 중 질소산화물의 농도를 측정한다.
자동측정법-화학 발광법	일산화질소와 오존이 반응하여 이산화질소가 될 때 발생하는 발광강도를 (590~875)nm 부근의 근적외선 영역에서 측정하여 시료 중의 일산화질소의 농도를 측정하는 방법이다. 이산화질소는 일산화질소로 환원시킨 후 측정한다.
자동측정법-적외선 흡수법	일산화질소의 5,300nm 적외선 영역에서 광흡수를 이용하여 시료 중의 일산화질소의 농도를 비분산형 적외선분석계로 측정하는 방법이다. 이산화질소는 일산화질소로 환원시킨 후 측정한다.
자동측정법-자외선 흡수법	일산화질소는 (195~230)nm, 이산화질소는 (350~450)nm 부근에서 자외선의 흡수량 변화를 측정하여 시료 중의 일산화질소 또는 이산화질소의 농도를 측정하는 방법이다.

② 측정범위

0ppm~1,000ppm 이하로 한다.

③ 간섭물질

측정방법	간섭물질
전기화학식(정전위 전해법)	염화수소, 황화수소, 염소
화학 발광법	이산화탄소
적외선 흡수법	수분, 이산화탄소, 이산화황, 탄화수소
자외선 흡수법	아황산가스, 탄화수소

4. 측정방법

측정기를 사용하여 현장에서 질소산화물 농도를 측정하는 경우에는 배출시설의 가동상황을 고려하여 5분 이상 측정한 5분 평균값을 계산하고, 이를 3회 이상 연속 측정하여 3개의 5분 평균값을 평균하여 최종 결과값으로 한다.

09 배출가스 중 이황화탄소

적용 가능한 시험방법 중요내용

기체크로마토그래피가 주 시험방법이다.

분석방법	정량범위	방법검출한계	정밀도
기체크로마토그래피	0.5ppm 이상	0.1ppm	10% 이내
자외선/가시선분광법	(4.0~60.0)ppm • 시료채취량 : 10L • 분석용 시료용액 : 200mL	1.3ppm 이하	10% 이내

09-1 배출가스 중 이황화탄소의 분석방법

1. 적용범위

이 시험방법은 화학반응 등에 따라 굴뚝으로부터 배출되는 가스 중의 이황화탄소를 분석하는 방법에 관하여 규정한다.

2. 분석방법의 종류

(1) 자외선/가시선분광법 중요내용

① 다이에틸아민구리 용액에서 시료가스를 흡수시켜 생성된 다이에틸 다이싸이오카밤산구리의 흡광도를 435 nm의 파장에서 측정하여 이황화탄소를 정량한다.
② 시료가스채취량이 10L인 경우 배출가스 중의 이황화탄소 농도 (4.0~60.0)ppm의 분석에 적합하다.
③ 이황화탄소의 방법검출한계는 1.3ppm이다.
④ 황화수소를 제거하기 위해 아세트산카드뮴 용액을 넣는다.

(2) 기체크로마토그래피법 중요내용

① 불꽃광도검출기(flame photometric detector) 혹은 이와 동등 이상의 성능을 갖는 황화물 선택성 검출기나 질량분석검출기를 구비한 기체크로마토그래프를 사용하여 정량한다. 예를 들면 펄스 불꽃광도검출기(Pulsed Flame Photometric Detector), 황 발광검출기(Sulfur Chemiluminescence Detector), 원자발광검출기(Atomic Emission Detector)와 같은 황화물 선택적 검출기의 사용이 가능하다. 이황화탄소는 불꽃이온화검출기(FID)로도 검출이 가능하나, 다른 탄화수소화합물과 동시에 검출이 되어 기체크로마토그래프에서 분리가 어려운 문제가 있으므로 불꽃광도검출기로 분석할 경우에는 질량분석검출기로 이황화탄소 성분이 완전히 분리되었는지 확인 후 분석을 수행하여야 한다.

② 이황화탄소농도 0.5 ppm 이상의 배출 분석에 적합하다.

※ 비고 : GC-FPD의 경우에는 10ppm 농도 이하의 범위에서 측정을 하여야 하며, 고농도 시료는 희석하여 10ppm 농도 범위에서 분석하여야 한다. 중요내용

㈜ 수소염이온화법(水素炎이온化法)에 의한 검출(FID)도 가능하며, 2펜(two pen) 기록계로 양자(兩者)의 지시를 볼 수 있는 방식의 것이 편리하다.

3. 시료 채취방법 중요내용

채취관, 도관 등에는 경질유리, 테프론관 등을 사용한다.

4. 분석방법

(1) 자외선/가시선분광법

① 시약

㉠ 흡수액(다이에틸아민구리 용액) 중요내용

㉡ 다이에틸 다이싸이오카밤산소듐 용액 : 조제 후 1개월 이상 경과한 것은 사용해서는 안 된다.

㉢ 표준발색원액

② 측정방법(정량)

현장바탕시료용액과 분석용 시료용액의 흡광도를 파장 435nm 부근에서 측정해서 미리 만들어 놓은 검량곡선으로부터 이황화탄소 농도(mL/mL)를 구한다.

③ 농도계산

$$C = \frac{(a-b)\times 200}{V_s}\times 1{,}000 \qquad C' = C\times\frac{1}{10{,}000}$$

여기서, C : 시료 중의 이황화탄소 농도(ppm 또는 μmol/mol)

C' : 시료 중의 이황화탄소 농도(부피분율 %)

a : 시료가스에서 구한 이황화탄소의 양(mL/mL)

b : 현장바탕시료에서 구한 이황화탄소의 양(mL/mL)

200 : 분석용 시료용액(mL)

V_s : 표준상태의 건조 시료가스 채취량(L)

(2) 기체크로마토그래피법

① 분석장비 중요내용

㉠ 기체크로마토 그래프 검출기

불꽃광도 검출기(FPD), 펄스불꽃광도검출기(PFPD), 질량분석기(MS)가 장착된 것 사용

㉡ 운반가스

순도 99.999 % 이상의 질소 또는 순도 99.999 % 이상의 헬륨

㉢ 연료기체

수소와 산소는 99.999% 이상의 순도, 이황화탄소를 포함하지 않아야 함

㉣ 컬럼

이황화탄소를 방해 성분으로부터 충분히 분리할 수 있는 것 사용

② 시료채취

분석 전 시료채취 주머니의 시료가스를 미리 50 mL 이상 흘려보낸 다음 시료가스 일정량(1~5 mL)을 취해서 바로 기체크로마토그래프에 주입분석한다.

③ 바탕시험 중요내용

분석 전 초고순도 질소(99.9999%)를 사용하여 시료분석과 동일한 조건에서 GC 시스템의 오염을 확인한다.

④ 계산

검정곡선으로부터 시료농도를 계산

⑤ 결과 표시

측정결과는 ppm 단위의 소수점 둘째 자리까지 계산하고 소수점 첫째 자리로 표기한다.

10 배출가스 중 황화수소

적용 가능한 시험방법 중요내용

자외선/가시선분광법－메틸렌블루법이 주 시험방법이다.

분석방법	정량범위	방법검출한계	정밀도
자외선/가시선분광법－메틸렌블루법	(1.7~140.0)ppm • 시료채취량 : (0.1~20)L • 분석용 시료용액 : 20mL 또는 200mL	0.5ppm	10% 이내

10-1 배출가스 중 황화수소의 분석방법

1. 적용범위

이 시험기준은 화학반응 등에 따라 굴뚝 등에서 배출되는 배출가스 중의 황화수소를 분석하는 방법에 대하여 규정한다.

2. 분석방법의 종류

(1) 자외선/가시선분광법(메틸렌블루법) 중요내용

① 배출가스 중의 황화수소를 아연아민착염 용액에 흡수시켜 P－아미노디메틸아닐린 용액과 염화철(Ⅲ) 용액을 가하여 생성되는 메틸렌블루의 흡광도를 측정하여 황화수소를 정량한다.

② 이 시험기준은 시료가스 채취량이 (0.1~20)L인 경우 시료 중의 황화수소가 (1.7~140)ppm 함유되어 있는 경우의 분석에 적합하다. 방법검출한계는 0.5ppm이다.

③ 황화수소의 농도가 140ppm 이상인 것에 대하여는 분석용 시료용액을 흡수액으로 적당히 묽게하여 분석에 사용할 수가 있다.

3. 시료의 채취방법

① 흡수병은 경질유리로 만들어진다.

② 시료 채취량 및 흡입 속도 중요내용

황화수소 농도(ppm)	시료채취량(L)	흡입속도(L/min)
100 미만	(1~20)	(0.1~0.5)
(100~1000)	(0.1~1)	약 0.1

4. 분석방법

(1) 자외선/가시선분광법(메틸렌블루법)

① 시약

㉠ 흡수액 중요내용

황산아연7수화물($ZnSO_4 \cdot 7H_2O$) 5g을 물 약 500mL에 녹이고 여기에 수산화소듐 6g을 정제수 약 300mL에 녹인 용액을 가한다. 이어 황산암모늄 70g을 저으면서 가하고 수산화아연의 침전이 녹으면 정제수를 가하여 전량을 1L로 한다.

㉡ p－아미노다이메틸아닐린 용액

㉢ 염화철(Ⅲ) 용액($FeCl_3 6H_2O$)

㉣ 0.05mol/L 아이오딘 용액

㉤ 0.1mol/L 싸이오황산소듐 용액

② 시험방법

광전광도계 또는 광전분광 광도계로 파장 670 nm 부근의 흡광도를 각각 측정한다.

③ 농도계산

$$C = \frac{0.698 \times (a-b) \times \frac{V}{20}}{V_s} \times 1000 \qquad C' = \frac{C}{10,000}$$

여기서, C : 시료가스 중의 황화수소의 농도(ppm 또는 μmol/mol)
C' : 시료가스 중의 황화수소의 농도(부피분율 %)
a : 시료가스에서 구한 황화이온(S^{2-}) 질량(mg)
b : 현장바탕시료에서 구한 황화이온(S^{2-}) 질량(mg)
V : 전체 분석용 시료용액(200mL 또는 20mL)
V_s : 표준상태의 건조 시료가스 채취량(L)
20 : 분석용 시료용액(mL)
0.698 : 황화이온 1mg에 상당하는 황화수소의 부피(mL)

11 배출가스 중 플루오린화합물

적용 가능한 시험방법 중요내용

자외선/가시선분광법이 주 시험방법이다.

분석방법	정량범위	방법검출한계
자외선/가시선분광법	(0.05~7.37)ppm • 시료채취량 : 80L • 분석용 시료용액 : 250mL	0.02ppm
적정법	(0.06~4,200)ppm • 시료채취량 : 40L • 분석용 시료용액 : 250mL	0.20ppm
이온선택전극법	(7.37~737)ppm • 시료채취량 : 40L • 분석용 시료용액 : 250mL	2.31ppm

11-1 배출가스 중 플루오린화합물의 분석방법

1. 적용범위

이 시험기준은 굴뚝 등에서 배출되는 배출가스 중의 무기 플루오린화합물을 플루오린화 이온으로 분석하는 방법에 대하여 규정한다.

2. 분석방법의 종류

(1) 자외선/가시선 분광법(란타넘 – 알리자린 콤플렉손법, La Alizarin Complexon) 중요내용

① 굴뚝에서 적절한 시료채취장치를 이용하여 얻은 시료 흡수액을 일정량으로 묽게 한 다음 완충액을 가하여 pH를 조절하고 란탄과 알리자린 콤플렉손을 가하여 생성되는 생성물의 흡광도를 분광광도계로 측정하는 방법이다. 흡수 파장은 620nm를 사용한다.

② 이 방법은 연료 및 기타 물질의 연소, 금속의 제련과 가공, 이화학적 처리 등에 의해 굴뚝, 덕트 등으로부터 배출되는 기체 중의 플루오린화합물을 분석하는 데 사용된다.

③ 이 시험기준은 시료채취량 80L인 경우 정량범위는 플루오린화합물로서 (0.05~7.37)ppm이며, 방법검출한계는 0.02ppm이다.

④ 시료가스 중에 알루미늄(III), 철(II), 구리(II), 아연(II) 등의 중금속 이온이나 인산 이온이 존재하면 방해 효과를 나타낸다. 따라서 적절한 증류방법을 통해 플루오린화합물을 분리한 후 정량하여야 한다.

(2) 적정법(질산토륨 – 네오트린법) 중요내용

① 이 방법은 플루오린화 이온을 방해이온과 분리한 다음 완충액을 가하여 pH를 조절하고 네오트린을 가한 다음 질산토륨 용액으로 적정한다.

② 이 방법의 정량범위는 HF로서 0.6~4,200ppm이고, 방법검출한계는 0.2ppm이다.
③ 시료가스 중에 알루미늄(III), 철(II), 구리(II), 아연(II) 등의 중금속 이온이나 인산 이온이 존재하면 방해 효과를 나타낸다. 따라서 적절한 증류방법을 통해 플루오린화합물을 분리한 후 정량하여야 한다.
④ 황산염이나 아황산염에 의한 방해는 전처리 과정 중 30% H_2O_2에 의해 제거시킬 수 있다.
⑤ 잔류염소에 의한 방해는 염산하이드록실아민 용액을 첨가함으로써 제거할 수 있다.

(3) 이온 선택전극법 중요내용

① 굴뚝에서 적절한 시료채취장치를 이용하여 얻은 시료 흡수액을 플루오린화 이온전극을 이용하여 전기전도도를 측정하는 방법이다.
② 이 시험기준은 시료채취량 40L인 경우 정량범위는 F^-로서 (7.37~737)ppm이며, 방법검출한계는 2.31ppm이다.

3. 시료 채취방법 및 분석용 시료의 제조방법

(1) 시료의 채취위치

시료의 채취위치는 대표적인 가스를 채취할 수 있는 점, 가스의 유속이 심하게 변하지 않고 먼지 등이 모이지 않으며 수분이 적은 지점을 선택하여야 한다.

(2) 시료 채취장치 중요내용

① 시료 채취관은 배출가스 중의 무기 플루오린 화합물에 의하여 부식되지 않는 재질의 관, 예를 들면 플루오로수지관, 스테인리스강관, 구리관 등을 사용한다.
② 시료 채취관은 굴뚝과 직각으로 접속하고 시료 채취관 앞 끝을 굴뚝의 중앙부까지 넣고 흡수병까지의 거리는 가능한 한 짧게 한다.
③ 시료 중에 먼지가 혼입되는 것을 막기 위하여 시료 채취관의 적당한 곳에 여과재를 넣는다. 단, 여과재는 폴리테트라플루오로에틸렌제 등 플루오린화합물과 반응하지 않는 재질이어야 한다.
④ 시료 중의 무기 플루오린화합물과 수분이 응축하는 것을 막기 위하여 시료 채취관 및 시료 채취관에서부터 흡수병까지의 사이를 120℃로 가열하여야 한다.
⑤ 시료 채취관에서부터 흡수병까지의 가열부분에 있는 접속부는 갈아 맞춘 것으로 하고 경질유리관이나 스테인리스강관, 폴리테트라플루오로에틸렌수지관, 플루오로 고무관, 실리콘 고무관 등으로 한다. 일반고무관은 사용할 수 없다.

(3) 시료의 흡수

① 시료의 흡수병은 2개의 250mL 용량 흡수병에 각각 0.1mol/L 수산화소듐 용액 50mL를 넣은 것으로 한다.
② 두 개의 흡수병은 직렬로 연결하여 사용한다. 중요내용
③ 시료의 온도가 높은 경우는 흡수병을 냉각 수조에 넣어 사용한다.
④ 유로전환삼방콕을 바이패스 측에 돌린 후, 흡입펌프를 작동시켜 시료가스 채취관에서 삼방콕까지 시료가스로 치환한다.
⑤ 흡입펌프를 작동시켜 시료가스를 흡수병에 통과시킨다. 이때 유량조절콕을 통해 유량 1L/min 정도를 유지하며 시료가스 80L를 채취한다.

4. 분석방법

(1) 자외선/가시선 분광법(란타넘 – 알리자린 콤플렉손법)

① 간섭물질
시료가스 중에 란탄 – 알리자린 콤플렉손법은 시료가스 중의 미량의 알루미늄(Ⅲ), 철(Ⅱ), 구리(Ⅱ), 아연(Ⅱ) 등의

중금속 이온이나 인산이온이 존재하면 방해효과를 나타낸다. 따라서 적절한 증류방법을 통해 플루오린화합물을 분리한 후 정량하여야 한다. 중요내용

② 전처리(증류법) 중요내용
증류온도를 145±5 ℃, 유출속도를 3~5mL/min으로 조절하고, 증류된 용액이 약 220mL가 될 때까지 증류를 계속한다.

③ 분석방법
㉠ 시약
ⓐ 란타넘-알리자린 콤플렉손 용액 중요내용
ⓑ 알리자린 콤플렉손 용액
※ 비고 : 란탄-알리자린 콤플렉손 용액으로는, 시판하는 알파손 2.5 g을 물에 녹여서 50 mL로 한 용액을 사용해도 된다. 사용 시에 조제한다.
ⓒ 라탄넘용액　ⓓ 아세톤(99.5%)　ⓔ 염산(1+5)
ⓕ 암모니아수(1+10)　ⓖ 아세트산소듐 용액　ⓗ 아세트산암모늄 용액
ⓘ 0.1mol/L 수산화소듐

④ 시료채취장치
시료채취관, 여과재를 장착한 히터, 흡수병, 건조장치, 진공펌프, 가스미터, 온도계, 압력계 등으로 구성

⑤ 농도계산 중요내용
측정결과는 ppm 단위로 소수점 셋째 자리까지 계산하고, 소수점 둘째 자리로 표기한다.

$$C = \frac{(a-b)\times 250/V}{V_s}\times 1{,}000\times \frac{22.4}{19}$$

여기서, C : 플루오린화합물(F)의 농도(ppm 또는 μmol/mol)
a : 시료가스에서 구한 플루오린화 이온의 질량(mg)
b : 현장바탕시료에서 구한 플루오린화 이온의 질량(mg)
V_s : 표준상태의 건조시료가스량(L)
V : 분취한 분석용 시료용액의 양(mL)
250 : 분석용 시료용액의 전량(mL)

(2) 적정법(질산토륨－네오트린법)

① 시험방법 중요내용
0.025mol/L 질산토륨 용액으로 적정한다. 이때 종말점은 용액의 색이 핑크에서 지속성 자주색으로 변하는 점으로 하고 적정속도는 2mL/min 정도가 적당하다.

② 농도계산
측정결과는 ppm 단위로 소수점 셋째 자리까지 계산하고, 소수점 둘째 자리로 표기한다. 방법검출한계 미만의 값은 불검출로 표시한다.

$$C= \frac{(a-b)\times 250/v}{V_s}\times f\times 1{,}000\times \frac{19}{20}$$

여기서, C : 플루오린화합물(F)의 농도(ppm 또는 μmol/mol)
a : 시료의 적정에 쓰인 0.025mol/L 질산토륨 용액의 양(mL)
b : 현장바탕시료에 쓰인 0.025mol/L 질산토륨 용액의 양(mL)

f : 0.025mol/L 질산토륨 용액 1mL에 상당하는 플루오르화수소의 양(mL)
V_s : 표준상태의 건조시료가스채취량(L)
V : 분취한 분석용 시료용액의 양(mL)
250 : 분석용 시료용액의 전량(mL)

(3) 이온선택전극법

① 농도계산

$$C = \frac{(a - a_o) \times 250 \times \frac{250}{100} \times 1,000}{Vs} \times \frac{22.4}{19}$$

여기서, C : 플루오린화합물의 농도(ppm 또는 μmol/mol)
a : 시료가스에서 구한 플루오린화 이온(F^-) 농도(mg/L)
a_o : 현장바탕시료에서 구한 플루오린화 이온(F^-) 농도(mg/L)
V_s : 표준상태의 건조시료가스 채취량(L)

12 배출가스 중 사이안화수소

적용 가능한 시험방법 중요내용

자외선/가시선분광법 – 4 – 피리딘카복실산 – 피라졸론법이 주 시험방법이다.

분석방법	정량범위	방법검출한계
자외선/가시선분광법 – 4 – 피리딘카복실산 – 피라졸론법	(0.05~8.61)ppm • 시료채취량 : 10L • 분석용 시료용액 : 250mL	0.02ppm

12-1 배출가스 중 사이안화수소의 분석방법

1. 적용범위

이 시험기준은 화학반응 등에 따라 굴뚝 등에서 배출되는 배출가스 중의 사이안화수소를 분석하는 방법에 대하여 규정한다.

2. 분석방법의 종류

(1) 자외선/가시선분광법 – 4 – 피리딘카복실산 – 피라졸론법 중요내용

① 이 방법은 사이안화수소를 흡수액에 흡수시킨 다음 이것을 발색시켜서 얻은 발색액에 대하여 흡광도를 측정하여 사이

안화수소를 정량한다.

② 시료채취량이 10L이고 분석용 시료용액의 양이 250mL인 경우 정량범위는 (0.05~8.61)ppm이며, 방법검출한계는 0.02ppm이다.

③ 정량범위 상한 값을 넘어서는 경우 분석용 시료용액을 수산화소듐 용액 (4g/L)으로 희석하여 분석할 수 있다.

④ 배출가스 중 염소 등의 산화성가스 또는 알데하이드류, 황화수소, 이산화황 등의 환원성가스가 공존하면 영향을 받으므로 그 영향을 무시하거나 제거할 수 있는 경우에 적용한다.

⑤ 배출가스 중 알데하이드류가 공존할 경우 흡수액 100mL에 에틸렌다이아민 용액 (35g/L) 2mL를 첨가하여 채취한다.

⑥ 배출가스 중 염소 등의 산화성가스가 공존할 경우 흡수액 100mL에 삼산화비소 용액 0.1mL를 첨가하여 채취한다.

3. 시료 채취위치

배출가스를 대표할 수 있는 측정점을 선정한다. 예를 들면 배출가스의 유속이 현저하게 변화하지 않고 먼지 등이 쌓이지 않으며 수분이 적은 곳으로 선정한다.

4. 분석방법

(1) 자외선/가시선분광법 - 4 - 피리딘카복실산 - 피라졸론법

① 시약

㉠ 흡수액 중요내용

부피플라스크에 수산화소듐 20g을 넣고 정제수로 녹인 후 표선까지 맞춤

㉡ 에틸렌다이아민용액(35g/L)

㉢ 삼산화비소용액

㉣ 텍스트린용액(20g/L)

㉤ 플루오레세인소듐용액(2g/L)

㉥ 질산은용액(0.1mol/L)

㉦ p - 디메틸 아미노 벤질리덴 로다닌의 아세톤 용액

㉧ 아세트산(1+1) (1+8)

㉨ 페놀프탈레인용액(1g/L)

㉩ 인산이수소포타슘용액(200g/L)

㉪ 인산염완충액(pH 7.2)

㉫ 클로라민 - T용액(10g/L)

㉬ 4 - 피리딘카복실산 - 피라졸론용액

② 분석절차

4 - 피리딘카복실산 - 피라졸론 용액 10mL를 넣고 정제수로 표선까지 맞추고 마개를 막은 후 혼합하여 (25±2)℃의 물중탕에서 약 30분간 방치한 후 이 용액의 일부를 흡수셀에 넣고 638nm 부근의 파장에서 흡광도를 측정한다.

③ 계산

측정결과는 ppm 단위로 소수점 셋째 자리까지 계산하고, 소수점 둘째 자리까지 표기한다.

$$C = \frac{(a-b) \times \frac{250}{v}}{V_s} \times \frac{22.4}{26.017}$$

여기서, C : 사이안화수소(HCN) 농도(ppm 또는 μmol/mol)

a : 분석용 시료용액의 사이안화 이온 질량(μg)

b : 현장바탕 시료용액의 사이안화 이온 질량(μg)

V_s : 표준상태 건조가스 시료채취량(L)

v : 분석용 시료용액 중 정량에 사용한 부피(mL)

250 : 분석용 시료용액의 전체 부피(mL)

13 배출가스 중 매연

1. 적용범위

이 시험기준은 굴뚝 등에서 배출되는 매연을 링겔만 매연농도표(Ringelmenn Smoke Chart)에 의해 비교 · 측정하는 시험방법에 대하여 규정한다.

2. 링겔만 매연농도(Ringelmenn Smoke Chart)법 중요내용

보통 가로 14 cm, 세로 20 cm의 백상지에 각각 0, 1.0, 2.3, 3.7, 5.5 mm 전폭의 격자형 흑선(格子型黑線)을 그려 백상지의 흑선부분이 전체의 0 %, 20 %, 40 %, 60 %, 80 %, 100 %를 차지하도록 하여 이 흑선과 굴뚝에서 배출하는 매연의 검은 정도를 비교한 후 각각 0~5도까지 6종으로 분류한다.

3. 불투명도법 중요내용

코크스로, 용해로 등을 사용하는 제철업 및 제강업종에서 입자상 물질이 시설로부터 제일 많이 새어나오는 곳을 대상으로 측정한다. 이때 태양은 측정자의 좌측 또는 우측에 있어야 하고 측정자는 시설로부터 배출가스를 분명하게 관측할 수 있는 거리에 위치해야 한다.(그 거리는 아무리 멀어도 1km를 넘지 않아야 한다.)
불투명도 측정은 링겔만 매연농도표 또는 매연측정기를 이용하여 30초 간격으로 비탁도를 측정한 다음 불투명도 측정용지에 기록한다. 비탁도는 최소 0.5도 단위로 측정값을 기록하며 비탁도에 20%를 곱한 값을 불투명도 값으로 한다.

4. 측정위치의 선정 중요내용

될 수 있는 한 바람이 불지 않을 때 굴뚝 배경의 검은 장해물을 피한다. 연기의 흐름에 직각인 위치에 태양광선을 측면으로 받는 방향으로부터 농도표를 측정치의 앞 16m에 놓고 200 m 이내(가능하면 연돌구에서 16 m)의 적당한 위치에 서서 굴뚝배출구에서 30~45 cm 떨어진 곳의 농도를 측정자의 눈높이의 수직이 되게 관측 비교한다.

Reference | 배출가스 중 매연 – 광학기법

① 굴뚝, 플레어스텍 등에서 배출되는 매연을 측정한다.
② 대기 중 배출되는 가스흐름을 투과해서 물체를 식별하고자 할 때 불명확하게 하는 정도를 불투명도라 하며, 매연이 배출되는 지점과 배경지점을 카메라로 촬영한 후, 비교하여 산정하며, 결과는 (0~100)% 사이에서 5% 단위로 나타낸다.

14 배출가스 중 산소

적용 가능한 방법

자동측정법-전기화학식이 주 시험방법이다.

분석방법	정량범위
자동측정법-전기화학식	(0~25.0)%
자동측정법-자기식(자기풍)	(0~5.0)%
자동측정법-자기식(자기력)	(0~10.0)%

14-1 배출가스 중 산소측정방법

1. 적용범위

이 시험기준은 굴뚝 등에서 배출되는 배출가스 중의 산소를 측정하는 방법에 대하여 규정한다.

2. 자동측정법

(1) 원리

① 자기식(자기풍) 중요내용

㉠ 상자성체(常磁性體)인 산소분자가 자계 내(磁界內)에서 자기화(磁氣化)될 때 생기는 흡입력을 이용하여 산소농도를 연속적으로 구하는 것이다.

㉡ 자기풍(磁氣風)방식과 자기력(磁氣力)방식이 있다.

※ 비고 : 이 방식은 체적자화율(體積磁化率)이 큰 가스(일산화질소)의 영향을 무시할 수 있는 경우에 적용할 수 있다.

㉢ 분석기기

ⓐ 자기풍방식

자계 내에서 흡입된 산소분자의 일부가 가열되어 자기성(磁氣性)을 잃는 것에 의하여 생기는 자기풍의 세기를 열선소자(熱線素子)에 의하여 검출한다.

ⓑ 자기력방식

- 덤벨형(Dumb-Bell)

  덤벨(Dumb-Bell)과 시료 중의 산소와의 자기화 강도의 차에 의하여 생기는 덤벨의 편위량(偏位量)을 검출한다.

- 압력검출형(壓力檢出型)

  주기적으로 단속(斷續)하는 자계 내에서 산소분자에 작용하는 단속적인 흡입력을 자계 내에 일정 유량으로 유입하는 보조가스(補助)의 배압변화량(背壓變化量)으로서 검출한다.

② 전기화학식(電氣化學式) 중요내용

㉠ 산소의 전기화학적 산화환원 반응을 이용하여 산소농도를 연속적으로 측정하는 것이다.

㉡ 질코니아 방식과 전극방식이 있다.

ⓐ 질코니아 방식

이 방식은 고온으로 가열된 질코니아 소자(Zirconia 素子)의 양 끝에 전극을 설치하고 그 한쪽에 시료가스, 다른 쪽에 공기를 통하여 산소농도 차를 주어 양극 사이에 생기는 기전력(起電力)을 검출한다.

※ 비고 : 이 방식은 고온에서 산소와 반응하는 가연성 가스(일산화탄소, 메테인 등) 또는 질코니아소자를 부식시키는 가스(SO_2 등)의 영향을 무시할 수 있는 경우 또는 그 영향을 제거할 수 있는 경우에 적용한다.

ⓑ 전극방식

이 방식은 가스투과성격막을 통하여 전해조(電解槽) 중에 확산흡수된 산소가 고체전극표면 위에서 환원될 때 생기는 잔해전류를 검출한다.

이 방식에는 외부로부터 환원전위를 주는 정전위전해형(定電位電解形) 및 폴라로그래프형과 갈바니 전지를 구성하는 갈바니 전지형이 있다.

※ 비고 : 이 방식은 산화환원반응을 일으키는 가스(SO_2, CO_2 등)의 영향을 무시할 수 있는 경우 또는 영향을 제거할 수 있는 경우에 적용할 수 있다.

(2) 장치의 개요

① 자기식 산소측정기

㉠ 자기풍 분석계 중요내용

자기풍 분석계는 측정셀, 비교셀, 열선소자(熱線素子), 자극(磁極) 증폭기 등으로 구성된다.

㉡ 자기력 분석계

ⓐ 덤벨형(Dumb－Bell) 중요내용

덤벨형 자기력 분석계는 측정셀, 덤벨, 자극편(磁極片), 편위검출부(偏位檢出部), 증폭기 등으로 구성된다.

- 측정셀

  측정셀은 시료 유통실(流通室)로서 자극 사이에 배치하여 덤벨 및 불균형 자계발생 자극편(不均衡 磁界發生 磁極片)을 내장(內藏)한 것

- 덤벨

  덤벨은 자기화율(磁氣化率)이 적은 석영 등으로 만들어진 중공(中空)의 구체(球體)를 막대(棒) 양 끝에 부착한 것으로 질소 또는 공기를 봉입(封入)한 것

- 자극편(磁極片)

  자극편은 외부로부터 영구자석에 의하여 자기화되어 불균등 자장(磁場)을 발생하는 것

- 편위검출부(偏位檢出部)

  편위검출부는 덤벨의 편위를 검출하기 위한 것으로 광원부와 덤벨봉에 달린 거울에서 반사하는 빛을 받는 수광기(受光器)로 된다.

- 피드백코일(Feed Back Coil)

  피드백코일은 편위량을 없애기 위하여 전류에 의하여 자기를 발생시키는 것으로 일반적으로 백금선이 이용된다.

ⓑ 압력검출형 중요내용

압력검출형 자기력분석계는 측정셀, 자극보조가스용 조리개, 검출소자, 증폭기 등으로 구성된다.

- 측정셀

  측정셀은 자기화율이 적은 재질로 만들어진 시료가스 유통실(流通室)로 그 일부를 자극 사이에 배치한다.

- 자극(磁極)

  자극은 전자(電磁)코일에 주기적으로 단속(斷續)하여 흐르는 전류에 의하여 자기화가 촉진되어 측정셀의 일부에 단속적인 불균형자계를 발생시키는 것이다.

• 검출소자

검출소자는 시료가스에 작용하는 단속적인 흡입력을 보조가스용 조리개의 배압(背壓)의 차로서 검출하는 것으로 소자(素子)에는 원칙적으로 압력검출형 또는 열식유량계형(熱式流量計型)이 사용된다. 또 보조가스에는 질소, 공기 등을 사용한다.

② 전기화학식 분석계

㉠ 질코니아 분석계

질코니아 분석계는 고온가열부, 검출기, 증폭기 등으로 구성된다.

㉡ 전극방식분석계

전극방식분석계는 정전위전해형(定電位電解型), 폴라로그래프형, 갈바니전지형의 세가지 형식이 있고 가스투과성 격막(透過性隔膜), 작용전극, 대전극(對電極) 등을 갖춘 전해조, 정전위전원, 증폭기 등으로 구성된다.

※ 비고 : 정전위전원은 갈바니 전지형을 사용할 때는 필요하지 않다.

(3) 교정방법

기기 설명서의 교정방법에 따라서 제로가스 및 스팬가스 교정을 수행한다. 교정주기는 원칙적으로 주 1회 이상으로 한다.

15 철강공장의 아크로와 연결된 개방형 여과집진시설의 먼지

1. 적용범위

배출가스 중에 함유되어 있는 액체 또는 고체인 입자상물질을 측정한 먼지로서 먼지농도 표시는 표준상태(0℃, 760mmHg)의 건조 배출가스 $1m^3$ 중에 함유된 먼지의 질량농도를 측정하는 데 사용된다.

2. 시료채취 중요내용

(1) 등속 흡입할 필요가 없으며 채취관은 대구경 흡입노즐(보통 10mm 정도)이 연결된 흡입관을 측정공을 통하여 측정점까지 밀어 넣고 출강에서 다음 출강 개시 전까지를 먼지 배출상태 및 공정을 고려하여 적당한 시간 간격으로 나누어 시료를 채취한다.

(2) 시료채취 시 측정공을 헝겊 등으로 밀폐할 필요는 없다.

(3) 건옥백하우스의 경우는 장입 및 출강 시는 (20±5)L/min, 용해정련기에는 (10±3)L/min로 배출가스를 흡인한다.

(4) 직인백하우스의 경우는 장입 및 출강 시는 (10±3)L/min, 용해정련기는 (20±5)L/min의 유속으로 배출가스를 흡입한다.

(5) 한 개의 원통형 여과지에 포집된 1회 먼지포집량은 2mg 이상 20mg 이하로 함을 원칙으로 한다.

3. 먼지농도

시험을 받는 전기아크로에 두 개 이상의 방지시설이 연결되어 있을 때는 다음 식을 이용하여 먼지농도를 구하며 방지시설이 한 개인 경우에는 그 방지시설 출구에서 측정한 먼지농도가 구하는 먼지농도가 된다.

$$C = \frac{\sum_{n=1}^{N}(C_s Q_s)n}{\sum_{n=1}^{N}(Q_s)n}$$

여기서, C : 구하는 평균먼지농도(mg/Sm^3)
N : 시험을 받는 전체 방지시설 수
Q_s : 출강에서 다음 출강 개시 전까지 배출된 배출가스의 총유량(Sm^3)
$C_s Q_s$: 시험을 받는 각각의 방지시설에 대한 출강에서 다음 출강 개시 전까지의 평균먼지농도에 각각의 방지시설에 대응하는 총유량을 곱한 값

16 유류 중 황함유량 분석방법

1. 적용범위

이 시험기준은 연료용 유류 중의 황함유량을 측정하기 위한 분석방법에 대하여 규정한다.

2. 적용 가능한 시험방법 중요내용

분석방법의 종류	황함유량에 따른 적용 구분	방법검출한계	적용 유류
연소관식 공기법 (중화적정법)	질량분율 0.010% 이상	0.003	원유 · 경유 · 중유 등
방사선식 여기법 (기기분석법)	질량분율 (0.030~5.00)%	0.009	

3. 분석방법

(1) 연소관식 공기법

① 개요 중요내용

㉠ 원유, 경유, 중유의 황 함유량을 측정하는 방법을 규정하며 유류 중 황 함유량이 질량분율 0.010% 이상의 경우에 적용하며 방법검출한계는 질량분율 0.003%이다.

㉡ 950~1,100 ℃로 가열한 석영재질 연소관 중에 공기를 불어 넣어 시료를 연소시킨다.

㉢ 생성된 황산화물을 과산화수소(3%)에 흡수시켜 황산으로 만든 다음, 수산화소듐 표준액으로 중화적정하여 황함유량을 구한다.

※ 비고 : 다음의 첨가제가 들어 있는 시료에는 적용할 수 없다.
1. 불용성 황산염을 만드는 금속(Ba, Ca 등)
2. 연소되어 산을 발생시키는 원소(P, N, Cl 등)

※ 참고 : 시험결과의 정확성의 점검에는 황함유량 표준 시료를 이용해도 좋다.

② 계산 및 결과

유류 중 황함유량은 질량분율 %로 나타낸다.

$$S = \frac{1.603N(V - V_0)}{W}$$

여기서, S : 황함유량(질량분율 %)
N : 수산화소듐 표준액의 규정농도
V : 시료의 적정에 소요된 수산화소듐 표준액의 양(mL)
V_0 : 바탕 시험의 적정에 소요된 수산화소듐 표준액의 양(mL)
W : 시료의 채취량(g)

(2) 방사선식 여기법

① 개요 중요내용

㉠ 원유, 경유, 중유의 황함유량을 측정하는 방법을 규정하며 유류 중 황함유량이 질량분율 (0.030~5.000)%인 경우에 적용하며 방법검출한계는 질량분율 0.009%이다.

㉡ 시료에 방사선을 조사하고, 여기된 황의 원자에서 발생하는 형광 X선의 강도를 측정한다.

㉢ 시료 중의 황함유량은 미리 표준 시료를 이용하여 작성된 검량선으로 구한다.

※ 비고 : 시험 결과의 정확(편차)성의 점검에는 황함유량 표준차를 인정하는 표준시료를 이용하면 좋다.

② 분석기기

방사선 여기법 분석장치는 X선원, 시료셀, 방사선검출기, 연산표시부 등으로 구성된다.

③ 표준 시료 중요내용

㉠ 연소관식 공기법에 의해 황함유량을 확인한 경유 또는 중유

※ 비고 : 기타의 황함유량의 표준 시료를 이용하여도 된다.

㉡ 디부틸디설파이드를 이용하여 조제한 것으로 황함유량이 확인된 것을 사용한다.

④ 시험준비 중요내용

㉠ 여기법 분석계의 전원 스위치를 넣고, 1시간 이상 안정화시킨다.

㉡ 시료셀의 준비

1종류의 표준 시료에 대해 깨끗하고 건조한 2개의 시료셀을 준비하고, 시료 셀의 창에 창재를 주름이 생기지 않도록 균일하게 편다.

㉢ 표준 시료의 채취 중요내용

준비한 시료 셀에 표준 시료를 시료층의 두께가 5~20 mm가 되도록 넣는다.

㉣ 표준 시료의 형광 X선 강도 측정

⑤ 측정법

㉠ 여기법 분석계의 황함유량 표시기를 황함유량 표시로 바꾼다. 또한 측정 시간을 100초 이상으로 한다.(상온에서 고체상태의 시료 및 고점도시료는 미리 가열해 둔다.)

㉡ 시료를 충분히 교반한 후 준비된 시료 셀에 기포가 들어가지 않도록 주의하여 액층의 두께가 5~20 mm가 되도록 시료를 넣는다. 중요내용

※ 비고 : 원유 등 결정성분을 많이 함유한 시료는, 시료셀의 창재의 변형이나 파손을 막기 위해, 채취 후 신속히 측정한다.

※ 비고 : 시료 온도는 검정곡선 작성시 표준시료의 온도와 동일하게 한다. 단 상온에서 고체인 시료나 고점도시료는 미리 유동되는 최저온도로 가열하여 취하고 검정곡선 작성시의 온도 ±5℃ 정도까지 냉각하여 측정한다. 중요내용

㉢ 시료가 들어 있는 시료 셀을 여기법 분석계의 셀 받침대에 바르게 놓고 3회 병행 측정을 한다. 이 3회의 황함유량의 최대치와 최소치와의 차이가 표의 허용치 이내인 경우는, 이것을 평균해서 소수점 이하 셋째 자리수까지 계산한다. 표의 허용차를 넘는 경우는 다시 3회 측정하고, 허용차 이내의 3개의 눈금값을 평균한다.

※ 비고 : 시료의 황함유량과 이에 인접한 표준시료의 황함유량의 차이가 크면 검정곡선의 직선성에 대한 오차가 발생될 염려가 있으므로, 시료의 황함유량과 가까운 표준시료를 선정하는 것이 좋다.

㉣ 측정 시료셀에 넣고 남은 시료를 같은 방법으로 측정하여 황함유량의 평균값을 구한다.

〈병행 측정에서의 허용차〉

황함유량(질량분율 %)	허용차(질량분율 %)
0.010~4.000	0.010+0.01S

여기서, S : 황함유량의 평균치(질량분율 %)

⑥ 정밀도

방사선식 여기법의 정밀도는 다음에 의한다. 다만, 황함유량 0.1 질량분율 % 미만의 시료에는 적용하지 않는다.

㉠ 반복성

같은 실험실에서 같은 사람이 같은 기기로 날짜 또는 시간을 바꾸어 동일 시료를 2회 시험했을 때, 시험 결과의 차는 표의 허용치를 초과하지 않아야 한다.

㉡ 재현성

서로 다른 두 실험실에서 다른 사람이 동일 시료를 각각 1회씩 시험에서 구한 2개의 시험 결과의 차는 표의 허용차를 초과하지 않아야 한다.

〈정밀도〉

반복성(질량분율 %)	재현성(질량분율 %)
0.017(S+0.8)	0.055(S+0.8)

여기서, S : 시험결과의 평균치(질량분율 %)

17 배출가스 중 미세먼지(PM－10 및 PM－2.5)

1. 개요

(1) 목적

이 시험기준은 연소시설, 폐기물소각시설 및 기타 산업공정의 배출시설을 대상으로 굴뚝 배출가스의 입자상 물질 중 공기역학적 직경이 10μm(이하 PM10)와 2.5μm(이하 PM2.5) 이하인 미세먼지에 대한 측정을 수행하는 경우에 대하여 규정한다.

(2) 적용범위 중요내용

① 이 방법은 응축성 먼지는 고려하지 않고 여과성 먼지(필터 또는 사이클론/필터 조합을 통과하지 못하는 물질) 측정에만 적용된다.

※ 비고 : 굴뚝(덕트) 내 가스온도가 30℃ 이상일 경우 여과성 및 응축성 먼지를 고려하여야 하며, 응축성 먼지를 측정하고자 할 경우 Condenser를 비롯한 별도의 장비를 조합하여야 한다.

② 농도 표시는 표준상태(0℃, 760mmHg)의 건조배출가스 1Sm^3 중에 함유된 먼지의 중량으로 표시한다.

(3) 적용제한 중요내용

① 배출가스 온도가 260℃를 초과할 경우 적합하지 않을 수 있다.

※ 비고 : 260℃ 이상의 경우 사이클론 재질의 변형으로 미세먼지 회수율 저감 등의 문제가 발생할 수 있다.

② 시료채취장치(사이클론 및 여과지 홀더)의 길이(450mm)와 장치에 의한 가스 흐름의 영향을 최소화하기 위하여 610mm 이상의 굴뚝(덕트) 내경이 필요하다.

※ 비고 : 457.2～609.6mm(18～24인치) 사이의 직경을 가진 덕트에서 노즐과 사이클론에 관여하는 방해요소의 영향은 3～6% 수준이다.

③ 시료채취장치(노즐 및 사이클론)의 원활한 입출을 위한 측정공의 직경은 160mm 이상이어야 한다.

④ 습식 방지시설을 사용하는 경우 배출가스가 포화수증기 상태에서는 수분의 영향으로 측정오차가 클 수 있으므로 적합하지 않다.

(4) 측정방법의 종류 중요내용

① 반자동식 채취기에 의한 방법

② 수동식(조립) 채취기에 의한 방법

③ 자동식 채취기에 의한 방법

2. 사이클론 결합장치

사이클론은 스테인리스강 재질이어야 하며 내부의 O－ring은 불소수지 재질로서 변형 없는 한계온도는 205℃이므로 주의한다. 배출가스 온도가 205℃를 초과할 경우 스테인리스강 재질의 O－ring으로 교체하여 사용한다. 사이클론 구성은 아래 그림과 같이 PM10 사이클론(①), 연결부(②), PM2.5 사이클론(③)으로 이루어져 있으며 측정 항목에 따라 다음 표의 장비 구성과 같이 사이클론을 연결한 후 여과지 홀더(④)에 결합하여 시료채취를 실시한다. 입경별 사이클론의 최소·최대 절단 직경 및 PM10, PM2.5 측정장비 구성은 표와 같다.

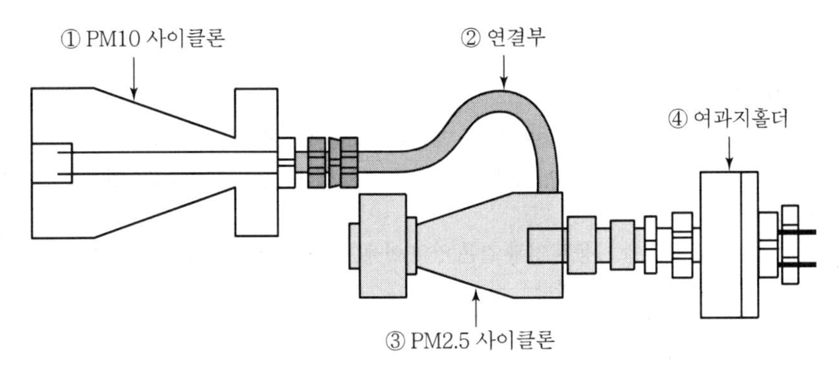

[사이클론 결합장치 및 여과지 홀더] 중요내용

〈사이클론 절단 직경(D50) 및 측정장비 구성〉

사이클론	최소 절단직경(μm)	최대 절단직경(μm)	측정장비 구성
PM10	9	11	①+④
PM2.5	2.25	2.75	①+②+③+④

3. 시약 및 표준용액

(1) 시약

① 원형 여과지 중요내용

㉠ 여과지는 석영, 불소수지, 유리섬유 재질로 채취 효율이 99.95% 이상이어야 한다. 압력손실, 반응성이 낮고 흡습성이 적은 것이 좋다.

※ 비고 : 기준물질 0.3μm 다이옥틸프탈레이트로 실험하여 0.05% 이상 침투되지 않아야 한다.

㉡ 취급하기 쉽고 충분한 강도를 가지며 분석에 방해되는 물질을 함유하지 않아야 한다.

㉢ 직경은 여과지 홀더 크기에 적합한 것을 선택한다.

㉣ 시료채취 목적에 따라 다양한 여과지 특성을 고려하여 선택할 수 있다.

㉤ 중량 농도 및 중금속을 분석할 경우 폴리테트라플루오로에틸렌(PTFE ; Polytetra－ Fluoroethylene, 테플론) 재질의 여과지를 권하며, 석영여과지는 OC/EC 분석에 권한다.

4. 측정준비 중요내용

(1) 측정용 여과지 전처리의 경우 테플론 여과지는 데시케이터에서 일반 대기압하에서 적어도 24시간 이상 건조시키며 6시간의 간격을 두고 질량의 차이가 0.1mg일 때까지 정밀하게 단다. 이때, 데시케이터 조건은 온도 20±5.6℃, 상대습도 35±5%이다.

(2) 석영여과지는 건조기(110 ± 5℃)에서 2~3시간 건조시킨 후, 2시간 이상 데시케이터에서 실온까지 냉각한 후 여과지의 무게를 정밀히 달아 사용할 수 있다.

(3) 여과지 무게는 1분 간격으로 3회를 0.1mg까지 정밀하게 달아 그 평균값을 여과지의 무게로 한다.

(4) 각 여과지의 무게를 칭량하는 동안 정확성을 향상시키기 위하여 여과지는 습도가 50% 이상인 질량 측정 실험실 환경에 2분 이상 노출되지 않도록 하고, 전처리가 완료된 여과지는 채취면의 방향을 확인한 후 여과지 홀더에 끼운다.

5. 분석절차

(1) 테플론 재질의 여과지를 사용할 경우

① 보관용기 시료를 데시케이터 내에서 건조시킨 후 무게를 0.1mg까지 정밀하게 단다.

② 보관용기 2의 세척액을 비커에 옮기고 방치하여 아세톤을 증발시킨 다음, 데시케이터 내에서 24시간 동안 건조시켜 무게를 0.1mg까지 정밀하게 단다.

③ 바탕시험 세척액은 시료 회수에 사용된 양과 같은 양의 아세톤을 사용하여 위와 같은 방법으로 행한다.

④ 채취된 미세먼지량은 다음과 같이 구한다.

$$m_d = m_1 + m_2 - m_b$$

여기서, m_d : 채취된 미세먼지량(mg)

m_1 : 보관용기 1의 미세먼지 시료 무게(채취 전후의 여과지 무게차)(mg)

m_2 : 보관용기 2의 미세먼지 시료 무게(mg)

m_b : 바탕시험 시 불순물 무게(바탕시험 세척액 분석 전후 무게차)(mg)

(2) 석영 재질의 여과지를 사용할 경우

① 보관용기 시료를 110±5℃(배출가스온도가 110±5℃ 이상일 경우 배출가스온도와 동일하게 건조)에서 2~3시간 건조시킨 후, 2시간 이상 방치한 뒤 무게를 단다.

② 이후의 분석은 테플론 재질의 여과지를 사용할 경우와 동일하게 한다.

6. 농도 계산

배출가스 중의 PM10, PM2.5 농도는 다음 식에 따라 소수점 둘째 자리까지 계산하고 소수점 첫째 자리까지 표기한다.

$$C_n = \frac{m_d}{V_m' \times \frac{273}{273+\theta_m} \times \frac{P_a + \Delta H/13.6}{760}} \times 10^3$$

여기서, C_n : PM10, PM2.5 농도(mg/Sm^3)

m_d : 채취된 먼지량(mg)

V_m' : 건식가스미터에서 읽은 가스시료 채취량(L)

θ_m : 건식가스미터의 평균온도(℃)

P_a : 측정공 위치의 대기압(mmHg)

ΔH : 오리피스 압력차(mmH_2O)

18 도로 재비산먼지 연속측정방법

1. 적용범위

(1) 이 측정방법은 도로를 주행하는 차량의 타이어(휠)와 도로면의 마찰에 의해서 재비산되는 먼지(이하 도로 재비산먼지)를 먼지농도 측정기가 탑재된 측정차량(이하 측정차량)을 이용하여 질량농도와 국가대기오염물질 배출량을 정량할 수 있는 미사 부하량(Silt Loading)을 측정하는 방법에 대해 규정한다.

(2) 먼지 농도표시는 상온상태의 단위부피당 먼지의 질량으로 표시하며, 미사 부하량은 상온상태의 단위면적당 먼지의 질량으로 표시한다. 측정단위는 각각 국제단위계인 $\mu g/m^3$와 g/m^2를 사용한다. 중요내용

2. 용어 정의

(1) 도로 재비산먼지(Resuspended Particulate Matter on Road)

도로를 주행하는 차량의 타이어(휠)와 도로면의 마찰에 의해서 재비산되는 먼지를 말하며 도로 재비산먼지의 입경 분류는 입경에 따라 구분한다.

(2) 도로 재비산먼지 중 10μm 이하인 먼지(Particulate Matter Less than 10μm of Resuspended Particulate Matter on Road)

도로를 주행하는 차량의 타이어(휠)와 도로면의 마찰에 의해서 재비산되는 먼지 중 공기역학적 등가입경(이하 입경이라 함)이 10μm 이하인 먼지를 말한다.

(3) 도로 미사 부하량(Silt Loading on Road Surface) 중요내용

도로의 단위면적당 표면에 쌓여 있는 먼지 중 기하학적 등가입경이 75μm이하(200mesh 이하)인 미사(Silt)의 질량을 의미한다.

(4) 광산란법(Light Scattering Method)

대기 중에 부유하고 있는 먼지에 빛을 조사하면 먼지에 의하여 빛이 산란하게 된다. 물리적 성질이 동일한 먼지에 빛을 조사하면 산란광의 양은 질량농도에 비례하게 된다. 이러한 원리를 이용하여 산란광의 양을 측정하고 그 값으로부터 먼지의 농도를 구하는 방법이다.

(5) 입경분립장치 중요내용

입경분립장치는 충돌판방식(Impactor)으로 입자상 물질을 내부 노즐을 통해 가속시킨 후 충돌판에 충돌시켜, 관성이 큰 입자가 선택적으로 충돌판에 채취되는 원리를 이용하여 일정크기 이상의 입자를 분리하는 장치이다.

(6) 유효한계입경 중요내용

유효한계입경(dp_{50})은 공기역학적 직경별 분리(혹은 채취) 효율(Effectiveness) 분포곡선에서 50%의 분리(혹은 채취) 효율을 나타내는 입자의 입경을 의미한다.

3. 측정방법의 종류

(1) 도로 재비산먼지 중 질량농도를 측정하는 방법

이 측정방법은 측정차량의 도로주행에 따른 마찰력에 의해 도로 표면의 재비산되는 먼지와 배경농도를 광산란법 등에 의해 측정하여 도로재비산먼지 중 입경이 10μm 이하인 먼지(PM10)의 질량농도를 측정한다.

(2) 도로 재비산먼지 중 미사 부하량을 측정하는 방법

이 측정방법은 (1)의 측정법을 이용하여 질량농도를 산정한 후 상관관계식을 적용하여 도로재비산먼지의 미사 부하량을 산정한다.

4. 도로 재비산먼지 중 질량농도를 측정하는 방법

(1) 이동측정차량의 구성 중요내용

이동식 측정차량은 시료 흡입부, 측정부, 저장장치 등으로 나누어지며 주요 장치구성은 그림과 같다.

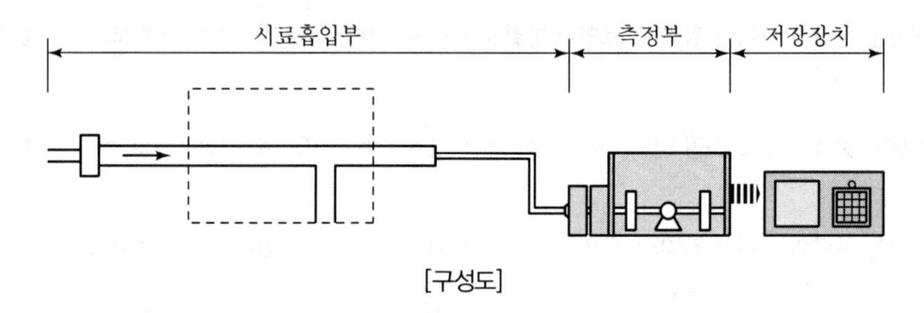

[구성도]

(2) 먼지농도의 계산

① 도로 재비산먼지 중 10μm 이하인 먼지(PM10)의 농도는 흡입유량당 먼지의 질량에 의존하는 광산란법으로 결정되고, 차량에 의해 앞쪽 타이어 후면(또는 차량 후면)에서 재비산되는 먼지의 평균농도에서 평균 배경농도의 차로 구한다.

② 평균배경농도는 실제 측정하는 시간범위와 차량이동에 따른 공간 범위에서의 해당 지역의 배경농도를 의미하며 먼지농도의 계산은 다음 식에 따른다.

$$C_{res} = \left(\sum_{i=1}^{n} \frac{C_i}{n}\right) - C_{bg}$$

여기서, n : 앞쪽 타이어 후면(또는 차량 후면)의 측정점수

C_{res} : 입경 10μm 이하의 재비산 먼지의 평균농도($\mu g/m^3$)

C_i : 앞쪽 타이어 후면(또는 차량 후면)에서 측정한 입경 10μm 이하의 먼지농도($\mu g/m^3$)

C_{bg} : 입경 10μm 이하의 평균 배경농도($\mu g/m^3$)

(3) 측정치의 기록

이상의 방법에 대해 매 채취시료마다 측정시간, 측정지역, 측정장비 고유번호, 배경농도, 도로 재비산먼지 중 10μm 이하인 먼지(PM10) 농도, 기타 성적에 참고가 될 만한 기상요소(일기, 온도, 습도, 풍향, 풍속 등) 및 시료채취자의 성명을 기록해 놓는다.

5. 정도보증/정도관리(QA/QC)

(1) 정확도 보정(보정계수 산정)

① 도로 재비산먼지 중 PM10 연속측정의 정확도는 상대적인 관점에서 연속측정기 내부에 설치된 여과지의 중량농도법 측정 간의 일치하는 정도로 정의되며, 식 (1)에 따라 보정계수를 산정한 후 식 (2)를 적용한다.

② 단, 낮은 농도에서 정확도의 상관성이 낮아지므로 연속측정 농도가 50$\mu g/m^3$ 이상으로 측정된 자료를 활용한다.

$$CF = \frac{C_{ref-mass}}{C_{opt}} \quad \text{식 (1)}$$

여기서, CF : 보정계수

$C_{ref-mass}$: 질량농도법 측정농도($\mu g/m^3$)

C_{opt} : 광산란법 측정농도($\mu g/m^3$)

$$C_{cor} = CF \times C_{opt} \quad \text{식 (2)}$$

여기서, C_{cor} : 광산란법 보정농도($\mu g/m^3$)

CF : 보정계수

C_{opt} : 광산란법 측정농도($\mu g/m^3$)

(2) 중량농도법 분석절차

여과지 안정화 및 칭량 조건 중요내용

시료채취 전후 온도 20 ± 2℃, 상대습도 35 ± 5%의 조건에서 여과지를 24시간 이상 안정화시킨 후 분석용 저울로 충분히 저울이 안정된 상태에서 1μg까지 정확히 측정하고 기록한다.

(3) 운전조건 범위 중요내용

연속자동측정기는 환경대기온도 −30℃에서 +45℃ 범위, 환경대기 중 상대습도는 0~70% 조건에서 주행속도에 의한 영향을 최소화하기 위하여 시속 60km 이내로 운전하여야 한다.

[배출가스 중 하이드라진－황산함침여지채취－고성능액체코로마토그래피]

① 이 방법은 산업시설 등에서 덕트 또는 굴뚝으로 배출되는 배출가스 중 하이드라진을 황산으로 처리한 유리섬유필터에 시료를 채취하는 방법이다.

② 목표농도는 시료채취량이 240L인 경우 0.03ppm(39.0$\mu g/m^3$)~1.00ppm(1.3mg/m^3) 수준으로 수분이 적은 저농도 수준의 시료에 적용할 수 있다.

③ 방법검출한계는 0.01ppm이다.

[배출가스 중 금속화합물 측정방법]

01 배출가스 중 금속화합물

1. 목적

(1) 배출가스 중 금속 측정의 주된 목적은 유해성 금속 성분에 대한 배출을 감시하고 관리하는 데 있다.
(2) 주요 측정대상 금속은 니켈, 비소, 수은, 카드뮴, 크로뮴 등과 같은 발암성 금속 성분과 납, 아연 등이 포함된다.
(3) 배출가스 중 부유먼지에 함유된 금속에 대한 정확한 측정 결과는 배출량 관리를 위한 정책 수립의 기본 자료로서 활용된다.

2. 적용 가능한 시험방법

(1)

측정 금속		원자흡수분광광도법*	유도결합플라스마 원자발광분광법	자외선/가시선분광법	기타
01401.	비소	01401.1① 01401.1②	01401.3	01401.4	
01402.	카드뮴	01402.1	01402.2	–	
01403.	납	01403.1	01403.2	–	
01404.	크로뮴	01404.1	01404.2	01404.3	
01405.	구리	01405.1	01405.2	–	
01406.	니켈	01406.1	01406.2	01406.3	
01407.	아연	01407.1	01407.2	–	
01408.	수은	01408.1③	–	–	
01409.	베릴륨	01409.1	–	–	

*배출가스 중 금속에 대한 주 시험방법으로 사용한다.
① 수소화물발생원자흡수분광광도법
② 흑연로원자흡수분광광도법
③ 냉증기원자흡수분광광도법

(2) 원자흡수분광광도법을 주 시험방법으로 한다.

3. 금속 분석에서의 일반적인 주의사항

(1) 금속의 미량분석에서는 유리기구, 증류수 및 여과지에서의 금속 오염을 방지하는 것이 중요하다.
(2) 유리기구는 희석된 질산 용액에 4시간 이상 담근 후, 증류수로 세척한다.
(3) 이 시험방법에서 "물"이라 함은 금속이 포함되지 않은 증류수를 의미한다.
(4) 분석실험실은 일반적으로 산을 가열하는 전처리 시 발생하는 유독기체를 배출시킬 수 있는 환기시설(후드) 등이 갖추어져 있어야 한다.

01-1 배출가스 중 금속화합물 – 원자흡수분광광도법

1. 개요

(1) 목적

① 이 시험기준은 배출가스 중의 금속 및 이들 화합물의 농도 측정방법을 규정함으로써 배출오염을 감시 및 억제하는 데 그 목적이 있다.

② 구리, 납, 니켈, 아연, 철, 카드뮴, 크로뮴, 베릴륨을 원자흡수분광광도법에 의해 정량하는 방법으로, 시료 용액을 직접 공기 – 아세틸렌 불꽃에 도입하여 원자화시킨 후, 각 금속 성분의 특성파장에서 흡광세기를 측정하여 각 금속 성분의 농도를 구한다.

(2) 적용범위

① 이 시험기준은 연료 및 기타 물질의 연소, 금속의 제련 및 가공, 요업, 약품제조, 폐기물 처리 등에 수반하여 굴뚝 등에서 배출되는 배출가스 중에서 존재하는 금속(구리, 납, 니켈, 아연, 카드뮴, 크로뮴, 베릴륨) 및 그 화합물의 분석방법에 대하여 규정한다. 입자상 금속화합물은 강제흡입장치를 통해 여과장치에 채취하고, 분석농도를 구한 후 배출가스 유량에 따라 배출가스 중의 금속농도를 산출한다.

② 원자흡수분광광도법의 측정파장, 정량범위, 정밀도 및 방법검출한계

측정 금속	측정파장(nm) 중요내용	정량범위(mg/Sm³)	정밀도(%상대표준편차)	방법검출한계(mg/Sm³)
Cu	324.8	0.0125~5.000	10% 이내	0.004
Pb	217.0/283.3	0.050~6.250	10% 이내	0.015
Ni	232.0	0.010~5.000	10% 이내	0.003
Zn	213.8	0.003~5.000	10% 이내	0.001
Fe	248.3	0.125~12.50	10% 이내	0.037
Cd	228.8	0.010~0.380	10% 이내	0.003
Cr	357.9	0.100~5.000	10% 이내	0.030
Be	234.9	0.010~0.500	10% 이내	0.003

(3) 간섭물질

① 광학적 간섭 중요내용

㉠ 발생 원인

- 분석하고자 하는 금속과 근접한 파장에서 발광하는 물질이 존재할 때
- 측정파장의 스펙트럼이 넓어질 때
- 이온과 원자의 재결합으로 연속 발광할 때 또는 분자띠 발광의 경우

㉡ 광학적 간섭은 측정에 사용하는 스펙트럼이 다른 인접선과 완전히 분리되지 않아 파장 선택부의 분해능이 충분하지 않기 때문에 검량곡선의 직선영역이 좁고 구부러져 측정감도 및 정밀도가 저하된다. 이 경우 다른 파장을 사용하여 다시 측정하거나 표준물질첨가법을 사용하여 간섭효과를 줄일 수 있다.

② 물리적 간섭

㉠ 시료의 분무 시, 시료의 점도와 표면장력의 변화 등의 매질효과에 의해 발생한다.

㉡ 시료를 희석하거나 표준물질첨가법을 사용하여 간섭효과를 줄일 수 있다.

③ 화학적 간섭 중요내용

㉠ 발생원인

• 원자화 불꽃 중에서 이온화하는 경우
• 공존물질과 작용하여 해리하기 어려운 화합물이 생성되는 경우

㉡ 대책

• 이온화로 인한 간섭은 분석대상 원소보다 이온화 전압이 더 낮은 원소를 첨가하여 측정원소의 이온화를 방지
• 해리하기 어려운 화합물을 생성하는 경우에는 용매추출법을 사용하여 측정원소를 추출하여 분석하거나 표준물질첨가법을 사용하여 간섭효과를 줄임

④ 시료 내 납, 카드뮴, 크로뮴의 양이 미량으로 존재하거나 방해물질이 존재할 경우
용매추출법을 적용하여 정량 중요내용

⑤ 니켈 분석 시 다량의 탄소가 포함된 시료의 경우 중요내용

㉠ 시료를 채취한 여과지를 적당한 크기로 잘라서 자기도가니에 넣어 전기로를 사용하여 800 ℃에서 30분 이상 가열한 후 전처리 조작을 행한다.
㉡ 카드뮴, 크로뮴 등을 동시에 분석하는 경우에는 500 ℃에서 2~3시간 가열한 후 전처리 조작을 행한다.

⑥ 아연 분석 시 213.8 nm 측정파장을 이용할 경우 불꽃에 의한 흡수 때문에 바탕선(baseline)이 높아지는 경우가 있다. 중요내용

⑦ 철 분석 시 니켈, 코발트가 다량 존재할 경우 중요내용

㉠ 검정곡선용 표준용액의 매질을 일치시키고 아세틸렌-아산화질소 불꽃을 사용하여 분석한다.
㉡ 흑연로원자흡수분광광도법을 이용하여 간섭을 최소화시킬 수 있다.

⑧ 규소(Si)를 다량 포함할 경우 중요내용
0.2g/L 염화칼슘($CaCl_2$) 용액을 첨가한다.

⑨ 유기산(특히 시트르산)이 다량 포함되어 있는 경우 중요내용
0.5g/L 인산을 가한다.

⑩ 카드뮴 분석 시 알칼리금속의 할로겐화물이 다량 존재하여 분자흡수, 광산란 등에 의해 양의 오차가 발생하는 경우 미리 카드뮴을 용매추출법으로 분리하거나 바탕값 보정을 실시한다.

⑪ 크로뮴 분석 시 아세틸렌-공기 불꽃에서는 철, 니켈 등에 의한 방해를 받는 경우

㉠ 황산소듐, 황산포타슘 또는 이플로오린화수소암모늄을 10g/L 정도 가하여 분석한다.
㉡ 아세틸렌-아산화질소 불꽃을 사용하여 방해를 줄일 수 있다.

2. 용어 정의 중요내용

(1) 감도

각 원소 성분에 대해 입사광의 1 %(0.0044 흡광도)를 흡수할 수 있는 시료의 농도

(2) 표준원액

정확한 농도를 알고 있는 비교적 고농도의 용액으로, 고순도 시약을 이용하여 정확하게 조제하거나, 일반적으로 1000mg/kg 농도에서 소급성이 명시된 인증표준물질을 구입하여 사용한다.

(3) 표준용액

① 검정곡선 작성에 사용되며, 용도에 따라 표준원액을 적당한 농도 범위로 묽혀 조제한다.
② 표준용액은 가능한 한 시료의 매질과 동일한 조성을 갖도록 조제해야 한다.

(4) 현장바탕시험용액

현장바탕시험은 현장에서의 채취과정, 시료의 운송, 보관 및 분석과정에서 생기는 문제점을 찾는 데 사용되는 시험으로, 시료와 동일한 절차를 거쳐 얻어진 용액을 말하며, 시료용액의 결과 보정에 사용된다.

3. 시약 및 표준용액

(1) 시료 전처리용 시약

① 질산－과산화수소법
- ㉠ 질산(HNO_3, nitric acid, 분자량 : 63.01, 순도 70.0%)
- ㉡ 과산화수소(H_2O_2, hydrogen peroxide, 분자량 : 34.01, 순도 30%)

② 질산－염산법

질산(HNO_3, nitric acid, 분자량 : 63.01, 순도 70.0%)

염산(HCl, hydrochloric, 분자량 : 36.46, 순도 36.5~38.0%)

③ 질산법

④ 마이크로파 산분해법
- ㉠ 질산(HNO_3, nitric acid, 분자량 : 63.01, 순도 70.0%)
- ㉡ 염산(HCl, hydrochloric acid, 분자량 : 36.46, 순도 36.5~38%)
- ㉢ 혼합산(5.55% HNO_3 / 16.75% HCl)

  정제수 500 mL에 질산 55.5 mL와 염산 167.5 mL를 녹이고, 최종 부피를 1 L가 되도록 묽힌다.

⑤ 회화법 중요내용
- ㉠ 탄산소듐(Na_2CO_3, sodium carbonate, 분자량 : 105.99, 순도 99%)
- ㉡ 플루오린화수소(HF ; hydrogen fluoride, 분자량 : 20.01, 순도 48%)
- ㉢ 황산(H_2SO_4)
- ㉣ 질산(HNO_3)

⑥ 저온 회화법
- ㉠ 염산(1＋1), (2＋98)
- ㉡ 과산화수소수(H_2O_2, 분자량 : 34.01, 순도 30%)

⑦ 원자흡수분광광도계용 기체
- ㉠ 가연성 기체

  아세틸렌(C_2H_2)
- ㉡ 조연성 기체

  공기 또는 아산화질소(N_2O)

4. 시료 채취 및 관리

(1) 측정위치 및 측정점의 선정

(2) 시료채취장치

① 시료채취장치는 시료채취관, 시료채취장치, 흡입기체 유량측정장치, 기체흡입장치 등으로 구성된다.

② 유리섬유제, 석영섬유제(또는 셀룰로스제) 여과지를 사용한다.

③ 굴뚝배출가스 온도와 여과지의 관계 중요내용

굴뚝배출기체의 온도	여과지
120℃ 이하	셀룰로스 섬유제 여과지
500℃ 이하	유리 섬유제 여과지
1,000℃ 이하	석영 섬유제 여과지

(3) 시료채취

이동 채취법에 따라서 각 측정점에서 등속흡입하여 채취한다.

5. 정도보증/정도관리(QA/QC)

(1) 내부정도관리

① 방법검출한계 및 정량한계 중요내용

㉠ 시료채취용 여과지에 각 실험실의 정량하한값과 비슷한 농도의 분석대상 표준물질을 첨가한 여과지 시료를 7개 준비하여 각 시료를 전처리 및 분석한다.

㉡ 방법검출한계(MDL)

측정값들의 표준편차×3.14

㉢ 정량한계(LOQ)

측정값들의 표준편차×10

② 실험실의 정밀도 및 정확도

㉠ 시료채취용 여과지에 일정량의 표준물질을 첨가(정량한계의 1~5배 농도)한 시료, 또는 유사한 매질의 인증표준물질(CRM, Certified Reference Material)를 이용하여 4개 이상의 동일한 농도를 가진 시료를 준비하여 전처리 및 분석하여 측정값들의 평균값과 표준편차를 구한다.

㉡ 정확도는 첨가한 표준물질의 농도에 대한 측정값의 상대백분율(회수율)로서 나타낸다.

㉢ 정밀도는 측정값의 %상대표준편차(%RSD)로 산출한다.

$$\text{정확도}(\%) = \frac{\bar{x}}{X_i} \times 100$$

$$\text{정밀도}(\%) = \frac{s}{X_m} \times 100$$

여기서, s : 표준편차

X_i : 알고 있는 농도

$\bar{x}$: 평균 측정값

㉣ 측정했을 때 정밀도는 10% 이내, 정확도는 75~125% 이내이어야 한다.

㉤ 전처리를 제외한 분석과정에서의 정확도는 정확한 농도를 알고 있는 표준용액을 4회 이상 분석하여, 동일한 방법으로 산출할 수 있다.

6. 분석절차

(1) 전처리 방법 중요내용

성상	처리방법
타르 기타 소량의 유기물을 함유하는 것	질산－염산법, 질산－과산화수소수법, 마이크로파 산분해법
유기물을 함유하지 않는 것	질산법, 마이크로파 산분해법
다량의 유기물 유리탄소를 함유하는 것 셀룰로스 섬유제 여과지를 사용한 것	저온 회화법

㈜ 처리방법에 있어서의 조작은 바깥지름 25 mm인 원통 여과지를 쓰는 경우를 기준으로 한다. 바깥지름 25 mm 이외의 원통 여과지를 쓰는 경우에는 그 크기에 비례하여 사용하는 시약의 양을 비례적으로 증감한다.

① 산분해법

㉠ 질산－과산화수소법

분석 시 산의 농도에 의한 영향이 무시되는 경우에는 증발 농축을 생략하고 식힌 후 물로서 250 mL로 한다.

㉡ 질산－염산법

㉢ 질산법

㉣ 마이크로파 산분해법

㉤ 회화법

- 다량의 탄소를 함유하는 시료인 경우는 산화가 곤란하므로 충분히 시간을 갖고 회화할 필요가 있다.
- 시료 중에 유기물과 유리 탄소를 거의 함유하지 않는 경우는 이 조작을 생략하여도 좋다.
- 역류방지기에 크롬이 붙어 있는 경우에는 온수와 (1+1)질산 몇 방울로서 추출하여 거르고 세척하여 자기도가니에 옮겨 거의 건조될 때까지 농축한 다음 시료 용액에 가한다.
- 분해가 어려운 시료를 녹일 때에는 먼저 쓴 용제에 다시 붕산소듐($Na_2B_4O_7$, sodium borate) 0.2 g 정도를 가한다.
- 용융제로서 탄산소듐(Na_2CO_3, sodium carbonate) 2 g과 질산소듐($NaNO_3$, sodium nitrate) 0.1 g을 가한 다음 서서히 온도를 올려서 강열하여 녹이며, 이따금 도가니를 흔들어서 내용물을 잘 섞고 약 20분간 융해조작을 계속한다. 방치하여 냉각한 내용물을 백금도가니와 함께 200 mL 비커에 옮겨 넣고 소량의 온수를 가하여 물중탕에서 가열, 추출한다. 중요내용

  ㈜ 크로뮴의 경우, 삼산화이크로뮴(Cr_2O_3)은 단단한 결정 구조를 가지며 산에 강한 저항력을 지닌다. 이러한 물질이 존재할 때, 시료의 전처리법으로 회화법을 사용하는 것이 바람직하며, 회화법으로도 시료의 완전한 용출은 이루어지지 않을 수 있다.

㉥ 저온회화법

- 시료를 채취한 여과지를 회화실에 넣고 약 200 ℃ 이하에서 회화한다.
- 셀룰로오스섬유제 여과지를 사용했을 때에는 그대로, 유리섬유제 또는 석영섬유제 여과지를 사용했을 때에는 적당한 크기로 자르고 250 mL 원뿔형 비커에 넣은 다음 염산(1+1) 70 mL 및 과산화수소수(30%) 5 mL를 가한다. 이것을 물중탕 중에서 약 30 분간 가열하여 녹인다.

② 용매추출법

- 시료 용액 중 다량의 아연, 구리 등이 함유되어 있을 때에는 트라이옥틸아민(trioctylamine)의 4－메틸－2－펜타논(4－methyl－2－pentanone) 용액으로 추출하여 분석 용액으로 한다.
- 납 분석 시, 방해물질(Ca^{2+}, 고농도 SO_4^{2-} 등)이 존재할 경우에는 용매추출법을 적용하여 정량할 수 있다.

㉠ 다이에틸다이티오카밤산 추출법

㉡ 디티존－톨루엔 추출법

㉢ 트라이옥틸아민 추출법

7. 결과 보고

배출가스 중의 금속 성분 농도 계산방법

배출가스 중의 해당 금속농도는 0 ℃, 760 mmHg로 환산한 공기 $1 m^3$ 중 금속의 mg 수로 나타낸다.

$$C = C_s \times \frac{V_f}{V_s} \times \frac{1}{1,000}$$

여기서, C : 표준상태에서 건조한 배출가스 중의 입자상 금속농도(mg/Sm^3)
C_s : 시료 용액 중의 금속농도($\mu g/mL$)
V_f : 조제한 분석용 시료용액의 최종 부피(mL)
V_s : 표준상태에서의 건조한 대기기체 채취량(Sm^3)

01-2 배출가스 중 금속화합물 – 유도결합플라스마 분광법

1. 개요

(1) 목적

① 이 시험기준은 배출가스 중의 금속 및 이들 화합물의 농도 측정방법을 규정함으로써 배출오염을 감시 및 억제하는 데 그 목적이 있다.
② 구리, 납, 니켈, 아연, 카드뮴, 철, 크로뮴, 비소를 유도결합플라스마 분광법에 의해 정량하는 방법이다.
③ 시료용액을 플라스마에 분무하고 각 성분의 특성파장에서 발광세기를 측정하여 각 성분의 농도를 구한다.

(2) 적용범위

① 이 시험기준은 연료 및 기타 물질의 연소, 금속의 제련과 가공, 이화학적 처리 등에 의해 굴뚝, 덕트 등으로부터 배출되는 입자상 금속 및 금속화합물의 분석방법에 대해 규정한다.
② 입자상 금속화합물은 강제흡입장치를 통해 여과장치에 채취하고, 분석농도를 구한 후 배출가스 유량에 따라 배출가스 중의 금속농도를 산출한다.

〈유도결합플라스마 분광법의 정량범위와 정밀도〉 *중요내용

원소	측정파장(nm)	정량범위 (mg/m^3)	정밀도 (%상대표준편차)	방법검출한계 (mg/Sm^3)
Cu	324.75	0.010~5.000	10 이내	0.003
Pb	220.35	0.025~0.500	10 이내	0.008
Ni	231.60 / 221.65	0.010~5.000	10 이내	0.003
Zn	206.19	0.100~5.000	10 이내	0.030
Fe	259.94	0.025~12.50	10 이내	0.009
Cd	226.50	0.004~0.500	10 이내	0.001
Cr	357.87 / 206.15 / 267.72	0.002~1.000	10 이내	0.001
As	193.696	(0.003~0.130)ppm	10 이내	0.001ppm

(3) 간섭물질 중요내용

① 광학적 간섭

㉠ 발생원인

ⓐ 분석하고자 하는 금속과 근접한 파장에서 발광하는 물질이 존재하는 경우

ⓑ 측정파장의 스펙트럼이 넓어질 때

ⓒ 이온과 원자의 재결합으로 연속 발광할 때 또는 분자띠 발광의 경우

㉡ 광학적 간섭은 측정에 사용하는 스펙트럼이 다른 인접선과 완전히 분리되지 않아 파장 선택부의 분해능이 충분하지 않기 때문에 검량곡선의 직선영역이 좁고 구부러져 측정감도 및 정밀도가 저하된다. 이 경우 다른 파장을 사용하여 다시 측정하거나 표준물질첨가법을 사용하여 간섭효과를 줄일 수 있다.

② 물리적 간섭

㉠ 시료의 분무 시 시료의 점도와 표면장력의 변화 등의 매질효과에 의해 발생한다.

㉡ 시료를 희석하거나 표준물질첨가법을 사용하여 간섭효과를 줄일 수 있다.

③ 화학적 간섭

㉠ 발생원인

ⓐ 플라스마 중에서 이온화하는 경우

ⓑ 공존물질과 작용하여 해리하기 어려운 화합물이 생성되는 경우

㉡ 대책

ⓐ 이온화로 인한 간섭은 분석대상 원소보다 이온화 전압이 더 낮은 원소를 첨가하여 측정원소의 이온화를 방지

ⓑ 해리하기 어려운 화합물을 생성하는 경우에는 용매추출법을 사용하여 측정원소를 추출하여 분석하거나 표준물질첨가법을 사용하여 간섭효과를 줄일 수 있음

④ 납, 니켈, 카드뮴 및 크로뮴 분석 시, 시료 중의 소듐, 포타슘, 마그네슘, 칼슘 등의 농도가 높고, 분석 성분의 농도가 낮은 경우

시료 농축 및 방해물질 제거를 위하여 용매추출법을 이용하여 정량

⑤ 소듐, 칼슘, 마그네슘 등과 같은 염의 농도가 높은 시료에서, 절대검정곡선법을 적용할 수 없는 경우

표준물질첨가법을 사용

2. 용어 정의 (배출가스 중 금속화합물 – 원자흡수분광광도법 내용과 동일함) 중요내용

3. 분석기기 및 기구

배출가스 중 금속화합물 – 원자흡수분광광도법 내용과 동일함

4. 시약 및 표준용액

(1) 시료 전처리용 시약 (배출가스 중 금속화합물 – 원자흡수분광광도법 내용과 동일함)

(2) 표준용액

㈜ 1. 카드뮴은 6mol/L 염산을, 구리, 니켈, 아연 및 철 표준물질은 6mol/L 질산을 사용하여 쉽게 용해시킬 수 있다.
2. 납은 고순도의 질산납 [$Pb(NO_3)_2$, lead nitrate] 일차표준물질 1.589 g을 2% 질산에 녹여 조제할 수 있다.

(3) 유도결합플라스마 분광법용 기체

아르곤(Ar, argon, 순도 99.99% 이상)

5. 시료 채취 및 관리

배출가스 중 금속화합물－원자흡수분광광도법 내용과 동일함

6. QA/QC

배출가스 중 금속화합물－원자흡수분광광도법 내용과 동일함

7. 분석절차

(1) 전처리 방법 중요내용

성상	처리방법
타르 기타 소량의 유기물을 함유하는 것	질산－염산법, 질산－과산화수소수법, 마이크로파 산분해법
유기물을 함유하지 않는 것	질산법, 마이크로파 산분해법
다량의 유기물 유리탄소를 함유하는 것 셀룰로스 섬유제 여과지를 사용한 것	저온 회화법

㈜ 처리방법에 있어서의 조작은 바깥지름 25 mm인 원통 여과지를 쓰는 경우를 기준으로 한다. 바깥지름 25 mm 이외의 원통 여과지를 쓰는 경우에는 그 크기에 비례하여 사용하는 시약의 양을 비례적으로 증감한다.

(2) 측정방법

① 절대검정곡선법

㉠ 시료의 측정

시료 용액을 유도결합플라스마 분광법에 따라 플라스마 토치 중에 분무하여, 구리(324.75 nm), 납(220.35 nm), 니켈(231.60 또는 221.647 nm), 아연(206.19 nm), 철(259.94 nm), 카드뮴(226.50 nm), 크로뮴(357.87 또는 206.149 nm), 비소(193.696nm) 특성 파장에서의 발광세기를 측정한다. 중요내용

㉡ 검정곡선의 작성

금속(구리, 납, 니켈, 비소, 철, 카드뮴, 크로뮴, 비소) 표준용액 (10 mg/L)을 시료의 농도에 따라 0.1~25 mL 범위 내에서 100 mL 부피플라스크에 단계적으로 취한다.

② 상대검정곡선법

시료의 측정

조작을 행하여 구리, 납, 니켈, 아연, 카드뮴, 철, 크로뮴, 비소 각각의 특성파장과 이트륨 파장(317.029 nm)의 발광세기를 측정하고, 각 성분과 이트륨의 발광세기의 비를 구한다.

8. 배출가스 중의 금속화합물 농도 계산방법

배출가스 중의 해당 금속농도는 0℃, 760 mmHg로 환산한 공기 1 m³ 중 금속의 mg 수로 나타낸다.

$$C = C_s \times \frac{V_f}{V_s} \times \frac{1}{1,000}$$

여기서, C : 표준상태에서 건조한 배출가스 중의 입자상 금속농도(mg/Sm³)

C_s : 시료 용액 중의 금속농도(μg/mL)

V_f : 조제한 분석용 시료 용액의 최종 부피(mL)

V_s : 표준상태에서의 건조한 시료가스 채취량(Sm³)

02 배출가스 중 비소화합물

적용 가능한 시험방법

수소화물 생성 원자흡수분광광도법이 주 시험방법이다. 중요내용

분석방법	정량범위	방법검출한계
수소화물 생성 원자흡수분광광도법	0.003ppm~0.130ppm (분석용 시료용액 250mL, 건조시료가스량 1Sm³인 경우)	0.001ppm
흑연로 원자흡수분광광도법	0.003ppm~0.013ppm (분석용 시료용액 250mL, 건조시료가스량 1Sm³인 경우)	0.001ppm
유도결합플라스마 원자발광분광법	0.003ppm~0.130ppm (분석용 시료용액 250mL, 건조시료가스량 1Sm³인 경우)	0.001ppm
자외선/가시선분광법	0.007ppm~0.035ppm (분석용 시료용액 250mL, 건조시료가스량 1Sm³인 경우)	0.002ppm

02-1 배출가스 중 비소화합물 – 수소화물 생성 원자흡수분광광도법

1. 목적

① 이 시험기준은 고정된 오염물질의 주요 배출원인 배출가스 중의 입자상 및 기체상 비소화합물의 농도 측정을 위한 기준방법에 대해 규정하는 데 그 목적이 있다.

② 시료용액 중의 비소를 수소화비소로 하여 아르곤 – 수소불꽃 중에 도입하고 비소에 의한 원자흡수를 파장 193.7 nm에서 측정하여 비소를 정량한다. 중요내용

2. 적용범위

① 이 시험기준은 연료 및 기타 물질의 연소, 금속의 제련 및 가공, 요업, 약품제조, 폐기물 처리 등에 수반하여 굴뚝 등에서 배출되는 배출가스 중에서 입자상 비소 및 이들 화합물과 기체상의 수소화 비소를 분석하는 방법에 대하여 규정한다.

② 입자상 비소화합물은 강제흡입장치를 사용하여 여과장치에 채취하고, 기체상 비소는 적당한 수용액 중에 흡수 채취하며, 채취된 물질을 산 분해 처리한다.

③ 전처리하여 용액화한 시료 용액 중의 비소를 수소화물발생 원자흡수분광법으로 측정한다. 분석농도를 구한 후 배출가스 유량으로부터 배출가스 중의 비소농도를 산출한다.

④ 정량범위 중요내용

0.003~0.130ppm(시료용액 250mL, 건조시료가스량 1Sm³인 경우)

⑤ 방법검출한계 중요내용

0.001 ppm

⑥ 정밀도 중요내용

10% 이하(장치, 측정조건에 따라 다름)

3. 간섭물질

① 비소 및 비소화합물 중 일부 화합물은 휘발성이 있어 전처리 시 비소의 손실 가능성이 있어 전처리방법으로서 마이크로파 산분해법을 이용할 것을 권장한다.

② 시료 용액 중의 산 매질 농도에 따라 감응도에 약간의 차이가 날 수 있다. 시료와 표준용액을 동일한 방법으로 처리하여 이러한 차이를 줄여야 한다.

③ 수소화비소의 발생에 간섭을 주는 경우 중요내용

㉠ 시료 용액 중에 귀금속(은, 금, 백금, 팔라듐 등)의 농도가 각각 100 μg/L 이상인 경우

㉡ 구리, 납, 납 등의 농도가 각각 1 mg/L 이상인 경우

㉢ 수소화물 생성원소(비스무트, 안티몬, 주석, 셀렌, 텔루륨 등)의 농도가 각각 0.1~1 mg/L 이상인 경우

㉣ 철, 니켈, 코발트의 함량이 각각 비소 함량의 5, 10, 80배 정도를 초과하는 경우

④ 전이금속에 의한 간섭은 연삼 농도에 따라 달라지며 저농도에서보다 4~6mol/L에서 덜하다.

⑤ 질산 분해에 의해 생기는 환원된 산화질소와 아질산염은 감도를 저하시킬 수 있다.

4. 입자상 및 가스상 비소화합물 농도

측정결과는 ppm 단위의 소수점 넷째 자리까지 계산하고, 결과표시는 소수점 셋째 자리까지 표기한다.

$$C = \frac{m}{V_s} \times 1{,}000 \times \frac{22.41}{74.92}$$

여기서, C : 표준상태에서 건조가스 중 비소화합물 농도(ppm 또는 μmol/mol)

m : 검정곡선에서 구한 비소량(mg)

V_s : 표준상태에서의 건조가스 시료채취량(L)

02-2 배출가스 중 비소화합물 – 자외선/가시선 분광법

1. 목적

① 이 시험기준은 고정된 오염물질의 주요 배출원인 배출가스 중의 입자상 및 기체상 비소화합물의 농도 측정을 위한 기준방법에 대해 규정하는 데 그 목적이 있다.

② 시료용액 중의 비소를 수소화비소로 하여 발생시키고 이를 다이에틸다이싸이오카밤산은 클로로폼 용액에 흡수시킨 다음 생성되는 적자색 용액의 흡광도를 510 nm에서 측정하여 비소를 정량한다. 중요내용

2. 적용범위 중요내용

① 이 시험기준은 연료 및 기타 물질의 연소, 금속의 제련 및 가공, 요업, 약품제조, 폐기물 처리 등에 수반하여 굴뚝 등에서 배출되는 배출가스 중에서 입자상 비소 및 이들 화합물과 기체상의 수소화 비소를 분석하는 방법에 대하여 규정한다.

② 입자상 비소화합물은 강제흡입장치를 사용하여 여과장치에 채취하고, 가스상 비소는 적당한 수용액 중에 흡수 채취하며, 채취된 물질을 산 분해 처리한다.

③ 전처리하여 용액화한 시료 용액 중의 비소를 다이에틸다이싸이오카밤산은 자외선/가시선 분광법으로 측정한다. 분석농도를 구한 후 배출가스 유량으로부터 배출가스 중의 비소 농도를 산출한다.

④ 정량범위

0.007~0.035ppm(분석용 시료용액, 건조시료가스량 $1Sm^3$인 경우)

⑤ 방법검출한계 : 0.002ppm

⑥ 정밀도 : 10% 이하

3. 간섭물질 중요내용

① 비소 및 비소화합물 중 일부 화합물은 휘발성이 있어 전처리하는 동안 비소의 손실 가능성이 있으므로 전처리 방법으로서 마이크로파산분해법을 이용할 것을 권장한다.

② 일부 금속(크롬, 코발트, 구리, 수은, 몰리브데넘, 니켈, 백금, 은, 셀렌 등)이 수소화비소(AsH_3) 생성에 영향을 줄 수 있지만 시료 용액 중의 이들 농도는 간섭을 일으킬 정도로 높지는 않다.

③ 황화수소가 영향을 줄 수 있으며 이는 아세트산납으로 제거할 수 있다.

④ 안티모니는 스티빈(stibine)으로 환원되어 510 nm에서 최대 흡수를 나타내는 착화합물을 형성케 함으로써 비소 측정에 간섭을 줄 수 있다.

⑤ 메틸 비소화합물은 pH 1에서 메틸수소화비소(methylarsine)를 생성하여 흡수용액과 착화합물을 형성하고 총 비소 측정에 영향을 줄 수 있다.

02-3 배출가스 중 비소화합물-흑연로 원자흡수분광광도법

1. 목적

① 이 시험기준은 고정된 오염물질의 주요 배출원인 배출가스 중의 입자상 및 가스상 비소화합물의 농도 측정을 위한 기준방법에 대해 규정하는 데 그 목적이 있다.

② 비소를 흑연로 원자흡수분광광도법으로 정량하는 방법으로, 비소 속빈음극램프를 점등하여 안정화시킨 후, 전처리한 시료용액을 흑연로에 주입하고 비소화합물을 원자화시켜 파장 193.7 nm에서 원자흡수분광광도법에 따라 조작을 하여 시료용액의 흡광도 또는 흡수 백분율을 측정하는 방법이다. 중요내용

2. 적용범위

① 이 시험기준은 연료 및 기타 물질의 연소, 금속의 제련 및 가공, 요업, 약품제조, 폐기물 처리 등에 수반하여 굴뚝 등에서 배출되는 배출가스 중에서 입자상 비소화합물과 가스상의 수소화비소를 분석하는 방법에 대하여 규정한다.

② 강제흡입장치를 사용하여 입자상 비소화합물을 여과장치에 채취하고, 채취된 물질을 산 분해 처리하여 용액화한 시료 용액 중의 비소를 흑연로원자흡수분광법으로 측정한다. 분석농도를 구한 후 배출가스 유량으로부터 배출가스 중의 비소화합물농도를 산출한다.

③ 정량범위 중요내용

0.003~0.013ppm(시료용액 250mL, 건조시료가스량 $1Sm^3$인 경우)

④ 방법검출한계 중요내용

0.001ppm

⑤ 정밀도 중요내용

10% 이하(장치, 측정조건에 따라 다름)

3. 간섭물질

① 비소 및 비소화합물 중 일부 화합물은 휘발성이 있어 전처리 방법으로서 마이크로파 산분해법을 이용할 것을 권장한다.

② 비소는 휘발가능성이 있으므로 시료 주입 후 건조 및 회화 단계에서의 온도 및 시간 설정에 주의를 해야 한다. 건조 및 회화 단계에서의 휘발 손실을 줄이기 위해 시료 주입단계에서 팔라듐/마그네슘 혼합 용액(또는 질산니켈 용액)과 같은 매질 변형제를 모든 시료에 첨가해야만 한다. 중요내용

③ 비소는 낮은 분석 파장(193.7 nm)에서 측정하므로 원자화단계에서 매질성분에 의한 심각한 비특이성 흡수 및 산란에 의한 영향을 받을 수 있다. 이러한 영향을 줄이기 위해 바탕시험값 보정을 실시해야 한다. 중요내용

④ 알루미늄은 특히 연속광원을 이용한 바탕시험값 보정(D_2 Lamp Background Correction)에서 심각한 양(Positive)의 간섭을 보이며, 지먼(Zeeman) 바탕시험값 보정법이 더 유용하다.

⑤ 염화소듐 또한 심각한 간섭을 일으키는 성분이다. 소듐으로서 1000 mg/L 이하일 경우 매질 변형제를 사용하고 바탕시험값 보정을 실시하여 간섭을 제거할 수 있다.

02-4 배출가스 중 비소화합물-유도결합플라스마 분광법

1. 개요

(1) 목적

① 이 시험기준은 고정된 오염물질의 주요 배출원인 배출가스 중의 입자상 및 가스상 비소화합물의 농도 측정을 위한 기준 방법에 대해 규정함으로써 배출오염을 감시 및 억제하고자 하는 데 그 목적이 있다.

② 전처리한 시료용액을 27.1MHz(또는 40.68MHz)의 초고주파(rf) 장에 의해 생성된 아르곤 플라스마 중에 분무하여 도입하고 파장 193.696nm에서 발광세기를 측정하여 비소를 정량한다. 중요내용

(2) 적용범위

① 이 시험기준은 연료 및 기타 물질의 연소, 금속의 제련 및 가공, 요업, 약품제조, 폐기물 처리 등에 수반하여 굴뚝 등에서 배출되는 배출가스 중에서 입자상 비소 및 이들 화합물과 가스상의 수소화비소를 분석하는 방법에 대하여 규정한다.

② 강제 흡입 장치를 사용하여 입자상 비소화합물을 여과장치에 채취하고, 채취된 물질을 산 분해 처리하여 용액화한 시료용액 중의 비소를 유도결합플라스마 원자발광분광법으로 측정한다. 분석농도를 구한 후 배출가스 유량으로부터 배출가스 중의 비소 농도를 산출한다.

③ 정량범위는 0.003ppm~0.130ppm(분석용 시료용액 250mL, 건조시료가스량 $1m^3$인 경우)이고, 방법검출한계는 0.001ppm이며, 정밀도는 10% 이하이다.(장치, 측정조건에 따라 다름)

(3) 간섭물질 중요내용

① 비소 및 비소화합물 중 일부 화합물은 휘발성이 있다. 따라서 채취 시료를 전처리하는 동안 비소의 손실 가능성이 있다. 전처리 방법으로서 마이크로파산분해법을 이용할 것을 권장한다.

② 시료 중의 철과 알루미늄에 의한 분광학적 간섭이 있을 수 있다. 이 경우 시료를 희석하거나 다른 파장을 이용할 수 있으나 검출한계가 높아질 수 있음에 유의해야 한다.

③ 시료 중의 매질 성분 및 농도 차이에 의해 시료의 주입 및 분무시의 물리적 간섭, 분자화합물 생성 및 이온화효과에 의한 화학적 간섭이 있을 수 있다. 이러한 물리적 간섭 및 화학적 간섭은 시료와 검정곡선 작성용 표준용액의 매질 농도를 일치시켜 보정해야 한다.

03 배출가스 중 카드뮴화합물

적용 가능한 시험방법 중요내용

(1) 원자흡수분광광도법이 주 시험방법이다.
(2) 시료 중 카드뮴의 농도가 낮은 경우 용매추출법을 이용한 전처리가 요구된다.

분석방법	정량범위	방법검출한계
원자흡수분광광도법	0.010~0.380mg/Sm³ (분석용 시료용액 250mL, 건조시료가스량 1Sm³인 경우)	0.003mg/m³
유도결합플라스마 분광법	0.004~0.500mg/Sm³ (분석용 시료용액 250mL, 건조시료가스량 1Sm³인 경우)	0.001mg/m³

03-1 배출가스 중 카드뮴화합물 – 원자흡수분광광도법

배출가스 중 금속 – 원자흡수분광광도법에 따른다.

03-2 배출가스 중 카드뮴화합물 – 유도결합플라스마 분광법

배출가스 중 금속 – 유도결합플라스마 분광법에 따른다.

04 배출가스 중 납화합물

적용 가능한 시험방법

원자흡수분광광도법이 주 시험방법이다. 중요내용

분석방법	정량범위	방법검출한계
원자흡수분광광도법	0.050~6.250mg/Sm^3 (분석용 시료용액 250mL, 건조시료가스량 1Sm^3인 경우)	0.015mg/m^3
유도결합플라스마 분광법	0.025~0.500mg/Sm^3 (분석용 시료용액 250mL, 건조시료가스량 1Sm^3인 경우)	0.008mg/m^3

04-1 배출가스 중 납화합물 – 원자흡수분광광도법

배출가스 중 금속 – 원자흡수분광광도법에 따른다.

04-2 배출가스 중 납화합물 – 유도결합플라스마 분광법

배출가스 중 금속 – 유도결합플라스마 분광법에 따른다.

05 배출가스 중 크로뮴화합물

적용 가능한 시험방법 중요내용

원자흡수분광광도법이 주 시험방법이며, 시료 중 크로뮴의 농도가 낮은 경우, 용매추출법을 이용한 전처리가 요구된다.

분석방법	정량범위	방법검출한계
원자흡수분광광도법	0.100~5.000mg/Sm^3 (시료용액 250mL, 건조시료가스량 1Sm^3인 경우)	0.03mg/m^3
유도결합플라스마 분광법	0.002~1.000mg/Sm^3 (시료용액 250mL, 건조시료가스량 1Sm^3인 경우)	0.001mg/m^3
자외선/가시선분광법	0.002~0.050mg/Sm^3 (건조시료가스량 1Sm^3인 경우)	0.001mg/m^3

05-1 배출가스 중 크로뮴화합물 – 원자흡수분광광도법

배출가스 중 금속 – 원자흡수분광광도법에 따른다.

05-2 배출가스 중 크로뮴화합물 – 유도결합플라스마 분광법

배출가스 중 금속 – 유도결합플라스마 분광법에 따른다.

05-3 배출가스 중 크로뮴화합물 – 자외선/가시선 분광법

1. 목적

① 이 시험기준은 배출가스 중의 입자상 크로뮴화합물의 농도 측정에 대한 기준방법을 규정함으로써 배출오염을 감시 및 억제하는 데 그 목적이 있다. 크로뮴 농도는 자외선/가시선분광법으로 분석할 수 있다.

② 시료 용액 중의 크로뮴을 과망간산포타슘에 의하여 6가로 산화하고, 요소를 가한 다음, 아질산소듐으로 과량의 과망간산염을 분해한 후 다이페닐카바자이드를 가하여 발색시키고, 파장 540 nm 부근에서 흡광도를 측정하여 정량하는 방법이다. 중요내용

2. 적용범위

① 이 방법은 연료 및 기타 물질의 연소, 금속의 제련과 가공, 이화학적 처리 등에 의해 굴뚝, 덕트 등으로부터 배출되는 기체 중의 입자상 크로뮴의 분석 방법에 대해 규정한다.

② 입자상 크로뮴화합물은 강제흡입장치를 통해 여과장치에 채취하고, 분석농도를 구한 후 배출가스 유량에 따라 배출가스 중의 크로뮴 농도를 산출한다.

③ 정량범위 중요내용

0.002~0.050mg/m^3(건조시료 가스량 1Sm^{3}인 경우)

④ 방법검출한계 중요내용

0.001mg/m^3

⑤ 정밀도 중요내용

10% 이하

3. 간섭물질

① 시료용액이 철을 함유하는 경우

철이 증가함에 따라 흡수도가 낮아지며, 이인산나트륨 용액을 가하여 방해를 줄일 수 있다.

② 몰리브데넘, 수은, 바나듐 등이 영향을 미친다. 몰리브데넘은 0.1 mg까지는 영향을 주지 않고 수은은 염화물 이온 첨가에 의해, 바나듐은 발색 후 10~15분 경과하고 나서 흡수도를 측정하면 방해를 줄일 수 있다.

③ 철 외에 방해물질이 많은 경우 중요내용

클로로폼으로 추출 후 크로뮴을 정량할 수 있다.

06 배출가스 중 구리화합물

적용 가능한 시험방법 중요내용

원자흡수분광광도법이 주 시험방법이다.

분석방법	정량범위	방법검출한계	정밀도(% 상대표준편차)
원자흡수분광광도법	0.012~5.000mg/Sm^3 (분석용 시료용액 250mL, 건조시료가스량 1Sm^3인 경우)	0.004mg/Sm^3	10% 이하
유도결합플라스마 분광법	0.010~5.000mg/Sm^3 (분석용 시료용액 250mL, 건조시료가스량 1Sm^3인 경우)	0.003mg/Sm^3	10% 이하

06-1 배출가스 중 구리화합물－원자흡수분광광도법

배출가스 중 금속－원자흡수분광광도법에 따른다.

06-2 배출가스 중 구리화합물－유도결합플라스마 분광법

배출가스 중 금속－유도결합플라스마 분광법에 따른다.

07 배출가스 중 니켈화합물

적용 가능한 시험방법 중요내용

원자흡수분광광도법이 주 시험방법이다.

분석방법	정량범위	방법검출한계
원자흡수분광광도법	0.010~5.000mg/Sm^3 (분석용 시료용액 250mL, 건조시료가스량 1Sm^3인 경우)	0.003mg/Sm^3
유도결합플라스마 분광법	0.010~5.000mg/Sm^3 (분석용 시료용액 250mL, 건조시료가스량 1Sm^3인 경우)	0.003mg/Sm^3
자외선/가시선분광법	0.002~0.050mg/Sm^3 (건조시료가스량 1Sm^3인 경우)	0.001mg/Sm^3

07-1 배출가스 중 니켈화합물－원자흡수분광광도법

배출가스 중 금속－원자흡수분광광도법에 따른다.

07-2 배출가스 중 니켈화합물－유도결합플라스마 분광법

배출가스 중 금속－유도결합플라스마 분광법에 따른다.

07-3 배출가스 중 니켈화합물-자외선/가시선 분광법

1. 목적

(1) 이 시험기준은 배출가스 중의 입자상 니켈화합물의 농도 측정에 대한 기준 방법을 규정함으로써 배출오염을 감시 및 억제하고자 하는 데 그 목적이 있다. 니켈 농도는 자외선/가시선분광법 등의 방법으로 분석할 수 있다.

(2) 니켈 이온을 약한 암모니아 액성에서 다이메틸글리옥심과 반응시켜, 생성하는 니켈 착화합물을 클로로폼으로 추출하고, 이것을 묽은 염산으로 역추출한다. 이 용액에 브롬수를 가하고 암모니아수로 탈색하여, 약한 암모니아 액성에서 재차 다이메틸글리옥심과 반응시켜 생성하는 적갈색의 니켈 및 그 화합물을 파장 450 nm 부근에서 흡광도를 측정하여 정량하는 방법이다. 중요내용

2. 적용범위

(1) 이 방법은 연료 및 기타 물질의 연소, 금속의 제련과 가공, 이화학적 처리 등에 의해 굴뚝, 덕트 등으로부터 배출되는 기체 중의 입자상의 니켈 및 니켈화합물의 분석방법에 대해 규정한다.

(2) 입자상 니켈화합물은 강제흡입장치를 통해 여과장치에 채취하고, 분석농도를 구한 후 배출가스 유량에 따라 배출가스 중의 니켈 농도를 산출한다.

(3) 정량범위 중요내용

0.002~0.050mg/Sm^3(건조시료 가스량이 1Sm^{3}인 경우)

(4) 방법검출한계 중요내용

0.001mg/Sm^3

(5) 정밀도 중요내용

10% 이하

3. 간섭물질 중요내용

(1) 다량의 탄소가 포함된 시료의 경우

시료를 채취한 필터를 적당한 크기로 잘라서 자기도가니에 넣어 전기로를 사용하여 800 ℃에서 30분 이상 가열한 후 전처리 조작을 행한다.

(2) 방해하는 원소는 구리, 망간, 코발트, 크롬 등이나 이 원소들이 단독으로 니켈과 공존하면 비교적 영향이 적다.

(3) 구리 10 mg, 망간 20 mg, 코발트 2 mg, 크롬 10 mg까지 공존하여도 니켈의 흡광도에 영향을 미치지 않는다.

(4) 니켈-다이메틸글리옥심의 클로로폼에 의한 추출은 pH 8~11 사이로, 가장 적당한 범위는 pH 8.5~9.5이다.

(5) 니켈-다이메틸글리옥심 착염의 최대흡수는 450 nm와 540 nm이나 시간이 경과함에 따라 파장이 변하며, 약 20분까지는 안정하다. 따라서 흡광도 측정은 발색 후 20분 이내에 이루어져야 한다.

08 배출가스 중 아연화합물

적용 가능한 시험방법

원자흡수분광광도법이 주 시험방법이다. 중요내용

분석방법	정량범위	방법검출한계
원자흡수분광광도법	0.003~5.000mg/Sm^3 (분석용 시료용액 250mL, 건조시료가스량 1Sm^3인 경우)	0.001mg/Sm^3
유도결합플라스마 분광법	0.100~5.000mg/Sm^3 (분석용 시료용액 250mL, 건조시료가스량 1Sm^3인 경우)	0.030mg/Sm^3

08-1 배출가스 중 아연화합물 – 원자흡수분광광도법

배출가스 중 금속 – 원자흡수분광광도법에 따른다.

08-2 배출가스 중 아연화합물 – 유도결합플라스마 분광법

배출가스 중 금속 – 유도결합플라스마 분광법에 따른다.

09 배출가스 중 수은화합물

적용 가능한 시험방법

냉증기 – 원자흡수분광광도법이 주 시험방법이며 시험방법들의 정량범위는 표와 같다.

분석방법	정량범위	방법검출한계
냉증기 – 원자흡수분광광도법	0.0005~0.0075mg/Sm^3(건조시료가스량 1Sm^3인 경우)	0.0002mg/m^3

09-1 배출가스 중 수은화합물의 분석방법

1. 적용범위

이 시험방법은 소각로, 소각시설 및 그 밖의 배출원에서 배출되는 입자상 및 가스상 수은(Hg)을 측정 · 분석하는 데 적용된다. 중요내용

2. 분석방법의 종류 중요내용

(1) 냉증기 – 원자흡수분광광도법

① 배출원에서 등속으로 흡입된 입자상과 가스상 수은은 흡수액인 산성 과망간산포타슘 용액에 채취된다. 시료 중의 수은을 염화제일주석용액에 의해 원자 상태로 환원시켜 발생되는 수은증기를 253.7nm에서 냉증기 원자흡수분광광도법에 따라 정량한다.

② 정량범위

0.0005~0.0075mg/Sm^3(건조시료가스량 1Sm^3인 경우)

③ 방법검출한계

0.0002mg/Sm^3

④ 간섭물질

시료채취시 배출가스 중에 존재하는 산화유기물질은 수은의 채취를 방해할 수 있다.

10 배출가스 중 베릴륨화합물 시험방법

1. 적용범위

이 시험방법은 연료의 연소, 금속의 제련과 가공, 화학반응 등에 의해 굴뚝 등으로 배출되는 배출가스 중의 베릴륨을 분석하는 방법에 대하여 규정한다.

2. 분석방법 중요내용

(1) 원자흡수분광광도법

① 여과지에 포집한 입자상 베릴륨 화합물에 질산을 가하여 가열분해하는 과정을 거친 후 이 액을 증발 건고하고 이를 염산에 용해하여 원자흡수분광광도법에 따라 아산화질소－아세틸렌 불꽃을 사용하여 파장 234.9 nm에서 베릴륨을 정량한다.

② 정량범위

0.010~0.500mg/Sm^3

③ 방법검출한계

0.003mg/Sm^3

④ 베릴륨 농도 표시

0℃, 760mmHg로 환산한 건조배출가스 1 Sm^3 중에 함유된 베릴륨량(mg)으로 표시

3. 베릴륨 농도의 계산방법

$$C = \frac{m \times 10^3}{V_s}$$

여기서, C : 베릴륨 농도(mg/Sm^3)

m : 시료 중의 베릴륨량(mg)

V_s : 건조시료가스량(L)

[배출가스 중 휘발성 유기화합물 측정방법]

01 배출가스 중 폼알데하이드 및 알데하이드류

적용 가능한 시험방법 중요내용

고성능액체크로마토그래프법이 주 시험방법이다.

분석방법	정량범위	방법검출한계
고성능액체크로마토그래프법	0.010~100ppm	0.003ppm
크로모트로핀산 자외선/가시선분광법	0.010~0.200ppm(시료채취량 60L인 경우)	0.003ppm
아세틸아세톤 자외선/가시선분광법	0.020~0.400ppm(시료채취량 60L인 경우)	0.007ppm

01-1 배출가스 중 폼알데하이드 및 알데하이드류의 분석방법

1. 적용범위

이 시험기준은 소각로, 보일러 등 연소시설의 굴뚝 등에서 배출되는 배출가스 중에 포함되어 있는 폼알데하이드 및 알데하이드류 화합물의 분석방법에 대하여 규정한다.

2. 분석방법의 종류

(1) 고성능액체크로마토그래프법(HPLC)

① 배출가스 중의 알데하이드류를 흡수액 2, 4-다이나이트로페닐하이드라진(DNPH, Dinitrophenyl hydrazine)과 반응하여 하이드라존 유도체(Hydrazone derivative)를 생성하게 되고 이를 액체크로마토그래프로 분석하여 정량한다. 중요내용

② 하이드라존(Hydrazone)은 UV영역, 특히 350~380 nm에서 최대 흡광도를 나타낸다. 중요내용

③ 적용범위
이 방법은 시료채취량이 2~10L일 경우, 배출가스 중 알데하이드 화합물을 0.010~100ppm 범위까지 측정할 수 있으며, 시료채취량은 알데하이드의 농도에 따라 적절히 증감해도 된다. 알데하이드 화합물의 방법검출한계는 0.003 ppm이다. 중요내용

④ 간섭물질
시료 중 위의 목표성분 외의 알데하이드나 케톤 화합물이 공존할 수 있다. 만일 이 화합물의 컬럼 머무름시간이 비슷하여 고성능액체크로마토그래프(HPLC) 컬럼에서 분리가 일어나지 않을 경우 분석결과에 영향을 줄 수 있다.

⑤ 시료채취장치

㉠ 여과재

ⓐ 배출가스 내에 먼지 등이 혼입되는 것을 막기 위해 시료가스 채취관의 끝 또는 후단에 적절한 여과재를 사용한다.

ⓑ 여과재로서 배기가스 중 성분과 화학반응이 발생하지 않는 재질의 것. 예를 들어 실리카울, 무알칼리유리울을 사용한다.

㉡ 시료가스 채취관

ⓐ 배출가스 중의 부식성 가스에 내성이 있고, 폼알데하이드 및 알데하이드류 등을 흡착하지 않는 유리관이나 석영유리관 및 플루오로수지관 등을 이용한다.

ⓑ 채취관은 가능한 한 짧게 한다.

ⓒ 수분이 응축될 수 있는 경우에는 시료가스 채취관에서 가스채취 흡수병 또는 카트리지 사이를 약 120℃ 정도로 가열한다.

㉢ 세척병

ⓐ 폼알데하이드의 채취에 앞서 배관 내의 가스를 치환하기 위해서 부식성 가스 등을 제거하는 가스 세척병(H)을 갖춘 바이패스 유로를 설치한다.

ⓑ 세척병에는 일반적으로 흡수액 40mL를 넣는다.

ⓒ 단, 가스 채취관에서 가스 채취기구까지의 거리가 짧은 경우 바이패스 유로를 설치하지 않아도 된다.

(2) 크로모트로핀산 자외선/가시선분광법

① 폼알데하이드를 포함하고 있는 배출가스를 크로모트로핀산을 함유하는 흡수 발색액에 채취하고 가온하여 발색시켜 얻은 자색 발색액의 흡광도를 측정하여 폼알데하이드 농도를 구한다. 중요내용

② 적용범위

폼알데하이드에만 적용되며 다른 알데하이드에는 적용되지 않는다. 정량범위는 시료채취량 60 L일 때 0.010~0.200 ppm이다. 시료채취량 및 흡수액량을 적절히 선택하면 100 ppm 정도까지도 측정할 수 있다. 폼알데하이드의 방법검출한계는 0.003 ppm이다. 중요내용

③ 흡수발색액 중요내용

크로모트로핀산 1g을 80% 황산에 녹여 1,000mL로 한다.

④ 간섭물질

다른 폼알데하이드의 영향은 0.01 % 정도, 불포화알데하이드의 영향은 수 % 정도이다.

⑤ 폼알데하이드 농도 계산

$$C = \frac{A \times V}{V_s} \times 1{,}000$$

여기서, C : 폼알데하이드의 농도(ppm 또는 μmol/mol)

A : 검정곡선에서 구한 폼알데하이드의 농도[mL(gas)/mL(liquid)]

V : 분석용 시료용액의 양(mL)

V_s : 표준상태의 건조시료가스 채취량(L)

(3) 아세틸 아세톤법, 자외선/가시선분광법

① 배출가스 중의 폼알데하이드를 아세틸 아세톤을 함유하는 흡수 발색액에 채취하고 가온 · 발색시켜 얻은 황색 발색액의 흡광도를 측정하여 정량한다.

② 적용범위

폼알데하이드에만 적용되며 다른 알데하이드에는 적용되지 않는다. 정량범위는 시료채취량이 60L일 때 0.020~0.400ppm이고, 방법검출한계는 0.007ppm이다. 중요내용

③ 간섭물질

이산화황이 공존하면 영향을 받으므로 흡수 발색액에 염화제이수은과 염화소듐을 넣는다. 다른 알데하이드에 의한 영향은 없다.

02 배출가스 중 브로민화합물

적용 가능한 시험방법 (중요내용)

자외선/가시선분광법이 주 시험방법이다.

분석방법	정량범위	방법검출한계	정밀도(%RSD)
자외선/가시선분광법	(1.8~17.0)ppm • 시료채취량 : 40L • 시료액량 : 250mL	0.6ppm	10
적정법	(1.2~59.0)ppm • 시료채취량 : 40L • 시료액량 : 250mL	0.4ppm	–

02-1 배출가스 중 브로민화합물의 분석방법

1. 적용범위

이 시험기준은 굴뚝 등에서 배출되는 가스 중의 무기 브로민화합물을 브로민이온으로 분석하는 데 목적이 있다.

2. 분석방법의 종류 (중요내용)

(1) 자외선/가시선분광법(싸이오사이안산 제2수은법)

① 배출가스 중 브로민화합물을 수산화소듐 용액에 흡수시킨 후 일부를 분취해서 산성으로 하여 과망간산포타슘용액을 사용하여 브로민으로 산화시켜 클로로폼으로 추출한다.

② 클로로폼층에 정제수와 황산제이철암모늄 용액 및 싸이오사이안산 제2수은 용액을 가하여 발색한 정제수층의 흡광도를 측정해서 브로민을 정량하는 방법이다. 흡수파장은 460 nm이다.

③ 적용범위

㉠ 이 방법은 연료 및 기타 물질의 연소, 금속의 제련과 가공, 이화학적 처리 등에 의해 굴뚝, 덕트 등으로부터 배출되는 가스 중의 브로민화합물을 분석하는 데 사용된다.

㉡ 이 방법의 정량범위는 시료채취량이 40L인 경우 브로민화합물로서 (1.8~17.0)ppm이며 방법검출한계는 0.6 ppm이다.

④ 간섭물질

이 방법은 배출가스 중의 염화수소 100ppm, 염소 10ppm, 아황산가스 50ppm까지는 포함되어 있어도 영향이 없다.

(2) 적정법

① 배출가스 중 브로민화합물을 수산화소듐 용액에 흡수시킨 다음 브로민을 하이포아염소산소듐 용액을 사용하여 브로민산이온으로 산화시키고 과잉의 하이포아염소산염은 폼산소듐으로 환원시켜 이 브로민산 이온을 아이오딘 적정법으로 정량하는 방법이다.

② 적용범위

㉠ 이 방법은 연료 및 기타 물질의 연소, 금속의 제련과 가공, 이화학적 처리 등에 의해 굴뚝, 덕트 등으로부터 배출되는 가스 중의 브로민화합물을 분석하는 데 사용된다.

㉡ 이 방법의 정량범위는 브로민화합물로서 1.2ppm이며 방법검출한계는 0.4ppm이다.

③ 간섭물질

이 방법은 시료 용액 중에 아이오딘이 공존하면 방해되나 보정에 의해 그 영향을 제거할 수 있다.

03 배출가스 중 페놀화합물

적용 가능한 시험방법 중요내용

기체크로마토그래피가 주 시험방법이다.

분석방법	정량범위	방법검출한계
기체크로마토그래피	0.20~300.0ppm(시료채취량 10L인 경우)	0.07ppm
4-아미노 안티피린 자외선/가시선분광법	1.00~20.00ppm(시료채취량 20L인 경우)	0.32ppm

03-1 배출가스 중 페놀화합물의 분석방법

1. 적용범위

이 시험방법은 화학반응 등에 의해 굴뚝에서 배출되는 배출가스 중의 페놀화합물의 분석방법에 관하여 규정한다.

2. 분석방법의 종류

(1) 4-아미노 안티피린 자외선/가시선 분광법 중요내용

① 이 시험기준은 배출가스 중의 페놀화합물을 측정하는 방법으로서 배출가스를 수산화소듐 용액에 흡수시켜 이 용액의 pH를 10 ± 0.2로 조절한 후 여기에 4-아미노안티피린 용액과 헥사사이아노철(Ⅲ)산포타슘 용액을 순서대로 가하여 얻어진 적색 액을 510nm의 파장에서 흡광도를 측정하여 페놀화합물의 농도를 계산한다.

② 적용범위

㉠ 이 시험기준은 굴뚝에서 발생하는 배출가스 중 페놀화합물의 분석방법에 관하여 규정한다.

㉡ 이 시험기준은 20L의 시료를 용매에 흡수시켜 채취할 경우 시료 중 페놀화합물의 농도가 1.0~20.0ppm 범위의 분석에 적합하다.

㉢ 이 방법으로 분석하였을 때에 총 페놀화합물의 방법검출한계는 0.32ppm이다.

㉣ 시료 중에 다량의 오염물질이 함유되어 있으면 클로로폼으로 추출하여 적용할 수 있다.

③ 간섭물질

㉠ 염소, 브로민 등의 산화성 기체 및 황화수소, 이산화황 등의 환원성 기체가 공존하면 음의 오차를 나타낸다.

㉡ 분석용 시료용액 중에 불순물을 함유하여 착색했을 경우에는 분석조작에 의해 생성한 페놀화합물의 안티피린 색소를 클로로폼으로 추출하여 간섭을 제거할 수 있다.

(2) 기체크로마토 그래피

① 이 시험기준은 배출가스 중의 페놀화합물을 측정하는 방법으로서, 배출가스를 수산화소듐 용액에 흡수시켜 이 용액을 산성으로 한 후 아세트산에틸로 추출한 다음 기체크로마토그래프로 정량하여 페놀화합물의 농도를 산출한다.

② 적용범위

㉠ 이 시험기준은 굴뚝 등에서 배출하는 배출가스 중의 페놀, 크레졸, 클로로페놀, 2, 4-다이클로로페놀, 2, 4, 6-트라이클로로페놀 및 펜타클로로페놀 등의 페놀화합물의 분석방법에 관하여 규정한다.

㉡ 10L의 시료를 용매에 흡수하여 채취할 경우 시료 중 페놀화합물의 농도가 0.20~300.0ppm 범위의 분석에 적합하다. 중요내용

㉢ 시료 중에 일반 유기물이나 염기성 유기물이 많이 함유되어 있으면 이를 제거하기 위해 알칼리성에서 추출하여 정제하여 적용할 수 있다.

③ 간섭물질 중요내용

㉠ 채취병법은 기체시료 중의 페놀 성분이 수증기에 용해되어 채취 후 바로 채취용기의 기벽에 물방울이 응축하므로 적합하지 않다.

㉡ 고순도(99.8%)의 시약이나 용매를 사용하면 방해물질을 최소화할 수 있다.

㉢ 배출가스에 다량의 유기물이나 염기성 유기물이 오염되어 있을 경우에 알칼리성에서 추출하여 제거할 수 있으나 이때 페놀이나 2, 4－다이메틸페놀의 회수율이 줄어들 수 있다.

04 배출가스 중 다환방향족탄화수소류 – 기체크로마토그래피

1. 목적

이 시험기준은 폐기물소각시설, 연소시설, 기타 산업공정의 배출시설에서 배출되는 가스상 및 입자상의 다환방향족탄화수소류(이하 PAHs, polycyclic aromatic hydrocarbons)의 분석방법으로, 배출시설에서 채취된 시료를 여과지, 흡착제, 흡수액 등을 이용하여 채취한 후 기체크로마토그래프/질량분석기를 이용하여 분석한다.

2. 적용범위 중요내용

① 이 시험기준은 배출가스 중의 PAHs를 여과지, XAD－2 수지, 흡수액을 사용하여 채취한 다음 기체크로마토그래프/질량분석기를 이용하여 분석하는 방법이다.
② 이 시험기준에 의한 배출가스 중 PAHs 개별화학종의 정량한계는 10～50ng/Sm^3 범위이다.

3. 간섭물질

① PAHs는 넓은 범위의 증기압을 가지며 대략 10^{-8} kPa 이상의 증기압을 갖는 PAHs는 대기 중에서 가스상과 입자상으로 존재한다. 따라서 배출가스 중 총 PAHs의 농도를 정확하게 측정하기 위해서는 여과지와 흡착제의 동시 채취가 필요하다.
② 시료채취과정과 측정과정 중에 실제 배출가스 중의 불순물, 용매, 시약, 초자류, 시료채취기기의 오염에 따라 오차가 발생한다.
③ 측정 및 분석과정 중의 동일한 분석절차의 바탕시료 점검을 통하여 불순물에 대한 확인이 필요하다.

4. 용어 정의

(1) 머무름 시간(RT ; Retention Time)

크로마토그래피용 컬럼에서 특정화합물질이 빠져 나오는 시간을 말한다.

(2) 다환방향족탄화수소류(PAHs)

두 개 또는 그 이상의 벤젠 고리가 결합된 탄화수소류를 총칭하여 PAHs라고 한다.

(3) 시료채취용, 정제용 대체표준물질(Surrogate)

① 시료채취와 추출, 분석 전에 각 시료, 바탕시료, 매체시료(matrix－spiked)에 더해지는 화학적으로 반응성이 없는 물질로서 시료 매질 중에서는 발견되지 않은 유기화합물이다. 시료채취 및 추출 전에 일정량을 주입하여 시료채취, 전처리 과정에서의 신뢰성 평가에 사용되는 내부표준물질이다.
② 정제용 내부표준물질은 시료채취, 추출과정에서의 회수율 평가 및 상대감응계수를 이용한 시료의 정량에 사용되는 내부표준물질이다.

(4) 주사기 첨가용 내부표준물질(IS ; Internal Standard)

분석자가 알고 있는 양을 시료 최종 추출용액에 첨가하여 정량과정에서의 회수율을 검증하는 내부표준물질이다.

5. 분석기기 및 기구

(1) 기체크로마토그래프/질량분석기

① 주입구(Injector)

㉠ 시료를 기화하여 주입할 수 있는 주입부(Injector)를 갖고 있어야 하며 승온조작이 가능한 기능과 주입된 시료의 분할(Split)과 비분할(Splitless) 기능을 갖고 있어야 한다.

㉡ 내경 0.25~0.53mm의 모세분리관을 연결할 수 있어야 한다.

② 본체 중요내용

㉠ 기체크로마토그래프의 본체는 분리관이 내부에 연결되어 내부온도 조절이 가능한 구조여야 한다.

㉡ 온도의 조절범위는 실온~350℃까지 승온조절이 가능하여야 한다.

③ 컬럼 중요내용

㉠ 비극성 모세분리관으로 DB-5 등 관의 내벽에 정지상이 결합된 모세분리관을 사용한다.

㉡ 모세분리관의 길이는 충분한 분해능을 갖기 위해 일반적으로 길이 30~60m, 내경은 0.25~0.32mm, 정지상 필름의 두께가 0.25~5μm인 것을 사용하나 분석대상물질에 따라 별도 규격제품을 사용할 수 있다.

④ 질량분석기(Mass Spectrometer)

㉠ 전반적인 저농도 수준에서 구조 확인 분석이 가능하며, 선택이온 모드에서는 이보다 높은 감도로 분석이 가능하다.

㉡ 질량감도가 800amu 이상, 전 질량 검색 0.5~0.8초, 검색질량범위(Scan Range) 30 ~300amu로 분석이 가능하여야 한다.

(2) 가속용매 추출장치(ASE ; Accelerated Solvent Extractor)

(3) 속슬렛(Soxhlet) 추출장치

(4) 초음파 추출장치

(5) K-D 농축기(Kuderna-Danish Concentrator)

(6) 회전증발농축기(Rotary Evaporator)

(7) 정제용 컬럼

(8) 질소농축장치

6. 시약 및 표준용액

(1) 입자상 여과지

① 대기오염공정시험기준에서 규정하고 있는 원통형여지 중 유리섬유 재질의 것을 사용한다.

② 사용에 앞서 850℃에서 2시간 강열시킨 후, 아세톤 및 톨루엔으로 각각 30분간 초음파 세정을 한 다음 진공 건조시킨다. 중요내용

③ 현장으로 이동하기 전에는 깨끗한 보관함에 여과지를 따로 보관한다.

(2) 가스상 시료채취용 물질

가스상 PAHs를 채취하기 위해 XAD-2 수지를 사용한다.

7. 분석절차 중요내용

(1) 추출

시료의 분석이 24시간 이상 걸리면 4℃ 이하 냉장 보관하도록 한다. 형광등에 시료의 노출을 최소화한다. 모든 시료는 시료채취 후 1주일 이내에 추출하여야 한다.

(2) 정제

내경 1cm, 길이 30cm의 정제용 컬럼에 활성실리카겔(130℃, 16시간 또는 600℃, 2시간 활성화) 5g을 충전하고 그 위에 무수황산소듐을 약 1g을 충전한 컬럼을 사용한다.

05 배출가스 중 다이옥신 및 퓨란류－기체크로마토그래피

1. 적용범위

(1) 이 시험기준은 폐기물 소각로, 연소시설, 기타 산업공정의 배출시설 등에서 배출되는 가스 중 가스상 및 입자상의 폴리클로리네이티드 디벤조파라다이옥신(Polychlorinated Di－benzo－p－Dioxins) 및 폴리클로리네이티드 디벤조퓨란(Polychlorinated Dibenzofurans)류(이하 "다이옥신류"라 한다)의 분석방법에 대하여 규정한다.

(2) 배출가스 중 농도(최종 배출가스의 정량하한을 말함)의 정량한계는 0.05ng/Sm^3 as 2,3,7,8－T_4CDD(ng－TEQ/Sm^3)로서 0.02 ng/Sm^3 at 2,3,7,8－T_4CDD 중요내용

2. 측정준비

① 굴뚝 배출가스 시료채취에 필요한 장치
② 배출가스 중의 다이옥신류를 포집하는 흡수, 포집관 등
③ 시료채취 후 채취관 등의 세정에 필요한 시약(메탄올, 톨루엔 등)
메탄올은 아세톤으로, 톨루엔은 디클로로메탄으로 사용해도 좋다.
④ 흡수관 냉각용 얼음, 흡수액 및 사전 전처리한 XAD－2 수지

3. 시약, 재료 및 기구

(1) 시약

① 증류수 중요내용
노말헥산으로 세정한 증류수를 사용
② 노말－헥세인
잔류농약분석급 이상 사용
③ 아세톤
잔류농약분석급 이상 사용
④ 메탄올
잔류농약분석급 이상 사용
⑤ 디클로로메탄
잔류농약분석급 이상 사용
⑥ 톨루엔
잔류농약분석급 이상 사용
⑦ 황산
유해중금속분석급 이상 사용
⑧ 무수황산소듐
잔류농약시험용 이상 사용

⑨ 실리카겔
㉠ 컬럼크로마토그래피용 실리카겔 분말로 0.063 mm~0.200 mm(70~230메쉬)의 것을 사용한다.
㉡ 사용에 앞서 비커에 넣고 두께를 10 mm 이하로 해서 130 ℃에서 약 18시간 건조 후 데시케이터에서 약 30분간 방냉하여 곧바로 사용한다.

⑩ 알루미나

㉠ 컬럼크로마토그래피용 알루미나(활성도 1, 염기성)로 0.063 mm~0.200 mm(70~230메쉬)의 것을 사용한다.

㉡ 사용에 앞서 비커에 넣고 두께를 10 mm 이하로 해서 130 ℃에서 약 18시간 건조 후 데시케이터에서 약 30분간 방치, 냉각하여 곧바로 사용한다.

(2) 재료

① 원통형여지 중요내용

㉠ 대기오염공정시험기준에서 규정하고 있는 원통형여지 중 유리섬유 재질의 것을 사용한다.

㉡ 사용에 앞서 850 ℃에서 2시간 작열시킨 후, 아세톤 및 톨루엔으로 각각 30분간 초음파 세정을 한 다음 진공건조시킨다.

② XAD-2 수지

㉠ 앰버라이트(Amberlite) XAD-2 수지를 사용한다.

㉡ 사용 전에 아세톤+증류수(1+1), 아세톤, 톨루엔(2회), 아세톤을 이용하여 각각 순서대로 30분간 초음파세정 후 30 ℃ 이하의 진공건조기에서 충분히 건조시켜 데시케이터 안에서 보관한다.

4. 시료채취방법

배출가스시료는 먼지시료의 채취방법과 같이 배출가스 유속과 같은 속도로 시료가스를 흡입(이하 등속흡입이라 한다) 한다. 이를 위해 배출가스의 유속, 온도, 압력, 수분량, 조성 등을 측정하고 즉시 등속흡입유량을 계산한다. 이 경우 흡입펌프의 흡입능력(최대흡입량)이 정해져 있으므로 노즐의 내경을 적절히 선택하여, 필요한 등속흡입유량을 결정한다.

(1) 시료채취 전에 반드시 채취장비의 누출시험을 실시하여야 한다. 누출시험은 흡입노즐의 입구를 막고 흡입펌프를 작동시켜, 가스메타의 지침이 정지하고 있으면 된다. 누출시험이 끝나면 시료채취용 내부표준물질(Cl_4-2,3,7,8-T_4CDD)의 일정량을 흡착관 또는 임핀저에 가한다. 여과지 홀더 및 흡착관은 알루미늄 포일 등으로 미리 차광시켜 둔다. 중요내용

(2) 측정공에서 흡입노즐의 방향을 배출가스의 흐름과 역방향으로 해서 측정점까지 삽입하고, 흡입펌프의 작동과 더불어 흡입노즐의 흡입면을 배출가스의 흐름에 맞추어 등속흡입한다.

(3) 흡입노즐에서 흡입하는 가스의 유속은 측정점의 배출가스유속에 대해 상대오차 ±5%의 범위 내로 한다. 처음에는 등속흡입되어도 나중에는 먼지포집에 의한 여지의 저항이 늘어나 흡입유량이 저하되므로, 지속적으로 흡입유량을 조사해서 등속흡입이 되도록 조절한다. 중요내용

(4) 최종배출구에서의 시료채취 시 흡입가스량은 4시간 평균 3Nm^3 이상으로 한다. 다만, 시간당 처리능력이 200kg 미만의 소각시설 중 일괄 투입식 연소방식에 한하여 1회 소각시간(폐기물을 소각로에 투입하고 연소가 종료되는 데까지 소요되는 시간)이 4시간 미만 2시간 이상의 경우는 시료채취 시 흡입가스량을 2시간, 평균 1.5Nm^3 이상, 2시간 미만인 경우는 2회 이상 가동하여 2시간, 평균 1.5Nm^3 이상으로 할 수 있다. 또한 최종배출구 이외의 측정 장소에서는 적절한 흡입가스량을 결정한다. 이때에도 다이옥신류의 농도가 높지 않는 한 최종배출구에서의 흡입가스량 기준을 따른다. 중요내용

(5) 먼지포집부가 120℃를 초과하는 경우는 연결관 사용 등 적절한 방법을 사용하여 120 ℃ 이하로 유지하여야 한다. 또한, 배출가스온도가 높을 경우(500 ℃ 이상)는 냉각장치 등을 사용하여 먼지포집부 온도를 120 ℃ 이하로 유지하여야 한다.

(6) 배출가스 처리장치의 다이옥신류 제거성능을 측정하고자 하는 경우는 원칙적으로 같은 시간에 실시해야 한다. 또한, 처리장치에 주기성이 있으면 적어도 한주기보다 긴 시간에 걸쳐 측정한다.

(7) 덕트 내의 압력이 부압인 경우에는 흡입장치를 덕트 밖으로 빼낸 후에 흡입펌프를 정지시킨다. 이는 포집먼지, 흡입액 등의 손실을 줄이기 위함이다. 중요내용

(8) 배출가스 시료를 채취하는 동안에 각 흡수병은 얼음 등으로 냉각시킨다. XAD-2수지 포집관부는 30 ℃ 이하로 유지하여야 한다. 중요내용

(9) 시료채취 과정에서 과도한 수분으로 여과지의 교체가 필요한 경우, 흡입펌프의 작동을 중지하고 여과지를 교체한 후 시료채취를 시작하여야 한다. 이를 대비하여 여과지는 1회 시료채취시 2~3개를 준비한다.

(10) 배출가스 시료채취 다음에는 시료채취계의 흡입장치 및 연결관, 흡수병 등을 메탄올, 톨루엔 등으로 세정한다.

5. 시료관리

채취된 시료는 30일 이내에 전처리하여 45일 이내에 분석한다. 단, 즉시 전처리하여 분석할 수 없는 경우 채취시료는 4 ℃ 이하의 암소(暗所)에서 보관하고, 가스크로마토그래프/질량분석계 분석용시료(전처리된 시료)는 −10 ℃ 이하의 암소에서 보관한다.

6. 분석 시 황산처리

농축액과 노말헥산 50~150mL로 농축기 내벽을 세척한 세척액을 분액깔때기로 옮기고, 농황산을 약 5~10mL 정도 가하여 흔든 다음 정치시켜 황산을 제거한다. 이 조작은 황산의 착색이 엷게 될 때까지 1~3회 반복한다. 중요내용

7. 정량한계 중요내용

배출가스 중 농도 0.05 ng/Sm^3 as 2,3,7,8−T_4CDD(ng−TEQ/Sm^3)로서
0.02 ng/Sm^3 at 2,3,7,8−T_4CDD

8. 농도표시방법 중요내용

(1) 배출가스 중의 다이옥신류 농도의 실측치는 ng/Sm^{3}로 표시한다.

(2) 배출가스 중의 다이옥신류 환산농도(O_2=12% 환산치)는 다음 식으로 계산한다.

$$C = \frac{21-21}{21-O_s} \times C_s$$

여기서, C : 다이옥신류 환산농도(ng/Sm^3 at O_2=12%)
O_s : 잔존산소농도(%)
C_s : 배출가스 중의 다이옥신류 농도(ng/Sm^3)

06 배출가스 중 벤젠

적용 가능한 시험방법

기체크로마토그래피가 주 시험방법이다.

분석방법	정량범위	방법검출한계
기체크로마토그래피	0.10~2,500ppm	0.03ppm

06-1 배출가스 중 벤젠 – 기체크로마토그래피

1. 목적

이 시험방법은 용제의 증발 또는 화학반응에 의해 굴뚝 등에서 배출되는 배출가스 중의 벤젠을 분석하는 방법에 관하여 규정한다.

2. 적용범위 중요내용

흡착관을 이용한 방법, 시료채취 주머니를 이용한 방법을 시료채취방법으로 하고 열탈착장치를 통하여 기체크로마토그래피(Gas Chromatography, 이하 GC) 방법으로 분석한다. 배출가스 중에 존재하는 벤젠의 정량범위는 0.10~2,500ppm이며, 방법검출한계는 0.03ppm이다.

3. 간섭물질

배출가스는 대부분 수분을 포함하고 있으므로 상대 습도가 높은 경우에는 시료의 수분을 제거하여 수분으로 인한 영향을 최소화하여야 한다.(저온농축관 전단부에 수분제거장치를 사용하여 시료 중의 수분이 제거될 수 있도록 한다.)

4. 검출기

분석검출기는 불꽃이온화검출기(FID)나 질량분석기(MS)를 사용한다. 질량분석기의 조건은 스캔모드(Scan Mode)에서 ppb 수준의 대상물질에 대한 확인과 분석이 가능하며, 선택이온모드(Selected Ion Mode)에서는 이보다 높은 감도로도 분석이 가능하다.

5. 운반기체 중요내용

GC의 이동상으로 GC로 주입된 시료를 컬럼과 질량분석계로 옮겨주는 역할을 하며, 비활성의 건조하고 순수한(99.999% 또는 그 이상의 고순도) 질소 혹은 헬륨을 사용한다.

6. 분석절차 중 시료주입 방법 중요내용

(1) 고체흡착 열탈착법

① 시료를 채취한 흡착관을 열탈착장치에 연결한다.

② 채취된 시료는 열탈착장치에 의해 가스크로마토그래프로 주입되는데 흡착된 시료는 1단계로 열탈착되어 −10℃ 이하의 저온으로 유지되는 저온농축부로 보내지고 저온농축부에서 농축된 시료는 다시 열탈착되어 기체크로마토그래프 분석컬럼으로 주입된다.

(2) 시료채취 주머니 – 열탈착법

① 시료채취 주머니 내의 시료 일정량(예 : 200mL, 흡착 유량 20mL/min, 흡착 시간 10min)을 흡입하여 저온농축관(−10℃ 이하)에 농축한다.

② 저온농축관에 농축된 시료는 열탈착되어 기체크로마토그래프 분석 컬럼으로 주입된다.

07 배출가스 중 총 탄화수소

적용 가능한 시험방법 중요내용

불꽃이온화검출기법이 주 시험방법이다.

분석방법	정량범위	방법검출한계	정밀도
불꽃이온화검출기법	–	–	±10% 이내
비분산형적외선분석법	–	–	±10% 이내

07-1 배출가스 중 총 탄화수소의 분석방법

1. 적용 및 원리

(1) 적용

이 시험방법은 페인트, 용제의 분무, 건조, 증발에 의해 굴뚝 등에서 배출되는 배출가스 중의 총 탄화수소(THC)를 분석하는 방법에 관하여 규정한다.

(2) 분석방법의 종류

① 불꽃이온화검출(FID)법(Flame Ionization Detector) 중요내용

㉠ 연료를 연소하는 배출원에서 채취된 시료를 여과지 등을 이용하여 먼지를 제거한 후 가열채취관을 통하여 불꽃이온화분석기(Flame Ionization Analyzer)로 유입한 후 분석한다.

㉡ 이 방법은 알케인류(Alkanes), 알켄류(Alkenes) 및 방향족(Aromatics) 등이 주성분인 증기의 총 탄화수소(THC)를 측정하는 데 적용된다.

㉢ 결과 농도는 프로페인 또는 탄소등가농도로 환산하여 표시한다.

㉣ 배출가스 중 이산화탄소(CO_2), 수분이 존재한다면 양의 오차를 가져올 수 있다. 단, 이산화탄소(CO_2), 수분의 퍼센트(%) 농도의 곱이 100을 초과하지 않는다면 간섭은 없는 것으로 간주한다.

㉤ 수분트랩 안에 유기성 입자상 물질이 존재한다면 양의 오차를 가져올 수 있다. 반드시 필터를 사용하여 샘플링해야 한다.

② 비분산적외선(NDIR)법(Nondispersive Infrared Analyzer)

㉠ 연료를 연소하는 배출원에서 채취된 시료는 여과지 등을 이용하여 먼지를 제거한 후 가열채취관을 통하여 비분산적외선분석기로 유입한 후 분석한다.

㉡ 이 방법은 알케인류(Alkanes)가 주성분인 증기의 총 탄화수소(THC)를 측정하는 데 적용된다.

㉢ 결과 농도는 프로페인 또는 탄소등가농도로 환산하여 표시한다.

㉣ 비분산적외선법으로 분석시 배출가스 성분을 파악할 수 있는 분석이 선행되어야 한다.

㉤ 정량한계는 측정기기에 따라 결정된다. 중요내용

㈜ 비분산적외선(NDIR) 분석기로 다른 유기물질을 측정하려면 그 물질의 특성에 맞는 흡수셀이 설정될 수 있는 장비와 교정가스가 필요하다.

2. 용어 정의 중요내용

(1) 측정시스템

① 시료채취부
 시료유입, 운반 및 전처리에 필요한 부분

② 총 탄화수소 분석기
 총 탄화수소 농도를 감지하고, 농도에 비례하는 출력을 발생하는 부분

(2) 교정가스

측정기의 교정을 위하여 농도를 알고 있는 공인된 가스를 사용한다.

(3) 제로편차

제로가스에 대해 기기가 반응하는 정도의 차이로서, 측정범위의 ±3% 이하인지 확인한다. 단, 시료가스 측정기간 동안에는 점검, 수리, 교정 등은 수행하지 않아야 한다.

(4) 교정편차

교정편차 점검용 교정가스(측정기기 최대정량농도의 45~55% 범위의 표준가스)에 대해 기기가 반응하는 정도의 차이로서, 측정범위의 ±3% 이하인지 확인한다. 단, 시료가스 측정기간 동안에는 점검, 수리, 교정 등은 수행하지 않아야 한다.

(5) 반응시간

오염물질농도의 단계변화에 따라 최종값의 90 %에 도달하는 시간으로 한다.

3. 장치

(1) 총 탄화수소 분석기 중요내용

배출가스 중 총 탄화수소를 분석하기 위한 배출가스 측정기로서 형식승인을 받은 분석기기를 사용한다.

(2) 유량조절밸브 중요내용

유량조절밸브는 0.5~5L/min의 유량제어가 있는 것으로 휘발성 유기화합물의 흡착과 변질이 발생하지 않아야 한다.

(3) 펌프

펌프는 오일을 사용하지 않는 펌프를 사용하여야 하며 가열시 오염물질의 영향이 없도록 테플론 재질의 코팅이 되어 있는 또는 그 이상의 재질로 되어 있는 펌프를 사용하여야 한다.

(4) 교정가스 주입장치

제로 및 교정가스를 주입하기 위해서는 3방콕이나 순간연결장치(quick connector)를 사용한다.

(5) 여과지

배출가스 중의 입자상물질을 제거하기 위하여 유리섬유 여과장치 등을 설치하고, 여과장치가 굴뚝 밖에 있는 경우에는 수분이 응축되지 않도록 한다.

(6) 기록계 중요내용

기록계를 사용하는 경우에는 최소 4회/min이 되는 기록계를 사용한다.

4. 교정가스

(1) 교정가스 중요내용

① 교정에 사용되는 가스는 공인된 가스를 사용한다.
② 공기 또는 질소로 충전된 프로페인으로 스팬값 범위 내의 농도값을 사용한다.
③ 프로페인 이외의 가스는 반응인자에 대한 보정을 하여 사용한다.

(2) 연소가스

불꽃이온화분석기를 사용하는 경우에는 수소(40%)/헬륨(60%), 수소(40%)/질소(60%)가스, 또는 수소(99.99% 이상)을 사용한다. 공기는 고순도 공기를 사용한다.

(3) 제로가스 중요내용

총 탄화수소농도(프로페인 또는 탄소등가농도)가 0.1mL/m^3 이하 또는 스팬값의 0.1% 이하인 고순도 공기를 사용한다.

5. 시료채취 및 관리 중요내용

(1) 시료채취관

스테인리스강 또는 이와 동등한 재질의 것으로 휘발성 유기화합물의 흡착과 변질이 없어야 하고 굴뚝 중심 부분의 10% 범위 내에 위치할 정도의 길이의 것을 사용한다.

6. 측정방법

(1) 측정 전 점검

측정기는 전원을 켠 후 기기 설명서에 표시된 예비시간까지 가동하여 각 부분의 기능과 지시기록부를 안정시킨다. 측정 전 측정기의 점검을 위하여 제로가스와 교정편차 점검용 교정가스(측정범위의 45~55% 표준가스)를 사용하여 제로편차와 교정편차를 측정하고, 측정범위의 ±3% 이하인지 확인한다.

(2) 배출가스 측정방법

총탄화수소의 측정은 공정이 정상상태에서 30분 동안 연속측정하고, 공정이나 작업 주기가 30분 이하인 경우에는 작업시간 동안 측정한다. 측정시간 동안 측정결과를 저장하여 평균 측정결과를 나타내고 측정하는 동안에 필요한 사항과 공정중단이나 운전주기 등을 기록한다.

(3) 측정 후 점검

배출가스 측정 후, 제로가스와 교정편차 점검용 교정가스(측정범위의 45~55% 표준가스)를 사용하여 제로편차와 교정편차를 측정하고, 측정범위의 ±3% 이하인지 확인한다. 위의 조건을 만족하지 못하는 경우, 측정기의 제로가스 및 스팬가스 교정단계부터 재수행하여야 한다.

08 휘발성 유기화합물질(VOCs) 누출확인방법

1. 적용범위 및 원리

(1) 적용범위

누출원에는 밸브, 플랜지 및 기타 연결관, 펌프 및 압축기, 압력완화밸브(Pressure relief valve), 공정배출구(시료채취장치), 개방형 도관 및 밸브, 밀봉시스템 가스제거배출구(Sealing system degassing vents)와 축압배출구(Accumulator vents), 출입문밀봉장치(Access door seals) 등이 포함되며 기타 다른 누출원도 포함된다.

(2) 원리

휴대용 측정기기를 이용하여 개별 누출원으로부터 VOCs 누출을 확인한다.

2. 용어 정의 중요내용

(1) 누출농도

VOCs가 누출되는 누출원 표면에서의 VOCs 농도로서, 대조화합물을 기초로 한 기기의 측정값이다.

(2) 대조화합물

누출농도를 확인하기 위한 기기교정용 VOCs 화합물로서 불꽃이온화 검출기에는 메테인, 에테인, 프로페인 및 뷰테인을 기준으로 하며 광이온검출기에는 아이소뷰틸렌을 기준으로 한다.

(3) 교정가스

기지 농도로 기기 표시치를 교정하는 데 사용되는 VOCs 화합물로서 일반적으로 누출농도와 유사한 농도의 대조화합물이다.

(4) 검출불가능 누출농도

누출원에서 VOCs가 대기 중으로 누출되지 않는다고 판단되는 농도로서 국지적 VOCs 배경농도의 최고 농도값으로 기기 측정값으로 500ppm이다.

(5) 반응인자

관련규정에 명시된 대조화합물로 교정된 기기를 이용하여 측정할 때 관측된 측정값과 VOCs 화합물 기지농도와의 비율이다.

(6) 교정 정밀도

기지의 농도값과 측정값 간의 평균차이를 상대적인 퍼센트로 표현하는 것으로서, 동일한 기지 농도의 측정값들의 일치정도이다.

(7) 응답시간 중요내용

VOCs가 시료채취장치로 들어가 농도 변화를 일으키기 시작하여 기기계기판의 최종값이 90%를 나타내는 데 걸리는 시간이다.

3. 장치

(1) 휴대용 VOCs 측정기기

① 규격 중요내용

㉠ VOCs 측정기기의 검출기는 시료와 반응하여야 한다. 여기에서 촉매산화, 불꽃이온화, 적외선흡수, 광이온화 검출기 및 기타 시료와 반응하는 검출기 등이 있다.

㉡ 기기는 규정에 표시된 누출농도를 측정할 수 있어야 한다.

㉢ 기기의 계기눈금은 최소한 표시된 누출농도의 ±5%를 읽을 수 있어야 한다.

㉣ 기기는 펌프를 내장하고 있어 연속적으로 시료가 검출기로 제공되어야 한다. 일반적으로 시료유량은 0.5~3L/min이다.

㉤ 기기는 폭발 가능한 대기 중에서의 조작을 위하여 근본적으로 안전해야 한다.

㉥ 기기는 채취관 및 연결관 연결이 가능하여야 한다.

② 성능 기준 중요내용

㉠ 측정될 개별 화합물에 대한 기기의 반응인자(Response factor)는 10보다 작아야 한다.

㉡ 기기의 응답시간은 30초보다 작거나 같아야 한다.

㉢ 교정 정밀도는 교정용 가스값의 10%보다 작거나 같아야 한다.

③ 성능평가 요구사항

㉠ 반응인자는 대조화합물로부터 혹은 테스트에 의하여 측정된 각 화합물별로 결정되어야 한다. 반응인자 테스트는 기기를 사용하기 전에 하여야 한다.

㉡ 교정 정밀도 및 응답시간 테스트는 기기를 사용하기 전에 하여야 한다. 중요내용

(2) 교정 및 사용가스

① 연소가스

불꽃이온화분석기를 사용하는 경우에는 수소(40%)/헬륨(60%), 수소(40%)/질소(60%)가스, 또는 수소(99.99% 이상)를 사용한다.

② 영점가스

휘발성 유기화합물 농도(총 탄화수소 기준)가 10ppm 이하인 공기를 사용한다.

③ 교정가스

공인기관의 보정치가 제시되어 있는 표준가스로 측정기기 최대눈금치의 약 90%에 해당하는 농도의 가스를 사용한다.

4. 개별 누출원 확인방법

(1) 농도에 기초한 누출 측정방법

① 누출이 발생되는 장치의 접속부위 표면에 시료채취구를 위치시킨다.

② 기기의 측정값을 확인하면서 접속부위 주변으로 채취구를 기기의 측정값이 최고치를 나타내는 지점까지 천천히 이동시켜, 이 최고지점에서 기기반응시간의 두 배 정도 시간 동안 시료채취구를 위치시켜 측정한다.

(2) 검출 불가능 누출원에서의 누출 측정방법

누출원으로부터 1~2m 떨어진 지점에서 측정기기의 시료채취구를 무작위로 바람방향 및 바람 반대방향으로 이동시키면서 누출원 주변의 국지적 VOCs 배경농도를 측정한다.

5. 성능 평가방법 중요내용

(1) 교정 정밀도

① 제로가스와 지정된 교정가스를 번갈아 총 3번 측정한 후, 측정값을 기록한다.
② 측정값과 기지값의 평균대수 차이를 계산한다. 퍼센트로 교정 정밀도를 얻기 위하여 이 평균차이를 알려진 교정값으로 나누고 100을 곱한다.

(2) 응답시간

① 기기의 시료 채취구로 제로가스를 주입한다. 계기치가 안정될 때 지정된 교정가스로 빠르게 전환한다.
② 전환한 후 최종안정치의 90%가 얻어질 때까지의 시간을 측정한다.
③ 이 테스트를 3번 반복하여 평균응답시간을 계산하고 결과를 기록한다.

09 배출가스 중 사염화탄소, 클로로폼, 염화바이닐 – 기체크로마토그래피

1. 개요

(1) 목적

① 이 시험기준은 굴뚝 배출가스 중 사염화탄소(Carbon Tetrachloride, CCl_4)와 클로로폼(Chloroform, $CHCl_3$), 그리고 염화바이닐(Vinyl Chloride, $H_2C=CHCl$)의 농도를 측정하기 위한 시험방법의 하나이다.

② 굴뚝 배출가스 중 사염화탄소와 클로로폼, 그리고 염화바이닐의 시료를 흡착관 및 시료채취 주머니에 채취하여 기체크로마토그래프(Gas Chromatograph, 이하 GC)로 분석하는 과정을 포함하고 있다.

(2) 적용범위 중요내용

① 이 시험기준은 산업시설 등에서 덕트 또는 굴뚝으로 배출되는 배출가스 중 사염화탄소, 클로로폼 및 염화바이닐의 시료를 흡착관 및 시료채취 주머니에 채취하여 기체크로마토그래프 시스템에서 분석하는 방법에 관하여 규정한다.

② 사염화탄소, 클로로폼 및 염화바이닐의 정량범위는 0.1ppm 이상이며 방법검출한계는 0.03ppm이다.

③ 흡착관법을 이용하여 분석 가능한 농도범위는 0.1~1ppm으로 흡착관농축–GC/FID(혹은 MS)법을 사용하여 분석한다.

④ 시료채취 주머니 방법을 이용하여 분석 가능한 농도범위는 0.1~500ppm이다. 0.10~1.00ppm 농도에서는 시료채취 주머니–GC/ECD법을 사용하고, 1.0ppm 이상의 농도에서는 시료채취 주머니–GC/FID(혹은 MS)법을 사용한다.

(3) 간섭물질

배출원에 의한 간섭

GC 분석 시 방해성분이 분리가 되지 않아 측정결과에 영향을 줄 수 있다. 그러므로 특정 분석 조건에 맞는 컬럼과 분석조건을 선택해야 한다. 이러한 경우 GC/MS 방법을 사용하여 보다 선택성이 좋은 조건에서 분석을 하여야 한다.

2. 시료채취방법

(1) 흡착관법

① 흡착관은 사용 전 적절한 방법으로 안정화한 후 흡착관을 시료채취장치에 연결한다. 단, 흡착관은 물과의 친화력에 따라 응축기 뒤쪽 또는 응축수트랩 뒤쪽에 각각 연결할 수 있다. 채취장치의 각 부분을 빈틈없이 조인다.

② 누출시험을 실시한 후 시료를 도입하기 전에 유로변환콕과 유로변환콕을 펌프 쪽으로 돌려서 가열한 시료채취관 및 연결관을 시료로 충분히 치환한다.

③ 유로변환콕을 흡착관 쪽으로 돌리고, 채취콕을 연 후 유로변환콕을 흡착관 쪽으로 돌려서 흡착관 안에 시료가스를 채취한다. 시료흡입속도는 100~250mL/min 정도로 하며, 시료채취량은 1~5L 정도가 되도록 한다. 중요내용

④ 시료채취를 마치면, 유로변환콕과 유로변환콕을 다시 펌프 쪽으로 돌리고 채취콕을 닫는다. 흡입펌프을 정지시키고, 시료가스미터의 유량, 온도 및 압력을 측정한다.

⑤ 시료를 채취한 흡착관은 양쪽 끝단을 테플론 재질의 마개와 테플론 페룰(ferrules)을 이용하여 단단히 막고 마개가 달린 바이알(vial) 등에 넣어 이중으로 외부공기와의 접촉을 차단하여 분석 전까지 4℃ 이하에서 냉장 보관하여 가능한 빠른 시일 내에 분석한다.

(2) 시료채취 주머니법

① 흡입용 기밀용기에 시료채취 주머니를 넣고 펌프를 사용하여 흡입용 기밀용기 내의 공기를 빼내 용기 내의 압력이 낮아지게 되면 외부공기와 용기 내의 압력차에 의해 채취지점의 기체는 시료채취 주머니 내로 유입된다.

② 단, 소각시설이나 발전시설의 배출구같이 시료채취 주머니 내로 입자상 물질의 유입이 우려되는 경우에는 여과재를 사용하여 입자상 물질을 걸러주어야 한다.

③ 배출가스 내에 수분이 상대습도 80% 이하 수준으로 적거나, 배출가스의 온도가 100℃ 미만으로 시료채취 주머니 내에 수분응축의 우려가 없는 경우 응축장치를 사용하지 않아도 무방하다. 중요내용

3. 분석절차

(1) 고체흡착 열탈착-기체크로마토그래프

흡착제를 충전한 흡착관에 사염화탄소 및 클로로폼, 그리고 염화바이닐을 흡착시킨 후 탈착을 쉽게 하기 위해 흡착시킨 방향과 반대방향으로 열탈착하여 기체크로마토그래프(gas chromatograph)를 이용하여 분석하는 방법이다. 중요내용

① 시료주입

㉠ 시료를 채취한 흡착관을 열탈착장치에 연결한다. 채취된 시료는 열탈착장치에 의해 기체크로마토그래프로 주입된다.

㉡ 흡착된 시료는 1단계로 열탈착되어 −10℃ 이하의 저온으로 유지되는 저온농축부로 보내지고 저온농축부에서 농축된 시료는 열탈착되어 기체크로마토그래프 컬럼으로 주입된다. 중요내용

② 열탈착

㉠ 저온농축부에서 농축된 시료는 열탈착되어 기체크로마토그래프 컬럼으로 주입된다.

㉡ 단, 1ppm 이상의 고농도인 경우 저온농축부를 거치지 않고 직접 컬럼으로 주입하여 분석할 수 있다. 중요내용

③ 기체크로마토그래프 분석

㉠ GC 컬럼에 주입된 시료는 설정된 온도 조건에서 GC 분석이 이루어지게 한다.

㉡ 휘발성 유기화합물질들은 분석대상화합물의 분리에 용이한 컬럼(column)에 의하여 성분별로 분리되고, FID나 ECD 혹은 다른 적절한 검출기를 사용하여 정량 분석된다.

(2) 시료채취 주머니-기체크로마토그래프

① 시료주입

㉠ 시료채취 주머니 내의 시료 일정량(예 : 200mL, 흡착 유량 20mL/min, 흡착 시간 10min)을 흡입하여 저온농축관(−10℃ 이하)에 농축한다. 중요내용

㉡ 저온농축관에 농축된 시료는 열탈착되어 기체크로마토그래프 분석 컬럼으로 주입된다.

② 기체크로마토그래프 분석

㉠ GC 컬럼에 주입된 시료는 설정된 온도 조건에서 GC 분석이 이루어지게 한다.

㉡ 분석물질의 분리에 용이한 기체크로마토그래프의 분리관에 의하여 성분별로 분리되고, FID나 ECD 혹은 다른 적절한 검출기를 사용하여 정량 분석된다. 중요내용

10 배출가스 중 벤젠, 이황화탄소, 사염화탄소, 클로로폼, 염화바이닐의 동시측정법

1. 개요

(1) 목적

이 시험기준은 굴뚝 배출가스 중 벤젠(benzene, C_6H_6), 이황화탄소(carbon disulfide, CS_2), 사염화탄소(carbon tetrachloride, CCl_4), 클로로폼(chloroform, $CHCl_3$), 염화바이닐(vinyl chloride, $H_2C=CHCl$)의 농도를 동시에 측정하기 위한 시험방법으로서 시료채취와 분석에 대한 과정을 포함하고 있다.

(2) 적용범위 중요내용

① 시료채취 주머니로 굴뚝 배출가스 시료를 채취하여 각 성분을 기체크로마토그래프에 의해 분리한 후 질량 선택적 검출기에 의해 측정한다.
② 배출가스 중에 존재하는 벤젠화합물을 시료채취 주머니를 이용해 직접 GC 분석법으로 분석할 경우 0.10~2500ppm 범위에서 측정할 수 있다.
③ 벤젠의 방법검출한계는 0.03ppm이다.
④ 이황화탄소의 경우 이황화탄소 농도 1.00ppm 이상의 배출가스 분석에 적합하다.
⑤ 이황화탄소의 방법검출한계는 0.200ppm이다.
⑥ 사염화탄소, 클로로폼 및 염화바이닐의 분석 가능한 농도범위는 0.10~500.0ppm이고, 방법검출한계는 0.03ppm이다.

(3) 간섭물질 : 수분에 의한 간섭

배출가스는 대부분 수분을 포함하고 있으므로 상대 습도가 높은 경우에는 시료의 수분을 제거하여 수분으로 인한 영향을 최소화하여야 한다.

2. 시료채취장치(시료채취 주머니법)

(1) 시료채취관, 응축기, 응축수트랩, 진공상자, 펌프로 구성되며, 각 장치의 모든 연결부위는 테플론 관을 사용하여 연결하며, 시료채취 주머니는 시료채취 동안이나 채취 후 반드시 직사광선을 받지 않도록 한다.
(2) 흡입용 기밀용기에 시료채취 주머니를 넣고 펌프를 사용하여 흡입용 기밀용기의 공기를 빼내 압력이 낮아지게 되면 외부 공기와 용기 내의 압력차에 의해 채취지점의 기체는 시료채취 주머니 내로 유입된다.
(3) 단, 소각시설이나 발전시설의 배출구같이 시료채취 주머니 내로 입자상 물질의 유입이 우려되는 경우에는 분석하고자 하는 물질의 농도에 영향을 미치지 않도록 유리섬유 또는 석영 재질 등의 여과재를 사용하여 입자상 물질을 걸러주어야 한다.
(4) 배출가스의 온도가 100℃ 미만으로 시료채취 주머니 내에 수분응축의 우려가 없는 경우, 응축기 및 응축수트랩을 사용하지 않아도 무방하다.

11 배출가스 중 휘발성 유기화합물 – 기체크로마토그래피

1. 목적

① 이 시험기준은 배출가스 중에 존재하는 휘발성 유기화합물(VOCs ; Volatile Organic Compounds)의 농도를 측정하기 위한 시험방법이다.

② 시료를 흡착관 또는 시료채취 주머니에 채취하고, 흡착관은 열탈착장치에 직접 연결하거나 흡착제로 이황화탄소를 사용하여 용매추출한 후 이 액을 기체크로마토그래프에 주입하며, 시료채취 주머니에 채취한 시료는 자동연속주입시스템(on-line system)으로 전량을 주입하거나 가스주사기 또는 시료주입루프를 통해 일정량을 기체크로마토그래프에 주입하여 분리한 후 불꽃이온화검출기(FID ; Flame Ionization Detector), 광이온화검출기(PID ; Photo Ionization Detector), 전자포획검출기(ECD ; Electron Capture Detector) 혹은 질량분석기(MS ; Mass Spectrometer)에 의해 측정한다.

2. 적용범위 중요내용

이 시험기준은 배출가스 중에 존재하는 0.10ppm 이상 농도의 휘발성 유기화합물의 분석에 적합하며 방법검출한계는 0.03 ppm이다.

3. 용어 정의

(1) 열탈착(Thermal Desorption)

흡착관에 흡착된 휘발성 유기화합물을 열과 불활성 기체를 이용하여 탈착한 후, 기체크로마토그래프와 같은 분석 기기로 전달하는 과정을 말한다.

(2) 2단 열탈착(Two-stage Thermal Desorption)

흡착관으로부터 분석물질을 열탈착하여 저온 농축관에 농축한 다음, 저온 농축관을 가열하여 농축된 화합물을 기체크로마토그래프로 전달하는 과정을 말한다.

(3) 저온농축관(Focusing Trap)

① 소량의 흡착제 층을 포함하는 흡착관(일반적으로 내경 3mm 이하)으로 환경대기 온도 또는 그 이하(예시 : -30℃)의 온도로 유지된다.

② 흡착관으로부터 휘발성 유기화합물을 열적으로 탈착시켜 재농축시키는 데 사용되며 열을 가함으로써 휘발성 유기화합물이 기체크로마토그래프로 이송된다.

(4) 냉매(Cryogen)

① 열탈착 시스템에서 저온농축관을 매우 낮은 온도로 냉각시키는 데 사용되며, 일반적으로 액체질소(끓는점 : -196℃), 액체 아르곤(끓는점 : -185.7℃), 액체 이산화탄소(끓는점 : -78.5℃), 액체 산소(끓는점 : -183℃) 등이 있다.

② 산소냉매를 사용할 때에는 화재나 폭발에 주의한다.

③ 질소냉매를 사용할 경우에는 과냉각을 방지하기 위한 솔레노이드 밸브를 부착하여 과냉각을 막도록 한다.

4. 전처리장치

(1) 열탈착장치

① 흡착관에 흡착된 시료를 가열탈착(Thermal Desorption)하여 저온농축장치로 이송하는 장치이다.

② 흡착관을 열탈착하기 전에 퍼지 가스(Purge Gas)를 사용하여 대기온도에서 흡착관과 각 시료가 흐르는 유로를 퍼지시켜 흡착관에 함유된 수분을 제거할 수 있다.

③ 퍼지 가스는 99.999% 이상의 순도를 지닌 헬륨이나 질소와 같은 불활성 기체를 사용한다(단, 기체크로마토그래프/질량분석기 분석에서는 헬륨을 사용한다). 중요내용

(2) 저온농축장치

① 시료채취관보다 작은 내경(<3mm ID)을 가진 관으로 일반적으로 일정량의 흡착제가 충전되어 있는 것을 사용하거나, 모세분리관을 사용할 수도 있다.

② 흡착관에서 탈착된 시료를 저온(−30℃ 이하)에서 농축하고, 다시 고온에서 시료를 탈착하여 기체크로마토그래프의 모세분리관으로 이동시키는 역할을 한다. 중요내용

③ 일반적으로 흡착관을 저온으로 유지하기 위해서 액체질소, 액체 아르곤, 드라이아이스와 같은 냉매를 사용하거나 전기적으로 온도를 강하시킨다.

④ 저온농축장치에서 열탈착된 시료를 기체크로마토그래프 컬럼으로 주입할 때 시료를 적당히 분할(Split)하여 주입할 수 있으며, 분리 컬럼의 유량을 조정하여 기체크로마토그래프로 이송할 수 있어야 한다.

⑤ 저온농축 및 열탈착 시 온도설정 조건은 사용하는 흡착제나 분석대상물질에 따라서 최적 조건으로 설정하여 사용한다.

5. 분석장치

(1) 시료 주입구(Sample Injection Port)

① 시료를 기화하여 주입할 수 있는 주입부(Injector)가 있어야 하며 승온조작이 가능한 기능과 주입된 시료의 분할(Split)과 비분할(Splitless) 기능이 있어야 한다.

② 내경 0.25~0.53mm의 모세분리관을 연결할 수 있어야 한다.

(2) 본체

① 기체크로마토그래프의 본체(오븐)는 분리관이 연결되어 내부온도 조절이 가능한 구조여야 한다.

② 온도의 조절범위는 실온~350℃로 조절이 가능하여야 한다.

③ 분리능을 향상하고자 한다면 본체의 온도를 −60℃까지 낮출 수 있는 기능을 보완하여 사용할 수도 있다.

(3) 컬럼

① 석영 재질로 된 모세관의 내벽에 비극성 고정상이 결합된 컬럼을 사용한다.

② 컬럼의 길이는 충분한 분해능을 갖기 위해 일반적으로 30~60m 길이에 내경은 0.25~0.53mm인 것을 사용할 수 있다.

(4) 검출기(Detector) 중요내용

① 휘발성 유기화합물질 분석을 위한 검출기는 불꽃이온화검출기, 광이온화검출기, 전자포획검출기 혹은 질량분석기를 사용한다.

② 불꽃이온화검출기, 광이온화검출기, 전자포획검출기는 검출기의 선택적 특성을 활용하여 직렬 혹은 병렬로 연결하여 이중검출기로도 사용이 가능하다.

③ 질량분석기의 조건은 스캔모드(Scan Mode)에서 n mol/mol(ppb) 수준의 대상물질에 대한 확인과 분석이 가능하며, 선택이온모드(SIM mode)에서는 이보다 높은 감도로 분석이 가능하다.

(5) 운반기체(Carrier Gas) 중요내용

① 기체크로마토그래프의 이동상으로 주입된 시료를 컬럼과 질량분석계로 옮겨주는 역할을 하며, 불활성의 건조하고 99.999% 혹은 그 이상의 고순도를 가진 질소 혹은 헬륨을 사용한다.
② 산소와 유기화합물 제거를 위한 필터를 운반기체가 분석장치에 공급되는 라인에 반드시 장착하여 사용한다. 이러한 필터들은 제조사의 지침에 따라서 주기적으로 교환하도록 한다.

6. 분석 절차

(1) 고체흡착 열탈착법

① 측정기의 각 부분 점검 및 누출 여부를 확인하고 순서에 맞추어 전원을 켠다.
② 시료를 채취한 흡착관은 불활성 글러브(Glove)를 사용하여 테프론 형태의 마개를 제거한 후 열탈착 장치에 장착한다.
③ 이때 흡착관 내의 수분 제거가 필요할 경우 흡착관을 시료채취 반대방향으로 헬륨기체 5~50mL/min의 유량으로 일정 시간(약 4분) 동안 퍼지(Purge)한다.
④ 흡착관을 운반기체 10~100mL/min로 250~325℃로 가열하여 시료가 완전히 이송될 수 있도록 탈착하고 열탈착된 시료는 −30~−150℃의 저온농축관에 이송시킨다.
⑤ 저온농축관에서 농축된 시료를 흡착제의 종류에 따라 다시 250~350℃의 온도범위에서 1~15분 이내에 운반기체 1~100mL/min로 탈착시킨다.
⑥ 탈착한 시료를 모세분리관의 유량을 조정하고 기체크로마토그래프로 이송한다. 이때, 시료의 양이 많거나 민감한 검출기를 사용할 경우, 그리고 고농도(10ppbv 이상) 시료에서 수분의 간섭으로 인한 컬럼과 검출기의 피해를 최소화하기 위해 분할(Splitting)을 실시한다. 보통 10 : 1 이상으로 분할하는 것이 바람직하다. 중요내용
⑦ 저온농축 및 열탈착 시 온도설정 조건은 사용하는 흡착제나 분석대상물질에 따라서 설정할 수 있다(단, 시료 탈착효율은 90% 이상 되어야 한다).

(2) 고체흡착 용매추출법

① 채취한 시료의 흡착관으로부터 충전제를 2mL 용량의 용기로 옮긴다.
② 추출용매 1mL를 용기에 넣고 20분 동안 상온에서 정치하여 추출한다.
③ 추출용매는 휘발이 잘 되므로 용기의 뚜껑이 없을 경우 시료의 손실을 막기 위하여 반드시 셉텀(Septum)이 있는 용기를 사용한다.

(3) 시료채취 주머니 – 열탈착법

① 시료가 들어 있는 시료채취 주머니를 자동연속주입시스템에 연결하거나 일정량을 시료주입루프 또는 가스주사기로 주입하여 기체크로마토그래프로 분석한다.
② 시료채취 주머니를 직접 연결하여 분석할 때 빛에 의한 영향을 받지 않도록 한다.

(4) 기체크로마토그래프 분석

① 기체크로마토그래프 분석 컬럼에 주입된 시료는 설정된 온도 조건에서 기체크로마토그래프 분석이 이루어지게 한다.
② 광이온화검출기와 전자포획검출기를 이중으로 연결하여 사용할 경우 검출기의 특성에 감응도가 높은 결과를 사용한다(예시 : 할로겐 함유 물질은 전자포획검출기 사용).
③ 검출기가 질량분석기인 경우에는 스캔 모드를 사용하여 성분의 구조와 기체크로마토그래프 머무름 시간을 확인하고, 분석성분의 구조는 질량스펙트럼과의 비교 및 표준시료의 질량스펙트럼과의 머무름 시간 비교를 통하여 확인한다.
④ 목적성분의 정량분석은 스캔 모드에서 휘발성 유기화합물의 선택이온을 선정하여 정량분석을 수행하거나, 처음부터 선택이온을 정하여 선택이온모드에서 정량분석을 수행한다.

12 배출가스 중 1,3－뷰타다이엔－기체크로마토그래피

1. 개요

(1) 목적

이 시험기준은 용제의 증발 또는 화학반응에 의해 굴뚝 등에서 배출되는 배출가스 중의 1,3－뷰타다이엔 농도를 측정하기 위한 시험방법이다. 배출가스 중 1,3－뷰타다이엔의 시료채취와 분석에 대한 과정을 포함하고 있다.

(2) 적용범위

① 흡착관을 이용한 방법, 시료채취 주머니를 이용한 방법을 시료채취방법으로 하고 기체크로마토그래피(Gas Chromatography, 이하 GC) 방법으로 분석한다.
② 배출가스 중에 존재하는 1,3－뷰타다이엔을 GC로 분석할 경우 정량범위는 0.03ppm 이상이며, 1,3－뷰타다이엔의 방법검출한계는 0.01ppm이다.

(3) 간섭물질

배출가스는 대부분 수분을 포함하고 있으므로 상대 습도가 높은 경우에는 시료의 수분을 제거하여 수분으로 인한 영향을 최소화하여야 한다. 중요내용

2. 시료주입

(1) 고체흡착 열탈착법

① 시료를 채취한 흡착관을 열탈착장치에 연결한다.
② 흡착관에 채취된 시료는 열탈착장치에 의해 1단계로 열탈착되어 －10℃ 이하의 저온으로 유지되는 저온농축부로 보내지고 저온농축부에서 농축된 시료는 다시 열탈착되어 기체크로마토그래프·분석 컬럼으로 주입된다. 중요내용

(2) 시료채취 주머니－열탈착법

① 시료채취 주머니 내의 시료 일정량(예 : 200mL, 흡착 유량 20mL/min, 흡착 시간 10min)을 흡입하여 저온농축관(－10℃ 이하)에 농축한다. 중요내용
② 저온농축관에 농축된 시료는 열탈착되어 기체크로마토그래프 분석 컬럼으로 주입된다.

3. 기체크로마토그래프 분석

(1) GC 분석 컬럼에 주입된 시료는 설정된 온도 조건에서 GC 분석이 이루어지게 한다.
(2) GC/FID를 사용하거나 검출기가 질량분석기인 경우 스캔모드를 사용하여 성분의 구조와 GC 머무름시간을 확인한다.
(3) 분석성분의 구조는 MS library 스펙트럼과의 비교 및 표준물질의 스펙트럼과의 머무름시간 비교를 통하여 확인한다.
(4) 1,3－뷰타다이엔의 정량분석은 1,3－뷰타다이엔의 선택이온을 선정하여 EI(Extracted Ion) 스펙트럼으로부터 정량분석을 수행하거나, 처음부터 선택이온을 정하여 선택이온모드에서 정량분석을 수행한다.

13 배출가스 중 다이클로로메테인 – 기체크로마토그래피

1. 개요

(1) 목적

이 시험기준은 용제의 증발 또는 화학반응에 의해 굴뚝 등에서 배출되는 배출가스 중의 다이클로로메테인 농도를 측정하기 위한 시험방법이다. 배출가스 중 다이클로로메테인의 시료채취와 분석과정을 포함하고 있다.

(2) 적용범위

① 흡착관을 이용한 방법, 시료채취 주머니를 이용한 방법을 시료채취방법으로 하고 기체크로마토그래피(Gas Chromatography, 이하 GC) 방법으로 분석한다.

② 배출가스 중에 존재하는 다이클로로메테인을 GC로 분석할 경우 정량범위는 0.5ppm 이상이며 방법검출한계는 0.17 ppm이다. 중요내용

(3) 간섭물질

배출가스는 대부분 수분을 포함하고 있으므로 상대 습도가 높은 경우에는 시료의 수분을 제거하여 수분으로 인한 영향을 최소화하여야 한다.

14 배출가스 중 트라이클로로에틸렌 – 기체크로마토그래피

1. 개요

(1) 목적

이 시험기준은 용제의 증발 또는 화학반응에 의해 굴뚝 등에서 배출되는 배출가스 중의 트라이클로로에틸렌 농도를 측정하기 위한 시험방법이다. 배출가스 중 트라이클로로에틸렌의 시료채취와 분석에 대한 과정을 포함하고 있다.

(2) 적용범위

① 흡착관을 이용한 방법, 시료채취 주머니를 이용한 방법을 시료채취방법으로 하고 기체크로마토그래피(Gas Chromatography, 이하 GC) 방법으로 분석한다.

② 배출가스 중에 존재하는 트라이클로로에틸렌을 GC로 분석할 경우 정량범위는 0.3ppm 이상이며 방법검출한계는 0.1 ppm이다. 중요내용

(3) 간섭물질

배출가스는 대부분 수분을 포함하고 있으므로 상대 습도가 높은 경우에는 시료의 수분을 제거하여 수분으로 인한 영향을 최소화하여야 한다.

15 배출가스 중 벤조(a)피렌 – 기체크로마토그래피/질량분석법

1. 시료채취장치

이 방법에 사용되는 시료채취장치는 먼지채취부, 가스흡수부, 가스흡착부, 배출가스 유속 및 유량측정부, 진공펌프 및 흡입가스 유량측정부 등으로 구성된다.

2. 기기분석

분석은 기체크로마토그래피/질량분석기의 전자충격 이온화방식 방법을 사용하며, 정성분석은 2개 이온을 선택이온검출법(SIM, Selected Ion Monitoring)과 선택이온 머무름 시간으로 하고 정량분석은 그 선택이온의 면적비 및 내부표준물질의 농도를 계산한 상대감응계수(RRF)법으로 한다.

16 배출가스 중 에틸렌옥사이드 분석방법

(1) 시료채취 주머니 – 기체크로마토그래피

(2) 용매추출 – 기체크로마토그래피

(3) HBr유도체화 – 기체크로마토그래피

17 배출가스 중 N, N – 다이메틸폼아마이드 분석방법

(1) 열탈착 – 기체크로마토그래피

(2) 용매추출 – 기체크로마토그래피

18 배출가스 중 다이에틸헥실프탈레이트 분석방법

기체크로마토그래피

19 배출가스 중 벤지딘 분석방법

(1) 황산함침여지채취 – 기체크로마토그래피

(2) 여지채취 – 기체크로마토그래피

20 배출가스 중 바이닐아세테이트 분석방법

열탈착 – 기체크로마토그래피

21 배출가스 중 아닐린 분석방법

열탈착 – 기체크로마토그래피

22 배출가스 중 이황화메틸 분석방법

저온농축 – 모세관컬럼 – 기체크로마토그래피

23 배출가스 중 프로필렌옥사이드 분석방법

(1) 시료채취 주머니 – 기체크로마토그래피

(2) 용매추출 – 기체크로마토그래피

[배출가스 중 연속자동측정방법]

01 굴뚝연속자동측정기기의 기능－아날로그 통신방식

1. 측정범위의 설정 중요내용

(1) 측정범위는 형식승인을 취득한 측정범위 중 최대범위 내에서 사용환경에 따라 배출시설별 오염물질 배출허용기준의 2 내지 10배(단, 배출가스농도가 배출허용기준의 2배를 5 내지 10배) 이내에서 설정하여야 한다.
(2) 유속의 경우 최대유속의 1.2~1.5배 범위에서 설정하여야 한다. 단, 유속의 최소범위는 5m/s로 한다.
(3) 굴뚝연속자동측정기기(이하 측정기기)에 설정되어 있는 측정범위는 자료수집기(Data Logger)에 입력된 측정 범위 값과 일치되어야 한다.

2. 측정 및 교정

(1) 측정기기는 교정(수동 또는 자동)의 기능을 가져야 한다.
(2) 표준기체를 이용하여 교정을 실시하는 샘플링형 측정기기는 시료채취관이나 시료채취점에서 가장 가까운 지점으로부터 표준기체를 유입시켜 교정할 수 있는 장치를 구비하여야 한다.

3. 저장장치

측정기기에는 측정값들이 기록 · 보존될 수 있도록 기록계 또는 동등한 기능을 갖고 있는 장치를 구비하여야 한다.

4. 원격검색

관제센터에서 원격으로 측정기기의 운영상태를 확인할 수 있는 원격검색 기능을 갖추어야 하며, 원격검색의 수시 확인이 가능하도록 표준기체 밸브가 상시 개방되어 있어야 한다.
㈜ 먼지측정기기의 경우 원격검색 명령수행 대상에서 제외한다.

5. 측정기기의 운영 상태를 관제센터에 알리는 상태표시

(1) 전원단절

측정기기에 전원이 공급되지 않는 경우 발생되는 신호이다.

(2) 교정 중

측정기기 및 부대장비에서 교정이 수행되거나 원격검색 명령 시에 발생되는 신호이다.

(3) 보수 중

측정기기 및 부대장비, 자료수집기의 점검이나 보수가 필요한 경우 사업장에서 인위적으로 발생시키는 신호이다.

(4) 동작불량

측정기기 및 부대장비의 기능장애시 자동으로 발생되는 신호이다.

02 굴뚝연속자동측정기기의 기능 – 디지털 통신방식

1. 측정범위의 설정

굴뚝연속자동측정기기(이하 측정기기)에 설정되어 있는 날짜 및 시각은 자료수집기(Data Logger)에 입력된 날짜 및 시각과 동기화를 통해 일치되게 하여야 한다.

2. 측정 및 교정 중요내용

(1) 측정기기 알람 발생 시에 상태정보 및 알람정보와 함께 실 자료가 계속적으로 전송되어야 한다.

(2) 측정값이 측정범위를 초과하여 알람이 발생하는 경우 상태정보, 알람정보와 함께 최댓값을 전송한다.

㈜ 1. 상태정보(Status Information) : 측정기기가 시료기체를 분석하기 위해 가지고 있는 측정기기 정보
2. 알람정보(Alarm Information) : 상태정보 변경의 유무를 알려주는 정보

(3) 측정기기의 이상상태가 종료된 경우, 알람은 지속되지 않고 자동적으로 해지되어야 한다.

3. 저장장치

측정값들이 기록 · 보존될 수 있도록 기록계 또는 동등한 기능을 갖고 있는 장치가 구비되어야 한다. 이를 위해 측정기기에 10일 이상의 측정값 및 상태정보값을 저장하기 위한 저장장치 및 기록장치를 설치하고 측정값 및 상태정보값을 자료수집기로 전송하여야 한다.

4. 측정기기 전송 필요 상태정보 및 알람정보

(1) 전송항목

이산화황, 질소산화물, 플루오린화수소, 염화수소, 암모니아, 일산화탄소, 먼지, 산소, 유량

(2) 온도

온도(온도 및 노내온도)측정기기는 측정값이 아날로그 신호인 경우 디지털신호로 변환하여 전송하여야 한다.

03 굴뚝연속자동측정기 설치방법

1. 굴뚝 유형별 설치방법 중요내용

굴뚝 유형별 측정기의 설치방법은 다음과 같다. 불가피하게 희석공기가 유입되는 경우에 측정기는 희석공기 유입 전에 설치하여야 하고, 표준산소농도를 적용받는 시설의 가스상 오염물질 측정기기는 산소측정기기의 측정시료와 동일한 시료로 측정할 수 있도록 하여야 한다.

(1) 병합 굴뚝(Common Stack)

2개 이상의 배출시설이 1개의 굴뚝을 통하여 오염물질 배출 시, 배출허용기준이 같은 경우에는 측정기 및 유량계를 오염물질이 합쳐진 후 지점(①의 경우) 또는 합쳐지기 전 지점(②의 경우)에 설치하여야 하고, 배출허용기준이 다른 경우에는 합쳐지기 전 각각의 지점에 설치하여야 한다.

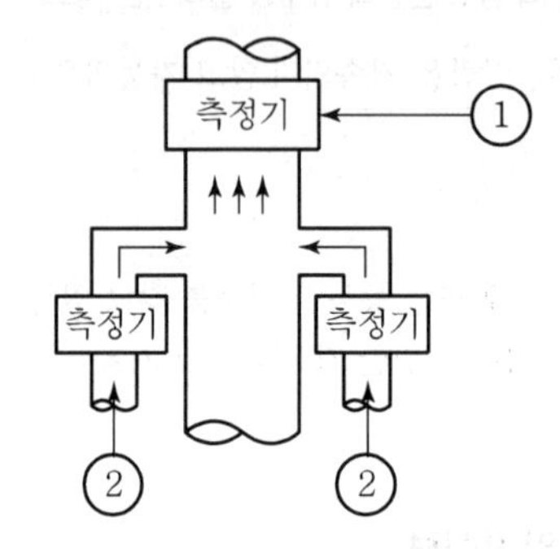

[병합 굴뚝(덕트)에서 측정기 설치 예]

(2) 분산 굴뚝(Multiple Stack)

1개 배출시설에서 2개 이상의 굴뚝으로 오염물질이 나뉘어서 배출되는 경우에 측정기는 나뉘기 전 굴뚝(①의 경우)에 설치하거나, 나뉜 각각의 굴뚝(②의 경우)에 설치하여야 한다.

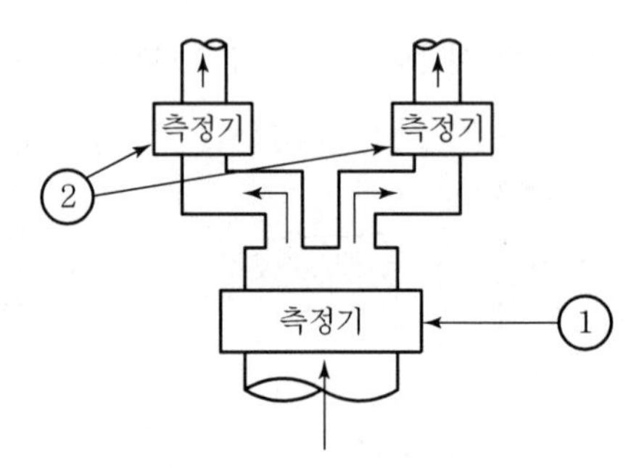

[분산 굴뚝(덕트)에서 측정기 설치 예]

(3) 우회 굴뚝(Bypass Stack)

측정기기를 ①, ③의 위치에 설치하여야 되나, 설치환경 부적합 또는 기타 이유로 굴뚝배출가스가 우회되는 경우 ②의 위치에 설치하되 대표성이 있는 시료가 채취되어 측정될 수 있어야 한다.(단, ②의 지점에 먼지측정기를 설치할 경우 다른 항목의 측정기는 ①의 지점에 설치해야 한다.)

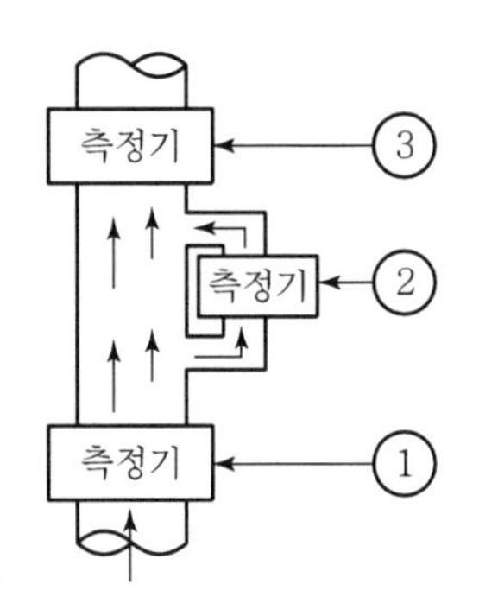

[우회 굴뚝(덕트)에서 측정기 설치 예]

2. 측정 및 측정공 위치

(1) 공통사항 중요내용

① 오염물질 농도를 대표할 수 있는 곳으로 굴뚝의 굴곡부분이나 단면 모양이 급격히 변하는 부분을 피하여 배출 흐름이 안정한 곳이어야 한다.
② 측정이나 유지보수가 가능하도록 접근이 쉬운 곳이어야 한다.
③ 모든 방지시설의 후단이어야 하나, 필요에 따라서는 전단에 설치할 수도 있다.
④ 측정기가 부착된 측정공 이외에 상대정확도를 구하기 위하여 같은 높이(또는 수직선상)로 여분의 측정공을 2개 이상 설치하여야 한다.
⑤ 응축된 수증기가 존재하지 않는 곳에 설치한다.

(2) 먼지측정기

측정공은 난류의 영향을 고려하여 수직굴뚝에 설치하는 것을 원칙으로 하며, 불가피한 경우에는 수평굴뚝에도 측정공을 설치할 수 있다.

① 수직 굴뚝 중요내용
㉠ 만약, 선정위치가 굴뚝이나 덕트의 수직부로서 곡관부로부터 하류로 직경의 4배 이하인 곳에 위치한다면 경로는 상류 곡관부에 의해서 정의된 평면(상류곡관부와 수평인 위치)을 사용하고, 선정위치가 굴뚝이나 덕트의 수직부로서 곡관부로부터 상류로 직경의 4배 이하인 곳에 위치한다면 경로는 하류 곡관부에 의해서 정의된 평면(하류곡관부와 수평인 위치)을 사용한다.
㉡ 선정위치가 굴뚝이나 덕트의 수직부로서 곡관부로부터 하류로 직경의 4배 이하이고 곡관부로부터 상류로 1m 이하인 곳에 위치한다면 경로는 상류 곡관부에 의해서 정의된 평면(상류곡관부와 수평인 위치)을 사용한다. 중요내용

② 수평 굴뚝(덕트 등)
㉠ 측정위치는 하부 직경의 4배 이상인 곳으로 하고, 시료를 채취하는 측정기의 채취지점은 굴뚝바닥으로부터 굴뚝 내경의 1/3과 1/2 사이의 단면 위에 위치하도록 한다. 중요내용
㉡ 경로를 이용한 측정기는 하부 직경의 4배 이하인 지점에 설치할 수 있다. 측정위치는 상향 흐름인 경우에는 굴뚝 바닥으로부터 굴뚝 내경의 1/2과 2/3 사이의 단면 위에 위치하여야 하고, 하향 흐름인 경우에는 굴뚝 바닥으로부터 굴뚝 내경의 1/3과 1/2 사이의 단면 위에 위치하여야 한다.

(3) 가스상 물질

① 수직 굴뚝
측정위치는 굴뚝 하부 끝에서 위를 향하여 굴뚝 내경의 2배 이상이 되고, 상부 끝단으로부터 아래를 향하여 굴뚝 상부 내경의 1/2배 이상이 되는 지점으로 한다.

② 수평 굴뚝

측정위치는 외부공기가 새어들지 않고 굴뚝에 요철부분이 없는 곳으로서 굴뚝의 방향이 바뀌는 지점으로부터 굴뚝내경의 2배 이상 떨어진 곳을 선정한다.

3. 조립 및 취급법

(1) 부착

① 채취관

㉠ 채취구는 측정기까지의 도관길이가 가급적 짧게 되는 위치에, 또한 채취관이 배출가스의 흐름에 대해서 수직이 되도록 연결한다.

㉡ 채취구에는 굴뚝외벽으로부터의 길이가 100~200 mm, 바깥지름 22~60 mm 정도의 보통 강철관 또는 스테인리스강관 등을 써서 굴뚝외벽에 설치한다.

㉢ 채취관은 채취구에 슬리이브식, 플랜지식 등의 고정쇠를 써서 고정한다.

② 도관 중요내용

㉠ 도관은 가능한 짧은 것이 좋으나 부득이 길게 해서 쓰는 경우에는 이음매가 없는 배관을 써서 접속 부분을 적게 하고 받침기구로 고정한다.

㉡ 냉각도관은 될 수 있는 대로 수직으로 연결한다. 부득이 구부러진 관을 쓰는 경우에는 응축수가 빨리 흘러나오기 쉽도록 경사지게 하고 시료가스는 아래로 흐르도록 한다.

㉢ 냉각 도관 부분에는 반드시 기체 · 액체 분리관과 그 아래쪽에 응축수 트랩을 연결한다.

㉣ 기체 · 액체 분리관은 도관의 부착위치 중 가장 낮은 부분 또는 최저 온도의 부분에 부착하여 응축수를 급속히 냉각시키고 배관계의 밖으로 빨리 방출시킨다.

㉤ 응축수의 배출에 쓰는 펌프는 충분히 내구성이 있는 것을 쓴다. 이때 응축수 트랩은 사용하지 않아도 좋다.

㉥ 같은 냉각방식을 쓰는 경우에는 기온과 수온을 감시하기 위하여 온도계를 부착하든가 또는 온도조절을 나타내는 표시 등을 부착한다.

㉦ 분석계에서의 배출가스 및 바이패스 배출가스의 도관은 배후 압력의 변동이 적은 장소에 배관한다.

04 굴뚝연속자동측정기기 먼지

1. 적용범위

이 시험방법은 굴뚝배출가스 중 먼지를 연속적으로 자동 측정하는 방법에 관하여 규정한다.

2. 용어의 뜻

(1) 먼지

굴뚝배출가스 중에 부유하는 입자상 물질

(2) 먼지농도 중요내용

표준상태(0℃, 760 mmHg)의 건조배출가스 1 m^3 안에 포함된 먼지의 무게로서 mg/Sm^3의 단위를 갖는다.

(3) 교정용입자

실내에서 감도 및 교정오차를 구할 때 사용하는 균일계 단분산 입자로서 기하평균 입경이 0.3~3 μm인 인공입자로 한다.

(4) 균일계 단분산 입자

입자의 크기가 모두 같은 것으로 간주할 수 있는 시험용 입자로서 실험실에서 만들어진다.

(5) 표준교정판(또는 교정용 필름)

연속자동측정기를 교정할 때 사용하는 일정한 지시치를 나타내는 표준판(필름)을 말한다.

(6) 검출한계 중요내용

제로드리프트의 2배에 해당하는 지시치가 갖는 교정용 입자의 먼지농도를 말한다.

(7) 교정오차

실내에서 교정용 입자를 용기 안으로 분사하면서 연속자동측정기로 측정한 먼지농도가 용기 안에서 시료채취법으로 구한 먼지농도와 얼마나 잘 일치하는가 하는 정도로서 그 수치가 작을수록 잘 일치하는 것이다.

(8) 상대정확도

굴뚝에서 연속자동측정기로 구한 먼지농도가 먼지시험방법(이하 주시험법이라 한다)으로 구한 먼지농도와 얼마나 잘 일치하는가 하는 정도로서, 그 수치가 작을수록 잘 일치하는 것이다.

(9) 제로드리프트

연속자동측정기가 정상적으로 가동되는 조건하에서 먼지를 포함하지 않는 공기를 일정시간 동안 측정한 후 발생한 출력신호가 변화하는 정도를 말한다.

(10) 교정판드리프트

표준교정판(필름)을 사용하여 일정시간 동안 측정한 후 발생한 출력신호가 변화한 정도를 말한다.

(11) 응답시간

표준교정판(필름)을 끼우고 측정을 시작했을 때 그 보정치의 95 %에 해당하는 지시치를 나타낼 때까지 걸린 시간을 말한다.

(12) 시험가동시간

연속자동측정기를 정상적인 조건에서 운전할 때 예기치 않는 수리, 조정 및 부품교환 없이 연속가동할 수 있는 최소시간을 말한다.

3. 측정방법의 종류

먼지의 연속자동측정법에는 광산란적분법과 베타(β)선 흡수법, 광투과법이 있다. 중요내용

(1) 광산란적분법

① 측정원리

㉠ 먼지를 포함하는 굴뚝배출가스에 빛을 조사하면 먼지로부터 산란광이 발생한다. 산란광의 강도는 먼지의 성상, 크기, 상대굴절률 등에 따라 변화하지만, 이들조건이 동일하다면 먼지농도에 비례한다.

㉡ 굴뚝에서 미리 구한 먼지농도와 산란도의 상관관계식에 측정한 산란도를 대입하여 먼지농도를 구한다.

② 장치구성 중요내용

㉠ 시료채취부 ㉡ 검출부
㉢ 앰프부 ㉣ 수신부

(2) 베타(β)선 흡수법

① 측정원리

㉠ 시료가스를 등속흡입하여 굴뚝 밖에 있는 자동연속측정기 내부의 여과지 위에 먼지시료를 채취한다. 이 여과지에 방사선 동위원소로부터 방출된 β선을 조사하고 먼지에 의해 흡수된 β선량을 구한다.

㉡ 굴뚝에서 미리 구해놓은 β선 흡수량과 먼지농도 사이의 관계식에 시료채취 전후의 β선 흡수량의 차를 대입하여 먼지농도를 구한다.

② 장치구성

㉠ 시료채취부 ㉡ 검출부
㉢ 표시 및 기록부 ㉣ 수신부

(3) 광투과법

① 측정원리

㉠ 이 방법은 먼지입자들에 의한 빛의 반사, 흡수, 분산으로 인한 감쇄현상에 기초를 둔다.

㉡ 먼지를 포함하는 굴뚝배출가스에 일정한 광량을 투과하여 얻어진 투과된 광의 강도변화를 측정하여 굴뚝에서 미리 구한 먼지농도와 투과도의 상관관계식에 측정한 투과도를 대입하여 먼지의 상대농도를 연속적으로 측정하는 방법이다.

② 장치구성

㉠ 시료채취부 ㉡ 검출 및 분석부
㉢ 농도지시부 ㉣ 데이터 처리부
㉤ 교정장치

05 굴뚝연속자동측정기 이산화황

1. 적용범위

이 시험방법은 굴뚝배출가스 중 이산화황을 연속적으로 자동측정하는 방법에 관하여 규정하며 측정방법은 배출가스 중 황산화물 - 자동측정법에 따른다.

2. 용어 중요내용

(1) 교정가스

공인기관의 보정치가 제시되어 있는 표준가스로 연속자동측정기 최대눈금치의 약 50%와 90%에 해당하는 농도를 갖는다.(90% 교정가스를 스팬가스라고 한다.)

(2) 제로가스

정제된 공기나 순수한 질소(순도 99.999% 이상)를 말한다.

(3) 검출한계

제로드리프트의 2배에 해당하는 지시치가 갖는 이산화황의 농도를 말한다.

(4) 교정오차

교정가스를 연속자동측정기에 주입하여 측정한 분석치가 보정치와 얼마나 잘 일치하는가 하는 정도로서, 그 수치가 작을수록 잘 일치하는 것이다.

(5) 상대정확도

굴뚝에서 연속자동측정기를 이용하여 구한 이산화황의 분석치가 황산화물 시험방법(이하 주시험법이라 한다)으로 구한 분석치와 얼마나 잘 일치하는가 하는 정도로서 그 수치가 작을수록 잘 일치하는 것이다.

(6) 제로드리프트

연속자동측정기가 정상적으로 가동되는 조건하에서 제로가스를 일정시간 흘려준 후 발생한 출력신호가 변화한 정도를 말한다.

(7) 스팬드리프트

스팬가스를 일정시간 동안 흘려준 후 발생한 출력신호가 변화한 정도를 말한다.

(8) 응답시간

시료채취부를 통하지 않고 제로가스를 연속자동측정기의 분석부에 흘려주다가 갑자기 스팬가스로 바꿔서 흘려준 후, 기록계에 표시된 지시치가 스팬가스 보정치의 95%에 해당하는 지시치를 나타낼 때까지 걸리는 시간을 말한다.

(9) 시험가동시간

연속자동측정기를 정상적인 조건에 따라 운전할 때 예기치 않는 수리, 조정 및 부품교환 없이 연속 가동할 수 있는 최소시간을 말한다.

(10) 점(Point) 측정시스템

굴뚝 또는 덕트 단면 직경의 10 % 이하의 경로 또는 단일점에서 오염물질농도를 측정하는 배출가스 연속자동측정시스템

(11) 경로(Path) 측정시스템

굴뚝 또는 덕트 단면 직경의 10 % 이상의 경로를 따라 오염물질 농도를 측정하는 배출가스 연속자동측정시스템

(12) 보정

보다 참에 가까운 값을 구하기 위하여 판독값 또는 계산값에 어떤 값을 가감하는 것, 또는 그 값

(13) 편향(Bias)

계통오차. 측정결과에 치우침을 주는 원인에 의해서 생기는 오차

(14) 시료채취 시스템 편기

농도를 알고 있는 교정가스를 시료채취관의 출구에서 주입하였을 때와 측정기에 바로 주입하였을 때 측정기 시스템에 의해 나타나는 가스 농도의 차이

(15) 퍼지(Purge)

시료채취관에 축적된 입자상 물질을 제거하기 위하여 압축된 공기가 시료채취관의 안에서 밖으로 불어내어지는 동안 몇몇 시료채취형 시스템에 의해 주기적으로 수행되는 절차

(16) 직선성

입력신호의 농도변화에 따른 측정기 출력신호의 직선관계로부터 벗어나는 정도

3. 측정방법의 종류 중요내용

측정원리에 따라 용액전도율법, 적외선흡수법, 자외선흡수법, 정전위전해법 및 불꽃광도법 등으로 분류할 수 있다.

4. 성능 및 성능 시험방법

(1) 성능

① 측정범위
ES 01901.1의 1.1을 따른다.

② 검출한계
5ppm 이하로 한다.

(2) 성능시험방법

① 측정범위
스팬가스를 연속자동 측정기에 주입하여 측정할 때 최대 눈금치의 약 90%에 해당하는 지시치를 나타내는지를 확인한다.

② 검출한계
교정가스를 연속자동 측정기에 주입하여 지시치를 읽는다. 제로가스를 주입하여 제로드리프트를 구한 후 그 두 배에 해당하는 이산화황의 농도를 교정가스의 농도와 지시치의 관계로부터 비례식을 계산한다.

5. 분석계

(1) 용액전도율분석계

① 원리

시료가스를 황산산성과산화수소수 흡수액에 도입하면 이산화황은 과산화수소수에 의해 황산으로 산화되어 흡수된다. 이때 황산의 생성으로 인하여 흡수액의 전도율이 증가하게 되는데, 이 전도율의 증가는 시료가스 중의 이산화황의 농도에 비례한다.

② 분석계 구성

용액전도율 분석계는 비교전극, 측정전극, 가스흡수부, 흡수액 전달펌프, 흡수액용기, 흡수액(황산산성과 산화수소 수용액) 등으로 이루어져 있다.

(2) 적외선흡수분석계

ES 01204의 비분산적외선분광분석법에 따른다.

(3) 자외선흡수분석계

① 원리

㉠ 자외선흡수분석계에는 분광기를 이용하는 분산방식과 이용하지 않는 비분산방식이 있다.

㉡ 분산방식에서는 287 nm에서의 이산화황과 이산화질소의 흡광도를 그리고 380 nm에서 이산화질소의 흡광도를 측정하고 몰흡광계수와 농도 및 흡광도로 표시된 2원 1차 연립방정식에 대입하여 이산화황의 극대흡수파장인 287 nm에서의 이산화질소의 간섭을 보정한다. 287 nm에서 구한 이산화황만의 흡광도를 미리 작성한 검량선에 대입하여 그 농도를 구한다.

㉢ 비분산방식에서는 수은램프로부터 나온 빛을 둘로 나누어 두 개의 광학필터를 통과시킨다. 이렇게 하여 하나의 필터로부터는 280~320 nm의 광을 다른 하나로부터는 540~570 nm의 광을 시료셀에 조사한 다음, 전자는 측정광으로 하고 후자는 비교광으로 하여 흡광도를 측정하고 그 차를 시료가스 중 이산화황의 흡광도로 한다. 이것을 미리 작성한 검량선에 대입하여 시료가스 중 이산화황의 농도를 구한다.

② 분석계 구성 중요내용

자외선흡수분석계는 광원, 분광기, 광학필터, 시료셀, 검출기 등으로 이루어져 있다.

㉠ 광원

중수소방전관 또는 중압수은등이 사용된다.

㉡ 분광기

프리즘 또는 회절격자분광기를 이용하여 자외선영역 또는 가시광선영역의 단색광을 얻는 데 사용된다.

㉢ 광학필터

특정파장 영역의 흡수나 다층박막의 광학적 간섭을 이용하여 자외선에서 가시광선 영역에 이르는 일정한 폭의 빛을 얻는 데 사용된다.

㉣ 시료셀

시료셀은 200~500mm의 길이로 시료가스가 연속적으로 통과할 수 있는 구조로 되어 있다. 셀의 창은 석영판과 같이 자외선 및 가시광선이 투과할 수 있는 재질로 되어 있어야 한다.

㉤ 검출기

자외선 및 가시광선에 감도가 좋은 광전자증배관 또는 광전관이 이용된다.

(4) 정전위전해분석계

① 원리

이산화황을 전해질에 흡수시킨 후 전기화학적 반응을 이용하여 그 농도를 구한다. 전해질에 흡수된 이산화황은 작용전극에 일정한 전위의 전기에너지를 가하면 황산이온으로 산화되는데 이때 발생되는 전해전류는 온도가 일정할 때 흡수된 이산화황 농도에 비례한다.

② 분석계 구성 중요내용

정전위전해분석계는 크게 나누어 전해셀과 정전위전원 그리고 증폭기로 구성되어 있다.

㉠ 전해셀

ⓐ 가스투과성격막

ⓑ 작업전극

ⓒ 대전극

ⓓ 전해액

㉡ 정전위전원

작업전극에 일정한 전위의 전기에너지를 부가하기 위한 직류전원으로 수은전지가 이용된다.

(5) 불꽃광도분석계

① 원리 중요내용

㉠ 환원선 수소불꽃에 도입된 이산화황이 불꽃 중에서 환원될 때 발생하는 빛 가운데 394 nm 부근의 빛에 대한 발광강도를 측정하여 연소배출가스 중 이산화황 농도를 구한다.

㉡ 이 방법을 이용하기 위하여는 불꽃에 도입되는 이산화황 농도가 5~6μg/min 이하가 되도록 시료가스를 깨끗한 공기로 희석해야 한다.

② 분석계의 구성

유량제어부, 희석부, 불꽃부, 검출부로 이루어져 있다.

㉠ 유량제어부 중요내용

희석가스, 연료가스 및 조연가스의 유량을 조절하기 위한 부분으로 압력조정기, 저항관, 니들밸브 빛 유량계 등으로 구성되어 있다.

㉡ 희석부

깨끗한 공기 또는 질소가스를 이용하여 시료가스를 일정 비율로 희석하는 부분이다.

㉢ 불꽃부

연료가스, 조연가스, 시료가스, 연소노즐, 점화기구, 소염검지기 등으로 구성되어 있으며 환원성 수소불꽃을 발생하게 된다.

㉣ 검출부 중요내용

광전자증배관, 394 nm 부근에 극대흡수파장을 갖는 광학필터 단열창, 냉각기 등으로 이루어져 있으며 불꽃으로부터 발생하는 394 nm 부근의 광량을 측정한다.

06 굴뚝연속자동측정기기 질소산화물

1. 적용범위 중요내용

이 시험방법은 굴뚝배출가스 중 질소산화물($NO + NO_2$)을 연속적으로 자동측정하는 방법에 관하여 규정한다.

2. 측정방법의 종류 중요내용

(1) 설치방식

① 시료채취형　　② 굴뚝부착형

(2) 측정원리

① 화학발광법　　② 적외선흡수법
③ 자외선흡수법　　④ 정전위전해법

3. 성능 및 성능시험방법

(1) 성능

① 측정범위
ES 01901.1의 1.1을 따른다.
② 검출한계
5ppm 이하로 한다.

4. 분석계

(1) 화학발광분석계

① 원리
㉠ 일산화질소와 오존이 반응하면 이산화질소가 생성되는데 이때 590~875 nm에 이르는 폭을 가진 빛(화학발광)이 발생한다.
㉡ 이 발광강도를 측정하여 시료가스 중 일산화질소 농도를 연속적으로 측정한다.
㉢ 질소산화물 농도는 시료가스를 환원장치를 통과시켜 이산화질소를 일산화질소로 환원한 다음 위와 같이 측정하여 구한다.

② 분석계의 구성 중요내용
유량제어부, 반응조, 검출기, 오존발생기 등으로 구성되어 있다.

㉠ 유량제어부
시료가스 유량제어부와 오존가스 유량제어부가 있으며 이들은 각각 저항관, 압력조절기, 니들밸브, 면적유량계, 압력계 등으로 구성되어 있다.

㉡ 반응조
시료가스와 오존가스를 도입하여 반응시키기 위한 용기로서 이 반응에 의해 화학발광이 일어나게 된다. 내부압력 조건에 따라 감압형과 상압형이 있다.

㉢ 검출기

화학발광을 선택적으로 투과시킬 수 있는 광학필터가 부착되어 있으며 발광도를 전기신호로 변환시키는 역할을 한다.

㉣ 오존발생기

산소가스를 오존으로 변환시키는 역할을 하며, 에너지원으로서 무성방전관 또는 자외선발생기를 사용한다.

(2) 적외선흡수분석계

① 시료채취형

ES 01204의 비분산적외선분광분석법에 따른다.

② 굴뚝부착형

㉠ 원리

ⓐ 비분산적외선(5.25μm)을 굴뚝 내부에 조사하고 수광부와 검출기 사이에 대조셀과 개스필터 상관셀이 교대로 오도록 한다.

ⓑ 입사광은 굴뚝 내부를 통과한 후 반대편에 있는 반사경에 의해 반사되어 다시 수광부쪽으로 돌아온다. 이때 대조셀로는 일산화질소에 의해 감쇄된 빛에너지(S)와 분진을 비롯한 공존물질에 의해 감쇄된 바탕빛 에너지(B)의 합을 측정하고 개스필터 상관셀로는 바탕빛에너지만을 측정한다.

㉡ 분석계 구성

광원, 광학계, 개스셀 터릿 및 검출기 등으로 이루어져 있다. 또한 이 장치는 원격조정을 할 수 있는 중앙측정조정 장치를 갖추고 있다.

(3) 자외선흡수분석계

① 원리

㉠ 일산화질소는 195~230 nm, 이산화질소는 350~450 nm 부근의 자외선을 흡수하는 성질을 이용한다.

㉡ 질소산화물의 농도를 구하기 위하여 일산화질소와 이산화질소의 농도를 각각 측정하여 그것들을 합하는 방식(다성분합산방식)과 시료가스 중 일산화질소를 이산화질소로 산화시킨 다음 측정하는 방식(산화방식)이 사용되고 있다.

② 분석계 구성 중요내용

다성분합산형(또는 분산형)과 산화형(비분산형)이 있으며, 광원, 분광기, 광학필터, 시료셀, 검출기, 합산증폭기, 오존발생기 등으로 이루어져 있다.

㉠ 광원

중수소방전관 또는 중압수은 등을 사용한다.

㉡ 분광기

프리즘과 회절격자 분광기 등을 이용하여 자외선 영역 또는 가시광선 영역의 단색광을 얻는 데 사용된다.

㉢ 시료셀

시료가스가 연속적으로 흘러갈 수 있는 구조로 되어 있으며 그 길이는 200~500mm이다. 셀의 창은 석영판과 같이 자외선 및 가시광선이 투과할 수 있는 재질이어야 한다.

㉣ 광학필터

특정파장 영역의 흡수나 다층박막의 광학적 간섭을 이용하여 자외선 영역 또는 가시광선영역의 일정한 폭을 갖는 빛을 얻는 데 사용한다.

ⓜ 검출기

자외선 및 가스광선에 대하여 감도가 좋은 광전자증배관 또는 광전관이 이용된다.

ⓑ 합산증폭기

신호를 증폭하는 기능과 일산화질소 측정파장에서 아황산가스의 간섭을 보정하는 기능이 있다.

ⓢ 오존발생기

(4) 정전위전해분석계

① 원리

㉠ 가스투과성 격막을 통하여 전해질 용액에 시료가스 중의 질소산화물을 확산흡수시키고 일정한 전위(아황산가스의 경우와 전위는 다르다.)의 전기에너지를 부가하면 질산이온으로 산화된다.

㉡ 이때 생성되는 전해전류는 온도가 일정할 때 시료가스 중 질소산화물의 농도에 비례한다.

② 분석계 구성

정전위전해 분석계는 크게 나누어 전해셀과 정전위전원 그리고 증폭기로 이루어져 있다.

07 굴뚝연속자동측정기기 염화수소

1. 적용범위

이 시험방법은 굴뚝배출가스 중 염화수소를 연속적으로 자동측정하는 방법에 관하여 규정한다.

2. 측정방법의 종류 *중요내용

(1) 이온전극법

(2) 비분산적외선분광분석법

3. 성능 및 성능시험방법

(1) 측정범위

ES 01901.1의 1.1을 따른다.

(2) 검출한계

10ppm 이하로 한다.

4. 장치의 구성

연속자동측정기는 시료채취부, 분석계 및 데이터처리부로 구성되어 있다.

08 굴뚝연속자동측정기기 플루오린화수소

1. 적용범위

이 시험방법은 굴뚝배출가스 중 플루오린화수소를 연속적으로 자동측정하는 방법에 관하여 규정한다.

2. 측정방법의 종류 중요내용

이온전극법

3. 성능 및 성능시험방법

(1) 측정범위

ES 01901.1의 1.1을 따른다.

(2) 검출한계

0.1 ppm 이하로 한다.

4. 장치의 구성

연속자동측정기는 시료채취부, 분석계 및 데이터처리부로 구성되어 있다.

09 굴뚝연속자동측정기기 암모니아

1. 적용범위

이 시험방법은 굴뚝배출가스 중 암모니아수를 연속적으로 자동측정하는 방법에 관하여 규정한다.

2. 측정방법의 종류 *중요내용

(1) 용액전도율법

(2) 적외선가스분석법

3. 성능 및 성능시험방법

(1) 측정범위

ES 01901.1의 1.1을 따른다.

(2) 검출한계

5 ppm 이하로 한다.

4. 장치의 구성

연속자동측정기는 시료채취부, 분석계 및 데이터처리부로 구성되어 있다.

10 굴뚝연속자동측정기기 배출가스 유량

1. 적용범위 중요내용

이 시험방법은 굴뚝에서 배출되는 건조배출가스의 유량을 연속적으로 자동 측정하는 방법에 관하여 규정한다. 건조배출가스 유량은 배출되는 표준상태의 건조배출가스량[Sm^3(5분 적산치)]으로 나타낸다.

2. 측정방법의 종류 중요내용

(1) 피토관

(2) 열선 유속계

(3) 와류유속계

3. 피토관을 이용하는 방법

(1) 측정원리

관내 유체의 전압과 정압과의 차인 동압을 측정하여 유속을 구하고 유량을 산출한다.

(2) 여러 지점에서 측정시

① 굴뚝 내경이 1 m 이하

굴뚝 직경의 16.7%, 50.0%, 83.3%에 위치한 지점에서 측정하여야 한다.

② 굴뚝 내경이 1 m를 초과

4개점 이상에서 측정하여야 한다.

(3) 유량계산

① 배출가스 평균유속 중요내용

$$\overline{V} = C\sqrt{\frac{2gh}{\gamma}}$$

여기서, $\overline{V}$: 배출가스 평균유속(m/s)

C : 피토관 계수

g : 중력 가속도(9.81 m/s^2)

h : 배출가스의 평균 동압 측정치(mmH_2O)

γ : 굴뚝 내의 습한 배출가스 밀도(kg/m^3)

② 건조배출가스 유량

$$Q_s = \overline{V} \times A \times \frac{P_a + P_s}{760} \times \frac{273}{273 + T_s} \times \left(1 - \frac{X_w}{100}\right) \times 300$$

여기서, Q_s : 건조배출가스 유량[Sm^3(5분적산치)]

$\overline{V}$: 배출가스 평균유속(m/s)

A : 굴뚝 단면적(m^2)

P_a : 대기압(mmHg)

P_s : 배출가스 정압의 평균치(mmHg)
T_s : 배출가스 온도의 평균치(℃)
X_w : 배출가스 중의 수분량(%)

③ 배출가스 평균유속(관제센터로 데이터를 전송하는 경우)

$$\overline{V} = C\left(\sum\sqrt{\frac{2gh}{\gamma}}\right)_{av}$$

여기서, av : 평균값을 의미함
$\overline{V}$: 배출가스 5분 평균유속(m/s)
C : 피토관 계수
g : 중력 가속도(9.81 m/s^2)
h : 배출가스의 동압 측정치(mmH_2O)
γ : 굴뚝 내의 습한 배출가스 밀도(kg/m^3)

④ 건조배출가스 유량 계산(관제센터로 데이터를 전송하는 경우)

$$Q_s = \overline{V} \times A \times \frac{P_a + P_s}{760} \times \frac{273}{273 + T_s} \times \left(1 - \frac{X_w}{100}\right) \times 300$$

여기서, Q_s : 건조배출가스 유량[Sm^3(5분적산치)]
$\overline{V}$: 배출가스의 5분 평균 유속(m/s)
A : 굴뚝 단면적(m^2)
P_a : 대기압(mmHg)
P_s : 배출가스의 5분 평균 정압(mmHg)
T_s : 배출가스의 5분 평균 온도(℃)
X_w : 배출가스 중의 수분량(%)

4. 열선 유속계를 이용하는 방법

측정원리

흐르고 있는 유체 내에 가열된 물체를 놓으면 유체와 열선(가열된 물체) 사이에 열교환이 이루어짐에 따라 가열된 물체가 냉각된다. 이때 열선의 열 손실은 유속의 함수가 되기 때문에 이 열량을 측정하여 유속을 구하고 유량을 산정한다.

5. 와류유속계를 이용하는 방법

(1) 측정원리

유동하고 있는 유체 내에 고형물체(소용돌이 발생체)를 설치하면 이 물체의 하류에는 유속에 비례하는 주파수의 소용돌이가 발생하므로 이것을 측정하여 유속을 구하고 유량을 산출한다.

(2) 측정기 설치환경

① 압력계 및 온도계는 유량계 하류 측에 설치해야 한다. 중요내용
② 소용돌이의 압력변화에 의한 검출방식은 일반적으로 배관 진동의 영향을 받기 쉬우므로 진동방지대책을 세워야 한다.

6. 초음파 유속계를 이용하는 방법

(1) 측정원리

굴뚝 내에서 초음파를 발사하면 유체흐름과 같은 방향으로 발사된 초음파와 그 반대의 방향으로 발사된 초음파가 같은 거리를 통과하는 데 걸리는 시간차가 생기게 되며, 이 시간차를 직접시간차 측정, 위상차측정, 주파수차 측정방법을 이용하여 유속을 구하고 유량을 산정한다.

(2) 측정기 설치환경

① 검출기는 초음파가 전달되므로 적정한 온도, 압력 등을 가진 곳에 설치하여야 하며, 투과나 반사에 의해 초음파가 방해되는 장소는 피한다.
② 변환기는 주위온도와 습도가 적합하고, 진동, 충격, 노이즈 등에 의한 장애가 적은 장소에 설치하고, 보수 등의 작업공간 확보가 용이한 곳이어야 한다.

7. 장치의 구성

(1) 피토관을 이용하는 방법

① 시료채취부
② 검출 및 분석부
③ 지시부
④ 데이터 처리부

(2) 열선식 유속계를 이용하는 방법

① 시료채취부
② 검출 및 분석부
③ 지시부
④ 데이터 처리부

(3) 와류 유속계를 이용하는 방법

① 시료채취부
② 소용돌이 발생체
③ 검출 및 분석부
④ 지시부
⑤ 데이터 처리부

(4) 초음파 유속계를 이용하는 방법

① 검출 및 분석부
② 지시부
③ 데이터 처리부

[먼지－굴뚝배출가스에서 연속자동측정방법]

〈먼지 연속자동측정기기의 성능규격〉

항 목	성능	비 고
교정오차	10% 이하	통합관리사업장의 경우 '허가배출기준'으로 적용함
상대정확도	주 시험법의 20% 이하 (단, 측정값이 해당 배출허용기준의 50% 이하인 경우에는 배출허용기준의 15% 이하)	
응답시간	최대 2분(단, 베타선흡수법은 15분 이내)	
재현성	최대눈금치의 2% 이하	

[무기가스상－굴뚝배출가스에서 연속자동측정방법]

〈이산화황, 질소산화물, 염화수소, 플루오린화수소, 암모니아, 일산화탄소 연속자동측정기기의 성능규격〉

항목	성능	비 고
교정오차	5% 이하	통합관리사업장의 경우 '허가배출기준'으로 적용함
상대정확도	주 시험방법, 기기분석 방법의 20% 이하 (단, 측정값이 해당 배출허용기준의 50% 이하인 경우에는 배출허용기준의 15% 이하)	
응답시간	최대 5분 이하(단, 이온전극법일 경우 10분 이내)	
재현성	최대눈금치의 2% 이하	
배출가스 유량에 대한 안전성	최대눈금치의 2% 이하	
편향시험	5% 이하	
원격검색	± 5% 이내	

[환경대기 시료채취방법]

01 환경대기 시료채취방법

1. 적용범위

이 시험방법은 환경정책기본법에서 규정하는 환경기준 설정항목 및 기타 대기 중의 오염물질 분석을 위한 입자상 및 가스상 물질의 채취방법에 대하여 규정한다.

2. 시료채취를 위한 일반사항

(1) 시료채취지점수(측정점 수)의 결정 중요내용

① 인구비례에 의한 방법

측정하려고 하는 대상지역의 인구 분포 및 인구밀도를 고려하여 인구밀도가 5,000명/km^2 이상일 때는 정해진 그림을 적용하고 그 이하일 때는 그 지역의 가주지면적(그 지역 총면적에서 전답, 임야, 호수, 하천 등의 면적을 뺀 면적)으로부터 다음 식에 의하여 측정점의 수를 결정한다.

$$\text{측정점 수} = \frac{\text{그 지역 거주지면적}}{25\,km^2} \times \frac{\text{그 지역 인구밀도}}{\text{전국 평균인구밀도}}$$

② 대상지역의 오염 정도에 따라 공식을 이용하는 방법

(2) 시료채취 장소의 결정 중요내용

① TM좌표에 의한 방법(Grid System)

전국 지도의 TM좌표에 따라 해당 지역의 1 : 25,000 이상의 지도 위에 2~3 km 간격으로 바둑판 모양의 구획을 만들고(格子網) 그 구획마다 측정점을 선정한다.

② 중심점에 의한 동심원을 이용하는 방법

㉠ 측정하려고 하는 대상지역을 대표할 수 있다고 생각되는 한 지점을 선정하고 지도 위에 그 지점을 중심점으로 0.3~2 km의 간격으로 동심원을 그린다. 또 중심점에서 각 방향(8 방향 이상)으로 직선을 그어 각각 동심원과 만나는 점을 측정점으로 한다.

㉡ 이때 전체의 측정점수는 인접 측정점과의 거리를 고려하여 적당히 조절할 수 있다.

③ 기타방법

과거의 경험이나 전례에 의한 선정 또는 이전부터 측정을 계속하고 있는 측정점에 대하여는 이미 선정되어 있는 지점을 측정점으로 할 수 있다.

(3) 시료채취 위치선정 시 고려사항 중요내용

① 시료채취 위치는 원칙적으로 주위에 건물이나 수목 등의 장애물이 없고 그 지역의 오염도를 대표할 수 있다고 생각되는 곳을 선정한다.

② 주위에 건물이나 수목 등의 장애물이 있을 경우에는 채취위치로부터 장애물까지의 거리가 그 장애물 높이의 2배 이상 또는 채취점과 장애물 상단을 연결하는 직선이 수평선과 이루는 각도가 30° 이하 되는 곳을 선정한다.

③ 주위에 건물 등이 밀집되거나 접근되어 있을 경우에는 건물 바깥벽으로부터 적어도 1.5 m 이상 떨어진 곳에 채취점을 선정한다.

④ 시료채취의 높이는 그 부근의 평균오염도를 나타낼 수 있는 곳으로서 가능한 한 1.5~30 m 범위로 한다.

(4) 시료채취에 대한 일반적 주의사항 중요내용

① 시료채취를 할 때는 되도록 측정하려는 가스 또는 입자의 손실이 없도록 한다. 특히 바람이나 눈, 비로부터 보호하기 위하여 측정기기는 실내에 설치하고 채취구는 밖으로 연결할 경우에는 채취관 벽과의 반응, 흡착, 흡수 등에 의한 영향을 최소한도로 줄일 수 있는 재질과 방법을 선택한다.

② 채취관을 장기간 사용하여 관 내에 분진이 퇴적하거나 퇴적할 분진이 가스와 반응 또는 흡착하는 것을 막기 위하여 채취관은 항상 깨끗한 상태로 보존한다.

③ 미리 측정하려고 하는 성분과 이외의 성분에 대한 물리적 · 화학적 성질을 조사하여 방해성분의 영향이 적은 방법을 선택한다.

④ 시료채취시간은 원칙적으로 그 오염물질의 영향을 고려하여 결정한다. 예를 들면 악취물질의 채취는 되도록 짧은 시간 내에 끝내고 입자상 물질 중의 금속성분이나 발암성 물질 등은 되도록 장시간 채취한다.

⑤ 환경기준이 설정되어 있는 물질의 채취시간은 원칙적으로 법에 정해져 있는 시간을 기준으로 한다.

⑥ 시료채취 유량은 각 항에서 규정하는 범위 내에서는 되도록 많이 채취하는 것을 원칙으로 한다. 또 사용 유량계는 그 성능을 잘 파악하여 사용하고 채취유량은 반드시 온도와 압력을 기록하여 표준상태로 환산한다.

⑦ 입자상 물질을 채취할 경우에는 채취관 벽에 분진이 부착 또는 퇴적하는 것을 피하고 특히 채취관을 수평방향으로 연결할 경우에는 되도록 관의 길이를 짧게 하고 곡률변경은 크게 한다.
또한 입자상 물질을 채취할 때에는 가스의 흡착, 유기성분의 증발, 기화 또는 변화하지 않도록 주의한다.

3. 가스상 물질의 시료채취방법

(1) 직접 채취법

이 방법은 시료를 측정기에 직접 도입하여 분석하는 방법으로 채취관 – 분석장치 – 흡입펌프 로 구성된다.

① 채취관

㉠ 채취관은 일반적으로 4불화에틸렌수지(Teflon), 경질유리, 스테인리스강제 등으로 된 것을 사용한다.

㉡ 채취관의 길이는 5 m 이내로 되도록 짧은 것이 좋으며, 그 끝은 빗물이나 곤충 기타 이물질(異物質)이 들어가지 않도록 되어 있는 구조이어야 한다.

㉢ 채취관을 장기간 사용하여 내면이 오염되거나 측정성분에 영향을 줄 염려가 있을 때는 채취관을 교환하거나 잘 씻어 사용한다.

② 분석장치

③ 흡입펌프

(2) 용기채취법

이 방법은 시료를 일단 일정한 용기에 채취한 다음 분석에 이용하는 방법으로 채취관 – 용기 또는 채취관 – 유량조절기 – 흡입펌프 – 용기로 구성된다. 중요내용

① 용기

용기는 일반적으로 진공병 또는 공기주머니(Air Bag)를 사용한다.

㉠ 진공병을 사용할 경우

ⓐ 구조

진공병은 내부용적이 일정한 경질유리병에 진공마개와 시료인출용 마개가 달리고 수 mmHg 정도까지 감압할 수 있는 것을 사용한다.
이때 마개의 재질은 고무, 실리콘고무 또는 합성수지제 고무 등을 사용하며 필요하면 윤활유(Grease)를 얇게 발라 공기가 새지 않도록 한다.

ⓑ 채취방법

미리 진공펌프를 사용하여 수 mmHg 정도까지 감압하였다가 시료채취장소에서 마개를 열고 가스를 포집한다.

㉡ 공기주머니(Air Bag)를 사용할 경우

이 방법은 시료를 공기주머니에 포집하는 방법으로 측정기기를 측정장소까지 갖고 갈 수가 없거나 소수의 측정기로서 다수의 지점에서 동시에 시료를 측정할 경우에 이용한다. 공기주머니에 의한 시료채취는 시료성분이 주머니 안에서 흡착, 투과 또는 서로 간의 반응에 의하여 손실 또는 변질되지 않아야 한다.

ⓐ 격막 펌프

시료채취펌프는 흡입유량이 1~10L/min의 용량인 격막 펌프로 VOC 흡착성이 낮은 재질(테플론 재질)로 된 것을 사용한다. 중요내용

ⓑ 주머니의 재질

일반적으로 사용되는 주머니의 재질은 대기오염물질의 흡착, 투과 또는 상호반응에 의해 변질되지 않는 것으로서 시료주머니의 재질은 테플론(Teflon), 테들러(Tedlar), 폴리에스테르(Polyester) 등 또는 이보다 대기오염물질 흡착성이 낮은 것으로서 용기 부피가 3~20L 정도의 것으로 한다. 시료채취용기의 제작 시 실리콘(Silicone Rubber)이나 천연고무(Natural Rubber) 같은 재질은 최소한의 접합부(Seals and Joints)에서도 사용하지 않는다.

(3) 용매채취법

이 방법은 측정대상 가스를 선택적으로 흡수 또는 반응하는 용매에 시료가스를 일정유량으로 통과시켜 포집하는 방법으로 채취관－여과재－포집부－흡입펌프－유량계(가스미터)로 구성된다. 중요내용

① 여과재

여과재는 석영 섬유제, 4불화에틸렌제 멤브레인 필터(Teflon Membrane Filter), 셀룰로오스, 나일론제 중 적당한 것을 사용한다.

② 채취부

채취부는 주로 흡수병(흡수관)과 세척병(공병)으로 구성된다.

③ 펌프

가스미터

④ 유량계 중요내용

㉠ 적산유량계(Gas Meter) : 가스미터

일정용적의 용기에 기체를 도입하여 적산하는 것으로 습식 가스미터와 건식 가스미터가 있다.

㉡ 순간유량계

ⓐ 면적식 유량계(Area Type) : 면적식 유량계에는 부자식(浮子式, Floater), 피스톤식 또는 게이트식 유량계를 사용한다. 중요내용

ⓑ 기타 유량계 : 기타 유량계로는 오리피스(Orifice) 유량계, 벤투리(Venturi)식 유량계 또는 노즐(Flow Nozzle)식 유량계를 사용한다.

⑤ 채취조작

㉠ 시료채취는 흡수관－트랩－흡입펌프－유량계의 순으로 배열한다.

㉡ 흡수관에 일정량의 흡수액 10~20mL을 넣은 다음 일정유량 0.5~2.0L/min으로 흡입한다. 이때 흡입시간은 보통 30분~2시간이면 충분하다. 또 동시에 기온, 기압과 필요하면 풍향, 풍속 등 다른 기상조건을 측정한다. 중요내용

(4) 고체흡착법

활성탄, 실리카겔과 같은 고체분말 표면에 가스가 흡착되는 것을 이용하는 방법으로 흡착관, 유량계 및 흡입펌프로 구성된다.

(5) 저온응축법

탄화수소와 같은 가스성분을 냉각제(冷却劑)로 냉각 응축시켜 공기로부터 분리포집하는 방법으로 주로 GC나 GC/MS 분석계에 이용한다.

(6) 채취용 여과지에 의한 방법

여과지를 적당한 시약에 담갔다가 건조시키고 시료를 통과시켜 목적하는 기체성분을 채취하는 방법으로 주로 불소화합물, 암모니아, 트리메틸아민 등의 기체를 채취하는 데 이용한다.

① 채취용 여과지

불화수소용 여과지는 동양여지 No.5 A에 1% 탄산나트륨 용액에 담갔다가 꺼낸 후 건조시킨 것을 사용하고 암모니아 또는 트리메틸아민용으로는 유리섬유 여과지를 20% 황산에 담갔다가 꺼낸 후 건조시킨 것을 사용한다.

② 채취장치 및 조작

채취장치는 여과지 홀더 – 흡입펌프 – 유량계로 구성된다.

4. 입자상 물질의 시료채취방법

(1) 고용량 공기시료채취기법(High Volume Air Sampler법)

① 원리 및 적용범위 중요내용

㉠ 이 방법은 대기 중에 부유하고 있는 입자상 물질을 고용량 공기시료채취기를 이용하여 여과지상에 채취하는 방법으로 입자상 물질 전체의 질량농도(質量濃度)를 측정하거나 금속성분의 분석에 이용한다.

㉡ 포집입자의 입경은 일반적으로 0.1~100 μm 범위이다.

㉢ 입경별 분리장치를 장착할 경우에는 PM_{10}이나 $PM_{2.5}$ 시료의 채취에 사용할 수 있다.

② 장치의 구성

공기흡입부, 여과지 홀더, 유량측정부 및 보호상자로 구성된다.

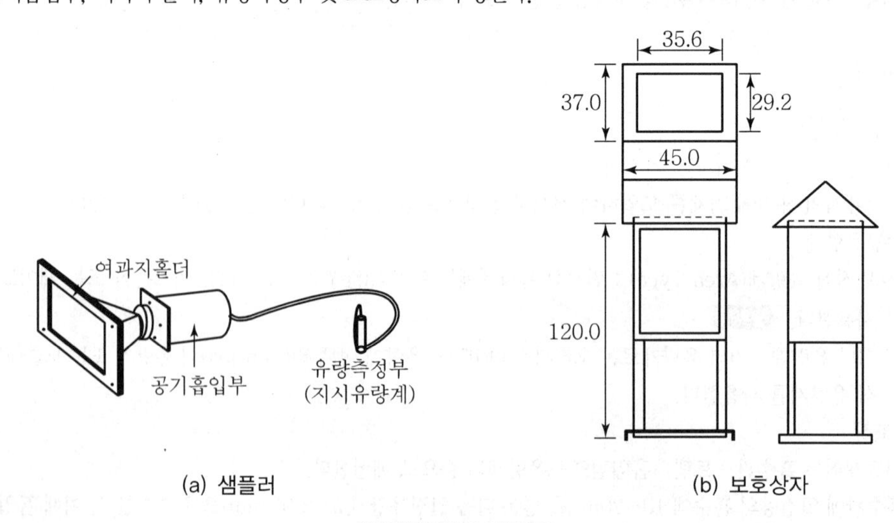

(a) 샘플러 (b) 보호상자

[하이볼륨에어 샘플러]

㉠ 공기흡입부 중요내용

ⓐ 공기흡입부는 직권정류자(直卷整流子) 모터에 2단 원심(二段遠心) 터빈형 송풍기가 직접 연결된 것이다.

ⓑ 무부하(無負荷)일 때의 흡입유량이 약 2m³/min이고 24시간 이상 연속측정할 수 있는 것이어야 한다.

㉡ 여과지 홀더(Filter Holder)

여과지 홀더는 보통 15×22cm, 또는 20×25cm 크기의 여과지를 공기가 새지 않도록 안전하게 장착(裝着)할 수 있고 공기흡입부에 직접 연결할 수 있는 구조이어야 한다.

ⓐ 프레임(Frame)

프레임의 재질은 사용하는 여과지를 파손하지 않고 고정할 수 있는 것으로 크기는 보통 외부 24×29cm 또는 18×26cm 내부 18×23cm 또는 13×20cm 되는 것을 사용한다.

ⓑ 금속망(Net) 중요내용

금속망은 여과지에 내식성 재료로 만들어져야 한다.

망의 크기는 사용하는 여과지의 크기와 일치하여야 하며, 공기가 통하지 않는 부분에는 불소수지제 테이프를 감는다.

ⓒ 패킹(Packing) : 충전 중요내용

패킹은 독립기포로 발포시킨 합성고무로 만들어진 것으로 그 크기는 프레임과 같다. 또 여과지와 접촉하는 부분은 불소수지제 테이프를 감는다.

ⓓ 여과지 고정나사

여과지를 고정시킬 때 파손 또는 공기가 새지 않도록 되어 있는 구조로 되어 있다. 내식성 재료로 만들어진 것을 사용한다.

㉢ 유량측정부

ⓐ 유량측정부는 장착(裝着) 및 탈착(脫着)이 쉬운 부자식 유량계(浮子式流量計, 面積流量計)를 사용한다.

ⓑ 지시유량계는 상대유량단위(相對流量單位)로서 1.0~2.0m^3/분의 범위를 0.05m^3/분까지 측정할 수 있도록 눈금이 새겨진 것을 사용한다. 중요내용

ⓒ 지시유량계의 눈금은 통상 고용량 공기시료채취기를 사용하는 상태에서 기준 유량계로 교정하여 사용한다.

㉣ 보호상자(Shelter)

보호상자는 고용량 공기시료채취기의 입자상 물질의 채취면을 위로 향하게 하여 수평으로 고정할 수 있고 비, 바람 등에 의한 여과지의 파손을 방지할 수 있는 내식성 재질로 된 것을 사용한다.

㉤ 채취용 여과지 중요내용

ⓐ 입자상 물질의 채취에 사용하는 여과지는 0.3μm 되는 입자를 99% 이상 채취할 수 있으며 압력손실과 흡수성이 적고 가스상 물질의 흡착이 적은 것이어야 한다.

ⓑ 여과지의 재질은 일반적으로 유리섬유, 석영섬유, 폴리스틸렌, 니트로셀룰로오스, 불소수지 등으로 되어 있다.

③ 시료채취조작

흡입공기량 산출

$$흡입공기량 = \frac{Q_s + Q_e}{2}t$$

여기서, Q_s : 채취개시 직후의 유량(m^3/분)

Q_e : 채취종료 직전의 유량(m^3/분)

t : 채취시간(분)

④ 주의사항

㉠ 채취시의 유량이나 채취 후의 중량농도에 이상한 값이 인정될 경우에는 다음 사항을 점검한다.

ⓐ 유량계에 이상이 없는지 확인한다.

ⓑ 시료채취기에서 공기가 새지 않는지 확인한다.

ⓒ 전원 전압에 변동이 없는지를 확인한다.

㉡ 흡입장치의 모터 브러시는 400~500시간(24시간 연속사용 횟수로 17~20회) 사용 후 교환하고 유량을 교정한다.

㉢ 고용량공기시료채취기에 부속한 유량계의 상단에 있는 유량조절나사는 고정해 놓고 조금이라고 움직였을 경우에는 다시 유량을 교정한다.

㉣ 고용량공기시료채취기에 부속한 유량계의 상단 좁은 부분에 분진 등 이물질이 묻어 있을 때는 눈금값을 적게 한다. 또 이와 같은 경우에는 가는 금속바늘로 상처가 나지 않도록 조심하여 부착물을 제거하고 다시 오리피스를 사용하여 유량을 교정한다.

㉤ 흡입장치의 부품을 교환할 때, 수리할 때 또는 채취조작 중 유량에 이상이 보일 때는 오리피스에 의하여 유량을 교정한다.

(2) 저용량 공기시료채취법(Low Volume Air Sampler법)

① 원리 및 적용범위 중요내용

일반적으로 이 방법은 대기 중에 부유하고 있는 $10\mu m$ 이하의 입자상 물질을 저용량 공기시료채취기를 사용하여 여과지 위에 채취하고 질량농도를 구하거나 금속 등의 성분분석에 이용한다.

② 장치의 구성

저용량 공기시료채취기의 기본구성은 흡입펌프, 분립장치(分粒裝置), 여과지 홀더 및 유량측정부로 구성된다.

㉠ 흡입펌프 중요내용

흡입펌프는 연속해서 30일 이상 사용할 수 있고 되도록 다음의 조건을 갖춘 것을 사용한다.

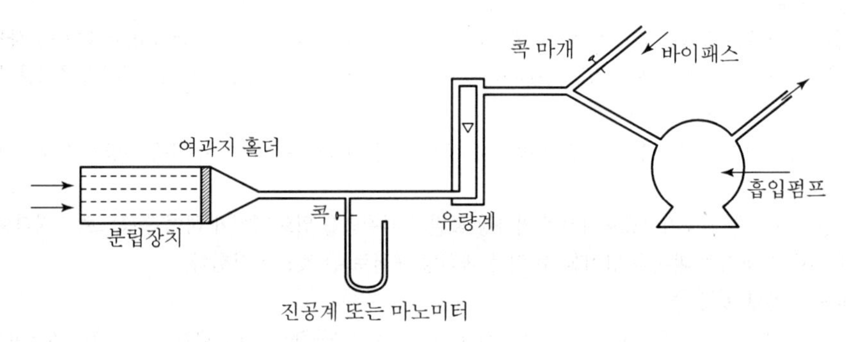

[로볼륨 에어샘플러의 구성]

ⓐ 진공도가 높을 것

ⓑ 유량이 클 것

ⓒ 맥동(脈動)이 없이 고르게 작동될 것

ⓓ 운반이 용이할 것

㉡ 여과지 홀더

여과지 홀더는 보통 직경이 110 mm 또는 47 mm 정도의 여과지를 파손되지 않고 공기가 새지 않도록 장착할 수 있는 것이어야 한다.

ⓐ 프레임(Frame)

프레임은 내식성 재질로서 여과지의 포집유효직경을 100 mm 또는 42 mm로 할 수 있는 것

ⓑ 망(Net)

여과지에 불순물이 들어가지 않도록 내식성 재료로 만들어진 것

ⓒ 패킹(Packing) : 충전

불소수지로 만들어진 것

ⓓ 고정나사

여과지 장착시 파손이나 공기가 새지 않도록 된 구조로 내식성 재료로 만들어진 것을 사용

㉢ 유량측정부

유량측정부는 통상 다음과 같이 하여 유량을 측정한다.

부자식 면적유량계(浮子式面積流量計) 중요내용

- 유량계는 여과지 홀더와 흡입펌프 사이에 설치한다.
- 이 유량계에 새겨진 눈금은 20 ℃ 1기압에서 10~30 L/min 범위를 0.5 L/min까지 측정할 수 있도록 되어 있는 것을 사용한다.

㉣ 분립장치(分粒裝置)

분립장치는 10 μm 이상 되는 입자를 제거하는 장치로서 사이클론 방식(Cyclone 방식, 遠心分離 방식도 포함)과 다단형(多段型) 방식이 있다.

㉤ 채취용 여과지 구비조건

입자상 물질의 채취에 사용하는 채취용 여과지는 구멍 크기(Pore Size)가 1~3 μm 되는 니트로셀룰로오스(Nitro Celuulose)제 멤브레인 필터(Membrane Filter), 유리 섬유여과지 또는 석영섬유제여과지 등을 사용한다.

ⓐ 0.3 μm의 입자상 물질에 대하여 99 % 이상의 초기포집률(初期捕集率)을 갖는 것

ⓑ 압력손실이 낮은 것

ⓒ 가스상 물질의 흡착이 적고 흡습성 및 대전성(帶電性)이 적을 것

ⓓ 취급하기 쉽고 충분한 강도를 가질 것

ⓔ 분석에 방해되는 물질을 함유하지 않을 것

③ 시료채취 시간

채취시간은 원칙적으로 24시간 또는 2~7일간 연속 채취한다.

④ 유량의 교정

㉠ 압력보정계수(C_p)

$$C_p = \sqrt{\frac{p}{P_o}}$$

여기서, P_o : 유량계의 설정조건에서의 압력(보통 760 mmHg)

p : 사용조건에서의 유량계 내의 압력이다.

$$C_p = \sqrt{\frac{760 - \Delta p}{760}}$$

여기서, ΔP : P_o가 760mmHg일 때 마노미터로 측정한 유량계 내의 압력손실(mmHg)

㉡ 유량계의 눈금값(Q_r) 중요내용

$$Q_r = 20\sqrt{\frac{760}{760 - \Delta p}}$$

단, 저유량 공기시료채취기에 의하여 유량(Q_o)=20L/분으로 공기를 흡입하는 경우

[환경대기 중 무기물질 측정방법]

01 환경대기 중 아황산가스 측정방법

1. 적용범위

이 시험방법은 환경 대기 중의 아황산가스 농도를 측정하기 위한 시험방법이다. 자외선형광법(자동)을 주 시험방법으로 한다. 중요내용

2. 측정방법의 종류 중요내용

(1) 수동 및 반자동측정법

① 파라로자닐린법(Pararosaniline Method) : 정량범위(0.01~0.4μmol/mol), 방법검출한계(0.01μmol/mol), 정밀도(4.6%RSD)
② 산정량 수동법(Acidimetric Method) : 정량범위(≥3.8μmol/mol), 방법검출한계(0.02μmol/mol), 정밀도(1.6%RSD)
③ 산정량 반자동법(Acidimetric Method)

(2) 자동 연속 측정법

① 용액 전도율법(Conductivity Method)
② 불꽃광도법(Flame Photometric Detector Method)
③ 자외선형광법(Pulse U.V.Fluorescence Method)
④ 흡광차분광법(Differential Optical Absorption Spectroscopy ; DOAS)

3. 용어 정의

(1) 등가액

교정용 가스 대신에 사용되어진 것과 같은 지시치를 얻을 수 있게 제조한 표준용액으로 다음과 같은 것이 있다.
① 제로 조정용 등가액
② 스팬 조정용 등가액
③ 눈금 교정용 등가액

(2) 제로 드리프트

계측기의 최소 눈금에 대한 지시값의 일정 기간 내의 변동

(3) 스팬 드리프트

계측기의 눈금 스팬에 대응하는 지시값의 일정 기간 내의 변동

(4) 제로가스

계측기의 영점(최소눈금값)을 교정하는 데 사용하는 가스로서, 아황산가스 측정기에 응답을 주는 성분이 없는 질소 또는 공기

(5) 스팬가스

계측기의 최대 눈금값을 교정하는 데 사용하는 가스로서 표준가스를 희석하여 사용한다. 계측기의 각 측정범위의 80~90% 농도 범위를 갖는다.

(6) 설정유량

계측기 등에서 정하여진 시료대기, 교정용 기체 등의 유량

4. 분석방법

(1) 파라로자닐린법(Pararosaniline Method)

① 측정원리

㉠ 이 시험방법은 사염화수은 칼륨(Potassium Tetrachloro Mercurate) 용액에 대기 중의 아황산가스를 흡수시켜 안전한 이염화 아황산수은염(Dichlorosulfite Mercurate) 착화합물을 형성시키고 이 착화합물과 파라로자닐린(Pararosaniline) 및 포름알데히드를 반응시켜 진하게 발색되는 파라로자닐린 메틸술폰산(Pararosaniline Methyl Sulfonic Acid)을 형성시키는 것이다. 중요내용

㉡ 발색된 용액은 비색계 또는 흡광광도계(분광광도계)를 사용하여 흡광도를 측정하고 검량선에 의해 시료 대기 중의 아황산가스 농도를 구한다.

단, 이 시험방법에 의한 환경대기 중의 아황산가스 농도의 측정은 24시간치까지 포집, 측정할 수 있다.

※ 비고

1. 간섭물질 중요내용

① 주요 방해물질은 질소산화물(NO_x), 오존(O_3), 망간(Mn), 철(Fe) 및 크롬(Cr)이다.

② NO_x의 방해는 설퍼민산(NH_2SO_3H)을 사용함으로써 제거할 수 있다.

③ 오존의 방해는 측정기간을 늦춤으로써 제거된다.

④ EDTA(Ethylene Diamine Tetra Acetic Acid Disodium Salt) 및 인산은 위의 금속성분들의 방해를 방지한다.

⑤ 10mL의 흡수액 중에 적어도 60 μg Fe^{3+}10 μg Mn^{2+} 및 10 μg Cr^{3+}는 이 방법에서 아황산가스 측정에 방해를 주지 않는다.

⑥ Cr^{3+}10 μg 또는 22 μg V^{4+}도 위의 조건에서 크게 방지하지 않는다.

⑦ 암모니아, 황화물(Sulfides) 및 알데히드는 방해되지 않는다.

2. 흡수액 안정성 중요내용

① 시료 포집 후의 흡수액은 비교적 안정하고 22 ℃에 있어서 아황산가스 손실은 1일당 1%로 5 ℃로 보관하면 30일간은 손실되지 않는다.

② EDTA의 존재하에서 용액 중의 아황산가스의 안전성은 더욱 높아지고 감소속도는 아황산가스 농도에 무관하다.

② 분석기기 및 기구

㉠ 흡수관(30분~1시간 시료 채취)

전부 유리로 된 소형 임핀저(Impinger)를 사용한다.

㉡ 흡수관(24시간 시료 채취)

ⓐ 흡수관

폴리프로필렌관, ϕ32 mm × 164 mm 두 개의 관을 연결할 수 있는 마개를 갖춘 것(고무마개는 바탕시험에 영향을 주기 때문에 사용하지 말아야 한다.)

ⓑ 시료분산기(Disperser)

외경 8 mm, 내경 6 mm 및 길이 152 mm의 유리관으로서 끝은 외경 0.3~0.8 mm로 가늘게 만든 것이다. 이 유리관 끝은 흡수관의 바닥으로부터 6mm 떨어진 곳에 위치하여야 한다. 중요내용

㉢ 흡입펌프 중요내용

이 펌프는 유량조절기와 펌프 사이에 적어도 0.7기압의 압력차이를 유지하여야 한다.

㉣ 유량조절기

흡수액에 일정한 유속으로 시료를 공급할 수 있어야 한다.

㉤ 여과기(Filter) 중요내용

0.8~2.0 μm의 다공질막 또는 유리솜 여과기를 사용한다. 이러한 여과기는 시료 중의 분진을 제거하여 유량조절기를 보호하기 위하여 적당한 홀더에 넣어 사용한다.

㉥ 유량교정기

비누물방울 유량계 또는 습식 혹은 건식 가스시험기로서 0.2~1L/분 범위의 유속을 측정할 수 있는 스톱워치를 사용한다.

㉦ 흡광광도계(분광광도계) 중요내용

548 nm에서 흡광도를 측정할 수 있어야 하고, 측정에 사용되는 스펙트럼폭은 15 nm이어야 한다.

스펙트럼 밴드폭이 이보다 넓으면 바탕시험에 지장이 온다. 또한 흡광광도계의 파장은 교정되어 있어야 한다.

㉧ 투과율 $T\%$가 측정되면 흡광도 A로의 환산은 $A=\log_{10}{}^{(YT)}$이다.

㉨ 온도계는 정확도 ±1 ℃인 것을 사용한다.

③ 계산

㉠ 부피의 환산

시료 채취량은 25 ℃, 760 mmHg의 상태로 환산한다.(24시간 시료채취 방법은 이런 환산이 불가능하다.)

$$V_r = V \times \frac{P}{760} \times \frac{298}{273+t}$$

여기서, V_r : 25 ℃, 760mmHg에서의 시료가스량(L)
V : 시료채취량(L)
P : 시료채취 시의 대기압력(mmHg)
t : 시료채취 시의 온도(℃)

㉡ SO_2 농도

아황산염 표준용액을 사용하여 검량곡선을 만들 때는 시료 중의 아황산가스농도를 다음과 같이 계산한다.

$$\mu g\ SO_2/m^3 = \frac{(A-A_0)(10^3)(B_g)}{V_r} \times D$$

여기서, A : 시료용액의 흡광도
A_0 : 바탕시험용액의 흡광도
10^3 : L를 m^3로 환산하기 위한 것
V_r : 25 ℃, 760mmHg의 상태로 환산한 시료채취량(L)
B_g : 검량계수(μg/흡광도)
D : 희석률(Dilution Factor)
30분 및 1시간 시료채취 시 $D=1$
24시간 시료채취 시 $D=10$

㉢ 아황산가스 표준가스를 사용하여 검량곡선을 만들 때는 시료 중의 아황산가스농도를 다음과 같이 계산한다.

$$\mu g\ SO_2/m^3 = (A-A_0)(B_g)$$

여기서, A : 시료용액의 흡광도
A_0 : 바탕시험 용액의 흡광도
B_g : 검량계수(μg/흡광도)

아황산가스농도($\mu g/m^3$)를 $\mu mol/mol$ 단위로 계산하고자 할 때는 25 ℃, 760mmHg에 다음과 같이 계산한다.

$$SO_2(\mu mol/mol) = \mu g\ SO_2/m^3 \times 3.82 \times 10^{-4}$$

(2) 산정량 수동법

① 측정원리

시료 중의 아황산가스를 묽은 과산화수소 용액이 들어 있는 드레셀병(Drechsel Bottle)에 흡수시킴으로써 아황산가스를 황산으로 변화하도록 하고 이때 발생한 황산의 양을 표준알칼리 액으로 적정하여 아황산가스 농도를 구하는 방법이다.

㉠ 적용범위 및 검출한계

ⓐ 시료를 높은 유속으로 채취하는 방법(5분~4시간 시료채취)과 낮은 유속으로 채취하는 방법(4~72시간 시료채취)의 두 가지 방법이 있다.

ⓑ 높은 유속으로 채취하는 방법은 일반적으로 아황산가스농도가 0.38 $\mu mol/mol$ 이상인 시료에 사용된다.

㉡ 간섭물질

ⓐ 아황산가스를 산화시킨 다음 산도를 측정하게 되므로 산 또는 알칼리가스 및 증기가 방해를 하기 때문에 아황산가스에 대해 선택적인 분석방법은 되지 못한다.

ⓑ 정상적인 도시의 대기는 이 측정에 실질적으로 방해를 줄 만한 산의 증기는 없고 단지 공장 등에서 배출되는 염산, 질산 또는 아세트산이 확산되어 있는 지역에서는 이 방법을 사용하기 곤란하다.

ⓒ 도시 대기 중에 존재하는 탄산가스의 방해는 흡수액의 pH를 4.5로 조절하므로 막을 수 있다. 이 pH에서 대기 중의 정상적인 탄산가스 농도는 평형상태를 이루게 된다.

ⓓ 암모니아의 방해는 따로 측정을 해서 계산할 수밖에 없다.

ⓔ 50 mL 흡수액 속에 아황산가스가 10 μg 이하로 들어 있을 때는 검출되지 않으며, 이 방법의 재현성은 좋은 편이다.

② 분석기기 및 기구

㉠ 흡수병

㉡ 흡입펌프 및 유량조절제

㉢ 유량계 및 가스미터

㉣ 여과지 지지대

㉤ 분진 제거용 여과지 지름 4.25~7.0 cm의 원형 여과지(Whatman No.1) 또는 동등 이상품

㉥ 수은 압력계

㉦ 관

㉧ 피펫

㉨ 뷰렛

㉩ 실린더

㉪ 온도계

③ 분석방법

㉠ 시료용액에 지시용액 두 방울을 가하고 0.01 N 알칼리용액으로 적정하여 회색이 될 때를 종말점으로 한다.

㉡ 종말점(pH 4.5)은 pH미터를 사용하여 판단할 수도 있다.

㉢ 시료 중의 아황산가스의 농도는 다음 식으로 구한다. *중요내용

$$S = \frac{32{,}000 \times N \times v}{V}$$

여기서, S : 아황산가스의 농도($\mu g/m^3$)
N : 알칼리의 규정도(0.01N)
v : 적정에 사용한 알칼리의 양(mL)
V : 시료가스 채취량(m^3)

㉣ 아황산가스의 정확한 농도는 다음 식으로 구한다.

$$\text{정확한 } SO_2(\mu g/m^3) = S + 1.88y$$

여기서, S : SO_2의 농도($\mu g/m^3$)
y : NH_3의 농도($\mu g/m^3$)

㉤ 시료용액이 지시용액을 가한 후 청색으로 변하면 암모니아가스가 아황산가스의 화학당량 이상으로 존재하는 것이므로 이런 경우에는 용액을 0.01 N 황산으로 회색이 종말점에 도달할 때까지 적정하고, 그 값을 알칼리 적정할 때와 같은 방법으로 계산한다.

④ 암모니아의 농도 *중요내용

$$NH_3(\mu g/m^3) = \frac{a}{4.5} \times \frac{d}{V}$$

여기서, a : 흡수용액의 량(mL)
d : 표준용액 5mL당 암모니아의 농도(μg/5mL)
V : 시료채취량(m^3)

(3) 산정량 반자동법

① 측정원리

시료 중의 아황산가스를 묽은 과산화수소용액이 들어 있는 드레셀병에 흡수시켜 황산(H_2SO_4)으로 산화시켜 이 용액을 표준 알칼리용액으로 적정하여 아황산가스 농도를 3시간 또는 24시간마다 연속적으로 측정하는 방법이다.

※ 비고

[측정범위 및 검출한계]

낮은 유속으로 채취하는 방법의 측정범위는 아황산가스농도 15 $\mu g/m^3$ 이상의 시료에 사용된다.

② 계산

[아황산가스 농도의 계산]

$$S = \frac{32{,}000 \times N \times V}{V}$$

여기서, S : 아황산가스의 농도($\mu g/m^3$)
V : 채취시료공기량(m^3)
N : 알칼리의 규정도(0.01N)

ppm단위로 계산하고자 할 때는 표준상태에서 다음과 같이 계산한다.

$$SO_2(\text{ppm}) = \mu g\ SO_2/m^3 \times 3.82 \times 10^{-4} (25℃, 760\text{mmHg})$$

(4) 용액전도율(Conductivity Method)

① 측정원리

이 방법의 흡수액(황산 산성 과산화수소용액)에 시료대기를 흡수시켰을 때 흡수액의 전도율의 변화로부터 시료대기 중에 포함되어 있는 아황산가스 농도를 연속적으로 측정한다.

※ 비고

(1) 측정방법

이 방법에 의하여 정확히 측정될 수 있는 아황산가스의 최소검출농도는 0.01 μmol/mol이며 흡수액 및 시료가스유량을 적절히 조절하면 3.0~10.0 μmol/mol까지의 농도는 측정할 수 있다.

(2) 방해물질

① 전기 전도율은 모든 이온 용액의 성질이며 어떤 특정 화합물의 특성이 아니다. 그러므로 용액에 녹아 전해질을 형성하는 모든 용해성 가스는 방해요인이 된다. 특히 모든 할로겐화 수소는 정량적으로 측정된다. 그러나 특정오염지역을 제외하고는 이러한 가스들은 아황산가스에 비하여 극히 적게 존재한다.

② 약산성 가스, 즉 황화수소(H_2S)와 같은 것은 용해도가 적고 전도도가 나쁘기 때문에 방해되지 않으며 보통 대기 중에 존재하는 탄산가스(CO_2)는 흡수액이 알칼리성이 아닌 한 방해요인이 되지 않는다.

③ 암모니아와 같은 알칼리성 기체는 산을 중화시켜 낮은 전도도 값을 나타내며 석회가루나 다른 알칼리성을 나타내는 입자가 흡수되면 낮은 값을 나타내므로 제거하여야 한다.

④ 염화나트륨(NaCl)이나 황산(H_2SO_4)과 같은 중성 또는 산성 에어로졸(Aerosol)은 용해도, 이온화도 및 흡수제의 제거능력 등에 따라 다르나 높은 값을 나타낸다. 이들 에어로졸은 그 입자가 크지 않는 한 잘 제거되지 않으며 특히 황산에어로졸은 쉽게 이들 흡수제를 통과한다.

(5) 불꽃광도법(Automatic Method With Flame Photometer Detector)

① 측정원리 중요내용

환원성 수소 불꽃 안에 도입된 아황산가스가 불꽃 속에서 환원될 때 발생하는 빛 중 394nm 부근의 파장영역에서 발광의 세기를 측정하여 시료기체 중의 아황산가스 농도를 연속적으로 측정하는 방법으로, 이 시험방법의 측정범위는 아황산가스 0~0.01－0~1.0μmol/mol이며, 이 상한, 하한 사이의 적당한 범위를 선정한다. 검출한계는 측정범위 최대눈금의 1% 이하이어야 한다.

② 간섭물질

㉠ 시료기체 중 공존하는 아황산가스와 발광 스펙트럼이 겹치는 기체(황화수소, 이황화탄소 등)와 소광 작용이 있는 기체(탄화수소, 이산화탄소 등)의 간섭영향을 받을 수 있다.

㉡ 이 방법은 모든 황화합물에 대하여 반응하는데 황화합물의 농도가 아황산가스 농도의 5% 이하일 때는 영향이 적으나 그 이상일 때는 적당한 전처리를 하여 방해물질을 제거한 후에 측정한다.

③ 분석기기

불꽃광도분석계는 유량제어부, 시료기체 희석부, 발광분석부, 증폭기 등으로 구성된다.

④ 시약

㉠ 수소 중요내용

순도 99.8% 이상의 수소 또는 수소발생기를 사용한다.

㉡ 공기

황화합물이 포함되지 않은 깨끗한 공기를 사용하여야 한다.

(6) 자외선 형광법

① 측정원리 중요내용

단파장영역(200~230nm)의 자외선 빛이 대기 시료가스 중의 SO_2 분자와 반응하면 SO_2 분자가 빛을 흡수하며 들뜬상태의 SO_2^* 분자가 생성되고 다시 안정상태로 회귀하면서 2차 형광(Secondary Emission)을 발생하게 된다. 이때 발생되는 형광복사선의 세기가 SO_2의 농도와 비례하게 된다. 이를 이용해서 대기시료 중에 포함되는 아황산가스 농도를 측정한다. 또한 이 시험방법의 측정범위는 아황산가스 0~0.01－0~1.0μmol/mol이며, 이 상한, 하한 사이의 적당한 범위를 선정한다. 검출한계는 측정범위 최대눈금의 1% 이하이어야 한다.

② 간섭물질

㉠ 대기 중에 존재하는 방향족 탄화수소 계열의 기체성분은 자외선과 반응하여 형광을 발생시키는데 이들의 영향을 고려하여 탄화수소제거장치를 시료채취 도입부에 설치하여야 한다.

㉡ 대기 중에 고농도의 황화수소가 존재할 것으로 예상될 경우 황화수소를 선택적으로 세정할 수 있는 장치가 사용되어야 한다.

㉢ 대기 중에 아황산가스의 농도 정도로 공존하는 기체 성분에는 별 영향이 없다.

㉣ 대기 중에 존재하는 CS_2, NO, CO 및 CO_2 등은 자외선 영역에서 약하게 형광을 발생하나, 이들의 형광세기는 SO_2 에 비해 5×10^{-2}, 4×10^{-3} 정도에 불과하다.

㉤ 수분의 경우에는 공기 중에 25% 함유 시 SO_2 출력값을 2%까지 직선적으로 감소시키기 때문에 일차적으로 제거시키거나 기기의 보정이 이루어져야 한다.

(7) 흡광차분광법(Differential Optical Absorption Spectroscopy ; DOAS)

① 모든 형태의 기체분자는 분자 고유의 흡수스펙트럼을 가지고 있다. 흡광차분광법(DOAS)은 자외선 흡수를 이용한 분석법으로, 아황산가스 기체의 고유 흡수파장에 대하여 Beer－Lambert 법칙에 따라 농도에 비례한 빛의 흡수를 보여준다. 자외선 영역에서의 아황산가스 기체분자에 의한 흡수 스펙트럼을 측정하여 시료 기체 중의 아황산가스 농도를 연속적으로 측정하는 방법으로 이 시험방법의 측정범위는 아황산가스 0~0.01－0~1.0μmol/mol이며, 상한, 하한 사이의 적당한 범위를 선정한다. 검출한계는 측정범위 최대눈금의 1% 이하이어야 한다.

② 간섭물질

시료 기체 중 공존하는 아황산가스와 흡수 스펙트럼이 겹치는 기체(오존, 질소산화물 등)의 간섭 영향을 받을 수 있으나 흡수 스펙트럼 신호의 처리 과정에서 간섭물질의 영향을 제거할 수 있다.

③ 측정원리

㉠ 흡광차분광법 (DOAS)은 시료기체의 자외선 흡수특성을 이용한 분석법으로 아황산가스기체는 자외선 영역 고유 흡수 파장대역에서 Beer－Lambert 법칙에 따라 농도에 비례한 빛의 흡수특성을 보여준다. 자외선 영역에서의 아황산가스 기체분자에 의한 흡수 스펙트럼을 측정하여 시료 기체 중의 아황산가스 농도를 연속적으로 측정하는 방법이다. 환경 대기 중의 아황산가스 기체농도에 대한 빛의 투과율(I_t/I_o), 흡광계수, 투과거리를 계측하여 아황산가스 농도를 측정하는 방법이다. 대기 중의 대상 가스 화합물의 양은 다음의 Beer－Lambert 법칙을 사용하여 계산할 수 있다.

$$C=\frac{-1}{\alpha L}\ln\left(\frac{I}{I_o}\right)$$

여기서, C : 아황산가스의 농도

$\frac{I}{I_o}$: 대기 시료기체의 투과율

α : 아황산가스 시료기체농도에 의한 흡수단면적

L : 광로 길이

㉡ 흡광차분광법은 흡수셀 대신에 특정한 원거리에 반사경을 설치하여 시료 공기 자체를 흡수셀로 이용하는 방법으로서 특정 거리 내의 평균 농도를 구하는 데 이용된다.

㉢ 원리적으로 이 분석 장치는 온도와 압력의 영향을 받기 때문에 온도 및 압력을 측정하여 보정하여야 한다.

④ 흡광차분광법 분석계

흡광차분광법 분석계는 발광부, 수광부, 분광기, 신호처리분석부 등으로 구성된다.

02 환경대기 중 일산화탄소 측정방법

1. 적용범위

이 시험법은 환경대기 중의 일산화탄소 농도를 측정하기 위한 시험방법이다. 비분산 적외선 분석법(자동)을 주 시험방법으로 한다.

2. 측정방법의 종류 중요내용

(1) 자동연속측정

비분산 적외선 분석법 : 정량범위(0.5~100μmol/mol), 방법검출한계(0.05μmol/mol), 정밀도(4%RSD)

(2) 수동

① 비분산형 적외선 분석법
② 불꽃 이온화 검출기법(가스크로마토 그래피법) : 정량범위(0~22μmol/mol), 방법검출한계(0.04μmol/mol), 정밀도(5%RSD)

3. 분석방법

(1) 비분산형 적외선 분석법(자동연속측정)

① 측정원리
이 방법은 일산화탄소에 의한 적외선 흡수량의 변화를 선택성 검출기로 측정해서 환경 대기 중에 포함되어 있는 일산화탄소의 농도를 연속측정하는 방법이다.(비분산 적외선 흡수방식에 의한 일산화탄소 분석계는 일산화탄소의 4.7μm 부근에 있는 적외선 흡수를 계측하는 것에 의해 그 성분농도를 측정하는 방법이다.)

② 간섭물질
시료기체 중의 이산화탄소는, 특히 수증기의 존재하에서 영향을 줄 수 있다. 그 영향은 이산화탄소와 수증기의 함유량과 사용하는 분석기에 따라 달라진다. 측정자는 필요한 경우 시료기체에 유사한 양의 이산화탄소 또는 수분을 함유한 가스를 이용하여 교정하거나 제작사에 의해 제공되는 보정곡선용 표준물질에 의해 측정결과를 보정하여야 한다.

③ 용어 중요내용
㉠ 시료가스
일산화탄소의 농도를 측정하기 위해 계측기에 도입하는 대기
㉡ 시료기체
일산화탄소의 농도를 측정하기 위해 계측기에 도입하는 가스로서 시료 가스로부터 먼지 필터에 의해 함유되어 있는 분진을 제거한 것
㉢ 비분산(Nondispersive)
빛(光束)을 프리즘(Prism)이나 회절격자(回折格子)와 같은 분산소자(分散素子)에 의해 분산하지 않는 것
㉣ 제로 드리프트(Zero Drift)
계측기의 최소눈금에 대한 지시값의 일정 기간 내의 변동
㉤ 스팬 드리프트(Span Drift)
계측기의 눈금 스팬에 대응하는 지시값의 일정 기간 내의 변동
㉥ 제로가스(Zero Gas)
계측기의 최소눈금을 교정하기 위해 사용하는 가스

㉦ 스팬가스(Span Gas)
계측기의 최대눈금을 교정하기 위해 사용하는 가스

㉧ 설정유량
계측기 등에서 정하여진 시료 가스, 교정용 가스 등의 유량

㉨ 변환기
시료기체 중의 일산화탄소를 이산화탄소로 변환하는 장치

㉩ 정필터형
측정성분이 흡수되는 적외선을 그 흡수파장에서 측정하는 방식

㉪ 반복성
동일한 분석계를 이용하여 동일한 측정대상을 동일한 방법과 조건으로 비교적 단시간에 반복적으로 측정하는 경우로서 개개의 측정치가 일치하는 정도

㉫ 비교가스
시료셀에서 적외선 흡수를 측정하는 경우 대조가스로 사용하는 것으로, 적외선을 흡수하지 않는 가스

㉬ 시료셀(Sample Cell)
시료기체를 넣는 용기

㉭ 비교셀(Reference Cell)
비교가스를 넣는 용기

㉮ 시료광속(試料光束)
시료셀을 통과하는 빛

㉯ 비교광속(光束)
비교셀을 통과하는 빛

④ 적외선가스 분석계의 구성
광원, 회전섹터, 광학필터, 시료셀, 비교셀, 적외선 검출기, 증폭기 및 지시계로 구성된다.

(2) 비분산형 적외선 분석법(수동)

① 측정원리
이 방법은 일산화탄소에 의한 적외선 흡수량의 변화를 비분산형 적외선 분석기를 이용하여 환경대기 중에 포함되어 있는 일산화탄소의 농도를 측정하는 방법이다.

② 장치구성
분석장치는 시료채취장치, 비분산형 적외선분석기 및 교정용 가스 등으로 구성된다.

(3) 불꽃 이온화 검출기법(가스크로마토 그래피법)

① 측정원리

㉠ 시료가스의 일정량을 채취하여 이것을 가스크로마토 그래피에 도입하여 얻어지는 크로마토그램의 봉우리의 높이로서 일산화탄소 농도를 구하는 방법이다.

㉡ 열전도형 검출기와 불꽃 이온화 검출기가 부착된 가스크로마토 그래피를 이용하는 방법이 있다.

㉢ 측정범위는 전자가 0.1 % 이상으로 배출가스 중의 일산화탄소의 측정에 적당하고, 후자는 1.0 ppm 이상으로 환경대기 중의 일산화탄소 측정에 적당하다.

㉣ 불꽃 이온화 검출기를 이용한 일산화탄소의 측정원리는 운반가스로는 수소를 사용하며 시료공기를 분자체(Molecular Sieve)가 채워진 분리관을 통과시키면 분리된 일산화탄소는 니켈 촉매에 의해서 메탄으로 환원되는데 불꽃 이온화 검출기로 정량된다. *중요내용

반응식은 다음의 식으로 표시된다.

$$CO + 3H_2 \xrightarrow{Ni} CH_4 + H_2O$$

② 계산

시료대기 중의 일산화탄소 농도

$$C = C_s \times \frac{L}{L_s}$$

여기서, C : 일산화탄소 농도(μmol/mol)

C_s : 교정용 가스 중의 일산화탄소 농도(μmol/mol)

L : 시료 공기 중의 일산화탄소의 피크 높이(mm)

L_s : 교정용 가스 중의 일산화탄소 피크 높이(mm)

03 환경대기 중 질소산화물 측정방법

1. 적용범위

이 시험방법은 환경대기 중의 질소산화물 농도를 측정하기 위한 시험방법이다. 화학발광법(자동)을 주 시험방법으로 한다.

2. 측정방법의 종류 중요내용

(1) 자동연속측정방법

① 화학발광법(Chemiluminescent Method)
② 살츠만(Saltzman)법
③ 흡광차분광법(DOAS ; Differential Optical Absorption Spectroscopy)
④ 공동감쇠분광법(CAPS)

(2) 수동

① 야콥스-호흐하이저법
정량범위(0.01~0.4μmol/mol), 방법검출한계(0.01μmol/mol), 정밀도(14.5~21.5%RSD)
② 수동살츠만법
정량범위(0.005~5μmol/mol), 방법검출한계(0.005μmol/mol), 정밀도(5%RSD)

3. 용어 정의

(1) 화학발광법

① 제로 드리프트
계측기의 최소 눈금에 대한 지시값의 일정기간 동안의 변동

② 스팬 드리프트
계측기의 눈금 스팬에 대응하는 지시값의 일정기간 동안의 변동

③ 제로가스
계측기의 최소 눈금을 교정하기 위해 사용하는 가스

④ 스팬가스
계측기의 최대 눈금치를 교정하기 위해 사용하는 가스

⑤ 변환기
이산화질소를 일산화질소로 변환하는 장치

(2) 살츠만 및 야콥스-호흐하이저(Saltzman 및 Jacobs-Hochheiser)법

① 흡수발색액
이산화질소를 포집하는 동시에 이산화질소와 반응되어 발색하는 용액

② 등가액(Saltzman법 자동연속 측정기에 한함)
교정용 가스 대신 이것을 사용했을 때와 동등한 지시치를 얻을 수 있게 제조된 표준용액으로 다음과 같은 것이 있다.
- 제로교정용 등가액
- 스팬교정용 등가액
- 눈금교정용 등가액

4. 분석방법

(1) 화학발광법

① 측정원리

㉠ 이 방법은 화학발광법에 의하여 시료대기 중에 포함되고 있는 일산화질소 또는 질소산화물($NO+NO_2$)을 연속 측정하는 방법이다.

㉡ 시료대기 중의 일산화질소와 오존의 반응에 의해 NO_2가 생성될 때 생기는 화학발광광도가 일산화질소 농도와의 비례관계가 있는 것을 이용해서 시료대기 중에 포함되는 일산화질소 농도를 측정한다.

㉢ 질소산화물($NO+NO_2$)을 측정할 경우 시료대기 중의 이산화질소를 컨버터를 통하여 일산화질소로 변환시킨 후 일산화질소의 측정과 같은 방법으로 측정하여 질소산화물에서 일산화질소를 뺀 값이 이산화질소가 된다.

② 성능

㉠ 측정범위

측정눈금 범위는 0~0.2, 0~0.5, 0~1, 0~2 ppm 등이 측정 가능한 것으로 한다.

㉡ 응답시간

시료대기 채취구에서 설정유량의 교정용 가스를 측정기에 도입해서 그 농도를 어느 일정치로부터 다른 일정치에 갑자기 변화시켰을 때 90% 응답을 지시할 수 있는 시간은 1분이하여야 한다.

㉢ 예열시간

예열시간은 전원을 넣고 나서 4시간 이내에 안정화되고 이후 제로드리프트 및 스팬드리프트에 관해서 성능을 만족시켜야 한다.

㉣ 컨버터의 효율

컨버터로 이산화질소를 일산화질소로 변환하는 효율은 95% 이상이어야 한다. 또 10 ppm의 암모니아를 일산화질소로 변환하는 효율은 5% 이하여야 한다.

③ 장치구성

측정기는 시료채취부, 화학발광분석계, 컨버터, 감압부, 지시기록계 등으로 구성된다.

(2) 자동살츠만(Saltzman)법

① 개요

㉠ 이 방법은 흡수발색액(Saltzman 시약)을 사용하여 흡광광도법에 의해 시료대기 중에 포함되어 있는 일산화질소와 이산화질소의 1시간 평균값을 동시에 연속측정하는 방법이다.

㉡ 흡수발색액 N－1－나프틸에틸렌다이아민이염산염, 설파닐산 및 아세트산의 혼합액의 일정유량의 시료가스를 일정기간 통과시켜서 이산화질소를 흡수시켜 흡수발색액의 흡광광도를 측정해서 시료대기 중에 포함되고 있는 이산화질소 농도를 연속적으로 측정한다.

㉢ 일산화질소는 흡수발색액과 반응하지 않으므로 산화액(황산과 과망가니즈산칼륨 혼합액)으로 이산화질소로 산화시켜 이산화질소와 같은 방법으로 측정한다.

② 성능

㉠ 측정범위

측정눈금의 범위는 0~0.2, 0~0.5, 0~1, 0~2 ppm의 범위로 측정 가능한 것으로 한다.

㉡ 흡수발색액 채취량의 정도

설정 채취량에 대하여 오차는 ±4% 이하여야 한다.

㉢ 흡수발색병의 포집률

0.1~0.2 ppm의 이산화질소를 포함하는 시료를 통과시켰을 때 흡수발색병의 포집률은 95% 이상이어야 한다.

㉣ 시료 대기유량의 안정성

설정유량에 대하여 유량의 순간 변화는 10일간을 통하여 ±10% 이내로 한다.

㉤ 주위온도 변화에 대한 안정성

③ 장치구성

측정기의 구성은 여과기, 유량계, 이산화질소용 흡수발색병, 산화병, 일산화질소용 흡수발색병, 시료대기 흡입펌프, 흡수발색탱크, 흡수발색액 정량공급부, 흡광도 측정장치, 지시기록계, 프로그램 등으로 구성된다.

(3) 흡광차분광법(DOAS ; Differential Optical Absorption Spectroscopy)

① 측정원리

㉠ 모든 형태의 가스분자는 분자고유의 흡수스펙트럼을 가지고 있다. 흡광차분광법(DOAS)은 자외선 흡수를 이용한 분석으로 흡광광도법의 기본원리인 Beer-Lambert 법칙을 근거로 한 분석원리이다.

㉡ 질소산화물의 고유 흡수파장에 대하여 농도에 비례한 빛의 흡수를 보여준다.

㉢ 흡광차분광법은 환경대기 중의 질소산화물 농도에 대한 빛의 투과율(I_t/I_o), 흡광계수, 투과거리를 계측하여 질소산화물의 농도를 측정하는 방법이다.

㉣ 대기 중의 대상 가스 화합물의 양은 Beer-Lambert 법칙을 사용하여 계산될 수 있다.

$$I_t = I_o \cdot 10^{-\varepsilon C \ell}$$

여기서, I_o : 입사광의 광도

I_t : 투사광의 광도

ε : 흡광계수

ℓ : 빛의 투사거리

C : 질소산화물의 농도

② 장치구성

흡광차분광법 분석계는 발광부, 수광부, 분광기, 신호처리분석부로 나뉘며 분석계 내부는 분광기, 샘플 채취부, 검지부, 분석부, 통신부 등으로 구성된다.

(4) 야콥스-호흐하이저법(24시간 채취법) 중요내용

① [측정원리]

수산화소듐용액에 시료대기를 흡수시키면 대기 중의 이산화질소는 아질산나트륨용액으로 변화된다. 이때 생성된 아질산이온을 발색 시약 인산술파닐아미드 및 나프틸에틸렌디아민 이염산염으로 발색시켜 비색법에 의해 측정된다.

※ 비고

1. 적용범위 및 감도 : 분석은 0.04~1.5μg NO_2^-/ml의 범위, 즉 흡수액 50ml를 사용하여 공기유량 200mL/min, 24시간 시료 대기를 채취할 경우 0.01~0.4μmol/mol까지 측정 가능하다.
   또한, 0.04μg/mL의 농도는 1cm셀을 사용했을 때 0.02의 흡광도에 해당된다.
2. 방해물질 : 아황산가스의 방해는 분석 전에 과산화수소로 아황산가스를 황산으로 변화시키는 데 따라 제거된다.

(5) 수동살츠만(Saltzman)법

① 측정원리

㉠ NO_2를 포함한 시료공기를 흡수 발색액[나프틸에틸렌다이아민 · 이염산염, 술파닐산, 아세트산 혼합액]에 통과시키면 NO_2양에 비례하여 등적색의 아조(Azo)염료가 생긴다.
이 발색된 용액의 흡광도를 측정하여 NO_2 농도를 구하는 방법이다.

㉡ 유리솜여과기가 붙어 있는 흡수관을 사용할 때는 0.005~5 μmol/mol까지 NO_2 농도를 측정하는 데 적당하다.

② 장치구성 중요내용

흡수관, 유량계, 분광광도계(550nm) 등으로 구성된다.

04 환경대기 중 먼지 측정법

1. 적용범위

이 시험방법은 환경대기 중의 먼지 농도를 측정하기 위한 시험방법이다. 고용량 공기포집법(수동) 및 베타선법(자동)을 주 시험방법으로 한다. 중요내용

2. 측정방법의 종류 중요내용

- 고용량 공기시료채취기법(High Volume Air Sampler Method) : 고용량 펌프(1,133~1,699L/min)
- 저용량 공기시료채취기법(Low Volume Air Sampler Method) : 저용량 펌프(16.7L/min 이하)
- 베타선법(β – Ray Method)

3. 측정방법

(1) 고용량 공기시료채취기법(High Volume Air Sampler Method)

① 시료 채취시간

시료 채취시간은 1일 24시간을 원칙으로 한다. 단, 측정기의 조작이나 측정당시의 기상조건 등 형편에 따라 20시간 이상 채취하였을 경우에는 24시간 채취한 것으로 간주한다.

② 먼지농도의 계산 중요내용

채취 전후의 여과지의 질량 차이와 흡입 공기량으로부터 다음 식에 의하여 먼지 농도를 구한다.

$$먼지의\ 농도(\mu g/m^3)=\frac{W_e - W_s}{V}\times 10^3$$

여기서, W_e : 채취 후 여과지의 질량(mg)

W_s : 채취 전 여과지의 질량(mg)

V : 총 공기흡입량(m^3)

(2) 저용량 공기시료채취기법(Low Volume Air Sampler Method)

① 시료 채취시간

1주간 연속 채취를 원칙으로 한다. 단, 측정감도에 따라 채취기간을 결정할 수도 있다.

(3) 베타선 흡수법(β – Ray Absorption Method)

① 측정원리

이 방법은 대기 중에 부유하고 있는 10 μm 이하(단, 분립장치에 따라 채취입자의 크기를 조절할 수 있음)의 입자상 물질을 일정시간 여과지 위에 채취하여 베타선을 투과시켜 입자상 물질의 질량농도를 연속적으로 측정하는 방법이다.

② 장치구성

베타선에 의한 먼지 측정장치의 구성은 공기흡입부, 분립장치, 유량조절부, 테이프 여과지, 교정부, 시료 채취 시간 조정부, 베타선 광원, 베타선 감지부, 연산장치 등으로 나누어진다.

③ 측정기의 검정 및 주의사항 중요내용

측정기에 사용하고 있는 베타선 광원은 100μCi 이하로 밀봉되어 있어 안전하나 취급관리에 주의를 하여야 하며 분립장치의 분진청소, 상대 감도의 확인, 흡입유량 등을 수시로 점검한다.

일반적으로 시료채취 시간은 1시간으로 하나 농도가 먼지의 $0.01mg/m^3$ 이하의 저농도일 경우 시료채취 시간을 연장하여 측정하도록 한다.

04-1 환경대기 중 미세먼지(PM－10) 자동측정법－베타선법

① 측정결과는 상온상태(20℃, 1기압)로 환산된 미세먼지의 단위부피당 질량농도로 나타내며 측정단위는 국제단위계인 $\mu g/m^3$를 사용한다.

② 측정질량농도의 최소검출한계는 $10\mu g/m^3$ 이하이다.

04-2 환경대기 중 미세먼지(PM－10) 측정방법－중량농도법

① 측정결과는 미세먼지의 단위부피당 질량농도로 나타내며 측정단위는 국제단위계인 $\mu g/m^3$를 사용한다.

② 측정질량농도의 검출한계는 측정질량농도 범위가 $80\mu g/m^3$ 이하에서 $5\mu g/m^3$ 이하, $80\mu g/m^3$ 이상에서는 측정질량농도의 7% 이내이어야 한다.

③ 시료채취기는 저용량시료채취기를 기준으로 한다.

04-3 환경대기 중 미세먼지(PM－2.5) 측정방법－중량농도법

① 정량한계는 $3\mu g/m^3$이다.

② 시료채취장비는 시료흡입구, 1차 분립장치, 2차 분립장치, 여과지홀더, 유량측정부, 흡입펌프로 구성된다.

04-4 환경대기 중 미세먼지(PM－2.5) 자동측정법－베타선법

① 측정결과는 상온상태(20℃, 1기압)로 환산된 미세먼지의 단위부피당 질량농도로 나타내며 측정단위는 국제단위계인 $\mu g/m^3$를 사용한다.

② 측정질량농도의 최소검출한계는 $5\mu g/m^3$ 이하이며, 측정범위는 $0\sim1,000\mu g/m^3$이다.

05 환경대기 중 옥시던트 측정방법

1. 적용범위

이 시험방법은 환경대기 중의 옥시던트(오존으로서) 농도를 측정하기 위한 시험방법이다. 자외선 광도법(자동)을 주 시험방법으로 한다.

2. 측정방법의 종류 중요내용

(1) 자동연속 측정방법

① 자외선 광도법(Ultra Violate Photometric Method)
② 화학발광법(Chemiluminescent Method)
③ 중성요오드화 칼륨법(Neutral Buffered KI Method)
④ 흡광차분광법(DOAS ; Differential Optical Absorption Spectroscopy)

(2) 수동

① 중성요오드화 칼륨법(Neutral Buffered Potassium Iodide Method) : 정량범위(0.01~10μmol/mol)
② 알칼리성 요오드화 칼륨법(Alkalized Potassium Iodide Method) : 정량범위(0.51~8.16μmol/mol)

3. 용어 정의

(1) 옥시던트 중요내용

전옥시던트, 광화학옥시던트, 오존 등의 산화성 물질의 총칭

(2) 전옥시던트

중성요오드화 칼륨용액에 의해 요오드를 유리시키는 물질의 총칭

(3) 광학옥시던트

전옥시던트에서 이산화질소를 제외한 물질

(4) 제로가스

측정기의 영점을 교정하는 데 사용하는 교정용 가스

(5) 스팬가스

측정기의 스팬을 교정하는 데 사용하는 교정용 가스

(6) 교정용 가스

측정기의 교정에 사용하는 가스로서 제로가스, 스팬가스, 눈금 교정용 가스 등의 총칭

(7) 제로 드리프트(Zero Drift)

어느 일정기간 동안 측정기의 영점에 대한 지시값의 변동

(8) 스팬 드리프트(Span Drift)

어느 일정기간 동안 측정기의 스팬에 대한 지시값의 변동

(9) 설정유량

측정기에서 정한 시료가스 및 교정가스 등의 유량

4. 분석방법

(1) 자외선 광도법(자동연속 측정법)

① 측정원리
이 방법은 자외선 광도법에 의해 파장 254 nm 부근에서 자외선 흡수량의 변화를 측정하여 환경대기 중의 오존농도를 연속적으로 측정하는 방법이다.

② 적용범위
환경대기 중 오존농도 1nmol/mol(1×10^{-9}mol/mol)~500nmol/mol의 범위에서 적용한다.

③ 장치구성
측정기는 시료대기채취구, 필터, 유량계, 시료대기 흡입펌프, 측정셀, 광원램프, 검출기, 증폭기 및 지시기록계 등으로 구성된다.

(2) 화학발광법(자동연속측정법)

① 측정원리 중요내용
㉠ 이 방법은 화학발광법에 의해 환경대기 중에 포함되어 있는 오존농도를 연속적으로 측정하는 방법이다.
㉡ 시료대기 중에 오존과 에틸렌(Ethylene)가스가 반응할 때 400nm의 가시광선 영역에서 빛을 발생시킨다. 이 빛의 세기가 오존농도와 비례하기 때문에 발광도를 측정하여 오존농도를 산정한다.

② 적용범위 중요내용
환경대기 중 오존농도 1nmol/mol(1×10^{-9}mol/mol)~500nmol/mol의 범위에서 적용한다.

③ 장치구성
측정기는 시료채취부, 시료대기흡입펌프, 검출부, 유량제어부, 배출기체부 등으로 구성된다.

(3) 중성요오드화 칼륨법(자동연속측정법)

① 측정원리
㉠ 이 방법은 중성요오드화 칼륨 흡수액을 사용하는 흡광광도법으로서 시료대기 중에 함유하는 전옥시던트농도를 연속적으로 측정한다.
㉡ 흡수액에 시료대기를 일정량으로 흡수시켜 유리되는 요오드의 흡광도를 측정하여 시료대기 중에 함유된 전옥시던트농도를 구한다.

② 장치구성
측정기는 필터, 세정기, 유량계, 가스흡수부, 시료대기 흡입펌프, 흡착필터, 흡수액 송액펌프, 흡수액 탱크, 흡광도 측정부, 증폭부 및 지시기록부 등으로 구성된다.

(4) 흡광차분광법(DOAS ; Differential Optical Absorption Spectroscopy)

① 측정원리
㉠ 모든 형태의 가스분자는 분자고유의 흡수스펙트럼을 가지고 있다. 흡광차분광법(DOAS)은 자외선 흡수를 이용한 분석으로 흡광광도법의 기본원리인 Beer－Lambert 법칙을 근거로 한 분석원리로서, 오존의 고유 흡수파장에 대

하여 농도에 비례한 빛의 흡수를 보여준다.

ⓛ 흡광차분광법은 환경대기 중의 오존농도에 대한 빛의 투과율(I_t/I_o), 흡광계수, 투사거리를 계측하여 오존농도를 측정하는 방법이다.

ⓒ 대기 중의 대상 가스 화합물의 양은 Beer-Lambert 법칙으로 계산할 수 있다.

$$C=\frac{-1}{\alpha L}\ln\left(\frac{I}{I_o}\right)$$

여기서, C : 오존의 농도

$\frac{I}{I_o}$: 오존 시료의 투과율

α : 오존 흡수단면적

L : 광로 길이

② 장치구성

흡광차분광법의 분석장치는 분석계와 광원부로 나뉘며, 분석계 내부는 분광기, 샘플 채취부, 검지부, 분석부, 통신부 등으로 구성된다.

(5) 중성요오드화 칼륨법(수동)

① 측정원리 중요내용

㉠ 이 방법은 대기 중에 존재하는 오존과 다른 옥시던트[이산화질소, 염소, PAN(Peroxy Acetyl Nitrate) 및 과산화수소]를 포함하는 저농도의 전체 옥시던트를 측정하는 데 사용된다. 이 방법은 오존으로써 0.01~10μmol/mol 범위에 있는 전체 옥시던트를 측정하는 데 사용되며 산화성 물질이나 환원성 물질이 결과에 영향을 미치므로 오존만을 측정하는 방법은 아니다.

㉡ 이 방법은 시료를 채취한 후 1시간 이내에 분석할 수 있을 때 사용할 수 있으며, 한 시간 내에 측정할 수 없을 때는 알칼리성 아이오딘 칼륨법을 사용하여야 한다.

㉢ 옥시던트는 화학적으로 정해진 물질이 아니므로 이 방법이나 다른 방법(알칼리성 아이오딘 칼륨법)으로 분석한 결과가 꼭 같지는 않다.

㉣ 흡수액 10 mL 사용할 때 오존 2μg과 20μg(1과 10μL) 사이의 농도는 1 cm 셀을 사용할 때 흡광도 0.1과 1에 해당된다.

오존 20 μmol/mol까지 함유한 대기시료는 흡광도와 시료농도 사이에 직선관계가 있다.

㉤ 대기 중에 존재하는 오존과 기타 옥시던트가 pH 6.8의 아이오딘 칼륨법 용액에 흡수되면 옥시던트 농도에 해당하는 요오드가 유리되며 이 유리된 요오드를 파장 352 nm에서 흡광도를 측정하여 정량한다.

㉥ 오존을 포함한 많은 산화성 물질, 즉 이산화질소, 염소, 과산화산류, 과산화수소 및 PAN(Peroxy Acetyl Nitrate)은 모두 옥시던트이며 이들은 이 방법에서 요오드를 유리시킨다. 산화성 가스로는 아황산가스 및 황화수소가 있으며 이들은 부(Minus)의 영향을 미친다. 환원성 분진 등도 이 방법에서 영향을 미친다.

㉦ 이산화질소는 오존의 당량, 몰 농도에 대하여 약 10%의 영향을 미친다고 알려져 있다. 이산화질소의 반응은 용액 중에서 아질산이온의 생성결과 일어나며, 이산화질소가 전체 옥시던트에 미치는 영향은 이산화질소의 동시분석으로 예측할 수 있다.

㉧ PAN은 오존의 당량, 몰 농도의 약 50%의 영향을 미친다.

㉨ 아황산가스에 대한 방해는 심하나 옥시던트 농도의 100배까지의 농도를 갖는 아황산가스는 임핀저의 위족 시료 채취관에 크롬산 종이 흡수제(Chromic Acid Paper Absorber)를 설치함으로써 제거할 수 있다.

(6) 알칼리성 요오드화 칼륨법(수동)

① 측정원리 중요내용

㉠ 이 방법은 대기 중에 존재하는 저농도의 옥시던트(오존)를 측정하는 데 사용된다. 이 방법은 다른 산화성 물질이나 환원성 물질이 방해하며 아황산가스나 이산화질소의 방해는 시료를 채취하는 동안에 제거시킬 수 있다.

㉡ 이 방법에 의한 오존의 검출한계는 1~16 μg이며, 더 높은 농도의 시료는 흡수액으로 적당히 묽혀 사용할 수 있다.

㉢ 이 방법은 대기 중에 존재하는 미량의 옥시던트를 알칼리성 요오드화 칼륨용액에 흡수시키고 초산으로 pH 3.8의 산성으로 하면 산화제의 당량에 해당하는 요오드가 유리된다.
이 유리된 요오드를 파장 352 nm에서 흡광도를 측정하여 정량한다.

㉣ 산화성 물질 또는 환원성 물질은 요오드화 칼륨을 요오드로 산화시키는 데 영향을 미친다. 아황산가스는 흡수액에 과산화수소수를 가하여 흡수시키면 아황산가스가 황산이온으로 산화되며 여분의 과산화수소수는 초산을 가하기 전에 끓여서 제거한다.
대기 중의 산소는 흡수액을 감지할 수 있을 정도로 산화시키지 않는다.

06 환경대기 중 탄화수소 측정법

1. 적용범위 중요내용

이 시험법은 환경대기 중의 탄화수소 농도를 측정하기 위한 시험방법이다. 비메탄 탄화수소 측정법을 주 시험법으로 한다.

2. 측정방법의 종류

(1) 자동연속(수소염 이온화 검출기법) 중요내용

① 총 탄화수소 측정법
② 비메탄 탄화수소 측정법
③ 활성 탄화수소 측정법

3. 용어 정의

(1) 수소염 이온화 검출법

수소염에 의해 이온화 현상을 이용해 탄화수소 화합물을 검출하는 방법

(2) ppmC 중요내용

탄소 원자수를 기준으로 하여 표시한 ppm치

(3) 연료가스

수소염 이온화 검출기에 사용하는 수소 또는 수소와 불활성 가스의 혼합가스

(4) 조연가스

수소염 이온화 검출기에 사용하는 연소용 공기

(5) 연료가스 차단기

검출기의 수소염이 꺼졌을 때 수소염 검지기의 신호에 의해 연료가스 라인을 자동적으로 차단하는 밸브

(6) 수소염 검지기

검출기의 수소염이 꺼졌는가를 검지하는 장치

(7) 수소 발생장치

연료가스, 즉 수소를 발생시키기 위한 장치

(8) 제로 가스 정제장치

영점 교정을 위한 제로 가스와 조연공기 중 탄화수소 화합물 제거를 위한 장치

(9) 총 탄화수소

수소염 이온화 검출법으로 측정된 전체 탄화수소화물

(10) 비메탄 탄화수소

총 탄화수소로부터 메탄을 제외한 것

(11) 운반 가스

분리관을 지나는 시료 성분을 전개 용출시키는 가스(시료 성분을 운반하는 가스)

(12) 분석용 분리관

가스크로마토 그래프 조작에 있어 목적성분을 전개 용출시키는 분리관

(13) 전치분리관

가스크로마토 그래프 조작에 있어 분석용 분리관의 앞에 사용하는 분리관

(14) 활성탄화수소

총 탄화수소 가운데 세정기를 이용해서 제거되는 올레핀계 탄화수소, 방향족 탄화수소 등의 총칭

(15) 세정기

총 탄화수소 가운데 올레핀계 탄화수소, 방향족 탄화수소 등을 중금속염과의 반응성을 이용해서 흡착제거하는 장치

4. 분석방법

(1) 총 탄화수소 측정법

① 측정원리

환경대기를 수소염이온화 검출기에 도입하여 탄화수소를 수소염 중에서 연소할 때 발생하는 이온에 의한 미소전류를 측정해서 대기 중의 총 탄화수소 농도를 연속적으로 측정하는 방법이다.

② 성능 *중요내용

㉠ 측정범위

측정범위는 0~10 ppmC, 0~25 ppmC 또는 0~50 ppmC로 하여 1~3단계(Range)의 변환이 가능한 것

㉡ 재현성

동일조건에서 제로가스와 스팬가스를 번갈아 3회 도입해서 각각의 측정치의 평균치로부터의 편차를 구한다. 이 편차는 각 측정단계(Range)마다 최대 눈금치의 ±1%의 범위 내에 있어야 한다.

㉢ 지시의 변동

제로가스 및 스팬가스를 흘려보냈을 때 정상적인 측정치의 변동은 각 측정단계(Range)마다 최대 눈금치의 ±1%의 범위 내에 있어야 한다.

㉣ 응답시간

스팬가스를 도입시켜 측정치가 일정한 값으로 급격히 변화되어 스팬가스 농도의 90%까지 변화하는 시간은 2분 이하여야 한다.

㉤ 지시오차(직선성)

제로조정 및 스팬조정을 끝낸 후 그 중간 농도의 교정용 가스를 주입시켰을 경우에 상당하는 메탄 농도에 대한 지시오차는 각 측정단계(Range)마다 최대 눈금치의 ±5%의 범위 내에 있어야 한다.

㉥ 예열시간

전원을 넣고 나서 정상으로 작동할 때까지의 시간은 4시간 이하여야 한다.

㉦ 시료대기의 유량변화에 때한 안정성

펌프 유량 설정치에 대하여 ±10% 변화되어도 지시치 변화는 최대 눈금치의 ±1%의 범위에 있어야 한다.

(2) 비메탄 탄화수소 측정법

① 측정원리

이 방법은 환경대기를 수소염이온화 검출기가 부착된 가스크로마토 그래피에 도입하여 분리관에 의해 메탄과 메탄을 제외한 비메탄 탄화수소가 분리되어 수소염 중에 연소될 때 발생하는 이온에 의한 미소전류를 측정해서 대기 중의 메탄과 메탄 이외의 탄화수소(비메탄 탄화수소) 농도를 연속적으로 측정하는 방법이다.

② 성능 중요내용

㉠ 측정범위

측정범위는 0~5로부터 50 ppm 범위 내에서 임의로 설정할 수 있어야 한다.

㉡ 재현성

동일조건에서 스팬가스를 3회 연속 측정해서 측정치의 평균치로부터의 편차는 최대 눈금치의 ±1%의 범위 이내에 있어야 한다.

㉢ 제로 드리프트(Zero Drift)

동일조건에서 제로가스를 연속해서 흘려보냈을 경우 지시변동은 24시간에 대하여 최대 눈금치의 ±1%의 범위 내에 있어야 한다.

㉣ 측정주기

측정주기는 한 시간에 4회 이상 측정할 수 있어야 한다.

(3) 활성탄화수소 측정법

측정원리

이 방법은 환경대기를 수소염이온화 검출기가 부착된 가스크로마토 그래피에 도입하기 직전에 세정기를 사용하여 활성탄화수소를 제거한 환경대기를 수소염이온화 검출기에 도입해서 얻어진 탄화수소 농도와 세정기를 거치지 않은 환경대기를 수소염 이온화 검출기에 도입해서 얻어진 총 탄화수소 농도의 차로부터 활성탄화수소 농도를 구하는 방법이다.

07 환경대기 중 석면측정용 현미경법

① 위상차현미경 : 정량범위(0.2~5μm), 방법검출한계(0.2μm)
② 주사전자현미경 : 정량범위(1.0nm 이하)
③ 투과전자현미경 : 정량범위(1.0nm 이상), 방법검출한계(7,000구조수/mm^2)

07-1 환경대기 중 석면측정용 현미경법 – 위상차현미경법

1. 원리 및 적용범위

(1) 이 시험방법은 환경대기 중의 석면농도를 측정하기 위한 방법이다. 멤브레인필터에 포집한 대기부유먼지 중의 석면섬유를 위상차현미경을 사용하여 계수하는 방법이다.

(2) 석면먼지의 농도표시는 표준상태(20 ℃, 760 mmHg)의 기체 1 mL 중에 함유된 석면섬유의 개수(개/mL)로 표시한다. 중요내용

2. 개요

(1) 멤브레인 필터는 셀룰로오스 에스테르를 원료로 한 얇은 다공성의 막으로, 구멍의 지름은 평균 0.01~10μm의 것이 있다. 이 멤브레인 필터의 특징은 입자상 물질의 포집률이 매우 높고, 또 필터의 특히 표면에서 먼지의 포집이 이루어지기 때문에, 포집한 입자를 광학현미경으로 계수하기에 편리하다. 중요내용

(2) 필터의 광굴절률은 약 1.5이다. 그러므로 필터를 광굴절률 1.5 전후의 불휘발성 용액에 담그면, 투명해지며 입자를 계수하기 쉽다. 그러나 석면섬유의 광굴절률 또한 거의 1.5이므로, 보통의 현미경으로는 식별하기 힘들거나 분명히 볼 수 없게 된다. 중요내용

(3) 위상차 현미경이란, 굴절률 또는 두께가 부분적으로 다른 무색 투명한 물체의 각 부분의 투과광 사이에 생기는 위상차를 화상면에서 명암의 차로 바꾸어, 구조를 보기 쉽도록 한 현미경이다. 따라서 위상차현미경을 사용하여 섬유상으로 보이는 입자를 계수하고 같은 입자를 보통의 생물현미경으로 바꾸어 계수하여, 그 계수치들의 차를 구하면 굴절률이 거의 1.5인 섬유상의 입자, 즉 석면이라고 추정할 수 있는 입자를 계수할 수가 있게 된다. 중요내용

3. 시료채취

(1) 시료채취 장치 및 기구 중요내용

① 멤브레인 필터
셀룰로오스에스테르제(또는 셀룰로오스나이트레이트제) pore size 0.8~1.2 μm, φ25 mm 또는 φ47 mm

② Open Face형 필터홀더(개방형 멤브레인 필터홀더)
원형의 멤브레인 필터를 지지하여 주는 장치로서 40 mm의 집풍기를 홀더에 정착된 것

③ 흡입 펌프
20L/min로 공기를 흡입할 수 있는 로터리 펌프 또는 다이어프램 펌프

(2) 시료채취 및 측정방법

① 시료채취 조건

㉠ 시료채취는 해당 시설의 실제 운영조건과 동일하게 유지되는 일반 환경생태에서 측정하는 것을 원칙으로 한다.
㉡ 시료채취지점에서의 실내기류는 원칙적으로 0.3m/s 이내가 되도록 한다. 단, 지하역사 승강장 등 불가피한 기류가 발생하는 곳에서는 실제 조건하에서 측정한다.

② 시료채취 지점 및 위치 중요내용
㉠ 시료채취 위치는 원칙적으로 주변 시설 등에 의한 영향과 부착물 등으로 인한 측정 장애가 없고 대상 시설의 오염도를 대표할 수 있다고 판단되는 곳을 선정하는 것을 원칙으로 하되, 기본적으로 시설을 이용하는 사람이 많은 곳을 선정한다.
㉡ 인접 지역에 직접적인 발생원이 없고 대상 시설의 내벽, 천장에서 1m 이상 떨어진 곳을 선정하며, 바닥면으로부터 1.2~1.5m 위치에서 측정한다.
㉢ 대상 시설의 측정지점은 2개소 이상을 원칙으로 하며, 건물의 규모와 용도에 따라 불가피할 경우 대상시설 내 공기질이 현저히 다를 것으로 예상되는 경우 등에는 측정지점을 추가할 수 있다.

③ 시료채취 및 측정시간
주간 시간대(오전 8시~오후 7시) 10L/min으로 1시간 측정한다.

(3) 시료채취 조작

① 샘플러가 정상적으로 작동하는가를 확인한다.
② 밀폐용기 속에 보존하였던 멤브레인 필터를 여과지 홀더에 공기가 새지 않도록 주의하면서 고정시킨다.
③ 시료포집면이 주풍향을 향하도록 설치한다.
④ 유량계의 버저(Buzzer)를 10L/분 되게 조정한다. 중요내용
⑤ 전원스위치를 넣고 포집시작 시각을 기록한다.
⑥ 흡입을 시작하고 부터 약 10분 후에 진공계 또는 마노미터로 차압을 측정하여 흡입유량을 정확히 보정한다.
⑦ 포집종료 시각을 기록하고 흡입공기량을 구한다.
⑧ 여과지를 다시 밀폐용기 속에 넣는다.
⑨ 시료채취가 끝나면 매 포집시료마다에 시료채취시의 기상과 시료채취의 제 조건 및 시료채취자의 성명 등에 관하여 기록한다.

4. 계수

(1) 기구 및 장치 중요내용

① 현미경
배율 10배의 대안렌즈 및 10배와 40배 이상의 대물렌즈를 가진 위상차 현미경 또는 간접위상차 현미경
② 접안 그래티큘(Eyepiece Graticule)
③ 대물측미계 또는 스테이지 마이크로미터 최저 10 μm까지 표시되어 있는 것이어야 한다.

(2) 계수대상물

① 정의 중요내용
포집한 먼지 중 길이 5 μm 이상이고, 길이와 폭의 비가 3 : 1 이상인 섬유를 석면섬유로서 계수한다.

② 식별방법 중요내용
㉠ 단섬유인 경우
ⓐ 길이 5 μm 이상인 섬유는 1개로 판정한다.
ⓑ 구부러져 있는 섬유는 곡선에 따라 전체 길이를 재어서 판정한다.
ⓒ 길이와 폭의 비가 3 : 1 이상인 섬유는 1개로 판정한다.

㉡ 가지가 벌어진 섬유의 경우
1개의 섬유로부터 벌어져 있는 경우에는 1개의 단섬유로 인정하고 ①의 규정에 따라 판정한다.

㉢ 헝클어져 다발을 이루고 있는 경우
여러 개의 섬유가 교차하고 있는 경우는 교차하고 있는 각각의 섬유를 단섬유로 인정하고, 섬유가 헝클어져 정확한 수를 헤아리기 힘들 때에는 0개로 판정한다.

㉣ 입자가 부착하고 있는 경우
입자의 폭이 3 μm를 넘는 것은 0개로 판정한다.

㉤ 섬유가 그래티큘 시야의 경계선에 물린 경우
ⓐ 그래티큘 시야 안으로 완전히 5 μm 이상 들어와 있는 섬유는 1개로 인정한다.
ⓑ 그래티큘 시야 안으로 한쪽 끝만 들어와 있는 섬유는 1/2개로 인정한다.
ⓒ 그래티큘 시야의 경계선에 한꺼번에 너무 많이 몰려 있는 경우에는 0개로 판정한다.

㉥ 상기에 열거한 방법들에 따라 판정하기가 힘든 경우에는 해당 시야에서의 판정을 포기하고, 다른 시야로 바꾸어서 다시 식별하도록 한다.

㉦ 다발을 이루고 있는 섬유가 그래티클 시야의 1/6 이상일 때는 해당 시야에서의 판정을 포기하고, 다른 시야로 바꾸어서 다시 식별하도록 한다.

③ 접안 그래티클의 보정
㉠ 접안렌즈에 사용할 접안 그래티클을 넣고, 그래티클의 선들이 깨끗하고 선명하게 보이도록 조정한다.
㉡ 대물렌즈의 배율을 40배로 한다.
㉢ 슬라이드 얹힘대 위에 스테이지 마이크로메타를 놓고, 초점을 맞추어 선들이 선명하게 보이도록 한다.
㉣ 그래티클을 보정한다.
세로선의 간격이 10μm이므로, 이 같이 보이는 경우 그래티클에 있는 각 원형중에서 원형 9가 직경 20μm, 원형 5가 직경 5μm로 된다.
같은 방법으로 그래티클의 시야면적도 정확히 구한다.

④ 계수조작
㉠ 접안 그래티클의 보정
㉡ 스테이지 마이크로메타를 얹힘대에서 떼내고, 제작한 표본을 얹힘대 위에 놓는다.
㉢ 저배율(50~100배)로 여과지에 포집된 먼지의 균일성을 확인하고 먼지가 불균일하게 포집되어 있는 표본은 버린다.
㉣ 400배 이상의 배율에서 접안 그래티클에 있는 척도를 사용하여 계수한다.
㉤ 계수는 시야를 이동하면서, 임의적으로 시야를 선택하여 섬유수가 200개 이상이 될 때까지 하고, 1시야 중의 섬유수가 10개 정도일 때는 시야 전체의 수를 세어서 약 50개에 이르기까지 계수한다.
㉥ 위상차 현미경에 따라 계수하고, 섬유가 계수된 동일 시야에 대하여 400배의 배율에서 생물현미경을 사용하여 다시 계수하여 그 결과를 표의 석면섬유수 측정표에 기록한다.
㉦ 계수한 표본에 대하여 다시 계수하였을 때, 통계학적으로 평가하여 95% 이상의 재현성을 가져야 한다.

⑤ 석면먼지농도와 계산

$$\text{섬유수, 개/mL} = \frac{A \cdot (N_1 - N_2)}{a \cdot V \cdot n} \cdot \frac{1}{1,000}$$

여기서, A : 유효 포집면적[cm^2]
N_1 : 위상차현미경으로 계측한 총 섬유수[개]
N_2 : 광학현미경으로 계측한 총 섬유수[개]
a : 현미경으로 계측한 1시야의 면적[cm^2]
V : 표준상태로 환산한 채취 공기량[L]
n : 계수한 시야의 총수[개]

08 환경대기 중 미세먼지($PM_{2.5}$)－중량 농도법

1. 개요

(1) 목적

이 시험기준은 환경대기 중 미세먼지(이하 $PM_{2.5}$) 중량농도 측정을 목적으로 한다.

(2) 적용범위

① 이 시험기준은 대기 중 24시간 동안 유효한계입경(dp_{50}) 2.5 μm의 미세한 부유물질의 질량농도 측정에 적용되며, 채취된 $PM_{2.5}$ 시료는 부차적인 물리 · 화학적 분석에 활용될 수 있다.

② 이 시험기준에 의한 환경대기 중 $PM_{2.5}$ 중량농도법의 정량한계는 3 μg/m³이다. 중요내용

2. 용어 정의

(1) 입자분립장치는 충돌판방식(Impactor)으로 입자상 물질을 내부 노즐을 통해 가속시킨 후 충돌판에 충돌시켜, 관성이 큰 입자가 선택적으로 충돌판에 채취되는 원리를 이용하여 일정크기 이상의 입자를 분리하는 장치이다.

(2) 공시료 여과지는 시료채취 시 운반과정 시료전처리 과정에서 여과지 무게에 대한 오차를 확인하기 위한 여과지이다.

(3) 유효한계입경(dp_{50})은 공기역학적 직경별 분리(혹은 채취)효율(Effectiveness) 분포곡선에서 50%의 분리(혹은 채취)효율을 나타내는 입자의 입경을 의미한다.

(4) 측정단위

환경대기 중 $PM_{2.5}$ 질량농도는 채취된 유효한계입경(dp_{50}) 2.5μm 입자들의 총 질량을 시료채취기가 흡입한 유량으로 나누어 계산하며 단위는 부피(m³)당 질량(μg), μg/m³로 표시한다.

3. 분석기기 및 기구

시료채취장비는 시료흡입부, 1차 분립장치, 2차 분립장치, 여과지 홀더, 유량측정부, 흡입펌프로 구성된다.

(1) 시료흡입부

시료흡입부는 환경대기 중 $PM_{2.5}$와 공기가 유입되는 부분으로 16.7L/분의 일정한 유속으로 시료를 유입시키는 장치로서, 이후 1차 분립장치 및 2차 분립장치를 통해서 입자를 크기별로 분리 채취하게 된다.

(2) 1차 분립장치

1차 분립장치는 유효한계입경(dp_{50}) 10μm 입자보다 큰 입자를 제거하는 장치로서 충돌판방식을 이용하여 입자상 물질을 분리한다.

(3) 2차 분립장치

2차 분립장치는 유효한계입경(dp_{50}) 2.5μm 입자보다 큰 입자를 제거하는 장치로서 충돌판방식이 사용되며 WINS $PM_{2.5}$ Impactor와 동등하거나 우수한 성능의 분립장치를 사용하여야 한다.

(4) 여과지 홀더

여과지 홀더는 분립장치 아래에 수평으로 위치하여 공기가 일정한 속도로 필터를 통과하게 하는 역할을 수행하며, 47mm의 여과지가 파손되지 않으면서 공기가 새지 않도록 장착할 수 있는 것으로 여과지 교체 작업이 용이해야 한다.

(5) 여과지

시료 채취를 위한 여과지는 폴리테트라플루오로에틸렌(PTFE ; Polytetrafluoroethylene) 재질의 직경 47mm 원형으로 여과지 공극 크기(Pore Size)가 2μm이고, 두께가 30~50μm이다.

4. 농도계산

$PM_{2.5}$ 농도는 $\mu g/m^3$로 표시하고 다음 식으로 계산한다.

$$PM_{2.5}=(W_f - W_i)/V_a$$

여기서, $PM_{2.5}$: $PM_{2.5}$의 질량농도($\mu g/m^3$)
W_f : 시료채취 후 여과지무게(μg)
W_i : 시료채취 전 여과지무게(μg)
V_a : 총 시료채취 부피(m^3)

09 환경대기 중 초미세먼지($PM_{2.5}$) - 베타선법(자동측정법)

1. 목적

이 측정방법은 환경대기 중에 존재하는 공기역학적 등가입경(이하 입경이라 함)이 $2.5\mu m$ 이하인 입자상 물질($PM_{2.5}$)의 질량농도를 베타선흡수법(베타선법)에 의해 측정하는 방법에 대해 규정하며, 베타선법에 의한 측정의 정확성과 통일성을 갖추도록 함을 목적으로 한다.

2. 적용범위

(1) 이 측정방법은 베타선을 방출하는 베타선 광원으로부터 조사된 베타선이 필터 위에 채취된 먼지를 통과할 때 흡수되는 베타선의 세기를 비교 · 측정하여 대기 중 미세먼지의 질량농도를 측정하는 방법이다.

(2) 측정결과는 상온 상태(20℃, 1기압)로 환산된 단위부피당 질량농도로 나타내며, 측정단위는 국제단위계인 $\mu g/m^3$를 사용한다.

(3) 측정 질량농도의 최소검출한계는 $5\mu g/m^3$ 이하이며, 측정범위는 $0 \sim 1,000\mu g/m^3$이다. 중요내용

3. 간섭오차

(1) 이 측정방법은 베타선이 여과지 위에 채취된 먼지를 통과할 때 흡수 소멸하는 베타선의 차로서 미세먼지($PM_{2.5}$) 농도를 측정하는 방법으로 질량소멸계수(μ)는 먼지의 성분, 입경분포, 밀도 등에 영향을 받는다. $PM_{2.5}$는 지역적 · 공간적 특성에 따라 미세먼지의 성분, 입경분포, 밀도 등이 달라질 수 있으며, 이에 질량소멸계수가 차이를 나타낼 수 있다.

(2) 동일한 질량소멸계수를 베타선 자동측정기에 적용할 수 없으므로 중량농도법과의 비교측정을 통해 등가성을 확인하여야 한다.

(3) 측정기 동작 중의 유속의 변화는 시료채취 유량의 변화에 의한 측정 편차를 일으킬 수 있으며, 입경분리장치의 입자 크기 분리 특성을 변경시킬 수 있다. 정확한 유량조절장치의 사용과 설계유량의 정확한 유지는 이러한 오차를 최소화하기 위해 필요하다.

4. 용어 정의

(1) 초미세먼지(Particulate Matter Less than $2.5\mu m$, $PM_{2.5}$)

환경대기 중에 부유하는 직경 $2.5\mu m$ 이하 크기의 고체 및 액체의 입자상 물질을 말한다.

(2) 질량농도(Mass Concentration)

기체의 단위 용적 중에 함유된 물질의 질량으로 표현된 농도를 말한다.

(3) 단위면적 질량밀도

베타선 감쇠계수를 결정하는 물리량으로서 단위면적에 채취된 먼지의 질량(mg/cm^2)을 말한다.

(4) 베타선법(β - Ray Method)

대기 중에 부유하고 있는 입자상 물질을 일정시간 여과지 위에 채취하여 베타선을 투과시켜 입자상 물질의 질량농도를 연속적으로 측정하는 방법이다.

5. 분석기기장치 구성

베타선에 의한 먼지 측정장치의 구성은 공기흡입부, 입경분립장치, 유량조절부, 테이프 여과지, 교정부, 시료채취 시간 조정부, 베타선 광원, 베타선 감지부, 연산장치 등으로 나누어진다.

6. 측정위치의 선정 시 고려사항 *중요내용

(1) 시료 채취 위치는 원칙적으로 주위에 건물이나 수목 등의 장애물이 없고 그 지역의 오염도를 대표할 수 있다고 생각되는 곳을 선정한다.

(2) 주위에 건물이나 수목 등의 장애물이 있을 경우에는 채취위치로부터 장애물까지의 거리가 그 장애물 높이의 2배 이상 또는 채취점과 장애물 상단을 연결하는 직선이 수평선과 이루는 각도가 30° 이하가 되는 곳을 선정한다.

(3) 주위에 건물 등이 밀집되거나 접근되어 있을 경우에는 건물 바깥벽으로부터 적어도 1.5m 이상 떨어진 곳에 채취점을 선정한다.

(4) 시료채취구의 높이는 주변의 상황을 고려하여 가능한 한 1.5~10m 범위로 한다.

7. 시료 채취

1시간을 원칙으로 하나, 사용기기에 따라 달라질 수 있다.

8. 결과 보고

(1) 먼지농도의 계산

① 베타선을 방출하는 광원으로부터 조사된 베타선이 여과지 위에 채취된 먼지를 통과할 때 흡수 소멸하는 베타선의 차로서 측정되며 다음 식에 따른다.

$$I = I_o \cdot \exp(-\mu X)$$

여기서, I : 여과지에 채취된 분진을 투과한 베타선 강도
I_o : Blank 여과지에 투과된 베타선 강도
μ : 미세먼지에 의한 베타선 질량 흡수 소멸 계수($cm^3/\mu g$)
X : 단위면적당 채취된 분진의 질량($\mu g/cm^3$)

여기서, I_o는 먼지가 채취되지 않은 여과지를 통과한 베타선 강도이며 μ는 상수로서 성분 및 입경분포 등이 일정할 경우 μ를 상수라 할 수 있다.

② 먼지농도는 단위면적당 채취된 먼지의 질량에 의존하는 베타선의 흡수량으로 결정된다.

$$C = \frac{S}{\mu \cdot Q \cdot \Delta t} \ln(I/I_o)$$

여기서, C : 먼지 농도($\mu g/m^3$)
S : 먼지가 채취된 여과지의 면적(m^3)
Q : 흡입된 공기량(m^3)
Δt : 채취시간(min)

(2) 주의사항 *중요내용

① 측정기에 사용하고 있는 베타선 광원은 100μCi 이하로 밀봉되어 있어 안전하나 취급관리에 주의를 하여야 하며 분립장치의 청소, 상대 감도의 확인, 흡입유량 등을 수시로 점검한다.

② 일반적으로 시료 채취 시간은 1시간으로 하나 먼지의 농도가 10$\mu g/m^3$ 이하의 저농도일 경우 시료 채취 시간을 연장하여 측정할 수 있다.

10 환경대기 중 미세먼지(PM_{10}) – 베타선법(자동측정법)

1. 목적

이 측정방법은 환경대기 중에 존재하는 입경이 10μm 이하인 입자상 물질(PM_{10})의 질량농도를 베타선법에 의해 측정하는 방법에 대해 규정하며, 베타선법에 의한 측정의 정확성과 통일성을 갖추도록 함을 목적으로 한다.

2. 적용범위

(1) 이 측정방법은 베타선을 방출하는 베타선원으로부터 조사된 베타선이 필터 위에 채취된 먼지를 통과할 때 흡수되는 베타선의 세기를 비교 · 측정하여 대기 중 미세먼지의 질량농도를 측정하는 방법이다.

(2) 측정결과는 상온 상태(20℃, 1기압)로 환산된 미세먼지의 단위부피당 질량농도로 나타내며, 측정단위는 국제단위계인 $\mu g/m^3$를 사용한다.

(3) 측정 질량농도의 최소검출한계는 $10\mu g/m^3$ 이하이며, 측정범위는 $0\sim1,000\mu g/m^3$, $0\sim2,000\mu g/m^3$, $0\sim5,000\mu g/m^3$, $0\sim10,000\mu g/m^3$ 등이 측정 가능한 것으로 한다.

(4) 측정량의 표시

측정결과는 상온 상태(20℃, 1기압)로 환산된 환경 대기 중에 존재하는 입경 크기 10μm 이하 미세먼지(PM_{10})의 단위부피당 질량농도로 나타내며, 측정단위는 국제단위계인 $\mu g/m^3$를 사용한다.

11 환경대기 중 미세먼지(PM_{10}) 측정방법(중량농도법)

1. 목적

이 시험방법은 대기환경 중 입경크기 10μm 이하 미세먼지(PM_{10})의 질량농도를 측정하는 방법에 대하여 규정한다. 시료채취기를 사용하여 대기 중 미세먼지 시료를 채취하고, 채취 전후 필터의 무게 차이를 농도로 측정하는 질량농도측정 방법의 정확성과 통일성을 갖추도록 함을 목적으로 한다.

2. 적용범위

(1) 측정결과는 미세먼지의 단위부피당 질량농도로 나타내며, 측정단위는 국제단위계인 $\mu g/m^3$를 사용한다.

(2) 측정 질량농도의 검출한계는 측정질량농도범위가 80$\mu g/m^3$ 이하에서 5$\mu g/m^3$ 이하, 80$\mu g/m^3$ 이상에서는 측정 질량농도의 7% 이내이어야 한다.

(3) 본 측정방법에서 적용되는 시료채취기는 저용량시료채취기를 기준으로 하며 채취된 PM_{10} 시료는 입자상 물질의 물리화학적 분석에 이용될 수 있다.

(4) 측정량의 표시

측정결과는 환경 대기 중에 존재하는 입경 크기 10μm 이하 미세먼지(PM_{10})의 단위부피당 질량농도로 나타내며, 측정단위는 국제단위계인 $\mu g/m^3$를 사용한다.

[환경대기 중 금속화합물 측정방법]

01 환경대기 중 금속화합물

1. 목적

대기 중의 금속 측정의 주된 목적은 유해성 금속 성분에 대한 위해도 평가로서 주로 호흡을 통해 인체에 노출되며, 이 경우 주요 측정대상 금속은 니켈, 비소, 수은, 카드뮴, 크롬 등과 같은 발암성 금속 성분과 납, 아연 등이 포함된다. 또한 나트륨, 칼슘, 규소 등과 같은 항목은 인체의 위해성은 없으나 먼지 오염의 제어를 위해 모니터링 되기도 한다. 대기 중 부유먼지에 함유된 금속에 대한 정확한 측정 결과는 대기질 관리를 위한 정책 수립의 기본 자료로서 활용된다.

2. 적용 가능한 시험방법

(1) 대기 중 금속분석을 위한 시료는 적절한 방법으로 전처리하여 기기분석을 실시한다.
(2) 원자흡수분광법을 주 시험방법으로 한다.

3. 금속 분석에서의 일반적인 주의사항 중요내용

(1) 금속의 미량분석에서는 유리기구, 증류수 및 여과지에서의 금속 오염을 방지하는 것이 중요하다.
(2) 유리기구는 희석된 질산 용액에 4시간 이상 담근 후, 증류수로 세척한다. 이 시험방법에서 "물"이라 함은 금속이 포함되지 않은 증류수를 의미한다.
(3) 분석실험실은 일반적으로 산을 가열하는 전처리 시 발생하는 유독기체를 배출시킬 수 있는 환기시설(배기후드) 등이 갖추어져 있어야 한다.

02 환경대기 중 금속화합물 – 원자흡수분광법

1. 개요

(1) 목적

① 구리, 납, 니켈, 아연, 철, 카드뮴, 크롬을 원자흡수분광법에 의해 정량하는 방법이다.

② 시료 용액을 직접 공기 – 아세틸렌 불꽃에 도입하여 원자화시킨 후, 각 금속 성분의 특성파장에서 흡광세기를 측정하여 각 금속 성분의 농도를 구한다.

(2) 적용범위

① 이 시험방법은 대기 중 입자상 형태로 존재하는 금속(구리, 납, 니켈, 아연, 철, 카드뮴, 크롬) 및 그 화합물의 분석방법에 대하여 규정한다.

② 입자상 금속화합물은 고용량 공기시료채취기(high volume air sampler)법 및 저용량 공기시료채취기(low volume air sampler)법을 이용하여 여과지에 채취한다.

③ 여과지를 전처리 한 후, 각 금속 성분의 분석농도를 구하고, 에어샘플러의 채취 유량에 따라 대기 중 각 금속 성분의 농도를 산출한다.

④ 원자흡수분광법의 측정파장, 정량범위, 정밀도 및 방법검출한계

측정금속	측정파장 (nm)	정량범위 (mg/L)	정밀도 (%RSD)	방법검출한계 (mg/L)
Cu	324.8	0.05~20	3~10	0.015
Pb	217.0/283.3	0.2~25	2~10	0.06
Ni	232.0	0.2~20	2~10	0.06
Zn	213.8	0.01~1.5	2~10	0.003
Fe	248.3	0.5~50	3~10	0.15
Cd	228.8	0.04~1.5	2~10	0.012
Cr	357.9	2~20	2~10	0.6

(3) 간섭물질 (배출가스 중 금속화합물 – 원자흡수분광법 내용과 동일함)

2. 용어 정의 (배출가스 중 금속화합물 – 원자흡수분광법 내용과 동일함)

(1) 감도

(2) 표준원액

(3) 표준용액

(4) 매질 효과

(5) 원자 흡수(Atomic Absorption)

(6) 바탕값 보정(Background Correction)

3. 분석절차

〈금속별 시료 전처리 방법 비교〉

전처리법		적용 가능한 금속
산분해법	질산-과산화수소법	구리, 납, 니켈, 비소, 아연, 철, 카드뮴, 크롬
	질산-염산혼합액에 의한 초음파 추출법	구리, 납, 니켈, 비소, 아연, 철, 카드뮴, 크롬
	마이크로파 산분해법	구리, 납, 니켈, 비소, 아연, 철, 카드뮴, 크롬
	회화법	구리, 납, 니켈, 비소, 아연, 철, 카드뮴, 크롬
용매추출법	다이에틸다이티오카바민산 또는 디티존-톨루엔 추출법	납, 카드뮴
	트라이옥틸아민법	크롬

4. 대기 중의 금속 농도 계산방법

대기 중의 해당 금속 농도는 0℃, 760 mmHg로 환산한 공기 1 m^3 중 금속의 μg 수로 나타낸다. 다음에 따라서 계산한다.

$$C = C_S \times V_f \times \frac{A_U}{A_E} \times \frac{1}{V_S}$$

여기서, C : 표준상태에서 건조한 대기 중의 입자상 금속 농도($\mu g/Sm^3$)

C_S : 시료 용액 중의 금속 농도($\mu g/mL$)

V_f : 조제한 분석용 시료 용액의 최종 부피(mL)

A_U : 시료채취에 사용한 여과지의 총 면적(cm^2)

A_E : 분석용 시료용액 제조를 위해 분취한 여과지의 면적(cm^2)

V_S : 채취한 표준상태에서의 건조한 대기가스 채취량(Sm^3)

03 환경대기 중 금속화합물-유도결합플라스마 분광법

1. 개요

(1) 목적

① 구리, 납, 니켈, 비소, 아연, 카드뮴, 크롬, 베릴륨, 코발트를 유도결합플라스마 분광법에 의해 정량하는 방법이다.
② 시료 용액을 플라스마에 분무하고 각 성분의 특성파장에서 발광세기를 측정하여 각 성분의 농도를 구한다.

(2) 적용범위

① 이 시험방법은 대기 중 입자상 형태로 존재하는 금속(구리, 납, 니켈, 비소, 아연, 카드뮴, 크롬, 베릴륨, 코발트) 및 그 화합물의 분석방법에 대하여 규정한다. 입자상 금속화합물은 고용량 공기시료채취기(high volume air sampler)법 및 저용량 공기시료채취기(low volume air sampler)법을 이용하여 여과지에 채취한다.
② 여과지를 전처리한 후, 각 금속 성분의 분석농도를 구하고, 에어샘플러의 채취 유량에 따라 대기 중 각 금속 성분의 농도를 산출한다.
③ 기체상 비소 화합물은 흡수액 중에 함유되어 있는 다량의 나트륨(Na)에 의해 심각한 간섭을 받기 때문에 수소화물생성 원자분광광도법으로 분석한다.
④ 유도결합플라스마 분광법의 정량범위와 정밀도

원소	측정파장 (nm)	정량범위 (mg/L)	정밀도 (%)	방법검출한계 (mg/L)
Cu	324.75	0.04~20	3~10	0.010
Pb	220.35	0.1~2	2~10	0.032
Ni	231.60 / 221.65	0.04~2	2~10	0.014
As	193.969	0.02~0.15	2~10	0.025
Zn	206.19	0.4~20	3~10	0.120
Fe	259.94	0.1~50	3~10	0.034
Cd	226.50	0.008~2	2~10	0.005
Cr	357.87 / 206.15 / 267.72	0.02~4	2~10	0.012
Be	313.04	0.02~2	2~10	0.002
Co	228.62	0.15~5	2~10	0.015

(3) 간섭물질(배출가스 중 금속화합물-유도결합플라스마 분광법 내용과 동일함)

단, 다음 ①, ②항 추가
① 비소 및 비소 화합물 중 일부 화합물은 휘발성이 있으며 시료를 전처리하는 동안 비소의 손실 가능성이 있다. 따라서 전처리 방법으로서 마이크로파산분해법의 이용이 권장된다.
② 비소분석 시, 시료 중의 철과 알루미늄에 의한 분광학적 간섭이 있을 수 있다. 이 경우 시료를 희석하거나 다른 파장을 이용할 수 있으나 검출한계가 높아질 수 있음에 유의해야 한다.

2. 용어 정의 (배출가스 중 금속화합물－유도결합플라스마 원자발광분광법 내용과 동일함)

(1) 감도

(2) 표준원액

(3) 표준용액

(4) 매질 효과

(5) 원자방출(Atomic Emission)

(6) 발광세기

(7) 바탕값 보정(Background Correction)

3. 분석절차 (환경대기 중 금속－원자흡수분광법 내용과 동일함)

4. 대기 중의 금속 농도 계산 방법 (환경대기 중 금속－원자흡수분광법 내용과 동일함)

04 환경대기 중 구리화합물

1. 적용 가능한 시험방법 중요내용

원자흡수분광법이 주 시험방법이다.

분석방법	정량범위	방법검출한계	정밀도(%RSD)
원자흡수분광법	0.05~20 mg/L	0.015 mg/L	3~10
유도결합플라스마 분광법	0.04~20 mg/L	0.010 mg/L	3~10

2. 대기 환경기준

해당 없음

04-1 환경대기 중 구리화합물 – 원자흡수분광법

환경대기 중 금속 – 원자흡수분광법에 따른다.

04-2 환경대기 중 구리화합물 – 유도결합플라스마 분광법

환경대기 중 금속 – 유도결합플라스마 분광법에 따른다.

05 환경대기 중 납화합물

1. 적용 가능한 시험방법 중요내용

원자흡수분광법이 주 시험방법이다.

분석방법	정량범위	방법검출한계	정밀도(%RSD)
원자흡수분광법	0.2~25 mg/L	0.06 mg/L	2~10
유도결합플라스마 분광법	0.1~2 mg/L	0.032 mg/L	2~10
자외선/가시선 분광법	0.001~0.04 mg	–	3~10

2. 대기 환경기준

연간 평균값 0.5 $\mu g/m^3$ 이하

05-1 환경대기 중 납화합물 – 원자흡수분광법

환경대기 중 금속 – 원자흡수분광법에 따른다.

05-2 환경대기 중 납화합물 – 유도결합플라스마 분광법

환경대기 중 금속 – 유도결합플라스마 분광법에 따른다.

05-3 환경대기 중 납화합물 – 자외선/가시선 분광법

1. 개요

(1) 목적

납 이온이 시안화칼륨 용액 중에서 디티존과 반응하여 생성되는 납 디티존 착염을 클로로폼으로 추출하고, 과량의 디티존은 시안화칼륨 용액으로 씻어내어, 납착염의 흡광도를 520 nm에서 측정하여 정량하는 방법이다. 중요내용

(2) 적용범위

① 이 시험방법은 대기 중 입자상 형태로 존재하는 납 및 그 화합물의 분석방법에 대하여 규정한다.

② 입자상 납화합물은 하이볼륨에어샘플러(high volume air sampler)법 및 로우볼륨에어샘플러(low volume air sampler)법을 이용하여 여과지에 채취한다.

③ 여과지를 전처리 한 후, 납의 분석농도를 구하고, 채취 유량에 따라 대기 중 납의 농도를 산출한다.

④ 정량범위

0.001~0.04 mg

⑤ 정밀도

3~10 %

(3) 간섭물질

① 납착물은 시간이 경과하면 분해되므로, 가능한 빛을 차단하고, 20 ℃ 이하에서 조작하며, 장시간 방치하지 않도록 한다.

② 비교적 다량의 비스무트가 함유되어 있으면, 시안화칼륨(KCN, potassium cyanide) 용액으로 세정조작을 반복하더라도 무색이 되지 않는다.

이 경우에는 납과 비스무트를 분리하여 시험한다. 추출하여 10~20 mL로 한 사염화탄소층에 프탈산수소칼륨완충용액(pH 3.4) 20 mL을 넣어 2회 역추출하고 전체 수층을 합하여 분별깔때기로 옮긴다. 암모니아수(1+1)를 넣어 약알칼리성으로 한 후 시안화칼륨 용액(5 W/V%) 5 mL을 넣어 약 100 mL로 한 다음, 7.0의 시험방법에 따라 추출단계부터 다시 시험한다.

2. 대기 중의 납 농도 계산방법

대기 중의 해당 금속 농도는 0 ℃, 760 mmHg로 환산한 공기 1 m^3 중 납의 μg 수로 나타낸다.

$$C = C_S \times V_f \times \frac{A_U}{A_E} \times \frac{1}{V_S}$$

여기서, C : 표준상태에서 건조한 대기 중의 입자상 금속 농도($\mu g/Sm^3$)

C_S : 시료 용액 중의 납 농도($\mu g/mL$)

V_f : 조제한 분석용 시료 용액의 최종 부피(mL)

A_U : 시료채취에 사용한 여과지의 총 면적(cm^2)

A_E : 분석용 시료용액 제조를 위해 분취한 여과지의 면적(cm^2)

V_S : 채취한 표준상태에서의 건조한 대기기체 채취량(Sm^3)

06 환경대기 중 니켈화합물

1. 적용 가능한 시험방법 중요내용

원자흡수분광법이 주 시험방법이다.

분석방법	정량범위	방법검출한계	정밀도(%RSD)
원자흡수분광법	0.05~20 mg/L	0.015 mg/L	3~10
유도결합플라스마 분광법	0.04~20 mg/L	0.010 mg/L	3~10

2. 대기 환경기준

해당사항 없음

06-1 환경대기 중 니켈화합물 – 원자흡수분광법

환경대기 중 금속 – 원자흡수분광법에 따른다.

06-2 환경대기 중 니켈화합물 – 유도결합플라스마 분광법

환경대기 중 금속 – 유도결합플라스마 분광법에 따른다.

07 환경대기 중 비소화합물

1. 적용 가능한 시험방법 중요내용

수소화물생성 원자흡수분광법이 주 시험방법이다.

분석방법	정량범위	방법검출한계	정밀도(%RSD)
수소화물발생 원자흡수분광법	0.005~0.05 mg/L	0.002 mg/L	3~10
유도결합플라스마 분광법	0.02~0.15 mg/L	0.025 mg/L	2~10
흑연로 원자흡수분광광도법	0.005~0.05 mg/L	0.002 mg/L	3~20

2. 대기 환경기준

해당사항 없음

07-1 환경대기 중 비소화합물 – 수소화물발생 원자흡수분광법

1. 개요

(1) 목적

① 주요 독성 오염물질로 분류되고 있는 비소화합물은 끓는점이 낮은 화합물로서 대기 중에서 입자상뿐만 아니라 기체상 비소화합물로서 존재한다.

② 이 시험방법은 대기 중의 입자상 및 기체상 비소화합물의 농도 측정을 위한 기준 방법에 대해 규정하는 데 그 목적이 있다.

③ 비소를 수소화물 원자흡수분광법으로 정량하는 방법으로, 수소화 비소발생장치를 부착하고 비소 속 빈 음극램프를 점등하여 안정화시킨 후, 193.7 nm의 파장에서 원자흡수분광법 통칙에 따라 조작하여 시료용액의 흡광도를 측정하는 방법이다.

(2) 적용범위

① 이 시험방법은 대기 중의 입자상 비소화합물을 분석하는 방법에 대하여 규정한다. 입자상 비소화합물은 고용량 공기시료채취기(high volume air sampler)법 및 저용량 공기시료채취기(low volume air sampler)법을 이용해 여과지에 채취한다.

② 채취한 시료는 전처리한 후, 각 금속 성분의 분석농도를 구하고, 채취 유량에 따라 대기 중 각 금속 성분의 농도를 산출한다.

③ 정량범위

As 5~50 μg/L

④ 반복표준편차

3~10%

(3) 간섭물질(배출가스 중 비소화합물－수소화물발생 원자흡수분광법 내용과 동일함)

※ 비고 : 분석 시 아연분말 중에는 미량의 비소가 함유되어 있으므로 아연분말 첨가량을 일정하게 한다. 이렇게 하기 위한 조작으로서 ① 아연분말에 결합제를 가하여 성형시켜 정제로 만들어 가하거나 ② 아연분말에 물을 가하여 진한 현탁액으로 하여 스포이드로 가하거나 ③ 일정량의 아연분말을 포장하여 첨가하는 방법 등을 사용한다.

2. 비소농도의 계산방법

환경대기 중의 비소농도는 0 ℃, 760 mmHg로 환산한 공기 1 m^3 중 비소의 mg 수로 나타낸다.

(1) 시료의 분취 시료 중 비소농도

비소(As)량으로부터 분석용 시료용액(분취한 여과지 중) 중의 비소(As)량을 산출한다.

$$m_S = m_C \times \frac{V_f}{V_d}$$

여기서, m_S : 분석용 시료용액 중의 비소량(mg)
m_C : 검정곡선에서 구한 비소량(mg)
V_f : 분석용 시료용액의 제조량(mL)
V_d : 분석용 시료용액의 분취량(mL)

(2) 비소농도

분석용 시료용액(분취한 여과지 중) 중의 비소량으로부터 대기 중의 비소농도를 산출한다.

$$C = m_S \times \frac{A_U}{A_E} \times \frac{1}{V_S}$$

여기서, C : 표준상태에서 건조한 대기 중의 입자상 비소농도(mg/Sm^3)
m_S : 분취한 여과지 중의 비소량(mg)
A_U : 시료채취에 사용한 여과지의 총 면적(cm^2)
A_E : 시료용액 제조에 사용한 여과지의 면적(cm^2)
V_S : 채취한 표준상태에서의 건조한 대기기체 채취량(Sm^3)

07-2 환경대기 중 비소화합물－유도결합플라스마 분광법

환경대기 중 금속－유도결합플라스마 분광법에 따른다.

07-3 환경대기 중 비소화합물－흑연로원자흡수분광법

1. 개요

(1) 목적

① 주요 독성 오염물질로 분류되고 있는 비소화합물은 끓는점이 낮은 화합물로서 대기 중에서 입자상뿐만 아니라 기체상 비소화합물로서 존재한다.

② 대기 중의 입자상 비소화합물의 농도 측정을 위한 기준 방법에 대해 규정하는 데 그 목적이 있다.

③ 비소를 흑연로원자흡수분광법으로 정량하는 방법으로, 비소 속 빈 음극램프를 점등하여 안정화시킨 후, 전처리한 시료용액을 흑연로에 주입하고 비소화합물을 원자화시켜 파장 193.7 nm에서 원자자외선/가시선 분광법에 따라 조작을 하여 시료용액의 흡광도 또는 흡수 백분율을 측정하는 방법이다.

(2) 적용범위

① 이 시험방법은 대기 중의 입자상 비소화합물을 분석하는 방법에 대하여 규정한다.

② 입자상 비소 화합물은 고용량 공기시료채취기(high volume air sampler)법 및 저용량 공기시료채취기(low volume air sampler)법을 이용해 여과지에 채취한다.

③ 정량범위

As 5~50 μg/L

④ 반복표준편차

3~20%

⑤ 기체상 비소는 흡수 용액 중에 함유되어 있는 다량의 나트륨(Na)에 의해 심각한 간섭을 받기 때문에 수소화물발생 원자흡수분광광도법으로 분석한다.

(3) 간섭물질(배출가스 중 비소화합물－흑연로 원자흡수분광법 내용과 동일함)

2. 비소농도의 계산방법

대기 중의 비소 농도는 0 ℃, 760 mmHg로 환산한 공기 1 m^3 중 비소의 mg 수로 나타낸다. 분석용 시료용액(분취한 여과지 중) 중의 비소농도로부터 대기 중의 비소농도를 산출한다.

$$C = C_S \times V_f \times \frac{A_U}{A_E} \times \frac{1}{V_s}$$

여기서, C : 표준상태에서 건조한 대기 중의 입자상 비소농도(mg/Sm^3)

C_S : 시료 용액 중의 비소농도(mg/mL)

V_f : 분석용 시료 용액의 최종 부피(mL)

A_U : 시료채취에 사용한 여과지의 총 면적(cm^2)

A_E : 분석용 시료용액 제조를 위해 분취한 여과지의 면적(cm^2)

V_S : 채취한 표준상태에서의 건조한 대기기체 채취량(Sm^3)

08 환경대기 중 아연화합물

1. 적용 가능한 시험방법 중요내용

원자흡수분광법이 주 시험방법이다.

분석방법	정량범위	방법검출한계	정밀도(%RSD)
원자흡수분광법	0.01~1.5 mg/L	0.003 mg/L	2~10
유도결합플라스마 분광법	0.4~20 mg/L	0.120 mg/L	3~10

2. 대기 환경기준

해당사항 없음

08-1 환경대기 중 아연화합물 – 원자흡수분광법

환경대기 중 금속 – 원자흡수분광법에 따른다.

08-2 환경대기 중 아연화합물 – 유도결합플라스마 분광법

환경대기 중 금속 – 유도결합플라스마 분광법에 따른다.

09 환경대기 중 철화합물

1. 적용 가능한 시험방법 중요내용

원자흡수분광법이 주 시험방법이다.

분석방법	정량범위	방법검출한계	정밀도(%RSD)
원자흡수분광법	0.5~50 mg/L	0.15 mg/L	3~10
유도결합플라스마 분광법	0.1~50 mg/L	0.034 mg/L	3~10

2. 대기 환경기준

해당사항 없음

09-1 환경대기 중 철화합물 – 원자흡수분광법

환경대기 중 금속 – 원자흡수분광법에 따른다.

09-2 환경대기 중 철화합물 – 유도결합플라스마 분광법

환경대기 중 금속 – 유도결합플라스마 분광법에 따른다.

10 환경대기 중 카드뮴화합물

1. 적용 가능한 시험방법 중요내용

원자흡수분광법이 주 시험방법이다. 시료 중 카드뮴의 농도가 낮은 경우, 용매추출법을 이용한 전처리가 요구된다.

분석방법	정량범위	방법검출한계	정밀도(%RSD)
원자흡수분광법	0.04~1.5 mg/L	0.012 mg/L	2~10
유도결합플라스마 분광법	0.008~2 mg/L	0.005 mg/L	2~10

2. 대기 환경기준

해당사항 없음

10-1 환경대기 중 카드뮴화합물 – 원자흡수분광법

환경대기 중 금속 – 원자흡수분광법에 따른다.

10-2 환경대기 중 카드뮴화합물 – 유도결합플라스마 분광법

환경대기 중 금속 – 유도결합플라스마 분광법에 따른다.

11 환경대기 중 크롬화합물

1. 적용 가능한 시험방법 중요내용

원자흡수분광법이 주 시험방법이며, 시료 중 크롬의 농도가 낮은 경우, 용매추출법을 이용한 전처리가 요구된다.

분석방법	정량범위	방법검출한계	정밀도(%RSD)
원자흡수분광법	2~20 mg/L	0.6 mg/L	2~10
유도결합플라스마 분광법	0.02~4 mg/L	0.012 mg/L	2~10

2. 대기 환경기준

해당사항 없음

11-1 환경대기 중 크롬화합물 – 원자흡수분광법

환경대기 중 금속 – 원자흡수분광법에 따른다.

11-2 환경대기 중 크롬화합물 – 유도결합플라스마 분광법

환경대기 중 금속 – 유도결합플라스마 분광법에 따른다.

12 환경대기 중 베릴륨화합물

1. 적용 가능한 시험방법 중요내용

유도결합플라스마 분광법으로 분석한다.

분석방법	정량범위	방법검출한계	정밀도(%RSD)
유도결합플라스마 분광법	0.02~2.0 mg/L	0.002 mg/L	2~10

2. 대기 환경기준

해당사항 없음

12-1 환경대기 중 베릴륨화합물－유도결합플라스마 분광법

환경대기 중 금속－유도결합플라스마 분광법에 따른다.

13 환경대기 중 코발트화합물

1. 적용 가능한 시험방법

유도결합플라스마 분광법으로 분석한다.

분석방법	정량범위	방법검출한계	정밀도(%RSD)
유도결합플라스마 분광법	0.15~5 mg/L	0.015 mg/L	2~10

2. 대기 환경기준

해당사항 없음

13-1 환경대기 중 코발트화합물 – 유도결합플라스마 분광법

환경대기 중 금속 – 유도결합플라스마 분광법에 따른다.

14 환경대기 중 수은습성 침적량 측정법

측정항목	측정방법	측정주기
총 수은	냉증기원자형광광도법	수동

(수동 : 강우 발생 시 바로 회수하여 측정함)

15 환경대기 중 수은 – 냉증기 원자흡수분광법

기체상 시료는 열탈착 후 수은 전용분석시스템인 냉증기 원자흡수분광법으로 253.7nm의 파장에서 흡광도를 측정하여 수은의 농도를 산출한다.

16 환경대기 중 수은 – 냉증기 원자형광광도법

기체상 시료는 열탈착 후 수은 전용분석시스템인 냉증기 원자형광광도법으로 253.7nm의 파장에서 형광강도를 측정하여 수은의 농도를 산출한다.

[환경대기 중 휘발성 유기화합물 측정방법]

01 환경대기 중 벤조(a)피렌 시험방법

1. 적용범위

이 시험방법은 지하공간 및 환경대기중의 벤조(a)피렌농도를 측정하기 위한 시험방법이다. 기체크로마토그래피법을 주 시험방법으로 한다. 중요내용

2. 분석방법의 종류 중요내용

(1) 기체크로마토그래피법

(2) 형광분광광도법

3. 분석방법

(1) 기체크로마토그래피법

① 적용범위

이 방법은 환경대기 중에서 포집한 먼지 중의 여러 가지 다환방향족 탄화수소(PAH)를 분리하여 분리된 PAH 중에서 벤조(a)피렌의 농도를 구하는 방법이다.

② 측정조건

㉠ 검출기 : FID
㉡ 시료주입량 : 4μL(10 : 1 Split)
㉢ 칼럼 : 30m×0.3mmID, fused Silica Capillasy 1μm DB−5
㉣ 인젝터온도 : 200 ℃
㉤ 검출기온도 : 250 ℃μ
㉥ 온도프로그램 : 130 → 290 ℃(4 ℃/min 승온)
㉦ 운반가스 : He 1 mL/min
㉧ Make up 가스 : He 20 mL/min
㉨ 교정 : 톨루엔에 의한 외부표준법

(2) 형광분광광도법

① 적용범위

㉠ 환경대기 중에서 포집한 먼지 중의 벤조(a)피렌 분석에 적용하며 분석되는 벤조(a)피렌의 농도범위는 형광분광광도계의 종류에 따라 다르나 고감도 형광광도계를 사용하면 3~200 ng/mL, 필터식 형광광도계를 사용하면 10~300 ng/mL 범위의 벤조(a)피렌을 정량할 수 있다.
㉡ 본 법에서 형광분석은 1 mL의 액량으로부터 3~200 ng 또는 10~300 ng의 벤조(a)피렌이 분석 가능하다.

② 시료채취

고용량 공기포집법 또는 저용량 공기포집법에 유리섬유 필터를 장착하여 공기를 흡입하여 필터 위의 부유먼지를 포집한다. 먼지를 포집하는 공기흡입량은 공기의 오염도에 따라 다르나 일반적으로 10m^3 정도 흡입시킨다.

③ 추출

먼지를 포함한 대기시료를 채취한 소형 속슬렛(Soxhlet) 추출기에 넣고 10mL 염화메틸렌 용제로 추출한다.

④ 분리

추출 건조물 중의 벤조(a)피렌의 분리는 박층크로마토그래프법을 사용한다.

⑤ 측정 중요내용

㉠ 표준물질과 시료의 진한 황산용액을 무형광 셀에 넣고 여기광파장을 470nm에 설정하여 540nm의 형광강도를 구한다.

㉡ 필터식 형광광도계로 측정하는 경우 여기광 측의 필터에서 460nm의 투과피크가 겹치기 때문에 간섭필터를 이용하며 형광 측 필터에서는 565nm의 투과피크가 겹치기 때문에 간접필터를 사용한다.

⑥ 박층판 만드는 방법 중요내용

알루미나에 적당량의 물을 넣고 Slurry로 만들고 이것을 Applicator에 넣고 유리판 위에 약 250μm의 두께로 피복하여 방치한다. 이 Plate를 100℃에서 30분간 가열 활성하여 보통 황산수용액에서 상대습도를 약 45%로 조성시킨 진동 데시케이터 안에 넣고 3주 이상 보존시킨 것을 사용한다.

02 환경대기 중 다환방향족탄화수소류(PAHs) – 기체크로마토그래피/질량분석법

1. 개요

(1) 목적

① 다환방향족탄화수소류(PAHs ; Polycyclic Aromatic Hydrocarbons)는 일부 물질의 높은 발암성 또는 유전자 변형성 때문에 대기오염물질 중 관심을 받고 있는 물질로서 특히 벤조(a)피렌은 높은 발암성을 가지는 것으로 알려져 있다.

② 시료 채취방법으로는 입자상/가스상을 석영필터와 PUF(Poly Uretane Form)이나 흡착수지(resin)를 사용한다. 중요내용

③ 분석방법으로는 높은 감도를 갖고 있는 기체크로마토그래피/질량분석법을 사용한다.

(2) 적용범위

① 측정대상의 화합물은 일반적인 탄화수소류와 달리 질소, 황, 산소 등 다른 원소를 포함한 다환방향족탄화수소류(이하 PAHs라 한다.) 환(ring) 구조의 물질들도 포괄적으로 의미한다.

② PAHs는 대기 중 비휘발성 물질 또는 휘발성 물질들로 존재한다. 비휘발성(증기압 < 10 – 8mmHg) PAHs는 필터 상에 포집하고 증기상태로 존재하는 PAHs는 Tenax, 흡착수지, PUF(PolyUrethane Foam)를 사용하여 채취한다. 중요내용

③ 이 시험방법은 일반대기 중의 PAHs에 대한 시료에 적용하며 측정방법상 0.01~1ng 범위이다.

(3) 간섭물질

① PAHs는 넓은 범위의 증기압을 가지며 대략 10^{-8}kPa 이상의 증기압을 갖는 PAH는 환경대기 중에서 기체와 입자상으로 존재한다. 따라서 총 PAHs의 대기 중 농도의 정확한 측정을 위해서는 여과지와 흡착제를 동시에 채취하여야 한다.

② 시료채취과정과 측정과정 중에 실제대기 중의 불순물, 용매, 시약, 초자류, 시료채취기기의 오염에 따라 오차가 발생하며 측정 및 분석과정 중의 동일한 분석절차의 공 시료 점검을 통하여 불순물에 대한 확인이 필요하다.

2. 용어 정의 중요내용

(1) 머무름 시간(RT ; Retention Time)

크로마토그래피용 컬럼에서 특정화합물질이 빠져 나오는 시간. 측정운반기체의 유속에 의해 화학물질이 기체흐름에 주입되어서 검출기에 나타날 때까지 시간

(2) 다환방향족탄화수소(PAHs)

두 개 또는 그 이상의 방향족 고리가 결합된 탄화수소류

(3) 대체표준물질(surrogate)

추출과 분석 전에 각 시료, 공 시료 , 매체시료(matrix – spiked)에 더해지는 화학적으로 반응성이 없는 환경 시료 중에 없는 물질

(4) 내부표준물질(IS ; Internal Standard)

알고 있는 양을 시료 추출액에 첨가하여 농도측정 보정에 사용되는 물질로 내부표준물질은 반드시 분석목적 물질이 아니어야 한다.

3. 가스상 채취용 물질 *중요내용

가스상 PAHs를 채취하기 위해 PUF 3인치(밀도 : 0.022g/cm^3) 또는 흡착수지를 사용한다.

4. 공시료에 대한 내부표준물질의 면적 변화, 머무름 시간

(1) 공시료에 대한 내부표준물질 각각의 면적 반응 변화는 가장 최근에 지속적인 검량 분석의 내부표준물질과 비교하여 −50%에서 +100% 이내여야 한다.

(2) 내부표준물질 각각에 대한 머무름 시간은 공시료와 가장 최근의 중간 표준농도 측정분석 사이에서 ±20초 이내이어야 한다.

03 환경대기 중 알데하이드류 – 고성능액체크로마토그래피법

1. 개요

(1) 적용범위 중요내용

① 알데하이드류 화합물은 광화학 오존형성에 중요한 작용을 한다. 특히 폼알데하이드와 다른 특정한 알데하이드는 단기적인 노출로 눈, 피부 그리고 인공호흡기관의 점액질 막을 자극시키는 원인으로 밝혀져 있다.
② 알데하이드류를 측정하기 위한 시험법으로서 알데하이드 물질을 2,4 – 다이나이트로페닐하이드라진(이하 DNPH라 함) 유도체를 형성하게 하여 고성능액체크로마토그래피(HPLC ; High Performance Liquid Chromatography)로 분석한다.

(2) 시험방법의 종류

DNPH 유도체화 액체크로마토그래피(HPLC/UV) 분석법 중요내용
이 시험방법은 카보닐화합물과 DNPH가 반응하여 형성된 DNPH 유도체를 아세토나이트릴(acetonitrile) 용매로 추출하여 고성능액체크로마토그래피(HPLC)를 이용하여 자외선(UV)검출기의 360 nm 파장에서 분석한다.

2. 용어 정의

(1) DNPH 유도화 카트리지

알데하이드의 DNPH 유도화 과정을 입상실리카겔에 표면처리를 하여 현장에서 실제시료 채취를 위해 제조된 유도화 카트리지

(2) 시료흡입 펌프 중요내용

100～1,500 mL/분 범위 내의 유량조절장치가 부착된 것 사용

3. 고성능 액체크로마토그래프(HPLC)의 구비조건 중요내용

(1) 장치의 구성은 시료주입장치, 펌프, 컬럼 및 검출기(자외선 검출기)로 이루어져야 한다.
(2) 컬럼은 비극성 흡착제가 코팅된 역상 컬럼(ODS 계통 컬럼)을 사용하고 이동상 용매를 혼합비율에 따라 조절할 수 있어야 한다.
(3) 주입구(Injector)의 샘플루프(Loop)는 대상 시료의 농도에 따라 20～100 μL의 범위 내의 것을 사용한다.

04 환경대기 중 유해휘발성 유기화합물(VOC)의 시험방법 – 고체흡착법

1. 적용범위

대기환경 중 0.5nmol/mol~25nmol/mol 농도의 휘발성 유기화합물의 분석에 적용한다.

2. 측정방법의 종류 중요내용

(1) 고체흡착열탈착법(주시험방법)
(2) 고체흡착용매추출법

3. 간섭물질 중요내용

① 돌연변이물질(Artifact)에 의한 간섭
㉠ 시료채취 시 오염물질이 10 % 이하가 되도록 하여야 한다.
㉡ 오존농도가 높은(100 nmol/mol 이상) 지역에서 Tenax 흡착제를 사용하여 10 nmol/mol (ppbv) 이하 낮은 농도의 휘발성 유기화합물(아이소프렌 등) 시료를 채취할 때에는 반드시 오존 스크러버를 사용하여야 한다. 단, BTEX(벤젠, 톨루엔, 에틸벤젠, 자일렌) 및 포화 지방족 탄화수소 등 비교적 반응성이 적은 물질들은 제외한다.

② 수분에 의한 간섭
대기 중 수분이 많은 곳(상대습도 70 % 이상)에서 시료채취를 할 경우에는 Tenax, Carbotrap과 같은 소수성 흡착제를 선택하거나 흡착제의 종류에 따라 시료채취량을 줄여야 한다.

4. 용어의 정의 중요내용

(1) 열탈착

불활성의 운반기체를 이용하여 높은 온도에서 VOCs를 탈착한 후, 탈착물질을 기체크로마토그래프와 같은 분석시스템으로 운송하는 과정

(2) 2단 열탈착

흡착제로부터 분석물질을 열탈착하여 저온농축관에 농축한 다음 저온농축관을 가열하여 농축된 화합물을 기체크로마토그래피로 전달하는 과정

(3) 돌연변이물질(Artifact)

시료채취나 시료보관 과정에서 화학반응에 의해 새로운 물질이 만들어지게 되는데 이러한 물질을 총칭하여 돌연변이물질이라 한다. 이러한 물질은 우리가 분석하고자 하는 물질의 농도를 증가시킬 수도 있고 감소시킬 수도 있다.

(4) 파과부피(Breakthrough Volume)

일정농도의 휘발성 유기화합물이 흡착관에 흡착되는 초기 시점부터 일정시간이 흐르게 되면 흡착관 내부에 상당량의 휘발성 유기화합물질이 포화되기 시작하고 전체 휘발성 유기화합물질 농도의 5 %가 흡착관을 통과하게 되는데, 이 시점에서 흡착관 내부로 흘러간 총 부피를 파과부피라 한다.

(5) 안전부피(Safe Sample Volume)

파과부피의 2/3배를 취하거나(직접적인 방법) 머무름 부피의 1/2 정도를 취함으로써(간접적인 방법) 얻어진다.

(6) 머무름 부피(RV ; Retention Volume)

짧은 길이로 흡착제가 충전된 흡착관을 통과하면서 분석물질의 증기 띠를 이동시키는 데 필요한 운반기체의 부피. 즉, 분석물질의 증기 띠가 흡착관을 통과하면서 탈착되는 데 필요한 양만큼의 부피를 측정하여 알 수 있다. 보통 그 증기 띠가 흡착관을 이동하여 돌파(파과)가 나타난 시점에서 측정된다. 튜브 내의 불감부피(Dead Volume)를 고려하기 위하여 메테인의 머무름 부피를 차감한다.

(7) 흡착능(Sorbent Strength)

① 분석하려는 휘발성 유기화합물에 대한 흡착제의 흡착력을 말한다.
② 일반적인 개념으로 "약한" 흡착제는 표면적이 50 m^2/g보다 작은 흡착제의 경우를 말한다.
(Tenax, Carbopack C/Carbotrap C와 Anasorb GCB2 등의 흡착제 등)
③ "중간 정도"의 흡착제는 표면적이 100~500 m^2/g의 범위에 있는 흡착제의 경우를 말한다.
④ "강한" 흡착제라 함은 흡착제의 표면적이 대략 1,000 m^2/g의 근처에 있는 흡착제들을 말한다.

4. 분석방법

(1) 고체흡착 열탈착법

① 측정원리
본 방법은 일정량의 흡착제로 충진한 흡착관에 시료를 채취하여 열탈착한 후 다시 저온농축트랩에서 채취(농축)하여 2단 열탈착한 다음 고분리능 칼럼을 이용한 기체크로마토그래피에 의해 분석대상물질을 분리하여 MS나 일반 기체크로마토그래피의 검출기(FID, ECD 등)로 측정하는 방법을 말한다.

② 시료채취장치는 고체분말표면에 가스가 흡착되는 것을 이용하는 방법으로 채취장치는 흡착관, 유량계 및 흡입펌프로 구성된다.

③ 시료채취장치 중요내용
㉠ 흡착관
흡착관은 스테인리스 강(5×89mm) 또는 Pyrex(5×89mm)로 된 관에 측정대상성분에 따라 흡착제를 선택하여 각 흡착제의 파과부피(Breakthrough Volume)를 고려하여 200mg 이상으로 충진한 후 사용한다. 흡착관은 시판되고 있는 별도규격 제품을 사용할 수 있다. 각 흡착제는 반드시 지정된 최고온도범위와 가스유량에 따라 사용되어야 하며, 흡착관은 사용하기 전에 반드시 컨디셔닝(Conditioning)단계를 거쳐야 하는데, 보통 350℃(흡착제의 종류에 따라 조정 가능)에서 99.99% 이상의 헬륨기체 또는 질소기체 50~100mL/min으로 적어도 2시간 동안 안정화시킨 후 흡착관은 양쪽 끝단을 테프론 재질의 마개를 이용하여 밀봉하거나, 불활성 재질의 필름을 사용하여 밀봉한 후 마개가 달린 용기 등에 넣어 이중밀봉하여 보관한다. 24시간 이내에 사용하지 않을 경우 4℃의 냉암소에 보관한다.
㉡ 흡입펌프
흡입펌프는 반드시 진공펌프이어야 하며 사용목적에 맞는 용량의 펌프를 사용함을 원칙으로 하고, 유량 안정성은 시료채취 시간 동안 5% 이내이어야 한다.
㉢ 유량계
유량계는 시료를 흡입할 때의 유량을 측정하기 위한 것으로 적절한 유량계(예 : 질량유량조절기)를 사용한다.

④ 분석장치는 열탈착장치, 시료도입부, 분리관, 검출기, 운반기체로 구성되어 있다.

(2) 고체흡착 용매추출법

① 측정원리
㉠ 본 방법은 일정량의 흡착제로 충진된 흡착관을 사용하여 분석대상의 휘발성 유기화합물질을 선택적으로 채취하고 채취된 시료에 이황화수소(CS_2)추출용매를 가하여 분석대상물질을 추출하여 낸다.
㉡ 일반적으로 추출된 용매 중의 여러 가지 화합물들을 이온화시키고 그 이온들을 질량 대 전하비(m/z)에 따라 질량스펙트럼(Mass Spectrum)을 얻어낸다.

㉢ 얻어진 스펙트럼을 가지고 정성과 정량분석을 한다. 또는 전자포획검출기(ECD)나 수소염이온화검출기(FID) 등으로 분석한다.

② 시료채취장치는 고체 분말 표면에 유기화합물을 흡착시키고 채취된 시료성분을 용매추출하는 방법으로 채취장치는 흡착관, 흡입펌프, 적산 유량계로 구성된다.

③ 시료채취장치

㉠ 흡착관

유리재질(6×70mm) 또는 시판되는 별도 규격의 관에 측정대상성분에 따라 흡착제를 선택하여 각 흡착제의 파과부피(Breakthrough Volume)를 고려하여 200mg 이상으로 충진한 후 사용한다.

㉡ 흡입펌프

흡입펌프는 사용목적에 맞는 용량의 펌프를 사용하며, 본 시험법에서는 저용량 펌프를 사용한다. 유량의 범위는 0.1~2L/min으로 한다.

㉢ 적산유량계

적산유량계는 시료를 흡입한 총유량을 측정하기 위한 것으로 건식 적산유량계를 사용한다.

④ 기체크로마토그래피 또는 기체크로마토그래피/질량분석계(GC/MSD)를 사용하여 분석할 수 있다.

PART

07

대기환경 관계 법규

[환경정책 기본법]

제1장 용어(정의)

① "환경"이란 자연환경과 생활환경을 말한다.
② "자연환경"이란 지하 · 지표(해양을 포함한다) 및 지상의 모든 생물과 이들을 둘러싸고 있는 비생물적인 것을 포함한 자연의 상태(생태계 및 자연경관을 포함한다)를 말한다.
③ "생활환경"이란 대기, 물, 토양, 폐기물, 소음 · 진동, 악취, 일조(日照), 인공조명 화학물질 등 사람의 일상생활과 관계되는 환경을 말한다.
④ "환경오염"이란 사업활동 및 그 밖의 사람의 활동에 의하여 발생하는 대기오염, 수질오염, 토양오염, 해양오염, 방사능오염, 소음 · 진동, 악취, 일조 방해, 인공 조명에 의한 빛공해 등으로서 사람의 건강이나 환경에 피해를 주는 상태를 말한다.
⑤ "환경훼손"이란 야생동식물의 남획(濫獲) 및 그 서식지의 파괴, 생태계질서의 교란, 자연경관의 훼손, 표토(表土)의 유실 등으로 자연환경의 본래적 기능에 중대한 손상을 주는 상태를 말한다.
⑥ "환경보전"이란 환경오염 및 환경훼손으로부터 환경을 보호하고 오염되거나 훼손된 환경을 개선함과 동시에 쾌적한 환경 상태를 유지 · 조성하기 위한 행위를 말한다.
⑦ "환경용량"이란 일정한 지역에서 환경오염 또는 환경훼손에 대하여 환경이 스스로 수용, 정화 및 복원하여 환경의 질을 유지할 수 있는 한계를 말한다.
⑧ "환경기준"이란 국민의 건강을 보호하고 쾌적한 환경을 조성하기 위하여 국가가 달성하고 유지하는 것이 바람직한 환경상의 조건 또는 질적인 수준을 말한다.

제2장 환경기준

항목	기준	측정방법
아황산가스 (SO_2)	• 연간 평균치 : 0.02ppm 이하 • 24시간 평균치 : 0.05ppm 이하 • 1시간 평균치 : 0.15ppm 이하	자외선 형광법(Pulse U.V. Fluorescence)
일산화탄소 (CO)	• 8시간 평균치 : 9ppm 이하 • 1시간 평균치 : 25ppm 이하	비분산적외선 분석법 (Non－Dispersive Infrared Method)
이산화질소 (NO_2)	• 연간 평균치 : 0.03ppm 이하 • 24시간 평균치 : 0.06ppm 이하 • 1시간 평균치 : 0.10ppm 이하	화학 발광법 (Chemiluminescene Method)
미세먼지 (PM－10)	• 연간 평균치 : 50μg/m^3 이하 • 24시간 평균치 : 100μg/m^3 이하	베타선 흡수법 (β－Ray Absorption Method)
미세먼지 (PM－2.5)	• 연간 평균치 : 15μg/m^3 이하 • 24시간 평균치 : 35μg/m^3 이하	중량농도법 또는 이에 준하는 자동 측정법
오존 (O_3)	• 8시간 평균치 : 0.06ppm 이하 • 1시간 평균치 : 0.1ppm 이하	자외선 광도법 (U.V. Photometric Method)
납 (Pb)	• 연간 평균치 : 0.5μg/m^3 이하	원자흡광 광도법 (Atomic Absorption Spectrophotometry)
벤젠	• 연간 평균치 : 5μg/m^3 이하	가스크로마토그래피 (Gas Chromatography)

환경기준의 설정(법 제12조)

① 국가는 생태계 또는 인간의 건강에 미치는 영향 등을 고려하여 환경기준을 설정하여야 하며, 환경 여건의 변화에 따라 그 적정성이 유지되도록 하여야 한다.
② 환경기준은 대통령령으로 정한다.
③ 특별시 · 광역시 · 도 · 특별자치도(이하 "시 · 도"라 한다)는 해당 지역의 환경적 특수성을 고려하여 필요하다고 인정할 때에는 해당 시 · 도의 조례로 환경기준보다 확대 · 강화된 별도의 환경기준(이하 "지역환경기준"이라 한다)을 설정 또는 변경할 수 있다.
④ 특별시장 · 광역시장 · 도지사 · 특별자치도지사(이하 "시 · 도지사"라 한다)는 지역환경기준을 설정하거나 변경한 경우에는 이를 지체 없이 환경부장관에게 보고하여야 한다.

환경기준의 유지(법 제13조)

국가 및 지방자치단체가 환경에 관계되는 법령을 제정 또는 개정하거나 행정계획의 수립 또는 사업의 집행을 할 때 환경기준이 적절히 유지되기 위해서 고려해야 할 사항
① 환경 악화의 예방 및 그 요인의 제거
② 환경오염지역의 원상회복
③ 새로운 과학기술의 사용으로 인한 환경오염 및 환경훼손의 예방
④ 환경오염 방지를 위한 재원의 적정 배분

수도권대기환경관리위원회(수도권대기환경개선에 관한 특별법)

① 심의 · 조정 사항
㉠ 기본계획 및 시행계획
㉡ 사업장 오염물질 총량관리에 관한 사항
㉢ 그 밖에 수도권 지역의 대기환경 개선을 위하여 필요한 사항으로서 대통령령으로 정하는 사항
② 위원회는 환경부장관을 위원장으로 하고, 대통령령으로 정하는 관계 중앙행정기관의 차관과 서울특별시 · 인천광역시 · 경기도의 부시장 또는 부지사를 위원으로 한다.

[대기환경보전법]

제1장 총칙

목적(법 제1조)

이 법은 대기오염으로 인한 국민건강이나 환경에 관한 위해(危害)를 예방하고 대기환경을 적정하고 지속가능하게 관리 · 보전하여 모든 국민이 건강하고 쾌적한 환경에서 생활할 수 있게 하는 것을 목적으로 한다.

용어 정의(법 제2조) 중요내용

1. "대기오염물질"이란 대기 중에 존재하는 물질 중 심사 · 평가 결과 대기오염의 원인으로 인정된 가스 · 입자상물질로서 환경부령으로 정하는 것을 말한다.

1의2 "유해성대기감시물질"이란 대기오염물질 중 제7조에 따른 심사 · 평가 결과 사람의 건강이나 동식물의 생육(生育)에 위해를 끼칠 수 있어 지속적인 측정이나 감시 · 관찰 등이 필요하다고 인정된 물질로서 환경부령으로 정하는 것을 말한다.

[대기오염물질(규칙 제2조) : 별표 1] 중요내용

1. 입자상 물질	23. 이황화탄소	44. 페놀 및 그 화합물(유)
2. 브롬 및 그 화합물	24. 탄화수소	45. 베릴륨 및 그 화합물(유)
3. 알루미늄 및 그 화합물(유)	25. 인 및 그 화합물	46. 프로필렌옥사이드(유)
4. 바나듐 및 그 화합물	26. 붕소화합물	47. 폴리염화비페닐(유)
5. 망간화합물(유)	27. 아닐린(유)	48. 클로로포름(유)
6. 철 및 그 화합물	28. 벤젠(유)	49. 포름알데히드(유)
7. 아연 및 그 화합물	29. 스틸렌(유)	50. 아세트알데히드(유)
8. 셀렌 및 그 화합물	30. 아크롤레인	51. 벤지딘(유)
9. 안티몬 및 그 화합물	31. 카드뮴 및 그 화합물(유)	52. 1,3-부타디엔(유)
10. 주석 및 그 화합물	32. 시안화물(유 ; 시안화수소)	53. 다환 방향족 탄화수소류(유)
11. 텔루륨 및 그 화합물	33. 납 및 그 화합물(유)	54. 에틸렌옥사이드(유)
12. 바륨 및 그 화합물	34. 크롬 및 그 화합물(유)	55. 디클로로메탄(유)
13. 일산화탄소(유)	35. 비소 및 그 화합물(유)	56. 테트라클로로에틸렌(유)
14. 암모니아(유)	36. 수은 및 그 화합물(유)	57. 1,2-디클로로에탄
15. 질소산화물	37. 구리 및 그 화합물(유)	58. 에틸벤젠
16. 황산화물	38. 염소 및 그 화합물 (유 ; 염소 및 염화수소)	59. 트리클로로에틸렌
17. 황화수소		60. 아크릴로니트릴(유)
18. 황화메틸	39. 불소화물(유)	61. 히드라진(유)
19. 이황화메틸(유)	40. 석면(유)	62. 아세트산비닐
20. 메르캅탄류	41. 니켈 및 그 화합물(유)	63. 비스(2-에틸헥실)프탈레이트
21. 아민류	42. 염화비닐(유)	64. 디메틸포름아미드
22. 사염화탄소(유)	43. 다이옥신(유)	

(유) : 유해성대기감시물질
상기 외 유해성대기감시물질(아세트산비닐, 디메틸포름아미드, 비스(2-에틸헥실)프탈레이드)

2. "기후 · 생태계 변화유발물질"이란 지구 온난화 등으로 생태계의 변화를 가져올 수 있는 기체상물질(氣體狀物質)로서 온실가스와 환경부령으로 정하는 것을 말한다.
   위의 환경부령으로 정하는 것이란 염화불화탄소와 수소염화불화탄소를 말한다.

3. "온실가스"란 적외선 복사열을 흡수하거나 다시 방출하여 온실효과를 유발하는 대기 중의 가스상태 물질로서 이산화탄소, 메탄, 아산화질소, 수소불화탄소, 과불화탄소, 육불화황을 말한다.
4. "가스"란 물질이 연소 · 합성 · 분해될 때에 발생하거나 물리적 성질로 인하여 발생하는 기체상물질을 말한다.
5. "입자상물질(粒子狀物質)"이란 물질이 파쇄 · 선별 · 퇴적 · 이적(移積)될 때, 그 밖에 기계적으로 처리되거나 연소 · 합성 · 분해될 때에 발생하는 고체상(固體狀) 또는 액체상(液體狀)의 미세한 물질을 말한다.
6. "먼지"란 대기 중에 떠다니거나 흩날려 내려오는 입자상물질을 말한다.
7. "매연"이란 연소할 때에 생기는 유리(遊離) 탄소가 주가 되는 미세한 입자상물질을 말한다.
8. "검댕"이란 연소할 때에 생기는 유리(遊離) 탄소가 응결하여 입자의 지름이 1미크론 이상이 되는 입자상물질을 말한다.
9. "특정대기유해물질"이란 유해성대기감시물질 중 심사 · 평가 결과 저농도에서도 장기적인 섭취나 노출에 의하여 사람의 건강이나 동식물의 생육에 직접 또는 간접으로 위해를 끼칠 수 있어 대기 배출에 대한 관리가 필요하다고 인정된 물질로서 환경부령으로 정하는 것을 말한다.

[특정대기유해물질(규칙 제4조) : 별표 2] 중요내용

1. 카드뮴 및 그 화합물	13. 염화비닐	25. 1,3-부타디엔
2. 시안화수소	14. 다이옥신	26. 다환 방향족 탄화수소류
3. 납 및 그 화합물	15. 페놀 및 그 화합물	27. 에틸렌옥사이드
4. 폴리염화비페닐	16. 베릴륨 및 그 화합물	28. 디클로로메탄
5. 크롬 및 그 화합물	17. 벤 젠	29. 스틸렌
6. 비소 및 그 화합물	18. 사염화탄소	30. 테트라클로로에틸렌
7. 수은 및 그 화합물	19. 이황화메틸	31. 1,2-디클로로에탄
8. 프로필렌 옥사이드	20. 아닐린	32. 에틸벤젠
9. 염소 및 염화수소	21. 클로로포름	33. 트리클로로에틸렌
10. 불소화물	22. 포름알데히드	34. 아크릴로니트릴
11. 석 면	23. 아세트알데히드	35. 히드라진
12. 니켈 및 그 화합물	24. 벤지딘	

10. "휘발성유기화합물"이란 탄화수소류 중 석유화학제품, 유기용제, 그 밖의 물질로서 환경부장관이 관계 중앙행정기관의 장과 협의하여 고시하는 것을 말한다.
11. "대기오염물질배출시설"이란 대기오염물질을 대기에 배출하는 시설물, 기계, 기구, 그 밖의 물체로서 환경부령으로 정하는 것을 말한다.

[대기오염물질 배출시설(규칙 제5조) : 별표 3]

배출시설	대상 배출시설
1) 섬유제품 제조시설	가) 동력이 2.25kW 이상인 선별(혼타)시설 나) 연료사용량이 시간당 60킬로그램 이상이거나 용적이 5세제곱미터 이상인 다음의 시설 ① 다림질(텐트)시설 ② 코팅시설(실리콘 · 불소수지 외의 유연제 또는 방수용 수지를 사용하는 시설만 해당한다) 다) 연료사용량이 일일 20킬로그램 이상이거나 용적이 1세제곱미터 이상인 모소시설(모직물만 해당한다) 라) 동력이 7.5kW 이상인 기모(식모)시설
2) 가죽 · 모피 가공시설 및 모피제품 · 신발 제조시설	용적이 3세제곱미터 이상인 다음의 시설 가) 도장시설 나) 염색시설 다) 접착시설 라) 건조시설(유기용제를 사용하는 시설만 해당한다)
3) 펄프, 종이 및 종이제품 제조시설	가) 펄프, 종이 및 종이제품 제조시설 ① 용적이 3세제곱미터 이상인 다음의 시설

과 인쇄 및 각종 기록 매체 제조(복제)시설 *중요내용	㉮ 증해(蒸解)시설 ㉯ 표백(漂白)시설 ② 연료사용량이 시간당 30킬로그램 이상인 다음의 시설 ㉮ 석회로시설 ㉯ 가열시설 나) 인쇄 및 각종 기록매체 제조(복제)시설 연료사용량이 시간당 30킬로그램 이상이거나 합계용적이 1세제곱미터 이상인 인쇄 · 건조시설(유기용제류를 사용하는 그라비아 인쇄시설과 이 시설과 연계되어 유기용제류를 사용하는 코팅시설만 해당한다)
4) 코크스 제조시설 및 관련 제품 저장시설	연료사용량이 시간당 30킬로그램 이상인 석탄 코크스 제조시설(코크스로 · 인출시설 · 냉각시설을 포함한다. 다만, 석탄 장입시설 및 코크스 오븐가스 방산시설은 제외한다), 석유 코크스 제조시설 및 저장시설
5) 석유제품 제조시설	가) 용적이 1세제곱미터 이상인 다음의 시설 ① 반응(反應)시설 ② 흡수(吸收)시설 ③ 응축시설 ④ 정제(精製)시설[분리(分離)시설, 증류(蒸溜)시설, 추출(抽出)시설 및 여과(濾過)시설을 포함한다] ⑤ 농축(濃縮)시설 ⑥ 표백시설 나) 용적이 1세제곱미터 이상이거나 연료사용량이 시간당 30킬로그램 이상인 다음의 시설 ① 용융 · 용해시설 ② 소성(燒成)시설 ③ 가열시설 ④ 건조시설 ⑤ 회수(回收)시설 ⑥ 연소(燃燒)시설(석유제품의 연소시설, 중질유 분해시설의 일산화탄소 소각시설 및 황 회수장치의 부산물 연소시설만 해당한다) ⑦ 촉매재생시설 ⑧ 탈황(脫黃)시설
6) 고무 및 고무제품 제조시설	가) 용적이 1세제곱미터 이상인 다음의 시설 ① 반응시설 ② 흡수시설 ③ 응축시설 ④ 정제시설(분리 · 증류 · 추출 · 여과시설을 포함한다) ⑤ 농축시설 ⑥ 표백시설 나) 연료사용량이 시간당 30킬로그램 이상이거나 용적이 1세제곱미터 이상인 다음의 시설 ① 연소시설(고무제품의 연소시설만 해당한다) ② 용융 · 용해시설 ③ 소성시설 ④ 가열시설 ⑤ 건조시설 ⑥ 회수시설 다) 용적이 3세제곱미터 이상이거나 동력이 7.5kW 이상인 다음의 시설 ① 소련시설 ② 분리시설 ③ 정련시설 ④ 접착시설 라) 용적이 3세제곱미터 이상이거나 동력이 15kW 이상인 가황시설(열과 압력을 가하여 제품을 성형하는 시설을 포함한다)
7) 합성고무, 플라	가) 용적이 1세제곱미터 이상인 다음의 시설

스틱물질 및 플라스틱 제품 제조 시설	① 반응시설 ② 흡수시설 ③ 응축시설 ④ 정제시설(분리 · 증류 · 추출 · 여과시설을 포함한다) ⑤ 농축시설 ⑥ 표백시설 나) 연료사용량이 시간당 30킬로그램 이상이거나 용적이 1세제곱미터 이상인 다음의 시설 ① 연소시설(플라스틱제품의 연소시설만 해당한다) ② 용융 · 용해시설 ③ 소성시설 ④ 가열시설 ⑤ 건조시설 ⑥ 회수시설 다) 용적이 3세제곱미터 이상이거나 동력이 7.5kW 이상인 다음의 시설 ① 소련(蘇鍊)시설 ② 분리시설 ③ 정련시설 라) 폴리프로필렌 또는 폴리에틸렌 외의 물질을 원료로 사용하는 동력이 250마력 이상인 성형시설(압출방법, 압연방법 또는 사출방법에 의한 시설을 포함한다)
8) 유리 및 유리제품 제조시설 [재생(再生)용 원료가공시설을 포함한다]	연료사용량이 시간당 30킬로그램 이상이거나 용적이 3세제곱미터 이상인 다음의 시설 ① 혼합시설 ② 용융 · 용해시설 ③ 소성시설 ④ 유리제품 산처리시설(부식시설을 포함한다) ⑤ 입자상물질 계량시설
9) 시멘트 · 석회 · 플라스터 및 그 제품 제조시설	연료사용량이 시간당 30킬로그램 이상이거나 용적이 3세제곱미터 이상인 다음의 시설 ① 혼합시설(습식은 제외한다) ② 소성(燒成)시설(예열시설을 포함한다) ③ 건조시설(시멘트 양생시설은 제외한다) ④ 용융 · 용해시설 ⑤ 냉각시설 ⑥ 입자상물질 계량시설
10) 제1차금속 제조시설 *중요내용	가) 금속의 용융 · 용해 또는 열처리시설 ① 시간당 300킬로와트 이상인 전기아크로[유도로(誘導爐)를 포함한다] ② 노상면적이 4.5제곱미터 이상인 반사로(反射爐) ③ 1회 주입 연료 및 원료량의 합계가 0.5톤 이상이거나 풍구(노복)면의 횡단면적이 0.2제곱미터 이상인 다음의 시설 ㉮ 용선로(鎔銑爐) 또는 제선로 ㉯ 용광로 및 관련시설[원료처리시설, 열풍로 및 용선출탕시설을 포함하되, 고로(高爐)슬래그 냉각시설은 제외한다] ④ 1회 주입 원료량이 0.5톤 이상이거나 연료사용량이 시간당 30킬로그램 이상인 도가니로 ⑤ 연료사용량이 시간당 30킬로그램 이상이거나 용적이 1세제곱미터 이상인 다음의 시설 ㉮ 전로 ㉯ 정련로 ㉰ 배소로(焙燒爐) ㉱ 소결로(燒結爐) 및 관련시설(원료 장입, 소결광 후처리시설을 포함한다) ㉲ 환형로(環形爐) ㉳ 가열로 ㉴ 용융 · 용해로 ㉵ 열처리로[소둔로(燒鈍爐), 소려로(燒戾爐)를 포함한다] ㉶ 전해로(電解爐)

	㉷ 건조로 나) 금속 표면처리시설 ① 용적이 1세제곱미터 이상인 다음의 시설 ㉮ 도금시설 ㉯ 탈지시설 ㉰ 산 · 알칼리 처리시설 ㉱ 화성처리시설 ② 연료사용량이 시간당 30킬로그램 이상이거나 용적이 3세제곱미터 이상인 금속의 표면처리용 건조시설[수세(水洗) 후 건조시설은 제외한다] ③ 주물사(鑄物砂) 사용 및 처리시설 중 시간당 처리능력이 0.1톤 이상이거나 용적이 1세제곱미터 이상인 다음의 시설 ㉮ 저장시설 ㉯ 혼합시설 ㉰ 코어(Core) 제조시설 및 건조(乾燥)시설 ㉱ 주형 장입 및 해체시설 ㉲ 주물사 재생시설
11) 조립금속 제품 · 기계 · 기기 · 장비 · 운송장비 · 가구 제조 시설	가) 금속의 용융 · 용해 또는 열처리시설 ① 시간당 300킬로와트 이상인 전기아크로(유도로를 포함한다) ② 노상면적이 4.5제곱미터 이상인 반사로 ③ 1회 주입 원료량이 0.5톤 이상이거나 연료사용량이 시간당 30킬로그램 이상인 도가니로 ④ 연료사용량이 시간당 30킬로그램 이상이거나 용적이 1세제곱미터 이상인 다음의 시설 ㉮ 전로 ㉯ 정련로 ㉰ 용융 · 용해로 ㉱ 가열로 ㉲ 열처리로(소둔로 · 소려로를 포함한다) ㉳ 전해로 ㉴ 건조로 나) 표면 처리시설 ① 용적이 1세제곱미터 이상인 다음의 시설 ㉮ 도금시설 ㉯ 탈지시설 ㉰ 산 · 알칼리 처리시설 ㉱ 화성처리시설 ② 용적이 5세제곱미터 이상이거나 동력이 2.25kW 이상인 도장시설(분무 · 분체 · 침지도장시설, 건조시설을 포함한다) ③ 연료사용량이 시간당 30킬로그램 이상이거나 용적이 3세제곱미터 이상인 금속 또는 가구의 표면처리용 건조시설[수세(水洗) 후 건조시설은 제외한다] ④ 시간당 처리능력이 0.1톤 이상이거나 용적이 1세제곱미터 이상인 주물사 사용 및 처리시설[저장시설, 혼합시설, 코어(Core) 제조시설 및 건조시설, 주형 장입 및 해체시설, 주물사 재생시설을 포함한다] ⑤ 반도체 및 기타 전자부품 제조시설 중 용적이 3세제곱미터 이상인 다음의 시설 ㉮ 증착(蒸着)시설 ㉯ 식각(蝕刻)시설
12) 발전시설(수력, 원자력 발전 시설은 제외한다)	가) 화력발전시설 나) 열병합발전시설 다) 120kW 이상인 발전용 내연기관(도서지방용 · 비상용, 수송용을 제외한다) 라) 120kW 이상인 발전용 매립 · 바이오가스 사용시설
13) 폐수 · 폐기물 · 폐가스 소각시설(소각보일러를 포함한다) 중요내용	가) 시간당 소각능력이 25킬로그램 이상인 폐수 · 폐기물소각시설 나) 연료사용량이 시간당 30킬로그램 이상이거나 용적이 1세제곱미터 이상인 폐가스소각시설 또는 폐가스소각보일러, 소각능력이 시간당 100킬로그램 이상인 폐가스소각시설. 다만, 별표 16에 따른 기준에 맞는 휘발성유기화합물 배출억제 · 방지시설 및 악취소각시설은 제외한다. 다) 공정에 일체되거나 부대되는 시설로서 동력 15kW 이상인 다음의 시설 ① 분쇄시설 ② 파쇄시설

	③ 용융시설
14) 보일러	가) 산업용 보일러와 업무용 보일러만 해당하며, 다른 배출시설에서 규정한 보일러는 제외한다. 나) 가스 또는 경질유[경유 · 등유 · 부생(副生)연료유1호(등유형) · 휘발유 · 나프타 · 정제연료유(「폐기물관리법 시행규칙」 별표 5의 열분해방법 또는 감압증류(減壓蒸溜)방법으로 재생처리한 정제연료유만 해당한다)]만을 연료로 사용하는 시설을 제외한 시간당 증발량이 0.5톤 이상이거나 시간당 열량이 309,500킬로칼로리 이상인 보일러. 다만, 환경부장관이 고체연료 사용금지 지역으로 고시한 지역에서는 시간당 증발량이 0.2톤 이상이거나 시간당 열량이 123,800킬로칼로리 이상인 보일러만 해당한다.
15) 입자상물질 및 가스상 물질 발생 시설	가) 동력이 15kW 이상인 다음의 시설. 다만, 습식은 제외한다. ① 연마시설 ② 제재시설 ③ 제분시설 ④ 선별시설 ⑤ 분쇄시설 ⑥ 탈사(脫砂)시설 ⑦ 탈청(脫靑)시설 나) 용적이 3세제곱미터 이상이거나 동력이 10마력 이상인 다음의 시설 ① 고체입자상물질 계량시설 ② 혼합시설(농산물 가공시설은 제외한다) 다) 처리능력이 시간당 100kg 이상인 고체입자상물질 포장시설 라) 동력이 70마력 이상인 도정(搗精)시설 마) 용적이 50세제곱미터 이상인 다음의 시설 ① 고체입자상물질 저장시설 ② 유 · 무기산 저장시설 ③ 유기화합물(원유 · 휘발유 · 나프타 · 알켄족 · 알킨족 · 방향족 · 알데히드류 · 케톤류가 50퍼센트 이상 함유된 것만 해당한다) 저장시설 바) 가)부터 마)까지의 배출시설 외에 연료사용량이 시간당 60킬로그램 이상이거나 용적이 5세제곱미터 이상인 다음의 시설 ① 건조시설(도포시설, 도장시설 및 분리시설을 포함한다) ② 기타로(其他爐) ③ 훈증시설 ④ 산 · 알칼리 처리시설 ⑤ 소성시설

〈고체연료환산계수〉 중요내용

연료 또는 원료명	단 위	환산 계수	연료 또는 원료명	단 위	환산 계수	연료 또는 원료명	단 위	환산 계수
무연탄	kg	1.00	갈탄	kg	0.90	수소	Sm^3	0.62
코크스	kg	1.32	목탄	kg	1.42	에탄	Sm^3	3.36
이탄	kg	0.80	유황	kg	0.46	일산화탄소	Sm^3	0.62
목재	kg	0.70	중유(A, B)	L	1.86	발생로 가스	Sm^3	0.20
중유(C)	L	2.00	경유	L	1.92	혼성가스	Sm^3	0.60
원유	L	1.90	휘발유	L	1.68	톨루엔	kg	2.06
등유	L	1.80	엘피지	kg	2.40	메탄	Sm^3	1.86
나프타	L	1.80	석탄타르	kg	1.88	아세틸렌	Sm^3	2.80
액화 천연가스	Sm^3	1.56	에탄올	kg	1.44	석탄가스	Sm^3	0.80
전기	kW	0.17	메탄올	kg	1.08	수성가스	Sm^3	0.54
유연탄	kg	1.34	벤젠	kg	2.02	도시가스	Sm^3	1.42

12. "대기오염방지시설"이란 대기오염물질배출시설로부터 나오는 대기오염물질을 없애거나 줄이는 시설로서 환경부령으로 정하는 것을 말한다.

[대기오염방지시설(규칙 제6조) : 별표 4] 중요내용

1. 중력집진시설
2. 관성력집진시설
3. 원심력집진시설
4. 세정집진시설
5. 여과집진시설
6. 전기집진시설
7. 음파집진시설
8. 흡수에 의한 시설
9. 흡착에 의한 시설
10. 직접연소에 의한 시설
11. 촉매반응을 이용하는 시설
12. 응축에 의한 시설
13. 산화 · 환원에 의한 시설
14. 미생물을 이용한 처리시설
15. 연소조절에 의한 시설

16. 위 제1호부터 제15호까지의 시설과 같은 방지효율 또는 그 이상의 방지효율을 가진 시설로서 환경부장관이 인정하는 시설

[비고]
방지시설에는 대기오염물질을 포집하기 위한 장치(후드), 오염물질이 통과하는 관로(덕트), 오염물질을 이송하기 위한 송풍기 및 각종 펌프 등 방지시설에 딸린 기계 · 기구류(예비용을 포함한다) 등을 포함한다.

13. "자동차"란 다음 각 목의 어느 하나에 해당하는 것을 말한다.
   가. 「자동차관리법」에 규정된 자동차 중 환경부령으로 정하는 것
   나. 「건설기계관리법」에 규정된 건설기계 중 환경부령으로 정하는 것
   다. 「철도산업발전기본법」에 따른 철도차량 중 동력차에 사용되는 동력을 발생시키는 장치

13의2 "원동기"란 다음 각 목의 어느 하나에 해당하는 것을 말한다.
   가. 「건설기계관리법」에 따른 건설기계 중 제13호 나목 외의 건설기계로서 환경부령으로 정하는 건설기계에 사용되는 동력을 발생시키는 장치
   나. 농림용 또는 해상용으로 사용되는 기계로서 환경부령으로 정하는 기계에 사용되는 동력을 발생시키는 장치

[자동차의 종류(규칙 제7조) : 별표 5] 중요내용

1. 자동차
   자동차, 환경부령으로 정하는 건설기계, 농림용으로 사용되는 기계

종류	정의	규모	
경자동차	사람이나 화물을 운송하기 적합하게 제작된 것	엔진배기량이 1,000cc 미만	
승용 자동차	사람을 운송하기 적합하게 제작된 것	소 형	엔진배기량이 1,000cc 이상이고, 차량 총중량이 3.5톤 미만이며, 승차인원이 8명 이하
		중 형	엔진배기량이 1,000cc 이상이고, 차량 총중량이 3.5톤 미만이며, 승차인원이 9명 이상
		대 형	차량총중량이 3.5톤 이상 15톤 미만
		초대형	차량총중량이 15톤 이상
화물 자동차	화물을 운송하기 적합하게 제작된 것	소형	엔진배기량이 1,000cc 이상이고, 차량 총중량이 2톤 미만
		중형	엔진배기량이 1,000cc 이상이고, 차량 총중량이 2톤 이상 3.5톤 미만
		대형	차량 총중량이 3.5톤 이상 15톤 미만
		초대형	차량 총중량이 15톤 이상
이륜 자동차	자전거로부터 진화한 구조로서 사람 또는 소형의 화물을 운송하기 위한 것	차량 총중량이 1천 킬로그램을 초과하지 않는 것	

비고
1. 다목적자동차는 다목적형 승용자동차와 승차인원이 8명 이하인 승합차(차량의 너비가 2,000mm미만이고 차량의 높이가 1,800mm 미만인 승합차만 해당한다)를 포함한다.
2. 제1호의 소형화물자동차는 엔진배기량이 800cc 이상인 밴(VAN)과, 승용자동차에 해당되지 아니하는 승차인원이 9명 이상인 승합차를 포함한다.

3. 제1호의 중량자동차 및 제2호의 대형자동차는 덤프트럭, 콘크리트믹서트럭 및 콘크리트펌프트럭 그 밖에 환경부장관이 고시하는 건설기계를 포함한다.
4. 제2호의 중형자동차는 승용자동차 또는 다목적자동차에 해당되지 아니하는 승차인원이 15명 이하인 승합차와 엔진배기량이 800 cc 이상인 밴(VAN)을 포함한다.
5. 제3호의 화물2는 엔진배기량이 800cc 이상인 밴(VAN)을 포함하고, 화물3은 덤프트럭, 콘크리트믹서트럭 및 콘크리트펌프트럭을 포함한다.
6. 이륜자동차는 측차를 붙인 이륜자동차와 이륜자동차에서 파생된 3륜 이상의 자동차를 포함한다.
6의2. 차량 자체의 중량이 0.5톤 이상인 이륜자동차는 경자동차로 분류한다.
7. 엔진배기량이 50cc 미만인 이륜자동차는 모페드형(스쿠터형을 포함한다)만 이륜자동차에 포함한다.
8. 다목적형 승용자동차 · 승합차 및 밴(VAN)의 구분에 대한 세부 기준은 환경부장관이 정하여 고시한다.
9. 제3호부터 제5호까지의 건설기계의 종류는 환경부장관이 정하여 고시한다.
10. 제4호의 화물자동차는 엔진배기량이 800cc 이상인 밴(VAN)과 덤프트럭, 콘크리트믹서트럭 및 콘크리트펌프트럭을 포함한다.
11. 제5호의 화물자동차는 엔진배기량이 1,000cc 이상인 밴(VAN)과 덤프트럭 · 콘크리트믹스트럭 및 콘크리트펌프트럭을 포함한다.
12. 전기만을 동력으로 사용하는 자동차는 1회 충전 주행거리에 따라 다음과 같이 구분한다.

구분	1회 충전 주행거리
제1종	80km 미만
제2종	80km 이상 160km 미만
제3종	160km 이상

13. 수소를 연료로 사용하는 자동차는 수소연료전지차로 구분한다.

2. 건설기계 및 농업기계의 종류
가. 건설기계의 종류

제작일자	종 류	규 모
2015년 1월 1일 이후	굴삭기, 로더, 지게차(전동식은 제외한다), 기중기, 불도저, 롤러, 스크레이퍼, 모터그레이더, 노상안정기, 콘크리트배칭플랜트, 콘크리트피니셔, 콘크리트살포기, 콘크리트펌프, 아스팔트 믹싱플랜트, 아스팔트피니셔, 아스팔트살포기, 골재살포기, 쇄석기, 공기압축기, 천공기, 항타 및 항발기, 사리채취기, 준설선, 타워크레인, 노면파쇄기, 노면측정장비, 콘크리트믹서트레일러, 아스팔트콘크리트재생기, 수목이식기, 터널용고소작업차	원동기 정격출력이 560kW 미만

나. 농업기계의 종류

제작일자	종 류	규 모
2015년 1월 1일 이후	콤바인, 트랙터	원동기 정격출력이 560kW 미만

14. "선박"이란 「해양환경관리법」에 따른 선박을 말한다.
15. "첨가제"란 자동차의 성능을 향상시키거나 배출가스를 줄이기 위하여 자동차의 연료에 첨가하는 탄소와 수소만으로 구성된 물질을 제외한 화학물질로서 다음 각 목의 요건을 모두 충족하는 것을 말한다.
가. 자동차의 연료에 부피 기준으로 1퍼센트 미만의 비율로 첨가하는 물질. 다만, 「석유 및 석유대체연료 사업법」에 따른 석유정제업자 및 석유수출입업자가 자동차연료인 석유제품을 제조하거나 품질을 보정(補正)하는 과정에 첨가하는 물질의 경우에는 그 첨가비율의 제한을 받지 아니한다.
나. 「석유 및 석유대체연료 사업법」에 따른 유사석유제품에 해당하지 아니하는 물질
15의2. "촉매제"란 배출가스를 줄이는 효과를 높이기 위하여 배출가스저감장치에 사용되는 화학물질로서 환경부령으로 정하는 것을 말한다.

[자동차연료형 첨가제의 종류(규칙 제9조) : 별표 6] 중요내용

1. 세척제
2. 청정분산제
3. 매연억제제
4. 다목적첨가제
5. 옥탄가향상제
6. 세탄가향상제
7. 유동성향상제
8. 윤활성 향상제
9. 그 밖에 환경부장관이 배출가스를 줄이기 위하여 필요하다고 정하여 고시하는 것

❑ **촉매제(규칙 제8조의2)**

촉매제는 경유를 연료로 사용하는 자동차에서 배출되는 질소산화물을 저감하기 위하여 사용되는 화학물질을 말한다.

16. "저공해자동차"란 다음 자동차로서 대통령령으로 정하는 것을 말한다.
   가. 대기오염물질의 배출이 없는 자동차
   나. 제작차의 배출허용기준보다 오염물질을 적게 배출하는 자동차
17. "배출가스저감장치"란 자동차에서 배출되는 대기오염물질을 줄이기 위하여 자동차에 부착하는 장치로서 환경부령으로 정하는 저감효율에 적합한 장치를 말한다. 여기서 환경부령으로 정하는 것은 수도권 대기환경 개선에 관한 특별법 시행규칙에 따른 배출저감장치의 저감효율을 말한다.
18. "저공해엔진"이란 자동차에서 배출되는 대기오염물질을 줄이기 위한 엔진(엔진 개조에 사용하는 부품을 포함한다)으로서 환경부령으로 정하는 배출허용기준에 맞는 엔진을 말한다.
19. "공회전제한장치"란 자동차에서 배출되는 대기오염물질을 줄이고 연료를 절약하기 위하여 자동차에 부착하는 장치로서 환경부령으로 정하는 기준에 적합한 장치를 말한다.
20. "온실가스 배출량"이란 자동차에서 단위 주행거리당 배출되는 이산화탄소(CO_2) 배출량(g/km)을 말한다.
21. "온실가스 평균배출량"이란 자동차제작자가 판매한 자동차 중 환경부령으로 정하는 자동차의 온실가스 배출량의 합계를 해당 자동차 총 대수로 나누어 산출한 평균값(g/km)을 말한다.
22. "장거리이동 대기오염물질"이란 황사, 먼지 등 발생 후 장거리 이동을 통하여 국가 간에 영향을 미치는 대기오염물질로서 환경부령으로 정하는 것을 말한다.
23. "냉매"란 기후・생태계 변화 유발물질 중 열전달을 통한 냉난방, 냉동・냉장 등의 효과를 목적으로 사용되는 물질로서 환경부령으로 정하는 것을 말한다.(환경부령으로 정하는 것 : 염화불화탄소, 수소염화불화탄소, 수소불화탄소, 수소염화불화탄소와 수소불화탄소의 혼합물질)

[장거리이동 대기오염물질 : 규칙 별표 6의5]

1. 미세먼지(PM－10)	9. 벤젠	17. 디클로로메탄
2. 미세먼지(PM－2.5)	10. 포름알데히드	18. 스틸렌
3. 납 및 그 화합물	11. 염화수소	19. 테트라클로로에틸렌
4. 칼슘 및 그 화합물	12. 불소화물	20. 1,2－디클로로에탄
5. 수은 및 그 화합물	13. 시안화물	21. 에틸벤젠
6. 비소 및 그 화합물	14. 사염화탄소	22. 트리클로로에틸렌
7. 망간화합물	15. 클로로포름	23. 염화비닐
8. 니켈 및 그 화합물	16. 1,3－부타디엔	

[공회전제한장치의 성능기준 : 별표 6의4]

공회전제한장치는 3회 이상의 반복시험을 통하여 정상 작동 여부 등을 평가한 결과 각 성능기준 및 주요기능 이상이어야 한다.
중요내용

상시측정(법 제3조)

① 환경부장관은 전국적인 대기오염 및 기후・생태계 변화유발물질의 실태를 파악하기 위하여 환경부령으로 정하는 바에 따라 측정망을 설치하고 대기오염도 등을 상시 측정하여야 한다.

② 특별시장・광역시장・특별자치시장・도지사 또는 특별자치도지사(이하 "시・도지사"라 한다)는 해당 관할 구역 안의 대기오염 실태를 파악하기 위하여 환경부령으로 정하는 바에 따라 측정망을 설치하여 대기오염도를 상시 측정하고, 그 측정 결과를 환경부장관에게 보고하여야 한다.

③ 환경부장관은 대기오염도에 관한 정보에 국민이 쉽게 접근할 수 있도록 측정결과를 전산처리할 수 있는 전산망을 구축・운영할 수 있다.

환경위성 관측망의 구축 · 운영 등(법 제3조의2)

① 환경부장관은 대기환경 및 기후 · 생태계 변화유발물질의 감시와 기후변화에 따른 환경영향을 파악하기 위하여 환경위성 관측망을 구축 · 운영하고, 관측된 정보를 수집 · 활용할 수 있다.
② 환경위성 관측망의 구축 · 운영 및 정보의 수집 · 활용에 필요한 사항은 대통령령으로 정한다.

❑ 측정망의 종류 및 측정결과보고(규칙 제11조) 중요내용

① 수도권대기환경청장, 국립환경과학원장 또는 한국환경공단이 설치하는 대기오염 측정망의 종류는 다음 각 호와 같다.
❶ 대기오염물질의 지역배경농도를 측정하기 위한 교외대기측정망
❷ 대기오염물질의 국가배경농도와 장거리이동 현황을 파악하기 위한 국가배경농도측정망
❸ 도시지역 또는 산업단지 인근지역의 특정대기유해물질(중금속을 제외한다)의 오염도를 측정하기 위한 유해대기물질측정망
❹ 도시지역의 휘발성유기화합물 등의 농도를 측정하기 위한 광화학대기오염물질측정망
❺ 산성 대기오염물질의 건성 및 습성 침착량을 측정하기 위한 산성강하물측정망
❻ 기후 · 생태계변화 유발물질의 농도를 측정하기 위한 지구대기측정망
❼ 장거리이동 대기오염물질의 성분을 집중 측정하기 위한 대기오염집중측정망
❽ 미세먼지(PM-2.5)의 성분 및 농도를 측정하기 위한 미세먼지성분측정망
② 특별시장 · 광역시장 · 특별자치시장 · 도지사 또는 특별자치도지사(이하 "시 · 도지사"라 한다)가 설치하는 대기오염 측정망의 종류는 다음 각 호와 같다.
❶ 도시지역의 대기오염물질 농도를 측정하기 위한 도시대기측정망
❷ 도로변의 대기오염물질 농도를 측정하기 위한 도로변대기측정망
❸ 대기 중의 중금속 농도를 측정하기 위한 대기중금속측정망
③ 시 · 도지사는 상시측정한 대기오염도를 측정망을 통하여 국립환경과학원장에게 전송하고, 연도별로 이를 취합 · 분석 · 평가하여 그 결과를 다음 해 1월 말까지 국립환경과학원장에게 제출하여야 한다.

❑ 측정망설치계획의 고시(규칙 제12조) 중요내용

① 유역환경청장, 지방환경청장, 수도권대기환경청장 및 시 · 도지사는 다음 각 호의 사항이 포함된 측정망설치계획을 결정하고 최초로 측정소를 설치하는 날부터 3개월 이전에 고시하여야 한다.
❶ 측정망 설치시기
❷ 측정망 배치도
❸ 측정소를 설치할 토지 또는 건축물의 위치 및 면적
② 시 · 도지사가 측정망설치계획을 결정 · 고시하려는 경우에는 그 설치위치 등에 관하여 미리 유역환경청장, 지방환경청장 또는 수도권대기환경청장과 협의하여야 한다.

대기오염물질에 따른 심사평가(법 제7조)

① 환경부장관은 대기 중에 존재하는 물질의 위해성을 다음 각 호의 기준에 따라 심사 · 평가할 수 있다. 중요내용
❶ 독성
❷ 생태계에 미치는 영향
❸ 배출량
❹ 「환경정책기본법」에 따른 환경기준에 대비한 오염도
② 심사평가의 구체적인 방법과 절차는 환경부령으로 정한다.

✪ 저공해자동차의 종류(영 제1조의2)

「대기환경보전법」에서 "대통령령으로 정하는 것"이란 다음 각 호의 구분에 따른 자동차를 말한다.

① 제1종 저공해자동차 : 자동차에서 배출되는 대기오염물질이 환경부령으로 정하는 배출허용기준에 맞는 자동차로서 「환경친화적 자동차의 개발 및 보급 촉진에 관한 법률」에 따른 전기자동차, 태양광자동차 및 수소전기자동차
② 제2종 저공해자동차 : 자동차에서 배출되는 대기오염물질이 환경부령으로 정하는 배출허용기준에 맞는 자동차로서 「환경친화적 자동차의 개발 및 보급 촉진에 관한 법률」에 따른 하이브리드자동차
③ 제3종 저공해자동차 : 자동차에서 배출되는 대기오염물질이 환경부령으로 정하는 배출허용기준에 맞는 자동차로서 제조기준에 맞는 자동차연료를 사용하는 자동차

✪ 대기오염도 예측 · 발표 대상 등(영 제1조의4)

① 대기오염도 예측 · 발표의 대상 지역은 다음 각 호의 사항을 고려하여 환경부장관이 정하여 고시한다. 중요내용
 1 대기오염의 정도
 2 인구
 3 지형 및 기상 특성
② 대기오염도 예측 · 발표의 대상 오염물질은 「환경정책기본법」에 따라 환경기준이 설정된 오염물질 중 다음 각 호의 오염물질로 한다. 중요내용
 1 미세먼지(PM-10)
 2 미세먼지(PM-2.5)
 3 오존(O_3)
③ 대기오염도 예측 · 발표의 기준과 내용은 오염의 정도 및 오염물질의 인체 위해정도 등을 고려하여 환경부장관이 정하여 고시한다.
④ 환경부장관은 대기오염도 예측 · 발표를 위하여 관계 기관의 장에게 필요한 자료의 제출을 요청할 수 있다. 이 경우 관계 기관의 장은 특별한 사유가 없으면 이에 따라야 한다.

[통합관리센터의 지정 취소 및 업무정지의 세부기준 : 영 별표 1의2]

1. 일반기준
 가. 위반행위의 횟수에 따른 처분기준은 최근 2년간 같은 위반행위를 한 경우에 적용한다. 이 경우 위반횟수별 처분기준의 적용일은 위반행위에 대하여 처분을 한 날과 다시 같은 위반행위(처분 후의 위반행위만 해당한다)를 적발한 날로 한다. 중요내용
 나. 위반행위가 둘 이상인 경우로서 그에 해당하는 각각의 처분기준이 다른 경우에는 그 중 무거운 처분기준에 따르고, 각각의 처분기준이 업무정지인 경우에는 각각의 처분기준을 합산한 기간을 넘지 않는 범위에서 무거운 처분기준의 2분의 1까지 가중하여 처분할 수 있다.
 다. 처분권자는 위반행위의 동기, 내용, 횟수 및 위반의 정도 등 다음의 사유를 고려하여 처분기준의 2분의 1 범위에서 처분을 감경할 수 있다. 이 경우 그 처분이 업무정지인 경우에는 그 처분기준의 2분의 1의 범위에서 감경할 수 있고, 지정취소인 경우에는 6개월의 업무정지 처분으로 감경할 수 있다. 중요내용
  1) 고의적이거나 악의적이 아닌 사소한 부주의나 오류로 인한 것으로 인정되는 경우
  2) 위반의 내용 · 정도가 경미하여 국민건강 및 환경에 미치는 피해가 적다고 인정되는 경우
  3) 위반행위자가 처음 해당 위반행위를 한 경우로서 통합관리센터의 업무를 모범적으로 해 온 사실이 인정되는 경우
  4) 위반행위자가 해당 위반행위로 인하여 업무정지 이상의 처분을 받을 경우 공익에 지장을 가져오는 등의 사유가 인정되는 경우
2. 개별기준

위반사항	근거법령	행정처분기준		
		1차 위반	2차 위반	3차 위반
가. 거짓이나 그 밖의 부정한 방법으로 지정을 받은 경우	법 제7조의3 제4항 제1호	지정 취소		
나. 지정받은 사항을 위반하여 업무를 행한 경우	법 제7조의3 제4항 제2호	시정명령	업무정지 3개월	지정 취소
다. 법 제7조의3 제5항에 따른 지정기준에 적합하지 않게 된 경우	법 제7조의3 제4항 제3호	시정명령	업무정지 3개월	지정 취소

국가 대기질통합관리센터의 지정 · 위임(법 제7조의3)

① 환경부장관은 제7조의2에 따라 대기오염도를 과학적으로 예측 · 발표하고 대기질 통합관리 및 대기환경개선 정책을 체계적으로 추진하기 위하여 국가 대기질통합관리센터(이하 이 조에서 "통합관리센터"라 한다)를 운영할 수 있으며, 국공립 연구기관 등 대통령령으로 정하는 전문기관을 통합관리센터로 지정 · 위임할 수 있다.

② 통합관리센터는 다음 각 호의 업무를 수행한다.

❶ 대기오염예보 및 대기 중 유해물질 정보의 제공

❷ 대기오염 관련 자료의 수집 및 분석 · 평가

❸ 대기환경개선을 위한 정책 수립의 지원

❹ 그 밖에 대기질 통합관리를 위하여 대통령령으로 정하는 업무

③ 환경부장관은 제1항에 따라 지정된 통합관리센터에 대하여 예산의 범위에서 사업을 수행하는 데에 필요한 비용을 지원하여야 한다.

④ 환경부장관은 통합관리센터가 다음 각 호의 어느 하나에 해당하는 경우에는 지정을 취소하거나 6개월 이내의 범위에서 기간을 정하여 업무의 전부 또는 일부를 정지할 수 있다. 다만, 제1호에 해당하는 경우에는 지정을 취소하여야 한다.

❶ 거짓이나 그 밖의 부정한 방법으로 지정을 받은 경우

❷ 지정받은 사항을 위반하여 업무를 행한 경우

❸ 제5항에 따른 지정기준에 적합하지 아니하게 된 경우

❹ 그 밖에 제1항부터 제3항까지에 준하는 경우로서 환경부령으로 정하는 경우

⑤ 통합관리센터의 지정 및 지정 취소의 기준, 기간, 절차 등에 필요한 사항은 대통령령으로 정한다.

대기오염에 대한 경보(법 제8조) 중요내용

① 시 · 도지사는 대기오염도가 「환경정책기본법」 대기에 대한 환경기준(이하 "환경기준"이라 한다)을 초과하여 주민의 건강 · 재산이나 동식물의 생육에 심각한 위해를 끼칠 우려가 있다고 인정되면 그 지역에 대기오염경보를 발령할 수 있다. 대기오염경보의 발령 사유가 없어진 경우 시 · 도지사는 대기오염경보를 즉시 해제하여야 한다.

② 시 · 도지사는 대기오염경보가 발령된 지역의 대기오염을 긴급하게 줄일 필요가 있다고 인정하면 기간을 정하여 그 지역에서 자동차의 운행을 제한하거나 사업장의 조업 단축을 명하거나, 그 밖에 필요한 조치를 할 수 있다.

③ 자동차의 운행 제한이나 사업장의 조업 단축 등을 명령받은 자는 정당한 사유가 없으면 따라야 한다.

④ 대기오염경보의 대상 지역, 대상 오염물질, 발령 기준, 경보 단계 및 경보 단계별 조치 등에 필요한 사항은 대통령령으로 정한다.

✪ 대기오염경보의 대상 지역 등(영 제2조) 중요내용

① 「대기환경보전법」(이하 "법"이라 한다) 대기오염경보의 대상 지역은 특별시장 · 광역시장 · 특별자치시장 · 도지사 또는 특별자치도지사(이하 "시 · 도지사"라 한다)가 필요하다고 인정하여 지정하는 지역으로 한다.

② 대기오염경보의 대상 오염물질은 「환경정책기본법」에 따라 환경기준이 설정된 오염물질 중 다음 각 호의 오염물질로 한다.

[1] 미세먼지(PM−10)

[2] 미세먼지(PM−2.5)

[3] 오존(O_3)

③ 대기오염경보 단계는 대기오염경보 대상 오염물질의 농도에 따라 다음 각 호와 같이 구분하되, 대기오염경보 단계별 오염물질의 농도기준은 환경부령으로 정한다.

[1] 미세먼지(PM−10) 주의보, 경보

[2] 미세먼지(PM−2.5) 주의보, 경보

[3] 오존(O_3) 주의보, 경보, 중대경보

④ 경보 단계별 조치에는 다음 각 호의 구분에 따른 사항이 포함되도록 하여야 한다. 다만, 지역의 특성에 따라 특별시 · 광역

시 · 특별자치시 · 도 · 특별자치도의 조례로 경보 단계별 조치사항을 일부 조정할 수 있다.

1 주의보 발령 : 주민의 실외활동 및 자동차 사용의 자제 요청 등

2 경보 발령 : 주민의 실외활동 제한 요청, 자동차 사용의 제한 및 사업장의 연료사용량 감축 권고 등

3 중대경보 발령 : 주민의 실외활동 금지 요청, 자동차의 통행금지 및 사업장의 조업시간 단축명령 등

❑ 대기오염경보의 발령 및 해제방법(규칙 제13조)

① 대기오염경보는 방송매체 등을 통하여 발령하거나 해제하여야 한다.

② 대기오염경보에는 다음 각 호의 사항이 포함되어야 한다. 중요내용

❶ 대기오염경보의 대상지역

❷ 대기오염경보단계 및 대기오염물질의 농도

❸ 대기오염경보단계별 조치사항

❹ 그 밖에 시 · 도지사가 필요하다고 인정하는 사항

✪ 국가 기후변화 적응센터의 평가(영 제2조의3)

① 환경부장관은 평가를 하는 경우 다음 각 호의 구분에 따른다.

1 정기평가 : 매년 국가 기후변화 적응센터의 전년도 사업실적 등을 평가

2 종합평가 : 3년마다 국가 기후변화 적응센터의 운영 전반을 평가 중요내용

② 환경부장관은 국가 기후변화 적응센터를 평가하기 위하여 필요하다고 인정하는 경우에는 관계 전문가로 구성된 국가 기후변화 적응센터 평가단(이하 "평가단"이라 한다)을 구성 · 운영할 수 있다.

③ 평가단의 구성 · 운영에 필요한 사항은 환경부령으로 정한다.

④ 환경부장관은 평가를 하려는 경우에는 환경부령으로 정하는 바에 따라 평가의 기준, 시기 등을 미리 국가 기후변화 적응센터에 알려 주어야 한다.

⑤ 환경부장관은 평가 등을 위하여 필요한 경우에는 국가기후변화 적응센터에 관련 자료의 제출을 요청할 수 있다.

⑥ 환경부장관은 평가 결과 사업실적이 현저히 부실한 경우에는 지원을 중단하거나 지원금액을 줄일 수 있다.

[대기오염경보단계별 대기오염물질의 농도기준(규칙 제14조) : 별표 7] 중요내용

대상 물질	경보 단계	발령기준	해제기준
미세먼지 (PM-10)	주의보	기상조건 등을 고려하여 해당 지역의 대기자동측정소 PM-10 시간당 평균농도가 150μg/m³ 이상 2시간 이상 지속인 때	주의보가 발령된 지역의 기상조건 등을 검토하여 대기자동측정소의 PM-10 시간당 평균농도가 100μg/m³ 미만인 때
	경보	기상조건 등을 고려하여 해당 지역의 대기자동측정소 PM-10 시간당 평균농도가 300μg/m³ 이상 2시간 이상 지속인 때	경보가 발령된 지역의 기상조건 등을 검토하여 대기자동측정소의 PM-10 시간당 평균농도가 150μg/m³ 미만인 때는 주의보로 전환
미세먼지 (PM-2.5)	주의보	기상조건 등을 고려하여 해당 지역의 대기자동측정소 PM-2.5 시간당 평균농도가 75μg/m³ 이상 2시간 이상 지속인 때	주의보가 발령된 지역의 기상조건 등을 검토하여 대기자동측정소의 PM-2.5 시간당 평균농도가 35μg/m³ 미만인 때
	경보	기상조건 등을 고려하여 해당 지역의 대기자동측정소 PM-2.5 시간당 평균농도가 150μg/m³ 이상 2시간 이상 지속인 때	경보가 발령된 지역의 기상조건 등을 검토하여 대기자동측정소의 PM-2.5 시간당 평균농도가 75μg/m³ 미만인 때는 주의보로 전환
오존	주의보	기상조건 등을 고려하여 해당 지역의 대기자동측정소 오존농도가 0.12ppm 이상인 때	주의보가 발령된 지역의 기상조건 등을 검토하여 대기자동측정소의 오존농도가 0.12ppm 미만인 때
	경보	기상조건 등을 고려하여 해당 지역의 대기자동측정소 오존농도가 0.3ppm 이상인 때	경보가 발령된 지역의 기상조건 등을 고려하여 대기자동측정소의 오존농도가 0.12ppm 이상 0.3ppm 미만인 때는 주의보로 전환

	중대 경보	기상조건 등을 고려하여 해당 지역의 대기자동측정소 오존농도가 0.5ppm 이상인 때	중대경보가 발령된 지역의 기상조건 등을 고려하여 대기자동측정소의 오존농도가 0.3ppm 이상 0.5ppm 미만인 때는 경보로 전환

비고

1. 해당 지역의 대기자동측정소 PM－10 또는 PM－2.5의 권역별 평균 농도가 경보 단계별 발령기준을 초과하면 해당 경보를 발령할 수 있다.
2. 오존 농도는 1시간당 평균농도를 기준으로 하며, 해당 지역의 대기자동측정소 오존 농도가 1개소라도 경보단계별 발령기준을 초과하면 해당 경보를 발령할 수 있다.

기후 · 생태계 변화유발물질 배출 억제(법 제9조)

① 정부는 기후 · 생태계 변화유발물질의 배출을 줄이기 위하여 국가 간에 환경정보와 기술을 교류하는 등 국제적인 노력에 적극 참여하여야 한다.

② 환경부장관은 기후 · 생태계 변화유발물질의 배출을 줄이기 위하여 다음 각 호의 사업을 추진하여야 한다.

❶ 기후 · 생태계 변화유발물질 배출저감을 위한 연구 및 변화유발물질의 회수 · 재사용 · 대체물질 개발에 관한 사업

❷ 기후 · 생태계 변화유발물질 배출에 관한 조사 및 관련 통계의 구축에 관한 사업

❸ 기후 · 생태계 변화유발물질 배출저감 및 탄소시장 활용에 관한 사업

❹ 기후변화 관련 대국민 인식확산 및 실천지원에 관한 사업

❺ 기후변화 관련 전문인력 육성 및 지원에 관한 사업

❻ 그 밖에 대통령령으로 정하는 사업

③ 환경부장관은 기후 · 생태계 변화유발물질의 배출을 줄이기 위하여 환경부령으로 정하는 바에 따라 제2항 각 호의 사업의 일부를 전문기관에 위탁하여 추진할 수 있으며, 필요한 재정적 · 기술적 지원을 할 수 있다.

대기환경개선 종합계획의 수립(법 제11조) 중요내용

① 환경부장관은 대기오염물질과 온실가스를 줄여 대기환경을 개선하기 위하여 대기환경개선 종합계획(이하 "종합계획"이라 한다)을 10년마다 수립하여 시행하여야 한다.

② 종합계획에는 다음 각 호의 사항이 포함되어야 한다.

❶ 대기오염물질의 배출현황 및 전망

❷ 대기 중 온실가스의 농도 변화 현황 및 전망

❸ 대기오염물질을 줄이기 위한 목표 설정과 이의 달성을 위한 분야별 · 단계별 대책

❸의2 대기오염이 국민 건강에 미치는 위해정도와 이를 개선하기 위한 위해수준의 설정에 관한 사항

❸의3 유해성대기감시물질의 측정 및 감시 · 관찰에 관한 사항

❸의4 특정대기유해물질을 줄이기 위한 목표 설정 및 달성을 위한 분야별 · 단계별 대책

❹ 환경분야 온실가스 배출을 줄이기 위한 목표 설정과 이의 달성을 위한 분야별 · 단계별 대책

❺ 기후변화로 인한 영향평가와 적응대책에 관한 사항

❻ 대기오염물질과 온실가스를 연계한 통합대기환경 관리체계의 구축

❼ 기후변화 관련 국제적 조화와 협력에 관한 사항

❽ 그 밖에 대기환경을 개선하기 위하여 필요한 사항

③ 환경부장관은 종합계획을 수립하는 경우에는 미리 관계 중앙행정기관의 장과 협의하여야 한다.

④ 환경부장관은 종합계획이 수립된 날부터 5년이 지나거나 종합계획의 변경이 필요하다고 인정되면 그 타당성을 검토하여 변경할 수 있다. 이 경우 미리 관계 중앙행정기관의 장과 협의하여야 한다.

장거리이동 대기오염물질 피해 방지 종합대책의 수립 등(법 제13조) 중요내용

① 환경부장관은 장거리이동 대기오염물질 피해 방지를 위하여 5년마다 관계 중앙행정기관의 장과 협의하고 시 · 도지사의 의견을 들은 후 장거리이동 대기오염물질 대책위원회의 심의를 거쳐 장거리이동 대기오염물질 피해 방지 종합대책(이하 "종합대책"이라 한다)을 수립하여야 한다. 종합대책 중 대통령령으로 정하는 중요 사항을 변경하려는 경우에도 또한 같다.

장거리이동 대기오염물질 피해 방지 종합대책 수립 등(영 제3조)

① 법 제13조 제1항 후단에서 "대통령령으로 정하는 중요 사항"이란 다음 각 호의 사항을 말한다.
  1 장거리이동 대기오염물질 피해를 방지하기 위한 국내 대책
  2 장거리이동 대기오염물질의 발생을 줄이기 위한 국제 협력

② 관계 중앙행정기관의 장과 시 · 도지사는 다음 각 호의 사항을 매년 12월 31일까지 환경부장관에게 제출하여야 한다. 이 경우 시 · 도지사는 추진대책을 수립할 경우에는 공청회 등을 개최하여 관계 전문가, 지역 주민 등의 의견을 들을 수 있다.
  1 장거리이동 대기오염물질 피해를 방지하기 위한 소관별 추진 실적과 그 평가
  2 장거리이동 대기오염물질 피해를 방지하기 위한 다음 연도 소관별 추진 대책

② 종합대책에는 다음 각 호의 사항이 포함되어야 한다. 중요내용
  ❶ 장거리이동 대기오염물질 발생 현황 및 전망
  ❷ 종합대책 추진실적 및 그 평가
  ❸ 장거리이동 대기오염물질 피해 방지를 위한 국내 대책
  ❹ 장거리이동 대기오염물질 발생 감소를 위한 국제협력
  ❺ 그 밖에 장거리이동대기 오염물질 피해 방지를 위하여 필요한 사항

③ 환경부장관은 종합대책을 수립한 경우에는 이를 관계 중앙행정기관의 장 및 시 · 도지사에게 통보하여야 한다.

④ 관계 중앙행정기관의 장 및 시 · 도지사는 대통령령으로 정하는 바에 따라 매년 소관별 추진대책을 수립 · 시행하여야 한다. 이 경우 관계 중앙행정기관의 장 및 시 · 도지사는 그 추진계획과 추진실적을 환경부장관에게 제출하여야 한다.

장거리이동 대기오염물질 대책위원회(법 제14조) 중요내용

① 장거리이동 대기오염물질 피해 방지에 관한 다음 각 호의 사항을 심의 · 조정하기 위하여 환경부에 장거리이동 대기오염물질 대책위원회(이하 "위원회"라 한다)를 둔다.
  ❶ 종합대책의 수립과 변경에 관한 사항
  ❷ 장거리이동 대기오염물질 피해 방지와 관련된 분야별 정책에 관한 사항
  ❸ 종합대책 추진상황과 민관 협력방안에 관한 사항
  ❹ 그 밖에 장거리이동 대기오염물질 피해 방지를 위하여 위원장이 필요하다고 인정하는 사항

② 위원회는 위원장 1명을 포함한 25명 이내의 위원으로 성별을 고려하여 구성한다.

③ 위원회의 위원장은 환경부차관이 되고, 위원은 다음 각 호의 사람으로서 환경부장관이 위촉하거나 임명하는 사람으로 한다.
  ❶ 대통령령으로 정하는 중앙행정기관의 공무원
  ❷ 대통령령으로 정하는 분야의 학식과 경험이 풍부한 전문가

④ 위원회의 효율적인 운영과 안건의 원활한 심의를 지원하기 위하여 위원회에 실무위원회를 둔다.

⑤ 종합대책 및 추진대책의 수립 · 시행에 필요한 조사연구를 위하여 위원회에 장거리이동 대기오염물질 연구단을 둔다.

⑥ 위원회와 실무위원회 및 장거리이동 대기오염물질 연구단의 구성 및 운영 등에 관하여 필요한 사항은 대통령령으로 정한다.

장거리이동 대기오염물질 대책위원회의 위원 등(영 제4조) 중요내용

① "대통령령으로 정하는 중앙행정기관의 공무원"이란 기획재정부, 교육부, 외교부, 행정안전부, 문화체육관광부, 산업통상

자원부, 보건복지부, 환경부, 국토교통부, 해양수산부, 국무조정실, 식품의약품안전처, 기상청, 농촌진흥청, 산림청 소속 고위공무원단에 속하는 공무원 중에서 해당 기관의 장이 추천하는 공무원 각 1명을 말한다.

② "대통령령으로 정하는 분야"란 산림 분야, 대기환경 분야, 기상 분야, 예방의학 분야, 보건 분야, 화학사고 분야, 해양 분야, 국제협력 분야 및 언론 분야를 말한다.

③ 공무원이 아닌 위원의 임기는 2년으로 한다.

④ 환경부장관은 위원이 다음 각 호의 어느 하나에 해당하는 경우에는 해당 위원을 해임 또는 해촉(解囑)할 수 있다.

1 심신장애로 인하여 직무를 수행할 수 없게 된 경우

2 직무와 관련된 비위사실이 있는 경우

3 직무태만, 품위손상이나 그 밖의 사유로 인하여 위원으로 적합하지 아니하다고 인정되는 경우

4 위원 스스로 직무를 수행하는 것이 곤란하다고 의사를 밝히는 경우

✪ 위원회의 운영 등(영 제5조) 중요내용

① 장거리이동 대기오염 물질대책위원회(이하 "위원회"라 한다)의 회의는 연 1회 개최한다. 다만, 위원회의 위원장(이하 "위원장"이라 한다)이 필요하다고 인정하는 경우에는 임시회의를 소집할 수 있다.

② 위원회의 회의는 재적위원 과반수의 출석으로 개의(開議)하고, 출석위원 과반수의 찬성으로 의결한다.

③ 위원장은 위원회의 업무를 총괄하고 위원회의 의장이 된다.

④ 위원장이 부득이한 사유로 그 직무를 수행할 수 없는 경우에는 위원장이 미리 지명하는 위원이 그 직무를 대행한다.

⑤ 위원회의 사무를 처리하기 위하여 위원회에 간사 1명을 두며, 간사는 환경부 소속 공무원 중 위원장이 지명한 자가 된다.

✪ 실무위원회의 구성(영 제6조)

① 법 제14조 제4항에 따른 실무위원회는 실무위원회의 위원장(이하 "실무위원장"이라 한다) 1명을 포함한 25명 이내의 위원으로 구성한다.

② 실무위원장은 장거리이동 대기오염물질 대책 관련 환경부 소속 고위공무원단에 속하는 공무원 중에서 위원장이 지명하는 사람이 되며, 실무위원은 다음 각 호의 사람이 된다.

1 기획재정부, 교육부, 외교부, 행정안전부, 문화체육관광부, 산업통상자원부, 보건복지부, 환경부, 국토교통부, 해양수산부, 국무조정실, 식품의약품안전처, 기상청, 소방방재청, 농촌진흥청, 산림청의 4급 이상 공무원 중 해당 기관의 장이 지명하는 각 1명

2 국립환경과학원에 소속된 공무원 중에서 환경부장관이 지명하는 1명

3 대기환경 정책에 관한 지식과 경험이 풍부한 자 중에서 환경부장관이 위촉하는 자

③ 공무원이 아닌 위원의 임기는 2년으로 한다.

④ 실무위원회의 사무를 처리하기 위하여 실무위원회에 간사 1명을 두며, 간사는 환경부소속 공무원 중에서 실무위원장이 지명한 자가 된다.

제2장 사업장 등의 대기오염물질 배출규제

배출허용기준(법 제16조)

① 대기오염물질 배출시설(이하 "배출시설"이라 한다)에서 나오는 대기오염물질(이하 "오염물질"이라 한다)의 배출허용기준은 환경부령으로 정한다.

② 환경부장관이 제1항에 따른 환경부령을 정하는 경우에는 관계 중앙행정기관의 장과 협의하여야 한다.

③ 특별시 · 광역시 · 특별자치시 · 도(그 관할 구역 중 인구 50만 이상 시는 제외) · 특별자치도 또는 특별시 · 광역시 및 특별자치시를 제외한 인구 50만 이상 시는 「환경정책기본법」에 따른 지역 환경기준의 유지가 곤란하다고 인정되거나 대기관리

권역 대기질에 대한 개선을 위하여 필요하다고 인정되면 그 시 · 도 또는 대도시의 조례로 제1항에 따른 배출허용기준보다 강화된 배출허용기준(기준 항목의 추가 및 기준의 적용 시기를 포함한다)을 정할 수 있다.

④ 시 · 도지사 또는 대도시 시장은 배출허용기준을 설정 · 변경하는 경우에는 조례로 정하는 바에 따라 미리 주민 등 이해관계자의 의견을 듣고 이를 반영하도록 노력하여야 한다.

⑤ 시 · 도지사는 배출허용기준이 설정 · 변경된 경우에는 지체 없이 환경부장관에게 보고하고 이해 관계자가 알 수 있도록 필요한 조치를 하여야 한다.

⑥ 환경부장관은 「환경정책기본법」 특별대책지역(이하 "특별대책지역"이라 한다)의 대기오염 방지를 위하여 필요하다고 인정하면 그 지역에 설치된 배출시설에 대하여 제1항의 기준보다 엄격한 배출허용기준을 정할 수 있으며, 그 지역에 새로 설치되는 배출시설에 대하여 특별배출허용기준을 정할 수 있다.

⑦ 조례에 따른 배출허용기준이 적용되는 시 · 도에 그 기준이 적용되지 아니하는 지역이 있으면 그 지역에 설치되었거나 설치되는 배출시설에도 조례에 따른 배출허용기준을 적용한다.

[배출허용기준(규칙 제15조) : 별표 8]

가. 가스형태의 물질

대기오염물질	배출시설	배출허용기준
암모니아 (ppm) 중요내용	1) 화학비료 및 질소화합물 제조시설	20 이하
	2) 무기안료 · 염료 · 유연제 · 착색제 제조시설	20 이하
	3) 폐수 · 폐기물 · 폐가스 소각처리시설(소각보일러를 포함한다)및 고형연료제품 사용시설	30(12) 이하
	4) 시멘트 제조시설 중 소성시설	30(13) 이하
	5) 그 밖의 배출시설	50 이하
일산화탄소 (ppm)	1) 폐수 · 폐기물 · 폐가스 소각처리시설(소각보일러를 포함한다) 가) 소각용량이 시간당 2톤(의료폐기물 처리시설은 시간당 200kg) 이상인 시설 나) 소각용량 시간당 2톤 미만인 시설	 50(12) 이하 200(12) 이하
	2) 석유제품 제조시설 중 중질유분해시설의 일산화탄소 소각보일러	200(12) 이하
	3) 고형연료제품 사용시설 가) 고형연료제품 사용량이 시간당 2톤 이상인 시설 나) 고형연료제품 사용량이 시간당 200킬로그램 이상 2톤 미만인 시설 다) 일반고형연료제품(SRF)제조시설 중 건조 · 가열시설 라) 바이오매스 및 목재펠릿 사용시설	 50(12) 이하 200(12) 이하 200(12) 이하
	4) 화장로시설 2010년 1월 1일 이후에 설치한 시설	 80(12) 이하
염화수소 (ppm)	1) 기초무기화합물 제조시설 중 염산 제조시설(염산, 염화수소 회수시설을 포함한다) 및 저장시설	6 이하
	2) 기초무기화합물 제조시설 중 폐염산 정제시설(염산 및 염화수소 회수시설을 포함한다) 및 저장시설	15 이하
	3) 제1차 금속제조시설, 조립금속제품 · 기계 · 기기 · 운송장비 · 가구 제조시설의 표면처리시설 중 탈지시설, 산 · 알칼리 처리시설	3 이하
	4) 폐수 · 폐기물 · 폐가스 소각처리시설(소각보일러를 포함한다.) 가) 소각용량이 시간당 2톤(의료폐기물 처리시설은 시간당 200kg) 이상인 시설 나) 소각용량 시간당 2톤 미만인 시설	 15(12) 이하 20(12) 이하
	5) 유리 및 유리제품 제조시설 중 용융 · 용해시설	2(13) 이하
	6) 시멘트 · 석회 · 플라스터 및 그 제품 제조시설, 기타 비금속광물제품 제조시설 중 소성시설(예열시설을 포함한다), 용융 · 용해시설, 건조시설	15(13) 이하
	7) 조립금속제품 제조시설의 반도체 및 기타 전자부품 제조시설 중 증착(蒸着)시설, 식각(蝕刻)시설 및 표면처리시설	5 이하

	8) 고형연료제품 사용시설 가) 고형연료제품 사용량이 시간당 2톤 이상인 시설 나) 고형연료제품 사용량이 시간당 200킬로그램 이상 2톤 미만인 시설	 15(12) 이하 20(12) 이하
	9) 화장로시설	20(12) 이하
	10) 그 밖의 배출시설	6 이하
황산화물 (SO_2로서) (ppm)	일반보일러 가) 액체연료 사용시설 (1) 증발량이 시간당 40톤 이상이거나 열량이 시간당 24,760,000킬로칼로리 이상인 시설 2015년 1월 1일 이후 설치시설 (2) 증발량이 시간당 10톤 이상 40톤 미만인 시설, 열량이 시간당 6,190,000킬로칼로리 이상 24,760,000킬로칼로리 미만인 시설 2015년 1월 1일 이후 설치시설 (3) 증발량이 시간당 10톤 미만이거나 열량이 시간당 6,190,000킬로칼로리 미만인 시설 (가) 0.3% 이하 저황유 사용지역 (나) 0.5% 이하 저황유 사용지역 (다) 그 밖의 지역 나) 고체연료 사용시설(액체연료 혼합시설을 포함한다) 2015년 1월 1일 이후 설치시설 다) 기체연료사용시설 2015년 1월 1일 이후 설치시설 라) 바이오가스 사용시설	 50(4) 70(4) 이하 180(4) 이하 270(4) 이하 540(4) 이하 70(6) 이하 50(4) 이하 180(4) 이하
질소산화물 (NO_2로서) (ppm)	일반보일러 가) 액체연료(경질유는 제외한다) 사용시설 (1) 증발량이 시간당 40톤 이상이거나 열량이 시간당 24,760,000킬로칼로리 이상인 시설 2015년 1월 1일 이후 설치시설 (2) 증발량이 시간당 10톤 이상 40톤 미만인 시설, 열량이시간당 6,190,000킬로칼로리 이상 24,760,000킬로칼로리 미만인 시설 2015년 1월 1일 이후 설치시설 (3) 증발량이 시간당 10톤 미만이거나 열량이 시간당 6,190,000킬로칼로리 미만인 시설 2015년 1월 1일 이후 설치시설 나) 고체연료 사용시설 2007년 2월 1일 이후 설치시설 다) 국내에서 생산되는 석유코크스 사용시설 2015년 1월 1일 이후 설치시설 라) 기체연료 사용시설 (1) 증발량이 시간당 40톤 이상이거나 열량이 시간당 24,760,000킬로칼로리 이상인 시설 2015년 1월 1일 이후 설치시설 (2) 증발량이 시간당 10톤 이상 40톤 미만인 시설, 열량이 시간당 6,190,000킬로칼로리 이상 24,760,000킬로칼로리 미만인 시설 2015년 1월 1일 이후 설치시설 (3) 증발량이 시간당 10톤 미만이거나 열량이 시간당 6,190,000킬로칼로리 미만인 시설 2015년 1월 1일 이후 설치시설 마) 바이오가스 사용시설 바) 그 밖의 배출시설 2015년 1월 1일 이후 설치시설	 50(4) 이하 70(4) 이하 70(4) 이하 70(6) 이하 70(6) 이하 40(4) 이하 60(4) 이하 60(4) 이하 160(4) 이하 60 이하
이황화탄소 (ppm)	모든 배출시설	30 이하
포름알데히드 (ppm)	모든 배출시설	10 이하

황화수소 (ppm)	1) 폐수 · 폐기물 · 폐가스 소각처리시설(소각보일러를 포함한다) 가) 소각용량이 시간당 200킬로그램 이상인 시설 나) 소각용량이 시간당 200킬로그램 미만인 시설	 2(12) 이하 10(12) 이하
	2) 시멘트제조시설 중 소성시설	2(13) 이하
	3) 석유제품 제조시설 및 기초유기화합물 제조시설 중 가열시설, 탈황시설 및 폐가스소각시설	6(4) 이하
	4) 펄프 · 종이 및 종이제품 제조시설	5 이하
	5) 고형연료제품 사용시설 가) 고형연료제품 사용량이 시간당 2톤 이상인 시설 나) 고형연료제품 사용량이 시간당 200킬로그램 이상 2톤 미만인 시설	 2(12) 이하 10(12) 이하
	6) 석탄가스화 연료 제조시설 가) 황 회수시설 나) 황산 제조시설	 6(4) 이하 6(8) 이하
	7) 그 밖의 배출시설	10 이하
불소화합물 (F로서) (ppm)	1) 도자기 · 요업제품 제조시설의 소성시설(예열시설을 포함한다), 용융 · 용해시설	5(13) 이하
	2) 기초무기화합물 제조시설과 화학비료 및 질소화합물 제조시설의 습식인산 제조시설, 복합비료 제조시설, 과인산암모늄 제조시설, 인광석 · 형석의 용융 · 용해시설 및 소성시설, 불소화합물 제조시설	3 이하
	3) 폐수 · 폐기물 · 폐가스 소각처리시설(소각보일러를 포함한다) 가) 소각용량이 시간당 200킬로그램 이상인 시설 나) 소각용량이 시간당 200킬로그램 미만인 시설	 2(12) 이하 3(12) 이하
	4) 시멘트제조시설 중 소성시설	2(13) 이하
	5) 반도체 및 기타 전자부품 제조시설 중 표면처리시설(증착시설, 식각시설을 포함한다.) 2015년 1월 1일 이후 설치시설	 3 이하
	6) 제1차금속 제조시설, 조립금속제품 제조시설의 표면처리시설 중 탈지시설, 산 · 알칼리처리시설, 화성처리시설, 건조시설, 불산처리시설, 무기산저장시설	3 이하
	7) 고형연료제품 사용시설 가) 고형연료제품 사용량이 시간당 2톤 이상인 시설 나) 고형연료제품 사용량이 시간당 200킬로그램 이상 2톤 미만인 시설	 2(12) 이하 3(12) 이하
	8) 그 밖의 배출시설	3 이하
시안화수소 (ppm)	1) 아크릴로니트릴 제조시설의 폐가스 소각시설 2) 그 밖의 배출시설	10 이하 5 이하
브롬화합물 (Br로서) (ppm)	모든 배출시설	3 이하
벤젠 (ppm)	모든 배출시설(내부부상 지붕형 또는 외부부상 지붕형 저장시설은 제외한다)	10 이하
페놀화합물 (C_6H_5OH) (ppm)	모든 배출시설	5 이하
수은화합물 (Hg로서) (mg/Sm^3)	1) 폐수 · 폐기물 · 폐가스 소각처리시설(소각보일러를 포함한다) 및 고형연료제품 사용시설	0.08(12) 이하
	2) 발전시설(고체연료 사용시설)	0.05(6) 이하
	3) 제1차 금속제조시설 중 소결로	0.05(15) 이하
	4) 시멘트 · 석회 · 플라스터 및 그 제품 제조시설 중 시멘트 소성시설	0.08(13) 이하
	5) 그 밖의 배출시설	2 이하

비소화합물 (As로서) (ppm)	1) 폐수 · 폐기물 · 폐가스 소각처리시설(소각보일러를 포함한다) 및 고형연료제품 사용시설	0.25(12) 이하
	2) 시멘트제조시설 중 소성시설	0.25(13) 이하
	3) 그 밖의 배출시설	2 이하
염화비닐 (ppm)	이염화에틸렌 · 염화비닐 및 PVC 제조시설 중 중합반응시설 가) 1996년 7월 1일 이후 설치시설 (1) 현탁중합반응시설 (2) 괴상중합반응시설 (3) 유화중합반응시설 (4) 공중합반응시설 (5) 그 밖의 배출시설	 10 이하 30 이하 100 이하 180 이하 10 이하
탄화수소 (THC로서) (ppm)	1) 연속식 도장시설(건조시설과 분무 · 분체 · 침지도장시설을 포함한다) 2) 비연속식 도장시설 3) 인쇄 및 각종 기록매체 제조(복제)시설 4) 시멘트 제조시설 중 소성시설(예열시설을 포함하며, 폐기물을 연료로 사용하는 시설만 해당한다)	40 이하 200 이하 200 이하 60(13)이하
디클로로메탄 (ppm)	모든 배출시설	50 이하

비고

1. 배출허용기준 난의 ( )는 표준산소농도(O_2의 백분율)를 말하며, 유리용해시설에서 공기 대신 순산소를 사용하는 경우, 폐가스소각시설 중 직접연소에 의한 시설, 촉매반응을 이용하는 시설 및 구리제련시설의 건조로, 질소산화물(NO_2로서)의 7)에 해당하는 시설(시멘트 제조시설은 고로슬래그 시멘트 제조시설만 해당한다) 중 열풍을 이용하여 직접 건조하는 시설은 표준산소농도(O_2의 백분율)를 적용하지 아니한다. 다만, 실측 산소농도가 12% 미만인 직접연소에 의한 시설은 표준산소농도(O_2의 백분율)를 적용한다. 중요내용
2. "고형연료제품 사용시설"이란 연료사용량 중 고형연료제품 사용비율이 30퍼센트 이상인 시설을 말한다.
3. 황산화물(SO_2로서)의 1)가)에서 "저황유 사용지역"이란 고시한 지역을 말한다.
4. 탄화수소(THC로서)의 1)의 "연속식 도장시설"이란 1일 8시간 이상 연속하여 가동하는 시설이며, 2)의 "비연속식 도장시설"이란 연속식 도장시설 외의 시설을 말한다.
5. 탄화수소(THC로서)의 도장시설(건조시설을 포함한다) 중 자동차제작자의 도장시설은 건조시설을 포함하며, 유기용제 사용량이 연 15톤 이상인 시설만 해당한다.

나. 입자형태의 물질

대기오염물질	배출시설	배출허용기준
먼지 (mg/Sm^3)	일반보일러 가) 액체연료 사용시설 (1) 증발량이 시간당 150톤 이상 또는 열량이 시간당 92,850,000킬로칼로리 이상인 시설 2015년 1월 1일 이후 설치시설 (2) 증발량이 시간당 20톤 이상 150톤 미만인 시설 또는 열량이 시간당 12,380,000킬로칼로리 이상 92,850,000킬로칼로리 미만인 시설 2015년 1월 1일 이후 설치시설 (3) 증발량이 시간당 5톤 이상 20톤 미만인 시설 또는 열량이 3,095,000킬로칼로리 이상 12,380,0000킬로칼로리 미만인 시설 2015년 1월 1일 이후 설치시설 (4) 증발량이 시간당 5톤 미만 또는 열량이 3,095,000킬로칼로리 미만인 시설 2015년 1월 1일 이후 설치시설 나) 고체연료 사용시설(액체연료 혼합시설을 포함한다) (1) 증발량이 시간당 20톤 이상 또는 열량이 시간당 12,380,000킬로칼로리 이상인 시설 2015년 1월 1일 이후 설치시설 (2) 증발량이 시간당 5톤 이상 20톤 미만인 시설 또는 열량이 3,095,000킬로칼로리 이상 12,380,000킬로칼로리 미만인 시설 2015년 1월 1일 이후 설치시설	 10(4) 이하 20(4) 이하 20(4) 이하 20(4) 이하 10(6) 이하 20(6) 이하

	(3) 증발량이 시간당 5톤 미만 또는 열량이 시간당 3,095,000킬로칼로리 미만인 시설 2015년 1월 1일 이후 설치시설	20(6) 이하

비고

1. 배출허용기준 난의 ( )는 표준산소농도(O_2의 백분율)를 말하며, 다음의 시설에 대하여는 표준산소농도(O_2의 백분율)를 적용하지 아니한다. 중요내용
   가. 폐가스소각시설 중 직접연소에 의한 시설과 촉매반응을 이용하는 시설. 다만, 실측산소농도가 12% 미만인 직접연소에 의한 시설은 표준산소농도(O_2의 백분율)를 적용한다.
   나. 먼지의 5) 및 11)(시멘트 제조시설은 고로슬래그 시멘트 제조시설만 해당한다)에 해당하는 시설 중 열풍을 이용하여 직접 건조하는 시설
   다. 공기 대신 순산소를 사용하는 시설
   라. 구리제련시설의 건조로
   마. 그 밖에 공정의 특성상 표준산소농도 적용이 불가능한 시설로서 시·도지사가 인정하는 시설
2. 일반보일러의 경우에는 시설의 고장 등을 대비하여 허가를 받거나 신고하여 예비로 설치된 시설의 시설용량은 포함하지 아니한다.
3. "고형연료제품 사용시설"이란 「자원의 절약과 재활용촉진에 관한 법률」에 따른 해당 시설로서 연료사용량 중 고형연료제품 사용비율이 30퍼센트 이상인 시설을 말한다.
4. 배출시설란에서 "이전 설치시설"이란 해당 연월일 이전에 배출시설을 설치 중인 시설 및 환경영향평가협의를 요청한 시설을 말하며, "이후 설치시설"이란 해당 연월일 이후에 배출시설 설치허가(신고를 포함한다)를 받은 시설 및 환경영향평가협의를 요청한 시설을 말한다.

대기오염물질의 배출원 및 배출량 조사(법 제17조)

① 환경부장관은 종합계획, 「환경정책기본법」에 따른 국가환경종합계획과 대기관리권역의 대기환경개선에 관한 특별법, 대기환경관리기본계획을 합리적으로 수립·시행하기 위하여 전국의 대기오염물질 배출원(排出源) 및 배출량을 조사하여야 한다.

② 시·도지사 및 지방 환경관서의 장은 환경부령으로 정하는 바에 따라 관할 구역의 배출시설 등 대기오염물질의 배출원 및 배출량을 조사하여야 한다.

③ 환경부장관 또는 시·도지사는 대기오염물질의 배출원 및 배출량 조사를 위하여 관계 기관의 장에게 필요한 자료의 제출이나 지원을 요청할 수 있다. 이 경우 요청을 받은 관계 기관의 장은 특별한 사유가 없으면 따라야 한다.

④ 환경부장관은 대기오염물질의 배출원과 배출량 및 이의 산정에 사용된 계수 등 각종 정보 및 통계를 검증할 수 있는 체계를 구축하여야 한다.

⑤ 대기오염물질의 배출원과 배출량의 조사방법, 조사절차, 배출량의 산정방법 등에 필요한 사항은 환경부령으로 정한다.

❑ 배출시설별 배출원과 배출량 조사(규칙 제16조)

① 시·도지사, 유역환경청장, 지방환경청장 및 수도권대기환경청장은 배출시설별 배출원과 배출량을 조사하고, 그 결과를 다음해 3월말까지 환경부장관에게 보고하여야 한다. 중요내용

② 배출원의 조사방법, 배출량의 조사방법과 산정방법(이하 "배출량 등 조사·산정방법"이라 한다)은 다음 각 호와 같다.

❶ 굴뚝 자동측정기기(이하 "굴뚝 자동측정기기"라 한다)가 설치된 배출시설의 경우 : 굴뚝 자동측정기기의 측정에 따른 방법

❷ 굴뚝 자동측정기기가 설치되지 아니한 배출시설의 경우 : 자가측정에 따른 방법

❸ 배출시설 외의 오염원의 경우 : 단위당 대기오염물질 배출량을 산출하는 배출계수에 따른 방법

③ 배출량 조사·산정방법에 관하여 필요한 사항은 환경부장관이 정하여 고시한다.

총량규제(법 제22조)

① 환경부장관은 대기오염 상태가 환경기준을 초과하여 주민의 건강·재산이나 동식물의 생육에 심각한 위해를 끼칠 우려가 있다고 인정하는 구역 또는 특별대책지역 중 사업장이 밀집되어 있는 구역의 경우에는 그 구역의 사업장에서 배출되는 오염

물질을 총량으로 규제할 수 있다.

② 총량규제의 항목과 방법, 그 밖에 필요한 사항은 환경부령으로 정한다.

❑ 총량규제구역의 지정 등(규칙 제24조)

환경부장관은 그 구역의 사업장에서 배출되는 대기오염물질을 총량으로 규제하려는 경우에는 다음 각 호의 사항을 고시하여야 한다. 중요내용

❶ 총량규제구역

❷ 총량규제 대기오염물질

❸ 대기오염물질의 저감계획

❹ 그 밖에 총량규제구역의 대기관리를 위하여 필요한 사항

[설치허가 대상 특정대기유해물질 배출시설의 적용기준 : 규칙 별표 8의2]

물질명	기준농도	물질명	기준농도
염소 및 염화수소	0.4ppm	히드라진	0.45ppm
불소화물	0.05ppm	카드뮴 및 그 화합물	0.01mg/m^3
시안화수소	0.05ppm	납 및 그 화합물	0.05mg/m^3
염화비닐	0.1ppm	크롬 및 그 화합물	0.1mg/m^3
페놀 및 그 화합물	0.2ppm	비소 및 그 화합물	0.003ppm
벤젠	0.1ppm	수은 및 그 화합물	0.0005mg/m^3
사염화탄소	0.1ppm	니켈 및 그 화합물	0.01mg/m^3
클로로포름	0.1ppm	베릴륨 및 그 화합물	0.05mg/m^3
포름알데히드	0.08ppm	폴리염화비페닐	1pg/m^3
아세트알데히드	0.01ppm	다이옥신	0.001ng-TEQ/m^3
1,3-부타디엔	0.03ppm	다환방향족 탄화수소류	10ng/m^3
에틸렌옥사이드	0.05ppm	이황화메틸	0.1ppb
디클로로메탄	0.5ppm	총 VOCs(아닐린, 스틸렌, 테트라클로로에틸렌, 1,2-디클로로에탄, 에틸벤젠, 아크릴로니트릴)	0.4mg/m^3
트리클로로에틸렌	0.3ppm		

[비고]
별표 2에 따른 특정대기유해물질 중 위 표에서 기준농도가 정해지지 않은 물질의 기준 농도는 0.00으로 한다.

배출시설의 설치 허가 및 신고(법 제23조) 중요내용

① 배출시설을 설치하려는 자는 대통령령으로 정하는 바에 따라 시·도지사의 허가를 받거나 시·도지사에게 신고하여야 한다. 다만, 시·도가 설치하는 배출시설, 관할시·도가 다른 둘 이상의 시·군·구가 공동으로 설치하는 배출시설에 대해서는 환경부장관의 허가를 받거나 환경부장관에게 신고하여야 한다.

② 허가를 받은 자가 허가받은 사항 중 대통령령으로 정하는 중요한 사항을 변경하려면 변경허가를 받아야 하고, 그 밖의 사항을 변경하려면 변경신고를 하여야 한다.

③ 신고를 한 자가 신고한 사항을 변경하려면 환경부령으로 정하는 바에 따라 변경신고를 하여야 한다.

④ 허가·변경허가를 받거나 신고·변경신고를 하려는 자가 공동 방지시설을 설치하거나 변경하려는 경우에는 환경부령으로 정하는 서류를 제출하여야 한다.

⑤ 환경부장관 또는 시·도지사는 신고 또는 변경신고를 받은 날부터 환경부령으로 정하는 기간 내에 신고 또는 변경신고 수리 여부를 신고인에게 통지하여야 한다.

⑥ 환경부장관 또는 시·도지사가 제5항에서 정한 기간 내에 신고수리 여부 또는 민원 처리 관련 법령에 따른 처리기간의 연장 여부를 신고인에게 통지하지 아니하면 그 기간(민원 처리 관련 법령에 따라 처리기간이 연장 또는 재연장된 경우에는 해당

처리기간을 말한다)이 끝난 날의 다음 날에 신고를 수리한 것으로 본다.

⑦ 허가 또는 변경허가의 기준은 다음 각 호와 같다.

❶ 배출시설에서 배출되는 오염물질을 배출허용기준 이하로 처리할 수 있을 것

❷ 다른 법률에 따른 배출시설 설치제한에 관한 규정을 위반하지 아니할 것

⑧ 환경부장관 또는 시 · 도지사는 배출시설로부터 나오는 특정 대기유해물질이나 특별대책지역의 배출시설로부터 나오는 대기오염물질로 인하여 환경기준의 유지가 곤란하거나 주민의 건강 · 재산, 동식물의 생육에 심각한 위해를 끼칠 우려가 있다고 인정되면 대통령령으로 정하는 바에 따라 특정대기유해물질을 배출하는 배출시설의 설치 또는 특별대책지역에서의 배출시설 설치를 제한할 수 있다.

⑨ 환경부장관 또는 시 · 도지사는 허가 또는 변경허가를 하는 경우에는 대통령령으로 정하는 바에 따라 주민 건강이나 주변환경의 보호 및 배출시설의 적정관리 등을 위하여 필요한 조건을 붙일 수 있다. 이 경우 허가조건은 허가 또는 변경허가의 시행에 필요한 최소한도의 것이어야 하며, 허가 또는 변경허가를 받는 자에게 부당한 의무를 부과하는 것이어서는 아니 된다.

✪ 배출시설의 설치허가 및 신고 등(영 제11조) 중요내용

① 설치허가를 받아야 하는 배출시설은 다음 각 호와 같다.

1 특정대기유해물질이 환경부령으로 정하는 기준 이상으로 발생되는 배출시설

2 「환경정책기본법」 지정 · 고시된 특별대책지역(이하 "특별대책지역"이라 한다)에 설치하는 배출시설. 다만, 특정대기유해물질이 제1호에 따른 기준 이상으로 배출되지 아니하는 배출시설로서 5종사업장에 설치하는 배출시설은 제외한다.

② 배출시설을 설치하려는 자는 배출시설 설치신고를 하여야 한다.

③ 배출시설 설치허가를 받거나 설치신고를 하려는 자는 배출시설 설치허가신청서 또는 배출시설 설치신고서에 다음 각 호의 서류를 첨부하여 환경부장관 또는 시 · 도지사에게 제출하여야 한다.

1 원료(연료를 포함한다)의 사용량 및 제품 생산량과 오염물질 등의 배출량을 예측한 명세서

2 배출시설 및 대기오염 방지시설의 설치명세서

3 방지시설의 일반도(一般圖)

4 방지시설의 연간 유지관리 계획서

5 사용 연료의 성분 분석과 황산화물 배출농도 및 배출량 등을 예측한 명세서(법 제41조 제3항 단서에 해당하는 배출시설의 경우에만 해당한다)

6 배출시설 설치허가증(변경허가를 신청하는 경우에만 해당한다)

④ 법 제23조 제2항에서 "대통령령으로 정하는 중요한 사항"이란 다음 각 호와 같다.

1 설치허가 또는 변경허가를 받거나 변경신고를 한 배출시설 규모의 합계나 누계의 100분의 50 이상(제1항 제1호에 따른 특정대기유해물질 배출시설의 경우에는 100분의 30 이상으로 한다) 증설. 이 경우 배출시설 규모의 합계나 누계는 배출구별로 산정한다.

2 설치허가 또는 변경허가를 받은 배출시설의 용도 추가

⑤ 변경신고를 하여야 하는 경우와 변경신고의 절차 등에 관한 사항은 환경부령으로 정한다.

⑥ 환경부장관 또는 시 · 도지사는 배출시설 설치허가를 하거나 배출시설 설치신고를 수리한 경우에는 배출시설 설치허가증 또는 배출시설 설치신고증명서를 신청인에게 내주어야 한다. 다만, 배출시설의 설치변경을 허가한 경우에는 배출시설 설치허가증의 변경사항란에 변경허가사항을 적는다.

⑦ 환경부장관 또는 시 · 도지사는 다음 각 호의 사항을 허가 또는 변경허가의 조건으로 붙일 수 있다.

1 배출구 없이 대기 중에 직접 배출되는 대기오염 물질이나 악취, 소음 등을 줄이기 위하여 필요한 조치 사항

2 배출시설의 배출허용기준 준수 여부 및 방지시설의 적정한 가동 여부를 확인하기 위하여 필요한 조치 사항

❑ 배출시설의 변경허가(규칙 제26조)

각 호의 서류를 첨부하여 유역환경청장, 지방환경청장, 수도권 대기환경청장 또는 시 · 도지사에게 제출하여야 한다.

❑ **배출시설의 변경신고 등(규칙 제27조)**

① 변경신고를 하여야 하는 경우는 다음 각 호와 같다. 중요내용

❶ 같은 배출구에 연결된 배출시설을 증설 또는 교체하거나 폐쇄하는 경우. 다만, 배출시설의 규모[허가 또는 변경허가를 받은 배출시설과 같은 종류의 배출시설로서 같은 배출구에 연결되어 있는 배출시설(방지시설의 설치를 면제받은 배출시설의 경우에는 면제받은 배출시설)의 총 규모를 말한다]를 10퍼센트 미만으로 증설 또는 교체하거나 폐쇄하는 경우로서 다음 각 목의 모두에 해당하는 경우에는 그러하지 아니하다.

가. 배출시설의 증설 · 교체 · 폐쇄에 따라 변경되는 대기오염물질의 양이 방지시설의 처리용량 범위 내일 것

나. 배출시설의 증설 · 교체로 인하여 다른 법령에 따른 설치 제한을 받는 경우가 아닐 것

❷ 배출시설에서 허가받은 오염물질 외의 새로운 대기오염물질이 배출되는 경우

❸ 방지시설을 증설 · 교체하거나 폐쇄하는 경우

❹ 사업장의 명칭이나 대표자를 변경하는 경우

❺ 사용하는 원료나 연료를 변경하는 경우. 다만, 새로운 대기오염물질을 배출하지 아니하고 배출량이 증가되지 아니하는 원료로 변경하는 경우 또는 종전의 연료보다 황함유량이 낮은 연료로 변경하는 경우는 제외한다.

❻ 배출시설 또는 방지시설을 임대하는 경우

❼ 그 밖의 경우로서 배출시설 설치허가증에 적힌 허가사항 및 일일조업시간을 변경하는 경우

② 변경신고를 하려는 자는 제1항 제1호 · 제2호 · 제4호 또는 제6호에 해당되는 경우에는 변경 전에, 제1항 제3호의 경우에는 그 사유가 발생한 날부터 2개월 이내에, 제1항 제5호의 경우에는 그 사유가 발생한 날(배출시설에 사용되는 원료나 연료를 변경하지 아니한 경우로서 자가측정 시 새로운 대기오염물질이 배출되지 않았으나 검사 결과 새로운 대기오염물질이 배출된 경우에는 그 배출이 확인된 날)부터 30일 이내에 배출시설 변경신고서에 다음 각 호의 서류 중 변경내용을 증명하는 서류와 배출시설 설치허가증을 첨부하여 유역환경청장, 지방환경청장, 수도권대기환경청장 또는 시 · 도지사에게 제출하여야 한다. 다만, 제출한 개선계획서의 개선내용이 제1항 제1호 또는 제2호에 해당하는 경우에는 개선계획서를 제출할 때 제출한 서류는 제출하지 않을 수 있다. 중요내용

❶ 공정도

❷ 방지시설의 설치명세서와 그 도면

❸ 그 밖에 변경내용을 증명하는 서류

③ 변경신고를 하려는 자는 신고사유가 제1호 · 제1호의2 · 제2호 또는 제5호에 해당되는 경우에는 변경 전에, 제3호의 경우에는 그 사유가 발생한 날부터 2개월 이내에, 제4호의 경우에는 그 사유가 발생한 날(배출시설에 사용되는 원료나 연료를 변경하지 아니한 경우로서 자가측정 시 새로운 대기오염물질이 배출되지 않았으나 검사 결과 새로운 대기오염물질이 배출된 경우에는 그 배출이 확인된 날)부터 30일 이내에 배출시설 변경신고서에 배출시설 설치신고증명서와 변경내용을 증명하는 서류를 첨부하여 유역환경청장, 지방환경청장, 수도권대기환경청장 또는 시 · 도지사에게 제출하여야 한다. 다만, 제출한 개선계획서의 개선내용이 제1호 · 제1호의2 또는 제2호에 해당되는 경우에는 개선계획서를 제출할 때 제출한 서류는 제출하지 않을 수 있다.

❶ 같은 배출구에 연결된 배출시설을 증설 또는 교체하거나 폐쇄하는 경우. 다만, 배출시설의 규모[신고 또는 변경신고를 한 배출시설과 같은 종류의 배출시설로서 같은 배출구에 연결되어 있는 배출시설(방지시설의 설치를 면제받은 배출시설의 경우에는 면제받은 배출시설)의 총 규모를 말한다]를 10퍼센트 미만으로 증설 또는 교체하거나 폐쇄하는 경우로서 다음 각 목의 모두에 해당하는 경우에는 그러하지 아니하다.

가. 배출시설의 증설 · 교체 · 폐쇄에 따라 변경되는 대기오염물질의 양이 방지시설의 처리용량 범위 내일 것

나. 배출시설의 증설 · 교체로 인하여 다른 법령에 따른 설치 제한을 받는 경우가 아닐 것

❷ 배출시설에서 신고한 대기오염물질 외의 새로운 대기오염물질이 배출되는 경우

❸ 방지시설을 증설 · 교체하거나 폐쇄하는 경우

❹ 사용하는 원료나 연료를 변경하는 경우. 다만, 새로운 대기오염물질을 배출하지 아니하고 배출량이 증가되지 아니하는 원료로 변경하는 경우 또는 종전의 연료보다 황함유량이 낮은 연료로 변경하는 경우는 제외한다.

❺ 사업장의 명칭이나 대표자를 변경하는 경우

❻ 배출시설 또는 방지시설을 임대하는 경우

❼ 그 밖의 경우로서 배출시설 설치신고증명서에 적힌 신고사항 및 일일조업시간을 변경하는 경우

④ 유역환경청장, 지방환경청장, 수도권대기환경청장 또는 시 · 도지사는 변경신고를 수리한 경우에는 배출시설 설치허가증 또는 배출시설 설치신고증명서의 뒤 쪽에 변경신고사항을 적는다.

✪ 배출시설설치의 제한(영 제12조) 중요내용

환경부장관 또는 시 · 도지사가 배출시설의 설치를 제한할 수 있는 경우는 다음 각 호와 같다.

1 배출시설 설치 지점으로부터 반경 1킬로미터 안의 상주 인구가 2만명 이상인 지역으로서 특정대기유해물질 중 한 가지 종류의 물질을 연간 10톤 이상 배출하거나 두 가지 이상의 물질을 연간 25톤 이상 배출하는 시설을 설치하는 경우

2 대기오염물질(먼지 · 황산화물 및 질소산화물만 해당한다)의 발생량 합계가 연간 10톤 이상인 배출시설을 특별대책지역(총량규제구역으로 지정된 특별대책지역은 제외한다)에 설치하는 경우

✪ 저황유 외의 연료사용(영 제41조)

환경부장관 또는 시 · 도지사는 저황유 공급지역의 사용시설 중 다음 각 호의 시설에서는 저황유 외의 연료를 사용하게 할 수 있다.

1 부생가스 또는 환경부장관이 인정하는 폐열을 사용하는 시설

2 최적의 방지시설을 설치하여 부과금을 면제받은 시설

3 그 밖에 저황유 외의 연료를 사용하여 배출되는 황산화물이 해당 시설에서 저황유를 사용할 때 적용되는 배출허용기준 이하로 배출되는 시설로서 배출시설의 설치허가 또는 변경허가를 받거나 신고 또는 변경신고를 한 시설

❑ 방지시설을 설치하지 아니하려는 경우의 제출서류(규칙 제28조)

방지시설을 설치하지 않으려는 경우에는 다음 각 호의 서류를 유역환경청장, 지방환경청장, 수도권대기환경청장 또는 시 · 도지사에게 제출하여야 한다. 다만, 배출시설의 설치허가, 변경허가, 설치신고 또는 변경신고 시 제출된 서류는 제출하지 않을 수 있다.

❶ 해당 배출시설의 기능 · 공정 · 사용원료(부원료를 포함한다) 및 연료의 특성에 관한 설명자료

❷ 배출시설에서 배출되는 대기오염물질이 항상 배출허용기준(이하 "배출허용기준"이라 한다) 이하로 배출된다는 것을 증명하는 객관적인 문헌이나 그 밖의 시험분석자료

✪ 초과부과금 산정의 방법 및 기준(영 제24조)

① 오염물질에 대한 초과부과금은 다음 각 호의 구분에 따른 산정방법으로 산출한 금액으로 한다. 중요내용

1 개선계획서를 제출하고 개선하는 경우 : 오염물질 1킬로그램당 부과금액×배출허용기준초과 오염물질배출량×지역별 부과계수×연도별 부과금산정지수

2 제1호 외의 경우 : 오염물질 1킬로그램당 부과금액×배출허용기준초과 오염물질배출량×배출허용기준 초과율별 부과계수×지역별 부과계수×연도별 부과금산정지수×위반횟수별 부과계수

② 초과부과금의 산정에 필요한 오염물질 1킬로그램당 부과금액, 배출허용기준 초과율별 부과계수 및 지역별 부과계수는 별표 4와 같다.

[초과부과금 산정기준(영 제24조) : 별표 4] 중요내용

구분 / 오염물질		오염물질 1킬로그램당 부과금액	배출허용 기준초과율별 부과계수								지역별 부과계수		
			20% 미만	20% 이상 40% 미만	40% 이상 80% 미만	80% 이상 100% 미만	100% 이상 200% 미만	200% 이상 300% 미만	300% 이상 400% 미만	400% 이상	Ⅰ지역	Ⅱ지역	Ⅲ지역
황산화물		500	1.2	1.56	1.92	2.28	3.0	4.2	4.8	5.4	2	1	1.5
먼지		770	1.2	1.56	1.92	2.28	3.0	4.2	4.8	5.4	2	1	1.5
질소산화물		2,130	1.2	1.56	1.92	2.28	3.0	4.2	4.8	5.4	2	1	1.5
암모니아		1,400	1.2	1.56	1.92	2.28	3.0	4.2	4.8	5.4	2	1	1.5
황화수소		6,000	1.2	1.56	1.92	2.28	3.0	4.2	4.8	5.4	2	1	1.5
이황화탄소		1,600	1.2	1.56	1.92	2.28	3.0	4.2	4.8	5.4	2	1	1.5
특정유해물질	불소화물	2,300	1.2	1.56	1.92	2.28	3.0	4.2	4.8	5.4	2	1	1.5
	염화수소	7,400	1.2	1.56	1.92	2.28	3.0	4.2	4.8	5.4	2	1	1.5
	시안화수소	7,300	1.2	1.56	1.92	2.28	3.0	4.2	4.8	5.4	2	1	1.5

비고
1. 배출허용기준 초과율(%)=(배출농도－배출허용기준농도) ÷ 배출허용기준농도×100
2. Ⅰ지역 : 주거지역 · 상업지역, 같은 법 제37조에 따른 취락지구, 택지개발예정지구
3. Ⅱ지역 : 공업지역, 개발진흥지구(관광 · 휴양개발진흥지구는 제외한다), 수산자원보호구역, 국가산업단지 및 지방산업단지, 전원개발사업구역 및 예정구역
4. Ⅲ지역 : 녹지지역 · 관리지역 · 농림지역 및 자연환경보전지역, 관광 · 휴양개발진흥지구

사업장의 분류(법 제25조)

① 환경부장관은 배출시설의 효율적인 설치 및 관리를 위하여 그 배출시설에서 나오는 오염물질 발생량에 따라 사업장을 1종부터 5종까지로 분류하여야 한다.
② 사업장 분류기준은 대통령령으로 정한다.

[사업장의 분류기준(영 제13조) : 별표 1] 중요내용

종별	오염물질발생량 구분
1종사업장	대기오염물질발생량의 합계가 연간 80톤 이상인 사업장
2종사업장	대기오염물질발생량의 합계가 연간 20톤 이상 80톤 미만인 사업장
3종사업장	대기오염물질발생량의 합계가 연간 10톤 이상 20톤 미만인 사업장
4종사업장	대기오염물질발생량의 합계가 연간 2톤 이상 10톤 미만인 사업장
5종사업장	대기오염물질발생량의 합계가 연간 2톤 미만인 사업장

비고
"대기오염물질발생량"이란 방지시설을 통과하기 전의 먼지, 황산화물 및 질소산화물의 발생량을 환경부령으로 정하는 방법에 따라 산정한 양을 말한다.

❏ 대기오염물질 발생량 산정방법(규칙 제42조) 중요내용

① 대기오염물질 발생량은 예비용 시설을 제외한 사업장의 모든 배출시설별 대기오염물질 발생량을 더하여 산정하되, 배출시설별 대기오염 발생량의 산정방법은 다음과 같다.
배출시설의 시간당 대기오염물질 발생량×일일조업시간(times)×연간가동일수
② 시 · 도지사는 사업장에 대한 지도점검결과 사업장의 대기오염물질 발생량이 변경되어 해당 사업장의 구분을 변경

하여야 하는 경우에는 사업자에게 그 사실을 통보하여야 한다.

③ 통보를 받은 사업자는 통보일부터 7일 이내에 변경신고를 하여야 한다.

방지시설의 설치(법 제26조)

① 허가 · 변경허가를 받은 자 또는 신고 · 변경신고를 한 자(이하 "사업자"라 한다)가 해당 배출시설을 설치하거나 변경할 때에는 그 배출시설로부터 나오는 오염물질이 배출허용기준 이하로 나오게 하기 위하여 대기오염방지시설(이하 "방지시설"이라 한다)을 설치하여야 한다. 다만, 대통령령으로 정하는 기준에 해당하는 경우에는 설치하지 아니할 수 있다.

② 방지시설을 설치하지 아니하고 배출시설을 설치 · 운영하는 자는 다음 각 호의 어느 하나에 해당하는 경우에는 방지시설을 설치하여야 한다.

❶ 배출시설의 공정을 변경하거나 사용하는 원료나 연료 등을 변경하여 배출허용기준을 초과할 우려가 있는 경우

❷ 그 밖에 배출허용기준의 준수 가능성을 고려하여 환경부령으로 정하는 경우

③ 환경부장관은 연소조절에 의한 시설설치를 기원할 수 있으며, 업무의 효율적 추진을 위하여 연소조절에 의한 시설의 설치 지원 업무를 관계전문가에게 위탁할 수 있다.

✪ 방지시설의 설치면제기준(영 제14조)

법 제26조 제1항 단서에서 "대통령령으로 정하는 기준에 해당하는 경우"란 다음 각 호의 어느 하나에 해당하는 경우를 말한다.

[1] 배출시설의 기능이나 공정에서 오염물질이 항상 배출허용기준 이하로 배출되는 경우

[2] 그 밖에 방지시설의 설치 외의 방법으로 오염물질의 적정처리가 가능한 경우

❑ 방지시설을 설치하여야 하는 경우(규칙 제29조)

법 제26조 제2항 제2호에서 "환경부령으로 정하는 경우"란 다음 각 호의 어느 하나에 해당하는 사유로 배출허용기준을 초과할 우려가 있는 경우를 말한다.

❶ 배출허용기준의 강화

❷ 부대설비의 교체 · 개선

❸ 배출시설의 설치허가 · 변경허가 또는 설치신고나 변경신고 이후 배출시설에서 새로운 대기오염물질의 배출

방지시설의 설계와 시공(법 제28조)

방지시설의 설치나 변경은 「환경기술 및 환경산업 지원법」 환경전문공사업자가 설계 · 시공하여야 한다. 다만, 환경부령으로 정하는 방지시설을 설치하는 경우 및 환경부령으로 정하는 바에 따라 사업자 스스로 방지시설을 설계 · 시공하는 경우에는 그러하지 아니하다.

❑ 방지시설업의 등록을 한 자 외의 자가 설계 · 시공할 수 있는 방지시설(규칙 제30조) 중요내용

법 제28조 단서에서 "환경부령으로 정하는 방지시설을 설치하는 경우"란 방지시설의 공정을 변경하지 아니하는 경우로서 다음 각 호의 어느 하나에 해당하는 경우를 말한다.

❶ 방지시설에 딸린 기계류나 기구류를 신설하거나 대체 또는 개선하는 경우

❷ 허가를 받거나 신고한 시설의 용량이나 용적의 100분의 30을 넘지 아니하는 범위에서 증설하거나 대체 또는 개선하는 경우. 다만, 2회 이상 증설하거나 대체하여 증설하거나 대체 또는 개선한 부분이 최초로 허가를 받거나 신고한 시설의 용량이나 용적보다 100분의 30을 넘는 경우에는 방지시설업자가 설계 · 시공을 하여야 한다.

❸ 연소조절에 의한 시설을 설치하는 경우

❑ 자가방지시설의 설계 · 시공(규칙 제31조) 중요내용

① 사업자가 스스로 방지시설을 설계 · 시공하려는 경우에는 다음 각 호의 서류를 유역환경청장, 지방환경청장, 수도권대기환경청장 또는 시 · 도지사에게 제출해야 한다. 다만, 배출시설의 설치허가 · 변경허가 · 설치신고 또는 변경신고 시 제출한 서류는 제출하지 않을 수 있다.

❶ 배출시설의 설치명세서
❷ 공정도
❸ 원료(연료를 포함한다) 사용량, 제품생산량 및 대기오염물질 등의 배출량을 예측한 명세서
❹ 방지시설의 설치명세서와 그 도면
❺ 기술능력 현황을 적은 서류

공동 방지시설의 설치 등(법 제29조)

① 산업단지나 그 밖에 사업장이 밀집된 지역의 사업자는 배출시설로부터 나오는 오염물질의 공동처리를 위하여 공동 방지시설을 설치할 수 있다. 이 경우 각 사업자는 사업장별로 그 오염물질에 대한 방지시설을 설치한 것으로 본다.
② 사업자는 공동 방지시설을 설치 · 운영할 때에는 그 시설의 운영기구를 설치하고 대표자를 두어야 한다.
③ 공동 방지시설의 배출허용기준은 배출허용기준과 다른 기준을 정할 수 있으며, 그 배출허용기준 및 공동 방지시설의 설치 · 운영에 필요한 사항은 환경부령으로 정한다.

❑ 공동 방지시설의 설치 · 변경(규칙 제32조)

① 공동 방지시설(이하 "공동 방지시설"이라 한다)을 설치 · 운영하려는 경우에는 공동 방지시설 운영기구(이하 "공동 방지시설 운영기구"라 한다)의 대표자가 다음 각 호의 서류를 유역환경청장, 지방환경청장, 수도권대기환경청장 또는 시 · 도지사에게 제출해야 한다. 중요내용
❶ 공동 방지시설의 위치도(축척 2만 5천분의 1의 지형도를 말한다)
❷ 공동 방지시설의 설치명세서 및 그 도면
❸ 사업장별 배출시설의 설치명세서 및 대기오염물질 등의 배출량 예측서
❹ 사업장별 원료사용량과 제품생산량을 적은 서류와 공정도
❺ 사업장에서 공동 방지시설에 이르는 연결관의 설치도면 및 명세서
❻ 공동 방지시설의 운영에 관한 규약
② 공동 방지시설 운영기구가 설치된 경우에는 사업자는 공동 방지시설 운영기구의 대표자에게 법과 영 및 이 규칙에 따른 행위를 대행하게 할 수 있다. 다만, 공동 방지시설의 배출부과금은 미리 정한 분담비율에 따라 사업자별로 분담한다.
③ 사업자 또는 공동 방지시설 운영기구의 대표자는 공동 방지시설의 설치내용 중 다음 각 호의 어느 하나의 사항을 변경하려는 경우에는 그 변경내용을 증명하는 서류를 유역환경청장, 지방환경청장, 수도권대기환경청장 또는 시 · 도지사에게 제출해야 한다.
❶ 공동 방지시설의 종류 또는 규모
❷ 공동 방지시설의 위치
❸ 공동 방지시설의 대기오염물질 처리능력 및 처리방법
❹ 각 사업장에서 공동 방지시설에 이르는 연결관
❺ 공동 방지시설의 운영에 관한 규약

❑ 공동 방지시설의 배출허용기준(규칙 제33조)

공동 방지시설의 배출허용기준은 별표 8과 같다.

배출시설 등의 가동개시 신고(법 제30조)

① 사업자는 배출시설이나 방지시설의 설치를 완료하거나 배출시설의 변경(변경신고를 하고 변경을 하는 경우에는 대통령령으로 정하는 규모 이상의 변경만 해당한다)을 완료하여 그 배출시설이나 방지시설을 가동하려면 환경부령으로 정하는 바에 따라 미리 환경부장관 또는 시 · 도지사에게 가동개시 신고를 하여야 한다. 중요내용
② 신고한 배출시설이나 방지시설 중에서 발전소의 질소산화물 감소 시설 등 대통령령으로 정하는 시설인 경우에는 환경부령으로

정하는 기간에는 제33조부터 제35조까지의 규정을 적용하지 아니한다.

✪ 변경신고에 따른 가동개시신고의 대상규모(영 제15조) 중요내용

법 제30조 제1항에서 "대통령령으로 정하는 규모 이상의 변경"이란 설치허가 또는 변경허가를 받거나 설치신고 또는 변경신고를 한 배출구별 배출시설 규모의 합계보다 100분의 20 이상 증설(대기배출시설 증설에 따른 변경신고의 경우에는 증설의 누계를 말한다)하는 배출시설의 변경을 말한다.

❑ 배출시설의 가동개시 신고(규칙 제34조)

① 사업자가 가동개시 신고를 하려는 경우에는 배출시설 및 방지시설의 가동개시 신고서에 배출시설 설치허가증 또는 배출시설 설치신고증명서를 첨부하여 유역환경청장, 지방환경청장, 수도권대기환경청장 또는 시·도지사에게 제출(「전자정부법」 정보통신망에 의한 제출을 포함한다)해야 한다.

② 가동개시신고서를 제출한 후 신고한 가동개시일을 변경하려는 경우에는 배출(방지)시설 가동개시일 변경신고서를 유역환경청장, 지방환경청장, 수도권대기환경청장 또는 시·도지사에게 제출(「전자정부법」 정보통신망에 의한 제출을 포함한다)해야 한다.

③ 가동개시일 변경신고서가 신고서의 기재사항 및 첨부서류에 흠이 없고, 법령 등에 규정된 형식상의 요건을 충족하는 경우에는 신고서가 접수기관에 도달된 때에 신고 의무가 이행된 것으로 본다.

✪ 시운전을 할 수 있는 시설(영 제16조)

법 제30조 제2항에서 "대통령령으로 정하는 시설"이란 다음 각 호의 배출시설을 말한다.

1 배연탈황시설(排煙脫黃施設)을 설치한 배출시설

2 배연탈질시설(排煙脫窒施設)을 설치한 배출시설

3 그 밖에 방지시설을 설치하거나 보수한 후 상당한 기간 시운전이 필요하다고 환경부장관이 인정하여 고시하는 배출시설

❑ 시운전 기간(규칙 제35조) 중요내용

환경부령으로 정하는 시운전 기간이란 신고한 배출시설 및 방지시설의 가동개시일부터 30일까지의 기간을 말한다.

✪ 기준이내배출량의 조정 등(영 제30조)

환경부장관 또는 시·도지사는 해당 사업자가 자료를 제출하지 않거나 제출한 내용이 실제와 다른 경우 또는 거짓으로 작성되었다고 인정하는 경우에는 다음 각 호의 구분에 따른 방법으로 기준이내배출량을 조정할 수 있다.

1 사업자가 확정배출량에 관한 자료를 제출하지 않은 경우 : 배출한 것으로 추정한 기준이내배출량

가. 부과기간에 배출시설별 오염물질의 배출허용기준농도로 배출했을 것

나. 배출시설 또는 방지시설의 최대시설용량으로 가동했을 것

다. 1일 24시간 조업했을 것

2 자료심사 및 현지조사 결과, 사업자가 제출한 확정배출량의 내용(사용연료 등에 관한 내용을 포함한다)이 실제와 다른 경우 : 자료심사와 현지조사 결과를 근거로 산정한 기준이내배출량

3 사업자가 제출한 확정배출량에 관한 자료가 명백히 거짓으로 판명된 경우 : 추정한 배출량의 100분의 120에 해당하는 기준이내배출량 중요내용

[측정결과에 따른 확정배출량 산정방법(영 제29조) : 별표 9]

1. 황산화물의 경우

   확정배출량은 환경부령으로 정하는 황산화물에 대한 대기오염물질 배출계수에 해당 부과기간에 사용한 배출계수별 단위량(연료사용량, 원료투입량 또는 제품생산량 등을 말한다)을 곱하여 산정한 양을 킬로그램 단위로 표시한 양으로 한다. 다만, 황산화물의 배출을 줄이기 위하여 방지시설을 설치한 경우나 생산공정상 황산화물의 배출이 줄어드는 경우에는 제2호에 따른 산정방법을 준용할 수 있다.

2. 먼지의 경우

   가. 확정배출량은 원칙적으로 자가측정(이하 "자가측정"이라 한다)결과를 근거로 하는 일일평균배출량에 부과기간의 조업일수를 곱하여 산정하되, 일일평균배출량의 산정방법은 다음과 같다.

   1) 해당 부과기간에 검사를 받지 아니한 경우

   $$\frac{\text{일일배출량의 합계}}{\text{자가측정 횟수}}$$

   2) 해당 부과기간에 검사를 받고 그 결과가 배출허용기준 이내인 경우

   $$\frac{\text{1)에 따른 일일평균배출량} + \text{통보받은 오염물질 배출량의 합계}}{1 + \text{검사횟수}}$$

   나. 해당 부과기간에 검사를 받은 경우로서 그 결과가 1회 이상 배출허용기준을 초과한 경우 그 확정배출량은 일일평균배출량에 부과기간의 조업일수를 곱하여 산정한 배출량에 다음의 계산에 따른 추가배출량을 더하여 산정한다.

   [(배출허용기준농도 − 일일평균배출농도) × 초과배출기간 × 검사결과에 따른 측정유량]

비고 중요내용

1. 확정배출량과 일일평균배출량은 킬로그램 단위로 표시한 양으로 한다.
2. 사업자는 해당 부과기간에 환경부장관의 명령에 대한 이행상태 또는 개선완료상태를 확인하기 위하여 실시한 오염도검사의 결과를 통보받은 경우에는 해당 시설에 대한 오염물질배출량을 통보받은 것으로 보아 확정배출량을 산정할 때 그 결과를 반영하여야 한다.
3. 일일배출량은 해당 부과기간에 배출구별로 정하여진 자가측정횟수에 따라 측정된 자가측정농도에 측정 당시의 일일유량을 곱하여 산정하며, 일일유량은 별표 5 나목의 방법에 따라 산정한다.
4. 일일평균배출농도는 부과 기간에 측정된 자가측정농도를 합산하여 이를 자가측정횟수로 나눈 값에 검사 결과에 따른 오염물질배출농도를 합산한 후, 이를 검사횟수에 1을 더한 값으로 나누어 산정한다. 다만, 검사결과 배출허용기준을 초과한 경우에는 이를 오염물질배출농도 및 검사횟수의 산정에서 제외한다.
5. 초과배출기간은 초과배출기간의 종료일이 확정배출량에 관한 자료제출기간의 종료일 이후인 경우에는 해당 확정배출량에 관한 자료제출일까지의 기간을 초과배출기간으로 한다.

♂ 배출시설과 방지시설의 운영(법 제31조)

① 사업자(공동 방지시설의 대표자를 포함한다)는 배출시설과 방지시설을 운영할 때에는 다음 각 호의 행위를 하여서는 아니 된다. 중요내용

❶ 배출시설을 가동할 때에 방지시설을 가동하지 아니하거나 오염도를 낮추기 위하여 배출시설에서 나오는 오염물질에 공기를 섞어 배출하는 행위. 다만, 화재나 폭발 등의 사고를 예방할 필요가 있어 환경부장관 또는 시 · 도지사가 인정하는 경우에는 그러하지 아니하다.

❷ 방지시설을 거치지 아니하고 오염물질을 배출할 수 있는 공기 조절장치나 가지 배출관 등을 설치하는 행위. 다만, 화재나 폭발 등의 사고를 예방할 필요가 있어 환경부장관 또는 시 · 도지사가 인정하는 경우에는 그러하지 아니하다.

❸ 부식(腐蝕)이나 마모(磨耗)로 인하여 오염물질이 새나가는 배출시설이나 방지시설을 정당한 사유 없이 방치하는 행위

❹ 방지시설에 딸린 기계와 기구류의 고장이나 훼손을 정당한 사유 없이 방치하는 행위

❺ 그 밖에 배출시설이나 방지시설을 정당한 사유 없이 정상적으로 가동하지 아니하여 배출허용기준을 초과한 오염물질을 배출하는 행위

② 사업자는 조업을 할 때에는 환경부령으로 정하는 바에 따라 그 배출시설과 방지시설의 운영에 관한 상황을 사실대로 기록하여 보존하여야 한다.

❑ 배출시설 및 방지시설의 운영기록 보존(규칙 제36조) 중요내용

① 1종 · 2종 · 3종사업장을 설치 · 운영하는 사업자는 배출시설 및 방지시설의 운영기간 중 다음 각 호의 사항을 국립환경과학원장이 정하여 고시하는 전산에 의한 방법으로 기록 · 보존하여야 한다. 다만, 굴뚝자동측정기기를 부착하여 모든 배출구에 대한 측정결과를 관제센터로 자동전송하는 사업장의 경우에는 해당 자료의 자동전송으로 이를 갈음할 수 있다.

❶ 시설의 가동시간
❷ 대기오염물질 배출량
❸ 자가측정에 관한 사항
❹ 시설관리 및 운영자
❺ 그 밖에 시설운영에 관한 중요사항

② 4종 · 5종사업장을 설치 · 운영하는 사업자는 배출시설 및 방지시설의 운영기간 중 다음 각 호의 사항을 배출시설 및 방지시설의 운영기록부에 매일 기록하고 최종 기재한 날부터 1년간 보존하여야 한다.

❶ 시설의 가동시간
❷ 대기오염물질 배출량
❸ 자가측정에 관한 사항
❹ 시설관리 및 운영자
❺ 그 밖에 시설운영에 관한 중요사항

③ 운영기록부는 테이프 · 디스켓 등 전산에 의한 방법으로 기록 · 보존할 수 있다.

❑ 개선완료일(규칙 제49조) 중요내용

환경부령으로 정하는 개선완료일이란 개선완료보고서를 제출한 날을 말한다.

측정기기의 부착 등(법 제32조)

① 사업자는 배출시설에서 나오는 오염물질이 배출허용기준에 맞는지를 확인하기 위하여 측정기기를 부착하는 등의 조치를 하여 배출시설과 방지시설이 적정하게 운영되도록 하여야 한다. 다만 사업자가 중소기업인 경우에는 환경부장관 또는 시 · 도지사가 사업자의 동의를 받아 측정기기를 부착 운영하는 등의 조치를 할 수 있다.

② 조치의 유형과 기준 등에 관하여 필요한 사항은 대통령령으로 정한다.

③ 사업자는 부착된 측정기기에 대하여 다음 각 호의 행위를 하여서는 아니 된다.

❶ 배출시설을 가동할 때에 측정기기를 고의로 작동하지 아니하거나 정상적인 측정이 이루어지지 아니하도록 하는 행위
❷ 부식, 마모, 고장 또는 훼손되어 정상적으로 작동하지 아니하는 측정기기를 정당한 사유 없이 방치하는 행위
❸ 측정기기를 고의로 훼손하는 행위
❹ 측정기기를 조작하여 측정결과를 빠뜨리거나 거짓으로 측정결과를 작성하는 행위

④ 측정기기를 부착한 환경부장관, 시 · 도지사 및 사업자는 그 측정기기로 측정한 결과의 신뢰도와 정확도를 지속적으로 유지할 수 있도록 환경부령으로 정하는 측정기기의 운영 · 관리기준을 지켜야 한다.

⑤ 환경부장관 또는 시 · 도지사는 측정기기의 운영 · 관리기준을 지키지 아니하는 사업자에게 대통령령으로 정하는 바에 따라 기간을 정하여 측정기기가 기준에 맞게 운영 · 관리되도록 필요한 조치를 취할 것을 명할 수 있다.

⑥ 환경부장관 또는 시 · 도지사는 조치명령을 받은 자가 이를 이행하지 아니하면 해당 배출시설의 전부 또는 일부에 대하여 조업정지를 명할 수 있다.

⑦ 환경부장관은 사업장에 부착한 측정기기와 연결하여 그 측정결과를 전산처리할 수 있는 전산망을 운영할 수 있으며, 시 · 도지사 또는 사업자가 측정기기를 정상적으로 유지 · 관리할 수 있도록 기술지원을 할 수 있다.

⑧ 환경부장관은 측정결과를 전산처리할 수 있는 전산망을 운영하는 경우 대통령령으로 정하는 방법에 따라 인터넷 홈페이지 등을 통하여 측정결과를 실시간으로 공개하고, 그 전산처리한 결과를 주기적으로 공개하여야 한다. 다만, 배출허용기준을 초과한 사업자에게 행정처분을 하거나 배출부과금을 부과하는 경우에는 전산처리한 결과를 사용하여야 한다.

⑨ 측정기기를 부착한 자는 측정기기 관리대행업의 등록을 한 자에게 측정기기의 관리업무를 대행하게 할 수 있다.

측정기기 관리대행업의 등록(법 제32조의2)

① 측정기기로 측정한 결과의 신뢰도와 정확도를 지속적으로 유지할 수 있도록 측정기기를 관리하는 업무를 대행하는 영업(이하 "측정기기 관리대행업"이라 한다)을 하려는 자는 대통령령으로 정하는 시설 · 장비 및 기술인력 등의 기준을 갖추어 환경부장관에게 등록하여야 한다. 등록한 사항 중 대통령령으로 정하는 중요 사항을 변경하려는 경우에도 또한 같다.

② 다음 각 호의 어느 하나에 해당하는 자는 측정기기 관리대행업의 등록을 할 수 없다. 중요내용

❶ 피성년후견인 또는 피한정후견인

❷ 파산자로서 복권되지 아니한 자

❸ 이 법을 위반하여 징역 이상의 실형을 선고받고 그 집행이 끝나거나(집행이 끝난 것으로 보는 경우를 포함한다) 집행을 받지 아니하기로 확정된 날부터 2년이 지나지 아니한 사람

❹ 등록이 취소된 날부터 2년이 지나지 아니한 자

❺ 임원 중 제1호부터 제4호까지의 어느 하나에 해당하는 사람이 있는 법인

③ 환경부장관은 측정기기 관리대행업자에 대하여 환경부령으로 정하는 등록증을 발급하여야 한다.

④ 측정기기 관리대행업자는 다른 자에게 자기의 명의를 사용하여 측정기기 관리 업무를 하게 하거나 등록증을 다른 자에게 대여해서는 아니 된다.

⑤ 측정기기 관리대행업자는 측정기기로 측정한 결과의 신뢰도와 정확도를 지속적으로 유지할 수 있도록 환경부령으로 정하는 관리기준을 지켜야 한다.

측정기기 관리대행업의 등록취소 등(법 제32조의3)

① 환경부장관은 측정기기 관리대행업자가 다음 각 호의 어느 하나에 해당하는 경우에는 등록을 취소하거나 6개월 이내의 기간을 정하여 영업의 전부 또는 일부의 정지를 명할 수 있다. 다만, 제1호, 제4호, 제5호 또는 제7호에 해당하는 경우에는 그 등록을 취소하여야 한다. 중요내용

❶ 거짓이나 그 밖의 부정한 방법으로 등록을 한 경우

❷ 등록 후 2년 이내에 영업을 개시하지 아니하거나 계속하여 2년 이상 영업실적이 없는 경우

❸ 등록 기준에 미달하게 된 경우

❹ 결격사유에 해당하는 경우. 다만, 제32조의2 제2항 제5호에 따른 결격사유에 해당하는 경우로서 그 사유가 발생한 날부터 2개월 이내에 그 사유를 해소한 경우에는 그러하지 아니하다.

❺ 다른 자에게 자기의 명의를 사용하여 측정기기 관리 업무를 하게 하거나 등록증을 다른 자에게 대여한 경우

❻ 제32조의2 제5항에 따른 관리기준을 위반한 경우

❼ 영업정지 기간 중 측정기기 관리 업무를 대행한 경우

② 행정처분의 세부기준은 환경부령으로 정한다.

❑ 측정기기 관리대행업자의 관리기준(규칙 제37조의4) 중요내용

법 제32조의2 제5항에서 "환경부령으로 정하는 관리기준"이란 다음 각 호의 사항을 말한다.

❶ 기술인력으로 등록된 사람으로 하여금 측정기기의 점검을 실시하도록 할 것

❷ 관리업무를 대행하는 측정기기의 가동 상태를 점검하여 측정기기가 정상적으로 작동하지 아니하는 경우에는 측정기기 관리업무의 대행을 맡긴 자에게 즉시 통보할 것

❸ 측정기기 관리대행업 실적보고서에 측정기기 관리대행 계약서 등 대행실적을 증명할 수 있는 서류 1부를 첨부하여 매년 1월 31일까지 사무실 소재지를 관할하는 유역환경청장, 지방환경청장 또는 수도권대기환경청장에게 제출하고, 제출한 서류의 사본을 제출한 날부터 3년간 보관할 것

❹ 등록의 취소, 업무정지 등 측정기기 관리업무의 대행을 지속하기 어려운 사유가 발생한 경우에는 측정기기 관리업무의 대행을 맡긴 자에게 즉시 통보할 것

❺ 측정기기를 조작하여 측정결과를 빠뜨리거나 측정결과를 거짓으로 작성하지 않을 것

✪ 측정기기의 부착대상 사업장 및 종류(영 제17조)

① 배출시설을 운영하는 사업자는 오염물질배출량과 배출허용기준의 준수 여부 및 방지시설의 적정 가동 여부를 확인할 수 있는 다음 각 호의 측정기기를 부착하여야 한다.

1 적산전력계(積算電力計)

2 굴뚝 자동측정기기{유량 · 유속계(流量 · 流速計), 온도측정기 및 자료수집기를 포함한다. 이하 같다}

② 환경부장관 또는 시 · 도지사는 사업자가 「중소기업기본법」에 따른 중소기업인 경우에는 사업자의 동의(환경부령으로 정하는 바에 따라 사업자의 신청을 받은 경우를 포함한다)를 받아 측정기기를 부착 · 운영하는 등의 조치를 할 수 있다.

③ 시 · 도지사 또는 사업자는 측정기기를 부착하는 경우에 부착방법 등에 대하여 한국환경공단에 지원을 요청할 수 있다.

④ 굴뚝 자동측정기기를 부착하여야 하는 사업장은 1종부터 3종까지의 사업장으로 하며, 굴뚝 자동측정기기의 부착대상 배출시설, 측정 항목, 부착 면제, 부착 시기 및 부착 유예(猶豫)는 별표 3과 같다.

⑤ 환경부장관 또는 시 · 도지사는 굴뚝 자동측정기기로 측정되어 전산망으로 전송된 자료(이하 "자동측정자료"라 한다)를 배출허용기준의 준수 여부 확인이나 배출부과금의 산정에 필요한 자료로 활용할 수 있다. 다만, 굴뚝 자동측정기기나 전산망의 이상 등으로 비정상적인 자료가 전송된 경우에는 그러하지 아니하다.

[적산전력계의 부착대상 시설 및 부착방법(영 제17조) : 별표 2]

1. 적산전력계의 부착대상 시설
   배출시설에 설치하는 방지시설. 다만, 다음의 방지시설은 제외한다.
   가. 굴뚝 자동측정기기를 부착한 배출구와 연결된 방지시설
   나. 방지시설과 배출시설이 같은 전원설비를 사용하는 등 적산전력계를 부착하지 아니하여도 가동상태를 확인할 수 있는 방지시설
   다. 원료나 제품을 회수하는 기능을 하여 항상 가동하여야 하는 방지시설
2. 적산전력계의 부착방법
   가. 적산전력계는 방지시설을 운영하는 데에 드는 모든 전력을 적산할 수 있도록 부착하여야 한다. 다만, 방지시설에 부대되는 기계나 기구류의 경우에는 사용되는 전압이나 전력의 인출지점이 달라 모든 부대시설에 적산적력계를 부착하기 곤란한 때에는 주요 부대시설(송풍기와 펌프를 말한다)에만 적산적력계를 부착할 수 있다.
   나. 방지시설 외의 시설에서 사용하는 전력은 적산되지 아니하도록 별도로 구분하여 부착하되, 배출시설의 전력사용량이 방지시설의 전력사용량의 2배를 초과하지 아니하는 경우에는 별도로 구분하지 아니하고 부착할 수 있다.

[굴뚝 자동측정기기의 부착대상 배출시설, 측정 항목, 부착 면제, 부착 시기 및 부착 유예(영 제17조) : 별표 3]

1. 굴뚝 자동측정기기 부착대상 배출시설 및 측정항목

부착대상 배출시설	측정항목
가. 코크스 제조시설 및 관련 제품 저장시설 코크스 또는 관련 제품 제조시설 – 코크스 제조시설 중 황 회수 제조시설을 제외한 배출구별 배기가스량이 시간당 10,000표준세제곱미터 이상인 시설	먼지, 황산화물, 질소산화물
나. 석유제품 제조시설 1) 가열시설 – 가열용량이 시간당 2,500만킬로칼로리 이상인 시설	먼지, 질소산화물, 황산화물
2) 촉매 재생시설 – 배출구별 배기가스량이 시간당 10,000표준세제곱미터 이상인 시설	먼지
3) 탈황시설 또는 황 회수시설 – 배출구별 배기가스량이 시간당 10,000표준세제곱미터 이상인 시설	황산화물
4) 중질유 분해시설의 일산화탄소 소각시설 – 황산제조 또는 황 회수시설을 제외한 배출구별 배기가스량이 시간당 10,000표준세제곱미터 이상인 시설	먼지, 황산화물, 질소산화물, 일산화탄소

부착대상 배출시설	측정항목
다. 보일러(모든 배출시설에 적용한다) 액체연료 또는 고체연료 사용시설로서 시간당 증발량이 40톤 이상 또는 시간당 열량이 2,476만킬로칼로리 이상인 시설	먼지, 질소산화물, 황산화물(나무를 연료로 사용 하는 시설은 제외한다)
라. 입자상물질, 가스상 물질 발생시설 및 그 밖의 배출시설(모든 배출시설에 적용한다) 1) 탈사시설 및 탈청시설(연속식만 해당한다) －배출구별 배기가스량이 시간당 40,000표준세제곱미터 이상인 시설 2) 증발시설 －배출구별 배기가스량이 시간당 10,000표준세제곱미터 이상인 시설	먼지 먼지
마. 그 밖의 업종의 가열시설 고체연료 또는 액체연료를 사용하는 간접가열시설(원료 또는 제품이 연소가스 또는 화염과 직접 접촉하지 아니하는 시설을 말한다)로서 가열용량이 시간당 2,500만킬로칼로리 이상인 시설	먼지, 질소산화물, 황산화물

비고 중요내용

1. 부착대상시설의 용량은 배출시설 설치허가증 또는 설치신고증명서의 방지시설의 용량을 기준으로 배출구별로 산정하되, 같은 배출시설에 2개 이상의 배출구를 설치한 경우에는 배출구별로 방지시설의 용량을 합산한다. 이 경우 방지시설의 용량은 표준상태(0℃, 1기압)로 환산한 값을 적용한다.
2. 같은 사업장에 부착대상 배출구가 2개 이상인 경우에는 환경오염공정시험기준에 따른 중간자료수집기(FEP)를 부착하여야 한다.
3. 소각시설의 경우에는 배출구의 온도와 최종 연소실 출구의 온도를 각각 측정할 수 있도록 온도측정기를 부착하여야 한다. 다만, 최종 연소실 출구의 온도측정기는 「폐기물관리법」에 따라 온도측정기를 부착한 경우에는 별도로 부착하지 아니하여도 된다.
4. 표준산소농도가 적용되는 시설에 대해서는 산소측정기를 부착하여야 한다.
5. 부착대상 배출시설의 범위는 다음 각 목과 같다.
   가. 증착·식각시설 및 산처리시설의 "연속식"이란 연속적으로 작업이 가능한 구조로서 시설의 가동시간이 1일 8시간 이상인 시설을 말한다.
   나. 주물사처리시설·탈사시설·탈청시설의 "연속식"이란 연속적으로 작업이 가능한 구조로서 시설의 가동시간이 1일 8시간 이상인 시설을 말한다.
   다. 폐가스소각시설 중 청정연료를 연속하여 사용하는 소각시설 및 처리대상 가스를 연소원으로 사용하는 시설은 부착대상 배출시설에서 제외한다.
   라. 증발시설 중 진공증발시설 및 배출가스를 회수하여 응축하는 시설은 부착대상 배출시설에서 제외한다.

2. 굴뚝 자동측정기기의 부착 면제 중요내용

굴뚝 자동측정기기 부착대상 배출시설이 다음 각 목의 어느 하나에 해당하는 경우에는 굴뚝 자동측정기기의 부착을 면제한다.

가. 방지시설의 설치를 면제받은 경우(굴뚝 자동측정기기의 측정항목에 대한 방지시설의 설치를 면제받은 경우에만 해당한다)
나. 연소가스 또는 화염이 원료 또는 제품과 직접 접촉하지 아니하는 시설로서 청정연료를 사용하는 경우(발전시설은 제외한다)
다. 액체연료만을 사용하는 연소시설로서 황산화물을 제거하는 방지시설이 없는 경우(발전시설은 제외하며, 황산화물 측정기기에만 부착을 면제한다)
라. 보일러로서 사용연료를 6개월 이내에 청정연료로 변경할 계획이 있는 경우
마. 연간 가동일수가 30일 미만인 배출시설인 경우
바. 연간 가동일수가 30일 미만인 방지시설인 경우 해당 배출구. 다만, 대기오염물질배출시설 설치 허가증 또는 신고 증명서에 연간 가동일수가 30일 미만으로 적힌 방지시설에 한한다.
사. 부착대상시설이 된 날부터 6개월 이내에 배출시설을 폐쇄할 계획이 있는 경우

비고

각 목의 부착 면제 사유가 소멸된 경우에는 해당 면세 사유가 소멸된 날부터 6개월 이내에 굴뚝 자동측정기기를 부착하고, 관제센터에 측정결과를 정상적으로 전송하여야 한다.

3. 굴뚝 자동측정기기의 부착 시기 및 부착 유예

가. 굴뚝 자동측정기기는 가동개시 신고일까지 부착하여야 한다. 다만, 같은 사업장에서 새로 굴뚝 자동측정기기를 부착하여

야 하는 배출구가 10개 이상인 경우에는 가동개시일부터 6개월 이내에 모두 부착하여야 한다. 중요내용

나. 가목에도 불구하고 4종이나 5종의 사업장을 1종부터 3종까지의 사업장으로 변경하려는 경우(이하 "사업장 종규모변경"이라 한다)에는 변경허가를 받거나 변경신고를 한 날(이하 "종규모 변경일"이라 한다)부터 9개월 이내에 굴뚝자동측정기기를 부착하여야 한다.

다. 가목과 나목에도 불구하고 별표 8 제2호에 따른 배출시설은 다음과 같이 굴뚝자동측정기기의 부착을 유예한다.

1) 기존 시설로서 사업장 종규모변경으로 새로 굴뚝 자동측정기기 부착대상시설이 된 경우에는 종규모 변경일 이전 1년 동안 매월 1회 이상 오염물질 배출량을 측정한 결과 오염물질이 배출허용기준의 30퍼센트(이하 "기본부과기준"이라 한다) 미만으로 항상 배출되는 경우에는 오염물질이 기본부과기준 이상으로 배출될 때까지 부착을 유예한다. 이 경우 기본부과기준 이상으로 배출되는 날부터 6개월 이내에 굴뚝 자동측정기기를 부착하여야 한다.

2) 신규 시설은 오염물질이 기본부과기준 이상으로 배출될 때까지 굴뚝 자동측정기기의 부착을 유예한다. 이 경우 기본부과기준 이상으로 배출되는 날부터 6개월(가동개시일부터 6개월 내에 기본부과기준 이상으로 배출되는 경우에는 가동개시 후 1년) 이내에 굴뚝 자동측정기기를 부착하여야 한다. 중요내용

❑ 배출시설별 배출원과 배출량 조사(규칙 제16조) 중요내용

① 시 · 도지사, 유역환경청장, 지방환경청장 및 수도권대기환경청장은 배출시설별 배출원과 배출량을 조사하고, 그 결과를 다음해 3월말까지 환경부장관에게 보고하여야 한다.

② 배출원의 조사방법, 배출량의 조사방법과 산정방법(이하 "배출량 등 조사 · 산정방법"이라 한다)은 다음 각 호와 같다.

❶ 굴뚝 자동측정기기(이하 "굴뚝 자동측정기기"라 한다)가 설치된 배출시설의 경우 : 굴뚝 자동측정기기의 측정에 따른 방법

❷ 굴뚝 자동측정기기가 설치되지 아니한 배출시설의 경우 : 자가측정에 따른 방법

❸ 배출시설 외의 오염원의 경우 : 단위당 대기오염물질 배출량을 산출하는 배출계수에 따른 방법

③ 배출량 조사 · 산정방법에 관하여 필요한 사항은 환경부장관이 정하여 고시한다.

✪ 개선계획서의 제출(영 제21조)

① 조치명령에 따른 시 · 도지사의 개선명령을 받은 사업자는 그 명령을 받은 날부터 15일 이내에 다음 각 호의 사항을 명시한 개선계획서(굴뚝 자동측정기기를 부착한 경우에는 전자문서로 된 계획서를 포함한다. 이하 같다)를 환경부령으로 정하는 바에 따라 환경부장관 또는 시 · 도지에게 제출하여야 한다. 다만, 환경부장관 또는 시 · 도지사는 배출시설의 종류 및 규모 등을 고려하여 제출기간의 연장이 필요하다고 인정하는 경우 사업자의 신청을 받아 그 기간을 연장할 수 있다. 중요내용

1 조치명령을 받은 경우에는 다음 각 목의 사항 중요내용

가. 굴뚝 자동측정기기의 부적정한 운영 · 관리의 내용

나. 굴뚝 자동측정기기의 부적정한 운영 · 관리에 대한 원인 및 개선계획

다. 굴뚝 자동측정기기의 개선기간에 배출되는 오염물질에 대한 자가측정계획

2 개선명령을 받은 경우에는 다음 각 목의 사항

가. 개선기간이 끝나기 전에 개선하려면 그 개선하려는 기간

나. 개선기간 중에 배출시설의 가동을 중단하거나 제한하려면 그 기간과 제한의 내용

다. 공법(工法) 등의 개선으로 오염물질의 배출을 감소시키려면 그 내용

② 사업자가 개선계획서를 제출하지 아니하거나 제출하였더라도 제1항 각 호의 사항을 명시하지 아니한 경우에는 개선기간 중에 다음 각 호의 어느 하나의 상태로 오염물질을 배출하면서 배출시설을 계속 가동한 것으로 추정한다.

1 법 제32조 제5항에 해당하는 경우에는 굴뚝 자동측정기기가 정상가동된 최근 3개월 동안의 배출농도 중 최고 농도. 이 경우 배출농도는 30분 평균치로 한다.

2 법 제33조에 해당하는 경우에는 개선명령에서 명시된 오염상태

③ 조치명령을 받지 않은 사업자는 다음 각 호의 어느 하나에 해당하면 환경부령으로 정하는 바에 따라 환경부장관 또는

시 · 도지사에게 개선계획서를 제출하고 개선할 수 있다. 중요내용

1 굴뚝 자동측정기기를 개선 · 변경 · 점검 또는 보수하기 위하여 반드시 필요한 경우

2 굴뚝 자동측정기기 주요 장치 등의 돌발적 사고로 굴뚝 자동측정기기를 적정하게 운영할 수 없는 경우

3 천재지변이나 화재, 그 밖의 불가항력적인 사유로 굴뚝 자동측정기기를 적정하게 운영할 수 없는 경우

④ 개선명령을 받지 않은 사업자는 다음 각 호의 어느 하나에 해당하는 경우로서 배출허용기준을 초과하여 오염물질을 배출했거나 배출할 우려가 있는 경우에는 환경부령으로 정하는 바에 따라 환경부장관 또는 시 · 도지사에게 개선계획서를 제출하고 개선할 수 있다. 중요내용

1 배출시설 또는 방지시설을 개선 · 변경 · 점검 또는 보수하기 위하여 반드시 필요한 경우

2 배출시설 또는 방지시설의 주요 기계장치 등의 돌발적 사고로 배출시설이나 방지시설을 적정하게 운영할 수 없는 경우

3 단전 · 단수로 배출시설이나 방지시설을 적정하게 운영할 수 없는 경우

4 천재지변이나 화재, 그 밖의 불가항력적인 사유로 배출시설이나 방지시설을 적정하게 운영할 수 없는 경우

✪ 개선명령 등의 이행 보고 및 확인(영 제22조)

① 조치명령이나 개선명령을 받은 사업자는 그 명령을 이행한 경우에는 지체 없이 환경부장관 또는 시 · 도지사에게 보고하여야 한다.

② 환경부장관 또는 시 · 도지사는 보고를 받은 경우에는 관계 공무원에게 지체 없이 명령의 이행상태를 확인하게 해야 한다. 이 경우 대기오염도 검사가 필요하면 시료(試料)를 채취하여 환경부령으로 정하는 검사기관에 검사를 지시하거나 의뢰해야 한다.

❑ 개선계획서(규칙 제38조) 중요내용

① 사업자가 제출하는 개선계획서에는 다음 각 호의 구분에 따른 사항이 포함되거나 첨부되어야 한다.

❶ 조치명령을 받은 경우

가. 개선기간 · 개선내용 및 개선방법

나. 굴뚝 자동측정기기의 운영 · 관리 진단계획

❷ 개선명령을 받은 경우로서 개선하여야 할 사항이 배출시설 또는 방지시설인 경우

가. 배출시설 또는 방지시설의 개선명세서 및 설계도

나. 대기오염물질의 처리방식 및 처리 효율

다. 공사기간 및 공사비

라. 다음의 경우에는 이를 증명할 수 있는 서류

1) 개선기간 중 배출시설의 가동을 중단하거나 제한하여 대기오염물질의 농도나 배출량이 변경되는 경우

2) 개선기간 중 공법 등의 개선으로 대기오염물질의 농도나 배출량이 변경되는 경우

❸ 개선명령을 받은 경우로서 개선하여야 할 사항이 배출시설 또는 방지시설의 운전미숙 등으로 인한 경우

가. 대기오염물질 발생량 및 방지시설의 처리능력

나. 배출허용기준의 초과사유 및 대책

② 개선계획서를 제출받은 유역환경청장, 지방환경청장, 수도권대기환경청장 또는 시 · 도지사는 그 사실 여부를 실지 조사 · 확인해야 한다.

✪ 측정기기의 개선기간(영 제18조) 중요내용

① 환경부장관 또는 시 · 도지사는 조치명령을 하는 경우에는 6개월 이내의 개선기간을 정해야 한다.

② 환경부장관 또는 시 · 도지사는 조치명령을 받은 자가 천재지변이나 그 밖의 부득이한 사유로 개선기간 내 조치를 마칠 수 없는 경우에는 조치명령을 받은 자의 신청을 받아 6개월의 범위에서 개선기간을 연장할 수 있다.

✪ 굴뚝 원격감시체계 관제센터의 설치 · 운영(영 제19조)

① 환경부장관은 사업장에 부착된 굴뚝 자동측정기기의 측정결과를 전산처리하기 위한 전산망을 효율적으로 관리하기 위하여 굴뚝 원격감시체계 관제센터(이하 "관제센터"라 한다)를 설치 · 운영할 수 있다.
② 관제센터의 관할사업장과 관제센터의 기능 · 운영 및 자동측정자료의 관리 등에 필요한 사항은 환경부장관이 정하여 고시한다.

✪ 측정결과의 공개(영 제19조의2)

① 환경부장관은 사업장 명칭, 사업장 소재지 및 대기오염물질별 배출농도의 30분 평균치(매시 정각부터 30분까지 또는 매시 30분부터 다음 시 정각까지 5분마다 측정한 값을 산술평균한 값을 말한다. 이하 같다) 등의 측정결과를 인터넷 홈페이지 등을 통해 실시간으로 공개해야 한다.
② 환경부장관은 사업장 명칭, 사업장 소재지 및 대기오염물질별 연간 배출량 등 전산처리한 결과를 매년 6월 30일까지 연 1회 인터넷 홈페이지 등을 통해 공개해야 한다.
③ 측정결과의 실시간 공개 방법에 관한 세부사항은 환경부장관이 정하여 고시한다.

❑ 개선명령의 이행 보고 등(규칙 제40조) 중요내용

대기오염도 검사기관은 다음 각 호와 같다.

❶ 국립환경과학원
❷ 특별시 · 광역시 · 도 · 특별자치도(이하 "시 · 도"라 한다)의 보건환경연구원
❸ 유역환경청, 지방환경청 또는 수도권대기환경청
❹ 「한국환경공단법」에 따른 한국환경공단(이하 "한국환경공단"이라 한다)
❺ 「국가표준기본법」에 따른 인정을 받은 시험 · 검사기관 중 환경부장관이 정하여 고시하는 기관

[측정기기의 운영 · 관리기준(규칙 제37조) : 별표 9]

1. 적산전력계의 운영 · 관리기준
   가. 「계량에 관한 법률」에 따른 형식승인 및 검정을 받은 적산전력계를 부착하여야 한다.
   나. 적산전력계를 임의로 조작을 할 수 없도록 봉인을 하여야 한다.
2. 굴뚝 자동측정기기의 운영 · 관리기준
   가. 환경부장관, 시 · 도지사 및 사업자는 굴뚝 자동측정기기의 구조 및 성능이 「환경분야 시험 · 검사 등에 관한 법률」에 따른 환경오염공정시험기준에 맞도록 유지하여야 한다.
   나. 환경부장관, 시 · 도지사 및 사업자는 「환경분야 시험 · 검사 등에 관한 법률」에 따른 형식승인을 받은 굴뚝 자동측정기기를 설치하고, 정도검사를 받아야 하며, 정도검사 결과를 관제센터가 알 수 있도록 조치하여야 한다. 다만, 같은 법에 따른 환경오염공정시험기준에 맞는 자료수집기 및 중간자료수집기의 경우 형식승인 또는 정도검사를 받은 것으로 본다.
   다. 환경부장관, 시 · 도지사 및 사업자는 굴뚝 자동측정기기에 의한 측정자료를 관제센터에 상시 전송하여야 한다.
   라. 환경부장관, 시 · 도지사 및 사업자는 굴뚝배출가스 온도측정기를 새로 설치하거나 교체하는 경우에는 「국가표준기본법」에 따른 교정을 받아야 하며, 그 기록을 3년 이상 보관하여야 한다. 다만, 온도측정기 중 최종연소실출구 온도를 측정하는 온도측정기의 경우에는 KS규격품을 사용하여 교정을 갈음할 수 있다. 중요내용

♂ 개선명령(법 제33조)

환경부장관 또는 시 · 도지사는 신고를 한 후 조업 중인 배출시설에서 나오는 오염물질의 정도가 배출허용기준을 초과한다고 인정하면 대통령령으로 정하는 바에 따라 기간을 정하여 사업자(공동 방지시설의 대표자를 포함한다)에게 그 오염물질의 정도가 배출허용기준 이하로 내려가도록 필요한 조치를 취할 것(이하 "개선명령"이라 한다)을 명할 수 있다.

✪ 배출시설 및 방지시설의 개선기간(영 제20조) 중요내용

① 환경부장관 또는 시·도지사는 개선명령을 하는 경우에는 개선에 필요한 조치 및 시설 설치기간 등을 고려하여 1년 이내의 개선기간을 정해야 한다.

② 개선명령을 받은 자가 천재지변이나 그 밖의 부득이한 사유로 제1항에 따른 개선기간 내에 조치를 마칠 수 없는 경우에는 개선명령을 받은 자의 신청을 받아 1년의 범위에서 개선기간을 연장할 수 있다.

✪ 초과부과금의 오염물질배출량 산정 등(영 제25조)

① 초과부과금의 산정에 필요한 배출허용기준초과 오염물질배출량(이하 "기준초과배출량"이라 한다)은 다음 각 호의 구분에 따른 배출기간 중에 배출허용기준을 초과하여 조업함으로써 배출되는 오염물질의 양으로 하되, 일일 기준초과배출량에 배출기간의 일수(日數)를 곱하여 산정한다. 다만, 굴뚝 자동측정기기를 설치하여 관제센터로 측정결과를 자동 전송하는 사업장(이하 "자동측정사업장"이라 한다)의 자동측정자료의 30분 평균치가 배출허용기준을 초과한 경우에는 그 초과한 30분마다 배출허용기준초과농도(배출허용기준을 초과한 30분 평균치에서 배출허용기준농도를 뺀 값을 말한다)에 해당 30분 동안의 배출유량을 곱하여 초과배출량을 산정하고, 반기별(半期別)로 이를 합산하여 기준초과배출량을 산정한다. 중요내용

1. 개선계획서를 제출하고 개선하는 경우 : 명시된 부적정 운영 개시일부터 개선기간 만료일까지의 기간
2. 개선명령, 조업정지명령, 허가취소, 사용중지명령 또는 폐쇄명령을 받은 경우 : 오염물질이 초과 배출되기 시작한 날(초과 배출되기 시작한 날을 알 수 없는 경우에는 배출허용기준 초과 여부 확인을 위한 오염물질 채취일)부터 개선명령, 조업정지명령, 사용중지명령 또는 폐쇄명령의 이행완료 예정일이나 허가취소일까지의 기간
3. 1, 2 외 경우 : 배출허용기준 초과 여부 확인을 위한 오염물질 채취일부터 배출허용기준 이내로 확인된 오염물질 채취일까지의 기간

② 일일 기준초과배출량은 다음 각 호의 구분에 따른 날의 오염물질 배출허용기준초과농도에, 배출농도 측정 시의 배출유량(이하 "측정유량"이라 한다)을 기준으로 계산한 배출 총량(이하 "일일유량"이라 한다)을 곱하여 산정한 양을 킬로그램 단위로 표시한 양으로 한다.

1. 개선계획서를 제출하고 개선하는 경우 : 환경부령으로 정하는 오염물질 채취일
2. 법 제33조, 제34조, 제36조 또는 제38조에 따른 개선명령, 조업정지명령, 허가취소, 사용중지명령 또는 폐쇄명령을 받은 경우 : 법 제33조, 제34조, 제36조 또는 제38조에 따른 개선명령, 조업정지명령, 허가취소, 사용중지명령 또는 폐쇄명령의 원인이 되는 오염물질 채취일
3. 제1호 및 제2호 외의 경우 : 배출허용기준 초과 여부 확인을 위한 오염물질 채취일

③ 일일 기준초과배출량과 일일유량은 별표 5에 따라 산정하고, 측정유량은 「환경분야 시험·검사 등에 관한 법률」 환경오염공정시험기준에 따라 산정한다.

④ 오염물질 배출량은 배출기간 중에 배출된 가스의 양을 1천 세제곱미터 단위로 표시한 것으로 하며, 일일유량에 배출기간의 일수를 곱하여 산정한다. 이 경우 배출기간의 계산과 측정유량의 산정에 관하여는 제1항부터 제3항까지의 규정을 준용한다. 중요내용

⑤ 기본부과금 부과대상 오염물질에 대한 초과배출량을 산정하는 경우로서 배출허용기준을 초과한 날 이전 3개월간 평균배출농도가 배출허용기준의 30퍼센트 미만인 경우에는 초과배출량에서 별표 5의2에 따른 초과배출량공제분을 공제한다.

⑥ 배출기간은 일수로 표시하며, 그 기간의 계산은 「민법」에 따르되, 초일(初日)을 산입한다.

[일일초과배출량 및 일일유량의 산정방법(영 제25조) : 별표 5] 중요내용

가. 일일기준초과배출량의 산정방법

구분	오염물질	산정방법
일반오염물질	황산화물	일일유량×배출허용기준초과농도×10^{-6}×64÷22.4
	먼지	일일유량×배출허용기준초과농도×10^{-6}
	암모니아	일일유량×배출허용기준초과농도×10^{-6}×17÷22.4
	황화수소	일일유량×배출허용기준초과농도×10^{-6}×34÷22.4
	이황화탄소	일일유량×배출허용기준초과농도×10^{-6}×76÷22.4
특정대기유해물질	불소화합물	일일유량×배출허용기준초과농도×10^{-6}×19÷22.4
	염화수소	일일유량×배출허용기준초과농도×10^{-6}×36.5÷22.4
	염소	일일유량×배출허용기준초과농도×10^{-6}×71÷22.4
	시안화수소	일일유량×배출허용기준초과농도×10^{-6}×27÷22.4

비고
1. 배출허용기준초과농도=배출농도－배출허용기준농도
2. 특정대기유해물질의 배출허용기준초과 일일오염물질배출량은 소수점 이하 넷째 자리까지 계산하고, 일반오염물질은 소수점 이하 첫째 자리까지 계산한다.
3. 먼지의 배출농도 단위는 세제곱미터당 밀리그램(mg/Sm^3)으로 하고, 그 밖의 오염물질의 배출농도 단위는 피피엠(ppm)으로 한다.

나. 일일유량의 산정방법

일일유량=측정유량×일일조업시간

비고
1. 측정유량의 단위는 시간당 세제곱미터(m^3/h)로 한다.
2. 일일조업시간은 배출량을 측정하기 전 최근 조업한 30일 동안의 배출시설 조업시간 평균치를 시간으로 표시한다.

[초과배출량공제분 산정방법(영 제25조) : 별표 5의2] 중요내용

초과배출량공제분=(배출허용기준농도－3개월간 평균배출농도)×3개월간 평균배출유량

비고
1. 3개월간 평균배출농도는 배출허용기준을 초과한 날 이전 정상 가동된 3개월 동안의 30분 평균치를 산술평균한 값으로 한다.
2. 3개월간 평균배출유량은 배출허용기준을 초과한 날 이전 정상 가동된 3개월 동안의 30분 유량값을 산술평균한 값으로 한다.
3. 초과배출량공제분이 초과배출량을 초과하는 경우에는 초과배출량을 초과배출량공제분으로 한다.

✪ 연도별 부과금산정지수 및 위반횟수별 부과계수(영 제26조)

① 연도별 부과금산정지수는 매년 전년도 부과금산정지수에 전년도 물가상승률 등을 고려하여 환경부장관이 고시하는 가격변동지수를 곱한 것으로 한다.

② 위반횟수별 부과계수는 다음 각 호의 구분에 따른 비율을 곱한 것으로 한다. 중요내용

1 위반이 없는 경우 : 100분의 100
2 처음 위반한 경우 : 100분의 105
3 2차 이상 위반한 경우 : 위반 직전의 부과계수에 100분의 105를 곱한 것

③ 위반횟수는 배출허용기준을 초과하여 부과금 부과대상 오염물질 등을 배출하여 개선명령, 조업정지명령, 허가취소, 사용중지명령 또는 폐쇄명령을 받은 횟수로 한다. 이 경우 위반횟수는 사업장의 배출구별로 위반행위가 있었던 날 이전의 최근 2년을 단위로 산정한다.

④ 자동측정사업장의 경우에는 제3항에도 불구하고 30분 평균치가 배출허용기준을 초과하는 횟수를 위반횟수로 하되, 30분 평균치가 24시간 이내에 2회 이상 배출허용기준을 초과하는 경우에는 위반횟수를 1회로 보고, 제21조 제3항에 따라

개선계획서를 제출하고 배출허용기준을 초과하는 경우에는 개선기간 중의 위반횟수를 1회로 본다. 이 경우 위반횟수는 각 배출구마다 오염물질별로 3개월을 단위로 산정한다.

조업정지명령 등(법 제34조)

① 환경부장관 또는 시 · 도지사는 개선명령을 받은 자가 개선명령을 이행하지 아니하거나 기간 내에 이행은 하였으나 검사결과 배출허용기준을 계속 초과하면 해당 배출시설의 전부 또는 일부에 대하여 조업정지를 명할 수 있다. 중요내용

② 환경부장관 또는 시 · 도지사는 대기오염으로 주민의 건강상 · 환경상의 피해가 급박하다고 인정하면 환경부령으로 정하는 바에 따라 즉시 그 배출시설에 대하여 조업시간의 제한이나 조업정지, 그 밖에 필요한 조치를 명할 수 있다.

배출부과금의 부과징수(법 제35조)

① 환경부장관 또는 시 · 도지사는 대기오염물질로 인한 대기환경상의 피해를 방지하거나 줄이기 위하여 다음 각 호의 어느 하나에 해당하는 자에 대하여 배출부과금을 부과징수한다.

- ❶ 대기오염물질을 배출하는 사업자(공동방지시설을 설치 · 운영자를 포함한다)
- ❷ 허가 · 변경허가를 받지 아니하거나 신고 · 변경신고를 하지 아니하고 배출시설을 설치 또는 변경한 자

② 배출부과금은 다음 각 호와 같이 구분하여 부과한다.

- ❶ 기본부과금 : 대기오염물질을 배출하는 사업자가 배출허용기준 이하로 배출하는 대기오염물질의 배출량과 배출농도에 따라 부과하는 금액
- ❷ 초과부담금 : 배출허용기준을 초과하여 배출하는 경우 대기오염물질의 배출량과 배출농도 등에 따라 부과하는 금액

③ 환경부장관 또는 시 · 도지사는 배출부과금을 부과할 때에는 다음 각 호의 사항을 고려하여야 한다. 중요내용

- ❶ 배출허용기준 초과 여부
- ❷ 배출되는 오염물질의 종류
- ❸ 오염물질의 배출기간
- ❹ 오염물질의 배출량
- ❺ 자가측정(自家測定)을 하였는지 여부

④ 배출부과금의 산정방식과 산정기준 등 필요한 사항은 대통령령으로 정한다. 다만, 초과부과금은 대통령령으로 정하는 바에 따라 본문의 산정기준을 적용한 금액의 10배의 범위에서 위반횟수에 따라 가중하며, 이 경우 위반횟수는 사업장의 배출구별로 위반행위 시점 이전의 최근 2년을 기준으로 산정한다.

⑤ 환경부장관 또는 시 · 도지사는 배출부과금을 내야 할 자가 납부기한까지 내지 아니하면 가산금을 징수한다.

⑥ 가산금에 관하여는 「지방세징수법」을 준용한다.

⑦ 배출부과금과 가산금은 「환경정책기본법」에 따른 환경개선특별회계(이하 "환경개선특별회계"라 한다)의 세입으로 한다.

⑧ 환경부장관은 시 · 도지사에게 그 관할 구역의 배출부과금 및 가산금의 징수에 관한 권한을 위임한 경우에는 징수한 배출부과금과 가산금 중 일부를 대통령령으로 정하는 바에 따라 징수비용으로 내줄 수 있다.

⑨ 환경부장관 또는 시 · 도지사는 배출부과금이나 가산금을 내야 할 자가 납부기한까지 내지 아니하면 국세 납세처분의 예 또는 지방행정제재 · 부과금의 징수에 관한 법률에 따라 징수한다.

배출부과금의 감면(법 제35조의2)

① 다음 각 호의 어느 하나에 해당하는 자에게는 대통령령으로 정하는 바에 따라 같은 조에 따른 배출부과금을 부과하지 아니한다.

- ❶ 대통령령으로 정하는 연료를 사용하는 배출시설을 운영하는 사업자
- ❷ 대통령령으로 정하는 최적(最適)의 방지시설을 설치한 사업자
- ❸ 대통령령으로 정하는 바에 따라 환경부장관이 국방부장관과 협의하여 정하는 군사시설을 운영하는 자

② 다음 각 호의 어느 하나에 해당하는 자에게는 대통령령으로 정하는 바에 따라 배출부과금을 감면할 수 있다. 다만, 사업자에 대한 배출부과금의 감면은 해당 법률에 따라 부담한 처리비용의 금액 이내로 한다.

❶ 대통령령으로 정하는 배출시설을 운영하는 사업자

❷ 다른 법률에 따라 대기오염물질의 처리비용을 부담하는 사업자

✪ 부과금의 부과면제 등(영 제32조)

① 다음 각 호의 연료를 사용하여 배출시설을 운영하는 사업자에 대하여는 황산화물에 대한 부과금을 부과하지 아니한다. 다만, 제1호 또는 제2호의 연료와 제1호 또는 제2호 외의 연료를 섞어서 연소시키는 배출시설로서 배출허용기준을 준수할 수 있는 시설에 대하여는 제1호 또는 제2호의 연료사용량에 해당하는 황산화물에 대한 기본부과금을 부과하지 아니한다.

1 발전시설의 경우에는 황함유량이 0.3퍼센트 이하인 액체연료 및 고체연료, 발전시설 외의 배출시설(설비용량이 100메가와트 미만인 열병합발전시설을 포함한다)의 경우에는 황함유량이 0.5퍼센트 이하인 액체연료 또는 황함유량이 0.45퍼센트 미만인 고체연료를 사용하는 배출시설로서 배출허용기준을 준수할 수 있는 시설. 이 경우 고체연료의 황함유량은 연소기기에 투입되는 여러 고체연료의 황함유량을 평균한 것으로 한다. 중요내용

2 공정상 발생되는 부생(附生)가스로서 황함유량이 0.05퍼센트 이하인 부생가스를 사용하는 배출시설로서 배출허용기준을 준수할 수 있는 시설

3 제1호 및 제2호의 연료를 섞어서 연소시키는 배출시설로서 배출허용기준을 준수할 수 있는 시설

② 액화천연가스나 액화석유가스를 연료로 사용하는 배출시설을 운영하는 사업자에 대하여는 먼지와 황산화물에 대한 기본부과금을 부과하지 아니한다.

③ "대통령령으로 정하는 최적의 방지시설"이란 배출허용기준을 준수할 수 있고 설계된 대기오염물질의 제거 효율을 유지할 수 있는 방지시설로서 환경부장관이 관계 중앙행정기관의 장과 협의하여 고시하는 시설을 말한다.

④ 국방부장관은 협의를 하려는 경우에는 부과금을 면제받으려는 군사시설의 용도와 면제 사유 등을 환경부장관에게 제출하여야 한다. 다만, 「군사기지 및 군사시설 보호법」 제2조 제2호에 따른 군사시설은 그러하지 아니하다.

⑤ 법 제35조의2제2항제1호에서 "대통령령으로 정하는 배출시설"이란 다음 각 호의 어느 하나에 해당하는 시설을 말한다. 〈개정 2020. 3. 31.〉

1 측정기기 부착사업장 중 「중소기업기본법」에 따른 중소기업의 배출시설 및 4종사업장과 5종사업장의 배출시설로서 배출허용기준을 준수하는 시설

2 대기오염물질의 배출을 줄이기 위한 계획과 그 이행 등에 대하여 환경부장관 또는 시ㆍ도지사(해당 사업장과의 협약에 대하여 환경부장관과 사전 협의를 거친 시ㆍ도지사만 해당한다)와 협약을 체결한 사업장의 배출시설로서 배출허용기준을 준수하는 시설

⑥ 부과금의 면제 또는 감면의 절차 등에 필요한 사항은 환경부령으로 정한다.

✪ 부과금의 납부통지(영 제33조) 중요내용

① 초과부과금은 초과부과금 부과 사유가 발생한 때(자동측정자료의 30분 평균치가 배출허용기준을 초과한 경우에는 매 반기 종료일부터 60일 이내)에, 기본부과금은 해당 부과기간의 확정배출량 자료제출기간 종료일부터 60일 이내에 부과금의 납부통지를 하여야 한다. 다만, 배출시설이 폐쇄되거나 소유권이 이전되는 경우에는 즉시 납부통지를 할 수 있다.

② 시ㆍ도지사는 부과금을 부과(조정 부과를 포함한다)할 때에는 부과대상 오염물질량, 부과금액, 납부기간 및 납부장소, 그 밖에 필요한 사항을 적은 서면으로 알려야 한다. 이 경우 부과금의 납부기간은 납부통지서를 발급한 날부터 30일로 한다.

배출부과금의 조정(법 제35조의3)

① 환경부장관 또는 시ㆍ도지사는 배출부과금 부과 후 오염물질 등의 배출상태가 처음에 측정할 때와 달라졌다고 인정하여 다시 측정한 결과 오염물질 등의 배출량이 처음에 측정한 배출량과 다른 경우 등 대통령령으로 정하는 사유가 발생한 경우에는 이를 다시 산정ㆍ조정하여 그 차액을 부과하거나 환급하여야 한다.

② 산정ㆍ조정 방법 및 환급 절차 등 필요한 사항은 대통령령으로 정한다.

✪ 부과금의 조정(영 제34조)

① 법 제35조의3 제1항에서 "대통령령으로 정하는 사유"란 다음 각 호의 어느 하나에 해당하는 경우를 말한다.

1 개선기간 만료일 또는 명령이행 완료예정일까지 개선명령, 조업정지명령, 사용중지명령 또는 폐쇄명령을 이행하였거나 이행하지 아니하여 초과부과금 산정의 기초가 되는 오염물질 또는 배출물질의 배출기간이 달라진 경우

2 초과부과금의 부과 후 오염물질 등의 배출상태가 처음에 측정할 때와 달라졌다고 인정하여 다시 측정한 결과, 오염물질 또는 배출물질의 배출량이 처음에 측정한 배출량과 다른 경우

3 사업자가 고의 또는 과실로 확정배출량을 잘못 산정하여 제출하였거나 시 · 도지사가 조정한 기준이내배출량이 잘못 조정된 경우

② 초과부과금을 조정하는 경우에는 환경부령으로 정하는 개선완료일이나 명령 이행의 보고일을 오염물질 또는 배출물질의 배출기간으로 하여 초과부과금을 산정한다.

③ 초과부과금을 조정하는 경우에는 재점검일 이후의 기간에 다시 측정한 배출량만을 기초로 초과부과금을 산정한다.

④ 초과부과금의 조정 부과나 환급은 해당 배출시설 또는 방지시설에 대한 개선완료명령, 조업정지명령, 사용중지명령 또는 폐쇄완료명령의 이행 여부를 확인한 날부터 30일 이내에 하여야 한다.

⑤ 기본부과금을 조정하는 경우에는 배출시설의 설치허가, 설치신고 또는 변경신고를 할 때에 제출한 자료, 배출시설 및 방지시설의 운영기록부, 자가측정기록부 및 검사의 결과 등을 기초로 하여 기본부과금을 산정한다.

⑥ 시 · 도지사는 부과 또는 환급할 때에는 금액, 일시, 장소, 그 밖에 필요한 사항을 적은 서면으로 알려야 한다.

배출부과금의 징수유예 · 분할납부 및 징수절차(법 제35조의4)

① 시 · 도지사는 배출부과금의 납부의무자가 다음 각 호의 어느 하나에 해당하는 사유로 납부기한 전에 배출부과금을 납부할 수 없다고 인정하면 징수를 유예하거나 그 금액을 분할하여 납부하게 할 수 있다. 중요내용

❶ 천재지변이나 그 밖의 재해로 사업자의 재산에 중대한 손실이 발생한 경우

❷ 사업에 손실을 입어 경영상으로 심각한 위기에 처하게 된 경우

❸ 그 밖에 제1호 또는 제2호에 준하는 사유로 징수유예나 분할납부가 불가피하다고 인정되는 경우

② 배출부과금이 납부의무자의 자본금 또는 출자총액(개인사업자인 경우에는 자산총액을 말한다)을 2배 이상 초과하는 경우로서 제1항 각 호에 따른 사유로 징수유예기간 내에도 징수할 수 없다고 인정되면 징수유예기간을 연장하거나 분할납부의 횟수를 늘려 배출부과금을 내도록 할 수 있다.

③ 환경부장관 또는 시 · 도지사가 징수유예를 하는 경우에는 유예금액에 상당하는 담보를 제공하도록 요구할 수 있다.

④ 환경부장관 또는 시 · 도지사는 징수를 유예받은 납부의무자가 다음 각 호의 어느 하나에 해당하면 징수유예를 취소하고 징수유예된 배출부과금을 징수할 수 있다.

❶ 징수유예된 부과금을 납부기한까지 내지 아니한 경우

❷ 담보의 변경이나 그 밖에 담보의 보전(保全)에 필요한 환경부장관의 명령에 따르지 아니한 경우

❸ 재산상황이나 그 밖의 사정의 변화로 징수유예가 필요없다고 인정되는 경우

⑤ 배출부과금의 징수유예기간 또는 분할납부 방법, 제2항에 따른 징수유예기간 연장 등 필요한 사항은 대통령령으로 정한다.

✪ 배출부과금 부과대상 오염물질(영 제23조) 중요내용

① 초과부과금(이하 "초과부과금"이라 한다)의 부과대상이 되는 오염물질은 다음 각 호와 같다.

1 황산화물
2 암모니아
3 황화수소
4 이황화탄소
5 먼지
6 불소화물
7 염화수소
8 질소산화물
9 시안화수소

② 기본부과금의 부과대상이 되는 오염물질은 다음 각 호와 같다.

1 황산화물
2 먼지

3 질소산화물

✪ 기본부과금 및 자동측정사업장에 대한 초과부과금의 부과기준일 및 부과기간(영 제27조)

기본부과금과 자동측정사업장에 대한 초과부과금은 매 반기별로 부과하되 부과기준일과 부과기간은 별표 6과 같다.

✪ 기본부과금 산정의 방법과 기준(영 제28조)

① 기본부과금은 배출허용기준 이하로 배출하는 오염물질배출량(이하 "기준이내배출량"이라 한다)에 오염물질 1킬로그램당 부과금액, 연도별 부과금산정지수, 지역별 부과계수 및 농도별 부과계수를 곱한 금액으로 한다. 중요내용

② 연도별 부과금산정지수는 최초의 부과연도를 1로 하고, 그 다음 해부터는 매년 전년도 지수에 전년도 물가상승률 등을 고려하여 환경부장관이 정하여 고시하는 가격변동계수를 곱한 것으로 한다. 중요내용

✪ 기본부과금의 오염물질배출량 산정 등(영 제29조) 중요내용

① 환경부장관 또는 시·도지사는 기본부과금의 산정에 필요한 기준이내배출량을 파악하기 위하여 필요한 경우에는 해당 사업자에게 기본부과금의 부과기간 동안 실제 배출한 기준이내배출량(이하 "확정배출량"이라 한다)에 관한 자료를 제출하게 할 수 있다. 이 경우 해당 사업자는 확정배출량에 관한 자료를 부과기간 완료일부터 30일 이내에 제출해야 한다.

② 확정배출량은 별표 9에서 정하는 방법에 따라 산정한다. 다만, 굴뚝 자동측정기기의 측정 결과에 따라 산정하는 경우에는 그러하지 아니하다.

③ 제21조 제3항에 따라 개선계획서를 제출한 사업자가 제2항 단서에 따라 확정배출량을 산정하는 경우 개선기간 중의 확정배출량은 개선기간 전에 굴뚝 자동측정기기가 정상 가동된 3개월 동안의 30분 평균치를 산술평균한 값을 적용하여 산정한다.

④ 제1항에 따라 제출된 자료를 증명할 수 있는 자료에 관한 사항은 환경부령으로 정한다.

❑ 기본부과금 산정을 위한 자료 제출 등(규칙 제45조) 중요내용

확정배출량에 관한 자료를 제출하려는 자는 확정배출량 명세서에 다음 각 호에 따른 서류를 첨부하여 유역환경청장, 지방환경청장, 수도권대기환경청장 또는 시·도지사에게 제출해야 한다. 다만, 각 호의 사항을 전산에 의한 방법으로 기록·보존하는 경우에는 제3호 및 제4호의 서류는 제출하지 않을 수 있다.

❶ 황 함유분석표 사본(황 함유량이 적용되는 배출계수를 이용하는 경우에만 제출하며, 해당 부과기간 동안의 분석표만 제출한다)

❷ 연료사용량 또는 생산일지 등 배출계수별 단위사용량을 확인할 수 있는 서류 사본(배출계수를 이용하는 경우에만 제출한다)

❸ 조업일지 등 조업일수를 확인할 수 있는 서류 사본(자가측정 결과를 이용하는 경우에만 제출한다)

❹ 배출구별 자가측정한 기록 사본(자가측정 결과를 이용하는 경우에만 제출한다)

✪ 자료의 제출 및 검사 등(영 제31조)

시·도지사는 사업자가 제출한 확정배출량의 내용이 비슷한 규모의 다른 사업장과 현저한 차이가 나거나 사실과 다르다고 인정되어 기준이내배출량의 조정 등이 필요한 경우에는 사업자에게 관련 자료를 제출하게 할 수 있다.

✪ 징수비용의 교부(영 제31조의2) 중요내용

① 환경부장관은 다음 각 호의 구분에 따른 금액을 해당 시·도지사에게 징수비용으로 내주어야 한다.

1 시·도지사가 부과하였거나 법 제35조의3에 따라 조정하여 부과한 부과금 및 가산금 중 실제로 징수한 금액의 비율(이하 "징수비율"이라 한다)이 60퍼센트 미만인 경우 : 징수한 부과금 및 가산금의 100분의 7

2 징수비율이 60퍼센트 이상 80퍼센트 미만인 경우 : 징수한 부과금 및 가산금의 100분의 10

3 징수비율이 80퍼센트 이상인 경우 : 징수한 부과금 및 가산금의 100분의 13

② 환경부장관은 「환경개선 특별회계법」에 따른 환경개선특별회계에 납입된 부과금 및 가산금 중 징수비용을 매월 정산하여 그 다음 달까지 해당 시·도지사에게 지급하여야 한다.

[기본부과금 및 자동측정사업장에 대한 초과부과금의 부과기준일 및 부과기간(영 제27조) : 별표 6]

반기별	부과기준일	부과기간
상반기	매년 6월 30일	1월 1일부터 6월 30일까지
하반기	매년 12월 31일	7월 1일부터 12월 31일까지

비고
부과기간 중에 배출시설 설치허가를 받거나 신고를 한 사업자의 부과기간은 최초 가동일부터 부과기간 종료일까지로 한다.

[기본부과금의 지역별 부과계수(영 제28조) : 별표 7] 중요내용

구분	지역별 부과계수
Ⅰ지역	1.5
Ⅱ지역	0.5
Ⅲ지역	1.0

비고
Ⅰ, Ⅱ, Ⅲ지역에 관하여는 별표 4 비고란 제2호부터 제4호까지의 규정을 준용한다.

[기본부과금의 농도별 부과계수(영 제28조) : 별표 8]

1. 연료를 연소하여 황산화물을 배출하는 시설(황산화물의 배출량을 줄이기 위하여 방지시설을 설치한 경우와 생산공정상 황산화물의 배출량이 줄어든다고 인정하는 경우는 제외한다) 중요내용

구분	연료의 황함유량(%)		
	0.5% 이하	1.0% 이하	1.0% 초과
농도별 부과계수	0.2	0.4	1.0

2. 제1호 외의 시설

구분	배출허용기준의 백분율			
	30% 미만	30% 이상 40% 미만	40% 이상 50% 미만	50% 이상 60% 미만
농도별 부과계수	0	0.15	0.25	0.35

구분	배출허용기준의 백분율			
	60% 이상 70% 미만	70% 이상 80% 미만	80% 이상 90% 미만	90% 이상 100% 미만
농도별 부과계수	0.5	0.65	0.8	0.95

비고 중요내용
1. 배출허용기준의 백분율(%) $= \frac{\text{배출농도}}{\text{배출허용기준농도}} \times 100$
2. 배출농도는 일일평균배출량의 산정근거가 되는 배출농도를 말한다.

✪ 징수비용의 교부(영 제37조)

① 환경부장관은 부과금 및 가산금의 징수를 시·도지사에게 위임한 경우에는 시·도지사가 징수한 부과금 및 가산금 또는 조정된 부과금 및 가산금의 100분의 10에 상당하는 금액을 시·도지사에게 징수비용으로 내주어야 한다.
② 환경부장관은 「환경개선 특별회계법」에 따른 환경개선특별회계에 납입된 부과금 및 가산금 중 징수비용을 매월 정산하여 그 다음 달까지 해당 시·도지사에게 지급하여야 한다.

✪ 부과금에 대한 조정신청(영 제35조) 중요내용

① 부과금 납부명령을 받은 사업자(이하 "부과금납부자"라 한다)는 부과금의 조정을 신청할 수 있다.
② 조정신청은 부과금납부통지서를 받은 날부터 60일 이내에 하여야 한다.
③ 환경부장관 또는 시 · 도지사는 조정신청을 받으면 30일 이내에 그 처리결과를 신청인에게 알려야 한다.
④ 조정신청은 부과금의 납부기간에 영향을 미치지 아니한다.

✪ 부과금 징수유예 · 분할납부 및 징수절차(영 제36조) 중요내용

① 천재지변으로 사업자의 재산에 중대한 손실이 발생할 경우로 납부기한 전에 부과금을 납부할 수 없다고 인정될 경우 부과금의 징수유예를 받거나 분할납부를 하려는 자는 부과금 징수유예신청서와 부과금 분할납부신청서를 환경부장관 또는 시 · 도지사에게 제출해야 한다.
② 징수유예는 다음 각 호의 구분에 따른 징수유예기간과 그 기간 중의 분할납부의 횟수에 따른다.
  1 기본부과금 : 유예한 날의 다음 날부터 다음 부과기간의 개시일 전일까지, 4회 이내
  2 초과부과금 : 유예한 날의 다음 날부터 2년 이내, 12회 이내
③ 징수유예기간의 연장은 유예한 날의 다음 날부터 3년 이내로 하며, 분할납부의 횟수는 18회 이내로 한다.
④ 부과금의 분할납부 기한 및 금액과 그 밖에 부과금의 부과 · 징수에 필요한 사항은 환경부장관 또는 시 · 도지사가 정한다.

허가의 취소(법 제36조)

환경부장관 또는 시 · 도지사는 사업자가 다음 각 호의 어느 하나에 해당하는 경우에는 배출시설의 설치허가 또는 변경허가를 취소하거나 배출시설의 폐쇄를 명하거나 6개월 이내의 기간을 정하여 배출시설 조업정지를 명할 수 있다. 다만, 제1호 · 제2호 · 제10호 · 제11호 또는 제18호부터 제20호까지의 어느 하나에 해당하면 배출시설의 설치허가 또는 변경허가를 취소하거나 폐쇄를 명하여야 한다.

❶ 거짓이나 그 밖의 부정한 방법으로 허가 · 변경허가를 받은 경우
❷ 거짓이나 그 밖의 부정한 방법으로 신고 · 변경신고를 한 경우
❸ 변경허가를 받지 아니하거나 변경신고를 하지 아니한 경우
❹ 방지시설을 설치하지 아니하고 배출시설을 설치 · 운영한 경우
❺ 가동개시 신고를 하지 아니하고 조업을 한 경우
❻ 제31조 제1항 각 호의 어느 하나에 해당하는 행위를 한 경우
❼ 배출시설 및 방지시설의 운영에 관한 상황을 거짓으로 기록하거나 기록을 보존하지 아니한 경우
❽ 측정기기를 부착하는 등 배출시설 및 방지시설의 적합한 운영에 필요한 조치를 하지 아니한 경우
❾ 제32조 제3항 각 호의 어느 하나에 해당하는 행위를 한 경우
❿ 조업정지명령을 이행하지 아니한 경우
⓫ 조업정지명령을 이행하지 아니한 경우
⓬ 자가측정을 하지 아니하거나 측정방법을 위반하여 측정한 경우
⓭ 자가측정결과를 거짓으로 기록하거나 기록을 보존하지 아니한 경우
⓮ 환경기술인을 임명하지 아니하거나 자격기준에 못 미치는 환경기술인을 임명한 경우
⓯ 제40조 제3항에 따른 감독을 하지 아니한 경우
⓰ 연료의 공급 · 판매 또는 사용금지 · 제한이나 조치명령을 이행하지 아니한 경우
⓱ 연료의 제조 · 공급 · 판매 또는 사용금지 · 제한이나 조치명령을 이행하지 아니한 경우
⓲ 조업정지 기간 중에 조업을 한 경우
⓳ 허가를 받거나 신고를 한 후 특별한 사유 없이 5년 이내에 배출시설 또는 방지시설을 설치하지 아니하거나 배출시설의 멸실 또는 폐업이 확인된 경우
⓴ 배출시설을 설치 · 운영하던 사업자가 사업을 하지 아니하기 위하여 해당 시설을 철거한 경우

♂ 과징금 처분(법 제37조) 중요내용

① 환경부장관 또는 시 · 도지사는 다음 각 호의 어느 하나에 해당하는 배출시설을 설치 · 운영하는 사업자에 대하여 조업정지를 명하여야 하는 경우로서 그 조업정지가 주민의 생활, 대외적인 신용 · 고용 · 물가 등 국민경제, 그 밖에 공익에 현저한 지장을 줄 우려가 있다고 인정되는 경우 등 그 밖에 대통령령으로 정하는 경우에는 조업정지처분을 갈음하여 매출액에 100분의 5를 곱한 금액을 초과하지 아니하는 범위에서 과징금을 부과할 수 있다. 다만, 매출액이 없거나 매출액의 산정이 곤란한 경우로서 대통령령으로 정하는 경우에는 2억원을 초과하지 아니하는 범위에서 과징금을 부과할 수 있다.

❶ 「의료법」에 따른 의료기관의 배출시설
❷ 사회복지시설 및 공동주택의 냉난방시설
❸ 발전소의 발전 설비
❹ 「집단에너지사업법」에 따른 집단에너지시설
❺ 「초 · 중등교육법」 및 「고등교육법」에 따른 학교의 배출시설
❻ 제조업의 배출시설
❼ 그 밖에 대통령령으로 정하는 배출시설

② 다음 각 호의 어느 하나에 해당하는 경우에는 조업정지처분을 갈음하여 과징금을 부과할 수 없다.

❶ 방지시설(공동 방지시설을 포함한다)을 설치하여야 하는 자가 방지시설을 설치하지 아니하고 배출시설을 가동한 경우
❷ 제31조 제1항 각 호의 금지행위를 한 경우로서 30일 이상의 조업정지처분을 받아야 하는 경우
❸ 개선명령을 이행하지 아니한 경우

③ 과징금을 부과하는 위반행위의 종류 · 정도 등에 따른 과징금의 금액과 그 밖에 필요한 사항은 대통령령으로 정하되, 그 금액의 2분의 1 범위에서 가중하거나 감경할 수 있다.

④ 환경부장관 또는 시 · 도지사는 과징금을 내야 할 자가 납부기한까지 내지 아니하면 국세 체납처분의 예 또는 지방행정제재 · 부과금의 징수에 관한 법률에 따라 징수한다.

⑤ 징수한 과징금은 환경개선특별회계의 세입으로 한다.

⑥ 시 · 도지사가 과징금을 징수한 경우 그 징수비용의 교부에 관하여는 제34조 8항을 준용한다.

✪ 과징금 처분(영 제38조)

① 법 제37조 제1항 각 호 외의 부분에서 "대통령령으로 정하는 경우"란 다음 각 호의 어느 하나에 해당하는 경우를 말한다.

1. 외국에 수출할 목적으로 신용장을 개설하고 제품을 생산하는 경우
2. 조업의 중지에 따라 배출시설에 투입된 원료 · 부원료 또는 제품 등이 화학반응을 일으키는 등의 사유로 폭발이나 화재사고가 발생될 우려가 있는 경우
3. 원료를 용융(鎔融)하거나 용해하여 제품을 생산하는 경우

② 법 제37조 제1항 각 호 외의 부분 단서에서 "대통령령으로 정하는 경우"란 다음 각 호의 어느 하나에 해당하는 경우를 말한다.

1. 조업을 시작하지 않거나 조업을 중단하는 등의 사유로 매출액이 없는 경우
2. 재해 등으로 매출액 산정자료가 소멸되거나 훼손되어 객관적인 매출액의 산정이 곤란한 경우

③ 법 제37조 제1항에 따른 과징금은 위반행위별 행정처분기준에 따른 조업 정지일수에 1일당 300만원과 사업장별로 다음 각 호의 구분에 따라 정한 부과계수를 곱하여 산정한다.

1. 1종사업장 : 2.0
2. 2종사업장 : 1.5
3. 3종사업장 : 1.0
4. 4종사업장 : 0.7
5. 5종사업장 : 0.4

④ 제3항에 따라 산정한 과징금의 금액은 그 금액의 2분의 1 범위에서 늘리거나 줄일 수 있다. 이 경우 그 금액을 늘리는 경우에도 과징금의 총액은 매출액에 100분의 5를 곱한 금액(제2항에 해당하는 경우에는 2억원을 말한다)을 초과할 수 없다.

[비산배출의 저감대상 업종(제38조의2 관련) : 별표 9의2]

분류	업종
1. 코크스, 연탄 및 석유정제품 제조업	원유 정제처리업
2. 화학물질 및 화학제품 제조업 : 의약품 제외	가. 석유화학계 기초화학물질 제조업 나. 합성고무 제조업 다. 합성수지 및 기타 플라스틱 물질 제조업 라. 접착제 및 젤라틴 제조업
3. 1차 금속 제조업	가. 제철업 나. 제강업
4. 고무제품 및 플라스틱제품 제조업	가. 그 외 기타 고무제품 제조업 나. 플라스틱 필름, 시트 및 판 제조업 다. 벽 및 바닥 피복용 플라스틱 제품 제조업 라. 플라스틱 포대, 봉투 및 유사제품 제조업 마. 플라스틱 적층, 도포 및 기타 표면처리 제품 제조업 바. 그 외 기타 플라스틱 제품 제조업
5. 전기장비 제조업	가. 축전지 제조업 나. 기타 절연선 및 케이블 제조업
6. 기타 운송장비 제조업	가. 강선 건조업 나. 선박 구성부분품 제조업 다. 기타 선박 건조업
7. 육상운송 및 파이프라인 운송업	파이프라인 운송업
8. 창고 및 운송관련 서비스업	위험물품 보관업

비고
1. 위 표의 업종은 「통계법」 제22조에 따라 통계청장이 고시하는 한국표준산업분류에 따른 업종을 말한다.
2. 제7호 및 제8호는 휘발유를 보관 · 출하하는 저유소에 한정하여 적용한다.

❑ 비산배출시설의 설치 · 운영신고 및 변경신고 등(규칙 제51조의2)

① 비산배출하는 배출시설(이하 "비산배출시설"이라 한다)을 설치 · 운영하려는 자는 비산배출시설 설치 · 운영 신고서에 다음 각 호의 서류를 첨부하여 유역환경청장, 지방환경청장 또는 수도권대기환경청장에게 제출하여야 한다.
- ❶ 제품생산 공정도 및 비산배출시설 설치명세서
- ❷ 비산배출시설별 관리대상물질 명세서
- ❸ 비산배출시설 관리계획서
- ❹ 시설관리기준 적용 제외 시설의 목록

② 신고서를 제출받은 담당 공무원은 행정정보의 공동이용을 통하여 「산업집적활성화 및 공장설립에 관한 법률 시행규칙」에 따른 공장 등록증명서를 확인해야 한다. 다만, 신청인이 확인에 동의하지 않는 경우에는 그 서류를 제출하도록 해야 한다.

③ 신고를 받은 유역환경청장, 지방환경청장 또는 수도권대기환경청장은 비산배출시설 설치 · 운영 신고증명서를 신고인에게 발급하여야 한다.

④ 법 제38조의2 제2항에서 "환경부령으로 정하는 사항"이란 다음 각 호의 경우를 말한다.
- ❶ 사업장의 명칭 또는 대표자를 변경하는 경우
- ❷ 설치 · 운영 신고를 한 비산배출시설의 규모(배출시설별 분류가 동일한 비산배출시설의 시설 용량의 합계 또는 시설 개수의 누계를 말한다)를 10퍼센트 이상 변경하려는 경우
- ❸ 비산배출시설 관리계획을 변경하는 경우
- ❹ 오기(誤記), 누락 또는 그 밖에 이에 준하는 사유로서 그 변경 사유가 분명한 경우
- ❺ 비산배출시설을 임대하는 경우

⑤ 변경신고를 하려는 자는 신고 사유가 제3항 제1호 또는 제5호에 해당하는 경우에는 그 사유가 발생한 날부터 30일 이내에, 변경 전에 그 사유를 안 날부터 30일 이내에 비산배출시설 설치 · 운영 변경신고서에 변경내용을 증명하는 서류와 비산배출시설 설치 · 운영신고 증명서를 첨부하여 유역환경청장, 지방환경청장 또는 수도권대기환경청장에게 제출해야 한다.

⑥ 유역환경청장, 지방환경청장 또는 수도권대기환경청장은 변경신고를 받은 경우에는 비산배출시설 설치 · 운영 신고증명서에 변경신고사항을 적어 신고인에게 발급하여야 한다.

[비산배출의 저감을 위한 시설관리기준 : 규칙, 별표 10의2]

구 분	시설관리기준
가. 일반 기준	1) 사업자는 비산배출의 저감을 위한 시설관리기준의 관리 담당자를 지정 · 운영한다. 2) 사업자는 사업장 내외에서 업종별 관리대상물질의 대기환경농도 파악을 위하여 노력한다. 3) 시설관리기준을 준수하여야 하는 시설 중에서 다음 각 호의 경우에는 시설관리기준의 적용대상에서 제외한다. 가) 연간 300시간 미만 가동하는 시설이나 장비(연간 가동시간을 확인할 수 있는 시설 · 장비나 자료 등이 있는 경우에 한정한다) 나) 연구개발시설 다) 상시 진공상태로 가동되어 관리대상물질이 외부로 배출되지 않는 시설 4) 시설관리기준을 충족하지 못하는 상황이 발생되는 경우 사업자는 45일 이내에 시설관리기준을 충족할 수 있도록 조치하고, 조치가 완료된 후 30일 이내에 결함 여부 등을 재확인하여야 한다. 다만, 시설의 수리를 위하여 전체 공정의 가동중지가 불가피할 경우에는 유역환경청장 · 지방환경청장 또는 수도권대기환경청장(이하 "환경청장"이라 한다)과의 협의를 거쳐 수리기간을 다음 공정중지기간까지 연장할 수 있다.
나. 기록 기준	1) 이 시설관리기준에서 제시된 운영기록부는 기록하고 보존하여야 한다. 다만, 상세내용을 기록해야 하거나 또는 운영기록부 서식에 기재한 사항 외의 사항을 기록하여야 하는 경우에는 사업장별 별도의 서식을 정하여 기록할 수 있으며, 모든 기록은 전산에 의한 방법으로 기록 · 보존할 수 있다. 2) 가목 4)에 해당하는 경우에는 사건개요, 조치내용 및 조치 완료 후 점검 · 확인 사항 등을 운영기록부에 기록하여야 한다. 3) 업종별 시설관리기준에 따라 기록 · 관리하여야 하는 사항을 기록한 운영기록부는 해당 연도 종료일부터 2년간 보관하여야 한다. 4) 업종별 시설관리기준에 따라 기록 · 관리하는 운영기록부는 환경청장이 요청하면 10일 이내에 그 사본을 제출하여야 한다.
다. 보고 기준	1) 최초 점검보고서는 업종별 시설관리기준에 따른 관리 대상 시설현황 등을 환경청장에게 제출하여야 한다. 이 경우 제출 시기는 기존 사업장은 이 표의 기준이 적용되는 해의 12월 31일까지로, 신규사업장은 시설의 설치가 완료된 해의 12월 31일까지로 하되, 8월 31일 이후에 설치가 완료된 시설은 그 다음 해 4월 30일까지 제출한다. 2) 연간 점검보고서는 시설관리기준에 따른 준수사항을 다음 해 4월 30일까지 환경청장에게 제출하여야 한다. 3) 부득이한 사유로 기한 내에 최초 및 연간 점검보고서를 제출할 수 없는 경우에는 환경청장과 협의하여 제출 기한을 30일 범위에서 연장할 수 있다.

위법시설에 대한 폐쇄조치(법 제38조)

환경부장관 또는 시 · 도지사는 허가를 받지 아니하거나 신고를 하지 아니하고 배출시설을 설치하거나 사용하는 자에게는 그 배출시설의 사용중지를 명하여야 한다. 다만, 그 배출시설을 개선하거나 방지시설을 설치 · 개선하더라도 그 배출시설에서 배출되는 오염물질의 정도가 배출허용기준 이하로 내려갈 가능성이 없다고 인정되는 경우 또는 그 설치장소가 다른 법률에 따라 그 배출시설의 설치가 금지된 경우에는 그 배출시설의 폐쇄를 명하여야 한다.

비산배출시설의 설치신고 등(법 제38조의2)

① 대통령령으로 정하는 업종에서 굴뚝 등 환경부령으로 정하는 배출구 없이 대기 중에 대기오염물질을 직접 배출(이하 "비산배출"이라 한다)하는 공정 및 설비 등의 시설(이하 "비산배출시설"이라 한다)을 설치 · 운영하려는 자는 환경부령으로 정하는 바에 따라 환경부장관에게 신고하여야 한다.

② 신고를 한 자는 신고한 사항 중 환경부령으로 정하는 사항을 변경하는 경우 변경신고를 하여야 한다.

③ 환경부장관은 신고 또는 변경신고를 받은 날부터 10일 이내에 신고 또는 변경신고 수리 여부를 신고인에게 통지하여야 한다.
④ 환경부장관이 정한 기간 내에 신고수리 여부 또는 민원 처리 관련 법령에 따른 처리기간의 연장 여부를 신고인에게 통지하지 아니하면 그 기간(민원 처리 관련 법령에 따라 처리기간이 연장 또는 재연장된 경우에는 해당 처리기간을 말한다)이 끝난 날의 다음 날에 신고를 수리한 것으로 본다.
⑤ 신고 또는 변경신고를 한 자는 환경부령으로 정하는 시설관리기준을 지켜야 한다.
⑥ 신고 또는 변경신고를 한 자는 시설관리기준의 준수 여부 확인을 위하여 국립환경과학원, 유역환경청, 지방환경청, 수도권대기환경청 또는 「한국환경공단법」에 따른 한국환경공단 등으로부터 정기점검을 받아야 한다.
⑦ 정기점검의 내용 · 주기 · 방법 및 실시기관 등은 환경부령으로 정한다.
⑧ 환경부장관은 시설관리기준을 위반하는 자에게 비산배출되는 대기오염물질을 줄이기 위한 시설의 개선 등 필요한 조치를 명할 수 있다.
⑨ 환경부장관은 비산배출시설을 설치 · 운영하는 자가 다음 각 호의 어느 하나에 해당하는 경우에는 6개월 이내의 기간을 정하여 해당 비산배출시설의 조업정지를 명할 수 있다.
❶ 신고 또는 변경신고를 하지 아니한 경우
❷ 시설관리기준을 지키지 아니한 경우
❸ 비산배출시설의 정기점검을 받지 아니한 경우
❹ 조치명령을 이행하지 아니한 경우
⑩ 환경부장관은 비산배출시설을 설치 · 운영하는 자에 대하여 제9항에 따라 조업정지를 명하여야 하는 경우로서 그 조업정지가 주민의 생활, 대외적인 신용 · 고용 · 물가 등 국민경제, 그 밖의 공익에 현저한 지장을 줄 우려가 있다고 인정되는 경우에는 조업정지처분을 갈음하여 과징금을 부과할 수 있다.
⑪ 과징금 처분을 받은 날부터 2년이 경과되기 전에 조업정지처분 대상이 되는 경우에는 조업정지처분을 갈음하여 과징금을 부과할 수 없다.
⑫ 환경부장관은 신고 또는 변경신고를 한 자 중 「중소기업기본법」에 따른 중소기업에 해당하는 자에 대하여 예산의 범위에서 정기점검에 필요한 비용의 전부 또는 일부를 지원할 수 있다.

자가측정(법 제39조)

① 사업자가 그 배출시설을 운영할 때에는 나오는 오염물질을 자가측정하거나 「환경분야 시험 · 검사 등에 관한 법률」 측정대행업자에게 측정하게 하여 그 결과를 사실대로 기록하고, 환경부령으로 정하는 바에 따라 보존하여야 한다.
② 사업자는 측정대행업자에게 측정을 하게 하려는 경우 다음 각 호의 행위를 하여서는 아니 된다.
❶ 측정결과를 누락하게 하는 행위
❷ 거짓으로 측정결과를 작성하게 하는 행위
❸ 정상적인 측정을 방해하는 행위
③ 사업자는 측정한 결과를 환경부령으로 정하는 바에 따라 환경부장관 또는 시 · 도지사에게 제출하여야 한다.
④ 측정의 대상, 항목, 방법, 그 밖의 측정에 필요한 사항은 환경부령으로 정한다.

❑ 자가측정의 대상 및 방법(규칙 제52조)

① 사업자가 기록하고 보존하여야 하는 자가측정에 관한 기록은 별지 서식에 따른다.
② 자가측정 시 사용한 여과지 및 시료채취기록지의 보존기간은 「환경분야 시험 · 검사 등에 관한 법률」 환경오염공정시험기준에 따라 측정한 날부터 6개월로 한다. 중요내용
③ 사업자는 측정결과를 다음 각 호 구분에 따라 반기별 자가 측정결과보고서에 배출구별자가측정 기록사본을 첨부하여 유역환경청장, 지방환경청장, 수도권대기환경청장 또는 시 · 도지사에게 제출해야 한다. 다만 전산에 의한 방법으로 기록 · 보존하는 경우에는 제출하지 않을 수 있다.
❶ 상반기 측정결과 : 7월 31일까지
❷ 하반기 측정결과 : 다음해 1월 31일까지

[자가측정의 대상 · 항목 및 방법(규칙 제52조) : 별표 11] 중요내용

1. 관제센터로 측정결과를 자동전송하지 않는 사업장의 배출구

구 분	배출구별 규모	측정횟수	측정항목
제1종 배출구	먼지 · 황산화물 및 질소산화물의 연간 발생량 합계가 80톤 이상인 배출구	매주 1회 이상	별표 8에 따른 배출허용기준이 적용되는 대기오염물질. 다만, 비산먼지는 제외한다.
제2종 배출구	먼지 · 황산화물 및 질소산화물의 연간 발생량 합계가 20톤 이상 80톤 미만인 배출구	매월 2회 이상	
제3종 배출구	먼지 · 황산화물 및 질소산화물의 연간 발생량 합계가 10톤 이상 20톤 미만인 배출구	2개월마다 1회 이상	
제4종 배출구	먼지 · 황산화물 및 질소산화물의 연간 발생량 합계가 2톤 이상 10톤 미만인 배출구	반기마다 1회 이상	
제5종 배출구	먼지 · 황산화물 및 질소산화물의 연간 발생량 합계가 2톤 미만인 배출구	반기마다 1회 이상	

2. 관제센터로 측정결과를 자동전송하는 사업장 중 굴뚝 자동측정기기가 미설치된 배출구

가. 방지시설 후단만 측정하는 경우

구 분	배출구별 규모	측정횟수	측정항목
제1종 배출구	먼지 · 황산화물 및 질소산화물의 연간 발생량 합계가 80톤 이상인 배출구	2주마다 1회 이상	별표 8에 따른 배출허용기준이 적용되는 대기오염물질. 다만, 비산먼지는 제외한다.
제2종 배출구	먼지 · 황산화물 및 질소산화물의 연간 발생량 합계가 20톤 이상 80톤 미만인 배출구	매월 1회 이상	
제3종 배출구	먼지 · 황산화물 및 질소산화물의 연간 발생량 합계가 10톤 이상 20톤 미만인 배출구	2개월마다 1회 이상	
제4종 배출구	먼지 · 황산화물 및 질소산화물의 연간 발생량 합계가 2톤 이상 10톤 미만인 배출구	반기마다 1회 이상	
제5종 배출구	먼지 · 황산화물 및 질소산화물의 연간 발생량 합계가 2톤 미만인 배출구	반기마다 1회 이상	

나. 방지시설 전 · 후단을 같이 측정하는 경우

구 분	배출구별 규모	측정횟수	측정항목
제1종 배출구	먼지 · 황산화물 및 질소산화물의 연간 발생량 합계가 80톤 이상인 배출구	매월 1회 이상	별표 8에 따른 배출허용기준이 적용되는 대기오염물질. 다만, 비산먼지는 제외한다.
제2종 배출구	먼지 · 황산화물 및 질소산화물의 연간 발생량 합계가 20톤 이상 80톤 미만인 배출구	2개월마다 1회 이상	
제3종 배출구	먼지 · 황산화물 및 질소산화물의 연간 발생량 합계가 10톤 이상 20톤 미만인 배출구	분기마다 1회 이상	
제4종 배출구	먼지 · 황산화물 및 질소산화물의 연간 발생량 합계가 2톤 이상 10톤 미만인 배출구	반기마다 1회 이상	
제5종 배출구	먼지 · 황산화물 및 질소산화물의 연간 발생량 합계가 2톤 미만인 배출구	반기마다 1회 이상	

비고

1. 제3종부터 제5종까지의 배출구에서 특정대기유해물질이 배출되는 경우에는 위 표에도 불구하고 매월 2회 이상 해당 오염물질에 대하여 자가측정을 하여야 한다.
2. 방지시설설치면제사업장은 해당 시설에 대한 자가측정을 생략할 수 있다.
3. 측정항목 중 황산화물에 대한 자가측정은 해당 측정대상시설이 중유 등 연료유만을 사용하는 시설인 경우에는 연료의 황함유분석표로 갈음할 수 있다.

4. 굴뚝 자동측정기기를 설치한 배출구에 대한 자가측정은 자동측정되는 해당 항목에 한정하여 자가측정을 한 것으로 보고, 자동측정 되지 않은 항목에 대한 측정횟수는 제2호를 적용한다. 다만, 굴뚝 자동측정기기를 설치하여 먼지항목에 대한 자동측정자료를 전송하는 배출구의 경우는 매연항목에 대해서도 자가측정을 한 것으로 본다.
5. 굴뚝 자동측정기기를 설치한 배출구의 경우 자동측정자료를 전송하는 그 항목에 한정하여 자동측정자료를 자가측정자료에 우선하여 활용하여야 한다.
6. 굴뚝 자동측정기기를 설치한 배출구에서 굴뚝 자동측정기기의 고장 등으로 배출구별 규모에 따른 측정횟수를 충족하지 못하는 경우에는 2개월마다 1회 이상 자가측정을 하여야 한다.
7. 대기오염물질 중 먼지만 배출되는 시설로서 별표 4 제5호에 따른 여과집진시설을 설치한 배출시설은 시설의 규모에 관계없이 반기마다 1회 이상, 여과집진시설 외의 방지시설을 설치한 사업장 중 월 2회 이상 측정하여야 하는 배출시설은 2개월마다 1회 이상 측정할 수 있다.
8. 제1호에 대하여 해당 연도 이전 최근 1년간 오염도 검사결과 대기오염물질이 계속하여 배출허용기준의 30퍼센트 이내인 경우에는 제1종배출구는 매월 2회 이상, 제2종배출구는 매월 1회 이상, 제3종배출구는 분기마다 1회 이상, 제4종 및 제5종배출구는 매년 1회 이상 측정할 수 있다. 다만, 특정대기유해물질을 배출하는 경우에는 해당 오염물질에 대하여 제1종배출구는 매월 2회 이상, 제2종부터 제5종까지의 배출구는 매월 1회 이상 측정하여야 한다.
9. 제2호에 대하여 해당 연도 이전 최근 1년간 오염도 검사결과 대기오염물질이 계속하여 배출허용기준의 30퍼센트 이내인 경우로서 가목에 해당하는 경우에는 제1종배출구는 매월 1회 이상, 제2종배출구는 2개월마다 1회 이상, 제3종배출구는 반기마다 1회 이상, 제4종 및 제5종배출구는 매년 1회 이상 측정할 수 있고, 나목에 해당하는 경우에는 제1종배출구는 2개월마다 1회 이상, 제2종배출구는 분기마다 1회 이상, 제3종배출구는 반기마다 1회 이상 측정할 수 있으며, 대기오염물질이 계속하여 배출허용기준의 10퍼센트 미만인 경우로서 특정대기유해물질을 연간 10톤 미만으로 배출하는 사업장에서 방지시설 후단만 측정할 경우에는 제1종부터 제3종까지의 배출구는 매 분기마다 1회 이상, 제4종 및 제5종배출구는 매년 1회 이상 측정할 수 있고, 방지시설 전·후단을 같이 측정할 경우에는 제1종 및 제2종배출구는 매 분기마다 1회 이상, 제3종배출구는 매 반기마다 1회 이상, 제4종 및 제5종 배출구는 매년 1회 이상 측정할 수 있다.
10. 자가측정을 위탁받은 측정대행업자가 해당연도 이전 최근 2년간 「환경분야 시험·검사 등에 관한 법률」에 따른 정도검사를 받지 아니하거나 같은 법에 따른 준수사항을 지키지 아니한 경우에는 제8호 및 제9호를 적용하지 아니한다.
11. 신규배출시설에 대한 최초 자가측정시기는 배출시설 가동일자를 기준으로 다음 주기(주·월, 분기, 반기)부터 적용한다.
12. 시·도지사가 질소산화물이 항상 배출허용기준 이하로 배출된다는 것을 인정한 배출시설에 방지시설 중 연소조절에 의한 시설(저녹스 버너)을 설치한 경우에는 질소산화물에 대하여 자가측정을 생략할 수 있다.

환경기술인(법 제40조)

① 사업자는 배출시설과 방지시설의 정상적인 운영·관리를 위하여 환경기술인을 임명하여야 한다.
② 환경기술인은 그 배출시설과 방지시설에 종사하는 자가 이 법 또는 이 법에 따른 명령을 위반하지 아니하도록 지도·감독하고, 배출시설 및 방지시설의 운영결과를 기록·보관하여야 하며, 사업장에 상근하는 등 환경부령으로 정하는 준수사항을 지켜야 한다.
③ 사업자는 환경기술인이 준수사항을 철저히 지키도록 감독하여야 한다.
④ 사업자 및 배출시설과 방지시설에 종사하는 자는 배출시설과 방지시설의 정상적인 운영·관리를 위한 환경기술인의 업무를 방해하여서는 아니 되며, 그로부터 업무수행을 위하여 필요한 요청을 받은 경우에 정당한 사유가 없으면 그 요청에 따라야 한다.
⑤ 환경기술인을 두어야 할 사업장의 범위, 환경기술인의 자격기준, 임명(바꾸어 임명하는 것을 포함한다) 기간은 대통령령으로 정한다. 중요내용

환경기술인의 자격기준 및 임명기간(영 제39조) 중요내용

사업자가 환경기술인을 임명하려는 경우에는 다음 각 호의 구분에 따른 기간에 임명을 하여야 한다.

1 최초로 배출시설을 설치한 경우에는 가동개시 신고를 할 때
2 환경기술인을 바꾸어 임명하는 경우에는 그 사유가 발생한 날부터 5일 이내. 다만, 환경기사 1급 또는 2급 이상의 자격이 있는 자를 임명하여야 하는 사업장으로서 5일 이내에 채용할 수 없는 부득이한 사정이 있는 경우에는 30일의 범위에서 4종·5종사업장의 기준에 준하여 환경기술인을 임명할 수 있다.

[사업장별 환경기술인의 자격기준(영 제39조) : 별표 10] 중요내용

<table>
<tr><th>구분</th><th>환경기술인의 자격기준</th></tr>
<tr><td>1종사업장(대기오염물질발생량의 합계가 연간 80톤 이상인 사업장)</td><td>대기환경기사 이상의 기술자격 소지자 1명 이상</td></tr>
<tr><td>2종사업장(대기오염물질발생량의 합계가 연간 20톤 이상 80톤 미만인 사업장)</td><td>대기환경산업기사 이상의 기술자격 소지자 1명이상</td></tr>
<tr><td>3종사업장(대기오염물질발생량의 합계가 연간 10톤 이상 20톤 미만인 사업장)</td><td>대기환경산업기사 이상의 기술자격 소지자, 환경기능사 또는 3년 이상 대기분야 환경관련 업무에 종사한 자 1명 이상</td></tr>
<tr><td>4종사업장(대기오염물질발생량의 합계가 연간 2톤 이상 10톤 미만인 사업장)</td><td rowspan="2">배출시설 설치허가를 받거나 배출시설 설치신고가 수리된 자 또는 배출시설 설치허가를 받거나 수리된 자가 해당 사업장의 배출시설 및 방지시설 업무에 종사하는 피고용인 중에서 임명하는 자 1명 이상</td></tr>
<tr><td>5종사업장(1종사업장부터 4종사업장까지에 속하지 아니하는 사업장)</td></tr>
</table>

비고
1. 4종사업장과 5종사업장 중 특정대기유해물질이 포함된 오염물질을 배출하는 경우에는 3종사업장에 해당하는 기술인을 두어야 한다.
2. 1종사업장과 2종사업장 중 1개월 동안 실제 작업한 날만을 계산하여 1일 평균 17시간 이상 작업하는 경우에는 해당 사업장의 기술인을 각각 2명 이상 두어야 한다. 이 경우, 1명을 제외한 나머지 인원은 3종사업장에 해당하는 기술인 또는 환경기능사로 대체할 수 있다.
3. 공동방지시설에서 각 사업장의 대기오염물질 발생량의 합계가 4종사업장과 5종사업장의 규모에 해당하는 경우에는 3종사업장에 해당하는 기술인을 두어야 한다.
4. 전체 배출시설에 대하여 방지시설 설치 면제를 받은 사업장과 배출시설에서 배출되는 오염물질 등을 공동방지시설에서 처리하는 사업장은 5종사업장에 해당하는 기술인을 둘 수 있다.
5. 대기환경기술인이 「수질 및 수생태계 보전에 관한 법률」에 따른 수질환경기술인의 자격을 갖춘 경우에는 수질환경기술인을 겸임할 수 있으며, 대기환경기술인이 「소음 · 진동관리법」에 따른 소음 · 진동환경기술인 자격을 갖춘 경우에는 소음 · 진동환경기술인을 겸임할 수 있다.
6. 배출시설 중 일반보일러만 설치한 사업장과 대기 오염물질 중 먼지만 발생하는 사업장은 5종사업장에 해당하는 기술인을 둘 수 있다.
7. "대기오염물질발생량"이란 방지시설을 통과하기 전의 먼지, 황산화물 및 질소산화물의 발생량을 환경부령으로 정하는 방법에 따라 산정한 양을 말한다.

❑ 환경기술인의 준수사항 및 관리사항(규칙 제54조) 중요내용

① 환경기술인의 준수사항은 다음 각 호와 같다.

❶ 배출시설 및 방지시설을 정상가동하여 대기오염물질 등의 배출이 배출허용기준에 맞도록 할 것
❷ 배출시설 및 방지시설의 운영기록을 사실에 기초하여 작성할 것
❸ 자가측정은 정확히 할 것(법 제39조에 따라 자가측정을 대행하는 경우에도 또한 같다)
❹ 자가측정한 결과를 사실대로 기록할 것(자가측정을 대행하는 경우에도 또한 같다)
❺ 자가측정 시에 사용한 여과지는 「환경분야 시험 · 검사 등에 관한 법률」 환경오염공정시험기준에 따라 기록한 시료채취기록지와 함께 날짜별로 보관 · 관리할 것(자가측정을 대행한 경우에도 또한 같다)
❻ 환경기술인은 사업장에 상근할 것. 다만, 「기업활동 규제완화에 관한 특별조치법」 환경기술인을 공동으로 임명한 경우 그 환경기술인은 해당 사업장에 번갈아 근무하여야 한다.

② 환경기술인의 관리사항은 다음 각 호와 같다.

❶ 배출시설 및 방지시설의 관리 및 개선에 관한 사항
❷ 배출시설 및 방지시설의 운영에 관한 기록부의 기록 · 보존에 관한 사항
❸ 자가측정 및 자가측정한 결과의 기록 · 보존에 관한 사항
❹ 그 밖에 환경오염 방지를 위하여 유역환경청장, 지방환경청장, 수도권대기환경청장 또는 시 · 도지사가 지시하는 사항

연료용 유류 및 그 밖의 연료의 황함유기준(법 제41조)

① 환경부장관은 연료용 유류 및 그 밖의 연료에 대하여 관계 중앙행정기관의 장과 협의하여 그 종류별로 황의 함유 허용기준(이하 "황함유기준"이라 한다)을 정할 수 있다.

② 환경부장관은 황함유기준이 정하여진 연료는 대통령령으로 정하는 바에 따라 그 공급지역과 사용시설의 범위를 정하고 관계 중앙행정기관의 장에게 지역별 또는 사용시설별로 필요한 연료의 공급을 요청할 수 있다.

③ 공급지역 또는 사용시설에 연료를 공급·판매하거나 같은 지역 또는 시설에서 연료를 사용하려는 자는 황함유기준을 초과하는 연료를 공급·판매하거나 사용하여서는 아니 된다. 다만, 황함유기준을 초과하는 연료를 사용하는 배출시설로서 환경부령으로 정하는 바에 따라 배출시설 설치의 허가 또는 변경허가를 받거나 신고 또는 변경신고를 한 경우에는 황함유기준을 초과하는 연료를 공급·판매하거나 사용할 수 있다.

④ 시·도지사는 연료의 공급지역이나 시설에 황함유기준을 초과하는 연료를 공급·판매하거나 사용하는 자(제3항 단서에 해당하는 경우는 제외한다)에게는 대통령령으로 정하는 바에 따라 그 연료의 공급·판매 또는 사용을 금지 또는 제한하거나 필요한 조치를 명할 수 있다.

위의 대통령으로 정하는 사업장(환경부장관 관할사업장)(법 제40조 관련)

❶ 「산업입지 및 개발에 관한 법률」에 따라 지정된 국가산업단지 및 일반산업단지의 사업장

❷ 「자유무역지역의 지정 및 운영 등에 관한 법률」에 따른 자유무역지역의 사업장

❸ 「국토의 계획 및 이용에 관한 법률」에 따른 공업지역 중 부산광역시 북구의 준용공업지역 및 대구광역시 서구·달서구·북구의 일반공업지역의 사업장

✪ 저황유의 사용(영 제40조)

① 황함유기준(이하 "황함유기준"이라 한다)이 정하여진 연료용 유류(이하 "저황유"라 한다)의 공급지역과 사용시설의 범위 등에 관한 기준은 별표 10의2와 같다.

② 시·도지사는 기준에 부적합한 유류를 공급하거나 판매하는 자에게는 유류의 공급금지 또는 판매금지와 그 유류의 회수처리를 명하여야 하며, 유류를 사용하는 자에게는 사용금지를 명하여야 한다. 중요내용

③ 해당 유류의 회수처리명령 또는 사용금지명령을 받은 자는 명령을 받은 날부터 5일 이내에 다음 각 호의 사항을 구체적으로 밝힌 이행완료보고서를 시·도지사에게 제출하여야 한다. 중요내용

1. 해당 유류의 공급기간 또는 사용기간과 공급량 또는 사용량
2. 해당 유류의 회수처리량, 회수처리방법 및 회수처리기간
3. 저황유의 공급 또는 사용을 증명할 수 있는 자료 등에 관한 사항

✪ 저황유 외의 연료사용(영 제41조)

환경부장관 또는 시·도지사는 저황유 공급지역의 사용시설 중 다음 각 호의 시설에서는 저황유 외의 연료를 사용하게 할 수 있다.

1. 부생가스 또는 환경부장관이 인정하는 폐열을 사용하는 시설
2. 최적의 방지시설을 설치하여 부과금을 면제받은 시설
3. 그 밖에 저황유 외의 연료를 사용하여 배출되는 황산화물이 해당 시설에서 저황유를 사용할 때 적용되는 배출허용기준 이하로 배출되는 시설로서 배출시설의 설치허가 또는 변경허가를 받거나 신고 또는 변경신고를 한 시설

❑ 저황유 외 연료사용 시 제출서류(규칙 제55조)

시·도지사에게 제출하여야 하는 서류는 다음 각 호와 같다. 다만, 배출시설의 설치허가, 변경허가, 설치신고 또는 변경신고 시 제출하여야 하는 서류와 동일한 서류는 제외한다.

❶ 사용연료량 및 성분분석서

❷ 연료사용시설 및 방지시설의 설치명세서

❸ 저황유 외의 연료를 사용할 때의 황산화물 배출농도 및 배출량 등을 예측한 명세서

❑ 정제연료유(규칙 제55조의2)

"환경부령으로 정하는 정제연료"란 열분해방법 또는 감압증류방법으로 재생처리한 정제연료유를 말한다.

♂ 연료의 제조와 사용 등의 규제(법 제42조)

환경부장관 또는 시 · 도지사는 연료의 사용으로 인한 대기오염을 방지하기 위하여 특히 필요하다고 인정하면 관계 중앙행정기관의 장과 협의하여 대통령령으로 정하는 바에 따라 그 연료를 제조 · 판매하거나 사용하는 것을 금지 또는 제한하거나 필요한 조치를 명할 수 있다. 다만, 대통령령으로 정하는 바에 따라 환경부장관 또는 시 · 도지사의 승인을 받아 그 연료를 사용하는 자에 대하여는 그러하지 아니하다.

✪ 고체연료의 사용금지(영 제42조)

① 환경부장관 또는 시 · 도지사는 연료의 사용으로 인한 대기오염을 방지하기 위하여 해당하는 지역에 대하여 다음 각 호의 고체연료의 사용을 제한할 수 있다. 다만, 제3호의 경우에는 해당 지역 중 그 사용을 특히 금지할 필요가 있는 경우에만 제한할 수 있다.

1. 석탄류
2. 코크스
3. 땔나무와 숯
4. 그 밖에 환경부장관이 정하는 폐합성수지 등 가연성 폐기물 또는 이를 가공처리한 연료

② 환경부장관 또는 시 · 도지사는 지역에 있는 사업자에게 고체연료의 사용금지를 명하여야 한다. 다만, 다음 각 호의 어느 하나에 해당하는 시설을 갖춘 사업자의 경우에는 그러하지 아니하다.

1. 제조공정의 연료 용해과정에서 광물성 고체연료가 사용되어야 하는 주물공장 · 제철공장 등의 용해로 등의 시설
2. 연소과정에서 발생하는 오염물질이 제품 제조공정 중에 흡수 · 흡착 등의 방법으로 제거되어 오염물질이 현저하게 감소되는 시멘트 · 석회석 등의 소성로(燒成爐) 등의 시설
3. 「폐기물관리법」 폐기물처리시설(폐기물 에너지를 이용하는 시설을 포함한다)
4. 고체연료를 사용하여도 해당 시설에서 배출되는 오염물질이 배출허용기준 이하로 배출되는 시설로서 환경부장관 또는 시 · 도지사에게 고체연료의 사용을 승인받은 시설

③ 시설의 소유자 또는 점유자가 고체연료를 사용하려면 환경부령으로 정하는 바에 따라 고체연료 사용승인신청서를 환경부장관 또는 시 · 도지사에게 제출하여야 한다.

❑ 고체연료 사용승인(규칙 제56조)

① 고체연료 사용의 승인을 받으려는 자는 고체연료사용승인신청서에 다음 각 호의 서류를 첨부하여 시 · 도지사에게 제출(「정보통신망 이용촉진 및 정보보호 등에 관한 법률」에 따른 정보통신망을 이용한 제출을 포함한다)하여야 한다.

❶ 굴뚝 자동측정기기의 설치계획서

❷ 고체연료 사용시설의 설치기준에 맞는 시설 설치계획서

❸ 해당 시설에서 배출되는 대기오염물질이 배출허용기준 이하로 배출된다는 것을 증명할 수 있는 객관적인 문헌이나 시험분석자료

② 법 제42조 단서에 해당하는 경우에 제출하는 서류는 제1항 각 호와 같다. 다만, 배출시설의 설치허가, 변경허가, 설치신고 또는 변경신고 시 제출하여야 하는 서류와 동일한 서류는 제외한다.

③ 시 · 도지사는 승인을 한 경우에는 고체연료 사용승인서를 신청인에게 발급하여야 한다.

[고체연료 사용시설 설치기준(규칙 제56조) : 별표 12] 중요내용

1. 석탄사용시설
   가. 배출시설의 굴뚝높이는 100m 이상으로 하되, 굴뚝상부 안지름, 배출가스 온도 및 속도 등을 고려한 유효굴뚝높이(굴뚝의 실제 높이에 배출가스의 상승고도를 합산한 높이를 말한다. 이하 같다)가 440m 이상인 경우에는 굴뚝높이를 60m 이상 100m 미만으로 할 수 있다. 이 경우 유효굴뚝높이 및 굴뚝높이 산정방법 등에 관하여는 국립환경과학원장이 정하여 고시한다.
   나. 석탄의 수송은 밀폐 이송시설 또는 밀폐통을 이용하여야 한다.
   다. 석탄저장은 옥내저장시설(밀폐형 저장시설 포함) 또는 지하저장시설에 저장하여야 한다.
   라. 석탄연소재는 밀폐통을 이용하여 운반하여야 한다.
   마. 굴뚝에서 배출되는 아황산가스(SO_2), 질소산화물(NO_X), 먼지 등의 농도를 확인할 수 있는 기기를 설치하여야 한다.

2. 기타 고체연료 사용시설
   가. 배출시설의 굴뚝높이는 20m 이상이어야 한다.
   나. 연료와 그 연소재의 수송은 덮개가 있는 차량을 이용하여야 한다.
   다. 연료는 옥내에 저장하여야 한다.
   라. 굴뚝에서 배출되는 매연을 측정할 수 있어야 한다.

✪ 청정연료의 사용(영 제43조)

① 환경부장관 또는 시 · 도지사는 연료사용에 관한 제한조치에도 불구하고 별표 11의3에 따른 지역 또는 시설에 대하여는 오염물질이 거의 배출되지 아니하는 액화천연가스 및 액화석유가스 등 기체연료(이하 "청정연료"라 한다) 외의 연료에 대한 사용금지를 명할 수 있다.

② 환경부장관 또는 시 · 도지사는 석유정제업자 또는 석유판매업자에게 청정연료의 사용대상 시설에 대한 연료용 유류의 공급 또는 판매의 금지를 명하여야 한다.

③ 환경부장관은 연료사용량이 지나치게 많아 청정연료의 수요 및 공급에 미치는 영향이 크거나 에너지 절감으로 인한 대기오염 저감효과가 크다고 인정되는 발전소, 집단에너지 공급시설 및 일정 규모 이하의 열 공급시설 등에 대하여는 별표 11의3에 따라 청정연료 외의 연료를 사용하게 할 수 있다.

[청정연료 사용가능기준(영 제43조) : 별표 11의3]

1. 청정연료를 사용하여야 하는 대상시설의 범위 중요내용
   가. 「건축법 시행령」에 따른 공동주택으로서 동일한 보일러를 이용하여 하나의 단지 또는 여러 개의 단지가 공동으로 열을 이용하는 중앙집중난방방식(지역냉난방방식을 포함한다)으로 열을 공급받고, 단지 내의 모든 세대의 평균 전용면적이 40.0m^2를 초과하는 공동주택
   나. 「집단에너지사업법 시행령」에 따른 지역냉난방사업을 위한 시설
   다. 전체 보일러의 시간당 총 증발량이 0.2톤 이상인 업무용 보일러(영업용 및 공공용 보일러를 포함하되, 산업용보일러는 제외한다)
   라. 발전시설. 다만, 산업용 열병합 발전시설은 제외한다.

   비고 : 가목부터 라목까지의 시설 중 「신에너지 및 재생에너지 개발 · 이용 · 보급 촉진법」 신에너지 및 재생에너지를 사용하는 시설은 제외한다.

❑ 대기오염물질 발생량 산정방법(규칙 제42조)

① 대기오염물질 발생량은 배출시설별로 대기오염물질 발생량을 산정한 후 예비용 시설을 제외한 사업장의 모든 배출시설의 대기오염물질 발생량을 더하여 산정하되, 배출시설별 대기오염물질 발생량의 산정방법은 다음과 같다. 중요내용

배출시설의 시간당 대기오염물질 발생량 × 일일조업시간 × 연간가동일수

② 유역환경청장, 지방환경청장, 수도권대기환경청장 또는 시 · 도지사는 사업장에 대한 지도점검 결과 사업장의 대기오염물질 발생량이 변경되어 해당사업장의 구분(영 별표 1에 따른 제1종부터 제5종까지의 사업장 구분을 말한다)을

변경해야 하는 경우에는 사업자에게 그 사실을 통보해야 한다.

③ 통보를 받은 사업자는 통보일부터 7일 이내에 변경신고를 하여야 한다.

비산(飛散)먼지의 규제(법 제43조)

① 비산 배출되는 먼지(이하 "비산먼지"라 한다)를 발생시키는 사업으로서 대통령령으로 정하는 사업을 하려는 자는 환경부령으로 정하는 바에 따라 특별자치시장 · 특별자치도지사 · 시장 · 군수 · 구청장에게 신고하고 비산먼지의 발생을 억제하기 위한 시설을 설치하거나 필요한 조치를 하여야 한다. 이를 변경하려는 때에도 또한 같다.

② 사업의 구역이 둘 이상의 특별자치시 · 특별자치도 · 시 · 군 · 구(자치구를 말한다)에 걸쳐 있는 경우에는 그 사업 구역의 면적이 가장 큰 구역(제1항에 따른 신고 또는 변경신고를 할 때 사업의 규모를 길이로 신고하는 경우에는 그 길이가 가장 긴 구역을 말한다)을 관할하는 특별자치시장 · 특별자치도지사 · 시장 · 군수 · 구청장에게 신고하여야 한다.

③ 특별자치시장 · 특별자치도지사 · 시장 · 군수 · 구청장은 신고 또는 변경신고를 받은 경우 그 내용을 검토하여 이 법에 적합하면 신고 또는 변경신고를 수리하여야 한다.

④ 특별자치시장 · 특별자치도지사 · 시장 · 군수 · 구청장은 비산먼지의 발생을 억제하기 위한 시설의 설치 또는 필요한 조치를 하지 아니하거나 그 시설이나 조치가 적합하지 아니하다고 인정하는 경우에는 그 사업을 하는 자에게 필요한 시설의 설치나 조치의 이행 또는 개선을 명할 수 있다.

⑤ 특별자치시장 · 특별자치도지사 · 시장 · 군수 · 구청장은 명령을 이행하지 아니하는 자에게는 그 사업을 중지시키거나 시설 등의 사용 중지 또는 제한하도록 명할 수 있다. 중요내용

⑥ 신고 또는 변경신고를 수리한 특별자치시장 · 특별자치도지사 · 시장 · 군수 · 구청장은 해당 사업이 걸쳐 있는 다른 구역을 관할하는 특별자치시장 · 특별자치도지사 · 시장 · 군수 · 구청장이 그 사업을 하는 자에 대하여 제4항 또는 제5항에 따른 조치를 요구하는 경우 그에 해당하는 조치를 명할 수 있다.

⑦ 환경부장관 또는 시 · 도지사는 제6항에 따른 요구를 받은 특별자치시장 · 특별자치도지사 · 시장 · 군수 · 구청장이 정당한 사유 없이 해당 조치를 명하지 않으면 해당 조치를 이행하도록 권고할 수 있다. 이 경우 권고를 받은 특별자치시장 · 특별자치도지사 · 시장 · 군수 · 구청장은 특별한 사유가 없으면 이에 따라야 한다.

✪ 비산먼지 발생사업(영 제44조) 중요내용

법 제43조 제1항에서 "대통령령으로 정하는 사업"이란 다음 각 호의 사업 중 환경부령으로 정하는 사업을 말한다.

1 시멘트 · 석회 · 플라스터 및 시멘트 관련 제품의 제조업 및 가공업
2 비금속물질의 채취업, 제조업 및 가공업
3 제1차 금속 제조업
4 비료 및 사료제품의 제조업
5 건설업(지반 조성공사, 건축물 축조공사, 토목공사, 조경공사 및 도장공사로 한정한다)
6 시멘트, 석탄, 토사, 사료, 곡물 및 고철의 운송업
7 운송장비 제조업
8 저탄시설(貯炭施設)의 설치가 필요한 사업
9 고철, 곡물, 사료, 목재 및 광석의 하역업 또는 보관업
10 금속제품의 제조업 및 가공업
11 폐기물 매립시설 설치 · 운영 사업

❑ 비산먼지 발생사업의 신고(규칙 제58조)

① 비산먼지 발생사업(시멘트 · 석탄 · 토사 · 사료 · 곡물 · 고철의 운송업은 제외한다)을 하려는 자(건설업을 도급에 의하여 시행하는 경우에는 발주자로부터 최초로 공사를 도급받은 자를 말한다)는 비산먼지 발생사업 신고서를 사업 시행 전(건설공사의 경우에는 착공 전)에 특별자치시장 · 특별자치도지사 · 시장 · 군수 · 구청장(자치구의 구청장을 말하며, 이하 "시장 · 군수 · 구청장"이라 한다)에게 제출하여야 하며, 신고한 사항을 변경하려는 경우에는 비산먼지 발생사업

변경신고서를 변경 전(제2항 제1호의 경우에는 이를 변경한 날부터 30일 이내, 같은 항 제5호의 경우에는 발급받은 비산먼지 발생사업 등의 신고증명서에 기재된 설치기간 또는 공사기간의 종료일까지)에 시장 · 군수 · 구청장에게 제출하여야 한다. 다만, 신고대상 사업이 「건축법」 착공신고대상사업인 경우에는 그 공사의 착공 전에 비산먼지 발생사업 신고서 또는 비산먼지 발생사업 변경신고서와 「폐기물관리법 시행규칙」 사업장폐기물배출자 신고서를 함께 제출할 수 있다.

② 변경신고를 하여야 하는 경우는 다음 각 호와 같다. 중요내용

❶ 사업장의 명칭 또는 대표자를 변경하는 경우

❷ 비산먼지 배출공정을 변경하는 경우

❸ 다음 각 목에 해당하는 사업 또는 공사의 규모를 늘리거나 그 종류를 추가하는 경우

가. 시멘트제조업(석회석의 채광 · 채취공정이 포함되는 경우만 해당한다.)

나. 사업의 규모가 신고대상사업 최소 규모의 10배 이상인 공사

❸의2. 사업의 규모를 10퍼센트 이상 늘리거나 그 종류를 추가하는 경우

❹ 비산먼지 발생억제시설 또는 조치사항을 변경하는 경우

❺ 공사기간을 연장하는 경우(건설공사의 경우에만 해당한다)

③ 신고 또는 변경신고를 받은 시장 · 군수 · 구청장은 다른 사업구역을 관할하는 시장 · 군수 · 구청장에게 신고내용을 알려야 한다.

④ 비산먼지의 발생을 억제하기 위한 시설의 설치 및 필요한 조치에 관한 기준은 별표 14와 같다.

⑤ 시장 · 군수 · 구청장은 다음 각 호의 비산먼지 발생사업자로서 별표 14의 기준을 준수하여도 주민의 건강 · 재산이나 동식물의 생육에 상당한 위해를 가져올 우려가 있다고 인정하는 사업자에게는 제4항에도 불구하고 별표 15의 기준을 전부 또는 일부 적용할 수 있다.

❶ 시멘트 제조업자

❷ 콘크리트제품 제조업자

❸ 석탄제품 제조업자

❹ 건축물 축조공사자

❺ 토목공사자

⑥ 시장 · 군수 · 구청장은 비산먼지의 발생을 억제하기 위한 시설을 설치하거나 필요한 조치를 할 때에 사업자가 설치기술이나 공법 또는 다른 법령의 시설 설치 제한규정 등으로 인하여 제4항의 기준을 준수하는 것이 특히 곤란하다고 인정되는 경우에는 신청에 따라 그 기준에 맞는 다른 시설의 설치 및 조치를 하게 할 수 있다.

⑦ 신청을 하려는 사업자는 비산먼지 시설기준 변경신청서에 기준에 맞는 다른 시설의 설치 및 조치의 내용에 관한 서류를 첨부하여 시장 · 군수 · 구청장에게 제출하여야 한다.

⑧ 신고를 받은 시장 · 군수 · 구청장은 신고증명서를 신고인에게 발급하여야 한다.

[비산먼지 발생을 억제하기 위한 시설의 설치 및 필요한 조치에 관한 기준(규칙 제58조) : 별표 14]

배출공정	시설의 설치 및 조치에 관한 기준
1. 야적(분체상 물질을 야적하는 경우에만 해당한다)	가. 야적물질을 1일 이상 보관하는 경우 방진덮개로 덮을 것 나. 야적물질의 최고저장높이의 1/3 이상의 방진벽을 설치하고, 최고저장높이의 1.25배 이상의 방진망(막)을 설치할 것. 다만, 건축물축조 및 토목공사장 · 조경공사장 · 건축물해체공사장의 공사장 경계에는 높이 1.8m(공사장 부지 경계선으로부터 50m 이내에 주거 · 상가 건물이 있는 곳의 경우에는 3m) 이상의 방진벽을 설치하되, 둘 이상의 공사장이 붙어 있는 경우의 공동 경계면에는 방진벽을 설치하지 아니할 수 있다. 중요내용 다. 야적물질로 인한 비산먼지 발생억제를 위하여 물을 뿌리는 시설을 설치할 것(고철 야적장과 수용성물질 등의 경우는 제외한다) 중요내용 라. 혹한기(매년 12월 1일부터 다음 연도 2월 말일까지를 말한다)에는 표면경화제 등을 살포할 것(제철 및 제강업만 해당한다) 마. 야적 설비를 이용하여 작업 시 낙하거리를 최소화하고, 야적 설비 주위에 물을 뿌려 비산먼지

	가 흩날리지 않도록 할 것(제철 및 제강업만 해당한다) 바. 공장 내에서 시멘트 제조를 위한 원료 및 연료는 최대한 3면이 막히고 지붕이 있는 구조물 내에 보관하며, 보관시설의 출입구는 방진망(막) 등을 설치할 것(시멘트 제조업만 해당한다) 중요내용 사. 저탄시설은 옥내화할 것(발전업만 해당한다) 아. 가목부터 사목까지와 같거나 그 이상의 효과를 가지는 시설을 설치하거나 조치하는 경우에는 가목부터 라목까지 중 그에 해당하는 시설의 설치 또는 조치를 제외한다.
2. 싣기 및 내리기(분체상 물질을 싣고 내리는 경우만 해당한다)	가. 작업 시 발생하는 비산먼지를 제거할 수 있는 이동식 집진시설 또는 분무식 집진시설(Dust Boost)을 설치할 것(석탄제품제조업, 제철 · 제강업 또는 곡물하역업에만 해당한다) 나. 싣거나 내리는 장소 주위에 고정식 또는 이동식 물을 뿌리는 시설(살수반경 5m 이상, 수압 3kg/cm^2 이상)을 설치 · 운영하여 작업하는 중 다시 흩날리지 아니하도록 할 것(곡물작업장의 경우는 제외한다) 중요내용 다. 풍속이 평균초속 8m 이상일 경우에는 작업을 중지할 것 중요내용 라. 공장 내에서 싣고 내리기는 최대한 밀폐된 시설에서만 실시하여 비산먼지가 생기지 아니하도록 할 것(시멘트 제조업만 해당한다) 마. 조쇄를 위한 내리기 작업은 최대한 3면이 막히고 지붕이 있는 구조물 내에서 실시 할 것. 다만, 수직갱에서의 조쇄를 위한 내리기 작업은 충분한 살수를 실시할 수 있는 시설을 설치할 것(시멘트 제조업만 해당한다) 바. 가목부터 마목까지와 같거나 그 이상의 효과를 가지는 시설을 설치하거나 조치하는 경우에는 가목부터 마목까지 중 그에 해당하는 시설의 설치 또는 조치를 제외한다.
3. 수송(시멘트 · 석탄 · 토사 · 사료 · 곡물 · 고철의 운송업의 경우에는 가 · 나 · 바 · 사 · 자의 경우에만 해당하고, 목재수송은 사 · 아 · 자의 경우에만 해당한다) 중요내용	가. 적재함을 최대한 밀폐할 수 있는 덮개를 설치하여 적재물이 외부에서 보이지 아니하고 흘림이 없도록 할 것 중요내용 나. 적재함 상단으로부터 5cm 이하까지 적재물을 수평으로 적재할 것 중요내용 다. 도로가 비포장 사설도로인 경우 비포장 사설도로로부터 반지름 500m 이내에 10가구 이상의 주거시설이 있을 때에는 해당 부락으로부터 반지름 1km 이내의 경우에는 포장, 간이포장 또는 살수 등을 할 것 라. 다음의 어느 하나에 해당하는 시설을 설치할 것 1) 자동식 세륜(洗輪)시설 금속지지대에 설치된 롤러에 차바퀴를 닿게 한 후 전력 또는 차량의 동력을 이용하여 차바퀴를 회전시키는 방법으로 차바퀴에 묻은 흙 등을 제거할 수 있는 시설 2) 수조를 이용한 세륜시설 – 수조의 넓이 : 수송차량의 1.2배 이상 – 수조의 깊이 : 20센티미터 이상 – 수조의 길이 : 수송차량 전체길이의 2배 이상 – 수조수 순환을 위한 침전조 및 배관을 설치하거나 물을 연속적으로 흘려 보낼 수 있는 시설을 설치할 것 마. 다음 규격의 측면 살수시설을 설치할 것 중요내용 – 살수높이 : 수송차량의 바퀴부터 적재함 하단부까지 – 살수길이 : 수송차량 전체길이의 1.5배 이상 – 살수압 : 3kg/cm^2 이상 바. 수송차량은 세륜 및 측면 살수 후 운행하도록 할 것 중요내용 사. 먼지가 흩날리지 아니하도록 공사장안의 통행차량은 시속 20km 이하로 운행할 것 중요내용 아. 통행차량의 운행기간 중 공사장 안의 통행도로에는 1일 1회 이상 살수할 것 자. 광산 진입로는 임시로 포장하여 먼지가 흩날리지 아니하도록 할 것(시멘트 제조업만 해당한다) 차. 가목부터 자목까지와 같거나 그 이상의 효과를 가지는 시설을 설치하거나 조치하는 경우에는 가목부터 자목까지 중 그에 해당하는 시설의 설치 또는 조치를 제외한다.
4. 이송	가. 야외 이송시설은 밀폐화하여 이송 중 먼지의 흩날림이 없도록 할 것 나. 이송시설은 낙하, 출입구 및 국소배기부위에 적합한 집진시설을 설치하고, 포집된 먼지는 흩날리지 아니하도록 제거하는 등 적절하게 관리할 것

	다. 기계적(벨트컨베이어, 바켓엘리베이터 등)인 방법이 아닌 시설을 사용할 경우에는 물뿌림 또는 그 밖의 제진(除塵)방법을 사용할 것 라. 기계적(벨트컨베이어, 바켓엘리베이터 등)인 방법의 시설을 사용하는 경우에는 표면 먼지를 제거할 수 있는 시설을 설치할 것(시멘트 제조업만 해당한다) 마. 이송시설의 하부는 주기적으로 청소하여 이송시설에서 떨어진 먼지가 재비산되지 않도록 할 것(제철 및 제강업만 해당) 바. 가목부터 마목까지와 같거나 그 이상의 효과를 가지는 시설을 설치하거나 조치하는 경우에는 가목부터 라목까지 중 그에 해당하는 시설의 설치 또는 조치를 제외한다.
5. 채광 · 채취(갱내작업의 경우는 제외한다)	가. 살수시설 등을 설치하도록 하여 주위에 먼지가 흩날리지 아니하도록 할 것 나. 발파 시 발파공에 젖은 가마니 등을 덮거나 적절한 방지시설을 설치한 후 발파할 것 다. 발파 전후 발파 지역에 대하여 충분한 살수를 실시하고, 천공시에는 먼지를 포집할 수 있는 시설을 설치할 것 라. 풍속이 평균 초속 8미터 이상인 경우에는 발파작업을 중지할 것 마. 작은 면적이라도 채광 · 채취가 이루어진 구역은 최대한 먼지가 흩날리지 아니하도록 조치할 것 바. 분체형태의 물질 등 흩날릴 가능성이 있는 물질은 밀폐용기에 보관하거나 방진덮개로 덮을 것 사. 가목부터 바목까지와 같거나 그 이상의 효과를 가지는 시설을 설치하거나 조치하였을 경우에는 가목부터 바목까지 중 그에 해당하는 시설의 설치 또는 조치는 제외한다.
6. 조쇄 및 분쇄(시멘트 제조업만 해당하며, 갱내 작업은 제외한다)	가. 조쇄작업은 최대한 3면이 막히고 지붕이 있는 구조물에서 실시하여 먼지가 흩날리지 아니하도록 할 것 나. 분쇄작업은 최대한 4면이 막히고 지붕이 있는 구조물에서 실시하여 먼지가 흩날리지 아니하도록 할 것 다. 살수시설 등을 설치하여 먼지가 흩날리지 아니하도록 할 것 라. 가목부터 다목까지와 같거나 그 이상의 효과를 가지는 시설을 설치하거나 조치를 하였을 경우에는 가목부터 다목까지 중 그에 해당하는 시설의 설치 또는 조치는 제외한다.
7. 야외절단	가. 고철 등의 절단작업은 가급적 옥내에서 실시할 것 나. 야외절단 시 비산먼지 저감을 위해 간이칸막이등을 설치할 것 다. 야외 절단 시 이동식 집진시설을 설치하여 작업할 것. 다만, 이동식집진시설의 설치가 불가능한 경우에는 진공식 청소차량 등으로 작업현장에 대한 청소작업을 지속적으로 실시할 것 라. 풍속이 평균초속 8m 이상(강선건조업과 합성수지선건조업인 경우에는 10m 이상)인 경우에는 작업을 중지할 것 마. 가목부터 라목까지와 같거나 그 이상의 효과를 가지는 시설을 설치하거나 조치하는 경우에는 가목부터 라목까지 중 그에 해당하는 시설의 설치 또는 조치를 제외한다.
8. 야외 탈청(脫靑) 중요내용	가. 탈청구조물의 길이가 15m 미만인 경우에는 옥내작업을 할 것 나. 야외 작업 시에는 간이칸막이 등을 설치하여 먼지가 흩날리지 아니하도록 할 것 다. 야외 작업 시 이동식 집진시설을 설치할 것. 다만, 이동식 집진시설의 설치가 불가능할 경우 진공식 청소차량 등으로 작업현장에 대한 청소작업을 지속적으로 할 것 라. 작업 후 남은 것이 다시 흩날리지 아니하도록 할 것 마. 풍속이 평균초속 8m 이상(강선건조업과 합성수지선건조업인 경우에는 10m 이상)인 경우에는 작업을 중지할 것 바. 가목부터 마목까지와 같거나 그 이상의 효과를 가지는 시설을 설치하거나 조치하는 경우에는 가목부터 마목까지 중 그에 해당하는 시설의 설치 또는 조치를 제외한다.
9. 야외 연마	가. 야외 작업 시 이동식 집진시설을 설치 · 운영할 것. 다만, 이동식 집진시설의 설치가 불가능할 경우 진공식 청소차량 등으로 작업현장에 대한 청소작업을 지속적으로 할 것 나. 부지 경계선으로부터 40m 이내에서 야외 작업 시 작업 부위의 높이 이상의 이동식 방진망 또는 방진막을 설치할 것 다. 작업 후 남은 것이 다시 흩날리지 아니하도록 할 것 라. 풍속이 평균초속 8m 이상(강선건조업과 합성수지선건조업인 경우에는 10m 이상)인 경우에는 작업을 중지할 것 마. 가목부터 라목까지와 같거나 그 이상의 효과를 가지는 시설을 설치하거나 조치하는 경우에는 가목부터 라목까지 중 그에 해당하는 시설의 설치 또는 조치를 제외한다.

10. 야외 도장(운송장비제조업 및 조립금속제품제조업의 야외구조물, 선체외판, 수상구조물, 해수담수화설비제조, 교량제조 등의 야외도장시설과 제품의 길이가 100m 이상인 제품의 야외도장공정만 해당한다)	가. 소형구조물(길이 10m 이하에 한한다)의 도장작업은 옥내에서 할 것 나. 부지경계선으로부터 40m 이내에서 도장작업을 할 때에는 최고높이의 1.25배 이상의 방진망(개구율 40% 상당)을 설치할 것 다. 풍속이 평균초속 8m 이상일 경우에는 도장작업을 중지할 것(도장작업위치가 높이 5m 이상이며, 풍속이 평균초속 5m 이상일 경우에도 작업을 중지할 것) 라. 연간 2만톤 이상의 선박건조조선소는 도료사용량의 최소화, 유기용제의 사용억제 등 비산먼지 저감방안을 수립한 후 작업을 할 것 마. 가목부터 라목까지와 같거나 그 이상의 효과를 가지는 시설을 설치하거나 조치하는 경우에는 가목부터 라목까지 중 그에 해당하는 시설의 설치 또는 조치를 제외한다.
11. 그 밖에 공정(건축물축조공사장, 토목공사장 및 건물해체공사장의 경우만 해당한다)	가. 건축물축조공사장에서는 먼지가 공사장 밖으로 흩날리지 아니하도록 다음과 같은 시설을 설치하거나 조치를 할 것 1) 비산먼지가 발생되는 작업(바닥청소, 벽체연마작업, 절단작업, 분사방식에 의한 도장작업 등의 작업을 말한다)을 할 때에는 해당 작업 부위 혹은 해당 층에 대하여 방진막 등을 설치할 것. 다만, 건물 내부공사의 경우 커튼 월(curtain wall) 및 창호공사가 끝난 경우에는 그러하지 아니하다. 2) 철골구조물의 내화피복작업 시에는 먼지발생량이 적은 공법을 사용하고 비산먼지가 외부로 확산되지 아니하도록 방진막 등을 설치할 것 3) 콘크리트구조물의 내부 마감공사 시 거푸집 해체에 따른 조인트 부위 등 돌출면의 면고르기 연마작업 시에는 방진막 등을 설치하여 비산먼지 발생을 최소화할 것 4) 공사 중 건물 내부 바닥은 항상 청결하게 유지관리하여 비산먼지 발생을 최소화할 것 나. 건축물축조공사장 및 토목공사장에서 철구조물의 분사방식에 의한 야외 도장 시 방진막 등을 설치할 것 다. 건축물해체공사장에서 건물해체작업을 할 경우 먼지가 공사장 밖으로 흩날리지 아니하도록 방진막 또는 방진벽을 설치하고, 물뿌림 시설을 설치하여 작업 시 물을 뿌리는 등 비산먼지 발생을 최소화할 것 라. 가목부터 다목까지와 같거나 그 이상의 효과를 가지는 시설을 설치하거나 조치하는 경우에는 가목부터 다목까지에 해당하는 시설의 설치 또는 조치를 제외한다.

[비산먼지의 발생을 억제하기 위한 시설의 설치 및 필요한 조치에 관한 엄격한 기준(규칙 제58조) : 별표 15] 중요내용

배출 공정	시설의 설치 및 조치에 관한 기준
1. 야적	가. 야적물질을 최대한 밀폐된 시설에 저장 또는 보관할 것 나. 수송 및 작업차량 출입문을 설치할 것 다. 보관 · 저장시설은 가능하면 한 3면이 막히고 지붕이 있는 구조가 되도록 할 것
2. 싣기와 내리기	가. 최대한 밀폐된 저장 또는 보관시설 내에서만 분체상물질을 싣거나 내릴 것 나. 싣거나 내리는 장소 주위에 고정식 또는 이동식 물뿌림시설(물뿌림반경 7m 이상, 수압 5kg/cm^2 이상)을 설치할 것
3. 수송	가. 적재물이 흘러내리거나 흩날리지 아니하도록 덮개가 장치된 차량으로 수송할 것 나. 다음 규격의 세륜시설을 설치할 것 금속지지대에 설치된 롤러에 차바퀴를 닿게 한 후 전력 또는 차량의 동력을 이용하여 차바퀴를 회전시키는 방법 또는 이와 같거나 그 이상의 효과를 지닌 자동물뿌림장치를 이용하여 차바퀴에 묻은 흙 등을 제거할 수 있는 시설 다. 공사장 출입구에 환경전담요원을 고정배치하여 출입차량의 세륜 · 세차를 통제하고 공사장 밖으로 토사가 유출되지 아니하도록 관리할 것 라. 공사장 내 차량통행도로는 다른 공사에 우선하여 포장하도록 할 것

비고
시 · 도지사가 별표 15의 기준을 적용하려는 경우에는 이를 사업자에게 알리고 그 기준에 맞는 시설 설치 등에 필요한 충분한 기간을 주어야 한다.

휘발성유기화합물의 규제(법 제44조)

① 다음 각 호의 어느 하나에 해당하는 지역에서 휘발성유기화합물을 배출하는 시설로서 대통령령으로 정하는 시설을 설치하려는 자는 환경부령으로 정하는 바에 따라 시 · 도지사 또는 대도시 시장에게 신고하여야 한다. *중요내용

❶ 특별대책지역

❷ 대기관리권역

❸ 제1호 및 제2호의 지역 외에 휘발성유기화합물 배출로 인한 대기오염을 개선할 필요가 있다고 인정되는 지역으로 환경부장관이 관계 중앙행정기관의 장과 협의하여 지정 · 고시하는 지역(이하 "휘발성유기화합물 배출규제 추가지역"이라 한다)

② 신고를 한 자가 신고한 사항 중 환경부령으로 정하는 사항을 변경하려면 변경신고를 하여야 한다.

③ 시 · 도지사 또는 대도시 시장은 신고 또는 변경신고를 받은 날부터 7일 이내에 신고 또는 변경신고 수리 여부를 신고인에게 통지하여야 한다.

④ 시 · 도지사 또는 대도시 시장이 제3항에서 정한 기간 내에 신고수리 여부 또는 민원 처리 관련 법령에 따른 처리기간의 연장 여부를 신고인에게 통지하지 아니하면 그 기간(민원 처리 관련 법령에 따라 처리기간이 연장 또는 재연장된 경우에는 해당 처리기간을 말한다)이 끝난 날의 다음 날에 신고를 수리한 것으로 본다.

⑤ 시설을 설치하려는 자는 휘발성유기화합물의 배출을 억제하거나 방지하는 시설을 설치하는 등 휘발성유기화합물의 배출로 인한 대기환경상의 피해가 없도록 조치하여야 한다.

⑥ 휘발성유기화합물의 배출을 억제 · 방지하기 위한 시설의 설치 기준 등에 필요한 사항은 환경부령으로 정한다.

⑦ 시 · 도 또는 대도시는 그 시 · 도 또는 대도시의 조례로 기준보다 강화된 기준을 정할 수 있다.

⑧ 강화된 기준이 적용되는 시 · 도 또는 대도시에 시 · 도지사 또는 대도시 시장에게 설치신고를 하였거나 설치신고를 하려는 시설이 있으면 그 시설의 휘발성유기화합물 억제 · 방지시설에 대하여도 강화된 기준을 적용한다.

⑨ 시 · 도지사 또는 대도시 시장은 제5항을 위반하는 자에게 휘발성유기화합물을 배출하는 시설 또는 그 배출의 억제 · 방지를 위한 시설의 개선 등 필요한 조치를 명할 수 있다.

⑩ 신고를 한 자는 휘발성유기화합물의 배출을 억제하기 위하여 환경부령으로 정하는 바에 따라 휘발성유기화합물을 배출하는 시설에 대하여 휘발성유기화합물의 배출 여부 및 농도 등을 검사 · 측정하고, 그 결과를 기록 · 보존하여야 한다.

⑪ 휘발성유기화합물 배출규제 추가지역의 지정에 필요한 세부적인 기준 및 절차 등에 관한 사항은 환경부령으로 정한다.

환경친화형 도료의 기준(법 제44조의2)

① 도료(塗料)에 대한 휘발성유기화합물의 함유기준(이하 "휘발성유기화합물함유기준"이라 한다)은 환경부령으로 정한다. 이 경우 환경부장관은 관계 중앙행정기관의 장과 협의하여야 한다.

② 도료를 공급하거나 판매하는 자는 휘발성유기화합물함유기준을 초과하는 도료를 공급하거나 판매하여서는 아니 된다.

❑ 휘발성유기화합물 배출규제 추가지역의 지정기준(규칙 제59조)

① 휘발성유기화합물 배출규제 추가지역의 지정에 필요한 세부적인 기준은 다음 각 호와 같다.

❶ 인구 50만 이상 도시 중 법 제3조에 따른 상시 측정 결과 오존 오염도(이하 "오존 오염도"라 한다)가 환경 기준을 초과하는 지역

❷ 그 밖에 오존 오염도가 환경기준을 초과하고 휘발성유기화합물 배출량 관리가 필요하다고 환경부장관이 인정하는 지역

② 제1항에서 규정한 사항 외에 지정 기준 및 절차에 관한 사항은 환경부장관이 정하여 고시한다.

❑ 휘발성유기화합물 배출시설의 신고 등(규칙 제59조의2)

① 휘발성유기화합물을 배출하는 시설을 설치하려는 자는 휘발성유기화합물 배출시설 설치신고서에 휘발성유기화합물 배출시설 설치명세서와 배출 억제 · 방지시설 설치명세서를 첨부하여 시설 설치일 10일 전까지 시 · 도지사 또는 대도시 시장에게 제출하여야 한다. 다만, 휘발성유기화합물을 배출하는 시설이 설치허가 또는 설치신고의 대상이 되는 배출시

설에 해당되는 경우에는 배출시설 설치허가신청서 또는 배출시설 설치신고서의 제출로 갈음할 수 있다. 중요내용

② 신고를 받은 시 · 도지사 또는 대도시 시장은 신고증명서를 신고인에게 발급하여야 한다.

❑ 휘발성유기화합물 배출시설의 변경신고(규칙 제60조)

① 변경신고를 하여야 하는 경우는 다음 각 호와 같다. 중요내용

❶ 사업장의 명칭 또는 대표자를 변경하는 경우

❷ 설치신고를 한 배출시설 규모의 합계 또는 누계보다 100분의 50 이상 증설하는 경우

❸ 휘발성유기화합물의 배출 억제 · 방지시설을 변경하는 경우

❹ 휘발성유기화합물 배출시설을 폐쇄하는 경우

❺ 휘발성유기화합물 배출시설 또는 배출 억제 · 방지시설을 임대하는 경우

② 변경신고를 하려는 자는 신고 사유가 제1항 제1호, 제4호 또는 제5호에 해당하는 경우에는 그 사유가 발생한 날부터 30일 이내에, 같은 항 제2호부터 제4호까지에 해당하는 경우에는 변경 전에 휘발성유기화합물 배출시설 변경신고서에 변경내용을 증명하는 서류와 휘발성유기화합물 배출시설 설치신고증명서를 첨부하여 시 · 도지사 또는 대도시 시장에게 제출하여야 한다.

③ 시 · 도지사 또는 대도시 시장은 변경신고를 접수한 경우에는 휘발성유기화합물배출시설 설치신고 증명서의 뒤 쪽에 변경신고사항을 적어 발급하여야 한다.

✪ 휘발성유기화합물의 규제(영 제45조) 중요내용

① 특별대책지역 또는 대기관리권역 안에서 휘발성유기화합물을 배출하는 시설로서 "대통령령으로 정하는 시설"이란 다음 각 호의 시설을 말한다. 다만, 제38조의2에서 정하는 업종에서 사용하는 경우는 제외한다.

1 석유정제를 위한 제조시설, 저장시설 및 출하시설(出荷施設)과 석유화학제품 제조업의 제조시설, 저장시설 및 출하시설

2 저유소의 저장시설 및 출하시설

3 주유소의 저장시설 및 주유시설

4 세탁시설

5 그 밖에 휘발성유기화합물을 배출하는 시설로서 환경부장관이 관계 중앙행정기관의 장과 협의하여 고시하는 시설

② 제1항 각 호에 따른 시설의 규모는 환경부장관이 관계 중앙행정기관의 장과 협의하여 고시한다.

③ 법 제45조 제4항에서 "대통령령으로 정하는 사유"란 다음 각 호의 어느 하나에 해당하는 사유를 말한다.

1 국내에서 확보할 수 없는 특수한 기술이 필요한 경우

2 천재지변이나 그 밖에 특별시장 · 광역시장 · 특별자치시장 · 도지사(그 관할구역 중 인구 50만 이상의 시는 제외한다) · 특별자치도지사 또는 특별시 · 광역시 및 특별자치시를 제외한 인구 50만 이상의 시장이 부득이하다고 인정하는 경우

✪ 도료의 휘발성유기화합물 함유기준 초과 시 조치명령 등(영 제45조의2)

① 환경부장관은 조치명령을 하는 경우에는 조치명령의 내용 및 10일 이내의 이행기간 등을 적은 서면으로 하여야 한다.

② 조치명령을 받은 자는 그 이행기간 이내에 다음 각 호의 사항을 구체적으로 밝힌 이행완료보고서를 환경부령으로 정하는 바에 따라 환경부장관에게 제출하여야 한다.

1 해당 도료의 공급 · 판매 기간과 공급량 또는 판매량

2 해당 도료의 회수처리량, 회수처리 방법 및 기간

3 그 밖에 공급 · 판매 중지 또는 회수 사실을 증명할 수 있는 자료에 관한 사항

③ 조치명령을 받은 자는 그 이행기간 이내에 다음 각 호의 사항을 구체적으로 밝힌 이행완료보고서를 환경부령으로 정하는 바에 따라 환경부장관에게 제출하여야 한다.

1 해당 도료의 공급 · 판매 기간과 공급량 또는 판매량

2 해당 도료의 보유량 및 공급 · 판매 중지 사실을 증명할 수 있는 자료에 관한 사항

[휘발성유기화합물 배출 억제 · 방지시설 설치 등에 관한 기준(규칙 제61조) : 별표 16]

<table>
<tr><th>구분(업종)</th><th>배출시설</th><th>기준</th></tr>
<tr><td rowspan="2">1. 석유정제 및 석유 화학제품 제조업</td><td>가. 제조 시설
중요내용</td><td>1) 제조공정 중의 펌프 · 압축기(공기압축기는 제외한다. 이하 같다) · 압력완화장치 · 개방식밸브 및 배관등 휘발성유기화합물의 누출가능성이 있는 시설에 대하여 매월 액체의 누출 여부를 검사하고, 이를 기록 · 보존하여야 한다.
2) 위 1)에 따른 검사결과 액체의 누출이 확인된 경우에는 즉시 「환경분야 시험 · 검사 등에 관한 법률」 제6조 제1항에 따라 환경부장관이 정하여 고시한 환경오염공정시험기준에 따라 측정기를 이용하여 휘발성유기화합물의 배출 농도를 측정하고, 기록하여야 한다.
3) 위 2)에 따른 측정결과, 누출농도가 1만ppm 이상(압력완화장치에 대하여는 설정 압력 이상인 경우의 방출은 제외한다)인 경우에는 15일 이내에 수리하여야 한다. 다만, 그 시설의 수리로 인하여 전체 제조공정의 가동중지가 불가피하다고 해당 시 · 도지사가 인정하는 경우에는 그 기간을 연장할 수 있다.
4) 압축기는 휘발성유기화합물의 누출을 방지하기 위한 개스킷 등 봉인장치를 설치하여야 한다.
5) 개방식 밸브나 배관에는 뚜껑, 브라인드프렌지, 마개 또는 이중밸브를 설치하여야 한다.
6) 검사용 시료채취장치에는 시료채취 시에 발생되는 휘발성유기화합물을 처리시설로 이송하기 위하여 끝이 막힌 배관장치 또는 밀폐된 배출관로를 설치하여야 한다.
7) 위 6)에 따른 배관장치나 배출관로는 휘발성유기화합물을 대기 중으로 배출됨이 없이 공정 중으로 재회수시키거나 처리시설로 이송하여 처리할 수 있는 구조로 설치되어야 한다.
8) 제조공정에 설치된 각각의 배수장치에는 물 등을 이용한 봉인장치(Water Seal Control)를 설치하여야 한다.
9) 중간 집수조(Junction Box)에는 덮개를 설치하거나 덮개 및 환기배관(Open Vent Pipe)을 설치하여야 하며, 덮개는 조사나 보수를 하는 경우 외에는 항상 제 위치에 있어야 하고 덮개가 파손되거나 덮개와 집수조 사이에 틈새가 발견되면 15일 이내에 이를 보수하여야 한다.
10) 중간집수조에서 폐수처리장으로 이어지는 하수구(Sewer line)가 대기 중으로 개방되어서는 아니 되며, 금 · 틈새 등이 발견되는 경우에는 15일이내에 이를 보수하여야 한다.
11) 휘발성유기화합물을 배출하는 폐수처리장의 집수조는 대기오염공정시험방법에서 규정하는 검출불가능 누출농도 이상으로 휘발성유기화합물이 발생하는 경우에는 휘발성유기화합물을 80퍼센트 이상의 효율로 억제 · 제거할 수 있는 부유지붕이나 상부덮개를 설치 · 운영하여야 한다.
12) 폐수처리장의 유수분리조나 휘발성유기화합물을 배출하는 저장탱크는 부유지붕이나 상부덮개를 설치 · 운영하여야 하며, 상부덮개를 설치한 경우에는 덮개와 유체표면과의 사이의 공간에서 발생된 휘발성유기화합물을 포집 · 처리할 수 있는 시설을 설치하거나 제어할 수 있는 제어시설을 설치 · 운영하여야 한다.</td></tr>
<tr><td>나. 저장 시설</td><td>다음의 어느 하나에 해당하는 시설을 설치 · 운영하여야 한다.
1) 내부부상지붕(Internal floating roof)형 저장시설의 경우
가) 내부부상지붕은 저장용기 내부의 액체표면에 놓여 있거나 떠 있어야 한다. 다만, 반드시 액체와 접촉할 필요는 없다.
나) 저장탱크 내벽과 부유지붕의 상단 가장자리에는 다음 밀폐장치 중의 하나를 갖추어야 한다.
(1) 유면과 접촉되어 떠 있는 폼 밀봉장치(Foam Seal) 또는 유체충진형 밀봉장치는 저장탱크의 내벽과 부유지붕 사이의 유체와 항상 접촉되어 있어야 한다.
(2) 이중 밀봉장치 : 저장용기 벽면과 내부 부유지붕의 가장자리 사이의 공간을 완전히 막기 위하여 2개의 층으로 되어 있고, 각각이 지속적으로 밀폐될 수 있도록 하여야 한다.
(3) 지렛대 구조밀봉장치(Mechanical Seal)
다) 자동환기구와 림환기구를 제외하고, 부상지붕에 설치되는 각 개구부의 하부 끝은 액표면 아래에 잠겨질 수 있도록 설계되어야 하며, 각 개구부의 상부에는 덮개를 설치하여 작동 중일 때를 제외하고는 항상 틈이 없이 밀폐되도록 하여야 한다.
라) 자동환기구는 개스킷이 정착되어야 하며, 부상지붕이 액표면 위에 떠 있지 아니하거나 지붕 지지대에 놓여 있을 때를 제외하고 작동 중인 때에는 항상 닫혀진 상태이어야 한다.
마) 림환기구는 가스켓이 장착되어야 하며, 부상지붕이 지붕지지대에서 떨어져 부상하고 있거나 사용자가 필요할 때에만 열리도록 설치하여야 한다.
2) 외부부상지붕(External floating roof)형 저장시설의 경우
가) 외부부상지붕은 폰툰식(Pontoon type)이거나 이중갑문식 덮개(Double deck type cover)구조이어야 한다.</td></tr>
</table>

		나) 저장용기 내벽과 부상지붕의 상단 가장자리에는 이중 밀폐장치를 설치하여야 한다. 다) 부상지붕은 초기 충전 시와 저장용기가 완전히 비어 재충전할 경우를 제외하고는 항상 액체표면에 떠 있어야 한다. 라) 자동환기구와 림환기구를 제외하고, 부상지붕에 설치되는 각 개구부의 하부 끝은 액표면 아래에 잠길 수 있도록 설계되어야 하며, 각 개구부의 상부에는 덮개를 설치하여 작동 중인 경우를 제외하고는 항상 틈이 없이 밀폐되도록 하여야 한다. 마) 자동환기구는 개스킷이 장착되어야 하며, 지붕이 떠있지 아니하거나 지붕지지대에 놓여 있을 때를 제외한 작동 중에는 항상 닫힌 상태이어야 한다. 3) 기존의 고정형지붕형(Fixed roof) 저장시설의 경우 휘발성유기화합물 방지시설을 설치하여 대기 중으로 직접 배출되지 아니하도록 하여야 한다.
	다. 출하 시설 중요내용	1) 출하시설은 하부적하(Bottom Loading)방식에 적합한 구조로 하여야 하며, 하부적하방식에 적합하지 아니한 차량이나 주유소의 시설에 대하여는 제품을 출하하여서는 아니 된다. 다만, 자일렌함유 에폭시수지, 초산 등 상온(25℃)에서 점도가 10,000센티푸아즈(Centipoise) 이상으로 물질흐름이 정지되는 특성 때문에 하부로 싣는 작업이 불가능한 휘발성유기화합물질의 경우에는 그러하지 아니하다. 2) 사업자 또는 운영자는 저유소, 주유소 등으로부터 출하 시에 회수된 휘발성유기화합물은 공정 중에서 재이용하거나 소각 등의 방법으로 환경적으로 안전하게 처리하여야 한다. 3) 위 2)에 따른 회수처리시설 중 소각시설의 처리효율은 95퍼센트 이상이어야 한다. 4) 출하시 포장을 하는 공간에는 국소배기장치 및 휘발성유기화합물 방지시설을 설치하여 대기로 배출되는 것을 방지하여야 한다.
2. 저유소	가. 저장 시설	제1호 나목의 기준에 따른다. 다만, 연간 입하량 또는 출하량 총량이 해당 시설용량을 초과하지 아니하는 지하비축시설의 경우에는 방지시설을 설치하지 아니할 수 있다.
	나. 출하 시설	제1호 다목의 기준에 따른다.
3. 주유소 중요내용	가. 저장 시설	1) 주유소에 설치된 저장탱크에 유류를 적하할 때 배출되는 휘발성유기화합물은 탱크로리나 자체 설치된 회수설비를 이용하여 대기로 직접 배출되지 아니하도록 하여야 한다. 2) 저장탱크에 설치된 가지관 또는 숨구멍밸브 등은 외부로 배출되는 휘발성유기화합물을 최소화할 수 있도록 적절한 조치를 하여야 한다. 다만, 안전상의 문제가 있을 경우에는 시·도지사가 시설의 설치를 면제할 수 있다.
	나. 주유 시설	1) 주유소에서 차량에 유류를 공급할 때 배출되는 휘발성유기화합물은 주유시설에 부착된 유증기 회수설비(이하 이 난에서 "회수설비"라 한다)를 이용하여 대기로 직접 배출되지 아니하도록 하여야 한다. 2) 회수설비의 처리효율은 90퍼센트 이상이어야 한다. 3) 유증기 회수배관은 배관이 막히지 아니하도록 적절한 경사를 두어야 한다. 4) 유증기 회수배관을 설치한 후에는 회수배관 액체막힘 검사를 하고 그 결과를 5년간 기록·보존하여야 한다. 5) 회수설비의 유증기 회수율(회수량/주유량)이 적정범위(0.88~1.2)에 있는지를 연 1회 검사하고, 그 결과를 5년간 기록·보존하여야 한다. 6) 유증기 회수배관의 압력감쇄·누설 등을 4년마다 검사하고, 그 결과를 5년간 기록·보존하여야 한다.
4. 세탁작업	세탁시설	1) 퍼크로로에틸렌, 트리클로로에탄, 불소계용제를 사용하는 시설은 작업장 외부로 휘발성유기화합물질이 배출되는 것을 방지하기 위하여 밀폐형이어야 한다(용제회수기가 별도로 부착된 경우는 밀폐형으로 본다) 2) 솔벤트 등 그 밖의 유기용제를 사용하는 시설은 휘발성유기화합물이 외부로 배출되는 것을 억제할 수 있는 조치를 하여야 한다.
5. 그 밖에 중앙행정기관의 장과 협의하여 고시하는 시설		환경부장관이 정하여 고시하는 기준에 따른다.

비고 *중요내용

1. "압력완화장치"란 휘발성유기화합물의 제조과정에서 배관 안의 압력증가로 정상적인 작업이 곤란하여 이를 완화하기 위하여 설치된 장치를 말한다.
2. "검사용 시료채취장치"란 휘발성유기화합물의 제조과정에서 제조 중인 물질에 대한 품질검사 등을 목적으로 그 시료를 채취하기 위하여 설치된 관, 밸브, 기구 등 일체의 장치를 말한다.
3. "배수장치"란 휘발성유기화합물의 제조 · 생산과정이나 시설의 보수 · 수리 등의 과정에서 발생된 각종 폐수를 폐수처리장으로 이송하기 위하여 배출하는 관, 밸브, 기타 시설 등을 말한다.
4. "유수분리조"란 폐수중에 함유된 폐유를 물과 분리하기 위한 목적으로 설치된 철제탱크 · 콘크리트조등 일체의 구조물을 말한다.
5. "부상지붕"이란 액체의 표면과 접촉되어 액체의 높낮이에 따라 액체표면과 함께 움직이는 지붕덮개를 말한다.
6. "하부적하방식"이란 휘발성유기화합물을 싣거나 내리는 과정에 대기 중으로 노출이 되지 아니하도록 유조차 등의 하부로 싣고 내리며 밀폐된 관로를 통하여 저유소나 주유소등의 저장탱크 내에서 발생되는 휘발성유기화합물을 회수하는 방법을 말한다.
7. "석유화학제품제조업"이란 한국표준산업분류에 따른 석유화학계 기초화합물제조업, 합성섬유제조업, 합성고무제조업, 합성수지 및 그 밖의 플라스틱물질 제조업을 말한다.
8. "출하시설"이란 석유계 혼합물 또는 휘발성유기화합물이 포함된 유체를 송유관 · 유조차 등에 이송하는 시설을 말한다.
9. "중간집수조"란 휘발성유기화합물이 포함된 유체와 폐수를 집수하는 시설로 공정과 폐수처리장의 집수조(유량조정시설) 중간에 유지 · 보수 · 안전 및 공정관리를 목적으로 설치한 시설을 말한다.

❑ 일일조업시간 및 연간가동일수(규칙 제44조)

일일조업시간 또는 연간가동일수는 각각 24시간과 365일을 기준으로 산정한다. 다만, 난방용 보일러 등 일정 시간 또는 일정 기간만 가동한다고 유역환경청장, 지방환경청장, 수도권대기환경청장 또는 시 · 도지사가 인정하는 시설은 다음 각 호의 구분에 따라 산정한다.

❶ 이미 설치되어 사용 중인 배출시설의 경우에는 다음 각 목의 기준

가. 전년도의 일일평균조업시간을 일일조업시간으로 봄

나. 전년도의 연간가동일수를 그 해의 연간가동일수로 봄

❷ 새로 설치되는 배출시설의 경우에는 배출시설 및 방지시설 설치명세서에 기재된 일일조업예정시간 또는 연간가동예정일을 각각 일일조업시간 또는 연간가동일수로 봄

기존 휘발성유기화합물 배출시설에 대한 규제(법 제45조)

① 특별대책지역, 대기관리권역 또는 휘발성유기화합물 배출규제 추가지역으로 지정 · 고시될 당시 그 지역에서 휘발성유기화합물을 배출하는 시설을 운영하고 있는 자는 특별대책지역, 대기관리권역 또는 휘발성유기화합물 배출규제 추가지역으로 지정 · 고시된 날부터 3개월 이내에 신고를 하여야 하며, 특별대책지역, 대기관리권역 또는 휘발성유기화합물 배출규제 추가지역으로 지정 · 고시된 날부터 2년 이내에 조치를 하여야 한다. *중요내용

② 휘발성유기화합물이 추가로 고시된 경우 특별대책지역, 대기관리권역 또는 휘발성유기화합물 배출규제 추가지역으로 그 추가된 휘발성유기화합물을 배출하는 시설을 운영하고 있는 자는 그 물질이 추가로 고시된 날부터 3개월 이내에 신고를 하여야 하며, 그 물질이 추가로 고시된 날부터 2년 이내에 조치를 하여야 한다. *중요내용

③ 신고를 한 자가 신고한 사항을 변경하려면 변경신고를 하여야 한다.

④ 대통령령으로 정하는 사유에 해당하는 경우에는 시 · 도지사 또는 대도시시장의 승인을 받아 1년의 범위에서 그 조치기간을 연장할 수 있다.

⑤ 제1항, 제2항 또는 제4항에 따른 기간에 이들 각 항에 규정된 조치를 하지 아니한 경우에는 제44조 제9항을 준용한다.

❑ 휘발성유기화합물 배출 억제 · 방지시설의 검사 등(규칙 제61조의4)

① 법 제45조의3 제1항에서 "환경부령으로 정하는 검사기관"이란 다음 각 호의 어느 하나에 해당하는 기관을 말한다. *중요내용

❶ 한국환경공단

❷ 검사를 실시할 능력이 있다고 환경부장관이 정하여 고시하는 기관

② 검사는 휘발성유기화합물의 배출 억제 · 방지시설의 회수 효율 및 누설 여부 등을 검사하고, 검사방법은 전수(全數) 또는 표본추출의 방법으로 한다.

③ 검사대상시설은 주유소의 저장시설 및 주유시설에 설치하는 휘발성유기화합물의 배출 억제 · 방지시설로 한다.

④ 검사기준은 다음 각 호와 같다.

❶ 주유소의 휘발성유기화합물 배출 억제 · 방지시설 설치에 관한 기준을 준수할 것

❷ 그 밖에 휘발성유기화합물의 배출을 억제 · 방지하기 위하여 환경부장관이 정하여 고시한 기준을 준수할 것

⑤ 검사기관의 장은 분기별 검사실적을 매분기 마지막 날을 기준으로 다음달 20일까지 환경부장관에게 제출하여야 하고, 검사실적 보고서의 부본(副本) 및 그 밖에 검사와 관련된 서류를 작성일부터 5년간 보관하여야 한다. 중요내용

⑥ 그 밖에 검사업무에 필요한 세부적인 사항은 환경부장관이 정하여 고시한다.

제4장 자동차 · 선박 등의 배출가스규제

제작차의 배출허용기준(법 제46조)

① 자동차(원동기 및 저공해자동차를 포함한다.)를 제작(수입을 포함한다. 이하 같다)하려는 자(이하 "자동차제작자"라 한다)는 그 자동차(이하 "제작차"라 한다)에서 나오는 오염물질(대통령령으로 정하는 오염물질만 해당한다. 이하 "배출가스"라 한다)이 환경부령으로 정하는 허용기준(이하 "제작차배출허용기준"이라 한다)에 맞도록 제작하여야 한다. 다만, 저공해자동차를 제작하려는 자동차제작자는 환경부령으로 정하는 별도의 허용기준(이하 "저공해자동차배출허용기준"이라 한다)에 맞도록 제작하여야 한다.

② 환경부장관이 환경부령을 정하는 경우 관계 중앙행정기관의 장과 협의하여야 한다.

③ 자동차제작자는 제작차에서 나오는 배출가스는 환경부령으로 정하는 기간(이하 "배출가스보증기간"이라 한다) 동안 제작차배출허용기준에 맞게 유지되어야 한다.

④ 자동차제작자는 인증받은 내용과 다르게 배출가스 관련 부품의 설계를 고의로 바꾸거나 조작하는 행위를 하여서는 아니 된다.

배출가스의 종류(영 제46조) 중요내용

"대통령령으로 정하는 오염물질"이란 다음 각 호의 구분에 따른 물질을 말한다.

1 휘발유, 알코올 또는 가스를 사용하는 자동차

가. 일산화탄소

나. 탄화수소

다. 질소산화물

라. 알데히드

마. 입자상물질

바. 암모니아

2 경유를 사용하는 자동차

가. 일산화탄소

나. 탄화수소

다. 질소산화물

라. 매연

마. 입자상물질

바. 암모니아

[제작차배출허용기준(규칙 제62조) : 별표 17] 중요내용

1. 휘발유 또는 가스자동차
   1) 경자동차, 소형 승용 · 화물, 중형 승용 · 화물
      ① 배출허용기준 항목
         ㉠ 일산화탄소 ㉡ 질소산화물
         ㉢ 탄화수소(배기관가스, 블로바이가스, 증발가스) ㉣ 포름알데히드
      ② 측정방법
         CVS−75 모드, US 06 모드, SC 03 모드, WHTC 모드
   2) 대형 승용 · 화물, 초대형 승용 · 화물
      ① 배출허용기준 항목
         ㉠ 일산화탄소 ㉡ 질소산화물
         ㉢ 탄화수소(배기관가스, 블로바이가스)
      ② 측정방법
         WHTC 모드

2. 경유사용자동차(2017년 10월 1일부터 적용)
   1) 경자동차, 소형 · 중형승용차, 소형 · 중형화물차
      ① 배출허용기준항목
         ㉠ 일산화탄소 ㉡ 질소산화물 ㉢ 탄화수소 및 질소산화물
         ㉣ 입자상물질 ㉤ 입자개수
      ② 측정방법
         WLTP
   2) 대형승용 · 화물차, 초대형승용 · 화물차
      ① 배출허용기준 항목
         ㉠ 일산화탄소 ㉡ 질소산화물
         ㉢ 탄화수소 및 질소산화물 ㉣ 입자상물질
         ㉤ 입자개수
      ② 측정방법
         WHSC 및 WHTC

3. 이륜자동차(2017년 1월 1일 이후 적용)

<table>
<tr><th colspan="2">배출가스</th></tr>
<tr><td colspan="2">일산화탄소</td></tr>
<tr><td rowspan="2">탄화수소</td><td>배기관가스</td></tr>
<tr><td>증발가스</td></tr>
<tr><td colspan="2">질소산화물</td></tr>
<tr><td colspan="2">측정방법</td></tr>
</table>

4. 건설기계 · 농업기계 원동기(2015년 1월 1일 이후 적용)
   1) 배출허용기준 항목
      ① 일산화탄소 ② 질소산화물 ③ 탄화수소 ④ 입자상물질
   2) 측정방법
      ① NRSC 모드 및 NRTC 모드

❑ 환경부령으로 정하는 건설기계(규칙 제62조) 중요내용

❶ 불도저
❷ 굴삭기
❸ 로더
❹ 지게차(전동식은 제외한다)
❺ 기중기
❻ 롤러

[배출가스 보증기간(규칙 제63조) : 별표 18]

● 2016년 1월 1일 이후 제작자동차

사용연료	자동차의 종류	적용기간	
휘발유 중요내용	경자동차, 소형 승용 · 화물자동차, 중형 승용 · 화물자동차	15년 또는 240,000km	
	대형 승용 · 화물자동차, 초대형 승용 · 화물자동차	2년 또는 160,000km	
	이륜자동차	최고속도 130km/h 미만	2년 또는 20,000km
		최고속도 130km/h 이상	2년 또는 35,000km
가스 중요내용	경자동차	10년 또는 192,000km	
	소형 승용 · 화물자동차, 중형 승용 · 화물자동차	15년 또는 240,000km	
	대형 승용 · 화물자동차, 초대형 승용 · 화물자동차	2년 또는 160,000km	
경유	경자동차, 소형 승용 · 화물자동차, 중형 승용 · 화물자동차(택시를 제외한다)	10년 또는 160,000km	
	경자동차, 소형 승용 · 화물자동차, 중형 승용 · 화물자동차(택시에 한정한다)	10년 또는 192,000km	
	대형 승용 · 화물자동차	6년 또는 300,000km	
	초대형 승용 · 화물자동차	7년 또는 700,000km	
	건설기계 원동기, 농업기계 원동기	37kW 이상	10년 또는 8,000시간
		37kW 미만	7년 또는 5,000시간
		19kW 미만	5년 또는 3,000시간
전기 및 수소연료전지 자동차	모든 자동차	별지 제30호 서식의 자동차배출가스 인증신청서에 적힌 보증기간	

[비고]

1. 배출가스보증기간의 만료는 기간 또는 주행거리, 가동시간 중 먼저 도달하는 것을 기준으로 한다. 중요내용
2. 보증기간은 자동차소유자가 자동차를 구입한 일자를 기준으로 한다. 중요내용
3. 휘발유와 가스를 병용하는 자동차는 가스사용 자동차의 보증기간을 적용한다. 중요내용
4. 경유사용 경자동차, 소형 승용차 · 화물차, 중형 승용차 · 화물차의 결함확인검사 대상기간은 위 표의 배출가스보증기간에도 불구하고 5년 또는 100,000km로 한다. 다만, 택시의 경우 10년 또는 192,000km로 하되, 2015년 8월 31일 이전에 출고된 경유 택시가 경유 택시로 대폐차된 경우에는 10년 또는 160,000km로 할 수 있다.
5. 건설기계 원동기 및 농업기계 원동기의 결함확인검사 대상기간은 19kW 미만은 4년 또는 2,250시간, 37kW 미만은 5년 또는 3,750시간, 37kW 이상은 7년 또는 6,000시간으로 한다. 중요내용
6. 위 표의 경유사용 대형 승용 · 화물자동차 및 초대형 승용 · 화물자동차의 배출가스 보증기간은 인증시험 및 결함확인검사에만 적용한다.
7. 경유사용 대형 승용 · 화물자동차 및 초대형 승용 · 화물자동차의 결함확인검사 시 아래의 배출가스 관련 부품이 정비주기를 초과한 경우에는 이를 정비하도록 할 수 있다.

배출가스 관련 부품	정비주기
배출가스재순환장치(EGR system including all related Filter & control valves), PCV 밸브(Positive crankcase ventilation valves)	80,000km
연료분사기(Fuel injecter), 터보차저(Turbocharger), 전자제어장치 및 관련 센서(ECU & associated sensors & actuators), 선택적 환원촉매장치[(SCR system including Dosing module(요소분사기), Supply module (요소분사펌프 & 제어장치)], 매연포집필터(Particulate Trap), 질소산화물저감촉매(De-NOx Catalyst, NOx Trap), 정화용 촉매(Catalytic Converter)	160,000km

기술개발 등에 대한 지원(법 제47조)

① 국가는 자동차로 인한 대기오염을 줄이기 위하여 다음 각 호의 어느 하나에 해당하는 시설 등의 기술개발 또는 제작에 필요한 재정적 · 기술적 지원을 할 수 있다. 중요내용

❶ 저공해자동차 및 그 자동차에 연료를 공급하기 위한 시설 중 환경부장관이 정하는 시설

❷ 배출가스저감장치

❸ 저공해엔진

② 환경부장관은 환경개선특별회계에서 기술개발이나 제작에 필요한 비용의 일부를 지원할 수 있다.

제작차에 대한 인증(법 제48조)

① 자동차제작자가 자동차를 제작하려면 미리 환경부장관으로부터 그 자동차의 배출가스가 배출가스보증기간에 제작차배출허용기준(저공해 자동차배출허용기준을 포함)에 맞게 유지될 수 있다는 인증을 받아야 한다. 다만, 환경부장관은 대통령령으로 정하는 자동차에는 인증을 면제하거나 생략할 수 있다.

② 자동차제작자가 인증을 받은 자동차의 인증내용 중 환경부령으로 정하는 중요한 사항을 변경하려면 변경인증을 받아야 한다.

③ 인증 · 변경인증을 받은 자동차제작자는 환경부령으로 정하는 바에 따라 인증 · 변경인증을 받은 자동차에 인증 · 변경인증의 표시를 하여야 한다.

④ 인증신청, 인증에 필요한 시험의 방법 · 절차, 시험수수료, 인증방법 및 인증의 면제와 생략 및 인증표시방법에 관하여 필요한 사항은 환경부령으로 정한다.

인증의 면제 · 생략 자동차(영 제47조)

① 인증을 면제할 수 있는 자동차는 다음 각 호와 같다. 중요내용

1. 군용 및 경호업무용 등 국가의 특수한 공용 목적으로 사용하기 위한 자동차와 소방용 자동차
2. 주한 외국공관 또는 외교관이나 그 밖에 이에 준하는 대우를 받는 자가 공용 목적으로 사용하기 위한 자동차로서 외교부장관의 확인을 받은 자동차
3. 주한 외국군대의 구성원이 공용 목적으로 사용하기 위한 자동차
4. 수출용 자동차와 박람회나 그 밖에 이에 준하는 행사에 참가하는 자가 전시의 목적으로 일시 반입하는 자동차
5. 여행자 등이 다시 반출할 것을 조건으로 일시 반입하는 자동차
6. 자동차제작자 및 자동차 관련 연구기관 등이 자동차의 개발 또는 전시 등 주행 외의 목적으로 사용하기 위하여 수입하는 자동차
7. 외국인 또는 외국에서 1년 이상 거주한 내국인이 주거(住居)를 옮기기 위하여 이주물품으로 반입하는 1대의 자동차

② 인증을 생략할 수 있는 자동차는 다음 각 호와 같다. 중요내용

1. 국가대표 선수용 자동차 또는 훈련용 자동차로서 문화체육관광부장관의 확인을 받은 자동차
2. 외국에서 국내의 공공기관 또는 비영리단체에 무상으로 기증한 자동차
3. 외교관 또는 주한 외국군인의 가족이 사용하기 위하여 반입하는 자동차
4. 항공기 지상 조업용 자동차

5 인증을 받지 아니한 자가 그 인증을 받은 자동차의 원동기를 구입하여 제작하는 자동차
6 국제협약 등에 따라 인증을 생략할 수 있는 자동차
7 그 밖에 환경부장관이 인증을 생략할 필요가 있다고 인정하는 자동차

✪ 과징금 부과기준(영 제47조의2) 중요내용

① 과징금의 부과기준은 다음 각 호와 같다.
1 과징금은 행정처분기준에 따라 업무정지일 수에 1일당 부과금액을 곱하여 산정할 것
2 1일당 부과금액은 20만원으로 한다.

② 법 제48조의2 제3항 각 호의 위반행위 중 6개월 이상의 업무정지처분을 받아야 하는 위반행위는 과징금 부과처분 대상에서 제외한다.

❏ 인증의 신청(규칙 제64조)

인증을 받으려는 자는 인증신청서에 다음 각 호의 서류를 첨부하여 환경부장관(수입자동차인 경우에는 국립환경과학원장을 말한다)에게 제출하여야 한다.

❶ 자동차 원동기의 배출가스 감지 · 저감장치 등의 구성에 관한 서류
❷ 자동차의 연료효율에 관련되는 장치 등의 구성에 관한 서류
❸ 인증에 필요한 세부계획에 관한 서류
❹ 자동차배출가스 시험결과 보고에 관한 서류
❺ 자동차배출가스 보증에 관한 제작자의 확인서나 제작자와 수입자 간의 계약서
❻ 제작차배출허용기준에 관한 사항
❼ 배출가스 자기진단장치의 구성에 관한 서류(환경부장관이 정하여 고시하는 자동차에만 첨부한다)

❏ 인증의 방법(규칙 제65조)

① 환경부장관이나 국립환경과학원장은 인증 또는 변경인증을 하는 경우에는 다음 각 호의 사항을 검토하여야 한다. 이 경우 구체적인 인증의 방법은 환경부장관이 정하여 고시한다.
❶ 배출가스 관련부품의 구조 · 성능 · 내구성 등에 관한 기술적 타당성
❷ 제작차 배출허용기준에 적합한지에 관한 인증시험의 결과
❸ 출력 · 적재중량 · 동력전달장치 · 운행여건 등 자동차의 특성으로 인한 배출가스가 환경에 미치는 영향

② 인증시험은 다음 각 호의 시험으로 한다.
❶ 제작차 배출허용기준에 적합한 지를 확인하는 배출가스시험
❷ 보증기간 동안 배출가스의 변화정도를 검사하는 내구성시험. 다만, 환경부장관이 정하는 열화계수를 적용하여 실시하는 시험 또는 환경부장관이 정하는 배출가스 관련부품의 강제열화 방식을 활용한 시험으로 갈음할 수 있다.
❸ 배출가스 자기진단장치의 정상작동 여부를 확인하는 시험(환경부장관이 정하여 고시하는 자동차만 해당한다)

❏ 인증서의 발급 및 확인(규칙 제66조)

① 환경부장관이나 국립환경과학원장은 인증을 받은 자동차제작자에게 자동차배출가스 인증서 또는 건설기계엔진배출가스 인증서를 발급하여야 한다. 다만, 외국의 자동차를 자동차제작자 외의 자로부터 수입하여 인증을 받은 자에게는 별지 개별차량용 자동차배출가스 인증서를 발급하여야 한다.

② 한국환경공단은 인증생략을 받은 자에게는 자동차배출가스 인증생략서를 발급하여야 한다.

❏ 인증의 변경신청(규칙 제67조)

① 법 제48조 제2항에서 "환경부령으로 정하는 중요한 사항"이란 다음 각 호의 어느 하나를 말한다.
❶ 배기량
❷ 캠축타이밍, 점화타이밍 및 분사타이밍
❸ 차대동력계 시험차량에서 동력전달장치의 변속비 · 감속비, 공차 중량(10퍼센트 이상 증가하는 경우만 해당한다)

❹ 촉매장치의 성분, 함량, 부착 위치 및 용량
❺ 증발가스 관련 연료탱크의 재질 및 제어장치
❻ 최대출력 또는 최대출력 시 회전수
❼ 흡배기밸브 또는 포트의 위치
❽ 환경부장관이 고시하는 배출가스 관련 부품

② 인증받은 내용을 변경하려는 자는 변경인증신청서에 다음 각 호의 서류 중 관계서류를 첨부하여 환경부장관(수입자동차인 경우에는 국립환경과학원장을 말한다)에게 제출하여야 한다.
❶ 동일 차종임을 증명할 수 있는 서류
❷ 자동차 제원(諸元)명세서
❸ 변경하려는 인증내용에 대한 설명서
❹ 인증내용 변경 전후의 배출가스 변화에 대한 검토서

③ 제1항 각 호에 따른 사항 외의 사항을 변경하는 경우와 제1항에 따른 사항을 변경하여도 배출가스의 양이 증가하지 아니하는 경우에는 제2항에도 불구하고 해당 변경내용을 환경부장관(수입자동차인 경우에는 국립환경과학원장을 말한다)에게 보고하여야 한다. 이 경우 변경인증을 받은 것으로 본다.

④ 자동차제작자는 제작차배출허용기준이 변경되는 경우에 제작 중인 자동차에 대하여 변경되는 제작차배출허용기준의 적용일 30일 전까지 변경인증을 신청하여야 한다. 다만, 제작 중인 자동차가 변경되는 제작차배출허용기준 이내인 경우에는 그러하지 아니하다.

인증시험업무의 대행(법 제48조의2)

① 환경부장관은 인증에 필요한 시험(이하 "인증시험"이라 한다)업무를 효율적으로 수행하기 위하여 필요한 경우에는 전문기관을 지정하여 인증시험업무를 대행하게 할 수 있다.

② 지정된 전문기관(이하 "인증시험대행기관"이라 한다) 및 인증시험업무에 종사하는 자는 다음 각 호의 행위를 하여서는 아니 된다. 중요내용
❶ 다른 사람에게 자신의 명의로 인증시험업무를 하게 하는 행위
❷ 거짓이나 그 밖의 부정한 방법으로 인증시험을 하는 행위
❸ 인증시험과 관련하여 환경부령으로 정하는 준수사항을 위반하는 행위
❹ 인증시험의 방법과 절차를 위반하여 인증시험을 하는 행위

③ 인증시험대행기관의 지정기준, 지정절차, 그 밖에 인증업무에 필요한 사항은 환경부령으로 정한다.

❑ 인증의 표시와 표시방법(규칙 제67조의2)

표시는 해당 자동차의 원동기를 정비할 때에 잘 볼 수 있도록 원동기실 안쪽 벽에 표지판을 이용하여 표시하고 영구적으로 사용할 수 있도록 고정해야 한다. 다만, 이륜자동차와 대형 · 초대형 승용 · 화물자동차의 경우에는 원동기에 부착할 수 있다.

❑ 인증시험대행기관의 지정(규칙 제67조의3)

① 인증시험대행기관으로 지정받으려는 자는 시설장비 및 기술인력을 갖추고 지정신청서에 다음 각 호의 서류를 첨부하여 환경부장관에게 제출하여야 한다. 이 경우 담당 공무원은 「전자정부법」 행정정보의 공동이용을 통하여 법인등기사항증명서 또는 사업자등록증을 확인하여야 하며, 신청인이 사업자등록증의 확인에 동의하지 아니하는 경우에는 이를 첨부하게 하여야 한다.
❶ 검사시설의 평면도 및 구조 개요
❷ 시설장비 명세
❸ 정관(법인인 경우만 해당한다)
❹ 검사업무에 관한 내부 규정
❺ 인증시험업무 대행에 관한 사업계획서 및 해당 연도의 수지예산서

② 환경부장관은 인증시험대행기관의 지정신청을 받으면 신청기관의 업무수행의 적정성, 연간 인증시험검사의 수요 및 신청기관의 검사 능력 등을 고려하여 지정 여부를 결정하고, 인증시험대행기관으로 지정한 경우에는 배출가스 인증시험대행기관 지정서를 발급하여야 한다.

❑ 인증시험대행기관의 운영 및 관리(규칙 제67조의4)

① 법 제48조의2제2항에서 "인력 · 시설 등 환경부령으로 정하는 중요한 사항"이란 다음 각 호의 사항을 말한다.
❶ 기술인력
❷ 시설장비

② 인증시험대행기관은 제1항 각 호의 사항을 변경한 경우에는 변경한 날부터 30일 이내에 그 내용을 환경부장관에게 신고해야 한다.

③ 인증시험대행기관은 인증시험대장을 작성 · 비치하여야 하며, 매 반기 종료일부터 30일 이내에 검사실적 보고서를 환경부장관에게 제출하여야 한다.

④ 인증시험대행기관은 다음 각 호의 사항을 준수하여야 한다. 중요내용
❶ 시험결과의 원본자료와 일치하도록 인증시험대장을 작성할 것
❷ 시험결과의 원본자료와 인증시험대장을 3년 동안 보관할 것
❸ 검사업무에 관한 내부 규정을 준수할 것

⑤ 환경부장관은 인증시험대행기관에 대하여 매 반기마다 시험결과의 원본자료, 인증시험대장, 시설장비 및 기술인력의 관리상태를 확인하여야 한다.

[인증시험대행기관의 시설장비 및 기술인력 기준(규칙 제67조의2) : 별표 18의2]

1. 시설장비

장비명	기준
가. 원동기동력계 및 그 부속기기	1조 이상
나. 차대동력계 및 그 부속기기	1조 이상
다. 원동기 및 차대동력계용 배출가스측정장치 및 그 부속기기	1조 이상
라. 증발가스분석기 및 그 부속기기	1조 이상
마. 배출가스(일산화탄소, 탄화수소) 측정기 및 그 부속기기	1조 이상
바. 입자상물질측정기 및 그 부속기기	1조 이상
사. 매연측정기	1조 이상

2. 기술인력

자격	기준
가. 차량기술사, 대기환경기술사, 자동차검사기사 이상, 자동차정비기사 이상, 일반기계기사 이상, 건설기계기사 이상, 건설기계정비기사 이상, 전자기사 이상 및 대기환경기사 이상 기술자격 소지자	2명 이상
나. 대기환경산업기사, 자동차검사기능사 이상, 자동차정비기능사 이상, 전자기기기능사 이상 기술자격 소지자	3명 이상

비고 : 제2호의 기술인력은 가목 및 나목의 기술인력을 각각 갖추어야 한다.

인증시험대행기관의 지정 취소(법 제48조의3)

환경부장관은 인증시험대행기관이 다음 각 호의 어느 하나에 해당하는 경우에는 그 지정을 취소하거나 6개월 이내의 기간을 정하여 업무의 전부 또는 일부의 정지를 명할 수 있다. 다만, 제1호에 해당하는 경우에는 그 지정을 취소하여야 한다. 중요내용
❶ 거짓이나 그 밖의 부정한 방법으로 지정을 받은 경우
❷ 제48조의2 제2항 각 호의 금지행위를 한 경우
❸ 제48조의2 제3항 지정기준을 충족하지 못하게 된 경우

과징금 처분(법 제48조의4)

① 환경부장관은 제48조의3에 따라 업무의 정지를 명하려는 경우로서 그 업무의 정지로 인하여 이용자 등에게 심한 불편을 주거나 그 밖에 공익에 현저한 지장을 줄 우려가 있다고 인정하는 경우에는 그 업무의 정지를 갈음하여 5천만원 이하의 과징금을 부과할 수 있다. 중요내용

② 과징금을 부과하는 위반행위의 종류 · 정도 등에 따른 과징금의 금액과 그 밖에 필요한 사항은 대통령령으로 정한다.

③ 부과되는 과징금의 징수 및 용도에 대하여는 제37조 제4항 및 제5항을 준용한다.

제작차배출허용기준 검사(법 제50조)

① 환경부장관은 인증을 받아 제작한 자동차의 배출가스가 제작차배출허용기준에 맞는지를 확인하기 위하여 대통령령으로 정하는 바에 따라 검사를 하여야 한다.

② 환경부장관은 자동차제작자가 환경부령으로 정하는 인력과 장비를 갖추고 환경부장관이 정하는 검사의 방법 및 절차에 따라 검사를 실시한 경우에는 대통령령으로 정하는 바에 따라 검사를 생략할 수 있다.

③ 환경부장관은 자동차제작자가 검사를 하기 위한 인력과 장비를 적절히 관리하는지를 환경부장관이 정하는 기간마다 확인하여야 한다.

④ 환경부장관은 검사를 할 때에 특히 필요한 경우에는 환경부령으로 정하는 바에 따라 자동차제작자의 설비를 이용하거나 따로 지정하는 장소에서 검사할 수 있다.

⑤ 검사에 드는 비용은 자동차제작자의 부담으로 한다.

⑥ 검사의 방법 · 절차 등 검사에 필요한 자세한 사항은 환경부장관이 정하여 고시한다.

⑦ 환경부장관은 검사 결과 불합격된 자동차의 제작자에게 그 자동차와 동일한 조건으로 환경부장관이 정하는 기간에 생산된 것으로 인정되는 동일한 종류의 자동차에 대하여 판매 또는 출고 정지를 명할 수 있다.

자동차의 평균 배출량(법 제50조의2)

① 자동차제작자는 제작하는 자동차에서 나오는 배출가스를 차종별로 평균한 값(이하 "평균 배출량"이라 한다)이 환경부령으로 정하는 기준(이하 "평균 배출허용기준"이라 한다)에 적합하도록 자동차를 제작하여야 한다.

② 평균 배출허용기준을 적용받는 자동차를 제작하는 자는 매년 2월 말일까지 환경부령으로 정하는 바에 따라 전년도의 평균 배출량 달성 실적을 작성하여 환경부장관에게 제출하여야 한다.

③ 평균 배출허용기준을 적용받는 자동차 및 자동차제작자의 범위, 평균 배출량의 산정방법 등 필요한 사항은 환경부령으로 정한다.

평균 배출허용기준을 초과한 자동차제작자에 대한 상환명령(법 제50조의3)

① 자동차제작자는 해당 연도의 평균 배출량이 평균 배출허용기준 이내인 경우 그 차이분 중 환경부령으로 정하는 연도별 차이분에 대한 인정범위만큼을 다음 연도부터 환경부령으로 정하는 기간 동안 이월하여 사용할 수 있다.

② 환경부장관은 해당 연도의 평균 배출량이 평균 배출허용기준을 초과한 자동차제작자에 대하여 그 초과분이 발생한 연도부터 환경부령으로 정하는 기간 내에 초과분을 상환할 것을 명할 수 있다.

③ 명령(이하 "상환명령"이라 한다)을 받은 자동차제작자는 같은 항에 따른 초과분을 상환하기 위한 계획서(이하 "상환계획서"라 한다)를 작성하여 상환명령을 받은 날부터 2개월 이내에 환경부장관에게 제출하여야 한다.

④ 차이분 및 초과분의 산정 방법, 연도별 인정범위, 상환계획서에 포함되어야 할 사항 등 필요한 사항은 환경부령으로 정한다.

✪ 제작차배출허용기준 검사의 종류(영 제48조)

① 환경부장관은 제작차에 대하여 다음 각 호의 구분에 따른 검사를 실시하여야 한다.

1 수시검사 : 제작 중인 자동차가 제작차배출허용기준에 맞는지를 수시로 확인하기 위하여 필요한 경우에 실시하는 검사

2 정기검사 : 제작 중인 자동차가 제작차배출허용기준에 맞는지를 확인하기 위하여 자동차 종류별로 제작 대수(臺數)를

고려하여 일정 기간마다 실시하는 검사

② 검사 결과에 불복하는 자는 환경부령으로 정하는 바에 따라 재검사를 신청할 수 있다.

❑ 재검사의 신청(규칙 제68조)

재검사를 신청하려는 자는 재검사신청서에 다음 각 호의 서류를 첨부하여 국립환경과학원장에 제출하여야 한다.

❶ 재검사신청의 사유서

❷ 제작차배출허용기준 초과원인의 기술적 조사내용에 관한 서류

❸ 개선계획 및 사후관리대책에 관한 서류

❑ 제작차 배출허용기준 검사 등의 비용(규칙 제69조)

① 검사에 드는 비용은 다음 각 호의 비용으로 한다. 다만, 결함확인검사용 자동차의 선정에 필요한 인건비는 제외한다.

❶ 검사용 자동차의 선정비용

❷ 검사용 자동차의 운반비용

❸ 자동차배출가스의 시험비용

❹ 그 밖에 검사업무와 관련하여 환경부장관이 필요하다고 인정하는 비용

✪ 제작차배출허용기준 검사의 생략(영 제49조)

생략할 수 있는 검사는 정기검사로 한다.

❑ 자동차제작자의 검사 인력 · 장비(규칙 제70조)

① 자동차제작자가 검사 또는 인증시험을 실시하는 경우에 갖추어야 할 인력 및 장비는 별표 19와 같다.

② 자동차제작자가 인력 및 장비를 갖추어 검사 또는 인증시험을 실시하는 경우에는 인력 및 장비의 보유 현황 및 검사결과 등을 환경부장관이 정하는 바에 따라 보고하여야 한다.

[자동차제작자의 검사 · 인증시험장비 및 기술인력(규칙 제70조) : 별표 19]

장 비	기 술 인 력
1. 배출허용기준에 맞는지를 확인할 수 있는 동력계, 배출가스 측정장비 및 그 부속기기 1조 이상 2. 차대동력계 및 그 부속기기 1조 이상, 차대동력계용 배출가스 측정장치 및 그 부속기기 1조 이상	검사 및 시험장비를 관리 · 운영할 수 있는 기계, 화공 또는 자동차검사분야의 「국가기술자격법」에 따른 산업기사 이상 기술자격증을 소지한 자 1명 이상

비고
1. 장비사용에 대한 계약에 의하여 다른 사람의 장비를 이용하는 자는 검사 · 인증시험장비를 갖춘 것으로 본다.
2. 수입자동차의 외국제작자의 장비 및 기술인력의 기준은 환경부장관이 정하여 고시한다.

❑ 자동차제작자의 검사 인력 · 장비 관리 등에 대한 확인(규칙 제70조의2) 중요내용

환경부장관은 법 자동차제작자가 검사를 하기 위한 인력과 장비를 적정하게 관리하는지를 3년마다 확인하여야 한다. 다만, 다음 각 호의 어느 하나에 해당되는 경우로서 부득이하게 확인을 연기할 필요가 있다고 인정되는 경우에는 그 기간을 6개월 이내에서 연기할 수 있다.

❶ 외국의 제작자로부터 자동차를 수입하는 경우

❷ 자동차 수급에 차질이 발생할 우려가 있는 경우

❸ 그 밖에 제1호 및 제2호와 유사한 사유로 환경부장관이 기간 연장이 필요하다고 인정하는 경우

❑ 자동차제작자의 설비 이용 등(규칙 제71조)

자동차제작자의 설비를 이용하거나 따로 지정하는 장소에서 검사할 수 있는 경우는 다음 각 호와 같다.

❶ 국가검사장비의 미설치로 검사를 할 수 없는 경우
❷ 검사업무를 수행하는 과정에서 부득이한 사유로 도로 등에서 주행시험을 할 필요가 있는 경우
❸ 검사업무를 능률적으로 수행하기 위하여 또는 부득이한 사유로 환경부장관이 필요하다고 인정하는 경우

❑ 결함확인검사의 방법 · 절차(규칙 제73조)

결함확인검사는 예비검사와 본검사로 나누어 실시하고 그 검사방법 및 절차 등에 관하여는 제작차배출허용기준 검사의 방법과 절차 등을 준용한다.

❑ 평균 배출량의 차이분 및 초과분의 이월 및 상환(규칙 제71조의3)

① 차이분은 발생 연도의 다음 해에는 100%, 2년째는 50%, 3년째는 25%를 이월하여 사용할 수 있으며, 그 이후로는 이월하여 사용할 수 없다.
② 환경부장관은 자동차제작자가 평균 배출허용기준을 초과한 경우에는 그 초과분을 다음 연도 말까지 상환하도록 명하여야 한다. 다만, 2012년 7월부터 그해 12월까지 발생한 초과분은 2014년 말까지 상환할 수 있다.
③ 상환계획서에는 다음 각 호의 사항이 포함되어야 한다.
❶ 자동차제작자의 평균 배출량 적용대상 차종 인증현황 및 향후 개발계획
❷ 당해연도 초과분 발생사유
❸ 상환기간 내 차종별 판매계획
④ 환경부장관은 상환계획이 적절하지 아니하다고 판단될 때에는 상환계획서를 보완할 것을 요구할 수 있다.
⑤ 차이분 및 초과분의 산정방법은 별표 19의3에 따른다.

결함확인검사 및 결함의 시정(법 제51조)

① 자동차제작자는 배출가스보증기간 내에 운행 중인 자동차에서 나오는 배출가스가 배출허용기준에 맞는지에 대하여 환경부장관의 검사(이하 "결함확인검사"라 한다)를 받아야 한다.
② 결함확인검사 대상 자동차의 선정기준, 검사방법, 검사절차, 검사기준, 판정방법, 검사수수료 등에 필요한 사항은 환경부령으로 정한다.
③ 환경부장관이 제2항의 환경부령을 정하는 경우에는 관계 중앙행정기관의 장과 협의하여야 하며, 매년 같은 항의 선정기준에 따라 결함확인검사를 받아야 할 대상 차종을 결정 · 고시하여야 한다.
④ 환경부장관은 결함확인검사에서 검사 대상차가 제작차배출허용기준에 맞지 아니하다고 판정되고, 그 사유가 자동차제작자에게 있다고 인정되면 그 차종에 대하여 결함을 시정하도록 명할 수 있다. 다만, 자동차제작자가 결함사실을 인정하고 스스로 그 결함을 시정하려는 경우에는 결함시정명령을 생략할 수 있다.
⑤ 결함시정명령을 받거나 스스로 자동차의 결함을 시정하려는 자동차제작자는 환경부령으로 정하는 바에 따라 그 자동차의 결함시정에 관한 계획을 수립하여 환경부장관의 승인을 받아 시행하고, 그 결과를 환경부장관에게 보고하여야 한다.
⑥ 환경부장관은 결함시정결과를 보고받아 검토한 결과 결함시정계획이 이행되지 아니한 경우, 그 사유가 결함시정명령을 받은 자 또는 스스로 결함을 시정하고자 한 자에게 있다고 인정하는 경우에는 기간을 정하여 다시 결함을 시정하도록 명하여야 한다.

❑ 결함확인검사대상 자동차(규칙 제72조)

① 결함확인검사의 대상이 되는 자동차는 보증기간이 정하여진 자동차로서 다음 각 호에 해당되는 자동차로 한다.
❶ 자동차제작자가 정하는 사용안내서 및 정비안내서에 따르거나 그에 준하여 사용하고 정비한 자동차
❷ 원동기의 대분해수리(무상보증수리를 포함한다)를 받지 아니한 자동차
❸ 무연휘발유만을 사용한 자동차(휘발유 사용 자동차만 해당한다)
❹ 최초로 구입한 자가 계속 사용하고 있는 자동차
❺ 견인용으로 사용하지 아니한 자동차
❻ 사용상의 부주의 및 천재지변으로 인하여 배출가스 관련부품이 고장을 일으키지 아니한 자동차
❼ 그 밖에 현저하게 비정상적인 방법으로 사용되지 아니한 자동차

② 국립환경과학원장은 결함확인검사를 하려는 경우에는 제1항에 따른 자동차 중에서 인증(변경인증을 포함한다)별 · 연식별로, 예비검사인 경우 5대의 자동차를, 본검사인 경우 10대의 자동차를 선정하여야 한다.

③ 국립환경과학원장은 결함확인검사용 자동차를 선정한 경우에는 배출가스 관련장치를 봉인하는 등 필요한 조치를 하여야 한다.

④ 국립환경과학원장은 결함확인검사대상 자동차로 선정된 자동차가 제1항 각 호의 요건에 해당되지 아니하는 사실을 검사과정에서 알게 된 경우에는 해당 자동차를 결함확인검사대상에서 제외하고, 제외된 대수만큼 결함확인검사대상 자동차를 다시 선정하여야 한다.

⑤ 결함확인검사대상 자동차 선정방법 · 절차 등에 관하여 그 밖에 필요한 사항은 환경부장관이 정하여 고시한다.

❑ 결함확인검사의 방법 · 절차 등(규칙 제73조)

① 결함확인검사는 예비검사와 본검사로 나누어 실시하고 그 검사방법 및 절차 등에 관하여는 제작차배출허용기준 검사의 방법과 절차 등을 준용한다. 다만, 대형 및 초대형 승용자동차 · 화물자동차의 결함확인검사는 예비검사 없이 본검사만 실시하되, 제1차 검사 및 제2차 검사로 구분하여 실시한다.

② 국립환경과학원장은 제1항에 따른 검사를 능률적으로 수행하기 위하여 필요한 경우에는 환경부장관이 지정하는 기관의 시설이나 장소를 이용하여 검사할 수 있다.

❑ 결함시정명령(규칙 제75조)

자동차제작자가 결함시정계획의 승인을 받으려는 경우에는 결함시정명령일 또는 스스로 결함을 시정할 것을 통지한 날부터 45일 이내에 결함시정계획서에 다음 각 호의 서류를 첨부하여 환경부장관에게 제출하여야 한다.

❶ 결함시정대상 자동차의 판매명세서
❷ 결함발생원인 명세서
❸ 결함발생자동차의 범위결정명세서
❹ 결함개선대책 및 결함개선계획서
❺ 결함시정에 드는 비용예측서
❻ 결함시정대상 자동차 소유자에 대한 결함시정내용의 통지계획서

♂ 부품의 결함시정(법 제52조)

① 배출가스보증기간 내에 있는 자동차의 소유자 또는 운행자는 환경부장관이 산업통상지원부장관 및 국토교통부장관과 협의하여 환경부령으로 정하는 배출가스관련부품(이하 "부품"이라 한다)이 정상적인 성능을 유지하지 아니하는 경우에는 자동차제작자에게 그 결함을 시정할 것을 요구할 수 있다.

② 결함의 시정을 요구받은 자동차제작자는 지체 없이 그 요구사항을 검토하여 결함을 시정하여야 한다. 다만, 자동차제작자가 자신의 고의나 과실이 없음을 입증한 경우에는 그러하지 아니하다.

③ 환경부장관은 부품의 결함을 시정하여야 하는 제작자동차가 정당한 사유 없이 그 부품의 결함을 시정하지 아니한 경우에는 환경부령으로 정하는 기간 내에 결함의 시정을 명할 수 있다.

[배출가스 관련부품(규칙 제76조) : 별표 20]

장치별 구분	배출가스 관련 부품
1. 배출가스 전환 장치 (Exhaust Gas Conversion System)	산소감지기(Oxygen Sensor), 정화용촉매(Catalytic Converter), 매연포집필터(Particulate Trap), 선택적 환원촉매장치[SCR system including dosing module(요소분사기), Supply module(요소분사펌프 및 제어장치)], 질소산화물저감촉매(De-NOx Catalyste, NOx Trap), 재생용가열기(Regenerative Heater)
2. 배출가스 재순환장치 (Exhaust Gas Recirculation : EGR)	EGR밸브, EGR제어용 서모밸브(EGR Control Thermo Valve), EGR쿨러(Cooler)
3. 연료증발가스방지장치 (Evaporative Emission Control System) 중요내용	정화조절밸브(Purge Control Valve), 증기 저장 캐니스터와 필터(Vapor Storage Canister and Filter)
4. 블로바이가스 환원장치 (Positive Crankcase Ventilation : PCV)	PCV밸브
5. 2차 공기분사장치 (Air Injection System)	공기펌프(Air Pump), 리드밸브(Reed Valve)
6. 연료공급장치 (Fuel Metering System) 중요내용	전자제어장치(Electronic Control Unit : ECU), 스로틀포지션센서(Throttle Position Sensor), 대기압센서(Manifold Absolute Pressure Sensor), 기화기(Carburetor, Vaprizer), 혼합기(Mixture), 연료분사기(Fuel Injector), 연료압력조절기(Fuel Pressure Regulator), 냉각수온센서(Water Temperature Sensor), 연료펌프(Fuel Pump), 공회전속도제어장치(Idle Speed Control System)
7. 점화장치 (Ignition System)	점화장치의 디스트리뷰터(Distributor). 다만, 로더 및 캡 제외한다.
8. 배출가스 자기진단장치 (On Board Diagnostics) 중요내용	촉매 감시장치(Catalyst Monitor), 가열식 촉매 감시장치(Heated Catalyste Monitor), 실화 감시장치(Misfire Monitor), 증발가스계통 감시장치(Evaporative System Monitor), 2차공기 공급계통 감시장치(Secondary Air System Monitor), 에어컨계통 감시장치(Air Conditioning System Refrigerant Monitor), 연료계통 감시장치(Fuel System Monitor), 산소센서 감시장치(Oxygen Sensor Monitor), 배기관 센서 감시장치(Exhaust Gas Sensor Monitor), 배기가스 재순환계통 감시장치(Exhaust Gas Recirculation System Monitor), 블로바이가스 환원계통 감시장치(Positive Crankcase Ventilation System Monitor), 서모스태트 감시장치(Thermostat Monitor), 엔진냉각계통 감시장치(Engine Cooling System Monitor), 저온시동 배출가스 저감기술 감시장치(Cold Start Emission Reduction Strategy Monitor), 가변밸브타이밍 계통 감시장치(Variable Valve Timing Monitor), 직접오존저감장치(Direct Ozone Reduction System Monitor), 기타 감시장치(Comprehensive Component Monitor)
9. 흡기장치 (Air Induction System)	터보차저(Turbocharger, Wastergate, Pop-off 포함) 바이패스밸브(By-pass Valves), 덕팅(Ducting), 인터쿨러(Intercooler), 흡기매니폴드(Intake Manifold)

❑ 부품의 결함시정명령기간(규칙 제76조의2) 중요내용

환경부장관은 자동차제작자에게 부품의 결함을 90일 이내에 시정하도록 명할 수 있다. 이 경우 자동차제작자는 결함 시정 결과를 환경부장관에게 제출하여야 한다.

✪ 부품의 결함시정 현황 및 결함원인 분석 현황의 보고(영 제50조)

① 자동차제작자는 다음 각 호의 모두에 해당하는 경우에는 그 분기부터 매 분기가 끝난 후 30일 이내에 시정내용 등을 파악하여 환경부장관에게 해당 부품의 결함시정 현황을 보고하여야 한다.

1 같은 연도에 판매된 같은 차종의 같은 부품에 대한 결함시정 요구 건수가 40건 이상인 경우

2 같은 연도에 판매된 같은 차종의 같은 부품에 대한 결함시정 요구 건수의 판매 대수에 대한 비율(이하 "결함시정 요구율"이라 한다)이 2퍼센트 이상인 경우

② 자동차제작자는 다음 각 호의 모두에 해당하는 경우에는 그 분기부터 매 분기가 끝난 후 90일 이내에 환경부장관에게 결함원인분석 현황을 보고하여야 한다. *중요내용

1 같은 연도에 판매된 같은 차종의 같은 부품에 대한 결함시정 요구 건수가 50건 이상인 경우

2 결함시정 요구율이 4퍼센트 이상인 경우

③ 보고기간은 배출가스 관련 부품 보증기간이 끝나는 날이 속하는 분기까지로 한다.

④ 보고의 구체적 내용 등은 환경부령으로 정한다.

✪ 결함시정 현황 보고의 요건(영 제50조의2) *중요내용

법 제53조 제2항에 따라 자동차제작자가 매년 1월 말일까지 결함시정 현황을 환경부장관에게 보고하여야 하는 경우는 다음 각 호의 어느 하나에 해당하는 경우로 한다.

1 같은 연도에 판매된 같은 차종의 같은 부품에 대한 결함시정 요구 건수가 40건 미만인 경우

2 결함시정 요구율이 2퍼센트 미만인 경우

❑ 결함시정 현황 및 부품결함 현황의 보고내용(규칙 제77조) *중요내용

① 자동차제작자는 다음 각 호의 사항을 파악하여 부품의 결함시정 현황을 보고하여야 한다.

❶ 결함시정 요구건수와 결함시정 요구율 및 그 산정근거

❷ 부품의 결함시정 내용

❸ 결함을 시정한 부품이 부착된 자동차의 명세(자동차 명칭, 배출가스 인증번호, 사용연료) 및 판매명세

❹ 결함을 시정한 부품의 명세(부품명칭 · 부품번호)

② 자동차제작자는 결함시정 현황을 보고하여야 하는 경우에는 다음 각 호의 사항을 보고하여야 한다.

❶ 부품의 결함시정 요구 건수, 요구 비율 및 산정 근거

❷ 부품의 결함시정 내용

❸ 결함을 시정한 부품이 부착된 자동차의 명세(자동차 명칭, 배출가스 인증번호, 사용연료) 및 판매명세

❹ 결함을 시정한 부품의 명세(부품명칭 · 부품번호)

③ 자동차제작자는 다음 각 호의 사항을 파악하여 결함원인분석 현황을 보고하여야 한다.

❶ 결함시정 요구건수와 결함시정 요구율 및 그 산정근거

❷ 결함을 시정한 부품의 결함발생 원인

❸ 부품의 결함시정명령 요건에 해당되는 경우에는 그 산정근거

④ 배출가스 관련 부품 보증기간은 다음 각 호의 구분에 따른다.

❶ 대형 승용차 · 화물차, 초대형 승용차 · 화물차, 이륜자동차(50시시 이상만 해당한다)의 배출가스 관련부품 : 2년

❷ 건설기계 원동기, 농업기계 원동기의 배출가스 관련부품 : 1년

❸ 제1호 및 제2호 외의 자동차의 배출가스 관련부품

가. 정화용촉매 및 전자제어장치 : 5년

나. 가목 외의 배출가스 관련부품 : 3년

❑ 부품의 결함 보고 및 시정(규칙 제77조의2)

법 제53조에서 "환경부령으로 정하는 기간"이란 자동차 제작자가 결함원인 분석현황을 보고한 날부터 60일 이내를 말한다.

✪ 부품의 결함시정의 요건(영 제51조)

① 환경부장관은 다음 각 호의 모두에 해당하는 경우에는 그 부품의 결함을 시정하도록 명하여야 한다. 중요내용

1 같은 연도에 판매된 같은 차종의 같은 부품에 대한 부품결함 건수(제작결함으로 부품을 조정하거나 교환한 건수를 말한다. 이하 이 항에서 같다)가 50건 이상인 경우

2 같은 연도에 판매된 같은 차종의 같은 부품에 대한 부품결함 건수가 판매 대수의 4퍼센트 이상인 경우

인증의 취소(법 제55조)

환경부장관은 다음 각 호의 어느 하나에 해당하는 경우에는 인증을 취소할 수 있다. 다만, 제1호나 제2호에 해당하는 경우에는 그 인증을 취소하여야 한다.

❶ 거짓이나 그 밖의 부정한 방법으로 인증을 받은 경우
❷ 제작차에 중대한 결함이 발생되어 개선을 하여도 제작차배출허용기준을 유지할 수 없는 경우
❸ 자동차의 판매 또는 출고 정지명령을 위반한 경우
❹ 결함시정명령을 이행하지 아니한 경우

과징금 처분(법 제56조)

① 환경부장관은 자동차제작자가 다음 각 호의 어느 하나에 해당하는 경우에는 그 자동차제작자에 대하여 매출액에 100분의 5를 곱한 금액을 초과하지 아니하는 범위에서 과징금을 부과할 수 있다. 이 경우 과징금의 금액은 500억원을 초과할 수 없다. 중요내용

❶ 인증을 받지 아니하고 자동차를 제작하여 판매한 경우
❷ 거짓이나 그 밖의 부정한 방법으로 인증 또는 변경인증을 받은 경우
❸ 인증받은 내용과 다르게 자동차를 제작하여 판매한 경우

② 매출액의 산정, 위반행위의 정도 등에 따른 과징금의 금액과 그 밖에 필요한 사항은 대통령령으로 정한다.
③ 부과되는 과징금의 징수 및 용도에 관하여는 제37조 제4항 및 제5항을 준용한다.

[과징금의 산정(영 제52조) : 별표 12] 중요내용

매출액 산정 및 위반행위 정도에 따른 과징금의 부과기준

1. 매출액 산정방법
"매출액"이란 그 자동차의 최초 제작시점부터 적발시점까지의 총 매출액으로 한다. 다만, 과거에 위반경력이 있는 자동차 제작자는 위반행위가 있었던 시점 이후에 제작된 자동차의 매출액으로 한다.

2. 가중부과계수
위반행위의 종류 및 배출가스의 증감 정도에 따른 가중부과계수는 다음과 같다.

위반행위의 종류	가중부과계수	
	배출가스의 양이 증가하는 경우	배출가스의 양이 증가하지 않는 경우
가. 법 제48조 제1항을 위반하여 인증을 받지 않고 자동차를 제작하여 판매하는 경우	1.0	1.0
나. 거짓이나 그 밖의 부정한 방법으로 법 제48조에 따른 인증 또는 변경인증을 받은 경우	1.0	1.0
다. 법 제48조 제1항에 따라 인증받은 내용과 다르게 자동차를 제작하여 판매한 경우	1.0	0.3

3. 과징금 산정방법

총매출액 $\times \frac{5}{100} \times$ 가중부과계수

과태료의 부과기준(제67조 관련)

1. 일반기준
   가. 위반행위의 횟수에 따른 부과기준은 해당 위반행위가 있은 날 이전 최근 1년간 같은 위반행위로 부과처분을 받은 경우에 적용한다.
   나. 부과권자는 위반행위의 동기와 그 결과 등을 고려하여 과태료 금액의 2분의 1의 범위에서 이를 감경할 수 있다.

운행차배출허용기준(법 제57조)

자동차의 소유자는 그 자동차에서 배출되는 배출가스가 환경부령으로 정하는 운행차 배출가스허용기준(이하 "운행차배출허용기준"이라 한다)에 맞게 운행하거나 운행하게 하여야 한다.

배출가스 관련 부품의 탈거 등 금지(법 제57조의2) 중요내용

누구든지 환경부령으로 정하는 자동차의 배출가스 관련 부품을 탈거 · 훼손 · 해체 · 변경 · 임의설정 하거나 촉매제(요소수 등을 말한다. 이하 같다)를 사용하지 아니하거나 적게 사용하여 그 기능이나 성능이 저하되는 행위를 하거나 그 행위를 요구하여서는 아니 된다. 다만, 다음 각 호의 어느 하나에 해당하는 경우에는 그러하지 아니하다.

❶ 자동차의 점검 · 정비 또는 튜닝(「자동차관리법」에 따른 튜닝을 말한다)을 하려는 경우
❷ 폐차하는 경우
❸ 교육 · 연구의 목적으로 사용하는 등 환경부령으로 정하는 사유에 해당하는 경우

☐ 운행차 배출가스허용기준 및 배출가스 정기검사 제외 이륜자동차(규칙 제78조의2)

운행차 배출가스허용기준 적용 대상에서 제외되는 이륜자동차 및 운행차 배출가스 정기검사 대상에서 제외되는 이륜자동차는 다음 각 호의 어느 하나에 해당하는 것으로 한다.

❶ 전기이륜자동차
❷ 「자동차관리법」에 따른 이륜자동차 사용 신고 대상에서 제외되는 이륜자동차
❸ 배기량이 50시시 미만인 이륜자동차
❹ 배기량이 50시시 이상 260시시 이하로서 2017년 12월 31일 이전에 제작된 이륜자동차

[운행차배출허용기준(규칙 제78조) : 별표 21]

1. 일반기준 중요내용
   가. 자동차의 차종 구분은 「자동차관리법」에 따른다.
   나. "차량중량"이란 「자동차관리법 시행규칙」에 따라 전산정보처리조직에 기록된 해당 자동차의 차량중량을 말한다.
   다. 휘발유와 가스를 같이 사용하는 자동차의 배출가스 측정 및 배출허용기준은 가스의 기준을 적용한다.
   라. 알코올만 사용하는 자동차는 탄화수소 기준을 적용하지 아니한다.
   마. 휘발유사용 자동차는 휘발유 · 알코올 및 가스(천연가스를 포함한다)를 섞어서 사용하는 자동차를 포함하며, 경유사용 자동차는 경유와 가스를 섞어서 사용하거나 같이 사용하는 자동차를 포함한다.
   바. 건설기계 중 덤프트럭, 콘크리트믹서트럭, 콘크리트펌프트럭에 대한 배출허용기준은 화물자동차기준을 적용한다.
   사. 시내버스는 「여객자동차 운수사업법 시행령」 제3조 제1호 가목 · 나목 및 다목에 따른 시내버스운송사업 · 농어촌버스운송사업 및 마을버스운송사업에 사용되는 자동차를 말한다.
   아. 운행차 정밀검사의 배출허용기준 중 배출가스 정밀검사를 무부하정지가동 검사방법(휘발유 · 알코올 또는 가스 사용 자동

차) 및 무부하급가속검사방법(경유 사용 자동차)로 측정하는 경우의 배출허용기준은 제2호의 운행차 수시점검 및 정기검사의 배출허용기준을 적용한다.

자. 희박연소(Lean Burn)방식을 적용하는 자동차는 공기과잉률 기준을 적용하지 아니한다.

차. 1993년 이후에 제작된 자동차 중 과급기(Turbo Charger)나 중간냉각기(Intercooler)를 부착한 경유사용 자동차의 배출허용기준은 무부하급가속 검사방법의 매연 항목에 대한 배출허용기준에 5%를 더한 농도를 적용한다.

카. 수입자동차는 최초등록일자를 제작일자로 본다.

타. 원격측정기에 의한 수시점검결과 배출허용기준을 초과한 차량(휘발유 · 가스사용 자동차)에 대한 정비 · 점검 및 확인검사 시 배출허용기준은 정밀검사 기준(휘발유 · 가스사용 자동차)을 적용한다.

2. 운행차 수시점검 및 정기검사의 배출허용기준(무부하검사방법)

가. 휘발유(알코올 포함) 사용 자동차 또는 가스사용 자동차 항목
- 일산화탄소
- 탄화수소

나. 경유 사용 자동차
- 매연(여지반사식)
- 매연(광투과식)

3. 운행차 정밀검사의 배출허용기준(부하검사방법)

가. 휘발유(알코올 포함) 사용 자동차 또는 가스사용 자동차 항목 중요내용

1) 경자동차
- 휘발유 사용 경자동차 : 일산화탄소 / 탄화수소 / 질소산화물
- 가스 사용 경자동차 : 일산화탄소 / 탄화수소 / 질소산화물

2) 승용차
- 휘발유 사용 승용차 : 일산화탄소 / 탄화수소 / 질소산화물
- 가스 사용 승용차 : 일산화탄소 / 탄화수소 / 질소산화물

나. 경유 사용 자동차

검사항목 / 적용일자 / 제작일자	매연
	2012년 1월 1일 이후
2008년 1월 1일 이후	15% 이하

비고

경유 사용 자동차에 대한 검사방법은 한국형 경유147(KD147모드) 검사방법을 적용한다. 다만, 특수한 구조 등으로 한국형 경유147(KD147모드) 검사방법을 적용할 수 없는 자동차인 경우에는 다음의 엔진회전수 제어방식(Lug-Down3모드)을 적용하여 검사한다. 이 경우 자동차검사 전산정보처리조직에 그 사유를 기록하여야 한다.

구분	제작일자	매연		
		1모드	2모드	3모드
가) 차량 총 중량 5.5톤 이하 자동차	2008년 1월 1일 이후	20% 이하		
나) 차량 총 중량 5.5톤 초과 자동차	2008년 1월 1일 이후	15% 이하		

4. 구조변경 및 임시검사자동차

정밀검사 시행지역에 등록된 자동차 중 「자동차관리법 시행규칙」에 따라 구조변경검사(원동기 · 연료장치 및 배기가스발산방지장치에 대한 구조변경검사를 말한다)를 신청하는 자동차 또는 「여객자동차 운수사업법 시행령」에 따라 「자동차관리법」에 따른 임시검사를 신청하는 자동차에 대한 운행차배출허용기준은 운행차 정밀검사의 배출허용기준에 따른다.

♂ 저공해자동차의 운행 등(법 제58조)

① 시 · 도지사 또는 시장 · 군수는 관할 지역의 대기질 개선 또는 기후 · 생태계 변화유발물질 배출감소를 위하여 필요하다고 인정하면 그 지역에서 운행하는 자동차 및 건설기계 중 차령과 대기오염물질 또는 기후 · 생태계 변화유발물질 배출 정도 등에 관하여 환경부령으로 정하는 요건을 충족하는 자동차 및 건설기계의 소유자에게 그 시 · 도 또는 시 · 군의 조례에 따라 그 자동차 및 건설기계에 대하여 다음 각 호의 어느 하나에 해당하는 조치를 하도록 명령하거나 조기에 폐차할 것을 권고할 수 있다.

❶ 저공해자동차로의 전환

❷ 배출가스저감장치의 부착

❸ 저공해엔진(혼소엔진을 포함한다)으로의 개조 또는 교체

② 배출가스보증기간이 지난 자동차의 소유자는 해당 자동차에서 배출되는 배출가스가 운행차배출허용기준에 적합하게 유지되도록 환경부령으로 정하는 바에 따라 배출가스저감장치를 부착 또는 교체하거나 저공해엔진으로 개조 또는 교체할 수 있다.

❑ 배출가스저감장치의 부착 등의 저공해 조치(규칙 제79조의2)

① 부착 · 교체하거나 개조 · 교체하는 배출가스저감장치 및 저공해엔진의 종류는 환경부장관이 자동차의 배출허용기준 초과정도, 그 자동차의 차종이나 차령 등을 고려하여 고시할 수 있다.

② 배출가스저감장치를 부착 · 교체하거나 저공해엔진으로 개조 · 교체한 자는 배출가스저감장치 부착 · 교체 증명서 또는 저공해엔진 개조 · 교체 증명서를 시 · 도지사 또는 시장 · 군수에게 제출해야 한다.

❑ 배출가스저감장치 등의 관리(규칙 제79조의4)

환경부장관이 의무운행 기간을 설정할 수 있는 범위는 2년으로 한다.

♂ 공회전의 제한(법 제59조)

① 시 · 도지사는 자동차의 배출가스로 인한 대기오염 및 연료 손실을 줄이기 위하여 필요하다고 인정하면 그 시 · 도의 조례로 정하는 바에 따라 터미널, 차고지, 주차장 등의 장소에서 자동차의 원동기를 가동한 상태로 주차하거나 정차하는 행위를 제한할 수 있다. 중요내용

② 시 · 도지사는 대중교통용 자동차 등 환경부령으로 정하는 자동차에 대하여 시 · 도 조례에 따라 공회전을 제한하는 장치의 부착을 명령할 수 있다.

③ 국가나 지방자치단체는 부착 명령을 받은 자동차 소유자에 대하여는 예산의 범위에서 필요한 자금을 보조하거나 융자할 수 있다.

❑ 저공해자동차 표지 등의 부착(규칙 제79조의8)

① 특별시장 · 광역시장 · 특별자치시장 · 특별자치도지사 · 시장 · 군수는 법 제58조 제11항에 따라 다음 각 호의 구분에 따른 표지를 내주어야 한다.

❶ 저공해자동차를 구매하여 등록한 경우 : 저공해자동차 표지

❷ 배출가스저감장치를 부착한 자가 배출가스저감장치 부착증명서를 제출한 경우 : 배출가스저감장치 부착 자동차 표지

❸ 저공해엔진으로 개조 · 교체한 자가 저공해엔진 개조 · 교체증명서를 제출하는 경우 : 저공해엔진 개조 · 교체 자동차 표지

② 표지에는 저공해자동차 또는 배출가스저감장치 및 저공해엔진의 종류 등을 표시하여야 한다.

③ 표지를 교부받은 자는 해당 표지를 차량 외부에서 잘 보일 수 있도록 부착하여야 한다.

④ 표지의 규격, 구체적인 부착방법 등은 환경부장관이 정하여 고시한다.

❑ 전기자동차 충전시설의 설치 · 운영(규칙 제79조의10)

① 한국환경공단 또는 한국자동차환경협회는 다음 각 호의 시설에 전기자동차 충전시설을 설치할 수 있다. 중요내용

❶ 공공건물 및 공중이용시설
❷ 「건축법 시행령」에 따른 공동주택
❸ 지방자치단체의 장이 설치한 「주차장법」에 따른 주차장
❹ 그 밖에 전기자동차의 보급을 촉진하기 위하여 충전시설을 설치할 필요가 있는 건물 · 시설 또는 그 부대시설

② 한국환경공단 또는 한국자동차 환경협회는 전기자동차 충전시설을 설치하기 위한 부지의 확보와 사용 등을 위하여 지방자치단체의 장, 「공공기관의 운영에 관한 법률」에 따른 공공기관의 장, 「지방공기업법」에 따른 지방공기업의 장에게 협조를 요청할 수 있다.

❑ **전기자동차 성능 평가(규칙 제79조의11)**

① 전기자동차 성능 평가를 받으려는 자는 전기자동차 성능 평가 신청서(전자문서로 된 신고서를 포함한다)에 다음 각 호의 서류를 첨부하여 한국환경공단에 제출해야 한다.
❶ 전기자동차의 구성에 관한 서류 1부
❷ 전기자동차에 탑재된 배터리의 제작서 · 종류 · 용량 및 자체 시험결과가 포함된 서류 1부
❸ 1회 충전 시 주행거리 시험 결과서(시험방법이 기재된 것을 말한다) 1부
❹ 주요 전기장치의 제원에 관한 서류 1부

② 전기자동차의 성능 평가 항목은 다음 각 호와 같다. 중요내용
❶ 1회 충전 시 주행거리
❷ 충전에 걸리는 시간
❸ 그 밖에 전기자동차의 성능 확인을 위하여 환경부장관이 정하여 고시하는 항목

③ 그 밖에 전기자동차 성능 평가에 필요한 사항은 환경부장관이 정하여 고시한다.

배출가스저감장치 등의 관리(법 제60조의2)

① 제58조 제1항 또는 제2항에 따른 조치를 한 자동차의 소유자는 그 조치를 한 날부터 2개월이 되는 날 전후 각각 15일 이내에 환경부령으로 정하는 바에 따라 자동차에 부착 또는 교체한 배출가스저감장치나 개조 또는 교체한 저공해엔진이 저감효율에 맞게 유지되는지 성능유지 확인을 받아야 한다. 다만, 배출가스저감장치 진단 및 관리 체계를 통하여 배출가스저감장치 또는 저공해엔진의 성능이 유지되는지를 확인할 수 있는 경우에는 성능유지 확인을 받은 것으로 본다.

② 성능유지 확인 방법, 확인기관 등 필요한 사항은 환경부령으로 정한다.

③ 성능을 유지할 수 있다는 확인을 받은 자동차는 제58조 제1항 또는 제2항에 따른 조치를 한 날부터 3년간 배출가스 정기검사 및 배출가스 정밀검사를 받지 아니하여도 된다.

④ 제58조 제1항 또는 제2항에 따른 조치를 한 자동차의 소유자는 배출가스저감장치 또는 저공해엔진의 성능을 유지하기 위하여 배출가스저감장치의 점검 등 환경부령으로 정하는 사항을 지켜야 한다.

⑤ 시 · 도지사는 자동차의 소유자가 준수사항을 지키지 아니한 경우에는 배출가스저감장치의 점검 등 준수사항의 이행에 필요한 조치를 명할 수 있다.

⑥ 배출가스저감장치나 저공해엔진을 제조 · 공급 또는 판매하려는 자는 환경부령으로 정하는 바에 따라 자동차에 부착한 배출가스저감장치 또는 저공해엔진으로 개조한 자동차의 성능을 점검하고, 그 결과를 환경부장관과 시 · 도지사에게 제출하여야 한다. 다만, 자동차 배출가스 종합전산체계를 통하여 배출가스저감장치의 성능이 유지되는지를 확인할 수 있는 경우에는 점검결과를 제출하지 아니할 수 있다.

배출가스저감장치 등의 저감효율 확인검사(법 제60조의3)

① 환경부장관은 자동차에 부착 또는 교체한 배출가스저감장치나 개조 또는 교체한 저공해엔진이 보증기간 동안 저감효율을 유지하는지 검사할 수 있다.

② 검사의 대상 장치 또는 엔진의 선정기준, 검사의 방법 · 절차 · 기준, 판정방법 및 검사수수료 등에 관하여 필요한 사항은 환경부령으로 정한다.

❑ 배출가스저감장치 등의 성능유지 확인 및 확인기관(규칙 제82조의2)

① 성능유지 확인 방법 및 확인기관은 다음 각 호와 같다.

❶ 자동차에 부착 또는 교체한 배출가스저감장치 : 한국환경공단 또는 「교통안전공단법」에 따라 설립된 교통안전공단으로부터 배출가스저감장치의 주행온도 조건 및 운행차배출허용기준이 적정히 유지되는지 여부 등 성능을 확인받을 것

❷ 개조 · 교체한 저공해엔진 : 국토교통부장관이 「자동차관리법」에 따라 실시하는 구조변경검사에 합격할 것

② 배출가스저감장치의 성능을 확인한 기관은 성능확인검사 결과표를 2부 작성하여 1부는 자동차 소유자에게 발급하고, 1부는 3년간 보관해야 한다.

③ 배출가스저감장치의 성능을 확인한 기관은 그 결과를 지체 없이 관할 시 · 도지사에게 보고하여야 한다. 다만, 그 결과를 전산정보처리 조직을 이용하여 기록한 경우에는 그러하지 아니하다.

④ 규정한 사항 외에 성능유지 확인검사의 방법 등에 관하여 필요한 사항은 환경부장관이 정하여 고시한다.

❑ 저감효율 확인검사 대상의 선정기준 등(규칙 제82조의5)

① 저감효율 확인검사의 대상은 부착 · 교체 또는 개조 · 교체한 지 1년이 지난 배출가스저감장치 또는 저공해엔진으로 한다.

② 국립환경과학원장은 저감효율 확인검사를 하려는 경우에는 같은 해에 같은 배출가스저감장치를 부착한 자동차 5대와 같은 저공해엔진으로 개조한 자동차 5대를 각각 검사대상으로 선정한다.

③ 국립환경과학원장은 제2항에 따라 저감효율 확인검사 대상 자동차를 선정한 경우에는 해당 자동차에 부착된 배출가스저감장치를 봉인하여야 한다.

❑ 저감효율 확인검사의 방법 및 절차(규칙 제82조의6)

① 저감효율 확인검사는 제82조제4항에 따른 시험방법에 따라 실시한다.

② 국립환경과학원장은 제1항에 따라 저감효율 확인검사를 마친 후 10일 이내에 그 결과를 환경부장관에게 보고하여야 한다.

운행차의 수시 점검(법 제61조)

① 환경부장관, 특별시장, 광역시장, 특별자치도시장, 특별자치도지사, 시장(특별자치도의 경우에는 특별자치도지사), 군수, 구청장은 자동차에서 배출되는 배출가스가 운행차배출허용기준에 맞는지를 확인하기 위하여 도로나 주차장 등에서 자동차의 배출가스 배출상태를 수시로 점검하여야 한다.

② 자동차 운행자는 점검에 협조하여야 하며 이에 따르지 아니하거나 기피 또는 방해하여서는 아니 된다.

③ 점검 방법 등에 필요한 사항은 환경부령으로 정한다.

❑ 운행차의 수시점검방법(규칙 제83조)

① 환경부장관 · 특별시장 · 광역시장 · 특별자치시장 · 특별자치도지사 또는 시장 · 군수 · 구청장(자치구의 구청장을 말한다. 이하 같다)은 점검대상 자동차를 선정한 후 배출가스를 점검하여야 한다. 다만, 원활한 차량소통과 승객의 편의 등을 위하여 필요한 경우에는 운행 중인 상태에서 비디오카메라를 사용하여 점검할 수 있다.

② 배출가스 측정방법 등에 관하여 필요한 사항은 환경부장관이 정하여 고시한다.

❑ 운행차 수시점검의 면제(규칙 제84조)

환경부장관 · 특별시장 · 광역시장 · 특별자치시장 · 특별자치도지사 또는 시장 · 군수 · 구청장은 다음 각 호의 어느 하나에 해당하는 자동차에 대하여는 운행차의 수시 점검을 면제할 수 있다.

❶ 환경부장관이 정하는 무공해자동차 및 저공해자동차

❷ 긴급자동차

❸ 군용 및 경호업무용 등 국가의 특수한 공용 목적으로 사용되는 자동차

❑ 검사유효기간의 연장 등(규칙 제86조의5)

① 시 · 도지사는 검사유효기간을 연장하거나 검사를 유예하고자 할 때에는 다음 각 호의 구분에 따른다.

❶ 이륜자동차정기검사대행자가 천재지변 또는 부득이한 사유로 출장검사를 실시하지 못할 경우 이륜자동차정기검사대행자의 요청에 따라 필요하다고 인정되는 기간 동안 해당 이륜자동차의 검사유효기간을 연장할 것

❷ 이륜자동차의 도난 · 사고 발생 또는 동절기(매년 12월 1일부터 다음 연도 2월말까지) 등 부득이한 사유가 인정되는 경우 이륜자동차의 소유자의 신청에 따라 필요하다고 인정되는 기간 동안 해당 이륜자동차의 검사유효기간을 연장하거나 그 정기검사를 유예할 것

❸ 전시 · 사변 또는 이에 준하는 비상사태로 인하여 관할지역 안에서 이륜자동차정기검사 업무를 수행할 수 없다고 판단되는 경우 그 정기검사를 유예할 것. 이 경우 유예대상 지역 및 이륜자동차, 유예기간 등을 공고하여야 한다.

② 검사유효기간의 연장 또는 정기검사의 유예를 받으려는 자는 이륜자동차정기검사 유효기간연장(유예)신청서에 이륜자동차사용신고필증과 그 사유를 증명하는 서류를 첨부하여 시 · 도지사에게 제출하여야 한다.

③ 시 · 도지사는 이륜자동차정기검사 유효기간연장(유예)신청을 받은 경우 그 사유를 검토하여 타당하다고 인정되는 때에는 검사유효기간을 연장하거나 그 정기검사를 유예하고 자동차검사 전산정보처리조직에 기록하여야 한다.

❑ 이륜자동차정기검사의 신청기간 경과의 통지(규칙 제86조의6)

시 · 도지사는 신고된 이륜자동차 중 이륜자동차정기검사의 신청기간이 경과한 이륜자동차의 소유자에게 이륜자동차정기검사의 신청기간이 지난 날부터 10일 이내 및 20일 이내 각각 그 소유자에게 다음 각 호의 사항을 알려야 한다.

❶ 이륜자동차정기검사의 신청기간이 지난 사실

❷ 이륜자동차정기검사의 유예가 가능한 사항 및 그 신청방법

❸ 이륜자동차정기검사를 받지 아니하는 경우에 부과되는 벌칙 · 과태료 및 법적 근거

운행차의 배출가스 정기검사(법 제62조)

① 자동차[「자동차관리법」에 따른 이륜자동차(이하 “이륜자동차”라 한다)는 제외한다. 이하 이 항에서 같다]의 소유자는 「자동차관리법」과 「건설기계관리법」에 따라 일정 기간마다 그 자동차에서 나오는 배출가스가 운행차배출허용기준에 맞는지를 검사하는 운행차 배출가스 정기검사를 받아야 한다. 다만, 저공해자동차 중 환경부령으로 정하는 자동차와 정밀검사 대상 자동차의 경우에는 해당 연도의 배출가스 정기검사 대상에서 제외한다.

② 이륜자동차의 소유자는 이륜자동차에 대하여 환경부령으로 정하는 바에 따라 환경부장관이 일정 기간마다 그 이륜자동차에서 나오는 배출가스가 운행차배출허용기준에 맞는지를 검사하는 배출가스 정기검사(이하 “이륜자동차정기검사”라 한다)를 받아야 한다. 다만, 전기이륜자동차 등 환경부령으로 정하는 이륜자동차의 경우에는 이륜자동차정기검사 대상에서 제외한다.

③ 환경부장관은 이륜자동차의 소유자가 천재지변이나 그 밖의 부득이한 사유로 이륜자동차정기검사를 받을 수 없다고 인정하는 경우에는 환경부령으로 정하는 바에 따라 그 검사 기간을 연장하거나 이륜자동차정기검사를 유예(猶豫)할 수 있다.

④ 환경부장관은 이륜자동차정기검사를 받지 아니한 이륜자동차 소유자에게 환경부령으로 정하는 바에 따라 이륜자동차정기검사를 받도록 명할 수 있다.

⑤ 이륜자동차정기검사를 받으려는 자는 이륜자동차정기검사 업무 대행기관 및 지정정비사업자가 정하는 수수료를 내야 한다.

⑥ 배출가스 정기검사 및 이륜자동차정기검사(이하 “정기검사”라 한다)의 방법, 검사항목, 검사기관의 검사능력, 검사의 대상 및 검사 주기 등에 관하여 필요한 사항은 자동차의 종류에 따라 각각 환경부령으로 정한다.

⑦ 환경부장관이 환경부령을 정하는 경우에는 국토교통부장관과 협의하여야 한다. 다만, 이륜자동차정기검사에 관한 사항을 정하는 경우에는 그러하지 아니하다.

⑧ 환경부장관은 배출가스 정기검사의 결과에 관한 자료를 국토교통부장관에게 요청할 수 있다. 이 경우 국토교통부장관은 특별한 사유가 없으면 그 요청에 따라야 한다.

✪ 이륜자동차정기검사기관(영 제53조) 중요내용

대통령령으로 정하는 전문기관이란 교통안전공단을 말한다.

지정의 취소 등(법 제62조의4)

① 환경부장관은 이륜자동차정기검사대행자 또는 지정정비사업자가 다음 각 호의 어느 하나에 해당하는 경우에는 그 지정을 취소하거나 6개월 이내의 기간을 정하여 그 업무의 전부 또는 일부의 정지를 명할 수 있다. 다만, 제1호에 해당하는 경우에는 그 지정을 취소하여야 한다.

❶ 거짓이나 그 밖의 부정한 방법으로 지정을 받은 경우

❷ 업무와 관련하여 부정한 금품을 수수하거나 그 밖의 부정한 행위를 한 경우

❸ 자산상태의 불량 등의 사유로 그 업무를 계속하는 것이 적합하지 아니하다고 인정될 경우

❹ 검사를 실시하지 아니하고 거짓으로 자동차검사표를 작성하거나 검사 결과와 다르게 자동차검사표를 작성한 경우

❺ 그 밖에 이륜자동차정기검사와 관련된 제62조의3에 따른 기준 및 절차를 위반하는 사항으로서 환경부령으로 정하는 경우

② 처분의 세부 기준과 절차, 그 밖에 필요한 사항은 환경부령으로 정한다.

❏ 운행차의 배출가스 정기검사 방법 등(규칙 제87조)

① 운행차 배출가스 정기검사 및 이륜자동차정기검사의 대상항목, 방법 및 기준은 별표 22와 같다.

② 검사기관(운행차 배출가스 정기검사기관으로 한정한다)은 「자동차관리법」 또는 「건설기계관리법」에 따라 지정된 검사대행자 또는 「자동차관리법」에 따라 지정된 지정정비사업자 중 별표 23에서 정한 검사장비 및 기술능력을 갖춘 자(이하 "운행차정기검사대행자"라 한다)로 한다.

③ 운행차정기검사대행자가 제1항에 따라 검사를 한 경우에는 그 결과를 기록해야 한다.

④ 이륜자동차정기검사의 대상, 주기 및 유효기간은 별표 23의2와 같다.

[운행차의 정기검사방법 및 기준(규칙 제87조) : 별표 22]

검사항목	검사기준	검사방법
1. 검사 전 확인	검사대상자동차가 아래의 조건에 적합할 것 가. 검사를 위한 장비 조작 및 검사요건에 적합할 것	1) 배기관에 시료채취관이 충분히 삽입될 수 있는 구조인지 확인 2) 경유차의 경우 가속페달을 최대로 밟았을 때 원동기의 회전속도가 최대출력 시의 회전속도를 초과하여야 함
	나. 배출가스 관련 부품이 빠져나가 훼손되어 있지 않을 것	정화용 촉매, 매연여과장치 및 기타 육안검사가 가능한 부품의 장착상태를 확인
	다. 배출가스 관련 장치의 봉인이 훼손되어 있지 않을 것	조속기 등 배출가스 관련 장치의 봉인 훼손 여부를 확인
	라. 배출가스가 최종배출구 이전에서 유출되지 않을 것	배출가스가 배출가스정화장치로 유입이전 또는 최종배기구 이전에서 유출되는지 여부를 확인
2. 배출가스 검사 대상 자동차의 상태	검사대상자동차가 아래의 조건에 적합한지를 확인할 것 가. 원동기가 충분히 예열되어 있을 것 중요내용	1) 수냉식 기관의 경우 계기판 온도가 40℃ 이상 또는 계기판 눈금이 1/4 이상이어야 하며, 원동기가 과열되었을 경우에는 원동기실 덮개를 열고 5분 이상 지난 후 정상상태가 되었을 때 측정 2) 온도계가 없거나 고장인 자동차는 원동기를 시동하여 5분이 지난 후 측정
	나. 변속기는 중립의 위치에 있을 것	변속기의 기어는 중립(자동변속기는 N)위치에 두고 클러치를 밟지 않은 상태(연결된 상태)인지를 확인

	다. 냉방장치 등 부속장치는 가동을 정지할 것	냉·난방장치, 서리 제거기 등 배출가스에 영향을 미치는 부속장치의 작동 여부를 확인
3. 배출가스 및 공기과잉률 검사	일산화탄소, 탄화수소, 공기과잉률의 측정결과가 저속공회전 검사모드 및 고속공회전 검사모드 모두 운행차정기검사의 배출허용기준에 각각 적합하여야 한다.	1) 저속공회전 검사모드(Low Speed Idle Mode) 가) 측정대상자동차의 상태가 정상으로 확인 되면 원동기가 가동되어 공회전(500~1,000rpm) 되어 있으며, 가속페달을 밟지 않은 상태에서 시료채취관을 배기관 내에 30cm 이상 삽입한다. 나) 측정기 지시가 안정된 후 일산화탄소는 소수점 둘째자리 이하는 버리고 0.1% 단위로, 탄화수소는 소수점 첫째 자리 이하는 버리고 1ppm단위로, 공기과잉률(λ)은 소수점 둘째 자리에서 0.01단위로 최종측정치를 읽는다. 다만, 측정치가 불안정할 경우에는 5초간의 평균치로 읽는다.
		2) 고속공회전 검사모드(High Speed Idle Mode) 가) 저속공회전모드에서 배출가스 및 공기과잉률검사가 끝나면, 즉시 정지가동상태에서 원동기의 회전수를 2,500±300rpm으로 가속하여 유지 시킨다(승용차 및 차량 총중량 3.5톤 미만의 소형자동차에 한하여 적용한다). 나) 측정기 지시가 안정된 후 일산화탄소는 소수점 둘째자리 이하는 버리고 0.1% 단위로, 탄화수소는 소수점 첫째 자리 이하는 버리고 1ppm단위로, 공기과잉률(λ)은 소수점 둘째 자리에서 0.01단위로 최종측정치를 읽는다. 다만, 측정치가 불안정할 경우에는 5초간의 평균치로 읽는다.
4. 매연	광투과식 분석방법(부분유량 채취방식만 해당한다)을 채택한 매연측정기를 사용하여 매연을 측정한 경우 측정한 매연의 농도가 운행차정기검사의 광투과식 매연 배출허용기준에 적합할 것	1) 측정대상자동차의 원동기를 중립인 상태(정지가동상태)에서 급가속하여 최고 회전속도 도달 후 2초간 공회전시키고 정지가동(Idle) 상태로 5~6초간 둔다. 이와 같은 과정을 3회 반복 실시한다. 2) 측정기의 시료채취관을 배기관의 벽면으로부터 5mm 이상 떨어지도록 설치하고 5cm 정도의 깊이로 삽입한다. 3) 가속페달에 발을 올려놓고 원동기의 최고회전속도에 도달할 때까지 급속히 밟으면서 시료를 채취한다. 이때 가속페달을 밟을 때부터 놓을 때까지 걸리는 시간은 4초 이내로 한다. 4) 위 3)의 방법으로 3회 연속 측정한 매연농도를 산술 평균하여 소수점 이하는 버린 값을 최종측정치로 한다. 다만, 3회 연속 측정한 매연농도의 최대치와 최소치의 차가 5%를 초과하거나 최종측정치가 배출허용기준에 맞지 아니한 경우에는 순차적으로 1회씩 더 측정하여 최대 10회까지 측정하면서 매회 측정시마다 마지막 3회의 측정치를 산출하여 마지막 3회의 최대치와 최소치의 차가 5% 이내이고 측정치의 산술평균 값도 배출허용기준 이내이면 측정을 마치고 이를 최종측정치로 한다. 5) 만약, 위 4)의 단서에 따른 방법으로 10회까지 반복 측정하여도 최대치와 최소치의 차가 5%를 초과하거나 배출허용기준에 맞지 아니한 경우에는 마지막 3회(8회, 9회, 10회)의 측정치를 산술 평균한 값을 최종측정치로 한다.

비고
1. 특수용도로 사용하기 위하여 특수장치 또는 엔진성능 제어장치 등을 부착하여 엔진최고회전수 등을 제한하는 자동차인 경우에는 해당 자동차의 측정 엔진최고회전수를 엔진정격회전수로 수정·적용하여 배출가스검사를 시행할 수 있다.
2. 배출가스 및 공기과잉률 검사에서 검사대상 자동차의 엔진회전수가 저속공회전 검사모드 또는 고속공회전 검사모드 범위를 어느 하나라도 벗어나면 검사모드는 즉시 중지하여야 한다.
3. 위 표에서 정한 운행차정기검사의 방법 및 기준 외의 사항에 대해서는 환경부장관이 정하는 운행차배출가스측정방법에 관한 고시를 준용한다.

[이륜자동차정기검사의 대상 · 주기 및 유효기간(규칙 제87조 제3항) : 별표 23의2]

1. 이륜자동차정기검사의 대상은 「자동차관리법」 제48조 제1항에 따른 이륜자동차 중 「자동차관리법 시행규칙」 별표 1 제1호의 대형 이륜자동차로 한다.
2. 이륜자동차정기검사의 주기는 2년으로 한다. 다만, 신조차(新造車)로서 「자동차관리법」에 따라 신고된 이륜자동차의 경우 최초 주기는 3년으로 한다. 중요내용
3. 이륜자동차정기검사의 유효기간은 이륜자동차정기검사 결과가 유효한 것으로 인정하는 기간으로서 2년으로 한다. 다만, 신조차로서 「자동차관리법」에 따라 신고된 이륜자동차의 경우 최초 유효기간은 3년으로 한다. 중요내용

비고 : 1. 제78조의2 각 호의 어느 하나에 해당하는 이륜자동차는 제외한다.
2. 이륜자동차정기검사의 신청기간이 지난 후 정기검사에서 적합판정(재검사 기간 내에 적합 판정을 받은 경우를 포함한다)을 받은 경우의 유효기간은 그 정기검사를 받은 날의 다음 날부터 기산한다.

❑ **운행차의 배출가스 정기검사 결과 자료의 요청(규칙 제88조)**

① 법 제62조 제4항에 따라 환경부장관은 다음 각 호의 자료를 국토교통부장관에게 요청할 수 있다.
❶ 운행차정기검사대행자별로 검사한 운행차의 종류, 사용연료, 연식, 용도 및 주행거리별 배출가스 측정치(공기과잉률을 포함한다)
❷ 배출가스 관련부품의 이상 유무 확인결과
❸ 그 밖에 환경부장관이 자동차의 배출가스저감정책 등의 수립을 위하여 필요하다고 인정하는 자료
② 환경부장관은 자료를 검토한 결과 운행차정기검사대행자에 대한 검사가 필요하다고 인정되면 검사를 국토교통부장관에게 요청할 수 있다.

운행차의 배출가스 정밀검사(법 제63조)

① 다음 각 호의 지역 중 어느 하나에 해당하는 지역에 등록된 자동차의 소유자는 관할 시 · 도지사가 그 시 · 도의 조례로 정하는 바에 따라 실시하는 운행차 배출가스 정밀검사(이하 "정밀검사"라 한다)를 받아야 한다.
❶ 대기관리권역
❷ 인구 50만명 이상의 도시지역 중 대통령령으로 정하는 지역
② 제1항에도 불구하고 다음 각 호의 어느 하나에 해당하는 자동차는 정밀검사를 면제한다.
❶ 저공해자동차 중 환경부령으로 정하는 자동차
❷ 「수도권 대기환경개선에 관한 특별법」에 따라 검사를 받은 특정경유자동차
❸ 「수도권 대기환경개선에 관한 특별법」에 따른 조치를 한 날부터 3년 이내인 특정경유자동차
③ 정밀검사에 관하여는 「자동차관리법」에 따른다.
④ 정밀검사 결과(관능 및 기능검사는 제외한다) 2회 이상 부적합 판정을 받은 자동차의 소유자는 등록한 전문정비사업자에게 정비 · 점검 및 확인검사를 받은 후 전문정비사업자가 발급한 정비 · 점검 및 확인검사 결과표를 「자동차관리법」에 따라 지정을 받은 종합검사대행자 또는 종합검사지정정비사업자에게 제출하고 재검사를 받아야 한다.
⑤ 정밀검사의 기준 및 방법, 검사항목 등 필요한 사항은 환경부령으로 정한다.
⑥ 지역을 관할하는 시 · 도지사는 자동차 소유자가 「자동차관리법」에 따라 신규 · 변경 · 이전 등록을 신청하는 경우에는 정밀검사 대상임을 알 수 있도록 자동차등록증에 검사주기 등을 기재하여야 한다.

❑ **전문정비사업자의 관리 등(규칙 제105조)**

① 시장 · 군수 · 구청장은 전문정비사업자가 배출가스 정밀검사에서 부적합 판정을 받은 자동차를 정비한 결과를 매년 해당 시 · 군 · 구의 공보에 공고하고, 이를 「자동차관리법」에 따라 지정을 받은 종합검사대행자(이하 "종합검사대행자"라 한다)와 지정을 받은 종합검사지정정비사업자(이하 "종합검사지정정비사업자"라 한다)가 검사소에 게시하도록 하여야 한다.
② 종합검사대행자나 종합검사지정정비사업자는 전문정비사업자로부터 정비를 받아야 하는 자동차의 소유자에게 전문정비사업자의 약도 · 연락처 등이 기재된 안내문을 제공하여야 한다.

③ 정비결과에는 다음 각 호의 사항이 포함되어야 한다.

❶ 정비차량 대수

❷ 정비차량의 재검사 결과 및 합격률

[정밀검사대상 자동차 및 정밀유효검사기간(규칙 제96조) : 별표 25]

차종		정밀검사대상 자동차	검사유효기간
비사업용 중요내용	승용자동차	차령 4년 경과된 자동차	2년
	기타자동차	차령 3년 경과된 자동차	1년
사업용 중요내용	승용자동차	차령 2년 경과된 자동차	
	기타자동차	차령 2년 경과된 자동차	

[정밀검사의 검사방법(규칙 제97조) : 별표 26]

일반기준 중요내용

가. 운행차의 정밀검사는 부하검사방법을 적용하여 검사를 하여야 한다. 다만, 다음의 어느 하나에 해당하는 자동차는 무부하검사방법을 적용할 수 있다.
  1) 상시 4륜구동 자동차
  2) 2행정 원동기 장착자동차
  3) 1987년 12월 31일 이전에 제작된 휘발유 · 가스 · 알코올 사용 자동차
  4) 소방용 자동차(지휘차, 순찰차 및 구급차를 포함한다)
  5) 그 밖에 특수한 구조의 자동차로서 검차장의 출입이나 차대동력계에서 배출가스 검사가 곤란한 자동차

나. 배출가스검사는 관능 및 기능검사를 먼저 한 후 시행하여야 하며, 측정대상자동차의 상태가 제2호에 따른 기준에 적합하지 아니하거나 차대동력계상에서 검사 중에 자동차의 결함 발생 또는 엔진출력 부족 등으로 검사모드가 구현되지 아니하여 배출가스검사를 계속할 수 없다고 판단되는 경우에는 검사를 즉시 중단하고 부적합 처리하여 측정대상자동차를 적합하게 정비하도록 한 후 배출가스 검사를 실시하여야 한다.

다. 차대동력계상에서 자동차의 운전은 검사기술인력이 직접 수행하여야 한다.

라. 특수 용도로 사용하기 위하여 특수장치 또는 엔진성능 제어장치 등을 부착하여 엔진최고회전수 등을 제한하는 자동차인 경우에는 해당 자동차의 측정 엔진최고회전수를 엔진정격회전수로 수정 · 적용하여 배출가스검사를 시행할 수 있다.

마. 휘발유와 가스를 같이 사용하는 자동차는 연료를 가스로 전환한 상태에서 배출가스검사를 실시하여야 한다.

바. 이 표에서 정한 운행차의 정밀검사방법 및 기준 외의 사항에 대해서는 환경부장관이 정하여 고시한다.

❑ 인증시험대행기관의 운영 및 관리(규칙 제67조의3)

① 인증시험대행기관은 시설장비 및 기술인력에 변경이 있으면 변경된 날부터 15일 이내에 그 내용을 환경부장관에게 신고하여야 한다.

② 인증시험대행기관은 인증시험대장을 작성 · 비치하여야 하며, 매 분기 종료일부터 15일 이내에 검사실적 보고서를 환경부장관에게 제출하여야 한다.

③ 인증시험대행기관은 다음 각 호의 사항을 준수하여야 한다.

❶ 시험결과의 원본자료와 일치하도록 인증시험대장을 작성할 것

❷ 시험결과의 원본자료와 인증시험대장을 3년 동안 보관할 것

❸ 검사업무에 관한 내부 규정을 준수할 것

④ 환경부장관은 인증시험대행기관에 대하여 매 반기마다 시험결과의 원본자료, 인증시험대장, 시설장비 및 기술인력의 관리상태를 확인하여야 한다.

배출가스 전문정비업자의 등록(법 제68조)

① 자동차의 배출가스 관련 부품 등의 정비 · 점검 및 확인검사 업무를 하려는 자는 「자동차관리법」에 따라 자동차관리사업의

등록을 한 후 대통령령으로 정하는 기준에 맞는 시설 · 장비 및 기술인력을 갖추어 특별자치시장 · 특별자치도지사 · 시장 · 군수 · 구청장에게 배출가스 전문정비사업의 등록을 하여야 한다. 등록한 사항 중 대통령령으로 정하는 중요한 사항을 변경하려는 경우에도 또한 같다.

② 배출가스 전문정비사업의 등록을 한 자(이하 "전문정비사업자"라 한다)가 이 법에 따른 정비 · 점검 및 확인검사를 한 경우에는 자동차 소유자에게 정비 · 점검 및 확인검사 결과표를 발급하고 그 내용을 「자동차관리법」에 따른 전산정보처리조직에 입력하여야 한다.

③ 전문정비사업자는 등록된 기술인력에게 환경부령으로 정하는 바에 따라 환경부장관이 실시하는 교육을 받도록 하여야 한다. 이 경우 환경부장관은 관련 전문기관에 교육의 실시를 위탁할 수 있다.

④ 전문정비사업자와 정비업무에 종사하는 기술인력은 다음 각 호의 어느 하나에 해당하는 행위를 하여서는 아니 된다.

❶ 거짓이나 그 밖의 부정한 방법으로 정비 · 점검 및 확인검사 결과표를 발급하거나 전산 입력을 하는 행위
❷ 다른 자에게 등록증을 대여하거나 다른 자에게 자신의 명의로 정비 · 점검 및 확인검사 업무를 하게 하는 행위
❸ 등록된 기술인력 외의 사람에게 정비 · 점검 및 확인검사를 하게 하는 행위
❹ 그 밖에 정비 · 점검 및 확인검사 업무에 관하여 환경부령으로 정하는 준수사항을 위반하는 행위

⑤ 전문정비사업자의 등록 기준 및 절차 등 필요한 사항은 환경부령으로 정한다.

❑ 전문정비 기술인력의 교육(규칙 제104조의2)

① 전문정비사업자는 등록된 배출가스 전문정비 기술인력(이하 "전문정비 기술인력"이라 한다)에게 환경부장관 또는 전문정비 기술인력에 관한 교육을 위탁받은 기관(이하 "전문정비 교육기관"이라 한다)이 실시하는 다음 각 호의 구분에 따른 교육을 받도록 하여야 한다.

❶ 신규교육 : 전문정비 기술인력으로 채용된 날부터 4개월 이내에 1회(정비 · 점검 분야의 기술인력 및 정밀검사 지역에서의 확인검사 분야 기술인력만 해당한다)
❷ 정기교육 : 신규교육을 받은 연도를 기준으로 3년마다 1회(정비 · 점검 분야의 기술인력만 해당한다)

② 전문정비 기술인력으로 근무하던 사람이 퇴직 후 1년 6개월 이내에 전문정비 기술인력으로 다시 채용된 경우 또는 전문정비 기술인력으로 채용되기 전 1년 6개월 이내에 전문정비 기술 인력에 관한 교육을 받은 경우에는 신규교육을 받은 것으로 본다.

[배출가스 전문정비업자의 준수사항(제104조의2) : 별표 30의2]

1. 전문정비 기술인력으로 선임된 자 외의 정비기술자에게 전문정비를 하게 하여서는 아니 된다.
2. 전문정비 기술인력으로 선임된 자에게 정밀검사 업무와 「자동차관리법」에 따른 자동차검사 업무를 하게 하여서는 아니 된다.
3. 정비내용 및 비용 등에 대하여 자동차소유자 등에게 충분히 설명하고 동의를 받아 정비를 시행하여야 한다.

등록의 취소(법 제69조)

① 특별자치시장 · 특별자치도지사 · 시장 · 군수 · 구청장은 전문정비사업자가 다음 각 호의 어느 하나에 해당하면 6개월 이내의 기간을 정하여 업무의 전부 또는 일부의 정지를 명하거나 그 등록을 취소할 수 있다. 다만, 제1호 · 제2호 · 제4호 및 제5호에 해당하는 경우에는 등록을 취소하여야 한다.

❶ 거짓이나 그 밖의 부정한 방법으로 등록을 한 경우
❷ 결격 사유에 해당하게 된 경우. 다만, 제69조의2 제5호에 따른 결격 사유에 해당하는 경우로서 그 사유가 발생한 날부터 2개월 이내에 그 사유를 해소한 경우에는 그러하지 아니하다.
❸ 고의 또는 중대한 과실로 정비 · 점검 및 확인검사 업무를 부실하게 한 경우
❹ 「자동차관리법」에 따라 자동차관리사업의 등록이 취소된 경우
❺ 업무정지기간에 정비 · 점검 및 확인검사 업무를 한 경우
❻ 등록기준을 충족하지 못하게 된 경우
❼ 변경등록을 하지 아니한 경우
❽ 제68조 제4항에 따른 금지행위를 한 경우

② 행정처분의 세부기준은 환경부령으로 정한다.

결격 사유(법 제69조의2) 중요내용

다음 각 호의 어느 하나에 해당하는 자는 전문정비사업의 등록을 할 수 없다.

❶ 금치산자 또는 한정치산자
❷ 파산선고를 받고 복권되지 아니한 자
❸ 이 법을 위반하여 징역 이상의 실형을 선고받고 그 집행이 끝나거나(집행이 끝난 것으로 보는 경우를 포함한다) 집행을 받지 아니하기로 확정된 날부터 2년이 지나지 아니한 자
❹ 등록이 취소된 후 2년이 지나지 아니한 자
❺ 임원 중 제1호부터 제4호까지의 어느 하나에 해당하는 사람이 있는 법인

운행차의 개선명령(법 제70조)

① 환경부장관, 특별시장 · 광역시장, 특별자치시장, 특별자치도지사 또는 시장 · 군수 · 구청장은 운행차에 대한 점검 결과 그 배출가스가 운행차배출허용기준을 초과하는 경우에는 환경부령으로 정하는 바에 따라 자동차 소유자에게 개선을 명할 수 있다.
② 개선명령을 받은 자는 환경부령으로 정하는 기간 이내에 전문정비사업자에게 정비 · 점검 및 확인검사를 받아야 한다.
③ 배출가스 보증기간 이내인 자동차로서 자동차 소유자의 고의 또는 과실이 없는 경우(고의 또는 과실 여부는 자동자제작자가 입증하여야 한다)에는 자동차제작자가 비용을 부담하여 정비 · 점검 및 확인검사를 하여야 한다. 다만, 자동차제작자가 직접 확인검사를 할 수 없는 경우에는 전문정비사업자, 「자동차관리법」에 따른 종합검사대행자 또는 같은 법에 따른 종합검사 지정정비사업자(이하 이 조에서 "전문정비사업자등"이라 한다)에게 확인검사를 위탁할 수 있다.
④ 정비 · 점검 및 확인검사를 받은 자동차는 환경부령으로 정하는 기간 동안 정기검사와 정밀검사를 받지 아니하여도 된다.
⑤ 전문정비사업자등이나 자동차제작자가 정비 · 점검 및 확인검사를 한 경우에는 자동차 소유자에게 정비 · 점검 및 확인검사 결과표를 발급하고 환경부령으로 정하는 바에 따라 특별시장 · 광역시장, 특별자치시장, 특별자치도지사 또는 시장 · 군수 · 구청장에게 정비 · 점검 및 확인검사 결과를 보고하여야 한다.

자동차의 운행정지(법 제70조의2) 중요내용

① 환경부장관, 특별시장 · 광역시장 또는 시장 · 군수 · 구청장은 개선명령을 받은 자동차 소유자가 같은 조 제2항에 따른 확인검사를 환경부령으로 정하는 기간 이내에 받지 아니하는 경우에는 10일 이내의 기간을 정하여 해당 자동차의 운행정지를 명할 수 있다.
② 운행정지처분의 세부기준은 환경부령으로 정한다.

❑ 운행차의 개선명령(규칙 제106조)

① 개선명령은 별지 서식에 따른다.
② 개선명령을 받은 자는 개선명령일부터 15일 이내에 전문정비사업자 또는 자동차제작자에게 개선명령서를 제출하고 정비 · 점검 및 확인검사를 받아야 한다.
③ 법 제70조 제4항에서 "환경부령으로 정하는 기간"이란 정비 · 점검 및 확인검사를 받은 날부터 3개월로 한다. 이 경우 세부적인 검사의 면제 기준은 환경부장관이 정하여 고시한다.
④ 정비 · 점검 및 확인검사를 한 전문정비사업자 또는 자동차제작자는 정비 · 점검 및 확인검사 결과표를 3부 작성하여 1부는 자동차소유자에게 발급하고, 1부는 개선결과를 확인한 날부터 10일 이내에 관할 특별시장 · 광역시장 · 특별자치시장 · 특별자치도지사 또는 시장 · 군수 · 구청장에게 제출하여야 하며, 1부는 1년간 보관하여야 한다. 다만, 정비 · 점검 및 확인검사 결과를 자동차배출가스 종합전산체계에 입력한 경우에는 관할 특별시장 · 광역시장 · 특별자치시장 · 특별자치도지사 또는 시장 · 군수 · 구청장에게 제출한 것으로 본다.

❑ **자동차의 운행정지명령(규칙 제107조)** 중요내용

① 특별시장·광역시장 또는 시장·군수·구청장은 자동차의 운행정지를 명하려는 경우에는 해당 자동차 소유자에게 자동차 운행정지명령서를 발급하고, 자동차의 전면유리 우측상단에 사용정지표지를 붙여야 한다.

② 부착된 운행정지표지는 사용정지기간 내에는 부착위치를 변경하거나 훼손하여서는 아니 된다.

[운행정지표지(규칙 제107조) : 별표 31] 중요내용

(앞 면)

운 행 정 지

자동차등록번호 : 점검당시누적주행거리 : km

운행정지기간 : 년 월 일 ~ 년 월 일 까지

운행정지기간 중 주차장소 :

위의 자동차에 대하여 「대기환경보전법」 제70조에 따라 사용정지를 명함.

(인)

134mm×190mm[보존용지(1급) 120g/m^2]

(뒷 면)

이 표지는 "운행정지기간" 내에는 제거하지 못합니다

비고 중요내용

1. 바탕색은 노란색으로, 문자는 검은색으로 한다.
2. 이 표는 자동차의 전면유리 우측상단에 붙인다.

유의사항

1. 이 표는 운행정지기간 내에는 부착위치를 변경하거나 훼손하여서는 아니 됩니다.
2. 이 표는 운행정지기간이 지난 후에 담당공무원이 제거하거나 담당 공무원의 확인을 받아 제거하여야 합니다.
3. 이 자동차를 운행정지기간 내에 사용하는 경우에는 「대기환경보전법」 따라 300만원 이하의 벌금을 물게 됩니다.

자동차연료·첨가제 또는 촉매제의 검사(법 제74조)

① 자동차연료·첨가제 또는 촉매제를 제조(수입을 포함한다)하려는 자는 환경부령으로 정하는 제조기준(이하 "제조기준"이라 한다)에 맞도록 제조하여야 한다.

② 자동차연료·첨가제 또는 촉매제를 제조하려는 자는 제조기준에 맞는지에 대하여 미리 환경부장관으로부터 검사를 받아야 한다.

③ 환경부장관은 자동차연료·첨가제 또는 촉매제의 품질을 유지하기 위하여 필요한 경우에는 시중에 유통·판매되는 자동차연료·첨가제 또는 촉매제가 제조기준에 적합한지 여부를 검사할 수 있다.

④ 누구든지 다음 각 호의 어느 하나에 해당하는 것을 자동차연료·첨가제 또는 촉매제로 공급·판매하거나 사용하여서는 아니 된다. 다만, 학교나 연구기관 등 환경부령으로 정하는 자가 시험·연구 목적으로 제조·공급하거나 사용하는 경우에는 그러하지 아니하다.

1. 제2항에 따른 검사 결과 제1항을 위반하여 제조기준에 맞지 아니한 것으로 판정된 자동차연료·첨가제 또는 촉매제
2. 제2항을 위반하여 검사를 받지 아니하거나 검사받은 내용과 다르게 제조된 자동차연료·첨가제 또는 촉매제

⑤ 환경부장관은 자동차연료·첨가제 또는 촉매제로 환경상의 위해가 발생하거나 인체에 매우 유해한 물질이 배출된다고 인정하면 환경부령으로 정하는 바에 따라 그 제조·판매 또는 사용을 규제할 수 있다.

⑥ 첨가제 또는 촉매제를 제조하려는 자는 환경부령으로 정하는 바에 따라 첨가제 또는 촉매제가 검사를 받고 제조기준에 맞는 제품임을 표시하여야 한다.

⑦ 검사를 받으려는 자는 환경부령으로 정하는 수수료를 내야 한다.
⑧ 검사의 방법 및 절차는 환경부령으로 정한다.

[자동차연료 · 첨가제 또는 촉매제의 제조기준(규칙 제115조) : 별표 33]

1. 자동차연료 제조기준

가. 휘발유 (중요내용)

기준항목 \ 적용기간	2009년 1월 1일부터
방향족화합물함량(부피%)	24(21) 이하
벤젠함량(부피%)	0.7 이하
납함량(g/L)	0.013 이하
인함량(g/L)	0.0013 이하
산소함량(무게%)	2.3 이하
올레핀함량(부피%)	16(19) 이하
황함량(ppm)	10 이하
증기압(kPa, 37.8℃)	60 이하
90% 유출온도(℃)	170 이하

비고
1. 올레핀(Olefine) 함량에 대하여 ( ) 안의 기준을 적용할 수 있다. 이 경우 방향족화합물 함량에 대하여도 ( ) 안의 기준을 적용한다.
2. 증기압 기준은 매년 6월 1일부터 8월 31일까지 출고되는 제품에 대하여 적용한다.

나. 경유 (중요내용)

기준항목 \ 적용기간	2009년 1월 1일부터
10% 잔류탄소량(%)	0.15 이하
밀도 @15℃(kg/m^3)	815 이상 835 이하
황함량(ppm)	10 이하
다환방향족(무게%)	5 이하
윤활성(μm)	400 이하
방향족 화물(무게%)	30 이하
세탄지수(또는 세탄가)	52 이상

비고
1. 한국석유공사의 구리지사 정부 비축유에 대하여는 위 표에도 불구하고 2008년 12월 31일까지의 기준을 적용한다. 다만, 그 비축유는 전시 또는 이에 준하는 비상사태가 발생한 경우로서 환경부장관과 협의한 경우에만 방출할 수 있다.
2. 혹한기(11월 15일부터 다음 해 2월 28일까지를 말한다)에는 위 표에도 불구하고 세탄지수(또는 세탄가)를 48 이상으로 적용한다.

다. LPG

항 목	제조기준
황함량(ppm)	40 이하
증기압(40℃, MPa)	1.27 이하
밀도(15℃, kg/m^3)	500 이상 620 이하
동판부식(40℃, 1시간)	1 이하
100mL 증발잔류물(mL)	0.05 이하

프로판 함량 (mol, %)	11월 1일부터 3월 31일까지	15 이상 35 이하
	4월 1일부터 10월 31일까지	10 이하

라. 바이오디젤(BD100)

항목		제조기준
지방산메틸에스테르함량(무게 %)		96.5 이상
잔류탄소분(무게 %)		0.1 이하
동점도(40℃, mm^2/s)		1.9 이상 5.0 이하
황분(mg/kg)		10 이하
회분(무게 %)		0.01 이하
밀도@ 15℃(kg/m^3)		860 이상 900 이하
전산가(mg KOH/g)		0.50 이하
모노글리세리드(무게 %)		0.80 이하
디글리세리드(무게 %)		0.20 이하
트리글리세리드(무게 %)		0.20 이하
유리 글리세린(무게 %)		0.02 이하
총 글리세린(무게 %)		0.24 이하
산화안정도(110℃, h)		6 이상
메탄올(무게 %)		0.2 이하
알칼리금속 (mg/kg)	(Na+K)	5 이하
	(Ca+Mg)	5 이하
인(mg/kg)		10 이하

비고 : "바이오디젤(BD100)"이란 자동차용 경유 또는 바이오디젤연료유(BD20)를 제조하는 데 사용하는 원료를 말한다.

마. 천연가스 중요내용

항목	제조기준
메탄(부피 %)	88.0 이상
에탄(부피 %)	7.0 이하
C_3 이상의 탄화수소(부피 %)	5.0 이하
C_6 이상의 탄화수소(부피 %)	0.2 이하
황분(ppm)	40 이하
불활성가스(CO_2, N_2 등)(부피 %)	4.5 이하

바. 바이오가스 중요내용

항목	제조기준
메탄(부피 %)	95.0 이상
수분(mg/Nm^3)	32 이하
황분(ppm)	10 이하
불활성가스(CO_2, N_2 등)(부피 %)	5.0 이하

2. 첨가제 제조기준

㉮ 첨가제 제조자가 제시한 최대의 비율로 첨가제를 자동차연료에 혼합한 경우의 성분(첨가제+연료)이 제1호의 자동차연료 제조기준에 맞아야 하며, 혼합된 성분 중 카드뮴(Cd)·구리(Cu)·망간(Mn)·니켈(Ni)·크롬(Cr)·철(Fe)·아연(Zn) 및 알루미늄(Al)의 농도는 각각 1.0mg/L 이하이어야 한다. 중요내용

㉯ 첨가제 제조자가 제시한 최대의 비율로 첨가제를 자동차의 연료에 주입한 후 시험한 배출가스 측정치가 첨가제를 주입하기 전보다 배출가스 항목별로 10% 이상 초과하지 아니하여야 하고, 배출가스 총량은 첨가제를 주입하기 전보다 5% 이상 증가하여서는 아니 된다. 중요내용

㉰ 환경부장관이 정하는 배출가스 저감장치의 성능 향상을 위하여 사용하는 첨가제 제조기준은 환경부장관이 정하여 고시한다.

㉱ 제조된 휘발유용 및 경유용 첨가제는 0.55L 이하의 용기에 담아서 공급하여야 한다. 다만, 석유대체연료에 해당하는 성분을 포함하지 않은 경유용 첨가제는 2L 이하의 용기에 담아서 공급하여야 하며, 석유정제업자 또는 석유수출입업자가 자동차연료인 석유제품을 제조하거나 품질을 보정하는 과정에서 사용하는 첨가제의 경우에는 용기에 제한을 두지 아니한다.

㉲ 고체연료첨가제를 제조한 자가 제시한 비율에 따라 고체연료첨가제를 자동차 연료에 주입하였을 때 해당 자동차 연료의 용해도가 감소되거나 자동차 연료의 회분 측정치가 첨가제를 주입하기 전의 회분 측정치보다 증가되어서는 아니 된다.

비고

요소함량, 밀도@ 20℃, 굴절지수@ 20℃의 목표값은 다음 각 호의 구분에 따른다.

1. 요소함량 : 32.5%
2. 밀도 @20℃ : 1089.5kg/cm^3
3. 굴절지수 @20℃ : 1.3829

❑ 자동차연료·첨가제 또는 촉매제 제조기준의 적용 예외(규칙 제116조)

"환경부령으로 정하는 자"란 다음 각 호의 자를 말한다.

❶ 「고등교육법」에 따른 대학·산업대학·전문대학 및 기술대학과 그 부설연구기관
❷ 국공립연구기관
❸ 「특정연구기관 육성법」에 따른 연구기관
❹ 「기술개발촉진법」에 따른 기업부설연구소
❺ 「산업기술연구조합 육성법」에 따른 산업기술연구조합
❻ 「환경기술개발 및 지원에 관한 법률」에 따른 환경기술개발센터

❑ 자동차연료·첨가제 또는 촉매제의 규제(규칙 제117조) 중요내용

국립환경과학원장은 자동차연료·첨가제 또는 촉매제로 환경상의 위해가 발생하거나 인체에 매우 유해한 물질이 배출된다고 인정되면 해당 자동차연료·첨가제 또는 촉매제의 사용 제한, 다른 연료로의 대체 또는 제작자동차의 단위연료량에 대한 목표주행거리의 설정 등 필요한 조치를 할 수 있다.

[첨가제·촉매제 제조기준에 맞는 제품의 표시방법(규칙 제119조) : 별표 34] 중요내용

1. 표시방법

첨가제 또는 촉매제 용기 앞면 제품명 밑에 한글로 "「대기환경보전법 시행규칙」 별표 33의 첨가제 또는 촉매제 제조기준에 맞게 제조된 제품임. 국립환경과학원장(또는 검사를 한 검사기관장의 명칭) 제○○호"로 적어 표시하여야 한다.

2. 표시크기

첨가제 또는 촉매제 용기 앞면의 제품명 밑에 제품명 글자크기의 100분의 30 이상에 해당하는 크기로 표시하여야 한다.

3. 표시색상

첨가제 또는 촉매제 용기 등의 도안 색상과 보색관계에 있는 색상으로 하여 선명하게 표시하여야 한다.

❑ 자동차연료 · 첨가제 또는 촉매제의 검사절차(규칙 제120조의3)

① 자동차연료 · 첨가제 또는 촉매제의 검사를 받으려는 자는 자동차연료 · 첨가제 또는 촉매제 검사신청서에 다음 각 호의 시료 및 서류를 첨부하여 국립환경과학원장 또는 지정된 검사기관에 제출하여야 한다. 중요내용

❶ 검사용 시료

❷ 검사 시료의 화학물질 조성 비율을 확인할 수 있는 성분분석서

❸ 최대 첨가비율을 확인할 수 있는 자료(첨가제만 해당한다)

❹ 제품의 공정도(촉매제만 해당한다)

② 신청인이 신청서를 국립환경과학원장에게 제출하는 경우 담당 공무원은 「전자정부법」에 따른 행정정보의 공동이용을 통하여 사업자등록증 또는 주민등록초본을 확인하여야 하며, 신청인이 확인에 동의하지 아니하는 경우에는 사업자등록증사본(사업자등록을 하지 아니한 경우에는 주민등록증 사본)을 첨부하게 하여야 한다. 다만, 신청인이 신청서를 지정된 검사기관에 제출하는 경우에는 사업자등록증 사본 또는 주민등록증 사본을 첨부하여야 한다.

③ 국립환경과학원장 또는 검사기관은 검사결과 자동차연료 · 첨가제 또는 촉매제가 기준에 맞게 제조된 것으로 인정되면 자동차연료 검사합격증, 첨가제 검사합격증 또는 촉매제 검사합격증을 발급하여야 한다.

❑ 자동차연료 · 첨가제 또는 촉매제 검사기관의 지정기준(규칙 제121조)

① 자동차연료 · 첨가제 또는 촉매제 검사기관으로 지정받으려는 자가 갖추어야 할 기술능력 및 검사장비는 별표 34의 2와 같다.

② 자동차연료 검사기관과 첨가제 검사기관을 함께 지정받으려는 경우에는 해당 기술능력과 검사장비를 중복하여 갖추지 아니할 수 있다.

[자동차연료 · 첨가제 또는 촉매제 검사기관의 지정기준(규칙 제121조) : 별표 34의2]

1. 자동차연료 검사기관의 기술능력 및 검사장비 기준

가. 기술능력 중요내용

1) 검사원의 자격

「국가기술자격법 시행규칙」 중 기계(자동차분야), 화공 및 세라믹, 환경 직무분야의 기사자격 이상을 취득한 사람이어야 한다.

2) 검사원의 수

검사원은 4명 이상이어야 하며 그중 2명 이상은 해당 검사 업무에 5년 이상 종사한 경험이 있는 사람이어야 한다.

비고 : 휘발유 · 경유 · 바이오디젤 검사기관과 LPG · CNG · 바이오가스 검사기관의 기술능력 기준은 같으며, 두 검사 업무를 함께 하려는 경우에는 기술능력을 중복하여 갖추지 아니할 수 있다.

나. 검사장비 중요내용

1) 휘발유 · 경유 · 바이오디젤(BD100) 검사장비

순번	검사장비	수량	비고
1	가스크로마토그래피(Gas Chromatography, FID, ECD)	1식	
2	원자흡광광도계(Atomic Absorption Spectrophotometer) 또는 유도결합플라즈마원자분광광도계(Inductively Coupled Plasma Spectrophotometer)	1식	
3	분광광도계(UV/Vis Spectrophotometer)	1식	
4	황함량분석기(Sulfur Analyzer)	1식	1ppm 이하 분석 가능
5	증기압시험기(Vapor Pressure Tester)	1식	
6	증류시험기(Distillation Apparatus)	1식	
7	액체크로마토그래피(High Performance Liquid Chromatography) 또는 초임계유체크로마토그래피(Supercritical Fluid Chromatography)	1식	
8	윤활성시험기(High Frequency Reciprocating Rig)	1식	

순번	검사장비	수량	비고
9	밀도시험기(Density Meter)	1식	
10	잔류탄소시험기(Carbon Residue Apparatus)	1식	
11	동점도시험기(Viscosity)	1식	
12	회분시험기(Furnace)	1식	
13	전산가시험기(Acid value)	1식	
14	산화안정도시험기(Oxidation stability)	1식	
15	세탄가측정기(Cetane number)	1식	
16	별표 33의 제조기준 시험을 수행할 수 있는 장비	1식	

2) LPG · CNG · 바이오가스 검사장비

순번	검사장비	수량	비고
1	가스크로마토그래피(Gas Chromatography, FID, ECD, TCD, PFPD)	1식	
2	황함량분석기(Sulfur Analyzer)	1식	5ppm 이하 분석 가능
3	증기압시험기(Vapor Pressure Tester)	1식	
4	밀도시험기(Density Meter)	1식	
5	동판부식시험기(Copper Strip Corrosion Apparatus)	1식	
6	증발잔류물시험기(Residual Matter Tester)	1식	
7	별표 33의 제조기준에 관한 시험을 수행할 수 있는 장비	1식	

비고 : 휘발유 · 경유 · 바이오디젤 검사기관과 LPG · CNG · 바이오가스 검사기관의 검사대행 업무를 함께 하려는 경우에는 검사장비를 중복하여 갖추지 아니할 수 있다.

2. 첨가제 검사기관의 기술능력 및 검사장비 기준

가. 기술능력

1) 검사원의 자격

「국가기술자격법 시행규칙」 별표 5 중 기계(자동차분야), 화공 및 세라믹, 환경 직무분야의 기사자격 이상을 취득한 사람이어야 한다.

2) 검사원의 수

검사원은 4명 이상이어야 하며, 그중 2명 이상은 배출가스검사 업무에 5년 이상 종사한 경험이 있는 사람이어야 한다.

비고 : 휘발유용 · 경유용 첨가제 검사기관과 LPG · CNG용 첨가제 검사기관의 기술능력 기준은 같으며, 두 첨가제 검사대행 업무를 함께 하려는 경우에는 기술능력을 중복하여 갖추지 아니할 수 있다.

나. 검사장비

1) 휘발유용 · 경유용 첨가제 검사장비

가) 배출가스 검사장비

순번	검사장비	수량	비고
1	차대동력계	1식	휘발유, 경유 공용
2	배출가스 시료채취장치	2식	휘발유용, 경유용 각 1식
3	배출가스 분석장치	2식	휘발유용, 경유용 각 1식
4	자료처리장치	1식	휘발유, 경유 공용
5	그 밖의 부속장치	1식	휘발유, 경유 공용
6	원동기동력계	1식	경유 전용
7	매연 측정기	1식	경유 전용

나) 자동차연료 제조기준 검사 및 유해물질 검사장비 : 제1호나목 1)에서 정하는 검사장비

2) LPG · CNG용 첨가제 검사장비

가) 배출가스 검사장비

순번	검사장비	수량
1	차대동력계	1식
2	배출가스 시료채취장치	1식
3	배출가스 분석장치	1식
4	자료처리장치	1식
5	그 밖의 부속장치	1식

나) 자동차연료 제조기준 검사 및 유해물질 검사장비 : 자동차연료 제조기준 검사장비는 제1호나목 2)와 같고, 유해물질검사장비는 다음과 같다.

검사장비	수량
원자흡광광도계(Atomic Absorption Spectrophotometer) 또는 유도결합플라즈마원자분광광도계(Inductively Coupled Plasma Spectrophotometer)	1식

비고 : 휘발유용 · 경유용 첨가제 검사기관과 LPG · CNG용 첨가제 검사기관의 검사대행 업무를 함께 하려는 경우에는 기술능력을 중복하여 갖추지 아니할 수 있다.

3. 촉매제 검사기관의 기술능력 및 검사장비 기준

가. 기술능력

1) 검사원의 자격

「국가기술자격법 시행규칙」 별표 5 중 기계(자동차분야), 화공 및 세라믹, 환경 직무분야의 기사자격 이상을 취득한 사람이어야 한다.

2) 검사원의 수

검사원은 4명 이상이어야 하며 그중 2명 이상은 해당 검사 업무에 5년 이상 종사한 경험이 있는 사람이어야 한다.

나. 검사장비

순번	검사장비	수량	비고
1	요소함량분석기(Total Nitrogen Analyzer)	1식	
2	원자흡광광도계(Atomic Absorption Spectrophotometer) 또는 유도결합플라즈마원자분광광도계(Inductively Coupled Plasma Spectrophotometer)	1식	
3	분광광도계(UV/Vis Spectrophotometer)	1식	
4	밀도시험기(Density Meter)	1식	
5	굴절계(Refractometer)	1식	Abbe 방식
6	자동적정기(Auto Titration) 또는 적정기(Titration)	1식	
7	별표 33의 제조기준에 관한 시험을 수행할 수 있는 장비	1식	

❑ 자동차연료 또는 첨가제 검사기관의 구분(규칙 제121조의2)

① 자동차연료 검사기관은 검사대상 연료의 종류에 따라 다음과 같이 구분한다. 중요내용

❶ 휘발유 · 경유 검사기관

❷ 엘피지(LPG) 검사기관

❸ 바이오디젤(BD100) 검사기관

❹ 천연가스(CNG) · 바이오가스 검사기관

② 첨가제 검사기관은 검사대상 첨가제의 종류에 따라 다음과 같이 구분한다.

❶ 휘발유용 · 경유용 첨가제 검사기관

❷ 엘피지(LPG)용 첨가제 검사기관

자동차연료 · 첨가제 또는 촉매제 제조 · 공급 · 판매중지(법 제75조)

① 환경부장관은 공급 · 판매 또는 사용이 금지되는 자동차연료 · 첨가제 또는 촉매제를 제조한 자에 대해서는 제조의 중지 및 유통 · 판매 중인 제품의 회수를 명할 수 있다.

② 환경부장관은 공급 · 판매 또는 사용이 금지되는 자동차연료 · 첨가제 또는 촉매제를 공급하거나 판매한 자에 대하여는 공급이나 판매의 중지를 명할 수 있다.

친환경연료의 사용 권고(법 제75조의2)

① 환경부장관 또는 시 · 도지사는 대기환경을 개선하기 위하여 필요하다고 인정하는 경우에는 친환경연료를 자동차연료로 사용할 것을 권고할 수 있다.

② 친환경연료의 종류, 품질기준, 사용차량 및 사용지역 등 필요한 사항은 산업통상자원부장관과 협의하여 환경부령으로 정한다.

선박의 배출허용기준(법 제76조)

① 선박 소유자는 「해양오염방지법」에 따른 선박의 디젤기관에서 배출되는 대기오염물질 중 대통령령으로 정하는 대기오염물질을 배출할 때 환경부령으로 정하는 허용기준에 맞게 하여야 한다.

② 환경부장관은 허용기준을 정할 때에는 미리 관계 중앙행정기관의 장과 협의하여야 한다.

③ 환경부장관은 필요하다고 인정하면 허용기준의 준수에 관하여 해양수산부장관에게 「해양오염방지법」에 따른 검사를 요청할 수 있다.

✪ 선박 대기오염물질의 종류(영 제60조)

법 제76조 제1항에서 "대통령령으로 정하는 대기오염물질"이란 질소산화물을 말한다. 중요내용

[선박의 배출허용기준(규칙 제124조) : 별표 35]

기관 출력	정격 기관속도 (n : 크랭크샤프트의 분당 속도)	질소산화물 배출기준(g/kWh)		
		기준 1	기준 2	기준 3
130kW 초과	n이 130rpm 미만일 때	17 이하	14.4 이하	3.4 이하 중요내용
	n이 130rpm 이상 2,000rpm 미만일 때	$45.0 \times n^{(-0.2)}$ 이하	$44.0 \times n^{(-0.23)}$ 이하	$9.0 \times n^{(-0.2)}$ 이하
	n이 2,000rpm 이상일 때	9.8 이하	7.7 이하	2.0 이하

비고 : 기준 1은 2010년 12월 31일 이전에 건조된 선박에, 기준 2는 2011년 1월 1일 이후에 건조된 선박에, 기준 3은 2016년 1월 1일 이후에 건조된 선박에 설치되는 디젤기관에 각각 적용하되, 기준별 적용대상 및 적용시기 등은 국토해양부령으로 정하는 바에 따른다.

자동차 온실가스 배출허용기준(법 제76조의2)

자동차제작자는 「저탄소 녹색성장 기본법」에 따라 자동차 온실가스 배출허용기준을 택하여 준수하기로 한 경우 환경부령으로 정하는 자동차에 대한 온실가스 평균배출량이 환경부장관이 정하는 허용기준(이하 "온실가스 배출허용기준"이라 한다)에 적합하도록 자동차를 제작·판매하여야 한다.

❑ 자동차 온실가스 배출허용기준 적용대상(규칙 제124조의2) 중요내용

법 제76조의2에서 "환경부령으로 정하는 자동차"란 국내에서 제작되거나 국외에서 수입되어 국내에 판매 중인 자동차 중 「자동차관리법 시행규칙」 별표 1에 따른 승용자동차 및 승합자동차이고 승차인원이 15인승 이하인 자동차와 화물자동차로서 총 중량이 3.5톤 미만인 자동차를 말한다. 다만, 다음 각 호의 자동차는 제외한다.

❶ 환자의 치료 및 수송 등 의료목적으로 제작된 자동차
❷ 군용(軍用) 자동차
❸ 방송·통신 등의 목적으로 제작된 자동차
❹ 2012년 1월 1일 이후 제작되지 아니하는 자동차
❺ 「자동차관리법 시행규칙」에 따른 특수형 승합자동차 및 특수용도형 화물자동차

자동차 온실가스 배출량의 표시(법 제76조의4)

① 자동차제작자는 온실가스를 적게 배출하는 자동차의 사용·소비가 촉진될 수 있도록 환경부장관에게 보고한 자동차 온실가스 배출량을 해당 자동차에 표시하여야 한다.
② 온실가스 배출량의 표시방법과 그 밖에 필요한 사항은 환경부령으로 정한다.

❑ 자동차 온실가스 배출량의 표시방법 등(규칙 제124조의4)

자동차 온실가스 배출량 표시는 소비자가 쉽게 알아볼 수 있도록 자동차의 전면·후면 또는 측면 유리 바깥면의 잘 보이는 위치에 명확한 방법으로 표시하여야 한다. 이 경우 표시의 크기 및 모양 등은 환경부장관이 정하여 고시한다.

자동차 온실가스 배출허용기준 및 평균에너지소비효율기준의 적용·관리 등(법 제76조의5)

① 자동차제작자는 자동차 온실가스 배출허용기준 또는 평균에너지소비효율기준(「저탄소 녹색성장 기본법」에 따라 산업통상자원부장관이 정하는 평균에너지소비효율기준을 말한다. 이하 같다) 준수 여부 확인에 필요한 판매실적 등 환경부장관이 정하는 자료를 환경부장관에게 제출하여야 한다.
② 자동차제작자는 해당 연도의 온실가스 평균배출량 또는 평균에너지소비효율이 온실가스 배출허용기준 또는 평균에너지소비효율기준 이내인 경우 그 차이분을 다음 연도부터 환경부령으로 정하는 기간 동안 이월하여 사용하거나 자동차제작자 간에 거래할 수 있으며, 해당 연도별 온실가스 평균배출량 또는 평균에너지소비효율이 온실가스 배출허용기준 또는 평균에너지소비효율기준을 초과한 경우에는 그 초과분을 다음 연도부터 환경부령으로 정하는 기간 내에 상환할 수 있다.
③ 자료의 작성방법·제출시기, 차이분·초과분의 산정방법, 상환·거래 방법, 그 밖에 필요한 사항은 환경부장관이 정하여 고시한다.

❑ 자동차 온실가스 배출량의 상환 및 이월 등(규칙 제124조의5) 중요내용

법 제76조의5 제2항에서 "환경부령으로 정하는 기간"이란 각각 3년을 말한다.

✪ 과징금 산정 방법(영 제60조의3)

① 과징금 산정방법(영 제60조의3) : 별표 14 중요내용

1. 자동차제작자별 과징금 금액은 온실가스 배출허용기준을 달성하지 못한 연도(이하 "해당 연도"라 한다)의 온실가스 배출허용기준 미달성량(未達成量)(g/km)에 이월 · 거래 또는 상환한 양을 감(減)하여 산정한 값을 과징금 요율[원/(g/km)]에 곱한 금액으로 한다.
2. 제1호의 온실가스 배출허용기준 미달성량은 다음 계산식에 따라 계산한다.

온실가스 배출허용기준 미달성량 =(온실가스 평균배출량－온실가스 배출허용기준)×판매 대수(대)

   가. "온실가스 평균배출량"이란 온실가스 평균배출량을 말한다.
   나. "온실가스 배출허용기준"이란 「저탄소 녹색성장 기본법 시행령」에 따라 환경부장관이 고시한 기준을 말한다.
   다. "판매 대수"란 자동차의 제작자별 해당 연도 판매 대수를 말한다.
3. 과징금 요율[원/(g/km)]은 10,000원으로 한다.

② 환경부장관은 과징금을 부과할 때에는 환경부령으로 정하는 기간이 끝나는 연도의 다음 연도에 과징금의 부과사유와 그 과징금의 금액을 분명하게 적은 서면으로 알려야 한다.
③ 통지를 받은 자동차제작자는 그 통지를 받은 해 9월 30일까지 환경부장관이 정하는 수납기관에 해당 과징금을 내야 한다. 다만, 천재지변이나 그 밖의 부득이한 사유로 그 기간까지 과징금을 낼 수 없는 경우에는 그 사유가 없어진 날부터 30일 이내에 내야 한다.
④ 과징금을 받은 수납기관은 과징금을 낸 자에게 영수증을 발급하여야 한다.
⑤ 규정한 사항 외에 과징금의 부과에 필요한 세부사항은 환경부장관이 정하여 고시한다.

♂ 과징금 처분(법 제76조의6)

① 환경부장관은 온실가스 배출허용기준을 준수하지 못한 자동차제작자에게 초과분에 따라 대통령령으로 정하는 매출액에 100분의 1을 곱한 금액을 초과하지 아니하는 범위에서 과징금을 부과 · 징수할 수 있다. 다만, 자동차제작자가 초과분을 상환하는 경우에는 그러하지 아니하다.
② 과징금의 산정방법 · 금액, 징수시기, 그 밖에 필요한 사항은 대통령령으로 정한다. 이 경우 과징금의 금액은 평균에너지소비효율기준을 준수하지 못하여 부과하는 과징금 금액과 동일한 수준이 될 수 있도록 정한다.
③ 환경부장관은 제1항에 따른 과징금을 내야 할 자가 납부기한까지 내지 아니하면 국세 체납처분의 예에 따라 징수한다.
④ 과징금은 「환경정책기본법」에 따른 환경개선특별회계의 세입으로 한다.

제5장 보칙

♂ 환경기술인 등의 교육(법 제77조)

① 환경기술인을 고용한 자는 환경부령으로 정하는 바에 따라 해당하는 자에게 환경부장관 또는 시 · 도지사가 실시하는 교육을 받게 하여야 한다.
② 환경부장관 또는 시 · 도지사는 환경부령으로 정하는 바에 따라 제1항에 따른 교육에 드는 경비를 교육대상자를 고용한 자로부터 징수할 수 있다.
③ 환경부장관 또는 시 · 도지사는 교육을 관계 전문기관에 위탁할 수 있다.

✪ 업무의 위탁(영 제66조)

① 환경부장관은 다음 각 호의 업무를 한국환경공단에 위탁한다.

1 측정망 설치 및 대기오염도의 상시 측정(수도권대기환경청의 관할구역 외의 지역에서의 장거리이동대기오염물질

외의 오염물질에 대한 것만 해당한다)

2 토지 등의 수용 또는 사용(제1호에 따라 위탁된 업무와 관련된 것만 해당한다)

3 전산망 운영 및 시ㆍ도지사 또는 사업자에 대한 기술지원

4 인증 생략

5 삭제

6 삭제

7 삭제

8 전산망의 운영 및 관리

9 자동차의 배출가스 배출상태 수시 점검

10 사업을 추진하는 사업자에 대한 기술적 지원

② 환경부장관은 환경기술인의 교육에 관한 권한을 「환경정책기본법」에 따른 환경보전협회에 위탁한다. 중요내용

③ 환경부장관은 저공해자동차에 연료를 공급하기 위한 시설(수소연료공급시설에 한정한다) 및 전기자동차 충전시설을 설치하는 자에 대한 자금보조를 위한 지원, 전기자동차 충전시설의 설치ㆍ운영, 친환경운전 관련 교육ㆍ홍보 프로그램 개발 및 보급의 업무를 한국자동차환경협회에 위탁한다.

④ 한국환경공단, 환경보전협회 및 한국자동차환경협회의 장은 제1항부터 제3항의 규정에 따라 위탁받은 업무를 처리하면 환경부령으로 정하는 바에 따라 그 내용을 환경부장관에게 보고하여야 한다.

⑤ 특별시장ㆍ광역시장ㆍ특별자치시장ㆍ특별자치도지사ㆍ시장ㆍ군수는 저공해자동차 등에 대한 표지 발급 업무를 한국환경공단에 위탁한다.

❑ 환경기술인의 교육(규칙 제125조) 중요내용

① 환경기술인은 다음 각 호의 구분에 따라 「환경정책기본법」에 따른 환경보전협회, 환경부장관, 시ㆍ도지사 또는 대도시 시장이 교육을 실시할 능력이 있다고 인정하여 위탁하는 기관(이하 "교육기관"이라 한다)에서 실시하는 교육을 받아야 한다. 다만, 교육 대상이 된 사람이 그 교육을 받아야 하는 기한의 마지막 날 이전 3년 이내에 동일한 교육을 받았을 경우에는 해당 교육을 받은 것으로 본다.

❶ 신규교육 : 환경기술인으로 임명된 날부터 1년 이내에 1회

❷ 보수교육 : 신규교육을 받은 날을 기준으로 3년마다 1회

② 교육기간은 4일 이내로 한다. 다만, 정보통신매체를 이용하여 원격교육을 하는 경우에는 환경부장관이 인정하는 기간으로 한다.

③ 교육대상자를 고용한 자로부터 징수하는 교육경비는 교육내용 및 교육기간 등을 고려하여 교육기관의 장이 정한다.

❑ 교육계획(규칙 제126조) 중요내용

① 교육기관의 장은 매년 11월 30일까지 다음 해의 교육계획을 환경부장관에게 제출하여 승인을 받아야 한다.

② 교육계획에는 다음 각 호의 사항이 포함되어야 한다.

❶ 교육의 기본방향

❷ 교육수요 조사의 결과 및 교육수요의 장기추계

❸ 교육의 목표ㆍ과목ㆍ기간 및 인원

❹ 교육대상자의 선발기준 및 선발계획

❺ 교재편찬계획

❻ 교육성적의 평가방법

❼ 그 밖에 교육을 위하여 필요한 사항

❑ 교육대상자의 선발 및 등록(규칙 제127조)

① 환경부장관은 교육계획을 매년 1월 31일까지 시ㆍ도지사 또는 대도시 시장에게 통보하여야 한다.

② 시ㆍ도지사 또는 대도시 시장은 관할 구역의 교육대상자를 선발하여 그 명단을 그 교육과정을 시작하기 15일 전까지 교육기관의 장에게 통보해야 한다.

③ 시 · 도지사 또는 대도시 시장은 교육대상자를 선발한 경우에는 그 교육대상자를 고용한 자에게 지체 없이 알려야 한다.

④ 교육대상자로 선발된 환경기술인은 교육을 시작하기 전까지 해당 교육기관에 등록하여야 한다.

❑ **교육결과 보고(규칙 제128조)**

교육기관의 장은 교육을 실시한 경우에는 매 분기의 교육 실적을 해당 분기가 끝난 후 15일 이내에 환경부장관에게 보고하여야 한다.

❑ **자료제출 및 협조(규칙 제130조)**

교육을 효과적으로 수행하기 위하여 환경기술인을 고용하고 있는 자는 시 · 도지사 또는 대도시 시장이 다음 각 호의 자료제출을 요청하면 이에 협조해야 한다.

❶ 환경기술인의 명단
❷ 교육이수자의 실태
❸ 그 밖에 교육에 필요한 자료

친환경운전문화 확산(법 제77조의2)

① 환경부장관은 오염물질(온실가스를 포함한다)의 배출을 줄이고 에너지를 절약할 수 있는 운전방법(이하 "친환경운전"이라 한다)이 널리 확산 · 정착될 수 있도록 다음 각 호의 시책을 추진하여야 한다.

❶ 친환경운전 관련 교육 · 홍보 프로그램 개발 및 보급
❷ 친환경운전 관련 교육 과정 개설 및 운영
❸ 친환경운전 관련 전문인력의 육성 및 지원
❹ 친환경운전을 체험할 수 있는 체험시설 설치 · 운영
❺ 그 밖에 친환경운전문화 확산을 위하여 환경부령으로 정하는 시책

② 환경부장관은 시책 추진을 위하여 민간 환경단체 등이 교육 · 홍보 등 각종 활동을 할 경우 이를 지원할 수 있다.

❑ **친환경운전문화 확산을 위한 시책(규칙 제130조의2)**

"친환경운전문화 확산을 위하여 환경부령으로 정하는 시책"이란 다음 각 호의 시책을 말한다.

❶ 친환경운전문화 확산을 위한 포탈 사이트 구축 · 운영
❷ 친환경운전 안내장치의 보급 촉진 및 지원
❸ 친환경운전 지도(전자지도를 포함한다)의 작성 · 보급
❹ 친환경운전 실천 현황 측정 및 인센티브 지원

한국자동차환경협회의 설립(법 제78조)

① 자동차 배출가스로 인하여 인체 및 환경에 발생하는 위해를 줄이기 위하여 제80조의 업무를 수행하기 위한 한국자동차환경협회를 설립할 수 있다. 중요내용

② 한국자동차환경협회는 법인으로 한다.

③ 한국자동차환경협회를 설립하기 위하여는 환경부장관에게 허가를 받아야 한다.

④ 한국자동차환경협회에 대하여 이 법에 특별한 규정이 있는 것 외에는 「민법」 중 사단법인에 관한 규정을 준용한다.

회원(법 제79조)

다음 각 호의 어느 하나에 해당하는 자는 한국자동차환경협회의 회원이 될 수 있다.

❶ 배출가스저감장치 제작자
❷ 저공해엔진 제조 · 교체 등 배출가스저감사업 관련 사업자
❸ 전문정비사업자

❹ 배출가스저감장치 및 저공해엔진 등과 관련된 분야의 전문가
❺ 「자동차관리법」에 따른 종합검사대행자
❻ 「자동차관리법」에 따른 종합검사 지정정비사업자
❼ 자동차 조기폐차 관련 사업자

업무(법 제80조) 중요내용

한국자동차환경협회는 정관으로 정하는 바에 따라 다음 각 호의 업무를 행한다.

❶ 운행차 저공해화 기술개발 및 배출가스저감장치의 보급
❷ 자동차 배출가스 저감사업의 지원과 사후관리에 관한 사항
❸ 운행차 배출가스 검사와 정비기술의 연구 · 개발사업
❹ 환경부장관 또는 시 · 도지사로부터 위탁받은 업무
❺ 그 밖에 자동차 배출가스를 줄이기 위하여 필요한 사항

굴뚝자동측정기기협회(법 제80조의2)

① 굴뚝에서 배출되는 대기오염물질을 측정하는 측정기기(이하 이 조에서 "굴뚝자동측정기기"라 한다)에 관한 기술개발 및 관련 산업의 육성 등을 위한 다음 각 호의 사업을 수행하기 위하여 굴뚝자동측정기기협회를 설립할 수 있다.

❶ 굴뚝자동측정기기 관련 기술개발 및 보급
❷ 굴뚝자동측정기기 관련 교육 및 교육교재 개발 · 보급
❸ 굴뚝자동측정기기를 운영 · 관리하는 자에 대한 교육

② 굴뚝자동측정기기협회는 법인으로 한다.
③ 굴뚝자동측정기기협회를 설립하기 위하여는 환경부장관에게 허가를 받아야 한다.
④ 굴뚝자동측정기기 및 그 부속품을 수입 · 제조 · 판매하는 자 등은 굴뚝자동측정기기협회의 정관으로 정하는 바에 따라 굴뚝자동측정기기협회의 회원이 될 수 있다.
⑤ 굴뚝자동측정기기협회에 대하여 이 법에 특별한 규정이 있는 것을 제외하고는 「민법」 중 사단법인에 관한 규정을 준용한다.

재정적 · 기술적 지원(법 제81조)

① 국가 또는 지방자치단체는 대기환경개선을 위하여 다음 각 호의 사업을 추진하는 지방자치단체나 사업자 등에게 필요한 재정적 · 기술적 지원을 할 수 있다.

❶ 종합계획의 수립 및 시행을 위하여 필요한 사업
❷ 측정기기 부착 및 운영 · 관리
❸ 특별대책지역에서의 엄격한 배출허용기준과 특별배출허용기준의 준수 확보에 필요한 사업
❸의2 대기오염물질의 비산배출을 줄이기 위한 사업
❸의3 휘발성유기화합물함유기준에 적합한 도료에 관한 연구와 기술개발
❹ 측정기기의 부착 및 측정결과를 전산망에 전송하는 사업
❺ 정밀검사 기술개발과 연구
❻ 친환경연료의 보급 확대와 기반구축 등에 필요한 사업
❼ 그 밖에 대기환경을 개선하기 위하여 환경부장관이 필요하다고 인정하는 사업

② 국가는 장거리이동 대기오염물질 피해를 방지하기 위한 보호 및 감시활동, 피해방지사업, 그 밖에 장거리이동 대기오염물질 피해 방지와 관련된 법인 또는 단체의 활동에 대하여 필요한 재정지원을 할 수 있다.
③ 재정지원의 대상 · 절차 및 방법 등의 구체적인 내용은 대통령령으로 정한다.

✪ 재정지원의 대상 · 절차 및 방법(영 제61조)

① 재정지원의 대상은 다음 각 호와 같다.

1 장거리이동 대기오염물질 관련 연구사업

2 장거리이동 대기오염물질 피해를 방지하기 위한 국내외 사업

② 재정지원을 받으려는 법인이나 단체는 매년 12월 31일까지 소관 부처에 재정지원을 신청하여야 한다.

③ 신청을 받은 소관 부처는 관계 부처와 협의를 거친 후 위원회의 심의를 거쳐 재정지원 여부를 결정하여야 한다.

✪ 기본부과금의 오염물질배출량 산정(영 제29조) 중요내용

① 환경부장관은 기본부과금의 산정에 필요한 기준이내배출량을 파악하기 위하여 필요한 경우에는 해당 사업자에게 기본부과금의 부과기간 동안 실제 배출한 기준이내배출량(이하 "확정배출량"이라 한다)에 관한 자료를 제출하게 할 수 있다. 이 경우 해당 사업자는 확정배출량에 관한 자료를 부과기간 완료일부터 30일 이내에 제출하여야 한다.

② 확정배출량은 별표 9에서 정하는 방법에 따라 산정한다. 다만, 굴뚝 자동측정기기의 측정 결과에 따라 산정하는 경우에는 그러하지 아니하다.

③ 개선계획서를 제출한 사업자가 확정배출량을 산정하는 경우 개선기간 중의 확정배출량은 개선기간 전에 굴뚝 자동측정기기가 정상 가동된 3개월 동안의 30분 평균치를 산술평균한 값을 적용하여 산정한다.

④ 제출된 자료를 증명할 수 있는 자료에 관한 사항은 환경부령으로 정한다.

❑ 현장에서 배출허용기준 초과 여부를 판정할 수 있는 대기오염물질(규칙 제133조)

검사기관에 오염도검사를 의뢰하지 아니하고 현장에서 배출허용기준 초과 여부를 판정할 수 있는 대기오염물질의 종류는 다음 각 호와 같다. 중요내용

❶ 매연

❷ 일산화탄소

❸ 굴뚝 자동측정기기로 측정하고 있는 대기오염물질

❹ 황산화물

❺ 질소산화물

❻ 탄화수소

행정처분의 기준(법 제84조)

행정처분의 기준은 환경부령으로 정한다.

❑ 행정처분기준(규칙 제134조)

환경부장관, 시 · 도지사 또는 국립환경과학원장은 위반사항의 내용으로 볼 때 그 위반 정도가 경미하거나 그 밖에 특별한 사유가 있다고 인정되는 경우에는 별표 36에 따른 조업정지 · 업무정지 또는 사용정지 기간의 2분의 1의 범위에서 행정처분을 경감할 수 있다.

[행정처분기준(규칙 제134조) : 별표 36]

1. 일반기준

가. 위반행위가 두 가지 이상인 경우에는 각 위반사항에 따라 각각 처분하여야 한다. 다만, 제2호 가목 또는 나목의 처분기준이 모두 조업정지인 경우에는 무거운 처분기준에 따르되, 각 처분기준을 합산한 기간을 넘지 아니하는 범위에서 무거운 처분기준의 2분의 1의 범위에서 가중할 수 있으며, 마목의 운행차의 배출허용기준 위반행위가 두 가지 이상인 경우에는 각 행정처분기준을 합산한다)

나. 위반행위의 횟수에 따른 행정처분기준은 그 위반행위를 한 날 이전 최근 1년[제2호가목 · 라목 및 아목의 경우에는 최근 2년{가목 중 6), 10)에서 매연의 경우에는 최근 1년, 제2호나목의 경우에는 최근 3월}]간 같은 위반행위로 행정처분을 받은 경우에 적용한다. 이 경우 배출시설 및 방지시설에 대한 위반횟수는 배출구별로 산정한다.

다. 이 기준에 명시되지 아니한 사항으로 처분의 대상이 되는 사항이 있을 때에는 이 기준 중 가장 유사한 사항에 따라 처분한다.

2. 개별기준

가. 배출시설 및 방지시설등과 관련된 행정처분기준

위반사항	근거법령	행정처분기준			
		1차	2차	3차	4차
1) 배출시설설치허가(변경허가를 포함한다)를 받지 아니하거나 신고를 하지 아니하고 배출시설을 설치한 경우	법 제38조				
가) 해당 지역이 배출시설의 설치가 가능한 지역인 경우		사용중지명령			
나) 해당 지역이 배출시설의 설치가 불가능한 지역일 경우 중요내용		폐쇄명령			
2) 변경신고를 하지 아니한 경우	법 제36조	경 고	경 고	조업정지 5일	조업정지 10일
3) 방지시설을 설치하지 아니하고 배출시설을 가동하거나 방지시설을 임의로 철거한 경우	법 제36조	조업정지	허가취소 또는 폐쇄		
4) 방지시설을 설치하지 아니하고 배출시설을 운영하는 경우	법 제36조	조업정지	허가취소 또는 폐쇄		
5) 가동개시신고를 하지 아니하고 조업하는 경우	법 제36조	경 고	허가취소 또는 폐쇄		
6) 가동개시신고를 하고 가동 중인 배출시설에서 배출되는 대기오염물질의 정도가 배출시설 또는 방지시설의 결함 · 고장 또는 운전미숙 등으로 인하여 법 제16조에 따른 배출허용기준을 초과한 경우	법 제33조 법 제34조 법 제36조				
가) 「환경정책기본법」에 따른 특별대책지역 외에 있는 사업장인 경우		개선명령	개선명령	개선명령	조업정지
나) 「환경정책기본법」에 따른 특별대책지역 안에 있는 사업장인 경우 중요내용		개선명령	개선명령	조업정지	허가취소 또는 폐쇄
7) 법 제31조 제1항을 위반하여 다음과 같은 행위를 하는 경우	법 제36조				
가) 배출시설 가동 시에 방지시설을 가동하지 아니하거나 오염도를 낮추기 위하여 배출시설에서 배출되는 대기오염물질에 공기를 섞어 배출하는 행위		조업정지 10일	조업정지 30일	허가취소 또는 폐쇄	
나) 방지시설을 거치지 아니하고 대기오염물질을 배출할 수 있는 공기조절장치 · 가지배출관 등을 설치하는 행위 중요내용		조업정지 10일	조업정지 30일	허가취소 또는 폐쇄	
다) 부식 · 마모로 인하여 대기오염물질이 누출되는 배출시설이나 방지시설을 정당한 사유 없이 방치하는 행위 중요내용		경 고	조업정지 10일	조업정지 30일	허가취소 또는 폐쇄
라) 방지시설에 딸린 기계 · 기구류(예비용을 포함한다)의 고장 또는 훼손을 정당한 사유 없이 방치하는 행위		경 고	조업정지 10일	조업정지 20일	조업정지 30일
마) 기타 배출시설 및 방지시설을 정당한 사유 없이 정상적으로 가동하지 아니하여 배출허용기준을 초과한 대기오염물질을 배출하는 행위		조업정지 10일	조업정지 30일	허가취소 또는 폐쇄	
8) 배출시설 또는 방지시설을 정상가동하지 아니함으로써 7)에 해당하여 사람 또는 가축에 피해발생 등 중대한 대기오염을 일으킨 경우	법 제36조	조업정지 3개월, 허가취소 또는 폐쇄	허가취소 또는 폐쇄		

9) 배출시설 및 방지시설의 운영에 관한 관리기록을 거짓으로 기재하였거나 보존 · 비치하지 아니한 경우	법 제36조	경 고	경 고	경고	조업정지 20일
10) 개선명령을 받은 자가 개선명령기간(연장기간 포함) 내에 개선하였으나 검사결과 배출허용기준을 초과한 경우	법 제34조 법 제36조	개선명령	조업정지 10일	조업정지 20일	허가취소 또는 폐쇄
11) 다음의 명령을 이행하지 아니한 경우	법 제36조				
가) 개선명령을 받은 자가 개선명령을 이행하지 아니한 경우		조업정지	허가취소 또는 폐쇄		
나) 조업정지명령을 받은 자가 조업정지일 이후에 조업을 계속한 경우		경 고	허가취소 또는 폐쇄		
12) 자가측정을 위반한 다음과 같은 경우	법 제36조				
가) 자가측정을 하지 아니하거나 자가측정 횟수가 적정하지 아니한 경우 중요내용		경 고	경 고	경고	조업정지 10일
나) 자가측정을 거짓으로 기록하였거나 기록부 및 자가측정 시의 여과지 등을 보존 · 비치하지 아니한 경우		경 고	경 고	경고	조업정지 10일
13) 환경기술인 임명 등을 위반한 다음과 같은 경우 중요내용	법 제36조 법 제40조				
가) 환경관리인을 임명하지 아니한 경우		선임명령	경 고	조업정지 5일	조업정지 10일
나) 환경관리인의 자격기준에 미달한 경우		변경명령	경 고	경 고	조업정지 5일
다) 환경관리인의 준수사항 및 관리사항을 이행하지 아니한 경우		경 고	경 고	경 고	조업정지 5일
14) 연료의 제조 · 공급 · 판매 또는 사용금지 · 제한 등 필요한 조치명령을 이행하지 아니한 경우 중요내용	법 제36조 법 제41조 제4항 법 제42조	조업정지 10일	조업정지 20일	조업정지 30일	허가취소 또는 폐쇄
15) 거짓이나 그 밖의 부정한 방법으로 대기배출시설 설치허가, 변경허가를 받았거나, 신고 · 변경신고를 한 경우		허가취소 또는 폐쇄명령			

비고

1. 개선명령 및 조업정지기간은 그 처분의 이행에 따른 시설의 규모, 기술능력, 기계 · 기술의 종류 등을 고려하여 정하되, 기간을 초과하여서는 아니 된다.
2. 11) 나)의 경우 1차 경고를 하였을 때에는 경고한 날부터 5일 이내에 조업정지명령의 이행상태를 확인하고 그 결과에 따라 다음 단계의 조치를 하여야 한다.
3. 조업정지(사용중지를 포함한다. 이하 이 호에서 같다) 기간은 조업정지처분에 명시된 조업정지일부터 1) 가)의 경우에는 배출시설의 가동개시신고일까지, 3), 4)의 경우에는 방지시설의 설치완료일까지, 6), 10) 및 11) 가)의 경우에는 해당 시설의 개선완료일까지로 한다.
4. 6)가)의 위반행위를 5차 이상 한 자에 대하여는 이전 위반 시의 처분에 더하여 추가위반행위를 하였을 때마다 조업정지 10일을 가산한다.
5. 굴뚝자동측정기기를 부착한 배출시설은 6) 가) 및 나)의 조업정지, 허가취소 또는 폐쇄에 해당하는 경우에도 각각 개선명령을 적용한다.

나. 측정기기의 부착 · 운영 등과 관련된 행정처분기준

위반사항	근거법령	행정처분기준			
		1차	2차	3차	4차
1) 측정기기의 부착 등의 조치를 하지 아니하는 경우	법 제36조				
가) 적산전력계 미부착		경 고	경 고	경 고	조업정지 5일
나) 사업장 안의 일부 굴뚝자동측정기기 미부착		경 고	경 고	조업정지 10일	조업정지 30일
다) 사업장 안의 모든 굴뚝자동측정기기 미부착		경 고	조업정지 10일	조업정지 30일	허가취소 또는 폐쇄

라) 굴뚝 자동측정기기의 부착이 면제된 보일러로서 사용연료를 6 월 이내에 청정연료로 변경하지 아니한 경우 *중요내용		경 고	경 고	조업정지 10일	조업정지 30일
마) 굴뚝 자동측정기기의 부착이 면제된 배출시설로서 6개월 이내에 배출시설을 폐쇄하지 아니한 경우		경 고	경 고	폐 쇄	
2) 배출시설 가동 시에 굴뚝 자동측정기기를 고의로 작동하지 아니하거나 정상적인 측정이 이루어지지 아니하도록 하여 측정항목별 상태표시(보수중, 동작불량 등) 또는 전송장비별 상태표시(전원단절, 비정상)가 1일 2회 이상 나타나는 경우가 1주 동안 연속하여 4일 이상 계속되는 경우	법 제36조	경 고	조업정지5일	조업정지10일	조업정지30일
3) 부식 · 마모 · 고장 또는 훼손되어 정상적인 작동을 하지 아니하는 측정기기를 정당한 사유 없이 7일 이상 방치하는 경우 *중요내용	법 제36조	경 고	경 고	조업정지10일	조업정지30일
4) 측정기기를 조작하여 측정결과를 누락시키거나 거짓으로 측정결과를 작성하는 경우	법 제36조				
가) 측정기기 등의 측정범위 등에 관한 프로그램을 조작하는 경우		경 고	조업정지 10일	조업정지 30일	허가취소 또는 폐쇄
나) 측정기기 또는 전송기의 입 · 출력 전류의 세기를 임의로 조작하는 경우		경 고	조업정지 5일	조업정지 10일	허가취소 또는 폐쇄
다) 교정가스 또는 교정액의 표준값을 거짓으로 입력하거나 부적절한 교정가스 또는 교정액을 사용하는 경우 *중요내용		경 고	경 고	조업정지 5일	조업정지 10일
5) 운영 · 관리기준을 준수하지 아니하는 경우	법 제32조 제5항 · 제6항				
가) 굴뚝 자동측정기기가 「환경분야 시험 · 검사 등에 관한 법률」 따른 환경오염공정시험기준에 부합하지 아니하도록 한 경우 *중요내용		경 고	조치명령	조업정지 10일	조업정지 30일
나) 관제센터에 측정자료를 전송하지 아니한 경우		경 고	조치명령	조업정지 10일	조업정지 30일
6) 조업정지명령을 위반한 경우	법 제36조	허가 취소 또는 폐쇄			

다. 비산먼지 발생사업 및 휘발성유기화합물의 규제와 관련된 행정처분기준

위반사항	근거법령	행정처분기준			
		1 차	2 차	3 차	4 차
1) 비산먼지 발생사업과 관련된 다음의 경우	법 제43조 제2항 · 제3항				
가) 비산먼지 발생사업의 신고 또는 변경신고를 하지 아니한 경우		경 고	사용중지		
나) 법 제43조 제1항에 따른 필요한 조치를 이행하지 아니한 경우		조치이행 명 령	사용중지		
2) 시설이나 조치가 기준에 맞지 아니한 경우	법 제43조 제2항 · 제3항	개선명령	사용중지		
3) 조치의 이행 또는 개선명령을 이행하지 아니한 경우	법 제43조 제3항	사용중지			

4) 휘발성유기화합물 규제와 관련된 다음의 경우					
가) 휘발성유기화합물 배출시설의 설치신고 또는 변경신고를 이행하지 아니한 경우	법 제44조 제1항 · 제2항, 법 제45조 제1항부터 제3항까지	경 고			
나) 휘발성유기화합물 배출억제 · 방지시설의 설치 등의 조치를 이행하지 아니한 경우	법 제36조 및 법 제44조 제7항(법 제45조 제5항에 따라 준용되는 경우를 포함한다)	개선명령	조업정지 10일	조업정지 20일	
다) 휘발성유기화합물 배출억제 · 방지시설 설치 등의 조치를 이행하였으나 기준에 미달하는 경우 중요내용		개선명령	개선명령	조업정지 10일	

라. 확인검사대행자에 대한 행정처분

위반사항	근거법령	행정처분기준			
		1차	2차	3차	4차
1) 법 제72조 각 호의 어느 하나에 해당하는 경우	법 제73조	등록취소			
2) 거짓이나 그 밖의 부정한 방법으로 등록을 한 경우 중요내용	법 제73조	등록취소			
3) 다른 사람에게 등록증을 대여한 경우	법 제73조	등록취소			
4) 1년에 2회 이상 업무정지처분을 받은 경우	법 제73조	등록취소			
5) 고의 또는 중대한 과실로 검사대행업무를 부실하게 한 경우	법 제73조	업무정지 6일	등록취소		
6) 등록 후 2년 이내에 검사대행업무를 시작하지 아니하거나 계속하여 2년 이상 검사업무실적이 없는 경우 중요내용	법 제73조	등록취소			
7) 등록된 범위 외의 검사대행업무를 한 경우	법 제73조	업무정지 6개월	등록취소		
8) 기술능력 및 장비가 등록기준에 미달하는 경우	법 제73조				
가) 등록기준의 기술능력에 속하는 기술인력이 부족한 경우		경 고	업무정지 1개월	업무정지 3개월	업무정지 6개월
나) 등록기준의 기술능력에 속하는 기술인력이 전혀 없는 경우		등록취소			
다) 등록기준의 검사장비가 부족한 경우		경 고	업무정지 1개월	업무정지 3개월	업무정지 6개월
라) 등록기준의 검사장비가 전혀 없는 경우		등록취소			
9) 1년에 3회 이상 경고처분을 받은 경우	법 제73조				
가) 3회		업무정지 1개월			
나) 4회		업무정지 3개월			
다) 5회 이상		업무정지 6개월			

마. 자동차배출가스의 규정에 대한 행정처분기준

위반사항	근거법령	행정처분기준			
		1차	2차	3차	4차
1) 거짓이나 그 밖의 부정한 방법으로 인증을 받은 경우	법 제55조 제1호	인증 취소			
2) 제작차에 중대한 결함이 발생되어 개선을 하여도 제작차배출허용기준을 유지할 수 없는 경우	법 제55조 제2호	인증 취소			
3) 자동차의 판매 또는 출고정지명령을 위반한 경우	법 제55조 제3호	경 고	경 고	인증 취소	
4) 결함시정명령을 이행하지 아니한 경우	법 제55조 제4호	경 고	경 고	인증 취소	
5) 운행차에 대한 점검결과 일산화탄소 또는 배기관 탄화수소의 운행차배출허용기준 초과율이 600% 미만인 경우 또는 공기과잉률이 운행차 배출허용기준을 초과한 경우	법 제70조 제1항	개선 명령			
6) 지정정비사업자가 거짓이나 그 밖의 부정한 방법으로 지정을 받은 경우		지정 취소			
7) 운행차 점검결과 일산화탄소 또는 배 기관 탄화수소의 운행차배출허용기준 초과율이 600% 이상인 경우	법 제70조 제1항	개선 명령 및 사용 정지 3일	개선 명령 및 사용 정지 5일		
8) 운행차 점검결과 매연의 농도가 운행차 배출허용기준보다 매연농도로서 10% 미만 초과한 경우	법 제70조 제1항	개선 명령			
9) 운행차 점검결과 매연의 농도가 운행차 배출허용기준보다 매연농도로서 10% 이상 초과한 경우	법 제70조 제1항	개선 명령 및 사용 정지 3일	개선 명령 및 사용 정지 5일	개선 명령 및 사용 정지 7일	
10) 운행차 점검결과 운행차배출허용기준을 초과한 자로서 정화용촉매 · 연료조절장치 등 배출가스 관련부품을 떼어버리거나 임의조작한 자의 경우	법 제70조 제1항	개선 명령 및 사용 정지 3일			
11) 개선명령을 받은 자가 5)부터 8)까지에 해당하더라도 운행차배출허용기준 초과원인이 운행자 또는 소유자에게 있지 아니하다고 입증한 경우	법제 51조 제4항 법 제70조 제1항	개선 명령			

비고
시 · 도지사는 위 표의 위반사항 8)에 해당하는 자동차 중 환경부장관이 인정하는 매연여과장치 등 매연저감장치를 새로 부착하는 자동차에 대하여는 해당 자동차 소유자로부터 매연 여과장치 부착이행계획서를 제출받아 사용정지처분을 면제할 수 있다.

② 환경부장관, 시 · 도지사 또는 국립환경과학원장은 위반사항의 내용으로 볼 때 그 위반 정도가 경미하거나 그 밖에 특별한 사유가 있다고 인정되는 경우에는 별표 36에 따른 조업정지 · 업무정지 또는 사용정지 기간의 2분의 1의 범위에서 행정처분을 경감할 수 있다. 중요내용

권한의 위임과 위탁(법 제87조)

① 이 법에 따른 환경부장관의 권한은 대통령령으로 정하는 바에 따라 그 일부를 시 · 도지사, 시장 · 군수 · 구청장, 환경부 소속 환경연구원의 장이나 지방 환경관서의 장에게 위임할 수 있다.

② 환경부장관, 시 · 도지사 또는 시장 · 군수 · 구청장은 대통령령으로 정하는 바에 따라 이 법에 따른 업무의 일부를 관계 전문기관에 위탁할 수 있다.

[위임업무 보고사항 : 별표 37] 중요내용

업무내용	보고 횟수	보고기일	보고자
1. 환경오염사고 발생 및 조치 사항	수 시	사고발생 시	시 · 도지사, 유역환경청장 또는 지방환경청장
2. 수입자동차 배출가스 인증 및 검사현황	연 4회	매분기 종료 후 15일 이내	국립환경과학원장
3. 자동차 연료 및 첨가제의 제조 · 판매 또는 사용에 대한 규제현황	연 2회	매반기 종료 후 15일 이내	유역환경청장 또는 지방환경청장
4. 자동차 연료 또는 첨가제의 제조기준 적합 여부 검사현황	연료 : 연 4회 첨가제 : 연 2회	연료 : 매분기 종료 후 15일 이내 첨가제 : 매반기 종료 후 15일 이내	국립환경과학원장
5. 측정기기 관리대행업의 등록, 변경등록 및 행정처분 현황	연 1회	다음 해 1월 15일까지	유역환경청장, 지방환경청장 또는 수도권 대기환경청장

비고
1. 제1호에 관한 사항은 유역환경청장 또는 지방환경청장을 거쳐 환경부장관에게 보고하여야 한다.
2. 위임업무 보고에 관한서식은 환경부장관이 정하여 고시한다.

[위탁업무 보고사항 : 별표 38] 중요내용

업무내용	보고 횟수	보고기일
1. 수시검사, 결함확인 검사, 부품결함 보고서류의 접수	수시	위반사항 적발 시
2. 결함확인검사 결과	수시	위반사항 적발 시
3. 자동차배출가스 인증생략 현황	연 2회	매 반기 종료 후 15일 이내
4. 자동차 시험검사 현황	연 1회	다음 해 1월 15일까지

✪ 권한의 위임(영 제63조) 중요내용

① 환경부장관은 다음 각 호의 권한을 시 · 도지사에게 위임한다.

1 이륜자동차정기검사 기간 연장 및 유예
2 이륜자동차정기검사 수검명령
3 이륜자동차정기검사 업무 수행을 위한 지정정비사업자의 지정
4 이륜자동차정기검사 지정정비사업자에 대한 업무 정지명령 및 지정 취소
5 개선명령
6 운행정지명령

② 환경부장관은 다음 각 호의 권한을 유역환경청장, 지방환경청장 또는 수도권대기환경청장에게 위임한다. 다만, 제1호 및 제3호의 권한은 수도권대기환경청장에게 위임한다.

1 측정망 설치 및 대기오염도의 상시 측정(수도권대기환경청의 관할구역에 대한 것만 해당한다)
2 측정망설치계획의 결정 · 변경 · 고시 및 열람
3 토지 등의 수용 또는 사용(제1호에 따라 위임된 업무와 관련된 것만 해당한다)
4 추진실적서의 접수 · 평가 및 전문기관에의 의뢰에 관한 권한
4의2. 배출시설의 설치허가 · 변경허가 및 설치신고 · 변경신고의 수리
4의3. 배출시설 설치의 제한
4의4. 관계 행정기관의 장과의 협의
4의5. 배출시설이나 방지시설의 가동개시 신고의 수리
4의6. 금지행위에 대한 예외의 인정
4의7. 조치명령 및 조업정지명령

④의8. 측정기기 관리대행업의 등록, 변경등록, 등록취소, 영업정지명령 및 청문
④의9. 개선명령
④의10. 조업정지명령 및 조치명령
④의11. 배출부과금의 부과 · 징수 및 조정 등
④의12. 배출부과금의 징수유예 · 분할납부 결정, 담보제공 요구 및 징수유예의 취소
④의13. 배출시설 설치허가 · 변경허가의 취소, 폐쇄명령, 조업정지명령 및 청문
④의14. 과징금의 부과 및 징수
④의15. 사용중지명령, 폐쇄명령 및 청문
④의16. 비산배출시설 설치 · 운영 신고 및 변경신고의 수리
④의17. 조치명령
④의18. 조치명령 또는 회수명령
④의19. 공급 · 판매의 중지명령
④의20. 자동차연료 · 첨가제 또는 촉매제에 대한 검사
⑤ 자동차연료 · 첨가제 또는 촉매제의 제조 · 판매 또는 사용에 대한 규제
⑥ 제조의 중지 및 제품의 회수명령
⑥의2. 공급 · 판매의 중지명령
⑥의3. 보고명령, 자료 제출 요구 및 출입 · 채취 · 검사에 관한 권한(유역환경청장, 지방환경청장 또는 수도권대기환경청장에게 위임된 권한을 행사하기 위하여 필요한 경우로 한정한다)
⑦ 과태료의 부과 · 징수(유역환경청장, 지방환경청장 또는 수도권대기환경청장에게 위임된 권한을 행사하기 위하여 필요한 경우로 한정한다)
⑧ 측정기기의 개선기간 결정 및 그 기간의 연장
⑨ 배출시설 및 방지시설의 개선기간 결정 및 그 기간의 연장
⑩ 개선계획서의 접수 및 제출기간 연장
⑪ 개선명령 등의 이행 보고의 접수 및 확인
⑫ 기본부과금 산정을 위한 자료 제출 요구 및 제출자료의 접수
⑬ 기준이내배출량의 조정, 자료 제출 요구 및 제출자료의 접수

③ 환경부장관은 다음 각 호의 권한을 국립환경과학원장에게 위임한다.

① 측정망 설치 및 대기오염도의 상시 측정(수도권대기환경청의 관할구역 외의 지역에서의 장거리이동 오염물질에 대한 것만 해당한다)
② 토지 등의 수용 또는 사용(제1호에 따라 위임된 업무와 관련된 것만 해당한다)
③ 보고 서류의 접수
③의2. 환경위성관측망의 구축운영 및 정보의 수집 · 활동
③의3. 대기오염도 예측 · 발표
④ 인증, 변경인증, 인증의 취소 및 그 청문. 다만, 국내에서 제작되는 자동차에 대한 인증, 인증의 취소 및 그 청문은 제외한다.
⑤ 검사 및 검사 생략
⑥ 결함확인검사 및 그 검사에 필요한 자동차의 선정
⑦ 보고 서류의 접수
⑦의2. 부착 또는 교체한 배출가스저감장치나 개조 또는 교체한 저공해엔진에 대한 저감효율 확인 검사
⑧ 법 제74조 제2항에 따른 검사
⑨ 검사대행기관의 지정 및 지정 취소 등에 관한 권한

✪ 업무의 위탁(영 제66조)

① 환경부장관은 법 제87조제2항에 따라 다음 각 호의 업무를 한국환경공단에 위탁한다.

1. 측정망 설치 및 대기오염도의 상시 측정(수도권대기환경청의 관할구역 외의 지역에서의 장거리이동대기오염물질 외의 오염물질에 대한 것만 해당한다)
1의2. 전산망의 구축 · 운영
2. 토지 등의 수용 또는 사용(제1호에 따라 위탁된 업무와 관련된 것만 해당한다)
2의2. 기후 · 생태계 변화유발물질 배출 억제를 위한 사업
2의4. 설치를 지원하려는 연소조절에 의한 시설 및 설치된 시설에 대한 성능확인 등의 업무
2의5. 측정기기의 부착 · 운영
3. 전산망 운영 및 시 · 도지사 또는 사업자에 대한 기술지원
4. 인증 생략
8. 전산망의 운영 및 관리
8의2. 저공해자동차 구매자(「수도권 대기환경개선에 관한 특별법 시행령」에 따른 전기자동차 및 하이브리드자동차에 한정한다)에 대한 자금 보조를 위한 지원
8의3. 전기자동차에 전기를 충전하기 위한 시설(이하 "전기자동차 충전시설"이라 한다)을 설치하는 자에 대한 자금 보조를 위한 지원
8의4. 저공해자동차 등에 대한 표지 부착 현황관리
8의5. 전기자동차 충전 정보관리 전산망의 설치 · 운영
8의6. 전기자동차 충전시설의 설치
8의7. 전기자동차 성능 평가
8의8. 저공해자동차의 구매 · 임차계획 및 구매 · 임차 실적 제출자료의 접수
9. 자동차의 배출가스 배출상태 수시 점검
9의2. 냉매관리기준 준수 여부 확인
9의3. 냉매회수업의 등록, 변경등록 및 등록증 발급
9의4. 냉매회수업을 하는 사업자가 환경부장관이 인정하는 사업을 하는 경우에 해당 사업에 대한 기술적 지원
9의5. 냉매판매량 신고의 접수
9의6. 냉매정보관리전산망의 설치 및 운영
10. 사업을 추진하는 사업자에 대한 기술적 지원

② 환경부장관은 환경기술인의 교육에 관한 권한을 「환경정책기본법」에 따른 환경보전협회에 위탁한다.

③ 환경부장관은 다음 각 호의 업무를 한국자동차환경협회에 위탁한다.
1. 저공해자동차에 연료를 공급하기 위한 시설(수소연료 공급시설에 한정한다) 및 전기자동차 충전시설을 설치하는 자에 대한 자금 보조를 위한 지원
2. 전기자동차 충전시설의 설치 · 운영
3. 친환경운전 관련 교육 · 홍보 프로그램 개발 및 보급

④ 한국환경공단, 환경보전협회 및 한국자동차환경협회의 장은 제1항부터 제3항의 규정에 따라 위탁받은 업무를 처리하면 환경부령으로 정하는 바에 따라 그 내용을 환경부장관에게 보고해야 한다.

⑤ 특별시장 · 광역시장 · 특별자치시장 · 특별자치도지사 · 시장 · 군수는 저공해자동차 등에 대한 표지발급 업무를 한국환경공단에 위탁한다.

제6장 벌칙

♂ 벌칙(법 제89조) 중요내용

다음 각 호의 어느 하나에 해당하는 자는 7년 이하의 징역이나 1억원 이하의 벌금에 처한다.

❶ 허가나 변경허가를 받지 아니하거나 거짓으로 허가나 변경허가를 받아 배출시설을 설치 또는 변경하거나 그 배출시설을 이용하여 조업한 자
❷ 방지시설을 설치하지 아니하고 배출시설을 설치 · 운영한 자
❸ 배출시설을 가동할 때에 방지시설을 가동하지 아니하거나 오염도를 낮추기 위하여 배출시설에서 나오는 오염물질에 공기를 섞어 배출하는 행위를 한 자
❹ 조업정지명령을 위반하거나 같은 조 제2항에 따른 조치명령을 이행하지 아니한 자
❺ 배출시설의 폐쇄나 조업정지에 관한 명령을 위반한 자
❺의2. 사용중지명령 또는 폐쇄명령을 이행하지 아니한 자
❻ 제작차배출허용기준에 맞지 아니하게 자동차를 제작한 자
❻의2. 제46조 제4항을 위반하여 자동차를 제작한 자
❼ 인증을 받지 아니하고 자동차를 제작한 자
❼의2. 평균배출허용기준을 초과한 자동차제작자에 대한 상환명령을 이행하지 아니하고 자동차를 제작한 자
❽의3. 제55조 제1호에 해당하는 행위를 한 자
❽ 인증이나 변경인증을 받지 아니하고 배출가스저감장치와 저공해엔진 또는 공회전제한장치를 제조하거나 공급 · 판매한 자
❾ 자동차연료 · 첨가제 또는 촉매제를 제조기준에 맞지 아니하게 제조한 자
❿ 자동차연료 · 첨가제 또는 촉매제의 검사를 받지 아니한 자
⓫ 자동차연료 · 첨가제 또는 촉매제의 검사를 거부 · 방해 또는 기피한 자
⓬ 위반하여 자동차연료를 공급하거나 판매한 자
⓭ 제조의 중지, 제품의 회수 또는 공급 · 판매의 중지명령을 위반한 자

♂ 벌칙(법 제90조) 중요내용

다음 각 호의 어느 하나에 해당하는 자는 5년 이하의 징역이나 5천만 원 이하의 벌금에 처한다.

❶ 신고를 하지 아니하거나 거짓으로 신고를 하고 배출시설을 설치 또는 변경하거나 그 배출시설을 이용하여 조업한 자
❷ 방지시설을 거치지 아니하고 오염물질을 배출할 수 있는 공기조절장치나 가지 배출관 등을 설치하는 행위를 한 자
❸ 측정기기의 부착 등의 조치를 하지 아니한 자
❹ 제32조 제3항 제1호나 제3호에 해당하는 행위를 한 자
❹의2. 제38조의2 제8항에 따른 시설개선 등의 조치명령을 이행하지 아니한 자
❹의3. 오염물질을 측정하지 아니한 자 또는 측정결과를 거짓으로 기록하거나 기록 · 보존하지 아니한 자
❹의4. 제39조제2항 각 호의 어느 하나에 해당하는 행위를 한 자
❺ 연료사용 제한조치 등의 명령을 위반한 자
❻ 시설개선 등의 조치명령을 이행하지 아니한 자
❻의2. 제50조 제7항 및 제8항에 따른 부품 교체 또는 자동차의 교체 · 환불 · 재매입 명령을 이행하지 아니한 자
❼ 부품의 결함을 시정하여야 하는 자동차제작자가 정당한 사유없이 결함시정명령을 위반한 자
❽ 전문정비사업자로 등록하지 않고 정비, 점검 또는 확인검사업무를 한 자
❾ 위반하여 첨가제 또는 촉매제를 공급하거나 판매한 자

♂ 벌칙(법 제90조의2) 중요내용

황함유기준을 초과하는 연료를 공급 · 판매한 자는 3년 이하의 징역이나 3천만원 이하의 벌금에 처한다.

♂ 벌칙(법 제91조) 중요내용

다음 각 호의 어느 하나에 해당하는 자는 1년 이하의 징역이나 1천만원 이하의 벌금에 처한다.

❶ 제30조를 위반하여 신고를 하지 아니하고 조업한 자
❷ 조업정지명령을 위반한 자
❷의2. 측정기기 관리대행업의 등록 또는 변경등록을 하지 아니하고 측정기기 관리 업무를 대행한 자
❷의3. 거짓이나 그 밖의 부정한 방법으로 측정기기 관리대행업의 등록을 한 자
❷의4. 다른 자에게 자기의 명의를 사용하여 측정기기 관리 업무를 하게 하거나 등록증을 다른 자에게 대여한 자
❷의5. 황함유기준을 초과하는 연료를 사용한 자
❸ 사용제한 등의 명령을 위반한 자
❸의2. 제44조의2 제2항 제1호에 해당하는 자로서 같은 항을 위반하여 도료를 공급하거나 판매한 자
❸의3. 제44조의2 제2항 제2호에 해당하는 자로서 같은 항을 위반하여 도료를 공급하거나 판매한 자
❸의4. 휘발성유기화합물함유기준을 초과하는 도료에 대한 공급 · 판매 중지 또는 회수 등의 조치명령을 위반한 자
❸의5. 휘발성유기화합물함유기준을 초과하는 도료에 대한 공급 · 판매 중지명령을 위반한 자
❹ 변경인증을 받지 아니하고 자동차를 제작한 자
❹의2. 제48조의2 제2항 제1호 또는 제2호에 따른 금지행위를 한 자
❺ 배출가스 관련 부품을 탈거 · 훼손 · 해체 · 변경 · 임의설정 하거나 촉매제를 사용하지 아니하거나 적게 사용하여 그 기능이나 성능이 저하되는 행위를 한 자 및 그 행위를 요구한 자
❻ 변경등록을 하지 아니하고 등록사항을 변경한 자
❼ 제68조 제4항 제1호 또는 제2호에 따른 금지행위를 한 자
❽ 배출가스 전문정비업자 지정을 받은 자가 고의로 정비업무를 부실하게 하여 받은 업무정지명령을 위반한 자
❾ 자동차 연료의 제조기준에 적합하지 아니하게 제조된 유류제품 등을 위반하여 자동차 연료를 사용한 자
❿ 자동차연료 · 첨가제 또는 촉매제를 제조하거나 판매한 자
⓫ 검사를 받은 제품임을 표시하지 아니하거나 거짓으로 표시한 자
⓬ 제74조의2 제2항 제1호 또는 제2호에 따른 금지행위를 한 자
⓬의2. 자동차 온실가스 배출량을 보고하지 아니하거나 거짓으로 보고한 자
⓬의3. 냉매회수업의 등록을 하지 아니하고 냉매회수업을 한 자
⓬의4. 거짓이나 그 밖의 부정한 방법으로 냉매회수업의 등록을 한 자
⓬의5. 다른 자에게 자기의 명의를 사용하여 냉매회수업을 하게 하거나 등록증을 다른 자에게 대여한 자
⓭ 관계 공무원의 출입 · 검사를 거부 · 방해 또는 기피한 자

♂ 벌칙(제91조의2)

다음 각 호의 어느 하나에 해당하는 자는 500만원 이하의 벌금에 처한다.

❶ 표지를 거짓으로 제작하거나 붙인 자
❷ 저공해자동차 보급계획서의 승인을 받지 아니한 자

♂ 벌칙(법 제92조) 중요내용

다음 각 호의 어느 하나에 해당하는 자는 300만원 이하의 벌금에 처한다.

❶ 대기오염경보가 발령된 지역에서 자동차 운행제한이나 사업장 조업단축의 명령을 정당한 사유 없이 위반한 자
❷ 제32조 제5항에 따른 조치명령을 이행하지 아니한 자
❸ 신고를 하지 아니하고 시설을 설치하거나 운영한 자
❸의2. 정기점검을 받지 아니한 자
❹ 연료사용 제한조치 등의 명령을 위반한 자
❹의2. 제43조 제1항 전단에 따른 신고를 하지 아니한 자

❺ 비산먼지의 발생을 억제하기 위한 시설을 설치하지 아니하거나 필요한 조치를 하지 아니한 자. 다만, 시멘트 · 석탄 · 토사 · 사료 · 곡물 및 고철의 분체상(粉體狀) 물질을 운송한 자는 제외한다.
❻ 비산먼지의 발생을 억제하기 위한 시설의 설치나 조치의 이행 또는 개선명령을 이행하지 아니한 자
❼ 특별대책지역 내의 휘발성유기화합물 배출시설로서 휘발성유기화합물 배출억제시설 등의 조치를 하지 아니한 자
❽ 평균 배출량 달성실적 및 상환계획서를 거짓으로 작성한 자
❾ 이륜자동차 정기검사 명령을 이행하지 아니한 자
❿ 인증받은 내용과 다르게 결함이 있는 배출가스저감장치 또는 저공해엔진을 제조 · 공급 또는 판매하는 자
⓫ 운행정지명령을 받고 이에 따르지 아니한 자
⓬ 「자동차관리법」에 따라 자동차관리사업의 등록이 취소되었음에도 정비 · 점검 및 확인검사 업무를 한 전문정비사업자
⓭ 자료를 제출하지 아니하거나 거짓으로 자료를 제출한 자

벌칙(법 제93조) 중요내용

환경기술인의 업무를 방해하거나 환경기술인의 요청을 정당한 사유 없이 거부한 자는 200만원 이하의 벌금에 처한다.

과태료(법 제94조) 중요내용

① 다음 각 호의 어느 하나에 해당하는 자에게는 500만원 이하의 과태료를 부과한다.
❶의2. 인증 · 변경인증의 표시를 하지 아니한 자
❶의3. 보급실적을 제출하지 아니한 자
❶의4. 성능점검결과를 제출하지 아니한 자
❷ 자동차에 온실가스 배출량을 표시하지 아니하거나 거짓으로 표시한 자
② 다음 각 호의 어느 하나에 해당하는 자에게는 300만원 이하의 과태료를 부과한다.
❶ 배출시설 등의 운영상황을 기록 · 보존하지 아니하거나 거짓으로 기록한 자
❶의2. 제39조제3항을 위반하여 측정한 결과를 제출하지 아니한 자
❷ 환경기술인을 임명하지 아니한 자
❸ 결함시정명령을 위반한 자
❹ 저공해자동차로의 전환 또는 개조 명령, 배출가스저감장치의 부착 · 교체 명령 또는 배출가스 관련 부품의 교체 명령, 저공해엔진(혼소엔진을 포함한다)으로의 개조 또는 교체 명령을 이행하지 아니한 자
❺ 저공해자동차의 구매 · 임차 비율을 준수하지 아니한 자
③ 다음 각 호의 어느 하나에 해당하는 자에게는 200만원 이하의 과태료를 부과한다.
❶ 제31조 제1항 제3호 또는 제4호에 따른 행위를 한 자
❷ 제32조 제3항 제2호에 따른 행위를 한 자
❸ 제32조 제4항을 위반하여 운영 · 관리기준을 지키지 아니한 자
❸의2. 제32조의2 제5항을 위반하여 관리기준을 지키지 아니한 자
❹ 제38조의2 제2항에 따른 변경신고를 하지 아니한 자
❺ 제43조 제1항에 따른 비산먼지의 발생 억제 시설의 설치 및 필요한 조치를 하지 아니하고 시멘트 · 석탄 · 토사 등 분체상 물질을 운송한 자
❻ 제44조 제2항 또는 제45조 제3항에 따른 휘발성유기화합물 배출시설의 변경신고를 하지 아니한 자
❼ 제44조 제8항을 위반하여 검사 · 측정을 하지 아니한 자 또는 검사 · 측정 결과를 기록 · 보존하지 아니하거나 거짓으로 기록 · 보존한 자
❽ 제51조 제5항(제53조 제4항에 따라 준용되는 경우를 포함한다)에 따른 결함시정 결과보고를 하지 아니한 자
❾ 부품의 결함시정 현황 및 결함원인 분석 현황 또는 결함시정 현황을 보고하지 아니한 자
❿ 제61조 제2항을 위반하여 점검에 따르지 아니하거나 기피 또는 방해한 자
⓫ 제68조 제4항 제3호 또는 제4호에 따른 행위를 한 자

⓬ 제조기준에 맞지 아니하는 첨가제 또는 촉매제임을 알면서 사용한 자
⓭ 검사를 받지 아니하거나 검사받은 내용과 다르게 제조된 첨가제 또는 촉매제임을 알면서 사용한 자
⓮ 냉매회수업의 변경등록을 하지 아니하고 등록사항을 변경한 자
⓯ 냉매관리기준을 준수하지 아니하거나 냉매의 회수 내용을 기록 · 보존 또는 제출하지 아니한 자

④ 다음 각 호의 어느 하나에 해당하는 자에게는 100만원 이하의 과태료를 부과한다.
❶ 제23조 제2항이나 제3항에 따른 변경신고를 하지 아니한 자
❷ 환경기술인의 준수사항을 지키지 아니한 자
❸ 변경신고를 하지 아니한 자
❸의2. 평균 배출량 달성 실적을 제출하지 아니한 자
❸의3. 상환계획서를 제출하지 아니한 자
❹ 자동차의 원동기 가동제한을 위반한 자동차의 운전자
❺ 정비 · 점검 및 확인검사를 받지 아니한 자
❺의2. 등록된 기술인력이 교육을 받게 하지 아니한 전문정비사업자
❻ 정비 · 점검 및 확인검사 결과표를 발급하지 아니하거나 정비 · 점검 및 확인검사 결과를 보고하지 아니한 자
❻의2. 냉매관리기준을 준수하지 아니하거나 같은 조 제2항을 위반하여 냉매사용기기의 유지 · 보수 및 냉매의 회수 · 처리 내용을 기록 · 보존 또는 제출하지 아니한 자
❻의3. 등록된 기술인력에게 교육을 받게 하지 아니한 자
❼ 환경기술인 등의 교육을 받게 하지 아니한 자
❽ 보고를 하지 아니하거나 거짓으로 보고한 자 또는 자료를 제출하지 아니하거나 거짓으로 제출한 자

⑤ 이륜자동차정기검사를 받지 아니한 자에게는 50만원 이하의 과태료를 부과한다.

⑥ 과태료는 대통령령으로 정하는 바에 따라 환경부장관, 시 · 도지사 또는 시장 · 군수 · 구청장이 부과 · 징수한다.

양벌규정(법 제95조)

법인의 대표자나 법인 또는 개인의 대리인, 사용인, 그 밖의 종업원이 그 법인 또는 개인의 업무에 관하여 제89조부터 제93조까지의 어느 하나에 해당하는 위반행위를 하면 그 행위자를 벌하는 외에 그 법인 또는 개인에게도 해당 조문의 벌금형을 과(科)한다. 다만, 법인 또는 개인이 그 위반행위를 방지하기 위하여 해당 업무에 관하여 상당한 주의와 감독을 게을리하지 아니한 경우에는 그러하지 아니하다.

[과태료의 부과기준 : 별표 15] 중요내용

1. 일반기준 중요내용
   가. 위반행위의 횟수에 따른 과태료의 부과기준은 최근 1년간 같은 위반행위로 과태료 부과처분을 받은 경우에 적용한다. 이 경우 위반행위에 대하여 과태료를 부과처분한 날과 다시 동일한 위반행위를 적발한 날을 각각 기준으로 하여 위반횟수를 계산한다.
   나. 부과권자는 다음의 어느 하나에 해당하는 경우에는 제2호에 따른 과태료 금액의 2분의 1의 범위에서 그 금액을 줄일 수 있다. 다만, 과태료를 체납하고 있는 위반행위자에 대해서는 그러하지 아니하다.
      1) 위반행위자가 「질서위반행위규제법 시행령」 제2조의2 제1항 각 호의 어느 하나에 해당하는 경우
      2) 위반행위가 위반행위자의 사소한 부주의나 오류 등 과실로 인한 것으로 인정되는 경우
      3) 위반행위자가 위반행위를 바로 정정하거나 시정하여 해소한 경우
      4) 그 밖에 위반행위의 정도, 동기와 그 결과 등을 고려하여 과태료 금액을 줄일 필요가 있다고 인정되는 경우

2. 개별기준
   ① 환경기술인 등의 교육을 받게 하지 않은 경우 1차 위반 시 과태료 금액은 60만원이다.
   ② 비산먼지발생사업장으로 신고하지 아니한 경우 1차 위반 시 과태료 금액은 100만원이다.

[악취방지법]

제1장 총칙

목적(법 제1조)

이 법은 사업활동 등으로 인하여 발생하는 악취를 방지함으로써 국민이 건강하고 쾌적한 환경에서 생활할 수 있게 함을 목적으로 한다.

정의(법 제2조) 중요내용

이 법에서 사용하는 용어의 뜻은 다음과 같다.

❶ "악취"란 황화수소, 메르캅탄류, 아민류, 그 밖에 자극성이 있는 물질이 사람의 후각을 자극하여 불쾌감과 혐오감을 주는 냄새를 말한다.

❷ "지정악취물질"이란 악취의 원인이 되는 물질로서 환경부령으로 정하는 것을 말한다.

❸ "악취배출시설"이란 악취를 유발하는 시설, 기계, 기구, 그 밖의 것으로서 환경부장관이 관계 중앙행정기관의 장과 협의하여 환경부령으로 정하는 것을 말한다.

❹ "복합악취"란 두 가지 이상의 악취물질이 함께 작용하여 사람의 후각을 자극하여 불쾌감과 혐오감을 주는 냄새를 말한다.

❺ "신고대상시설"이란 다음 각 목의 어느 하나에 해당하는 시설을 말한다.

가. 제8조 제1항 또는 제5항에 따라 신고하여야 하는 악취배출시설

나. 제8조의2 제2항에 따라 신고하여야 하는 악취배출시설

[지정악취물질(규칙 제2조) : 별표 1] 중요내용

종류			적용시기
1. 암모니아 2. 메틸메르캅탄 3. 황화수소 4. 다이메틸설파이드	5. 다이메틸다이설파이드 6. 트라이메틸아민 7. 아세트알데하이드 8. 스타이렌	9. 프로피온알데하이드 10. 뷰틸알데하이드 11. n-발레르알데하이드 12. i-발레르알데하이드	2005년 2월 10일부터
13. 톨루엔 14. 자일렌	15. 메틸에틸케톤 16. 메틸아이소뷰틸케톤	17. 뷰틸아세테이트	2008년 1월 1일부터
18. 프로피온산 19. n-뷰틸산	20. n-발레르산 21. i-발레르산	22. i-뷰틸알코올	2010년 1월 1일부터

[악취배출시설(규칙 제3조) : 별표 2]

시설 종류	시설 규모의 기준
축산시설	사육시설 면적이 돼지 50m², 소 · 말 100m², 닭 · 오리 · 양 150m², 사슴 500m², 개 60m², 그 밖의 가축은 500m² 이상인 시설
도축시설, 고기 가공 · 저장처리 시설	도축시설이나 고기 가공 · 저장처리 시설의 면적이 200m² 이상인 시설
섬유 염색 및 가공시설	용적 합계가 5m³ 이상인 세모 · 표백 · 정련 · 자숙 · 염색 · 다림질[텐터(tenter)] · 탈수 · 건조 또는 염료조제 공정을 포함하는 시설
가죽 제조시설	1) 용적이 10m³ 이상인 원피저장시설 2) 연료사용량이 시간당 30kg 이상이거나 용적이 3m³ 이상인 석회적, 탈모, 탈회, 무두질, 염색 또는 도장 · 도장 마무리용 건조 공정을 포함하는 시설(인조가죽 제조시설을 포함한다)

♂ 악취실태조사(법 제4조)

① 특별시장 · 광역시장 · 특별자치시장 · 도지사(그 관할구역 중 인구 50만 이상의 시는 제외한다. 이하 같다) · 특별자치도지사(이하 "시 · 도지사"라 한다) 또는 인구 50만 이상의 시의 장(이하 "대도시의 장"이라 한다)은 환경부령으로 정하는 바에 따라 악취관리지역의 대기 중 지정악취물질의 농도와 악취의 정도 등 악취발생 실태를 주기적으로 조사하고 그 결과를 환경부장관에게 보고하여야 한다.

② 시 · 도지사 또는 대도시의 장은 관할구역에서 악취로 인하여 발생한 민원 및 그 조치 결과 등을 환경부령으로 정하는 바에 따라 매년 환경부장관에게 보고하여야 한다.

③ 환경부장관, 시 · 도지사 또는 대도시의 장은 악취로 인하여 주민의 건강과 생활환경에 피해가 우려되는 경우에는 악취관리지역 외의 지역에서 제1항에 따른 악취발생 실태를 조사할 수 있다.

④ 제1항부터 제3항까지에서 규정한 사항 외에 악취실태조사계획의 수립 및 악취실태조사의 실시에 필요한 사항은 환경부장관이 정하여 고시한다.

❑ 악취실태조사(규칙 제4조)

① 특별시장 · 광역시장 · 특별자치시장 · 도지사(그 관할구역 중 인구 50만 이상의 시는 제외한다. 이하 같다) · 특별자치도지사(이하 "시 · 도지사"라 한다) 또는 인구 50만 이상의 시의 장(이하 "대도시의 장"이라 한다)은 악취발생 실태를 조사하기 위하여 조사기관, 조사주기, 조사지점, 조사항목, 조사방법 등을 포함한 계획(이하 "악취실태조사계획"이라 한다)을 수립하여야 한다.

② 조사지점은 악취관리지역 및 악취관리지역의 인근 지역 중 그 지역의 악취를 대표할 수 있는 지점으로 하며, 조사항목은 해당 지역에서 발생하는 지정악취물질을 포함하여야 한다.

③ 시 · 도지사 또는 대도시의 장은 악취실태조사계획에 따라 실시한 악취실태조사 결과를 다음 해 1월 15일까지 환경부장관에게 보고하여야 한다.

④ 제1항부터 제3항까지에서 규정한 사항 외에 악취실태조사계획의 수립 및 악취실태조사의 실시에 필요한 사항은 환경부장관이 정하여 고시한다.

❑ 악취민원 및 조치 결과 보고(규칙 제5조)

시 · 도지사 또는 대도시의 장은 악취로 인하여 발생한 민원 및 그 조치 결과를 다음 해 1월 31일까지 환경부장관에게 보고하여야 한다.

제2장 사업장 악취에 대한 규제

♂ 악취관리지역의 지정(법 제6조)

① 시 · 도지사 또는 대도시의 장은 다음 각 호의 어느 하나에 해당하는 지역을 악취관리지역으로 지정하여야 한다.

❶ 악취와 관련된 민원이 1년 이상 지속되고, 악취배출시설을 운영하는 사업장이 둘 이상 인접하여 모여 있는 지역으로서 악취가 배출허용기준을 초과하는 지역

❷ 다음 각 목의 어느 하나에 해당하는 지역으로서 악취와 관련된 민원이 집단적으로 발생하는 지역

가. 「산업입지 및 개발에 관한 법률」에 따른 국가산업단지 · 일반산업단지 · 도시첨단산업단지 및 농공단지

나. 「국토의 계획 및 이용에 관한 법률」에 따른 공업지역 중 환경부령으로 정하는 지역

② 시 · 도지사 또는 대도시의 장은 악취관리지역 지정 사유가 해소되었을 때에는 악취관리지역의 지정을 해제할 수 있다.

③ 환경부장관은 시 · 도지사 또는 대도시의 장이 제1항 각 호의 어느 하나에 해당하는 지역을 악취관리지역으로 지정하지 아니하는 경우에는 시 · 도지사 또는 대도시의 장에게 해당 지역을 악취관리지역으로 지정할 것을 요구하여야 한다. 이 경우 시 · 도지사 또는 대도시의 장은 지체 없이 해당 지역을 악취관리지역으로 지정하여야 한다.

④ 시 · 도지사 또는 대도시의 장은 악취관리지역을 지정 · 해제 또는 변경하려는 때에는 환경부령으로 정하는 바에 따라 이해관계인의 의견을 들어야 한다.

⑤ 시 · 도지사 또는 대도시의 장은 악취관리지역을 지정 · 해제 또는 변경하였을 때에는 이를 고시하고 그 내용을 환경부장관에게 보고하여야 한다.

⑥ 시장(대도시의 장은 제외한다. 이하 같다) · 군수 · 구청장(자치구의 구청장을 말한다. 이하 같다)은 주민의 생활환경을 보전하기 위하여 필요하다고 인정하는 경우에는 지역을 정하여 시 · 도지사에게 악취관리지역으로 지정하여 줄 것을 요청할 수 있다.

⑦ 환경부장관은 시 · 도지사가 시장 · 군수 · 구청장이 요청한 지역을 악취관리지역으로 지정하지 아니하는 경우에는 악취발생 실태 조사의 결과를 고려하여 시 · 도지사에게 해당 지역을 악취관리지역으로 지정할 것을 권고할 수 있다. 이 경우 권고를 받은 시 · 도지사는 특별한 사유가 없으면 이에 따라야 한다.

⑧ 악취관리지역의 지정기준 등에 관하여 필요한 사항은 환경부령으로 정한다.

❑ 악취관리지역의 지정기준(규칙 제5조의2)

법 제6조 제1항 제2호에서 "환경부령으로 정하는 지역"이란 다음 각 호의 지역을 말한다.

❶ 「국토의 계획 및 이용에 관한 법률 시행령」에 따른 전용공업지역

❷ 「국토의 계획 및 이용에 관한 법률 시행령」에 따른 일반공업지역(「자유무역지역의 지정 및 운영에 관한 법률」에 따른 자유무역지역으로 한정한다)

배출허용기준(법 제7조)

① 악취배출시설에서 배출되는 악취의 배출허용기준은 환경부장관이 관계 중앙행정기관의 장과 협의하여 환경부령으로 정한다.

② 특별시 · 광역시 · 특별자치시 · 도(그 관할구역 중 인구 50만 이상의 시는 제외한다. 이하 같다) · 특별자치도(이하 "시 · 도"라 한다) 또는 인구 50만 이상의 시(이하 "대도시"라 한다)는 배출허용기준으로는 주민의 생활환경을 보전하기 어렵다고 인정하는 경우에는 악취배출시설 중 대통령령으로 정하는 시설에 대하여 환경부령으로 정하는 범위에서 조례로 따른 배출허용기준보다 엄격한 배출허용기준을 정할 수 있다.

③ 시 · 도 또는 대도시는 엄격한 배출허용기준을 정할 때에는 환경부령으로 정하는 바에 따라 이해관계인의 의견을 들어야 한다.

④ 시 · 도지사 또는 대도시의 장은 배출허용기준을 정하거나 변경하였을 때에는 지체 없이 환경부장관에게 보고하여야 한다.

⑤ 시장 · 군수 · 구청장은 주민의 생활환경을 보전하기 위하여 필요하다고 인정하는 경우에는 그 관할구역에 있는 악취배출시설에 대하여 시 · 도에 엄격한 배출허용기준을 정하여 줄 것을 요청할 수 있다.

✪ 엄격한 배출허용기준의 적용(영 제1조의2)

① 「악취방지법」(이하 "법"이라 한다) 제7조 제2항에서 "대통령령으로 정하는 시설"이란 다음 각 호의 시설을 말한다.

[1] 악취관리지역으로 지정된 지역(이하 "악취관리지역"이라 한다)에 있는 시설

[2] 악취관리지역 외의 지역에 있는 다음 각 목의 시설

가. 「학교보건법」에 따른 학교의 부지 경계선으로부터 1킬로미터 이내에 있는 시설

나. 악취방지에 필요한 조치기간이 지난 시설로서 악취와 관련된 민원이 1년 이상 지속되고 복합악취나 지정악취물질이 배출허용기준(이하 "배출허용기준"이라 한다)을 초과하는 시설

② 특별시 · 광역시 · 도(그 관할구역 중 인구 50만 이상의 시는 제외한다) · 특별자치시 · 특별자치도 또는 인구 50만 이상의 시가 조례로 엄격한 배출허용기준을 정하는 경우에는 이를 준수하는 데 필요한 준비기간을 고려하여 조례로 정하는 바에 따라 1년의 범위에서 그 기준을 적용하지 아니할 수 있다.

❑ 배출허용기준(규칙 제8조)

[배출허용기준 및 엄격한 배출허용기준의 설정 범위(규칙 제8조) : 별표 3] 중요내용

1. 복합악취

구분	배출허용기준(희석배수)		엄격한 배출허용기준의 범위(희석배수)	
	공업지역	기타 지역	공업지역	기타 지역
배출구	1000 이하	500 이하	500~1000	300~500
부지경계선	20 이하	15 이하	15~20	10~15

2. 지정악취물질 중요내용

구분	배출허용기준(ppm)		엄격한 배출허용 기준의 범위(ppm)	적용시기
	공업지역	기타 지역	공업지역	
암모니아	2 이하	1 이하	1~2	2005년 2월 10일부터
메틸메르캅탄	0.004 이하	0.002 이하	0.002~0.004	
황화수소	0.06 이하	0.02 이하	0.02~0.06	
다이메틸설파이드	0.05 이하	0.01 이하	0.01~0.05	
다이메틸다이설파이드	0.03 이하	0.009 이하	0.009~0.03	
트라이메틸아민	0.02 이하	0.005 이하	0.005~0.02	
아세트알데하이드	0.1 이하	0.05 이하	0.05~0.1	
스타이렌	0.8 이하	0.4 이하	0.4~0.8	
프로피온알데하이드	0.1 이하	0.05 이하	0.05~0.1	
뷰틸알데하이드	0.1 이하	0.029 이하	0.029~0.1	
n-발레르알데하이드	0.02 이하	0.009 이하	0.009~0.02	
i-발레르알데하이드	0.006 이하	0.003 이하	0.003~0.006	
톨루엔	30 이하	10 이하	10~30	2008년 1월 1일부터
자일렌	2 이하	1 이하	1~2	
메틸에틸케톤	35 이하	13 이하	13~35	
메틸아이소뷰틸케톤	3 이하	1 이하	1~3	
뷰틸아세테이트	4 이하	1 이하	1~4	
프로피온산	0.07 이하	0.03 이하	0.03~0.07	2010년 1월 1일부터
n-뷰틸산	0.002 이하	0.001 이하	0.001~0.002	
n-발레르산	0.002 이하	0.0009 이하	0.0009~0.002	
i-발레르산	0.004 이하	0.001 이하	0.001~0.004	
i-뷰틸알코올	4.0 이하	0.9 이하	0.9~4.0	

비고 중요내용

1. 배출허용기준의 측정은 복합악취를 측정하는 것을 원칙으로 한다. 다만, 사업자의 악취물질 배출 여부를 확인할 필요가 있는 경우에는 지정악취물질을 측정할 수 있다. 이 경우 어느 하나의 측정방법에 따라 측정한 결과 기준을 초과하였을 때에는 배출허용기준을 초과한 것으로 본다.
2. 복합악취는 「환경분야 시험 · 검사 등에 관한 법률」 제6조 제1항 제4호에 따른 환경오염공정시험기준의 공기희석관능법(空氣稀釋官能法)을 적용하여 측정하고, 지정악취물질은 기기분석법(機器分析法)을 적용하여 측정한다.
3. 복합악취의 시료는 다음과 같이 구분하여 채취한다.
   가. 사업장 안에 지면으로부터 높이 5m 이상의 일정한 악취배출구와 다른 악취발생원이 섞여 있는 경우에는 부지경계선 및 배출구에서 각각 채취한다.
   나. 사업장 안에 지면으로부터 높이 5m 이상의 일정한 악취배출구 외에 다른 악취발생원이 없는 경우에는 일정한 배출구에서 채취한다.
   다. 가목 및 나목 외의 경우에는 부지경계선에서 채취한다.
4. 지정악취물질의 시료는 부지경계선에서 채취한다.

5. "희석배수"란 채취한 시료를 냄새가 없는 공기로 단계적으로 희석시켜 냄새를 느낄 수 없을 때까지 최대로 희석한 배수를 말한다.
6. "배출구"란 악취를 송풍기 등 기계장치 등을 통하여 강제로 배출하는 통로(자연 환기가 되는 창문 · 통기관 등은 제외한다)를 말한다.
7. "공업지역"이란 다음 각 호의 어느 하나에 해당하는 지역을 말한다.
가. 「산업입지 및 개발에 관한 법률」에 따른 국가산업단지 · 일반산업단지 · 도시첨단산업단지 및 농공단지
나. 「국토의 계획 및 이용에 관한 법률 시행령」에 따른 전용공업지역
다. 「국토의 계획 및 이용에 관한 법률 시행령」에 따른 일반공업지역(「자유무역지역의 지정 및 운영에 관한 법률」 제4조에 따른 자유무역지역만 해당한다)

✪ 조치 이행 확인(영 제7조)

특별자치도지사, 대도시의 장 또는 시장 · 군수 · 구청장은 조치기간이 끝났을 때에는 관계 공무원이 지체 없이 그 조치의 이행상태를 확인하게 하여야 한다.

악취관리지역의 악취배출시설 설치신고(법 제8조)

① 악취관리지역에 악취배출시설을 설치하려는 자는 환경부령으로 정하는 바에 따라 시 · 도지사 또는 대도시의 장에게 신고하여야 한다. 신고한 사항 중 환경부령으로 정하는 사항을 변경하려는 경우에도 또한 같다.
② 신고 또는 변경신고를 하는 자는 해당 악취배출시설에서 배출되는 악취가 배출허용기준 이하로 배출될 수 있도록 악취방지시설의 설치 등 악취를 방지할 수 있는 계획(이하 "악취방지계획"이라 한다)을 수립하여 신고 또는 변경신고할 때 함께 제출하여야 한다. 다만, 환경부령으로 정하는 바에 따라 악취가 항상 배출허용기준 이하로 배출됨을 증명하는 자료를 제출하는 경우에는 그러하지 아니하다.
③ 악취방지계획을 제출하지 아니하고 악취배출시설을 설치 · 운영하는 자가 공정(工程) · 원료 등의 변경으로 배출허용기준을 초과할 우려가 있는 경우에는 악취방지계획을 수립하여 제출하여야 한다.
④ 악취방지계획을 제출한 자는 악취방지계획에 따라 해당 악취배출시설의 가동 전에 악취방지에 필요한 조치를 하여야 한다.
⑤ 악취관리지역을 지정 · 고시할 당시 해당 지역에서 악취배출시설을 운영하고 있는 자는 그 고시된 날부터 6개월 이내에 신고와 함께 악취방지계획이나 자료를 제출하고, 그 고시된 날부터 1년 이내에 악취방지계획에 따라 악취방지에 필요한 조치를 하여야 한다. 다만, 그 조치에 특수한 기술이 필요한 경우 등 대통령령으로 정하는 사유에 해당하는 경우에는 시 · 도지사 또는 대도시의 장의 승인을 받아 6개월의 범위에서 조치기간을 연장할 수 있다.

❏ 악취배출시설의 설치 · 운영 신고(규칙 제9조)

악취배출시설의 설치신고 또는 운영신고를 하려는 자는 악취배출시설 설치 · 운영신고서(전자문서로 된 신고서를 포함한다)에 다음 각 호의 서류(전자문서를 포함한다)를 첨부하여 특별자치시장, 특별자치도지사, 대도시의 장 또는 시장(특별자치시장, 대도시의 장은 제외한다. 이하 같다) · 군수 · 구청장(자치구의 구청장을 말한다. 이하 같다)에게 제출하여야 한다.

❶ 사업장 배치도
❷ 악취배출시설의 설치명세서 및 공정도(工程圖)
❸ 악취물질의 종류, 농도 및 발생량을 예측한 명세서
❹ 악취방지계획서
❺ 악취방지시설의 연간 유지 · 관리계획서

❏ 악취배출시설의 변경신고(규칙 제10조)

① 악취배출시설의 변경신고를 하여야 하는 경우는 다음 각 호와 같다. 중요내용

❶ 악취배출시설의 악취방지계획서 또는 악취방지시설을 변경(사용하는 원료의 변경으로 인한 경우를 포함한다)하는 경우(제5호에 해당하여 변경하는 경우는 제외)
❷ 악취배출시설을 폐쇄하거나, 시설 규모의 기준에서 정하는 공정을 추가하거나 폐쇄하는 경우
❸ 사업장의 명칭 또는 대표자를 변경하는 경우

❹ 악취배출시설 또는 악취방지시설을 임대하는 경우
❺ 악취배출시설에서 사용하는 원료를 변경하는 경우

② 변경신고를 하려는 자는 변경 전에 악취배출시설 변경신고서(전자문서로 된 신고서를 포함한다)에 다음 각 호의 서류(전자문서를 포함한다)를 첨부하여 특별자치시장, 특별자치도지사, 대도시의 장 또는 시장 · 군수 · 구청장에게 제출하여야 한다. 다만, 악취배출시설을 폐쇄하거나 사업장의 명칭 또는 대표자를 변경하는 경우에는 제1호부터 제3호까지의 서류는 제출하지 아니한다.
❶ 악취배출시설 또는 악취방지시설의 변경명세서
❷ 악취물질의 종류, 농도 및 발생량을 예측한 명세서
❸ 악취방지계획서
❹ 악취배출시설 설치 · 운영신고 확인증

③ 특별자치시장, 특별자치도지사, 대도시의 장 또는 시장 · 군수 · 구청장은 변경신고를 수리하였을 때에는 악취배출시설 설치 · 운영신고 확인증에 변경사항을 적은 후 이를 신고인에게 발급하여야 한다.

[악취방지계획에 포함하여야 할 사항(규칙 제11조) : 별표 4]

별표 3에 따른 배출허용기준 및 엄격한 배출허용기준을 준수하기 위하여 악취방지계획에 다음의 조치 중 악취를 제거할 수 있는 가장 적절한 조치를 포함하여야 한다.

1. 다음의 악취방지시설 중 적절한 시설의 설치 중요내용
   가. 연소에 의한 시설
   나. 흡수(吸收)에 의한 시설
   다. 흡착(吸着)에 의한 시설
   라. 촉매반응을 이용하는 시설
   마. 응축(凝縮)에 의한 시설
   바. 산화(酸化) · 환원(還元)에 의한 시설
   사. 미생물을 이용한 시설
2. 성능이 확인된 소취제(消臭劑) · 탈취제(脫臭劑) 또는 방향제(芳香劑)의 살포를 통한 악취의 제거
3. 그 밖에 보관시설의 밀폐, 부유상(浮游狀) 덮개 또는 상부 덮개의 설치, 물청소 등을 통한 악취 억제 또는 방지 조치

악취방지시설의 공동 설치(법 제8조의3)

① 국가, 지방자치단체 및 「한국환경공단법」에 따른 한국환경공단(이하 "한국환경공단"이라 한다)은 악취관리지역 또는 신고대상시설로 지정 · 고시된 악취배출시설이 설치된 지역의 각 사업장에서 배출되는 악취를 공동으로 처리하기 위하여 악취공공처리시설을 설치 · 운영할 수 있다. 이 경우 국가, 지방자치단체 및 한국환경공단은 해당 사업장의 운영자에게 악취공공처리시설의 운영에 필요한 비용의 전부 또는 일부를 부담하게 할 수 있다.

② 국가와 지방자치단체는 한국환경공단으로 하여금 악취공공처리시설을 설치하거나 운영하게 할 수 있다.

③ 신고대상시설을 운영하는 자(이하 "신고대상시설 운영자"라 한다)는 환경부령으로 정하는 바에 따라 신고대상시설로부터 나오는 악취를 처리하기 위한 악취방지시설을 공동으로 설치 · 운영할 수 있다.

④ 신고대상시설 운영자가 악취방지시설을 공동으로 설치 · 운영하려는 경우에는 그 시설의 운영기구를 설치하고 대표자를 두어야 한다.

⑤ 악취공공처리시설 및 공동으로 설치 · 운영하는 악취방지시설의 배출허용기준은 제7조에 따르며, 그 설치 · 운영에 필요한 사항은 환경부령으로 정한다.

개선명령(법 제10조)

시 · 도지사 또는 대도시의 장은 신고대상시설에서 배출되는 악취가 배출허용기준을 초과하는 경우에는 대통령령으로 정하는 바에 따라 기간을 정하여 신고대상시설 운영자에게 그 악취가 배출허용기준 이하로 내려가도록 필요한 조치를 할 것을 명할 수 있다.

✪ 개선명령의 조치기간(영 제3조) 중요내용

① 특별시장 · 광역시장 · 도지사(그 관할구역 중 인구 50만 이상의 시는 제외한다. 이하 같다) · 특별자치시장 · 특별자치도지사(이하 "시 · 도지사"라 한다) 또는 인구 50만 이상의 시의 장(이하 "대도시의 장"이라 한다)은 개선명령을 할 때에는 악취의 제거 또는 억제 등의 조치에 걸리는 기간을 고려하여 1년의 범위에서 조치기간을 정할 수 있다.

② 시 · 도지사 또는 대도시의 장은 개선명령을 받은 신고대상시설 운영자가 천재지변이나 그 밖의 부득이한 사유로 제1항에 따른 조치기간에 조치를 끝낼 수 없는 경우에는 그 신고대상시설 운영자의 신청을 받아 6개월의 범위에서 조치기간을 연장할 수 있다. 이 경우 연장신청은 제1항의 조치기간이 끝나기 전에 하여야 한다.

♂ 조업정지명령(법 제11조)

① 시 · 도지사 또는 대도시의 장은 명령(이하 "개선명령"이라 한다)을 받은 자가 이를 이행하지 아니하거나, 이행은 하였으나 최근 2년 이내에 배출허용기준을 반복하여 계속 초과하는 경우에는 해당 신고대상시설의 전부 또는 일부에 대하여 조업정지를 명할 수 있다. 중요내용

② 조업정지명령의 기준, 범위 등에 관하여 필요한 사항은 환경부령으로 정한다.

[행정처분기준(규칙 제19조) : 별표 9]

1. 일반기준

가. 위반행위가 둘 이상인 경우로서 그에 해당하는 각각의 처분기준이 다른 경우에는 그 중 무거운 처분기준에 따른다. 다만, 제2호나목의 경우 둘 이상의 처분기준이 같은 업무정지인 경우에는 각 처분기준을 합산한 기간을 넘지 않는 범위에서 무거운 처분기준의 2분의 1의 범위에서 가중할 수 있다.

나. 위반행위의 횟수에 따른 행정처분기준은 최근 2년간 같은 위반행위로 행정처분을 받은 경우에 적용한다. 이 경우 행정처분기준의 적용은 같은 위반행위에 대하여 최초로 행정처분을 한 날을 기준으로 한다.

다. 국립환경과학원장은 위반행위의 동기 · 내용 · 횟수 및 위반의 정도 등을 고려하여 제2호나목의 처분을 감경할 수 있다. 이 경우 그 처분이 업무정지인 경우에는 그 처분기준의 2분의 1의 범위에서 감경할 수 있고, 지정취소인 경우에는 3개월 이상의 업무정지 처분으로 감경(법 제19조 제1항 제1호에 해당하는 경우는 제외)할 수 있다.

2. 개별기준

가. 악취배출시설 관련 행정처분

위반사항	근거 법조문	행정처분기준			
		1차	2차	3차	4차
1) 개선명령을 받은 자가 개선명령을 이행하지 않은 경우	법 제11조	사용중지 명령			
2) 개선명령을 받은 자가 개선명령을 이행은 하였으나 최근 2년 이내에 배출허용기준을 반복하여 초과하는 경우	법 제11조				
가) 연속하여 초과하는 경우		개선명령	조업정지 명령		
나) 가) 외의 경우		개선명령	개선명령	조업정지 명령	
3) 신고를 하지 않거나 거짓으로 신고하고 신고대상시설을 설치하거나 운영한 경우	법 제13조				
가) 다른 법률에서 그 설치 장소에 해당 신고대상시설을 설치할 수 없도록 금지하고 있지 않은 경우		사용중지 명령			
나) 다른 법률에서 그 설치 장소에 해당 신고대상시설을 설치할 수 없도록 금지하고 있는 경우		폐쇄명령			
4) 변경신고를 하지 않거나 거짓으로 변경신고를 하고 신고대상시설을 설치하거나 운영한 경우	법 제13조	경고	사용중지 명령		

비고
사용중지 기간은 사용중지 처분서에 적힌 사용중지일부터 1) 및 2)의 경우에는 해당 시설의 개선완료일까지, 3)가) 및 4)의 경우에는 신고 및 변경신고 완료일까지로 한다.

나. 악취검사기관과 관련한 행정처분

위반사항	근거 법조문	행정처분기준			
		1차	2차	3차	4차
1) 거짓이나 그 밖의 부정한 방법으로 지정을 받은 경우	법 제19조 제1항 제1호	지정취소			
2) 법 제18조 제2항에 따른 지정기준에 미치지 못하게 된 경우	법 제19조 제1항 제2호				
가) 검사시설 및 장비가 전혀 없는 경우		지정취소			
나) 검사시설 및 장비가 부족하거나 고장난 상태로 7일 이상 방치한 경우 중요내용		경고	업무정지 1개월	업무정지 3개월	지정취소
다) 기술인력이 전혀 없는 경우		지정취소			
라) 기술인력이 부족하거나 부적합한 경우		경고	업무정지 15일	업무정지 1개월	업무정지 3개월
3) 고의 또는 중대한 과실로 검사 결과를 거짓으로 작성한 경우	법 제19조 제1항 제3호	업무정지 15일	업무정지 1개월	업무정지 3개월	지정취소

과징금처분(법 제12조) 중요내용

① 시 · 도지사 또는 대도시의 장은 신고대상시설로서 다음 각 호의 어느 하나에 해당하는 시설을 운영하는 자에게 조업정지를 명하여야 하는 경우로서 그 조업정지가 주민의 생활에 심한 불편을 주거나 공익을 해칠 우려가 있다고 인정되는 경우에는 조업정지처분을 대신하여 1억 원 이하의 과징금을 부과할 수 있다.

❶ 「산업집적활성화 및 공장설립에 관한 법률」에 따른 공장
❷ 「하수도법」에 따른 공공하수처리시설 또는 분뇨처리시설
❸ 「가축분뇨의 관리 및 이용에 관한 법률」에 따른 공공처리시설
❹ 「물환경보전법」에 따른 공공폐수처리시설
❺ 「폐기물관리법」에 따른 폐기물처리시설 중 지방자치단체가 설치하거나 운영하는 시설
❻ 그 밖에 대통령령으로 정하는 악취배출시설

② 과징금을 부과하는 위반행위의 종류 및 위반 정도 등에 따른 과징금의 금액 등에 관하여 필요한 사항은 환경부령으로 정한다.

③ 시 · 도지사 또는 대도시의 장은 시설을 운영하는 자가 과징금을 납부기한까지 내지 아니하면 지방세 외 수입금의 징수 등에 관한 법률의 예에 따라 징수한다.

과징금 처분대상 악취배출시설(영 제5조)

법 제12조 제1항 제6호에서 “대통령령으로 정하는 악취배출시설”이란 다음 각 호의 시설을 말한다.

1 축산시설
2 유기 · 무기화합물 제조시설. 다만, 해당 시설의 사용을 중지할 경우 해당 시설 안에 투입된 원료 · 부원료(副原料) · 용수(用水) 또는 제품[반제품(半製品)을 포함한다] 등이 화학반응 등을 일으켜 폭발 또는 화재 등의 사고가 발생할 우려가 있는 시설로 한정한다.

❑ 과징금의 금액(규칙 제12조)

① 과징금은 행정처분기준에 따른 사용중지일수(과징금 부과처분일부터 계산한다)에 1일당 부과금액 100만원을 곱하

여 계산하되, 5천만원을 초과하는 경우에는 5천만원으로 한다.
② 과징금의 납부기한은 과징금 납부통지서 발급일부터 30일로 한다.

위법시설에 대한 폐쇄명령(법 제13조)

① 시 · 도지사 또는 대도시의 장은 신고를 하지 아니하고 신고대상시설을 설치하거나 운영하는 자에게 해당 신고대상시설의 사용중지를 명하여야 한다. 다만, 다른 법률에서 그 설치 장소에 해당 신고대상시설을 설치할 수 없도록 금지하고 있는 경우에는 그 신고대상시설의 폐쇄를 명하여야 한다.
② 사용중지명령 또는 폐쇄명령에 관하여 그 밖에 필요한 사항은 환경부령으로 정한다.

개선권고(법 제14조)

① 특별자치시장, 특별자치도지사, 대도시의 장 또는 시장 · 군수 · 구청장은 신고대상시설 외의 악취배출시설에서 배출되는 악취가 배출허용기준을 초과하는 경우에는 해당 악취배출시설을 운영하는 자에게 그 악취가 배출허용기준 이하로 내려가도록 필요한 조치를 할 것을 권고할 수 있다.
② 특별자치시장, 특별자치도지사, 대도시의 장 또는 시장 · 군수 · 구청장은 제1항에 따라 권고를 받은 자가 권고사항을 이행하지 아니하는 때에는 악취를 저감(低減)하기 위하여 필요한 조치를 명할 수 있다.

개선권고에 관한 조치기간(영 제6조) 중요내용

① 특별자치도지사, 대도시의 장 또는 시장(대도시의 장은 제외한다. 이하 같다) · 군수 · 구청장(자치구의 구청장을 말한다. 이하 같다)은 권고 또는 조치명령을 할 때에는 악취의 제거 또는 억제 등의 조치에 걸리는 기간을 고려하여 6개월의 범위에서 조치기간을 정하여야 한다.
② 특별자치도지사, 대도시의 장 또는 시장 · 군수 · 구청장은 권고 또는 조치명령을 받은 자가 천재지변이나 그 밖의 부득이한 사유로 제1항에 따른 조치기간에 조치를 끝낼 수 없는 경우에는 해당 개선권고 또는 조치명령을 받은 자의 신청을 받아 3개월의 범위에서 조치기간을 연장할 수 있다. 이 경우 연장신청은 제1항의 조치기간이 끝나기 전에 하여야 한다.

제3장 생활악취의 방지

공공수역의 악취방지(법 제16조)

국가와 지방자치단체는 하수관로 · 하천 · 호소(湖沼) · 항만 등 공공수역에서 악취가 발생하여 주변 지역 주민에게 피해를 주지 아니하도록 적절하게 관리하여야 한다.

기술진단(법 제16조의2)

① 시 · 도지사, 대도시의 장 및 시장 · 군수 · 구청장은 악취로 인한 주민의 건강상 위해(危害)를 예방하고 생활환경을 보전하기 위하여 해당 지방자치단체의 장이 설치 · 운영하는 다음 각 호의 악취배출시설에 대하여 5년마다 기술진단을 실시하여야 한다. 다만, 다른 법률에 따라 악취에 관한 기술진단을 실시한 경우에는 이 항에 따른 기술진단을 실시한 것으로 본다. 중요내용
❶ 「하수도법」에 따른 공공하수처리시설 및 분뇨처리시설
❷ 「가축분뇨의 관리 및 이용에 관한 법률」에 따른 공공처리시설
❸ 「물환경보전법」에 따른 공공폐수처리시설
❹ 「폐기물관리법」에 따른 폐기물처리시설 중 음식물류 폐기물을 처리(재활용을 포함한다)하는 시설
❺ 그 밖에 시 · 도지사, 대도시의 장 및 시장 · 군수 · 구청장이 해당 지방자치단체의 장이 설치 · 운영하는 시설 중 악취발생으로 인한 피해가 우려되어 기술진단을 실시할 필요가 있다고 인정하는 시설

② 기술진단을 실시한 시 · 도지사, 대도시의 장 및 시장 · 군수 · 구청장은 기술진단 결과 악취저감 등의 조치가 필요하다고 인정되는 경우에는 개선계획을 수립하여 시행하여야 한다.

③ 기술진단의 내용 · 방법, 기술진단 대상시설의 범위 등은 환경부령으로 정한다.

④ 시 · 도지사, 대도시의 장 및 시장 · 군수 · 구청장은 한국환경공단 또는 등록을 한 자로 하여금 기술진단업무를 대행하게 할 수 있다.

❑ **기술진단(규칙 제13조의2)**

① 시 · 도지사, 대도시의 장 또는 시장 · 군수 · 구청장은 기술진단 결과를 받은 날부터 30일 이내에 개선계획을 수립하여 다음 각 호의 구분에 따라 통지해야 한다. 이 경우 개선계획을 통지받은 자는 해당 개선계획에 대하여 한국환경공단에 기술적 자문을 요청할 수 있다.

❶ 시 · 도지사 또는 대도시의 장이 수립한 경우 : 유역환경청장 또는 지방환경청장

❷ 시장 · 군수 · 구청장이 수립한 경우 : 시 · 도지사 또는 대도시의 장

② 기술진단에 드는 비용은 기술진단 대상시설의 종류 · 규모 등을 고려하여 환경부장관이 정하여 고시한다.

[기술진단의 내용 및 방법(규칙 제13조) : 별표 5]

내 용	방 법
현황 조사	1. 처리대상 물질의 종류 및 용량 조사 2. 악취 관련 민원 발생 현황 조사 3. 민원 발생 지역과 떨어진 거리 및 주변 지역 현황 조사 4. 사업장 주변의 지리적 · 환경적인 조건 파악 5. 사업장의 풍향, 풍속 등 기상조건 파악 6. 설계보고서 등 시설 및 운영 관련 자료 검토
시설진단	1. 자료 조사 가. 설비 및 시설의 보수 · 교환 · 개조 등의 기록 점검, 고장횟수 파악 2. 악취배출시설의 밀폐 및 악취포집 상태 파악 가. 악취발생 공정별 밀폐도 파악 나. 악취발생 공정별 후드 · 덕트 설치 여부 및 적절성 파악 다. 악취발생 공정별 악취포집 현황 파악 3. 악취방지시설 및 부대설비 가. 용량과 성능의 적절성 여부 검토 나. 부식, 손상 등 정상작동 여부 검토
공정진단	1. 악취발생원 현황 파악 2. 악취배출 공정 및 특성 파악 3. 악취발생원별 악취물질 측정 · 분석 4. 악취방지시설 전 · 후단 및 최종 배출구 악취물질 측정 · 분석 5. 악취방지시설 성능 및 효율 진단 가. 악취방지시설 설계 적합성 및 운전의 적절성 파악 나. 악취방지시설 운전인자(運轉因子) 관리 현황 파악 6. 부지경계지역 악취물질 측정 · 분석
운영진단	1. 운전원과의 면담 결과를 토대로 한 유지 · 관리의 적합성 파악 2. 관리인의 기술능력, 유지 · 보수의 적절성 파악
시설 개선 및 최적 관리	1. 사업장의 악취발생 문제점 도출 2. 문제점에 대한 악취배출시설 및 악취발생원별 악취 저감 대책 수립 3. 악취문제 해결을 위한 시설 개선의 타당성 검토 4. 시설 개선의 개략적 개선비용 산출 5. 악취배출시설별 적정 점검방법 및 시설관리 방안 지도 6. 시설기자재의 관리 점검 및 운영 · 관리 방법 지도

[기술진단 대상시설의 범위(규칙 제13조) : 별표 6]

2013년 2월 5일부터 적용되는 기술진단 대상시설 가. 공공하수처리시설 중 1일 하수처리용량이 5백세제곱미터 이상 5만세제곱미터 미만인 시설 나. 공공폐수처리시설

제4장 검사 등

악취검사기관(법 제18조) 중요내용

① 채취된 시료의 악취검사를 하는 악취검사기관은 다음 각 호의 자 중에서 환경부장관이 지정하는 자로 한다.

❶ 국공립연구기관

❷ 「고등교육법」 제2조에 따른 학교

❸ 특별법에 따라 설립된 법인

❹ 환경부장관의 설립허가를 받은 환경 관련 비영리법인

❺ 「국가표준기본법」에 따라 인정된 화학 분야의 시험 · 검사기관

② 악취검사기관으로 지정받으려는 자는 환경부령으로 정하는 검사시설 · 장비 및 기술인력 등을 갖추어야 한다.

③ 악취검사기관으로 지정받은 자가 그 지정받은 사항을 변경하려면 환경부장관에게 보고하여야 한다.

④ 환경부장관은 악취검사기관을 지정하였을 경우에는 지정서를 발급하고, 이를 공고하여야 한다.

⑤ 악취검사기관의 지정절차, 악취검사기관의 준수사항, 검사수수료 등에 관하여 필요한 사항은 환경부령으로 정한다.

❑ 악취검사기관의 지정신청(규칙 제15조)

① 악취검사기관으로 지정받으려는 자는 검사시설 · 장비 및 기술인력을 갖추고, 악취검사기관 지정신청서(전자문서로 된 신청서를 포함한다)에 다음 각 호의 서류(전자문서를 포함한다)를 첨부하여 국립환경과학원장에게 제출하여야 한다.

❶ 검사시설 · 장비의 보유 현황 및 이를 증명하는 서류

❷ 기술인력 보유 현황 및 이를 증명하는 서류

② 신청서를 받은 국립환경과학원장은 「전자정부법」에 따른 행정정보의 공동이용을 통하여 법인 등기사항 증명서(법인인 경우만 해당한다)를 확인하여야 한다.

③ 국립환경과학원장은 제1항에 따라 악취검사기관의 지정신청을 받은 경우 신청 내용이 적합할 때에는 악취검사기관 지정서를 발급하여야 한다.

[악취검사기관의 검사시설 · 장비 및 기술인력 기준(규칙 제15조) : 별표 7]

기술인력	검사시설 및 장비
대기환경기사 1명 악취분석요원 1명 악취판정요원 5명	1. 공기희석관능 실험실 2. 지정악취물질 실험실 3. 무취공기 제조장비 1벌 4. 악취희석장비 1별 5. 악취농축장비(필요한 측정 · 분석장비별) 1벌 6. 지정악취물질을 「환경분야 시험 · 검사 등에 관한 법률」에 따른 환경오염공정시험기준에 따라 측정 · 분석할 수 있는 장비 및 실험기기 각 1벌

비고

1. 대기환경기사는 다음의 사람으로 대체할 수 있다.
   가. 국공립연구기관의 연구직공무원으로서 대기환경연구분야에 1년 이상 근무한 사람
   나. 「고등교육법」에 따른 대학에서 대기환경분야를 전공하여 석사 이상의 학위를 취득한 사람

다. 「고등교육법」에 따른 대학에서 대기환경분야를 전공하여 학사학위를 취득한 사람으로서 같은 분야에서 3년 이상 근무한 사람
라. 대기환경산업기사를 취득한 후 악취검사기관에서 악취분석요원으로 5년 이상 근무한 사람
2. 악취분석요원은 다음의 사람으로 한다.
가. 대기환경기사, 화학분석기능사, 환경기능사 또는 대기환경산업기사 이상의 자격을 가진 사람
나. 국공립연구기관의 대기분야 실험실에서 3년 이상 근무한 사람
다. 「국가표준기본법」에 따라 기술표준원으로부터 시험 · 검사기관의 인정을 받은 기관에서 악취분석요원으로 3년 이상 근무한 사람
라. 대기환경측정분석분야 환경측정분석사의 자격을 가진 사람
3. 악취판정요원은 「환경분야 시험 · 검사 등에 관한 법률」에 따른 환경오염공정시험기준에 따른 악취판정요원 선정검사에 합격한 사람이어야 한다.
4. 여러 항목을 측정할 수 있는 장비를 보유한 경우에는 해당 장비로 측정할 수 있는 항목의 장비를 모두 갖춘 것으로 본다.
5. 지정악취물질을 측정 · 분석할 수 있는 장비를 임차한 경우에는 이를 갖춘 것으로 본다.

❑ 악취검사기관의 지정사항 변경보고(규칙 제16조)

악취검사기관으로 지정받은 자가 지정받은 사항 중 다음 각 호의 사항을 변경하려는 경우에는 악취검사기관 지정사항 변경보고서(전자문서로 된 보고서를 포함한다)에 그 변경 내용을 증명하는 서류와 악취검사기관 지정서를 첨부하여 국립환경과학원장에게 제출하여야 한다.

❶ 상호
❷ 사업장 소재지
❸ 실험실 소재지

[악취검사기관의 준수사항(규칙 제17조) : 별표 8]

1. 시료는 기술인력으로 고용된 사람이 채취해야 한다.
2. 검사기관은 국립환경과학원장이 실시하는 정도관리를 받아야 한다.
3. 검사기관은 환경오염공정시험기준에 따라 정확하고 엄정하게 측정 · 분석을 해야 한다.
4. 검사기관이 법인인 경우 보유차량에 국가기관의 악취검사차량으로 잘못 인식하게 하는 문구를 표시하거나 과대표시를 해서는 안 된다.
5. 검사기관은 다음의 서류를 작성하여 3년간 보존해야 한다. 중요내용
가. 실험일지 및 검량선(檢量線) 기록지
나. 검사 결과 발송 대장
다. 정도관리 수행기록철

지정취소(법 제19조)

① 환경부장관은 제18조 제1항에 따라 악취검사기관으로 지정받은 자가 다음 각 호의 어느 하나에 해당하는 경우에는 악취검사기관의 지정을 취소하거나 6개월 이내의 기간을 정하여 업무의 정지를 명할 수 있다. 다만, 제1호에 해당하는 경우에는 지정을 취소하여야 한다.
❶ 거짓이나 그 밖의 부정한 방법으로 지정을 받은 경우
❷ 지정기준에 미치지 못하게 된 경우
❸ 고의 또는 중대한 과실로 검사 결과를 거짓으로 작성한 경우
② 지정취소 또는 업무정지명령에 관한 세부 기준은 환경부령으로 정한다.

제5장 보칙

청문(법 제22조)

환경부장관, 시·도지사 또는 대도시의 장은 다음 각 호의 어느 하나에 해당하는 처분을 하려면 청문을 하여야 한다.

1. 신고대상시설의 조업정지명령
2. 신고대상시설의 사용중지명령 또는 폐쇄명령

2의2. 기술진단전문기관의 등록취소

3. 악취검사기관에 대한 지정취소

권한·업무의 위임과 위탁(법 제24조)

① 이 법에 따른 환경부장관의 권한은 대통령령으로 정하는 바에 따라 그 일부를 환경부 소속 국립환경연구기관의 장에게 위임할 수 있다.

② 이 법에 따른 시·도지사의 권한은 대통령령으로 정하는 바에 따라 그 일부를 시장·군수·구청장에게 위임할 수 있다.

③ 이 법에 따른 환경부장관의 업무는 대통령령으로 정하는 바에 따라 그 일부를 관계 전문기관에 위탁할 수 있다.

❑ 위임 및 위탁업무의 보고(규칙 제21조) 중요내용

① 국립환경과학원장은 위임받은 업무를 처리하였을 때에는 그 내용을 환경부장관에게 보고하여야 한다.

② 한국환경공단 이사장은 위탁받은 업무를 처리하였을 때에는 매 반기의 실적을 매 반기 종료 후 15일 이내에 환경부장관에게 보고하여야 한다.

[위임업무의 보고사항(규칙 제21조) : 별표 10] 중요내용

업무 내용	보고횟수	보고기일	보고자
1. 악취검사기관의 지정, 지정사항 변경보고 접수 실적	연 1회	다음 해 1월 15일까지	국립환경과학원장
2. 악취검사기관의 지도·점검 및 행정처분 실적	연 1회	다음 해 1월 15일까지	

제6장 벌칙

벌칙(법 제26조)

다음 각 호의 어느 하나에 해당하는 자는 3년 이하의 징역 또는 3천만원 이하의 벌금에 처한다.

❶ 신고대상시설의 조업정지명령을 위반한 자

❷ 신고대상시설의 사용중지명령 또는 폐쇄명령을 위반한 자

벌칙(법 제27조)

다음 각 호의 어느 하나에 해당하는 자는 1년 이하의 징역 또는 1천만원 이하의 벌금에 처한다.

❶ 신고를 하지 아니하거나 거짓으로 신고를 하고 신고대상시설을 설치 또는 운영한 자

❷ 기술진단전문기관의 등록을 하지 아니하고 기술진단 업무를 대행한 자

❸ 거짓이나 그 밖의 부정한 방법으로 기술진단전문기관의 등록을 한 자

벌칙(법 제28조) 중요내용

다음 각 호의 어느 하나에 해당하는 자는 300만원 이하의 벌금에 처한다.

❶ 악취의 배출허용기준을 초과하여 받은 개선명령을 이행하지 아니한 자
❷ 관계 공무원의 출입 · 채취 및 검사를 거부 또는 방해하거나 기피한 자
❸ 악취방지계획에 따라 악취방지에 필요한 조치를 하지 아니하고 악취배출시설을 가동한 자
❹ 기간 이내에 악취방지계획에 따라 악취방지에 필요한 조치를 하지 아니한 자

과태료(법 제30조)

① 다음 각 호의 어느 하나에 해당하는 자에게는 200만원 이하의 과태료를 부과한다.
❶ 악취배출허용기준 초과와 관련하여 배출허용기준 이하로 내려가도록 조치명령을 이행하지 아니한 자
❷ 기술진단을 실시하지 아니한 자
❸ 기술진단전문기관과 관련하여 변경등록을 하지 아니하고 중요한 사항을 변경한 자
❹ 기술진단전문기관 등의 준수사항을 지키지 아니한 자

② 다음 각 호의 어느 하나에 해당하는 자에게는 100만원 이하의 과태료를 부과한다.
❶ 변경신고를 하지 아니하거나 거짓으로 변경신고를 한 자
❷ 보고를 하지 아니하거나 거짓으로 보고한 자 또는 자료를 제출하지 아니하거나 거짓으로 제출한 자

③ 제1항 및 제2항에 따른 과태료는 대통령령으로 정하는 바에 따라 환경부장관, 시 · 도지사, 대도시의 장 또는 시장 · 군수 · 구청장이 부과 · 징수한다.

❑ 과태료의 부과기준(규칙 제10조)

① 과태료의 부과기준은 별표와 같다.
② 환경부장관, 시 · 도지사, 대도시의 장 또는 시장 · 군수 · 구청장은 위반행위의 정도, 위반횟수, 위반행위의 동기와 그 결과 등을 고려하여 별표에 따른 과태료 금액의 2분의 1의 범위에서 그 금액을 감경할 수 있다.

[과태료의 부과기준(영 제10조) : 별표]

1. 일반기준
위반행위의 횟수에 따른 과태료의 부과기준은 최근 1년간 같은 위반행위로 과태료 부과처분을 받은 경우에 적용한다. 이 경우 위반행위에 대하여 과태료를 부과처분한 날과 다시 같은 위반행위를 적발한 날을 각각 기준으로 하여 위반횟수를 계산한다.

2. 개별기준

(단위 : 만원)

위반행위	근거 법조문	과태료 금액		
		1차 위반	2차 위반	3차 이상 위반
가. 변경신고를 하지 않거나 거짓으로 변경신고를 한 경우	법 제30조 제2항 제1호	50	70	100
나. 조치명령을 이행하지 않은 경우	법 제30조 제1항	100	150	200
다. 보고를 하지 않거나 거짓으로 보고한 경우 또는 자료를 제출하지 않거나 거짓으로 제출한 경우	법 제30조 제2항 제2호	50	70	100

[실내공기질 관리법]

목적(법 제1조)

이 법은 다중이용시설과 신축되는 공동주택의 실내공기질을 알맞게 유지하고 관리함으로써 그 시설을 이용하는 국민의 건강을 보호하고 환경상의 위해를 예방함을 목적으로 한다.

정의(법 제2조) 중요내용

❶ "다중이용시설"이라 함은 불특정다수인이 이용하는 시설을 말한다.
❷ "공동주택"이라 함은 「건축법」에 의한 공동주택을 말한다.
  ❷-2 "대중교통차량"이란 불특정인을 운송하는 데 이용되는 차량을 말한다.
❸ "오염물질"이라 함은 실내공간의 공기오염의 원인이 되는 가스와 떠다니는 입자상물질 등으로서 환경부령이 정하는 것을 말한다.
❹ "환기설비"라 함은 오염된 실내공기를 밖으로 내보내고 신선한 바깥공기를 실내로 끌어들여 실내공간의 공기를 쾌적한 상태로 유지시키는 설비를 말한다.
❺ "공기정화설비"라 함은 실내공간의 오염물질을 없애거나 줄이는 설비로서 환기설비의 안에 설치되거나, 환기설비와는 따로 설치된 것을 말한다.

[실내공간오염물질(규칙 제2조) : 별표 1] 중요내용

1. 미세먼지(PM－10)	10. 오존(O_3 ; Ozone)
2. 이산화탄소(CO_2 ; Carbon Dioxide)	11. 미세먼지(PM－2.5)
3. 폼알데하이드(Formaldehyde)	12. 곰팡이(Mold)
4. 총부유세균(TAB ; Total Airborne Bacteria)	13. 벤젠(Benzene)
5. 일산화탄소(CO ; Carbon Monoxide)	14. 톨루엔(Toluene)
6. 이산화질소(NO_2 ; Nitrogen dioxide)	15. 에틸벤젠(Ethylbenzene)
7. 라돈(Rn ; Radon)	16. 자일렌(Xylene)
8. 휘발성유기화합물(VOCs ; Volatile Organic Compounds)	17. 스티렌(Styrene)
9. 석면(Asbestos)	

적용대상(법 제3조)

① 이 법의 적용대상이 되는 다중이용시설은 다음 각호의 시설중 대통령령이 정하는 규모의 것으로 한다.
❶ 지하역사(출입통로 · 대합실 · 승강장 및 환승통로와 이에 딸린 시설을 포함한다)
❷ 지하도상가(지상건물에 딸린 지하층의 시설을 포함한다)
❸ 철도역사의 대합실
❹ 「여객자동차 운수사업법」에 따른 여객자동차터미널의 대합실
❺ 「항만법」에 따른 항만시설 중 대합실
❻ 「공항시설법」에 따른 공항시설 중 여객터미널
❼ 「도서관법」에 따른 도서관
❽ 「박물관 및 미술관 진흥법」에 따른 박물관 및 미술관
❾ 「의료법」에 따른 의료기관
❿ 「모자보건법」에 따른 산후조리원
⓫ 「노인복지법」에 따른 노인요양시설
⓬ 「영유아보육법」에 따른 어린이집

⑫의2. 「어린이놀이시설 안전관리법」에 따른 어린이놀이시설 중 실내 어린이 놀이시설
⑬ 「유통산업발전법」에 따른 대규모점포
⑭ 「장사 등에 관한 법률」에 따른 장례식장(지하에 위치한 시설로 한정한다)
⑮ 「영화 및 비디오물의 진흥에 관한 법률」에 따른 영화상영관(실내 영화상영관으로 한정한다)
⑯ 「학원의 설립 · 운영 및 과외교습에 관한 법률」에 따른 학원
⑰ 「전시산업발전법」에 따른 전시시설(옥내시설로 한정한다)
⑱ 「게임산업진흥에 관한 법률」에 따른 인터넷컴퓨터게임시설제공업의 영업시설
⑲ 실내주차장
⑳ 「건축법」에 따른 업무시설
㉑ 「건축법」에 따라 구분된 용도 중 둘 이상의 용도에 사용되는 건축물
㉒ 「공연법」에 따른 공연장 중 실내 공연장
㉓ 「체육시설의 설치 · 이용에 관한 법률」에 따른 체육시설 중 실내 체육시설
㉔ 「공중위생관리법」에 따른 목욕장업의 영업시설
㉕ 그 밖에 대통령령으로 정하는 시설

② 이 법의 적용대상이 되는 공동주택은 다음 각호의 공동주택으로서 대통령령이 정하는 규모 이상으로 신축되는 것으로 한다.
❶ 아파트
❷ 연립주택
❸ 기숙사

✪ 적용대상(영 제2조) 중요내용

① 「실내공기질 관리법」(이하 "법"이라 한다)에서 "대통령령으로 정하는 규모의 것"이란 다음 각 호의 어느 하나에 해당하는 시설을 말한다. 이 경우 둘 이상의 건축물로 이루어진 시설의 연면적은 개별 건축물의 연면적을 모두 합산한 면적으로 한다.
1 모든 지하역사(출입통로 · 대합실 · 승강장 및 환승통로와 이에 딸린 시설을 포함한다)
2 연면적 2천제곱미터 이상인 지하도상가(지상건물에 딸린 지하층의 시설을 포함한다. 이하 같다). 이 경우 연속되어 있는 둘 이상의 지하도상가의 연면적 합계가 2천제곱미터 이상인 경우를 포함한다.
3 철도역사의 연면적 2천제곱미터 이상인 대합실
4 여객자동차터미널의 연면적 2천제곱미터 이상인 대합실
5 항만시설 중 연면적 5천제곱미터 이상인 대합실
6 공항시설 중 연면적 1천5백제곱미터 이상인 여객터미널
7 연면적 3천제곱미터 이상인 도서관
8 연면적 3천제곱미터 이상인 박물관 및 미술관
9 연면적 2천제곱미터 이상이거나 병상 수 100개 이상인 의료기관
10 연면적 500제곱미터 이상인 산후조리원
11 연면적 1천제곱미터 이상인 노인요양시설
12 연면적 430제곱미터 이상인 어린이집
12의2 연면적 430제곱미터 이상인 실내 어린이 놀이시설
13 모든 대규모점포
14 연면적 1천제곱미터 이상인 장례식장(지하에 위치한 시설로 한정한다)
15 모든 영화상영관(실내 영화상영관으로 한정한다)
16 연면적 1천제곱미터 이상인 학원
17 연면적 2천제곱미터 이상인 전시시설(옥내시설로 한정한다)
18 연면적 300제곱미터 이상인 인터넷컴퓨터게임시설제공업의 영업시설
19 연면적 2천제곱미터 이상인 실내주차장(기계식 주차장은 제외한다)
20 연면적 3천제곱미터 이상인 업무시설

㉑ 연면적 2천제곱미터 이상인 둘 이상의 용도(「건축법」에 따라 구분된 용도를 말한다)에 사용되는 건축물
㉒ 객석 수 1천석 이상인 실내 공연장
㉓ 관람석 수 1천석 이상인 실내 체육시설
㉔ 연면적 1천제곱미터 이상인 목욕장업의 영업시설

② 법 제3조제2항 각호외의 부분에서 "대통령령이 정하는 규모"라 함은 100세대를 말한다.
③ 법 제3조제3항제3호에서 "대통령령으로 정하는 자동차"란 「여객자동차 운수사업법 시행령」에 따른 시외버스운송사업에 사용되는 자동차 중 고속형 시외버스와 직행형 시외버스를 말한다.

국가 등의 책무(법 제4조)

① 국가와 지방자치단체는 다중이용시설, 공동주택 및 대중교통차량(이하 "다중이용시설등"이라 한다)의 실내공기질을 관리하는 데에 필요한 시책을 수립 · 시행하여야 한다.
② 국민은 국가 또는 지방자치단체가 실시하는 다중이용시설등의 실내공기질 관리 시책에 적극 협력하여야 한다.

실내공기질 관리 기본계획(법 제4조의3)

① 환경부장관은 관계 중앙행정기관의 장과 협의하여 실내공기질 관리에 필요한 기본계획(이하 "기본계획"이라 한다)을 5년마다 수립하여야 한다. 중요내용
② 환경부장관은 기본계획의 수립을 위하여 필요한 경우 특별시장 · 광역시장 · 특별자치시장 · 도지사 또는 특별자치도지사(이하 "시 · 도지사"라 한다)의 의견을 들어야 한다.
③ 기본계획에는 다음 각 호의 사항이 포함되어야 한다. 중요내용
❶ 다중이용시설등의 실내공기질 관리의 기본목표와 추진 방향
❷ 다중이용시설등의 실내공기질 관리 현황과 전망
❸ 다중이용시설과 대중교통차량의 실내공기질 측정망 설치 및 운영
❹ 다중이용시설등의 실내공기질 관리 기준 설정 및 변경
❺ 그 밖에 실내공기질 관리에 필요한 사항
④ 환경부장관은 기본계획의 변경이 필요하다고 인정하면 그 타당성을 검토하여 변경할 수 있다. 이 경우 미리 시 · 도지사의 의견을 듣고, 관계 중앙행정기관의 장과 협의하여야 한다.
⑤ 환경부장관은 기본계획을 수립 또는 변경한 경우에는 이를 관계 중앙행정기관의 장과 시 · 도지사에게 알려야 한다.

측정망 설치(법 제4조의6)

① 환경부장관은 다중이용시설과 대중교통차량의 실내공기질 실태를 파악하기 위하여 측정망을 설치하여 상시 측정할 수 있다.
② 시 · 도지사는 관할 구역에서 다중이용시설과 대중교통차량의 실내공기질 실태를 파악하기 위하여 측정망을 설치하여 상시 측정할 수 있다. 이 경우 그 측정 결과를 환경부장관에게 알려야 한다.
③ 환경부장관은 시 · 도지사에게 제2항에 따른 측정망 설치에 필요한 기술적 · 행정적 · 재정적 지원을 할 수 있다.

실내공기질 유지기준(법 제5조)

① 다중이용시설의 소유자 · 점유자 또는 관리자 등 관리책임이 있는 자(이하 "소유자등"이라 한다)는 다중이용시설 내부의 쾌적한 공기질을 유지하기 위한 기준에 맞게 시설을 관리하여야 한다.
② 공기질 유지기준은 환경부령으로 정한다. 이 경우 어린이, 노인, 임산부 등 오염물질에 노출될 경우 건강 피해 우려가 큰 취약계층이 주로 이용하는 다중이용시설로서 대통령령으로 정하는 시설과 미세먼지 등 대통령령으로 정하는 오염물질에 대해서는 더욱 엄격한 공기질 유지기준을 정하여야 한다.
③ 시 · 도는 지역환경의 특수성을 고려하여 필요하다고 인정하는 때에는 그 시 · 도의 조례로 제1항의 규정에 의한 공기질 유지기준보다 엄격하게 당해 시 · 도에 적용할 공기질 유지기준을 정할 수 있다.

④ 시 · 도지사는 공기질 유지기준이 설정되거나 변경된 때에는 이를 지체없이 환경부장관에게 보고하여야 한다.

[실내공기질 유지기준(별표 2) : 2019년 7월 1일부터 적용] 중요내용

<table>
<tr><th>오염물질 항목
다중이용시설</th><th>미세먼지
(PM-10)
($\mu g/m^3$)</th><th>미세먼지
(PM-25)
($\mu g/m^3$)</th><th>이산화탄소
(ppm)</th><th>폼알데하이드
($\mu g/m^3$)</th><th>총부유세균
(CFU/m^3)</th><th>일산화탄소
(ppm)</th></tr>
<tr><td>가. 지하역사, 지하도상가, 철도역사의 대합실, 여객자동차터미널의 대합실, 항만시설 중 대합실, 공항시설 중 여객터미널, 도서관 · 박물관 및 미술관, 대규모 점포, 장례식장, 영화상영관, 학원, 전시시설, 인터넷컴퓨터게임시설제공업의 영업시설, 목욕장업의 영업시설</td><td>100 이하</td><td>50 이하</td><td rowspan="3">1,000 이하</td><td>100 이하</td><td>–</td><td rowspan="2">10 이하</td></tr>
<tr><td>나. 의료기관, 산후조리원, 노인요양시설, 어린이집</td><td>75 이하</td><td>35 이하</td><td>80 이하</td><td>800 이하</td></tr>
<tr><td>다. 실내주차장</td><td>200 이하</td><td>–</td><td>100 이하</td><td>–</td><td>25 이하</td></tr>
<tr><td>라. 실내 체육시설, 실내 공연장, 업무시설, 둘 이상의 용도에 사용되는 건축물</td><td>200 이하</td><td>–</td><td>–</td><td>–</td><td>–</td><td>–</td></tr>
</table>

실내공기질 권고기준(법 제6조)

특별자치시장 · 특별자치도지사 · 시장 · 군수 · 구청장은 다중이용시설의 특성에 따라 공기질 유지기준과는 별도로 쾌적한 공기질을 유지하기 위하여 환경부령이 정하는 권고기준에 맞게 시설을 관리하도록 다중이용시설의 소유자등에게 권고할 수 있다.

[실내공기질 권고기준(별표 3) : 2019년 7월 1일부터 적용] 중요내용

<table>
<tr><th>오염물질 항목
다중이용시설</th><th>이산화질소
(ppm)</th><th>라돈
(Bq/m^3)</th><th>총휘발성
유기화합물
($\mu g/m^3$)</th><th>곰팡이
(CFU/m^3)</th></tr>
<tr><td>가. 지하역사, 지하도상가, 철도역사의 대합실, 여객자동차터미널의 대합실, 항만시설 중 대합실, 공항시설 중 여객터미널, 도서관 · 박물관 및 미술관, 대규모점포, 장례식장, 영화상영관, 학원, 전시시설, 인터넷컴퓨터게임시설제공업의 영업시설, 목욕장업의 영업시설</td><td>0.1 이하</td><td rowspan="3">148 이하</td><td>500 이하</td><td>–</td></tr>
<tr><td>나. 의료기관, 어린이집, 노인요양시설, 산후조리원</td><td>0.05 이하</td><td>400 이하</td><td>500 이하</td></tr>
<tr><td>다. 실내주차장</td><td>0.3 이하</td><td>1,000 이하</td><td>–</td></tr>
</table>

❑ 다중이용시설의 소유자등의 교육(규칙 제5조)

① 다중이용시설의 소유자 · 점유자 또는 관리자 등 관리책임이 있는 자(이하 "소유자등"이라 한다)가 받아야 하는 교육은 다음 각호와 같다.

❶ 신규교육 : 다중이용시설의 소유자등이 된 날부터 1년 이내에 1회

❷ 보수교육 : 신규교육을 받은 날을 기준으로 3년마다 1회(다만, 오염도 검사 결과 실내공기질 유지기준에 맞게 시설을 관리하는 경우에는 보수교육 면제)

② 교육시간은 각 6시간으로 한다. 다만, 정보매체를 이용하여 원격교육을 실시하는 경우에는 환경부장관이 인정하는 시간으로 한다.

③ 징수하는 교육경비는 교육내용 및 교육시간 등을 고려하여 환경부장관이 정하여 고시한다.

④ 실내공기질관리법 시행령」(이하 "영"이라 한다)의 규정에 의하여 교육업무를 위탁받은 자는 출장교육, 정보통신매체를 이용한 원격교육 등 교육대상자의 편의를 위한 대책을 마련하여야 한다.

♂ 신축 공동주택의 실내공기질 관리(법 제9조)

① 신축되는 공동주택의 시공자는 시공이 완료된 공동주택의 실내공기질을 측정하여 그 측정결과를 특별자치시장 · 특별자치도지사 · 시장 · 군수 · 구청장에게 제출하고, 입주 개시전에 입주민들이 잘 볼 수 있는 장소에 공고하여야 한다.
② 실내공기질의 측정항목 · 방법, 측정결과의 제출 · 공고시기 · 장소 등에 관하여 필요한 사항은 환경부령으로 정한다.
③ 신축 공동주택의 쾌적한 공기질 유지를 위한 실내공기질 권고기준은 환경부령으로 정한다.
④ 환경부장관은 신축 공동주택의 소유자등이 실내공기질을 알맞게 유지 · 관리함으로써 쾌적한 실내환경에서 생활할 수 있도록 하기 위하여 공동주택의 실내공기질 관리지침을 개발하여 보급할 수 있다.

❑ 신축 공동주택의 공기질 측정(규칙 제7조)

① 신축 공동주택의 시공자가 실내공기질을 측정하는 경우에는 「환경분야 시험 · 검사 등에 관한 법률」에 따른 환경오염공정시험기준에 따라 하여야 한다. 중요내용
② 신축 공동주택의 실내공기질 측정항목은 다음 각 호와 같다. 중요내용
❶ 폼알데하이드
❷ 벤젠
❸ 톨루엔
❹ 에틸벤젠
❺ 자일렌
❻ 스티렌
❼ 라돈
③ 신축 공동주택의 시공자는 실내공기질을 측정한 경우 주택 공기질 측정결과 보고(공고)를 작성하여 주민 입주 7일 전까지 특별자치시장 · 특별자치도지사 · 시장 · 군수 · 구청장(자치구의 구청장을 말한다. 이하 같다)에게 제출하여야 한다.
④ 신축 공동주택의 시공자는 주택 공기질 측정결과 보고(공고)를 주민 입주 7일 전부터 60일간 다음 각 호의 장소 등에 주민들이 잘 볼 수 있도록 공고하여야 한다.
❶ 공동주택 관리사무소 입구 게시판
❷ 각 공동주택 출입문 게시판
❸ 시공자의 인터넷 홈페이지
⑤ 특별시장 · 광역시장 · 특별자치시장 · 도지사 또는 특별자치도지사(이하 "시 · 도지사"라 한다) 또는 시장 · 군수 · 구청장은 실내공기질 측정결과를 공보 또는 인터넷 홈페이지 등에 공개할 수 있다.

[신축 공동주택의 실내공기질 권고기준(규칙 제7조의2) : 별표 4의2] 중요내용

1. 폼알데하이드 210μg/m^3 이하
2. 벤젠 30μg/m^3 이하
3. 톨루엔 1,000μg/m^3 이하
4. 에틸벤젠 360μg/m^3 이하
5. 자일렌 700μg/m^3 이하
6. 스티렌 300μg/m^3 이하
7. 라돈 148Bq/m^3

❑ 개선계획서의 제출(규칙 제9조)

① 개선명령을 받은 자는 그 명령을 받은 날부터 15일 이내에 다중이용시설 실내공기질 개선계획서를 특별자치시장 · 특별자치도지사 · 시장 · 군수 · 구청장에게 제출하여야 한다. 이 경우 공기정화설비 또는 환기설비를 개선하여야 하는 경우에는 그 명세서를 첨부하여야 한다.
② 특별자치시장 · 특별자치도지사 · 시장 · 군수 · 구청장은 개선계획서를 제출받은 경우 개선하고자 하는 사항이 명확하지 아니하거나 보완이 필요하다고 판단되는 경우에는 그 개선계획의 보완을 명할 수 있다.
③ 특별자치시장 · 특별자치도지사 · 시장 · 군수 · 구청장은 개선계획의 이행이 완료된 때에는 실내공기질의 측정 등을 통하여 그 이행상태를 확인하여야 한다.

♂ 개선명령(법 제10조)

특별자치시장 · 특별자치도지사 · 시장 · 군수 · 구청장은 다중이용시설이 공기질 유지기준에 맞지 아니하게 관리되는 경우에는 환경부령이 정하는 바에 따라 기간을 정하여 그 다중이용시설의 소유자 등에게 공기정화설비 또는 환기설비 등의 개선이나 대체 그 밖의 필요한 조치(이하 "개선명령"이라 한다)를 할 것을 명령할 수 있다.

❑ 개선명령기간(규칙 제8조)

① 특별자치시장 · 특별자치도지사 · 시장 · 군수 · 구청장은 공기정화설비 또는 환기설비 등의 개선이나 대체 그 밖의 필요한 조치(이하 "개선명령"이라 한다)를 명할 때에는 개선에 필요한 기간을 고려하여 1년의 범위안에서 그 기간을 정하여야 한다.

② 특별자치시장 · 특별자치도지사 · 시장 · 군수 · 구청장은 개선명령을 하는 때에는 다음 각호의 사항을 명시하여야 한다.

❶ 개선명령 사유

❷ 개선계획서의 제출

❸ 개선기간

③ 개선명령을 받은 자가 천재지변 그 밖의 부득이한 사유로 인하여 개선기간 이내에 조치를 완료할 수 없는 경우에는 그 기간이 종료되기 전에 특별자치시장 · 특별자치도지사 · 시장 · 군수 · 구청장에게 개선기간의 연장을 신청할 수 있으며, 신청받은 특별자치시장 · 특별자치도지사 · 시장 · 군수 · 구청장은 1년의 범위안에서 그 기간을 연장할 수 있다.

♂ 오염물질 방출 건축자재의 사용제한(법 제11조)

① 다중이용시설 또는 공동주택(「주택법」에 따른 건강친화형 주택은 제외한다. 이하 이 조에서 같다)을 설치(기존 시설 또는 주택의 개수 및 보수를 포함한다. 이하 이 조에서 같다)하는 자는 환경부장관이 관계 중앙행정기관의 장과 협의하여 환경부령으로 정하는 기준을 초과하여 오염물질을 방출하는 다음 각 호의 어느 하나에 해당하는 건축자재를 사용해서는 아니 된다.

❶ 접착제

❷ 페인트

❸ 실란트(sealant)

❹ 퍼티(putty)

❺ 벽지

❻ 바닥재

❼ 그 밖에 건축물 내부에 사용되는 건축자재로서 목질판상(木質板狀)제품 등 환경부령으로 정하는 것

② 건축자재를 제조하거나 수입하는 자는 그 건축자재가 기준을 초과하여 오염물질을 방출하는지 여부를 시험기관에서 확인받은 후 다중이용시설 또는 공동주택을 설치하는 자에게 공급하여야 한다. 다만, 다른 법령에 따라 이 법에 준하는 확인을 받은 경우 등 대통령령으로 정하는 경우에는 본문에 따른 확인을 받지 아니하고 건축자재를 공급할 수 있다.

③ 환경부장관은 오염물질을 채취 · 검사한 결과에 따른 기준을 초과하는 건축자재의 경우 시험기관에 확인의 취소를 명할 수 있으며, 시험기관의 장은 특별한 사유가 없으면 확인을 취소하여야 한다.

④ 환경부장관은 확인이 취소된 건축자재 및 위반하여 표지를 부착한 건축자재의 제조자 또는 수입자에게 회수 등의 조치를 명하거나 해당 건축자재와 관련된 내용을 대통령령으로 정하는 바에 따라 공표할 수 있다.

⑤ 확인의 취소, 회수 등의 조치명령 및 공표에 필요한 사항은 대통령령으로 정한다.

⑥ 확인의 절차 · 방법 및 유효기간 등에 관하여 필요한 사항은 대통령령으로 정한다.

⑦ 시험기관이 확인을 한 경우에는 환경부령으로 정하는 바에 따라 그 기록을 보관하여야 한다.

실내라돈조사의 실시(법 제11조의7)

① 환경부장관은 라돈(radon)의 실내 유입으로 인한 건강피해를 줄이기 위하여 실내공기 중 라돈의 농도 등에 관한 조사(이하 "실내라돈조사"라 한다)를 실시할 수 있다.

② 환경부장관은 실내라돈조사를 실시하려는 경우에는 그 조사의 목적·대상·방법 및 기간 등 조사에 필요한 사항을 환경부령으로 정하는 바에 따라 공고하여야 한다.

③ 환경부장관은 특정 지역에 대하여 실내라돈조사가 필요한 경우에는 해당 지역을 관할하는 시·도지사에게 그 조사를 실시하게 할 수 있다.

④ 시·도지사는 실내라돈조사를 실시한 경우에는 그 결과를 환경부장관에게 보고하여야 한다.

⑤ 환경부장관은 시·도지사에게 실내라돈조사에 필요한 기술적·행정적·재정적 지원을 할 수 있다.

라돈지도의 작성(법 제11조의8)

① 환경부장관은 실내라돈조사의 실시 결과를 기초로 실내공기 중 라돈의 농도 등을 나타내는 지도(이하 "라돈지도"라 한다)를 작성할 수 있다.

② 라돈지도의 작성기준, 작성방법 및 제공 등에 필요한 사항은 환경부령으로 정한다.

라돈관리계획의 수립·시행 등(법 제11조의9)

① 환경부장관은 실내라돈조사의 실시 및 라돈지도의 작성 결과를 기초로 라돈으로 인한 건강피해가 우려되는 시·도가 있는 경우 「환경보건법」에 따른 환경보건위원회의 심의를 거쳐 해당 시·도지사에게 5년마다 라돈관리계획(이하 "관리계획"이라 한다)을 수립하여 시행하도록 요청할 수 있다. 이 경우 시·도지사는 특별한 사유가 없으면 지역주민들의 의견을 들어 관리계획을 수립하여야 한다.

② 관리계획에는 다음 각 호의 사항이 포함되어야 한다.

❶ 다중이용시설 및 공동주택 등의 현황

❷ 라돈으로 인한 실내공기오염 및 건강피해의 방지 대책

❸ 라돈의 실내 유입 차단을 위한 시설 개량에 관한 사항

❹ 그 밖에 라돈관리를 위하여 시·도지사가 필요하다고 인정하는 사항

③ 시·도지사는 관리계획을 수립한 경우 그 내용 및 연차별 추진실적을 대통령령으로 정하는 바에 따라 환경부장관에게 보고하여야 한다.

④ 환경부장관은 시·도지사에게 관리계획의 시행에 필요한 기술적·행정적·재정적 지원을 할 수 있다.

실내공기질의 측정(법 제12조)

① 다중이용시설의 소유자등은 실내공기질을 스스로 측정하거나 환경부령으로 정하는 자로 하여금 측정하도록 하고 그 결과를 10년 동안 기록·보존하여야 한다. 다만, 다음 각 호의 어느 하나에 해당하는 자는 그러하지 아니하다.

❶ 측정망이 설치되어 실내공기질을 상시 측정할 수 있는 다중이용시설의 소유자등

❷ 측정기기를 부착하고 이를 운영·관리하고 있는 다중이용시설의 소유자등

❸ 그 밖에 대통령령으로 정하는 자

② 측정을 의뢰하려는 자는 측정대행업자에게 측정값을 조작하게 하는 등 측정·분석 결과에 영향을 미칠 수 있는 지시를 하여서는 아니 된다.

③ 실내공기질의 측정대상오염물질, 측정횟수, 측정시기, 그 밖에 실내공기질의 측정에 관하여 필요한 사항은 환경부령으로 정한다.

실내공기질 관리 종합정보망의 구축 · 운영(법 제12조의4)

① 환경부장관은 실내공기질의 종합적 · 체계적 관리를 위하여 실내공기질 관리 종합정보망을 구축 · 운영할 수 있다.
② 환경부장관은 종합정보망을 구축 · 운영하는 데에 필요한 자료를 관계 행정기관이나 관련 단체의 장에게 요청할 수 있다. 이 경우 요청을 받은 자는 특별한 사유가 없으면 그 요청에 따라야 한다.

❑ 실내라돈조사의 공고(규칙 제10조의10)

환경부장관은 실내라돈조사(이하 "실내라돈조사"라 한다)를 실시하려는 경우에는 다음 각 호의 사항을 환경부 인터넷 홈페이지에 공고하여야 한다.

❶ 조사 목적
❷ 조사 대상 및 위치
❸ 조사 기간
❹ 조사 항목 및 방법
❺ 그 밖에 실내라돈조사를 실시하기 위하여 필요한 사항

❑ 실내 라돈 농도의 권고기준(규칙 제10조의12)

다중이용시설 또는 공동주택의 소유자등에게 권고하는 실내 라돈 농도의 기준은 다음 각 호의 구분에 따른다.
❶ 다중이용시설의 소유자등 : 라돈의 권고기준
❷ 공동주택의 소유자등 : 1세제곱미터당 200베크렐 이하

❑ 실내공기질의 측정(규칙 제11조)

① 법 제12조 제1항에서 "환경부령이 정하는 자"라 함은 「환경분야 시험 · 검사 등에 관한 법률」에 따라 다중이용시설 등의 실내공간오염물질의 측정대행업을 등록한 자를 말한다.
② 실내공기질의 측정대상오염물질은 실내공간오염물질로 한다.
③ 다중이용시설의 소유자 등은 측정을 하는 경우에는 측정대상오염물질이 유지기준의 오염물질 항목에 해당하면 1년에 한 번, 권고기준의 오염물질항목에 해당하면 2년에 한 번 측정하여야 한다. 중요내용
④ 다중이용시설의 소유자등은 실내공기질 측정결과를 10년간 보존하여야 한다. 중요내용

❑ 오염도검사 결과 등의 공개(규칙 제14조)

① 환경부장관, 시 · 도지사 또는 시장 · 군수 · 구청장은 오염물질을 채취한 시설, 오염물질의 명칭, 오염도검사 결과를 공개하려는 경우 미리 다음 각 호의 사항을 해당 시설의 소유자등에게 알려야 한다. 다만, 긴급히 공개할 필요가 있거나 사전 통지가 현저히 곤란한 경우 등 상당한 이유가 있으면 그러하지 아니하다.
❶ 오염도검사 결과
❷ 오염도검사 결과 등의 공개 예정일 및 매체
❸ 오염도검사 결과에 대하여 의견을 제출할 수 있다는 뜻과 그 기한
❹ 그 밖에 필요한 사항
② 제1항에 따른 공개는 인터넷 홈페이지나 신문 · 방송 등 언론매체 등에 공개하는 방법으로 한다.

❑ 오염도검사기관(규칙 제13조)

"환경부령이 정하는 검사기관"이라 함은 다음 각 호의 기관을 말한다.
❶ 국립환경과학원
❷ 보건환경연구원
❸ 유역환경청 및 지방환경청
❹ 「국가표준기본법」에 따른 인정을 받은 자로서 환경부장관이 검사능력이 있다고 판단하여 고시하는 자

과태료(법 제16조)

① 다음 각 호의 어느 하나에 해당하는 자에게는 2천만원 이하의 과태료를 부과한다. 중요내용

❶ 건축자재의 오염물질 방출 여부를 확인받지 아니하거나 거짓으로 확인받고 건축자재를 공급한 자

② 공기질 유지기준에 맞게 시설을 관리하지 아니한 자(제4조의6 · 제4조의7 또는 제12조에 따라 환경부장관, 시 · 도지사 또는 다중이용시설의 소유자등이 실내공기질을 측정한 결과가 공기질 유지기준에 맞지 아니한 경우는 제외한다)에게는 1천만원 이하의 과태료를 부과한다.

③ 다음 각 호의 어느 하나에 해당하는 자에게는 500만원 이하의 과태료를 부과한다.

❶ 측정기기를 부착하지 아니한 자

❷ 실내공기질 측정 결과를 공개하지 아니하거나 측정기기의 운영 · 관리기준을 지키지 아니한 자

❸ 대중교통차량의 실내공기질을 측정 또는 그 결과를 제출 · 기록 · 보존하지 아니하거나 거짓으로 측정 또는 제출 · 기록 · 보존한 자

❹ 실내공기질 관리에 관한 교육을 받지 아니한 자

❺ 신축되는 공동주택의 실내공기질 측정결과를 제출 · 공고하지 아니하거나 거짓으로 제출 · 공고한 자

❻ 기록을 보관하지 아니하거나 거짓으로 기록을 보관한 자

❽ 실내공기질 측정을 하지 아니한 자 또는 측정결과를 기록 · 보존하지 아니하거나 거짓으로 기록하여 보존한 자

❽의2. 측정 · 분석 결과에 영향을 미칠 수 있는 지시를 한 자

❾ 보고 또는 자료제출을 이행하지 아니하거나 거짓으로 보고 또는 자료제출을 한 자

❿ 관계 공무원의 출입 · 검사 또는 오염물질 채취를 거부 · 방해하거나 기피한 자

④ 과태료는 대통령령으로 정하는 바에 따라 환경부장관, 시 · 도지사 또는 시장 · 군수 · 구청장이 부과 · 징수한다.

[과태료의 부과기준(영 제16조) : 별표]

1. 일반기준

가. 위반행위의 횟수에 따른 과태료의 부과기준은 최근 1년간 같은 위반행위로 과태료 부과처분을 받은 경우에 적용한다. 이 경우 위반행위에 대하여 과태료를 부과처분한 날과 다시 같은 위반행위를 적발한 날을 각각 기준으로 하여 위반횟수를 계산한다.

나. 가목에 따라 가중된 부과처분을 하는 경우 가중처분의 적용 차수는 그 위반행위 전 부과처분 차수의 다음 차수로 한다.

다. 부과권자는 다음의 어느 하나에 해당하는 경우에는 제2호에 따른 과태료 금액의 2분의 1의 범위에서 그 금액을 감경할 수 있다. 다만, 과태료를 체납하고 있는 위반행위자의 경우에는 그러하지 아니하다.

1) 위반행위자가 「질서위반행위규제법 시행령」 어느 하나에 해당하는 경우

2) 위반행위자의 사소한 부주의나 오류 등 과실로 인한 것으로 인정되는 경우

3) 위반행위자가 위반행위를 바로 정정하거나 시정하여 해소한 경우

4) 그 밖에 위반행위의 정도, 동기와 그 결과 등을 고려하여 감경할 필요가 있다고 인정되는 경우

대기환경산업기사 필기

발행일 | 2013. 1. 20 초판 발행
2014. 1. 15 개정 1판1쇄
2015. 1. 15 개정 2판1쇄
2016. 1. 15 개정 3판1쇄
2017. 1. 15 개정 4판1쇄
2018. 1. 15 개정 5판1쇄
2019. 1. 15 개정 6판1쇄
2020. 1. 15 개정 7판1쇄
2020. 8. 20 개정 8판1쇄
2021. 1. 15 개정 9판1쇄
2022. 1. 15 개정 10판1쇄
2023. 1. 15 개정 11판1쇄
2023. 2. 10 개정 11판2쇄
2024. 1. 10 개정 12판1쇄

저 자 | 서 영 민
발행인 | 정 용 수
발행처 | 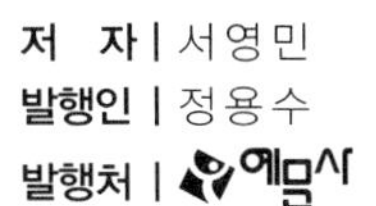

주 소 | 경기도 파주시 직지길 460(출판도시) 도서출판 예문사
TEL | 031) 955 - 0550
FAX | 031) 955 - 0660
등록번호 | 11 - 76호

정가 : 42,000원

ISBN 978-89-274-5247-8 14530